“十三五”江苏省高等学校重点教材：2018-1-020

大学物理学

（第3版）

主　编　孙厚谦
副主编　俞晓明　高　虹　徐　宁

清华大学出版社
北　京

内容简介

本书以教育部高等学校物理基础课程教学指导分委员会制订的《理工科类大学物理课程教学基本要求》为依据编写，书中涵盖基本要求中的核心内容 。主要内容包括力学、电磁学、热学、振动与波动（机械振动、机械波、几何光学和波动光学）、近代物理基础（狭义相对论基础和量子物理基础），共14章。

编者充分考虑了应用型本科院校的特点和实际情况，削枝强干、突出重点，加强物理理论中基本概念和主要知识点的描述，简约理论论证，注重计算训练，力求简明而不简单，深入而不深奥。

本书可作为高等学校理工科，特别是应用型工科学校大学物理课程的教材或参考书。

图书在版编目（CIP）数据

大学物理学/孙厚谦主编. —3版. —北京：清华大学出版社，2019（2023.1 重印）
ISBN 978-7-302-52582-0

Ⅰ. ①大…　Ⅱ. ①孙…　Ⅲ. ①物理学—高等学校—教材　Ⅳ. ①O4

中国版本图书馆 CIP 数据核字（2019）第042402号

责任编辑：朱红莲
封面设计：傅瑞学
责任校对：王淑云
责任印制：刘海龙

出版发行：清华大学出版社
网　址：http://www.tup.com.cn，http://www.wqbook.com
地　址：北京清华大学学研大厦A座　　邮　编：100084
社 总 机：010-83470000　　邮　购：010-62786544
投稿与读者服务：010-62776969，c-service@tup.tsinghua.edu.cn
质量反馈：010-62772015，zhiliang@tup.tsinghua.edu.cn
印 装 者：三河市龙大印装有限公司
经　销：全国新华书店
开　本：185mm×260mm　　印　张：26.75　　字　数：651千字
版　次：2009年3月第1版　2019年3月第3版　　印　次：2023年1月第10次印刷
定　价：68.00元

产品编号：083179-04

第3版前言

大学物理课程是高等学校理工科学生的一门重要基础课，它所阐述的物理学基本概念、基本思想、基本规律和基本方法不仅是学生学习后续专业课程的基础，也是培养和提高学生综合素质和科技创新能力的重要内容。为达到大学物理课程的教学目的，物理教学工作者面临着许多需要解决的问题。尽管国内外已出版了许多优秀的大学物理教材，但贴合应用型本科院校人才培养目标和学生实际情况的好教材仍不多。在本教材的编写中，编者在这方面进行了积极的尝试。

建设立体化教材，提供丰富的学习资源。立体化教材由新形态教材、在线课程、学习指导、电子教案等组成。读者通过扫描嵌入教材的二维码，可以观看覆盖主要知识点的120余节微课视频，阅读28位科学家的介绍；盐城工学院建成的以中国大学MOOC(慕课)为平台的大学物理在线课程围绕主要知识点，紧贴学习各个环节，提供丰富的资源；《大学物理学学习指导》(第3版)(孙厚谦等，清华大学出版社)针对本教材各章，编写了基本要求、知识框架、内容提要、问题解答和自测题，对教材形成了很好的补充与拓展。另外，对使用本教材的教师，出版社可提供与教材配套的电子教案和习题解答。

本教材内容具有如下主要特点：

1. **提高起点** 注意避免与中学物理的简单重复，强化高等数学、矢量代数在物理学中的应用。

2. **化难为易** 对理论背景要求高、数学推导烦琐的公式，尽量从“特殊”到“一般”，归纳式地引出结论，保证教学重点放在问题的出发点和应用上，力求简明而不简单，深入而不深奥。

3. **注重引导** 精心设计两个栏目。一是问题，即在一个主要知识点或基本方法讲授后，从理解基本概念与物理量、掌握基本公式、领悟物理思想、抓住解题要点、熟悉解题要素、典型问题举一反三、综合应用知识与引申等角度，多层次多角度设计问题，体现引导式、研究性学习理念。二是说明、注意和讨论，即以说明栏解读基本概念、原理公式、名词术语等；注意栏指出理解概念、使用公式时易出错混淆之处，引导学生准确地把握有关内容；讨论栏对公式、原理的应用进行拓展引申，强化基本概念和规律。另外，重要知识点尽量以标题列出。

本教材适用于128学时。教材中带“＊”的章节，教师可自行取舍。

本书初版由俞晓明编写第1～3章，吴兆丰编写第5章，孙厚谦编写第4章、第6章、第9章和第11章，刘雨龙编写第7章和第8章，史友进编写第10章、第13章和第14章，郝玉华编写第12章，孙厚谦负责全书的定稿。孙厚谦负责第2版和第3版的修订，徐宁和高虹协助了第3版的修订。高虹、徐宁、张雅恒、吴兆丰、孟丽娟承担了微课的讲授。

南京理工大学李相银教授、陆健教授和南京航空航天大学施大宁教授认真审阅了第1版的全部初稿，提出了宝贵的指导性意见。南京大学吴小山教授、南京理工大学陆健教授、南京师范大学张力发教授、盐城师范学院庄国策教授和盐城工学院张勤芳教授审阅了第3版，提出了宝贵的修改意见。本书自2009年出版以来，许多使用过本书作为教材或参考书的学校反馈了许多有价值的建议；在教材编写和修订过程中，我们借鉴学习了国内很多优秀教材的做法；清华大学出版社朱红莲编辑为提高教材的质量做了大量的工作。编者在此一并向支持、指导我们的同志和使我们受益的教材的作者表示衷心的感谢。

编者尽管一直不懈地努力提高教材的质量，但限于水平，书中难免有错误和疏漏，真诚企盼同行和读者指正。

本书第1版和第3版均由盐城工学院教材基金资助出版。

编　者

2018年12月

常用基本物理常量表

（2006 年推荐值）

物 理 量	符 号	数 值
真空中的光速	c	299 792 458 m/s(精确)
真空磁导率	μ_0	$4\pi\times10^{-7}$ N/A^2
		$12.566\ 370\ 614\times10^{-7}$ N/A^2(精确)
真空电容率	ε_0	$8.854\ 187\ 817\times10^{-12}$ F/m(精确)
引力常量	G	$6.674\ 28(67)\times10^{-11}$ $m^3/(kg\cdot s^2)$
普朗克常量	h	$6.626\ 069\ 3(11)\times10^{-34}$ J·s
	$\hbar=h/2\pi$	$1.054\ 571\ 686(18)\times10^{-34}$ J·s
阿伏伽德罗常量	N_A	$6.022\ 141\ 79(30)\times10^{23}$/mol
普适气体常量	R	8.314 472(15) J/(mol·K)
玻耳兹曼常量	k	$1.380\ 650\ 4(24)\times10^{-23}$ J/K
斯特藩-玻耳兹曼常量	σ	$5.670\ 400(40)\times10^{-8}$ $W/(m^2\cdot K^4)$
摩尔体积(理想气体 T=273.15 K, p=101 325 Pa)	V_m	22.414 10(19) L/mol
维恩常量	b	$2.897\ 768\ 5(51)\times10^{-3}$ m·K
元电荷	e	$1.602\ 176\ 487(40)\times10^{-19}$ C
电子静质量	m_e	$9.109\ 382\ 15(45)\times10^{-31}$ kg
质子静质量	m_p	$1.672\ 621\ 637(83)\times10^{-27}$ kg
中子静质量	m_n	$1.674\ 927\ 211(84)\times10^{-27}$ kg
电子比荷	e/m_e	$1.758\ 820\ 12(15)\times10^{11}$ C/kg
电子磁矩	μ_e	$-9.284\ 763\ 77(23)\times10^{-24}$ J/T
质子磁矩	μ_p	$1.410\ 606\ 662(37)\times10^{-26}$ J/T
中子磁矩	μ_n	$-0.966\ 236\ 41(23)\times10^{-24}$ J/T
电子康普顿波长	λ_C	$2.426\ 310\ 217\ 5(33)\times10^{-12}$ m
磁通量子，$h/2e$	ϕ	$2.067\ 833\ 72(18)\times10^{-15}$ Wb
玻尔磁子，$e\hbar/2m_e$	μ_B	$9.274\ 009\ 15(23)\times10^{-24}$ J/T
核磁子，$e\hbar/2m_p$	μ_N	$5.050\ 783\ 24(13)\times10^{-27}$ J/T
里德伯常量	R_∞	10 973 731.568 527(73)m^{-1}
玻尔半径	a_0	$0.529\ 177\ 208\ 59(36)\times10^{-10}$ m
经典电子半径	r_e	$2.817\ 940\ 289\ 4(58)\times10^{-15}$ m
原子质量常量	u	$1.660\ 538\ 86(28)\times10^{-27}$ kg

本书中物理量的名称、符号和单位

量的名称	符号	单位名称	符号	量纲	备注
长度	l	米	m	L	
面积	S	平方米	m^2	L^2	
体积	V	立方米	m^3	L^3	1 L(升)$=10^{-3}$ m^3
时间	t	秒	s	T	
位移	Δr	米	m	L	
速度	v,u	米每秒	m/s	LT^{-1}	
加速度	a	米每二次方秒	m/s^2	LT^{-2}	
角位移	$\Delta\theta$	弧度	rad	1	
角速度	ω	弧度每秒	rad/s	T^{-1}	
角加速度	α	弧度每二次方秒	rad/s^2	T^{-2}	
质量	m	千克	kg	M	
力	F	牛[顿]	N	LMT^{-2}	$1\ N=1\ kg\cdot m/s^2$
重力	G	牛[顿]	N	LMT^{-2}	
功	W	焦[耳]	J	L^2MT^{-2}	$1\ J=1\ N\cdot m$
能量	E,(W)	焦[耳]	J	L^2MT^{-2}	
动能	E_k	焦[耳]	J	L^2MT^{-2}	
势能	E_p	焦[耳]	J	L^2MT^{-2}	
功率	P	瓦[特]	W	L^2MT^{-3}	1 W=1 J/s
摩擦因数	μ	—	—	—	
动量	p	千克米每秒	kg·m/s	LMT^{-1}	
冲量	I	牛[顿]秒	N·s	LMT^{-1}	
力矩	M	牛[顿]米	N·m	L^2MT^{-2}	
转动惯量	J	千克二次方米	$kg\cdot m^2$	L^2M	
角动量(动量矩)	L	千克二次方米每秒	$kg\cdot m^2/s$	L^2MT^{-1}	
电流	I	安[培]	A	I	
电荷量	Q,q	库[仑]	C	TI	
电荷线密度	λ	库[仑]每米	C/m	$L^{-1}TI$	
电荷面密度	σ	库[仑]每平方米	C/m^2	$L^{-2}TI$	
电荷体密度	ρ	库[仑]每立方米	C/m^3	$L^{-3}TI$	
电场强度	E	伏[特]每米	V/m 或 N/C	$LMT^{-3}I^{-1}$	1 V/m=1 N/C
电场强度通量	Φ_e	伏[特]米	V·m	$L^3MT^{-3}I^{-1}$	
电势	V	伏[特]	V	$L^2MT^{-3}I^{-1}$	
电势差、电压	U	伏[特]	V	$L^2MT^{-3}I^{-1}$	
电容率	ε	法[拉]每米	F/m	$L^{-3}M^{-1}T^4I^2$	
真空电容率	ε_0	法[拉]每米	F/m	$L^{-3}M^{-1}T^4I^2$	
相对电容率	ε_r	—	—	—	
电偶极矩	p,p_e	库[仑]米	C·m	LTI	
电位移	D	库[仑]每平方米	C/m^2	$L^{-2}TI$	
电位移通量	Φ_d	库[仑]	C	TI	
电容	C	法[拉]	F	$L^{-2}M^{-1}T^4I^2$	1 F=1 C/V

续表

量的名称	符号	单位名称	符号	量纲	备注
电流密度	j	安[培]每平方米	A/m^2	$L^{-2}I$	
电动势	$\mathscr{E}$	伏[特]	V	$L^2MT^{-3}I^{-1}$	
电阻	R	欧[姆]	Ω	$L^2MT^{-3}I^{-2}$	1 Ω=1 V/A
电导	G	西[门子]	S	$L^{-2}M^{-1}T^3I^2$	1 S=1 A/V
电阻率	ρ	欧[姆]米	Ω·m	$L^3MT^{-3}I^{-2}$	
磁感应强度	B	特[斯拉]	T	$MT^{-2}I^{-1}$	$1\ T=1\ Wb/m^2$
磁导率	μ	亨[利]每米	H/m	$LMT^{-2}I^{-2}$	
真空磁导率	μ_0	亨[利]每米	H/m	$LMT^{-2}I^{-2}$	
相对磁导率	μ_r	—	—	—	
磁通量	Φ_m	韦[伯]	Wb	$L^{-2}MT^{-2}I^{-1}$	1 Wb=1 V·s
磁场强度	H	安[培]每米	A/m	$L^{-1}I$	
线圈的磁矩	m	安[培]平方米	$A\cdot m^2$	L^2I	
自感	L	亨[利]	H	$L^2MT^{-2}I^{-2}$	
互感	M	亨[利]	H	$L^2MT^{-2}I^{-2}$	1 H=1 Wb/A
电场能量	W_e	焦[耳]	J	L^2MT^{-2}	
电场能量密度	w_e	焦[耳]每立方米	J/m^3	$L^{-1}MT^{-2}$	
磁场能量	W_m	焦[耳]	J	L^2MT^{-2}	
磁场能量密度	w_m	焦[耳]每立方米	J/m^3	$L^{-1}MT^{-2}$	
坡印亭矢量	$\boldsymbol{S}$	瓦[特]每平方米	W/m^2	MT^{-3}	
压强	p	帕[斯卡]	Pa	$L^{-1}MT^{-2}$	$1Pa=1N/m^2$
热力学温度	T	开[尔文]	K	Θ	
摄氏温度	t	摄氏度	℃	Θ	
摩尔质量	M_{mol}	千克每摩尔	kg/mol	MN^{-1}	
分子质量	m	千克	kg	M	
气体质量	M	千克	kg	M	
分子有效直径	d	米	m	L	
分子平均自由程	$\bar{\lambda}$	米	m	L	
分子平均碰撞频率	$\bar{Z}$	次每秒	1/s	T^{-1}	
体积分子数	n	每立方米	$1/m^3$	L^{-3}	
热量	Q	焦[耳]	J	L^2MT^{-2}	
比热容	c	焦[耳]每千克开[尔文]	J/(kg·K)	$L^2T^{-2}\Theta^{-1}$	
质量热容	C	焦[耳]每开[尔文]	J/K	$L^2MT^{-2}\Theta^{-1}$	
摩尔定体热容	$C_{V,m}$	焦[耳]每摩尔开[尔文]	J/(mol·K)	$L^2MT^{-2}\Theta^{-1}N^{-1}$	
摩尔定压热容	$C_{p,m}$	焦[耳]每摩尔开[尔文]	J/(mol·K)	$L^2MT^{-2}\Theta^{-1}N^{-1}$	
比热容比	γ	—	—	—	
熵	S	焦[耳]每开[尔文]	J/K	$L^2MT^{-2}\Theta^{-1}$	
振幅	A	米	m	L	
周期	T	秒	s	T	
频率	ν	赫[兹]	Hz	T^{-1}	

续表

量的名称	符号	单位名称	符号	量纲	备注
角频率	ω	每秒	s^{-1}	T^{-1}	
相位	ϕ	—	—	—	
波长	λ	米	m	L	
波数	$\bar{\nu}$	每米	m^{-1}	L^{-1}	主要用于光谱学
波速	u, c	米每秒	m/s	LT^{-1}	
波的强度	I	瓦[特]每平方米	W/m^2	MT^{-3}	
声压	p	帕[斯卡]	Pa	$L^{-1}MT^{-2}$	
声强级	L_I	贝	B	—	常用分贝(dB)为单位
折射率	n	—	—	—	
波程差	δ	米	m	L	
光程差	Δ	米	m	L	
辐出度	$E(T)$	瓦[特]每平方米	W/m^2	MT^{-3}	
单色辐出度	$e(\lambda, T)$	瓦[特]每立方米	W/m^3	$L^{-1}MT^{-3}$	
斯特藩-玻耳兹曼常量	σ	瓦[特]每平方米四次方开[尔文]	$W/(m^2 \cdot K^4)$	$T^{-3}M\Theta^{-4}$	
维恩常量	b	米开[尔文]	$m \cdot K$	$L\Theta$	
逸出功	W	焦[耳]	J	L^2MT^{-2}	常用电子伏特(eV)为单位
康普顿波长	λ_C	米	m	L	
普朗克常量	$h, \hbar$	焦[耳]秒	$J \cdot s$	L^2MT^{-1}	
波函数	Ψ	—	—	—	
概率密度	w	每立方米	m^{-3}	L^{-3}	
主量子数	n	—	—	—	
角量子数	l	—	—	—	
磁量子数	m_l	—	—	—	
里德伯常量	R_∞	每米	m^{-1}	L^{-1}	
玻尔磁子	μ_B	焦[耳]每特[斯拉]	J/T	L^2I	

目录

第二篇 电 磁 学

第三篇 热 学

第四篇 振动与波动

第五篇 近代物理基础

绪论

1. 物理学研究的内容

物理学是人类社会实践的产物，它主要研究物质最普遍、最基本的运动形式及其相互转化规律。这些基本运动括机械运动、分子热运动、电磁运动、原子和原子核及其他微观粒子的运动等，它们普遍存在于物质的其他高级的、复杂运动形态之中。了解物质运动最基本形态的规律，是深刻认识复杂运动的起点和基础。

2. 物理学与其他学科

物理学是一切自然科学的基础或支柱。至今为止，人类认识自然的历史已有的五次大的理论综合，无一不是以物理学基本理论取得重大进展为标志的。牛顿力学体系的建立(17世纪)标志着第一次大综合。能量转化和守恒定律的建立(19 世纪)将机械运动、热运动、电磁运动、化学运动等统一起来为第二次大综合，其中热力学理论取得重大进展起了关键性的作用。麦克斯韦电磁场理论的建立(19 世纪)揭示了光、电、磁现象的统一性，实现了第三次大综合。爱因斯坦分别于 1905 年和 1915 年创立了狭义相对论和广义相对论，揭示了空间、时间、物质和运动之间本质上的统一性，实现了第四次大综合。普朗克量子论的提出和薛定谔、海森伯、狄拉克等人量子力学的建立成功地揭示了微观物理世界的基本规律，实现了第五次大综合。继电磁相互作用和弱相互作用的统一后，建立电磁相互作用、弱相互作用、强相互作用和引力相互作用的大统一理论，乃是目前物理学探讨的最前沿问题。

物理学的基本概念、基本规律和基本研究方法(如分析归纳法、综合演绎法、统计模型法)已经被广泛地应用于所有自然科学的各个学科之中，推动了各学科领域和技术部门的飞速发展。物理学与其他自然科学相结合形成了众多交叉学科，如粒子物理学、量子化学、量子电子学、生物物理学、遗传工程学、大气物理学、海洋物理学、地球物理学、空间物理学、宇宙物理学等，这些推动了整个自然科学更加迅速地发展。

3. 物理学与新技术

科学是认识自然，是解决理论问题，而技术则是改造自然，是解决实际问题。人类千百年的实践证明，很多关键性新技术的应用都是建立在物理学创新成果上的。第一次技术革命开始于 18 世纪 60 年代，主要标志是蒸汽机的广泛应用，这是经典力学和热力学发展的结果。第二次技术革命发生在 19 世纪 70 年代，主要标志是电力的广泛应用和无线电通信的实现，这是麦克斯韦电磁场理论的建立带来的辉煌成果。20 世纪以来，由于相对论和量子力学的建立，人们对原子、原子核结构的认识日益深入。在此基础上，人们实现了原子核能和人工放射性同位素的利用，促成了半导体、核磁共振、激光、超导、红外遥感、信息技术等新兴技术的发明。新兴工业犹如雨后春笋，人类进入了原子能、电子计算机、自动化、半导体、激光、基因工程空间科学等高新技术的时代。

4. 物理学与人才培养

我国高等学校肩负着培养各类高级工程专门人才的重任，要使我们培养的工程技术人员在飞速发展的科学技术面前能有所创新、有所前进，对人类做出较大的贡献，就必须加强基础理论特别是物理学的学习。通过学习能对物质最普遍、最基本的运动形式和规律有比较全面系统的认识，掌握物理学中的基本概念和基本原理以及研究问题的方法，同时能在科学实验能力、计算能力以及创新思维、探索精神和求实精神等方面受到严格的训练，培养分析问题和解决问题的能力，提高科学素质，努力实现知识、能力、素质的协调发展。

1901—2018 诺贝尔物理学奖
内容与获奖者一览表

第一篇

力　学

第1章

质点运动学

物体之间或同一物体各部分之间相对位置的变化称为**机械运动**。机械运动是自然界中最简单、最普遍的运动形式。物理学中把研究机械运动的规律及其应用的学科称为**力学**。把物体看成质点来处理的力学称为**质点力学**，它包括**质点运动学**和**质点动力学**。质点运动学主要是描述质点的运动状态，而不涉及引起运动和改变运动状态的原因；质点动力学则研究在力的作用下质点的运动状态是如何变化的。本章介绍质点运动学。主要内容为描述质点运动状态的物理量位矢、位移、速度、加速度等的定义，在直角坐标系中的表示；平面曲线运动中的切向加速度和法向加速度；圆周运动的角量表示；同时围绕运动学的核心——运动方程，研究如何用微积分知识解决运动学问题。

1.1 位矢　位移　速度和加速度的定义

1.1.1　参照系　坐标系　质点

宇宙中的物体总是处于永恒的运动之中。为了描述一个物体的运动，总要选取其他物体作为参照，被选取的参照物体称为**参照系**。例如研究地球绕太阳公转，常选太阳为参照系；研究人造地球卫星的运动，常选地球为参照系。选取的参照系不同，对物体运动情况的描述也就不同，这说明运动的描述具有相对性。

为了把运动物体相对于参照系的位置定量表示出来，需要在参照系上建立适当的坐标系。常用的坐标系有直角坐标系、自然坐标系、极坐标系、柱坐标系和球坐标系等。

众所周知，任何物体都有一定的形状、大小、质量和内部结构，即使是很小的分子、原子以及微观粒子也不例外。为了简化问题，假想研究对象是只有质量而无形状和大小的理想物体，称为**质点**。提出质点模型的意义在于：

(1) 如果一个物体在运动中既不转动也不变形，只有平动，则物体上各点的运动必然相同，此时整个物体的运动情况可用物体上任一点的运动来代表。因此，当一个物体只发生平动时，可将物体当作质点。

(2) 物体线度和它活动范围相比小得很多，它的转动和变形在研究的问题中可以忽略，也能将它视为质点。需要注意的是，能否将一个物体视为质点，并不是根据它的绝对大小，而是要具体问题具体分析。例如地球的半径 $R_E \approx 6.4\times10^6$ m，地球到太阳的距离 $d\approx1.5\times10^{11}$ m，研究地球绕太阳公转时就可将地球视为质点(图 1-1)。但是在研究地球自转时，如果仍然把地球看作一个质点，就将无法解决实际问题。

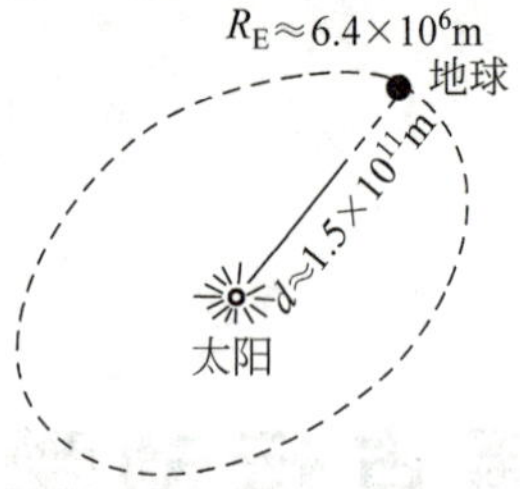

图 1-1 地球绕太阳公转

(3) 就物体的一般运动而言，虽然各部分的运动可能不同，但如果设想将物体分割成许多足够微小的部分，总能使每一部分内部各点的运动情况基本相同，从而可将它视为质点处理，通过分析这许多质点的运动就能弄清整个物体的运动情况，所以分析质点的运动是研究实际物体复杂运动的基础。

1.1.2 位矢 位移

为了描述质点 P 的运动，在参照系中任选一固定点 O，从点 O 向点 P 作有向线段 $\boldsymbol{r}$，称 $\boldsymbol{r}$ 为质点的**位置矢量**，简称**位矢**也叫**矢径**(图 1-2)。位矢 $\boldsymbol{r}$ 从点 O 指向点 P，它既指明了质点 P 相对于固定点 O 的空间方位，也指明了质点 P 到固定点 O 的空间距离。

质点 P 沿曲线 L 运动过程中，位置要发生变化，位矢 $\boldsymbol{r}$ 是时间 t 的单值连续函数，即

$$\boldsymbol{r}=\boldsymbol{r}(t) \tag{1-1}$$

上式称为**质点运动方程的矢量表示**。位矢 $\boldsymbol{r}$ 的端点即运动质点在空间经过的路径，如图 1-2 中的曲线 L，称为质点的**运动轨迹**。

设质点沿图 1-3 所示的曲线 L 运动，质点在 t 和 $t+\Delta t$ 时刻分别通过点 A 和点 B，位矢分别为 $\boldsymbol{r}_A$ 和 $\boldsymbol{r}_B$。在此过程中，质点位矢的变化可用从点 A 到点 B 的有向线段 $\Delta\boldsymbol{r}$ 即位矢的增量来表示，称 $\Delta\boldsymbol{r}$ 为质点由 A 到 B 的**位移矢量**，简称**位移**。

位移的方向表明点 B 相对于点 A 的空间方位，其大小 $|\Delta\boldsymbol{r}|$ 表明点 B 到点 A 的直线距离。从图 1-3 中可看出

$$\Delta\boldsymbol{r}=\boldsymbol{r}_B-\boldsymbol{r}_A \tag{1-2}$$

即质点从点 A 运动到点 B 的位移 $\Delta\boldsymbol{r}$ 等于末、始位矢 $\boldsymbol{r}_B$ 与 $\boldsymbol{r}_A$ 的差。

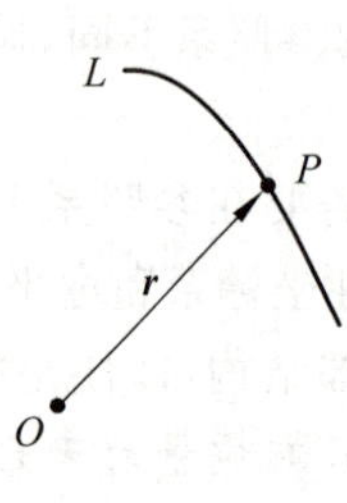

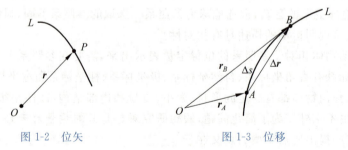

图 1-2 位矢

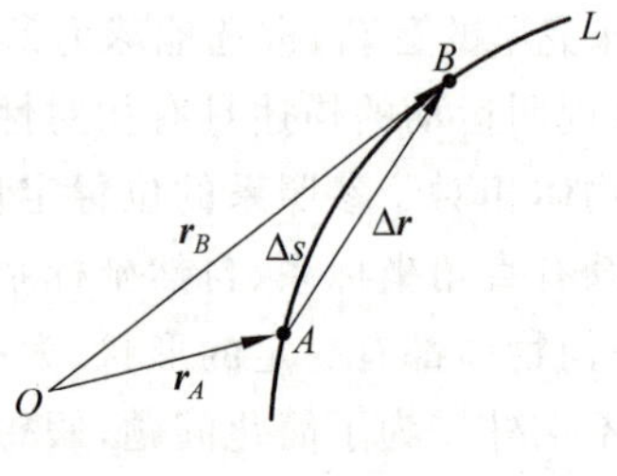

图 1-3 位移

质点在 Δt 时间内所经历的弧长 Δs，称为质点的**路程**。

位移和路程的单位为米(m)。

1.1.3 速度

质点运动的快慢和方向用速度表示。设质点 P 在时间 Δt 内位移为 $\Delta\boldsymbol{r}$,经历的路程为 Δs,我们把位移 $\Delta\boldsymbol{r}$ 与时间 Δt 的比值$\frac{\Delta\boldsymbol{r}}{\Delta t}$定义为质点在这段时间内的**平均速度**$\bar{\boldsymbol{v}}$,即

$$\bar{\boldsymbol{v}}=\frac{\Delta\boldsymbol{r}}{\Delta t} \tag{1-3}$$

$\bar{\boldsymbol{v}}$的方向即 $\Delta\boldsymbol{r}$ 的方向。

我们把质点所经历的路程 Δs 与时间 Δt 的比值$\frac{\Delta s}{\Delta t}$定义为质点在时间 Δt 内的**平均速率**$\bar{v}$,即

$$\bar{v}=\frac{\Delta s}{\Delta t} \tag{1-4}$$

如果 Δt 趋近于零,即对式(1-3)取极限,就是位矢对时间的变化率,叫作质点在时刻 t 的**瞬时速度**,简称**速度**,用 $\boldsymbol{v}$ 表示,即

$$\boldsymbol{v}=\lim_{\Delta t\to 0}\frac{\Delta\boldsymbol{r}}{\Delta t}=\frac{\mathrm{d}\boldsymbol{r}}{\mathrm{d}t} \tag{1-5}$$

可见速度等于位矢对时间的一阶导数。

考察质点在 Δt 时间内沿图 1-4 所示的曲线 L 从点 A 运动到点 B 这一过程,随着时间 Δt 的逐渐缩短,点 B 逐渐靠近点 A,位移分别变为 $\Delta\boldsymbol{r}'$、$\Delta\boldsymbol{r}''$、…。当 Δt 趋近于零时,位移的方向趋近于曲线在点 A 的切线方向。所以质点在某点速度的方向就是曲线在该点的切线方向并指向质点前进的一侧。

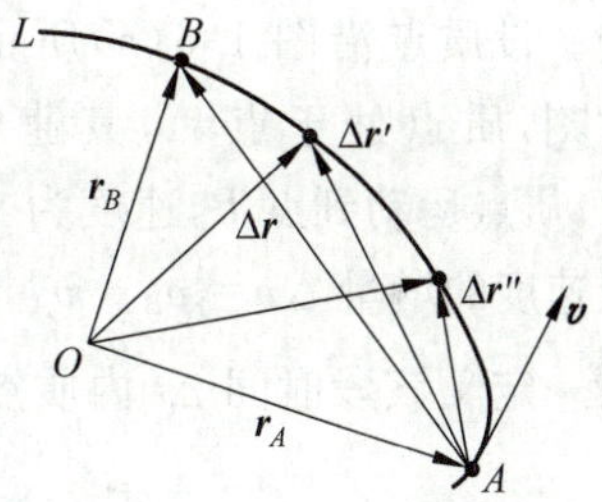

图 1-4 速度矢量

把 Δt 趋近于零时平均速率的极限称为时刻 t 的**瞬时速率**,简称**速率**,用 v 表示,即

$$v=\lim_{\Delta t\to 0}\frac{\Delta s}{\Delta t}=\frac{\mathrm{d}s}{\mathrm{d}t} \tag{1-6}$$

速度和速率的单位为米/秒(m/s)。

注意 位移 $\Delta\boldsymbol{r}$ 与路程 Δs;平均速度$\bar{\boldsymbol{v}}$与平均速率$\bar{v}$;无限小位移 $\mathrm{d}\boldsymbol{r}$ 与无限小路程 $\mathrm{d}s$;速度 $\boldsymbol{v}$ 与速率 v 的比较(详细讨论见《大学物理学学习指导》中对问题 1-1 的解答):

(1) $\Delta\boldsymbol{r}$、$\bar{\boldsymbol{v}}$、$\mathrm{d}\boldsymbol{r}$、$\boldsymbol{v}$ 是矢量;Δs、$\bar{v}$、$\mathrm{d}s$、v 是标量。

(2) $\Delta\boldsymbol{r}$ 的大小$|\Delta\boldsymbol{r}|$一般不等于 Δs,由此$\bar{\boldsymbol{v}}$的大小$\left|\frac{\Delta\boldsymbol{r}}{\Delta t}\right|$一般不等于$\bar{v}=\frac{\Delta s}{\Delta t}$。

例如质点沿闭合曲线运动一周,$\Delta\boldsymbol{r}$ 与其大小$|\Delta\boldsymbol{r}|$为零,$\bar{\boldsymbol{v}}$与其大小$\left|\frac{\Delta\boldsymbol{r}}{\Delta t}\right|$也为零,而质点的 Δs 不为零,因此$\bar{v}$不为零。

(3) 由高等数学可知,空间曲线的元弧长 $\mathrm{d}s$ 可以认为等于对应的弦长,即元位移的大小为$|\mathrm{d}\boldsymbol{r}|$(图 1-3),从而速度的大小$|\boldsymbol{v}|=\left|\frac{\mathrm{d}\boldsymbol{r}}{\mathrm{d}t}\right|$等于速率$v=\frac{\mathrm{d}s}{\mathrm{d}t}$,所以通常将$|\boldsymbol{v}|$也写成 v。

问题 1-1 质点作曲线运动(不包括直线运动的特殊情况),在时刻 t 质点的位矢为 $\boldsymbol{r}$,速度为 $\boldsymbol{v}$,速率为 v,t 至 $t+\Delta t$ 时间内的位移为 $\Delta\boldsymbol{r}$,路程为 Δs,位矢的大小的变化量为 Δr(或记为 $\Delta|\boldsymbol{r}|$),平均速度为 $\overline{\boldsymbol{v}}$,平均速率为 $\overline{v}$。

(1) 根据题意,必定有( )。

(A) $|\Delta\boldsymbol{r}|=\Delta s=\Delta r$

(B) $\Delta s>|\Delta\boldsymbol{r}|\geqslant\Delta r$,当 $\Delta t\to0$ 时,$|\mathrm{d}\boldsymbol{r}|=\mathrm{d}s$

(C) $\Delta s>|\Delta\boldsymbol{r}|\geqslant\Delta r$,当 $\Delta t\to0$ 时,$|\mathrm{d}\boldsymbol{r}|=\mathrm{d}r$

(D) $\Delta s>|\Delta\boldsymbol{r}|\geqslant\Delta r$,当 $\Delta t\to0$ 时,$\mathrm{d}s=\mathrm{d}r$

(2) 根据题意,必定有( )。

(A) $|\boldsymbol{v}|=v,|\overline{\boldsymbol{v}}|=\overline{v}$ (B) $|\boldsymbol{v}|\neq v,|\overline{\boldsymbol{v}}|\neq\overline{v}$

(C) $|\boldsymbol{v}|=v,|\overline{\boldsymbol{v}}|\neq\overline{v}$ (D) $|\boldsymbol{v}|\neq v,|\overline{\boldsymbol{v}}|=\overline{v}$

1.1.4 加速度

速度的变化是用加速度描述的。一般情况下,质点运动速度的大小和方向都随时间而改变。设质点沿图 1-5(a)所示的曲线运动。在 t 时刻,质点处于点 A,其速度为 $\boldsymbol{v}_A$,经时间 Δt 后,质点运动到点 B,速度为 $\boldsymbol{v}_B$。在此过程中,质点速度的增量 $\Delta\boldsymbol{v}=\boldsymbol{v}_B-\boldsymbol{v}_A$,如图 1-5(b)所示。

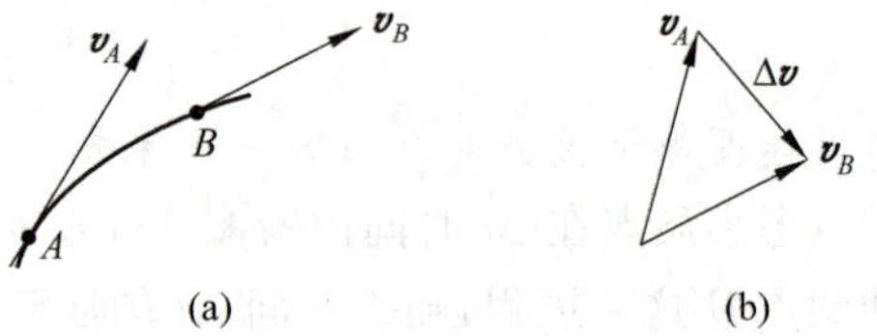

图 1-5 速度的增量

定义该段时间 Δt 内质点运动的**平均加速度**为

$$\overline{\boldsymbol{a}}=\frac{\Delta\boldsymbol{v}}{\Delta t} \tag{1-7}$$

如果 Δt 趋近于零,把式(1-7)的极限叫作质点在时刻 t 的**瞬时加速度**,简称**加速度**,用 $\boldsymbol{a}$ 表示,即

$$\boldsymbol{a}=\lim_{\Delta t\to0}\frac{\Delta\boldsymbol{v}}{\Delta t}=\frac{\mathrm{d}\boldsymbol{v}}{\mathrm{d}t}=\frac{\mathrm{d}^2\boldsymbol{r}}{\mathrm{d}t^2} \tag{1-8}$$

它说明:质点的加速度等于速度对时间的一阶导数,或位矢对时间的二阶导数。加速度的单位为米/秒^2($\mathrm{m/s^2}$)。

注意 (1) 加速度是矢量,它的方向是当时间 Δt 趋近于零时速度增量的极限方向,一般不是速度的方向。

(2) 如图 1-6 所示,对于质点作曲线运动,加速度的方向一般与速度的方向不同,当两者成锐角时,速率增加;成钝角时,速率减少;成直角时,速率不变。

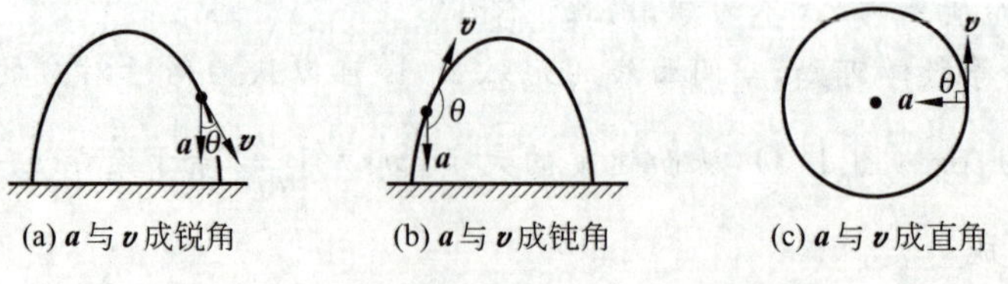

图 1-6 曲线运动中的加速度与速度的方向

1.2 位矢 位移 速度和加速度的直角坐标表示

本节介绍位矢、位移、速度和加速度等物理量在直角坐标系中的表示，然后，作为特例讨论直线运动中的速度和加速度。

1.2.1 位矢 位移

设 $\boldsymbol{i}$、$\boldsymbol{j}$、$\boldsymbol{k}$ 分别是沿坐标轴 Ox、Oy 和 Oz 的单位矢量。如图 1-7 所示，某时刻质点在点 P，其坐标分别为 x、y 和 z，则它的位矢 $\boldsymbol{r}$ 可表示为

$$\boldsymbol{r} = x\boldsymbol{i} + y\boldsymbol{j} + z\boldsymbol{k} \tag{1-9}$$

若用 r 表示位矢 $\boldsymbol{r}$ 的大小，则有

$$r = |\boldsymbol{r}| = \sqrt{x^2 + y^2 + z^2} \tag{1-10}$$

对运动的质点，其坐标 x、y 和 z 是时间的单值连续函数，它的运动方程可写成

$$\boldsymbol{r}(t) = x(t)\boldsymbol{i} + y(t)\boldsymbol{j} + z(t)\boldsymbol{k} \tag{1-11a}$$

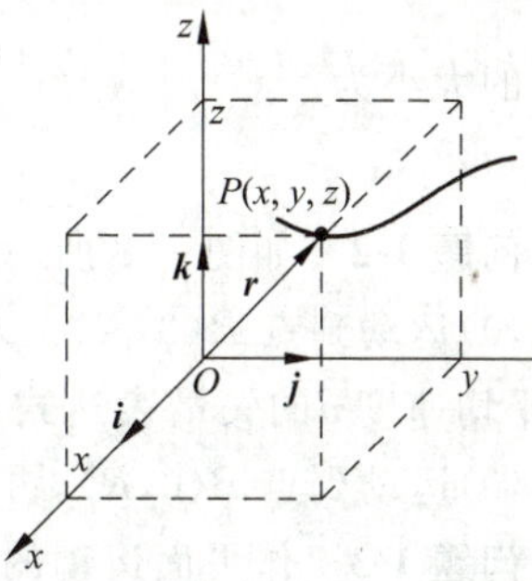

图 1-7 直角坐标系

或

$$x = x(t), \quad y = y(t), \quad z = z(t) \tag{1-11b}$$

式(1-11a)和式(1-11b)即为**运动方程的直角坐标表示**。消去式(1-11b)中的时间 t，即可得到质点的**轨迹方程**

$$f_1(x,y,z) = 0, \quad f_2(x,y,z) = 0 \tag{1-12}$$

即质点的轨迹为两个空间曲面的交线。

如质点在 Oxy 平面上运动，则运动方程为

$$\boldsymbol{r}(t) = x(t)\boldsymbol{i} + y(t)\boldsymbol{j} \tag{1-13a}$$

或

$$x = x(t), \quad y = y(t) \tag{1-13b}$$

轨迹方程为

$$f(x,y) = 0 \tag{1-14}$$

即质点的轨迹为 xOy 平面上的曲线。

由式(1-2)得位移在直角坐标系中的表达

$$\Delta\boldsymbol{r} = (x_B - x_A)\boldsymbol{i} + (y_B - y_A)\boldsymbol{j} + (z_B - z_A)\boldsymbol{k} \tag{1-15}$$

大小为

$$|\Delta\boldsymbol{r}| = \sqrt{(x_B - x_A)^2 + (y_B - y_A)^2 + (z_B - z_A)^2} \tag{1-16}$$

例 1-1 已知质点的运动方程为 $\boldsymbol{r} = a\cos\omega t\boldsymbol{i} + b\sin\omega t\boldsymbol{j}$，式中 a、b、ω 均为常数。求质点的轨迹方程。

解 质点运动方程的分量式为

$$x = a\cos\omega t, \quad y = b\sin\omega t$$

消去时间 t，得到轨迹方程为

$$\frac{x^2}{a^2} + \frac{y^2}{b^2} = 1$$

质点的轨迹是一个以(0,0)为中心、分别以 a 与 b 为两半轴的正椭圆。

1.2.2 速度

将式(1-9)代入式(1-5),可得质点**速度的直角坐标表示**

$$\boldsymbol{v}=\frac{\mathrm{d}\boldsymbol{r}}{\mathrm{d}t}=\frac{\mathrm{d}x}{\mathrm{d}t}\boldsymbol{i}+\frac{\mathrm{d}y}{\mathrm{d}t}\boldsymbol{j}+\frac{\mathrm{d}z}{\mathrm{d}t}\boldsymbol{k} \tag{1-17}$$

若记 $v_x=\frac{\mathrm{d}x}{\mathrm{d}t}$、$v_y=\frac{\mathrm{d}y}{\mathrm{d}t}$和 $v_z=\frac{\mathrm{d}z}{\mathrm{d}t}$分别表示速度在 x、y 和 z 方向上的分量,则

$$\boldsymbol{v}=v_x\boldsymbol{i}+v_y\boldsymbol{j}+v_z\boldsymbol{k} \tag{1-18}$$

速度的大小为

$$v=|\boldsymbol{v}|=\sqrt{v_x^2+v_y^2+v_z^2} \tag{1-19}$$

问题 1-2　如图 1-8 所示,设质点作半径为 R、周期为 T、逆时针的匀速圆周运动,从点 $A(R,0)$运动到点 $B(0,R)$。求该过程中,质点的(1)路程 Δs;(2)位移 $\Delta\boldsymbol{r}$ 的矢量表达式;(3)平均速度$\bar{\boldsymbol{v}}$的矢量表达式;(4)平均速率$\bar{v}$。如果质点作顺时针的匀速圆周运动,从点 $A(R,0)$运动到点 $B(0,R)$,再回答上述问题。

问题 1-3　作平面运动的质点在某瞬时位矢为 $\boldsymbol{r}(x,y)$,对其速度的大小有四种意见

(1) $\frac{\mathrm{d}r}{\mathrm{d}t}$　　(2) $\frac{\mathrm{d}\boldsymbol{r}}{\mathrm{d}t}$　　(3) $\frac{\mathrm{d}s}{\mathrm{d}t}$　　(4) $\sqrt{\left(\frac{\mathrm{d}x}{\mathrm{d}t}\right)^2+\left(\frac{\mathrm{d}y}{\mathrm{d}t}\right)^2}$

下列叙述正确的是(　　)。

(A) 只有(1)、(2)正确　　(B) 只有(2)正确

(C) 只有(2)、(3)正确　　(D) 只有(3)、(4)正确

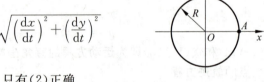

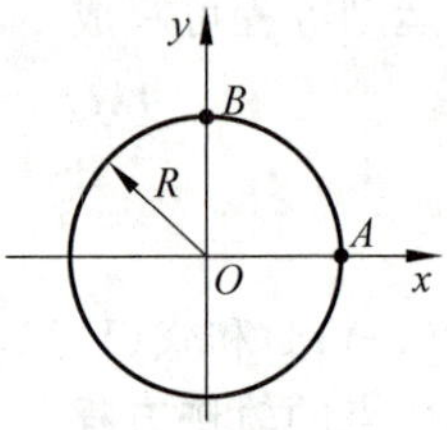

图 1-8　问题 1-2 图

例 1-2　已知质点的运动方程为 $\boldsymbol{r}=(t^2\boldsymbol{i}+2t\boldsymbol{j})$m,求质点(1)$t=1$s 与 $t=2$s 时的位矢;(2)在第 2s 内的平均速度;(3)求速度的表示式及 1s 末的速度。

解　(1) $t=1$s 时　　$\boldsymbol{r}(1)=(\boldsymbol{i}+2\boldsymbol{j})$ m

$t=2$s 时　　$\boldsymbol{r}(2)=(4\boldsymbol{i}+4\boldsymbol{j})$ m

(2) 第 2 秒内的位移

$$\Delta\boldsymbol{r}=\boldsymbol{r}(2)-\boldsymbol{r}(1)=(3\boldsymbol{i}+2\boldsymbol{j})\ \mathrm{m}$$

平均速度

$$\Delta\boldsymbol{v}=\frac{\Delta\boldsymbol{r}}{\Delta t}=(3\boldsymbol{i}+2\boldsymbol{j})\ \mathrm{m/s}$$

(3) 由式(1-17)有

$$\boldsymbol{v}=\frac{\mathrm{d}\boldsymbol{r}}{\mathrm{d}t}=\frac{\mathrm{d}t^2}{\mathrm{d}t}\boldsymbol{i}+\frac{\mathrm{d}(2t)}{\mathrm{d}t}\boldsymbol{j}=(2t\boldsymbol{i}+2\boldsymbol{j})\ (\mathrm{m/s}) \tag{1}$$

或

$$v_x=\frac{\mathrm{d}t^2}{\mathrm{d}t}=2t\ (\mathrm{m/s}),\quad v_y=\frac{\mathrm{d}(2t)}{\mathrm{d}t}=2\ (\mathrm{m/s}) \tag{2}$$

当 $t=1$s 时,由式(1)得

$$\boldsymbol{v}(1)=(2\boldsymbol{i}+2\boldsymbol{j})\ \mathrm{m/s}$$

1.2.3 加速度

将位矢和速度的表达式(1-9)与式(1-18)代入加速度的定义式(1-8),得到质点**加速度的直角坐标表示**

$$\boldsymbol{a}=\frac{\mathrm{d}v_x}{\mathrm{d}t}\boldsymbol{i}+\frac{\mathrm{d}v_y}{\mathrm{d}t}\boldsymbol{j}+\frac{\mathrm{d}v_z}{\mathrm{d}t}\boldsymbol{k}=\frac{\mathrm{d}^2x}{\mathrm{d}t^2}\boldsymbol{i}+\frac{\mathrm{d}^2y}{\mathrm{d}t^2}\boldsymbol{j}+\frac{\mathrm{d}^2z}{\mathrm{d}t^2}\boldsymbol{k} \tag{1-20}$$

用 $a_x=\frac{\mathrm{d}v_x}{\mathrm{d}t}=\frac{\mathrm{d}^2x}{\mathrm{d}t^2}$、$a_y=\frac{\mathrm{d}v_y}{\mathrm{d}t}=\frac{\mathrm{d}^2y}{\mathrm{d}t^2}$ 和 $a_z=\frac{\mathrm{d}v_z}{\mathrm{d}t}=\frac{\mathrm{d}^2z}{\mathrm{d}t^2}$ 分别表示加速度在 x、y 和 z 方向上的分量,则

$$\boldsymbol{a}=a_x\boldsymbol{i}+a_y\boldsymbol{j}+a_z\boldsymbol{k} \tag{1-21}$$

加速度的大小为

$$a=|\boldsymbol{a}|=\sqrt{a_x^2+a_y^2+a_z^2} \tag{1-22}$$

例 1-3 在质点运动中,已知 $x=A\mathrm{e}^{kt}$,$\frac{\mathrm{d}y}{\mathrm{d}t}=-Bk\mathrm{e}^{-kt}$,其中 A、B 和 k 均为常量。求质点加速度的分量表达式和矢量表达式。

解 由 $x=A\mathrm{e}^{kt}$,$\frac{\mathrm{d}y}{\mathrm{d}t}=-Bk\mathrm{e}^{-kt}$ 得加速度的分量表达式

$$a_x=\frac{\mathrm{d}^2x}{\mathrm{d}t^2}=Ak^2\mathrm{e}^{kt},\quad a_y=\frac{\mathrm{d}^2y}{\mathrm{d}t^2}=Bk^2\mathrm{e}^{-kt}$$

矢量表达式为

$$\boldsymbol{a}=a_x\boldsymbol{i}+a_y\boldsymbol{j}=Ak^2\mathrm{e}^{kt}\boldsymbol{i}+Bk^2\mathrm{e}^{-kt}\boldsymbol{j}$$

1.2.4 直线运动

当质点运动的轨迹是一条直线时,质点的运动称为**直线运动**。取 x 轴与轨迹重合,质点在任意时刻的位置可用坐标 x 表示,x 是时间 t 的函数

$$x=x(t) \tag{1-23}$$

上式就是**质点直线运动的运动方程**。

质点在直线运动中的速度和加速度分别为

$$v=\frac{\mathrm{d}x}{\mathrm{d}t} \tag{1-24}$$

$$a=\frac{\mathrm{d}v}{\mathrm{d}t}=\frac{\mathrm{d}^2x}{\mathrm{d}t^2} \tag{1-25}$$

说明 (1) 在直线运动情况下,由 v、a 的正负就能判断速度和加速度的方向。$v>0$ 表示质点向 x 轴正方向运动;$v<0$ 表示质点向 x 轴负方向运动;$a>0$ 表示加速度沿 x 轴正方向;$a<0$ 表示加速度沿 x 轴负方向。

(2) 对于直线运动,物体的 a 与 v 的方向相同(即符号相同)时,作加速运动;相反时,作减速运动。

问题 1-4 质点的运动方程为 $x=bt-ct^2$，b，c 均为正常数，则该质点（ ）。

(A) 始终作匀加速直线运动

(B) 始终作匀减速直线运动

(C) 先作匀减速直线运动，后作匀加速直线运动

(D) 先作匀加速直线运动，后作匀减速直线运动

例 1-4 设质点的运动方程为 $x=(t^3-3t^2-9t+5)$ m，求：(1)质点的速度 $v(t)$ 和加速度 $a(t)$；(2)质点沿 x 轴正向运动的时间间隔和沿 x 轴反向运动的时间间隔；(3)从 $t_1=1$ s 到 $t_2=4$ s 的时间间隔内质点的位移、路程、平均速度和平均速率。

解 (1)

$$v=\frac{dx}{dt}=(3t^2-6t-9)\ \text{m/s}$$

$$a=\frac{dv}{dt}=6(t-1)\ \text{m/s}^2$$

可见质点作变加速直线运动。

(2)

$$v=3(t+1)(t-3)$$

由此得

$$0<t<3\ \text{s},\quad v<0$$
$$t=3\ \text{s},\quad v=0$$
$$t>3\ \text{s},\quad v>0$$

即从 $t=0$ 开始到 $t=3$ s 为止，质点沿 x 轴反向运动；从 $t=3$ s 后，质点沿 x 轴正向运动。当 $t=-1$ s 时，v 也为 0，这被看作计时起点($t=0$)以前的运动，没有特别说明时，一般不作讨论。

(3) $\Delta x=x(4)-x(1)=(4^3-3\times4^2-9\times4+5)-(1^3-3\times1^2-9\times1+5)=-9$ (m)

路程是质点实际走过的轨道的长度，利用(2)中的分析结果，得

$$\Delta s=\int_1^4|v|\,dt=-\int_1^3(3t^2-6t-9)dt+\int_3^4(3t^2-6t-9)dt$$
$$=-(t^3-3t^2-9t)\big|_1^3+(t^3-3t^2-9t)\big|_3^4=16+7=23\ (\text{m})$$

或由 $\Delta s=|x(3)-x(1)|+|x(4)-x(3)|$ 可得同样结果。

平均速度

$$\bar{v}=\frac{\Delta x}{\Delta t}=\frac{-9}{4-1}=-3\ (\text{m/s})$$

平均速率为

$$\frac{\Delta s}{\Delta t}=\frac{23}{3}\ \text{m/s}$$

在所考虑的时间间隔内，质点的速度经历了反向，所以位移的大小 $|\Delta x|=9$ m，小于路程 $\Delta s=23$ m，从而平均速度的大小 $|\bar{v}|=3$ m/s，小于平均速率 $\frac{\Delta s}{\Delta t}=\frac{23}{3}$ m/s。

问题 1-5 对于例 1-4，求：(1)质点作加速运动的时间间隔；(2)平均速度与平均速率在量值上相等的时间间隔。

1.3 曲线运动中的速度和加速度

对于质点作平面曲线运动，我们通常在**自然坐标系**中加以描述。圆周运动是曲线运动的一个重要特例。本节首先讨论质点作圆周运动时，速度和加速度在自然坐标系中的表示，

然后再推广到一般的平面曲线运动。

1.3.1 自然坐标系

如图 1-9 所示，质点作半径为 R 的圆周运动，在圆周上任一点 P 建立**自然坐标系**，一根坐标轴(**切向坐标轴**)通过点 P 沿圆周的切线方向并指向质点前进的一侧，该方向的单位矢量用 $\boldsymbol{e}_t$ 表示；另一坐标轴(**法向坐标轴**)通过该点沿圆周的法线方向并指向曲线的凹侧，该方向的单位矢量用 $\boldsymbol{e}_n$ 表示。必须指出，随着 P 点在圆周上的移动，$\boldsymbol{e}_t$ 和 $\boldsymbol{e}_n$ 的方向在不断变化，这一点与直角坐标系不同。

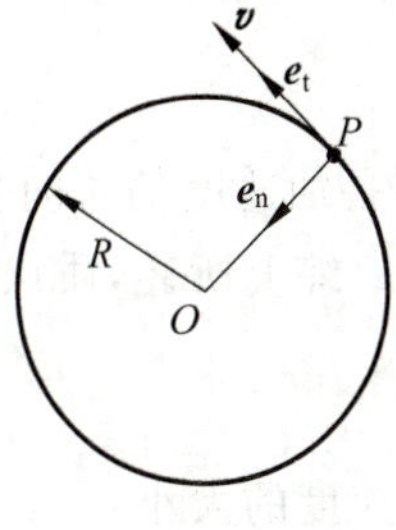

图 1-9 自然坐标系

1.3.2 速度和加速度的自然坐标表示

质点的速度沿圆周的切向，所以在自然坐标系中表示为

$$\boldsymbol{v} = v\boldsymbol{e}_t \tag{1-26}$$

其中 $v=\dfrac{\mathrm{d}s}{\mathrm{d}t}$为速率。

式(1-26)的两边对时间 t 求导数，得

$$\boldsymbol{a} = \frac{\mathrm{d}\boldsymbol{v}}{\mathrm{d}t} = \frac{\mathrm{d}v}{\mathrm{d}t}\boldsymbol{e}_t + v\frac{\mathrm{d}\boldsymbol{e}_t}{\mathrm{d}t} \tag{1-27}$$

式中第一项称为**切向加速度**，用 $\boldsymbol{a}_t$ 表示，即

$$\boldsymbol{a}_t = \frac{\mathrm{d}v}{\mathrm{d}t}\boldsymbol{e}_t = a_t\boldsymbol{e}_t \tag{1-28}$$

a_t 为加速度 $\boldsymbol{a}$ 的切向分量，反映质点速度大小变化的快慢。

下面研究式(1-27)中第二项 $v\dfrac{\mathrm{d}\boldsymbol{e}_t}{\mathrm{d}t}$，关键是求 $\mathrm{d}\boldsymbol{e}_t$。如图 1-10(a)所示，质点由点 A 运动到点 B，所对应的圆心角为 $\mathrm{d}\theta$，切向单位矢量由 $\boldsymbol{e}_t$ 变化为 $\boldsymbol{e}_t'$，由 $\mathrm{d}\boldsymbol{e}_t=\boldsymbol{e}_t'-\boldsymbol{e}_t$，作出矢量三角形如图 1-10(b)所示，因$|\boldsymbol{e}_t|=|\boldsymbol{e}_t'|=1$，所以该三角形为腰长为 1 的等腰三角形。因为 $\boldsymbol{e}_t\perp OA$，$\boldsymbol{e}_t'\perp OB$，所以 $\boldsymbol{e}_t$、$\boldsymbol{e}_t'$夹角为 $\mathrm{d}\theta$。当 $\mathrm{d}\theta\to 0$ 时，$\mathrm{d}\boldsymbol{e}_t$ 的大小$|\mathrm{d}\boldsymbol{e}_t|=|\boldsymbol{e}_t|\mathrm{d}\theta=\mathrm{d}\theta$；两底角均趋近于 $\pi/2$，有 $\mathrm{d}\boldsymbol{e}_t\perp\boldsymbol{e}_t$，即 $\mathrm{d}\boldsymbol{e}_t$ 的方向为 $\boldsymbol{e}_n$ 的方向，有

$$\mathrm{d}\boldsymbol{e}_t = \mathrm{d}\theta\boldsymbol{e}_n$$

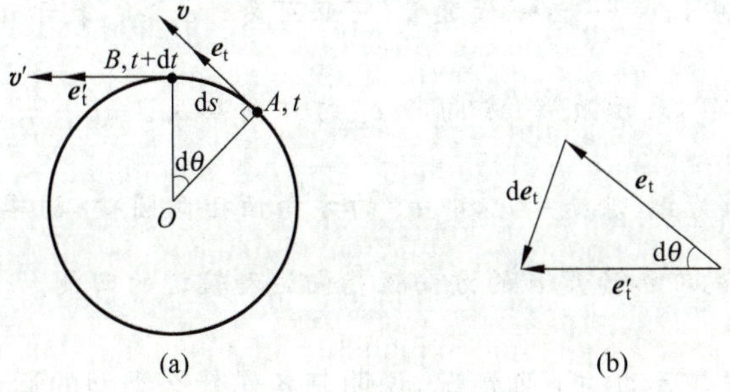

图 1-10 圆周运动中法向加速度表达式推导

式(1-27)中第二项为

$$v\frac{\mathrm{d}\boldsymbol{e}_{\mathrm{t}}}{\mathrm{d}t}=v\frac{\mathrm{d}\theta}{\mathrm{d}t}\boldsymbol{e}_{\mathrm{n}}=v\frac{\mathrm{d}(R\theta)}{R\mathrm{d}t}\boldsymbol{e}_{\mathrm{n}}=\frac{v}{R}\frac{\mathrm{d}s}{\mathrm{d}t}\boldsymbol{e}_{\mathrm{n}}=\frac{v^2}{R}\boldsymbol{e}_{\mathrm{n}}$$

该项称为**法向加速度**,其方向沿半径指向圆心用 $\boldsymbol{a}_{\mathrm{n}}$ 表示,即

$$\boldsymbol{a}_{\mathrm{n}}=\frac{v^2}{R}\boldsymbol{e}_{\mathrm{n}}=a_{\mathrm{n}}\boldsymbol{e}_{\mathrm{n}} \tag{1-29}$$

a_{n} 是加速度的法向分量,反映质点速度方向变化的快慢。

综上所述,质点作圆周运动时**加速度的自然坐标表示**是

$$\boldsymbol{a}=\boldsymbol{a}_{\mathrm{t}}+\boldsymbol{a}_{\mathrm{n}}=a_{\mathrm{t}}\boldsymbol{e}_{\mathrm{t}}+a_{\mathrm{n}}\boldsymbol{e}_{\mathrm{n}}=\frac{\mathrm{d}v}{\mathrm{d}t}\boldsymbol{e}_{\mathrm{t}}+\frac{v^2}{R}\boldsymbol{e}_{\mathrm{n}} \tag{1-30}$$

加速度的大小

$$a=\sqrt{a_{\mathrm{t}}^2+a_{\mathrm{n}}^2}=\sqrt{\left(\frac{\mathrm{d}v}{\mathrm{d}t}\right)^2+\left(\frac{v^2}{R}\right)^2} \tag{1-31}$$

方向可以用 $\boldsymbol{a}$ 与 $\boldsymbol{e}_{\mathrm{t}}$ 夹角 θ(图 1-11)来表示

$$\tan\theta=\frac{a_{\mathrm{n}}}{a_{\mathrm{t}}} \tag{1-32}$$

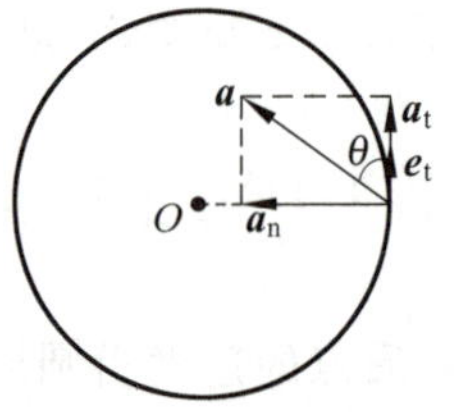

图 1-11 加速度的方向

讨论 (1) 上述关于圆周运动的切向加速度、法向加速度和加速度的表示式也适用于任何平面曲线运动。由高等数学可知,光滑的平面曲线上任一点存在一曲率圆,该点的自然坐标系的切向坐标轴沿曲率圆的切线方向,即曲线在该点的切线方向,法向坐标轴沿曲率圆的法线方向,式(1-29)中的 R 用曲率圆的半径 ρ 代替。

(2) 曲线运动的速度和加速度的处理方法比较。在 1.1.3 节研究曲线运动的速度时,我们作一级近似,把曲线运动用一系列元直线运动来逼近。因为在 $\Delta t\to 0$ 的极限情况下,元位移的大小和元弧的长度是一致的,故"以直代曲",对于描述速度这个反映运动快慢和方向的量来说已经足够。

对于曲线运动中的加速度问题,若用同样的近似,把曲线运动用一系列元直线运动来代替,就不合适了。因为直线运动不能反映速度方向变化的因素,亦即,它不能全面反映加速度的所有特征。而圆周运动可以反映运动方向的变化,因此我们可以把一般的曲线运动看作一系列不同半径的圆周运动,即可以把整条曲线用一系列不同半径的小圆弧来代替,也就是说,我们在处理曲线运动的加速度时,必须"以圆代曲",而不是"以直代曲"。这里讲的圆,即曲率圆。

(3) 式(1-30)中,$a_{\mathrm{t}}=\frac{\mathrm{d}v}{\mathrm{d}t}$为一代数量,可正可负。$a_{\mathrm{t}}>0$,表示 $\boldsymbol{a}_{\mathrm{t}}$ 的方向与 $\boldsymbol{e}_{\mathrm{t}}$ 的方向相同;$a_{\mathrm{t}}<0$,表示 $\boldsymbol{a}_{\mathrm{t}}$ 的方向与 $\boldsymbol{e}_{\mathrm{t}}$ 的方向相反。$a_{\mathrm{n}}=\frac{v^2}{R}$,对一般的平面曲线 $a_{\mathrm{n}}=\frac{v^2}{\rho}$,恒为正(除 $v=0$),即 $\boldsymbol{a}_{\mathrm{n}}$ 的方向恒指向圆心(曲率中心),由此 $\boldsymbol{a}_{\mathrm{t}}$ 与 $\boldsymbol{a}_{\mathrm{n}}$ 合成的方向即加速度 $\boldsymbol{a}$ 的方向恒指向运动轨迹的凹侧。

问题 1-6 对于质点运动的下列情况,说明其各作什么类型的运动。(1)$a_{\mathrm{t}}\neq 0$,$a_{\mathrm{n}}\equiv 0$;(2)$a_{\mathrm{t}}\equiv 0$,$a_{\mathrm{n}}\neq 0$;(3)$a_{\mathrm{t}}\equiv 0$,$a_{\mathrm{n}}\equiv 0$,$v\neq 0$;(4)作圆周运动,$a_{\mathrm{t}}\equiv 0$。

问题 1-7 质点作曲线运动，对下列表达式，(1)$\frac{\mathrm{d}v}{\mathrm{d}t}=a$；(2)$\frac{\mathrm{d}r}{\mathrm{d}t}=v$；(3)$\frac{\mathrm{d}s}{\mathrm{d}t}=v$；(4)$\left|\frac{\mathrm{d}\boldsymbol{v}}{\mathrm{d}t}\right|=a_\mathrm{t}$。下述判断正确的是(　　)。

(A) 只有(1)、(4)正确　　(B) 只有(2)、(4)正确

(C) 只有(2)正确　　(D) 只有(3)正确

问题 1-8 质点作任意平面曲线运动，其加速度的方向总是指向曲线凹侧，为什么？

问题 1-9 质点作半径为 R 的圆周运动，且速率随时间均匀增大。问：a_t、a_n、a 三者的大小是否都随时间改变？加速度 $\boldsymbol{a}$ 与速度 $\boldsymbol{v}$ 之间的夹角随时间如何改变？

例 1-5 质点作半径为 R 的圆周运动，路程的表达式为 $s=bt+ct^3$，其中 b、c 均为正常数。求质点在 t 时刻的速率 v、切向加速度 $\boldsymbol{a}_\mathrm{t}$、法向加速度 $\boldsymbol{a}_\mathrm{n}$ 和加速度 $\boldsymbol{a}$ 三者的大小。

解
$$v=\frac{\mathrm{d}s}{\mathrm{d}t}=\frac{\mathrm{d}}{\mathrm{d}t}(bt+ct^3)=b+3ct^2$$
$$a_\mathrm{t}=\frac{\mathrm{d}v}{\mathrm{d}t}=6ct$$
$$a_\mathrm{n}=\frac{v^2}{R}=\frac{(b+3ct^2)^2}{R}$$
$$a=\sqrt{a_\mathrm{t}^2+a_\mathrm{n}^2}=\sqrt{36c^2t^2+\frac{(b+3ct^2)^4}{R^2}}$$

***例 1-6** 质点在 Oxy 平面内运动，其运动方程为 $\boldsymbol{r}(t)=[(2t^2-1)\boldsymbol{i}+(3t-5)\boldsymbol{j}]$ m。求质点在任意时刻 t：(1)速度与加速度的矢量表达式；(2)速度、切向加速度和法向加速度的大小；(3)所在处轨道的曲率半径。

解 (1)
$$\boldsymbol{v}=\frac{\mathrm{d}\boldsymbol{r}}{\mathrm{d}t}=(4t\boldsymbol{i}+3\boldsymbol{j})\ \mathrm{m/s}$$
$$\boldsymbol{a}=\frac{\mathrm{d}\boldsymbol{v}}{\mathrm{d}t}=4\boldsymbol{i}\ \mathrm{m/s^2}$$

(2)
$$v=\sqrt{16t^2+9}\ \mathrm{m/s}$$
$$a_\mathrm{t}=\frac{\mathrm{d}v}{\mathrm{d}t}=\frac{16t}{\sqrt{16t^2+9}}\ \mathrm{m/s^2}$$

由(1)可知 $a=4\ \mathrm{m/s^2}$，由 $a^2=a_\mathrm{t}^2+a_\mathrm{n}^2$ 得
$$a_\mathrm{n}^2=a^2-a_\mathrm{t}^2=16-\frac{256t^2}{16t^2+9}=\frac{144}{16t^2+9}$$

即
$$a_\mathrm{n}=\frac{12}{\sqrt{16t^2+9}}\ \mathrm{m/s^2}$$

(3) 由 $a_\mathrm{n}=\frac{v^2}{\rho}$ 得
$$\rho=\frac{v^2}{a_\mathrm{n}}=\frac{(16t^2+9)^{\frac{3}{2}}}{12}\ \mathrm{m}$$

1.3.3 圆周运动的角量描述

质点作圆周运动时，常用角位置、角速度和角加速度等角量来描述。

1. 圆周运动的角量描述

如图 1-12 所示，质点在 Oxy 平面内作半径为 R 的圆周运动，t 时刻质点在 A 处，$t+\Delta t$

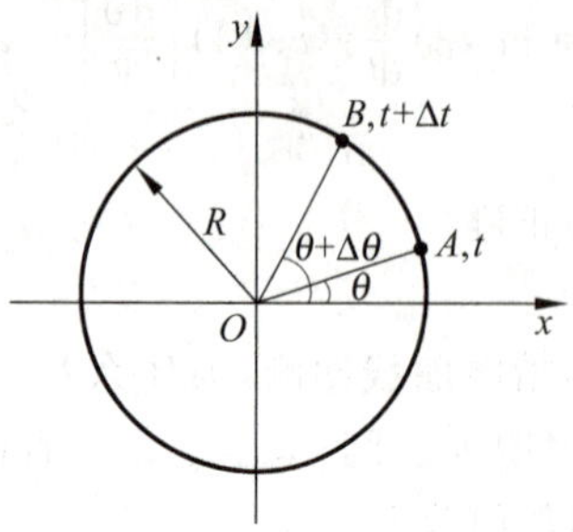

图 1-12 角位置与角位移

时刻质点在 B 处，θ 是 OA 与 x 轴正向夹角，$\theta+\Delta\theta$ 是 OB 与 x 轴正向夹角，称 θ 为 t 时刻质点的**角坐标**，通常规定角坐标 θ 取正值，是指 Ox 轴转到 OA 是逆时针绕向，取负值是指 Ox 轴转到 OA 是顺时针绕向。角坐标 θ 随时间的变化关系

$$\theta = \theta(t) \tag{1-33}$$

称为质点作圆周运动时的**运动方程**。$\Delta\theta$ 为 $t-t+\Delta t$ 时间间隔内角坐标增量，称为在时间间隔 Δt 内的**角位移**。通常规定角位移逆时针绕向为正，顺时针绕向为负。角坐标与角位移的单位是弧度(rad)。

角坐标对时间的一阶导数，就是**角速度**，用 ω 表示

$$\omega = \frac{\mathrm{d}\theta}{\mathrm{d}t} \tag{1-34}$$

角速度的单位是弧度/秒(rad/s)。

角速度对时间的一阶导数或角坐标对时间的二阶导数，就是**角加速度**，用 α 表示

$$\alpha = \frac{\mathrm{d}\omega}{\mathrm{d}t} = \frac{\mathrm{d}^2\theta}{\mathrm{d}t^2} \tag{1-35}$$

角加速度的单位是弧度/秒^2($\mathrm{rad/s^2}$)。

若质点作匀速圆周运动，即 ω 不变，此时有

$$\theta = \theta_0 + \omega t$$

若质点作匀变速圆周运动，即 α 不变，此时有

$$\omega = \omega_0 + \alpha t、\quad \theta = \theta_0 + \omega_0 t + \frac{1}{2}\alpha t^2 \text{ 和 } \omega^2 - \omega_0^2 = 2\alpha(\theta - \theta_0)$$

上列各式中 θ_0、ω_0 分别表示初角位置、初角速度。

2. 线量与角量的关系

我们把描述质点运动的物理量速度 $\boldsymbol{v}$、速率 v、加速度 $\boldsymbol{a}$、切向加速度 $\boldsymbol{a}_\mathrm{t}$ 和法向加速度 $\boldsymbol{a}_\mathrm{n}$ 等称为**线量**，把描述质点作圆周运动的物理量角位置 θ、角速度 ω、角加速度 α 等称为**角量**。下面来研究两者之间的关系。

(1) v 与 ω 的关系　如图 1-13 所示，t 时刻质点处于点 A，$t+\mathrm{d}t$ 时刻质点处于点 B，经过的弧长 $\mathrm{d}s=R\mathrm{d}\theta$，由 $v=\frac{\mathrm{d}s}{\mathrm{d}t}$ 得线速度与角速度的关系

$$v = R\omega \tag{1-36}$$

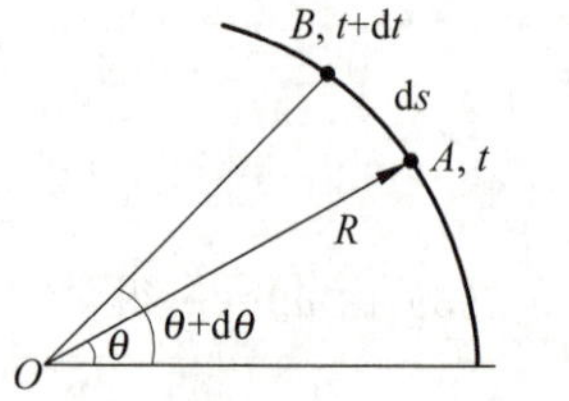

图 1-13 推导线量与角量之间的关系

(2) a_t 与 α 的关系　将式(1-36)两边对 t 求导数，有

$$\frac{\mathrm{d}v}{\mathrm{d}t} = R\frac{\mathrm{d}\omega}{\mathrm{d}t}$$

即得切向加速度与角加速度的关系

$$a_\mathrm{t} = R\alpha \tag{1-37}$$

(3) a_n 与 ω 的关系　将 $v=R\omega$ 代入法向加速度公式 $a_\mathrm{n}=\frac{v^2}{R}$，可得法向加速度与角速度

ω 的关系

$$a_n = v\omega = R\omega^2 \tag{1-38}$$

说明 (1) 式(1-34)～式(1-37)中的 ω、α、v 和 a_t 均为代数量,其正、负均相对于质点绕行正方向(通常取为逆时针方向)而言,ω、v 为正表示质点沿正方向运动,α、a_t 为正表示质点的切向加速度方向与正方向一致;为负表示相反的意义。

(2) 若 α 与 ω,即 a_t 与 v 符号相同,则质点作加速转动;若符号相反,则质点作减速转动。

例 1-7 质点沿半径为 $R=1$ m 的圆周运动,运动方程为 $\theta=\left(3+\frac{1}{3}t^3\right)$ rad。求:(1)$t=1$ s 时,质点的切向加速度、法向加速度和加速度的大小;(2)当切向加速度的大小恰好等于加速度大小的一半时的 θ 值。

解 (1) 在 t 时刻

$$\omega = \frac{d\theta}{dt} = t^2, \quad \alpha = \frac{d\omega}{dt} = 2t$$

$$a_t = R\alpha = 2t \text{ m/s}^2, \quad a_n = R\omega^2 = t^4 \text{ m/s}^2$$

$$a = \sqrt{a_t^2 + a_n^2} = \sqrt{(R\alpha)^2 + (R\omega^2)^2} = t\sqrt{4+t^6} \text{ (m/s}^2)$$

$t=1$ s 时

$$a_t = 2 \text{ m/s}^2 \quad a_n = 1 \text{ m/s}^2 \quad a = \sqrt{5} \text{ m/s}^2$$

(2) 据题意有

$$a_t = \frac{1}{2}a \quad 即 \quad 2t = \frac{1}{2}t\sqrt{4+t^6}$$

解得

$$t^3 = 2\sqrt{3}$$

代入运动方程,得

$$\theta = 3 + \frac{1}{3} \times 2\sqrt{3} = 4.15 \text{ (rad)}$$

1.4 运动学中的两类基本问题

前面介绍了描述质点运动的基本物理量,如位矢(角位置)、速度(角速度)和加速度(角加速度)等。对于质点运动学,主要有两类基本问题。下面以直线运动为例,结合举例,对这两类问题进行研究。

1. 由运动方程 $x=x(t)$,求质点的速度和加速度

这类问题主要是根据速度和加速度的定义求导数。在这类问题中,运动方程有时是直接给出,有时需要根据题意建立。建立运动方程,首先要建立坐标系。

问题 1-10　沿直线运动的物体，其速度与时间成反比，则其加速度与速度的关系是(　　)。

(A) 与速度成正比　　(B) 与速度的平方成正比

(C) 与速度成反比　　(D) 与速度的平方成反比

问题 1-11　质点沿 x 轴运动，通过坐标 x 时，速度为 $k\sqrt{x}$，k 为正常数，则质点加速度为(　　)。

(A) $\dfrac{k}{2\sqrt{x}}$　　(B) $\dfrac{1}{2k}$　　(C) $\dfrac{1}{2}k^2$　　(D) k

例 1-8　如图 1-14 所示，在岸边离水面高为 h 处，柔软的绳子经定滑轮 A 拉船靠岸，收绳的速率恒为 v_0，且初始时，绳长为 l_0。求：(1)船的运动方程；(2)船距岸边 x 时的速度 $v(x)$ 及加速度 $a(x)$。

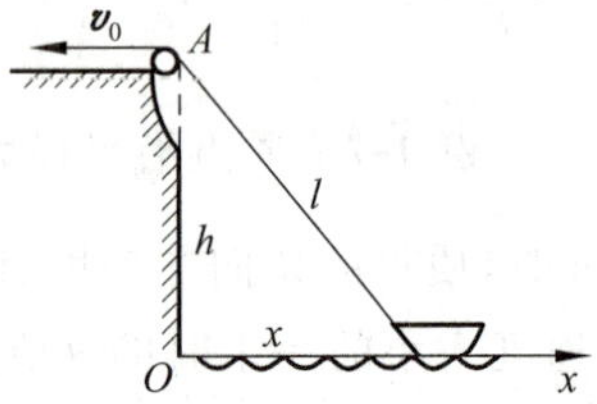

图 1-14　例 1-8 图

解　(1) 在水面上沿垂直于岸边的方向为 x 轴，岸边取为坐标原点 O。设船距岸边 x 时，船到定滑轮 A 的绳长为 l，由图 1-14 可知　　$x^2+h^2=l^2$

得船的运动方程

$$x=\sqrt{l^2-h^2}$$

其中 $l=l_0-v_0t$。

(2) 将运动方程两边对 t 求导，得

$$v=\frac{\mathrm{d}x}{\mathrm{d}t}=\frac{l}{\sqrt{l^2-h^2}}\frac{\mathrm{d}l}{\mathrm{d}t}$$

式中 $\left|\dfrac{\mathrm{d}l}{\mathrm{d}t}\right|$ 正是收绳的速率，考虑到拉绳过程中 l 在减小，故 $\dfrac{\mathrm{d}l}{\mathrm{d}t}=-v_0$，代入并变形，可得船速

$$v(x)=-\frac{\sqrt{x^2+h^2}}{x}v_0$$

式中“－”号表明船速与 x 轴正向相反。将速度对时间求导并化简，可得船的加速度

$$a(x)=\frac{\mathrm{d}v}{\mathrm{d}t}=\frac{\mathrm{d}v}{\mathrm{d}x}\frac{\mathrm{d}x}{\mathrm{d}t}=v\frac{\mathrm{d}v}{\mathrm{d}x}=-\frac{h^2v_0^2}{x^3}$$

式中“－”表明加速度沿 x 轴的反方向，与速度同向，船的运动为变加速，且越靠近岸，加速度越大，速度也越大。

2. 已知加速度函数及初始条件($t=0$ 时质点的位置、速度)，或已知速度函数和初始条件($t=0$ 时质点的位置)，求质点的运动方程

这类问题主要应用积分的方法加以求解。对该类问题，主要介绍以下三种。

(1) 已知加速度是时间的函数，即 $a=a(t)$，这种情况考虑初始条件直接积分，如例 1-9。

(2) 已知加速度是速度的函数，即 $a=a(v)$，这时可由问题需要选择下列两种方法之一进行分离变量求解。

① 由 $a(v)=\dfrac{\mathrm{d}v}{\mathrm{d}t}$，得 $\dfrac{\mathrm{d}v}{a(v)}=\mathrm{d}t$，应用初始条件积分得 $v(t)$，如例 1-10。

② 由 $a(v)=\dfrac{\mathrm{d}v}{\mathrm{d}t}=\dfrac{\mathrm{d}v}{\mathrm{d}x}\dfrac{\mathrm{d}x}{\mathrm{d}t}=v\dfrac{\mathrm{d}v}{\mathrm{d}x}$，得 $\mathrm{d}x=\dfrac{v\mathrm{d}v}{a(v)}$，应用初始条件积分得 $x(v)$，如例 1-11。

(3) 已知加速度是坐标的函数，即 $a=a(x)$，这种情况由 $a(x)=\frac{\mathrm{d}v}{\mathrm{d}t}=\frac{\mathrm{d}v}{\mathrm{d}x}\frac{\mathrm{d}x}{\mathrm{d}t}=v\frac{\mathrm{d}v}{\mathrm{d}x}$，得 $v\mathrm{d}v=a(x)\mathrm{d}x$，应用初始条件积分，如例 1-12。

例 1-9　质点沿 x 轴以加速度 $a=4t\ \mathrm{m/s^2}$ 运动，设 $t=0$ 时，$v_0=0$，$x_0=10\ \mathrm{m}$。求速度 $v(t)$ 和运动方程的表达式 $x(t)$。

解　由

$$a=\frac{\mathrm{d}v}{\mathrm{d}t}=4t$$

得

$$\mathrm{d}v=4t\mathrm{d}t$$

代入初始条件，积分

$$\int_0^v \mathrm{d}v=\int_0^t 4t\mathrm{d}t$$

得到

$$v=2t^2\ \mathrm{m/s}$$

由

$$v=\frac{\mathrm{d}x}{\mathrm{d}t}=2t^2$$

得

$$\mathrm{d}x=2t^2\mathrm{d}t$$

代入初始条件，积分，

$$\int_{10}^x \mathrm{d}x=\int_0^t 2t^2\mathrm{d}t$$

得

$$x=\left(\frac{2}{3}t^3+10\right)\mathrm{m}$$

例 1-10　一小球沿铅直方向入水，自水面向下取坐标轴 Oy，设小球接触水面时速度为 v_{0y}，入水后铅直下沉时加速度 $a_y=-kv_y^2$，其中 k 为正常量。求小球入水后，(1) 速度 $v_y(t)$；(2) 运动方程 $y(t)$。

解　(1) 视小球为质点，由题意

$$a_y=\frac{\mathrm{d}v_y}{\mathrm{d}t}=-kv_y^2$$

分离变量，得

$$\frac{\mathrm{d}v_y}{v_y^2}=-k\mathrm{d}t$$

代入初始条件，积分

$$\int_{v_{0y}}^{v_y}\frac{\mathrm{d}v_y}{v_y^2}=\int_0^t -k\mathrm{d}t$$

得

$$\frac{1}{v_y}-\frac{1}{v_{0y}}=kt$$

或

$$v_y=v_{0y}/(kv_{0y}t+1) \tag{1}$$

(2) 由

$$v_y=\frac{\mathrm{d}y}{\mathrm{d}t}$$

分离变量并代入初始条件，积分

$$\int_0^y \mathrm{d}y=\int_0^t v_y\mathrm{d}t=\int_0^t \frac{v_{0y}}{(kv_{0y}t+1)}\mathrm{d}t$$

得

$$y=\frac{1}{k}\ln(kv_{0y}t+1) \tag{2}$$

例 1-11 在例 1-10 中求小球入水后速度随深度 y 的变化关系 $v_y(y)$。

解 由于 v_y 是入水深度 y 的函数,根据加速度的定义有

$$a_y=\frac{\mathrm{d}v_y}{\mathrm{d}t}=\frac{\mathrm{d}v_y}{\mathrm{d}y}\frac{\mathrm{d}y}{\mathrm{d}t}=v_y\frac{\mathrm{d}v_y}{\mathrm{d}y}=-kv_y^2$$

即

$$\frac{\mathrm{d}v_y}{v_y}=-k\mathrm{d}y$$

代入初始条件积分 $\int_{v_{0y}}^{v_y}\frac{\mathrm{d}v_y}{v_y}=\int_0^y-k\mathrm{d}y$,得

$$v_y=v_{0y}\mathrm{e}^{-ky}$$

上式也可以从例 1-10 中式(1)和式(2)消去时间 t 得到。

问题 1-12 质点沿 x 轴运动,加速度 $a=-2v^2$,$t=0$ 时,质点的速度为 v_0,位置为 x_0,则质点的速度随坐标 x 变化的表达式 $v(x)$ 为(　　)。

(A) $v=v_0\mathrm{e}^{-2x}$　(B) $v=v_0\mathrm{e}^{-2(x-x_0)}$　(C) $v=v_0\mathrm{e}^{2x}$　(D) $v=v_0\mathrm{e}^{2(x-x_0)}$

例 1-12 质点以加速度 $a=-\frac{k}{x^2}$(k 为正常量)的规律作直线运动,若初始时刻质点静止于 x_0 处。试求其速率随 x 的变化关系 $v(x)$。

解 由题意

$$a=\frac{\mathrm{d}v}{\mathrm{d}t}=-\frac{k}{x^2}$$

将上式变形,得

$$\frac{\mathrm{d}v}{\mathrm{d}t}=\frac{\mathrm{d}v}{\mathrm{d}x}\frac{\mathrm{d}x}{\mathrm{d}t}=v\frac{\mathrm{d}v}{\mathrm{d}x}=-\frac{k}{x^2}$$

或

$$v\mathrm{d}v=-\frac{k}{x^2}\mathrm{d}x$$

由题意 $t=0$,$v_0=0$,坐标为 x_0,代入上式积分

$$\int_0^v v\mathrm{d}v=\int_{x_0}^x-\frac{k}{x^2}\mathrm{d}x$$

得

$$v=\sqrt{2k\left(\frac{1}{x}-\frac{1}{x_0}\right)}$$

讨论 (1) 与直线运动相同,在二维(三维)运动中也有两类基本问题的计算。如例 1-2、例 1-5 和例 1-6 为第一类基本问题,例 1-13 为第二类基本问题。处理二维(三维)运动,对每一个分量的处理方法与本节介绍的方法相同。

(2) 对于质点的圆周运动也有两类基本问题:①已知运动方程 $\theta=\theta(t)$ 或 $s=s(t)$,求质点的角速度和角加速度,或速度、切向加速度、法向加速度和加速度,这类问题主要根据各量的定义求导数与计算,如例 1-5、例 1-7。②已知角加速度函数及初始条件($t=0$ 时质点的角位置、角速度),或已知角速度函数和初始条件($t=0$ 时质点的角位置),求质点的运动方程,这类问题主要应用积分的方法加以求解。

例 1-13 抛体运动是一种具有恒定重力加速度 $\boldsymbol{g}$ 的平面曲线运动。如图 1-15 所示，以水平方向为 x 轴、竖直方向为 y 轴建立平面直角坐标系 Oxy。设 $t=0$ 时，抛体从坐标原点 O 以速率 v_0、仰角 θ 被抛出。求：(1)速度 $\boldsymbol{v}(t)$；(2)抛体的运动方程。

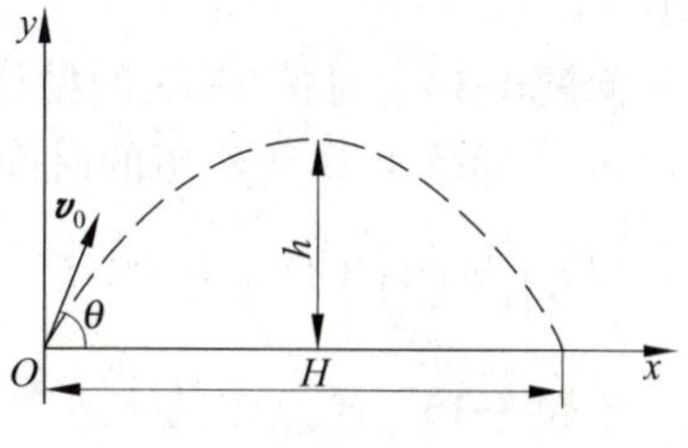

图 1-15 抛体运动

解 从抛出时刻开始计时，则抛体运动的初始条件为

$$\boldsymbol{r}_0=0 \quad 或 \quad x_0=0,\quad y_0=0$$

$$\boldsymbol{v}_0=v_0\cos\theta\boldsymbol{i}+v_0\sin\theta\boldsymbol{j}$$

或

$$v_{0x}=v_0\cos\theta,\quad v_{0y}=v_0\sin\theta$$

加速度

$$\boldsymbol{a}=\boldsymbol{g}=-g\boldsymbol{j}$$

(1) 由 $\boldsymbol{a}=\dfrac{\mathrm{d}\boldsymbol{v}}{\mathrm{d}t}$得

$$\mathrm{d}\boldsymbol{v}=\boldsymbol{a}\mathrm{d}t=-g\boldsymbol{j}\,\mathrm{d}t$$

积分

$$\int_{v_0}^{v}\mathrm{d}\boldsymbol{v}=\int_0^t-g\boldsymbol{j}\,\mathrm{d}t$$

得

$$\boldsymbol{v}=\boldsymbol{v}_0-gt\boldsymbol{j}=v_0\cos\theta\boldsymbol{i}+(v_0\sin\theta-gt)\boldsymbol{j}$$

(2) 由 $\boldsymbol{v}=\dfrac{\mathrm{d}\boldsymbol{r}}{\mathrm{d}t}$得

$$\mathrm{d}\boldsymbol{r}=\boldsymbol{v}\mathrm{d}t=[v_0\cos\theta\boldsymbol{i}+(v_0\sin\theta-gt)\boldsymbol{j}]\mathrm{d}t$$

积分

$$\int_{r_0=0}^{r}\mathrm{d}\boldsymbol{r}=\int_0^t[v_0\cos\theta\boldsymbol{i}+(v_0\sin\theta-gt)\boldsymbol{j}]\mathrm{d}t$$

得抛体的运动方程

$$\boldsymbol{r}=(v_0t\cos\theta)\boldsymbol{i}+\left(v_0t\sin\theta-\frac{1}{2}gt^2\right)\boldsymbol{j}$$

或

$$x=v_0t\cos\theta \quad y=v_0t\sin\theta-\frac{1}{2}gt^2$$

讨论 抛体的运动方程也可改写如下：

$$\boldsymbol{r}=(v_0\cos\theta\boldsymbol{i}+v_0\sin\theta\boldsymbol{j})t+\frac{1}{2}(-g)t^2\boldsymbol{j}=\boldsymbol{v}_0t+\frac{1}{2}\boldsymbol{g}t^2$$

表明：抛体的运动可看成沿初速度方向的匀速直线运动和沿竖直方向的自由落体运动叠加而成。

问题 1-13 对例 1-13 的抛体运动，(1) 求抛体的轨迹方程并判断是何种曲线；(2) 定义抛体回到 $y=0$ 的点(**落点**)与抛出点 O 间的距离为**射程**，用 H 表示(图 1-15)，讨论 θ 为何值时射程最大，最大射程 H_{max}是多少；(3) 求抛体在空中飞行时所能达到的最大高度 h

(图 1-15)。

问题 1-14 对例 1-13 的抛体运动,用 O 表示抛出点(原点),B 表示落点,t 表达物体从抛出点 O 到落点 B 所经历的时间。说明下列各积分的物理意义

(1) $\int_0^t v_x \mathrm{d}t$;(2) $\int_0^t v_y \mathrm{d}t$;(3) $\int_0^t \boldsymbol{v} \mathrm{d}t$;(4) $\int_O^B \mathrm{d}\boldsymbol{r}$;(5) $\int_O^B |\mathrm{d}\boldsymbol{r}|$;(6) $\int_O^B \mathrm{d}r$

问题 1-15 质点作抛体运动,试问:(1)$\frac{\mathrm{d}v}{\mathrm{d}t}$是否变化?(2) $\frac{\mathrm{d}\boldsymbol{v}}{\mathrm{d}t}$是否变化?(3)法向加速度是否变化?

问题 1-16 抛体的水平初速度为 v_{0x},它轨迹最高处的曲率半径是多少?

1.5 相对运动

质点的运动轨迹依赖于观察者(即参照系)的例子是很多的。例如一个人站在作匀速直线运动的车上,竖直向上抛出一个钢球,车上的观察者看到钢球竖直上升并竖直下落,如图 1-16(a)所示,但站在地面上的另一人却看到钢球的运动轨迹为一抛物线,如图 1-16(b)所示。

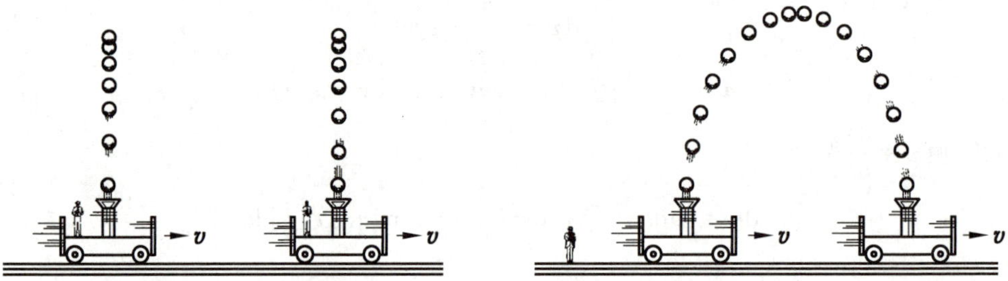

(a) 车作匀速直线运动时,车上的人观察到钢球作直线运动

(b) 车作匀速直线运动时,地面上的人观察到钢球作抛物线运动

图 1-16 物体运动的轨迹依赖于观察者所处的参照系

下面研究在互相作平动的两个参照系中,质点的位矢、速度之间的变换关系。

如图 1-17(a)所示,设有两个参照系,一个为 K 系(即 $Oxyz$ 坐标系),另一个为 K'系(即 $O'x'y'z'$坐标系),K'系相对于 K 系以速度 $\boldsymbol{u}$ 作平动。设质点 A 在 K 系中的位矢为 $\boldsymbol{r}$,在 K'系中的位矢为 $\boldsymbol{r}'$,K'系原点 O' 相对于 K 系原点 O 的位矢为 $\boldsymbol{r}_0$,从 K 系看,$\boldsymbol{r}$、$\boldsymbol{r}'$ 和 $\boldsymbol{r}_0$ 之间的关系为

$$\boldsymbol{r} = \boldsymbol{r}_0 + \boldsymbol{r}' \tag{1-39}$$

上式表明了位矢的相对性。同一质点系在不同参照系中的位矢是不同的。质点 A 在 K 系中的位矢 $\boldsymbol{r}$ 等于它在 K'系中的位矢 $\boldsymbol{r}'$ 与 K'系原点 O' 相对于 K 系原点 O 的位矢 $\boldsymbol{r}_0$ 的矢量和。

将式(1-39)两边对时间求导,得

$$\boldsymbol{v} = \boldsymbol{v}' + \boldsymbol{u} \tag{1-40}$$

式中 $\boldsymbol{u}$ 为 K'系相对 K 系的速度,$\boldsymbol{v}'$ 为质点相对 K'系的速度,$\boldsymbol{v}$ 为质点相对 K 系的速度。

上式的物理意义是：质点相对 K 系的速度等于它相对 K'系的速度与 K'系相对 K 系的速度之矢量和(图 1-17(b))。

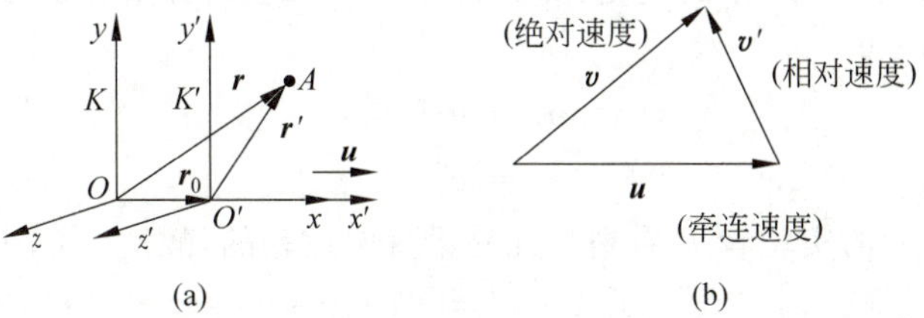

图 1-17 相对运动的研究

习惯上，常把静止的参照系 K 称为**基本参照系**，把相对 K 系运动的参照系 K'称为**运动参照系**。这样，将质点用 A 表示，则 A 相对基本参照系 K 的速度 $\boldsymbol{v}$ 叫作**绝对速度**，并记为 $\boldsymbol{v}_{AK}$，相对运动参照系 K'的速度 $\boldsymbol{v}'$叫作**相对速度**，并记为 $\boldsymbol{v}_{AK'}$，而运动参照系 K'相对基本参照系 K 的速度 $\boldsymbol{u}$ 叫作**牵连速度**，并记为 $\boldsymbol{v}_{K'K}$。于是式(1-40)可理解为：质点相对基本参照系的绝对速度 $\boldsymbol{v}_{AK}$ 等于质点相对运动参照系的相对速度 $\boldsymbol{v}_{AK'}$ 与运动参照系相对基本参照系的牵连速度 $\boldsymbol{v}_{K'K}$ 之和，即

$$\boldsymbol{v}_{AK} = \boldsymbol{v}_{AK'} + \boldsymbol{v}_{K'K} \tag{1-41}$$

式(1-40)给出了在两个相对作平动的参照系中质点的速度与参照系的关系，即质点的速度变换关系式，这个式子叫作**伽利略速度变换式**。需要指出的是，当质点的速度接近光速时，伽利略速度变换式就不适用了，此时速度的变换应当遵循洛伦兹速度变换式(13.2 节 狭义相对论的基本原理 洛伦兹变换)。

问题 1-17 某人骑自行车以速率 v 向正西方行驶，遇到由北向南刮的风，设风速大小也为 v，则他感到风是从(　　)。

(A) 东北方向吹来　　(B) 东南方向吹来

(C) 西北方向吹来　　(D) 西南方向吹来

例 1-14 如图 1-18 所示，一实验者 A 在以 10 m/s 的速率沿水平轨道前进的平板车上控制一台弹射器。此弹射器在与车前进的反方向成 60°角的方向上向上射出一弹丸，此时站在地面上的另一实验者 B 看到弹丸铅直向上运动。求弹丸上升的高度。

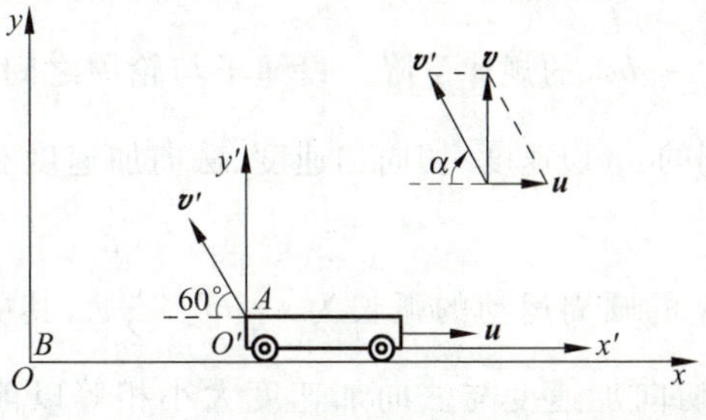

图 1-18 例 1-14 图

解 设地面参照系为 K 系，其坐标系为 Oxy，平板车参照系为 K'系，其坐标系为 $O'x'y'$，且 K'系以速率 $u=10$ m/s 沿 Ox 轴正向相对 K 系运动。由图 1-18 可知，在 K'系中的实验者 A 射出的弹丸，其速度 $\boldsymbol{v}'$ 在 x'、y'轴上的分量分别为 v'_x 和 v'_y，它们与抛出角 α 的关系为

$$\tan(180° - \alpha) = \frac{v'_y}{v'_x} \quad (1)$$

若以 $\boldsymbol{v}$ 代表弹丸相对 K 系的速度，那么它在 x、y 轴上的分量分别为 v_x 和 v_y，由速度变换式(1-40)及题意可得

$$v_x = u + v'_x \quad (2)$$

$$v_y = v'_y \quad (3)$$

由于 K 系(地面)的实验者 B 看到弹丸是铅直向运动的，故 $v_x=0$，由式(2)得

$$v'_x = -u = -10 \text{ m/s}$$

另结合式(1)和式(3)可得

$$v_y = v'_y = v'_x\tan(180° - \alpha) = -10\tan(180° - 60°) \text{ m/s} = 17.3 \text{ m/s}$$

由匀变速直线运动公式可得弹丸上升的高度为 $y=\frac{v_y^2}{2g}=15.3$ m

习　题

1-1　在质点运动中，已知 $x=ae^{kt}$，$\frac{dy}{dt}=-bke^{-kt}$，且 $t=0$ 时，$y_0=b$，a、b、k 均为正常数。求：(1)运动方程(矢量表达式)；(2)轨迹方程。

1-2　质点的运动方程为 $\boldsymbol{r}(t)=(3t\boldsymbol{i}+4t^2\boldsymbol{j}+6\boldsymbol{k})$ m。求：(1)轨迹方程；(2)前 3 s 内的位移；(3)第 5 s 末的速度与加速度。

1-3　质点的运动方程为 $\boldsymbol{r}(t)=(R\cos t\boldsymbol{i}+R\sin t\boldsymbol{j}+6t\boldsymbol{k})$ m，式中 R 为已知正常量。试求 $t=0,\frac{\pi}{2}$ s 时的速度和加速度。

1-4　质点作直线运动，运动方程为 $x=(1+4t-t^2)$ m。求质点：(1)第 3 s 末的位置；(3)前 3 s 内的位移；(3)前 3 s 内经过的路程。

1-5　质点作圆周运动，t 时刻角坐标 $\theta=at+bt^3-ct^4$，式中 a、b、c 均为常数。求 t 时刻的角速度和角加速度。

1-6　如习题 1-6 图所示，定滑轮的半径为 r，一根绳子绕在轮周上。绳子的另一端系着物体以 $l=\frac{1}{2}bt^2$ 的规律下降。设绳子与轮周之间无滑动，求轮周上任一点 M 在 t 时刻的：(1)速度、切向加速度、法向加速度和加速度大小；(2)角速度、角加速度。

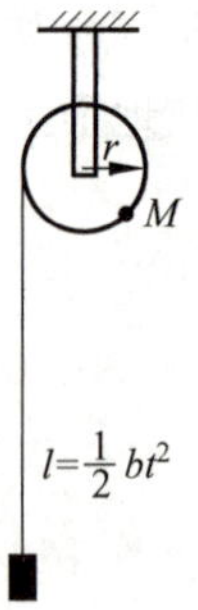

习题 1-6 图

1-7　质点沿半径为 R 的圆周运动的弧长为 $s=bt-\frac{c}{2}t^2$，其中 b、c 为正常数，且有 $cR>b^2$。求在切向加速度与法向加速度大小相等以前所经历的时间。

1-8　铁饼以 20 m/s 的速度、45°的仰角抛出，若把铁饼当作质点，取水平方向为 x 轴，竖直向上的方向为 y 轴。求铁饼在飞行过程中任意时刻的：(1)速度 $\boldsymbol{v}(t)$ 与速率 $v(t)$；(2)切向加速度和法向加速度分量 a_t 和 a_n；(3)曲率半径 ρ。

1-9 路灯距地面的高度为 h，身高为 l 的人以速率 v 在路上沿通过路灯杆与地面交点的直线行走。求：(1)头顶在地面影子移动速度的大小和加速度的大小；(2)人在地面上影子增长速度的大小。

1-10 如习题 1-10 图所示，A、B 两物体由一长为 l 的刚性细杆相连，A、B 两物体可在互相垂直的光滑轨道上滑行且 A 以恒定的速率 v 向左滑行。建立如图所示坐标系，并设 $t=0$ 时，A 离原点 O 的距离为 x_0。求：(1)B 的运动方程 $y(t)$；(2)当 $\angle ABO=\alpha$ 时，B 的速度；(3)当 $\alpha=60°$时，B 的速度。

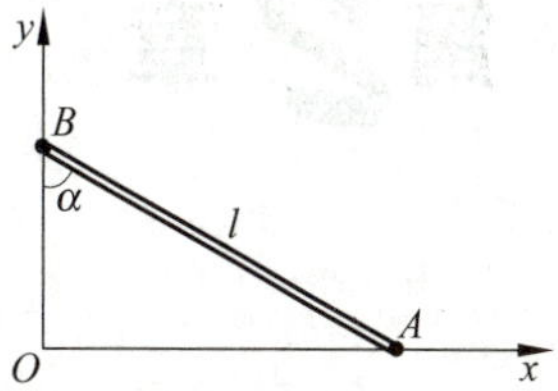

习题 1-10 图

1-11 已知质点作匀变速直线运动，设加速度为 a，$t=0$ 时质点的位置为 x_0，速度为 v_0。求：(1)速度 $v(t)$；(2)运动方程 $x(t)$。

1-12 质点沿 x 轴运动，已知加速度 $a=6t\ \text{m/s}^2$，$t=0$ 时，$v_0=-3\ \text{m/s}$，$x_0=10\ \text{m}$。求：(1)运动方程；(2)前 2 s 内的位移和路程。

1-13 质点具有加速度 $\boldsymbol{a}=(2\boldsymbol{i}+6t\boldsymbol{j})\ \text{m/s}^2$，在 $t=0$ 时，其速度为零，位矢 $\boldsymbol{r}_0=\boldsymbol{i}\ \text{m}$。求：(1)在任意时刻的速度和位矢；(2)轨迹方程。

1-14 质点沿 x 轴运动，加速度 $a=-kv$，式中 k 为正常量，设 $t=0$ 时，质点的速度为 v_0，位置 $x_0=0$。求：(1)速度 $v(t)$；(2)运动方程 $x(t)$。

1-15 已知质点沿 x 轴作匀变速直线运动，设加速度为 a，$t=0$ 时质点的位置为 x_0，速度为 v_0。试证明它的位移、速度和加速度满足关系式 $v^2-v_0^2=2a(x-x_0)$。

1-16 质点以初始角速度 ω_0 作圆周运动，角加速度 $\alpha=-k\omega$，式中 k 为正常量。求质点的角速度从 ω_0 变为$\frac{\omega_0}{2}$所需要的时间。

1-17 质点沿 x 轴运动，加速度 $a=A+Bx+Cx^3$，式中 A、B、C 均为正常量，设 $t=0$ 时，质点的速度 $v_0=0$，位置 $x_0=0$。求质点在任意位置 x 的速度。

1-18 质点作圆周运动，角加速度 $\alpha=-k\sin\theta$，式中 k 为正常量，设 $t=0$ 时，角位置为 θ_0，角速度为 ω_0，$\omega_0>0$，且满足 $\omega_0^2-4k\cos^2\dfrac{\theta_0}{2}\geqslant 0$。求质点在任意角位置 θ 的角速度。

1-19 质点沿半径为 R 的圆周运动，加速度 $\boldsymbol{a}$ 与速度 $\boldsymbol{v}$ 两者之间的夹角 θ 保持不变，已知 $t=0$ 时速率为 v_0。试求质点速率 v 随时间的变化规律。

1-20 在相对地面静止的坐标系内，A、B 两船都以 2 m/s 的速率匀速行驶，A 船沿 x 轴正向运动，B 船沿 y 轴正向运动。求：(1)在 A 船上看 B 船的速度；(2)在 B 船上看 A 船的速度。

1-21 当船工测得船正向东以 3 m/s 的速率相对河岸匀速前进时，船工感觉风从正南方而来，且测得风的速率也是 3 m/s。该船工认为气象站应广播的风向与风速如何？

第2章

质点动力学

第1章质点运动学主要研究如何描述质点运动情况，并不涉及质点运动状态变化的原因。以牛顿运动定律为基础的动力学主要研究物体间的相互作用以及由此引起物体运动状态变化的规律。牛顿运动定律反映了力与物体运动状态变化的瞬时关系。力对物体运动状态的影响，不仅具有瞬时性，而且也具有持续性。力的持续性表现为对时间的持续，或对空间的持续，这就是力对时间的累积作用和力对空间的累积作用。在这两种累积作用中，质点或质点系的动量、动能或能量将发生变化或转移。在一定条件下，质点系内的动量或能量将保持守恒。动量守恒定律和能量守恒定律不仅适用于机械运动，而且适用于物理学中各种运动形式。

牛顿　　伽利略

本章主要内容：牛顿运动定律；冲量和动量、功和能等描述物体间相互作用和物体运动状态的物理量；动量定理和动量守恒定律、质心运动定理、动能定理和机械能守恒定律等。

2.1　牛顿运动定律

2.1.1　牛顿运动定律的描述

1. 牛顿第一定律

牛顿第一定律指出：一切物体总保持匀速直线运动状态或静止状态，直到有外力迫使它改变这种状态为止。关于牛顿第一定律可作如下理解：

(1) 该定律揭示了任何物体都具有保持其运动状态不变的性质，称之为**惯性**，所以牛顿第一定律也称为**惯性定律**。惯性是任何物体都具有的基本属性，无论它的运动情况如何。

(2) 该定律定性地揭示了力和运动的关系。它表明：物体不受力作用时将保持匀速直线运动状态或静止状态，力不是维持物体运动状态的原因；外力作用迫使物体运动状态改变，力是改变物体运动状态的原因。

(3) 该定律描述的是物体在一种理想情况下的运动规律，即物体不受力作用时的运动规律，它无法用实验来直接验证。虽然物体在合外力为零时表现出来的运动规律与不受力时的运动规律是一致的，但不能由物体受平衡力时的运动情况来验证牛顿第一定律。

(4) 任何物体的运动总是相对于某个参照系而言的,所以牛顿第一定律定义了一种参照系。在这种参照系中,一个不受力作用的物体将保持静止或匀速直线运动状态不变,这样的参照系称为**惯性参照系**,简称**惯性系**。牛顿运动定律只有在惯性系中才成立。并非任何参照系都是惯性系。一个参照系是不是惯性系,要靠实验来判定。例如,实验指出,对一般力学现象来说,地面参照系是一个足够精确的惯性系。

2. 牛顿第二定律

牛顿第二定律指出:物体受到外力作用时,它所获得的加速度的大小与合外力的大小成正比,与物体的质量成反比,方向与合外力的方向相同,其数学表达式如下

$$\boldsymbol{F} = m\boldsymbol{a} \tag{2-1}$$

力的单位是牛顿(N),$1\ \text{N}=1\ \text{kg}\cdot\text{m/s}^2$,质量的单位是千克(kg)。

说明 (1) 牛顿第二定律中的加速度和所受合外力之间的关系是瞬时关系。$\boldsymbol{F}$ 表示瞬时力,$\boldsymbol{a}$ 表示瞬时加速度,它们同时存在,同时改变,同时消失,"同生死,共存亡",有着瞬时对应关系。

(2) 牛顿第二定律中的质量是物体惯性大小的量度。物体的惯性不仅表现为物体不受外力时要保持其运动状态不变,而且还表现为改变其运动状态的难易程度。由牛顿第二定律可知,物体受一定外力作用时,质量越大,加速度越小,运动状态越难改变;反之,质量越小,加速度越大,运动状态越容易改变。所以式(2-1)中的质量是物体惯性的量度,也称为**惯性质量**。

(3) 力的叠加原理:几个力同时作用在一个物体上,物体产生的加速度等于每个力单独作用时产生的加速度的叠加,即

$$\boldsymbol{F} = \sum_i \boldsymbol{F}_i = m\boldsymbol{a}_1 + m\boldsymbol{a}_2 + \cdots + m\boldsymbol{a}_n = m\boldsymbol{a} \tag{2-2}$$

在解题时根据需要将式(2-1)写成在不同坐标系中的分量式,如在直角坐标系中

$$F_x = ma_x,\quad F_y = ma_y,\quad F_z = ma_z \tag{2-3}$$

在自然坐标系中

$$F_{\text{t}} = ma_{\text{t}} = m\frac{\mathrm{d}v}{\mathrm{d}t},\quad F_{\text{n}} = ma_{\text{n}} = m\frac{v^2}{\rho} \tag{2-4}$$

3. 牛顿第三定律

牛顿第三定律指出:两个质点相互作用时,作用力与反作用力在同一直线上,大小相等,方向相反,用公式表示为

$$\boldsymbol{F} = -\boldsymbol{F}' \tag{2-5}$$

说明 (1) 作用力和反作用力的关系与物体间相互作用的方式、相互作用时的运动状态无关。

(2) 物体间的作用是相互的,作用力与反作用力是同时产生、同时消失、同时变化、同一性质的力。

(3) 作用力和反作用力分别作用在两个不同的物体上,这两个力不是平衡力,而且两个力引起的效果一般不同。

2.1.2 自然界的四种基本力 力学中几种常见力

1. 自然界的四种基本力

近代物理证明，自然界物体之间的相互作用力可归纳为四类：引力、电磁力、强力和弱力，其他力都是这四种力的不同表现形式。

(1) 引力(万有引力)

引力指存在于任何两个物体之间的吸引力。它是维系整个宇宙星系的主要相互作用，是长程的作用力。**万有引力定律**指出两个质量分别为 m_1 和 m_2 的质点相距为 r 时，它们之间的引力为

$$F = G\frac{m_1 m_2}{r^2} \tag{2-6}$$

式中 G 为**万有引力常数**，大小为

$$G = 6.67 \times 10^{-11}\ \mathrm{N \cdot m^2/kg^2}$$

讨论 式(2-6)中的质量反映了物体的引力性质，是物体与其他物体相互吸引的性质的量度，因此又叫作**引力质量**。它和反映物体惯性的**惯性质量**在意义上是不同的。但是任何物体的重力加速度都相等的实验表明，同一物体的这两个质量是相等的，因此可以说它们是同一质量的两种表现，在物理学中对它们不作区分而统称为质量。

(2) 电磁力

静止电荷间的作用力叫库仑力(静电力)，运动电荷或电流间的相互作用力称为磁力，电磁力是电力和磁力的总称，它是一种长程的作用力。

(3) 强力

强力是作用于基本粒子之间的一种强相互作用力，它是物理学研究深入到原子核及基本粒子范围内才发现的一种基本作用力。它能将核子紧紧地束缚在一起，形成原子核。它是粒子间最重要的相互作用力，是一种短程力，力的强度是最大的。

(4) 弱力

弱力也是各种粒子之间的一种相互作用力，是比强力更短的短程力。它仅在粒子间的某些反应(如 β 衰变)中才显示出它的重要性。

表 2-1 给出了四种基本自然力的特征，其中力的强度是指两个质子之间的距离等于它们的直径时的相互作用力。

表 2-1 四种基本自然力的特征

力的种类	相互作用的物体	力的强度	力 程
万有引力	全部粒子	10^{-34} N	无限远
弱力	大多数(基本粒子)	10^{-2} N	小于 10^{-17} m
电磁力	带电粒子	10^{2} N	无限远
强力	夸克	10^{4} N	10^{-15} m

20 世纪 60 年代，格拉肖、温伯格和萨拉姆建立了弱互相作用和电磁作用的统一理论，并在以后的十几年里得到了实验的验证。这使得人类对自然界的统一性的认识又前进了一大步。人们期待有朝一日能建立起弱、电、强的“大统一”理论，以致最后建立统一四种基本力的“超统一”理论。

2. 力学中常见的几种力

(1) 重力

重力是地球表面附近的物体受到的地球的万有引力的一个分力，另一个分力为物体随地球绕地轴转动时的向心力。重力的大小和万有引力的大小近似相等。由万有引力公式(2-6)，有

$$F = G\frac{M_{\mathrm{E}}m}{R_{\mathrm{E}}^2} = mg$$

式中 M_{E}、R_{E} 分别为地球的质量和半径，g 为地球表面的**重力加速度**。由上式得 $g=G\frac{M_{\mathrm{E}}}{R_{\mathrm{E}}^2}$，一般计算时，$g$ 取 $9.80\ \mathrm{m/s^2}$。

(2) 弹性力

物体在外力的作用下发生形变，在形变物体内部产生的企图恢复物体为原来形状的力叫作**弹性力**。弹性力产生在直接接触的物体之间，常见的表现形式有三种：弹簧的弹性力、物体间相互挤压而引起的弹性力以及绳子的拉力。

① 弹簧的弹性力　实验表明在弹性限度内，弹簧的弹性力 F 与形变即弹簧伸长或压缩的长度 x 成正比，

$$F = -kx$$

式中，k 叫弹簧的**劲度系数**，负号表示弹性力的方向始终与弹簧发生形变的方向相反，指向弹簧恢复原长的方向。

② 物体间相互挤压而引起的弹性力　实验表明两个物体通过一定面积相互挤压，两个物体都会发生形变，因而产生施于对方的弹力作用，这种弹力通常称为**正压力**或**支持力**。在物体的形变较小时，这种挤压弹性力总是垂直于物体间的接触点的公切面，故亦称为**法向力**，而它们的大小决定于相互挤压的程度。

③ 绳子的拉力　绳子因受力而发生拉伸形变时所引起的弹性力称为**拉力**。这种弹性力是由于绳子发生伸长形变而产生的，其大小取决于绳子收紧的程度，方向总是沿着绳子并指向绳子收紧的方向。

绳子产生拉力时，其内部各段之间也有相互的弹性力作用，这种内部的弹性力称为**张力**。当绳子的质量可以忽略不计时，绳子上张力处处相等，等于绳子两端的拉力。

(3) 摩擦力

两个相互接触的物体间有相对运动的趋势或有相对运动，则在接触面上便会产生阻碍相对运动趋势或相对运动的力，这个力称为**摩擦力**。

① 静摩擦力　静摩擦力是在两个彼此接触的物体相对静止而又具有相对运动的趋势时出现的。静摩擦力出现在接触面的表面上，沿着表面的切线方向，与相对运动的趋势相反，阻碍相对运动的发生，大小由两物体相对静止时的具体受力情况根据平衡条件而定，可

以是从零到某一最大值之间的任一值。这个最大值称为最大静摩擦力 $F_{s\max}$。

$$F_{s\max} = \mu_s F_N$$

式中 μ_s 为静摩擦系数，F_N 为正压力，于是静摩擦力的范围是 $0 \leqslant F_s \leqslant F_{s\max}$。

② 滑动摩擦力　相互接触的物体之间有相对滑动时，接触面的表面出现的阻碍相对运动的阻力称为滑动摩擦力。滑动摩擦力的方向沿接触面的切线方向，与相对运动方向相反。

滑动摩擦力的大小 $F_k = \mu_k F_N$，其中 μ_k 为滑动摩擦系数，F_N 为正压力。

对同样的两个接触面，μ_k 略小于 μ_s。

讨论　由于分子和原子都是电荷组成的系统，所以它们之间的作用力基本上就是它们电荷之间的电磁力。物体之间的弹力和摩擦力等都是相邻原子或分子之间作用力的宏观表现，因此基本上也是电磁力。

2.1.3 牛顿运动定律的应用

应用牛顿运动定律解题的步骤可以分为以下四步：

(1) 确定研究对象　选定一个物体作为研究对象。如果涉及几个物体，就分别作为研究对象进行分析。

(2) 受力分析　找出研究对象所受的所有外力，画简单的**示力图**表示物体受力情况。分析受力是解决质点动力学问题的核心问题，也是最困难的步骤。

(3) 分析运动过程，建立合适坐标系　对物体运动过程进行分析，判断质点的运动状态，画出运动情况示意图，建立坐标系。

(4) 列方程　根据牛顿第二定律，列出坐标系中的分量方程。有时未知数多于运动方程时还要依据几何条件补充一些方程，才能求出结果。对计算结果进行必要讨论。

动力学问题一般有两类：一类是已知运动情况求力，如例 2-1；另一类是已知力的作用情况求运动，如例 2-2～例 2-4，当然在实际情况中往往是两者兼有之。

问题 2-1　质量为 m 的质点沿 Ox 作直线运动，其速度与坐标 x 的关系为 $v = v_0 e^{-kx}$，v_0 与 k 均为正常量，则其所受的力与速度之间满足的关系为(　　)。

问题 2-2　如图 2-1 所示，两个质量均为 m 的物体 A 和物体 B 用轻弹簧相连置于光滑木板 C 上，整个系统置于水平桌面上且处于静止。当抽出板 C 的瞬间，A 和 B 的加速度 a_A 和 a_B 分别是(　　)。

问题 2-3　如图 2-2 所示，一个用长度为 l 的绳子悬挂着的物体在水平面内作速率为 v 的匀速圆周运动。有人在铅直方向求合力，写出

$$F_T \cos\theta - G = 0 \tag{1}$$

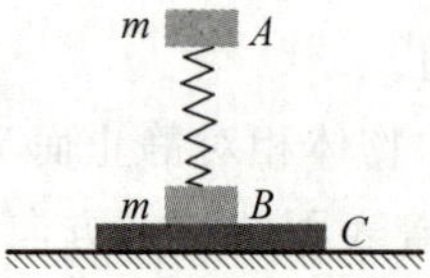

图 2-1　问题 2-2 图

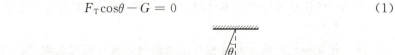

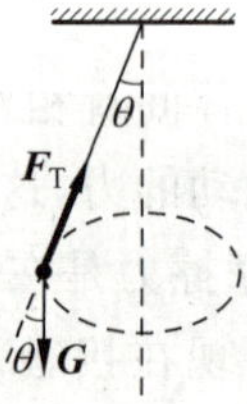

图 2-2　问题 2-3 图

另有人沿绳子拉力 $\boldsymbol{F}_T$ 方向求合力，写出

$$F_T - G\cos\theta = 0 \tag{2}$$

显然两式不能同时成立。下面对于这两个式子的判断，正确的是(　　)。

(A) (1)正确　　(B) (2)正确　　(C) 两者都不对

(D) (2)式改写成 $F_T - G\cos\theta = m\dfrac{v^2}{l\sin\theta}$ 即为正确的

例 2-1　设质量为 m 的质点 M 在 Oxy 平面内运动，如图 2-3 所示，其运动方程为 $x=a\cos\omega t, y=b\sin\omega t$，式中 a、b 及 ω 都是正常数。求作用于质点上的力 $\boldsymbol{F}$。

解　由例 1-1 已知，该质点的运动轨迹是一个以(0,0)为中心、分别以 a 与 b 为两半轴的正椭圆。

将运动方程对时间求二阶导数

$$a_x = -\omega^2 a\cos\omega t = -\omega^2 x$$

$$a_y = -\omega^2 b\sin\omega t = -\omega^2 y$$

即

$$F_x = ma_x = -m\omega^2 x$$

$$F_y = ma_y = -m\omega^2 y$$

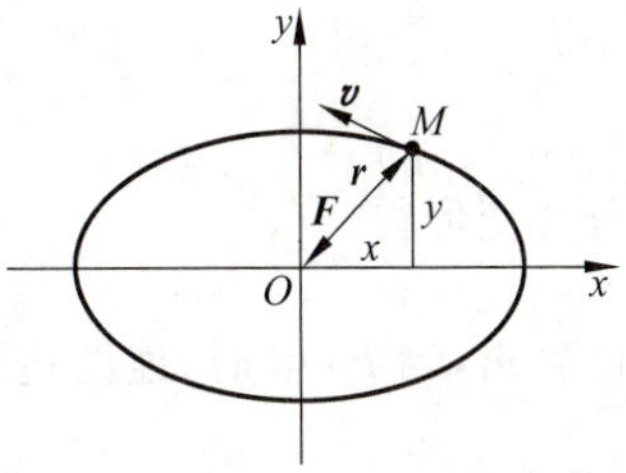

图 2-3　例 2-1 图

力的矢量形式为

$$\boldsymbol{F} = F_x\boldsymbol{i} + F_y\boldsymbol{j} = -m\omega^2(x\boldsymbol{i} + y\boldsymbol{j}) = -m\omega^2\boldsymbol{r}$$

可见力 $\boldsymbol{F}$ 与位矢 $\boldsymbol{r}$ 成正比，而方向相反，即力 $\boldsymbol{F}$ 的方向恒指向椭圆中心 O。

如果质点运动时所受力的作用线始终通过某个给定点，且力的大小只依赖于质点到给定点的距离，则把这种力称为**有心力**。可见在例 2-1 中，质点 M 所受的力为有心力。

例 2-2　一质量为 m 的质点在力 $F=mg(12t+4)$ 的作用下沿直线运动，在 $t=0$ 时，$v=v_0, x=x_0$。求质点的速度表达式 $v(t)$ 和运动方程 $x(t)$。

解　根据牛顿第二定律有

$$mg(12t+4) = ma$$

因为 $a=\dfrac{\mathrm{d}v}{\mathrm{d}t}$，所以

$$\mathrm{d}v = g(12t+4)\mathrm{d}t$$

应用初始条件，积分

$$\int_{v_0}^{v}\mathrm{d}v = \int_0^t g(12t+4)\mathrm{d}t$$

得速度表达式

$$v = 6gt^2 + 4gt + v_0$$

因为 $v=\dfrac{\mathrm{d}x}{\mathrm{d}t}$，所以

$$\mathrm{d}x = (6gt^2 + 4gt + v_0)\mathrm{d}t$$

应用初始条件，积分

$$\int_{x_0}^{x}\mathrm{d}x = \int_0^t (6gt^2 + 4gt + v_0)\mathrm{d}t$$

得运动方程

$$x = 2gt^3 + 2gt^2 + v_0 t + x_0$$

例 2-3　小球在液体中由静止下落，设液体对小球的粘滞力与小球速度成正比，$R=-kv$，式中 k 为正常数，负号表示黏滞力的方向与速度的方向相反，同时小球在下落过程中受到的浮力恒为 B 且小于重力。试求任意时刻小球的速度表达式 $v(t)$，并求小球的最大速度 v_m。

图 2-4 例 2-3 图

解 以小球为研究对象。小球受三个力的作用：重力 $\boldsymbol{G}$ 竖直向下，浮力 $\boldsymbol{B}$、黏滞力 $\boldsymbol{R}$ 竖直向上(图 2-4)；小球作直线运动，取向下的方向为正方向，根据牛顿第二定律

$$mg - B - kv = m\frac{\mathrm{d}v}{\mathrm{d}t} \tag{1}$$

变形并整理得

$$\frac{\mathrm{d}v}{mg - B - kv} = \frac{\mathrm{d}t}{m}$$

应用初始条件 $t=0, v=0$，积分

$$\int_0^v \frac{\mathrm{d}v}{mg - B - kv} = \int_0^t \frac{\mathrm{d}t}{m}$$

积分并变形得

$$v=\frac{mg-B}{k}(1-\mathrm{e}^{-\frac{k}{m}t})$$

可以看出，当 $t\to\infty$ 时，速度达到极限值即最大值 $v_{\mathrm{m}}=\dfrac{mg-B}{k}$。

讨论 例 2-3 中的最大速度 v_{m} 也可以由式(1)直接得到：小球受力为零，即 $\dfrac{\mathrm{d}v}{\mathrm{d}t}=0$ 时，速度取极大值 v_{m}。

例 2-4 如图 2-5 所示，长为 l 的轻绳的一端系质量为 m 的小球，另一端系于点 O，开始时小球静止地处于铅直位置。若小球获得足够大的水平初速度 $\boldsymbol{v}_0$，在竖直面内作圆周运动，求小球在任意位置的速率及绳中张力。

解 以小球为研究对象，小球上摆任意角 θ 时受力如图 2-5 所示，建立如图所示的自然坐标系，由牛顿第二定律列方程如下

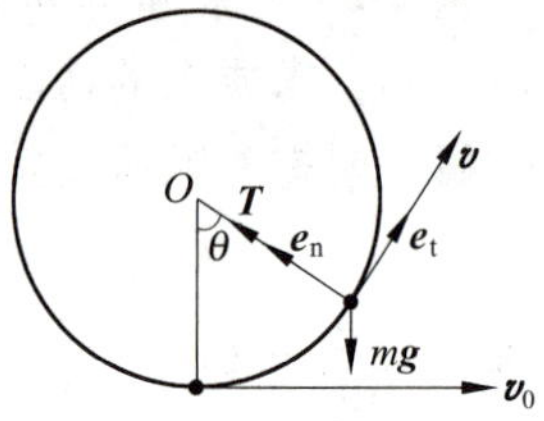

图 2-5 例 2-4 图

切向 $$-mg\sin\theta = ma_{\mathrm{t}} = m\frac{\mathrm{d}v}{\mathrm{d}t} \tag{1}$$

法向 $$T - mg\cos\theta = ma_{\mathrm{n}} = m\frac{v^2}{l} \tag{2}$$

由式(1)有

$$-g\sin\theta = \frac{\mathrm{d}v}{\mathrm{d}t} = \frac{\mathrm{d}v}{\mathrm{d}\theta}\frac{\mathrm{d}\theta}{\mathrm{d}t} = \omega\frac{\mathrm{d}v}{\mathrm{d}\theta} = \frac{v}{l}\frac{\mathrm{d}v}{\mathrm{d}\theta}$$

即

$$v\mathrm{d}v=-gl\sin\theta\mathrm{d}\theta$$

对上式积分，并利用初始条件，$t=0, v=v_0, \theta=0$，得

$$\int_{v_0}^v v\mathrm{d}v = \int_0^\theta -gl\sin\theta\mathrm{d}\theta$$

则

$$v=\sqrt{v_0^2+2gl(\cos\theta-1)}$$

将 v 代入式(2)中，得

$$T = m\left(\frac{v_0^2}{l} + 3g\cos\theta - 2g\right)$$

讨论 在例 2-2 中，$F=F(t)$，在例 2-3 中，$F=F(v)$，在例 2-4 中，$F_{\mathrm{t}}=F_{\mathrm{t}}(\theta)$，分别与运动学第二类基本问题的(1)、(2)①、(3)加以比较，可以看出在求解方法之间的联系。

*2.2 非惯性系 惯性力

一般来说,凡是相对于惯性系作加速运动的参照系为**非惯性系**,而牛顿运动定律在非惯性系中不再成立。本节介绍两类非惯性系,并说明为了能在非惯性系中形式上使用牛顿运动定律来分析力学问题,如何引入虚拟力——**惯性力**。

1. 作加速直线运动的非惯性系

如图 2-6 所示,固定在车厢里的一个光滑面上放着滑块 A,车厢以加速度 $\boldsymbol{a}_0$ 作直线运动。

在地面参照系中的观察者看来,滑块 A 在水平方向因不受任何力的作用而保持静止,这符合牛顿运动定律。

在车厢中的观察者看来,在水平方向不受力的滑块 A,却以加速度 $-\boldsymbol{a}_0$ 在桌面上运动,这显然与牛顿运动定律不符合,即物体的运动状态不再满足 $\boldsymbol{F}=m\boldsymbol{a}$。原因在于车厢相对于惯性系——地面作加速运动,车厢参照系是一个非惯性系。牛顿运动定律在此参照系中不再成立。

2. 作匀速转动的非惯性系

如图 2-7 所示,长度为 l 的细绳一端固定于转盘的中心 O,另一端系一质量为 m 的小方块,当转盘以角速度 ω 绕通过盘心并垂直于盘面的竖直轴作匀速旋转时,小方块随转盘一起转动。

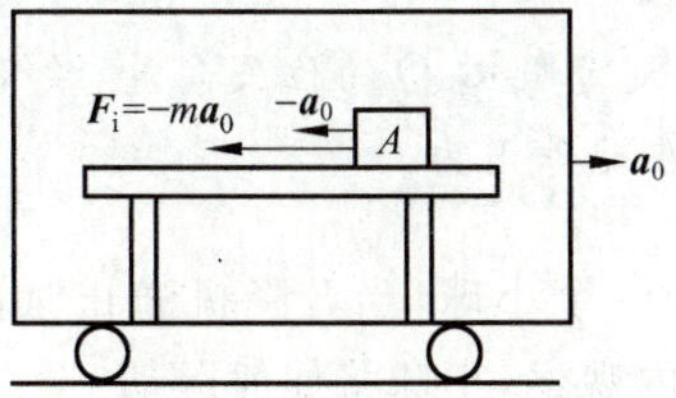

图 2-6 非惯性系——作加速直线运动的参照系

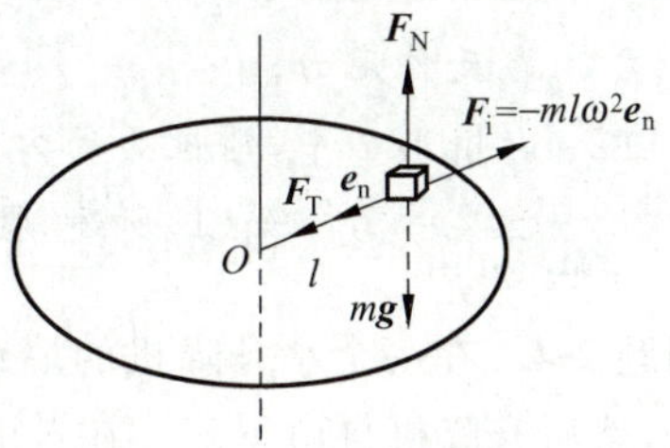

图 2-7 非惯性系——匀速转动参照系

在地面参照系中的观察者看来,细绳的张力 $\boldsymbol{F}_T=ml\omega^2\boldsymbol{e}_n$ 提供了小方块作匀速圆周运动的向心力,小方块的加速度为

$$\boldsymbol{a}_0=\omega^2 l\boldsymbol{e}_n$$

显然小球的运动情况符合牛顿运动定律。

在转盘上的观察者看来,小球受细绳的拉力作用却是静止的,这不符合牛顿运动定律。原因在于转盘相对于惯性系——地面作转动运动,转盘参照系是一个非惯性系。牛顿运动定律在此参照系中不再成立。

3. 在非惯性系中惯性力的引入

上述两种情形表明，在相对于惯性系以加速度运动的非惯性系中，牛顿定律不再适用。可是，在实际问题中，人们常常需要在非惯性系中处理力学问题。这时，要引入惯性力的概念。

惯性力 $\boldsymbol{F}_i$ 的大小等于物体的质量 m 和非惯性系加速度 $\boldsymbol{a}_0$ 的大小的乘积，方向与 $\boldsymbol{a}_0$ 相反，即

$$\boldsymbol{F}_i = -m\boldsymbol{a}_0 \tag{2-7}$$

一般地，如果作用在物体上的力既有真实力 $\boldsymbol{F}$，又有惯性力 $\boldsymbol{F}_i$，物体相对非惯性系的加速度为 $\boldsymbol{a}'$，那么牛顿第二定律的数学形式为

$$\boldsymbol{F} + \boldsymbol{F}_i = m\boldsymbol{a}' \tag{2-8}$$

如对情形1，设想作用在滑块 A 上有一个惯性力 $\boldsymbol{F}_i=-m\boldsymbol{a}_0$，而真实力 $\boldsymbol{F}=0$，从而有

$$\boldsymbol{F} + \boldsymbol{F}_i = \boldsymbol{F}_i = -m\boldsymbol{a}_0 = m\boldsymbol{a}'$$

则

$$\boldsymbol{a}' = -\boldsymbol{a}_0$$

即对车厢这个非惯性系，形式上也可应用牛顿第二定律了。

如对情形2，设想作用在小方块上有一个惯性力 $\boldsymbol{F}_i=-m\boldsymbol{a}_0=-ml\omega^2\boldsymbol{e}_n$，而真实力 $\boldsymbol{F}=ml\omega^2\boldsymbol{e}_n$，从而有

$$\boldsymbol{F} + \boldsymbol{F}_i = 0 = m\boldsymbol{a}'$$

则有

$$\boldsymbol{a}' = 0$$

即小方块运动状态不变，保持静止。对转动圆盘这个非惯性系，在形式上，牛顿第二定律也可以应用了。

注意 (1) 惯性力是在非惯性系中来自参照系本身加速度效应的力，其具体形式与非惯性系运动的形式有关。惯性力不是物体间的相互作用，故无施力物体，也不存在反作用力。

(2) 在情形2中，惯性力的方向沿着小方块相对于圆心 O 的位矢向外，故又称为惯性离心力。如(1)所述，惯性离心力不存在反作用力。

问题 2-4 在一个小升降机的墙壁上用细绳悬挂一个小球，当升降机静止时让小球摆动起来，然后升降机自由下落。在自由下落的升降机内观察，小球将如何运动？

例 2-5 在水平轨道上有一节车厢以加速度 $\boldsymbol{a}_0$ 行驶，在车厢中看到有一质量为 m 的小球静止地悬挂在天花板上。试以车厢为参照系，求悬线与竖直方向的夹角 θ。

解 在车厢参照系($O'x'y'$)内观察小球是静止的，即 $\boldsymbol{a}'=0$。如图2-8所示，小球受的力除重力 $m\boldsymbol{g}$ 和悬线的拉力 $\boldsymbol{F}_T$ 外，还有惯性力 $\boldsymbol{F}_i=-m\boldsymbol{a}_0$。

相对于车厢参照系，对小球应用牛顿第二定律，有

x' 方向： $F_T\sin\theta - F_i = ma'_{x'} = 0$

y' 方向： $F_T\cos\theta - mg = ma'_{y'} = 0$

代入 $F_i=ma_0$，在上两式中消去 F_T，即得

$$\theta = \arctan\frac{a_0}{g}$$

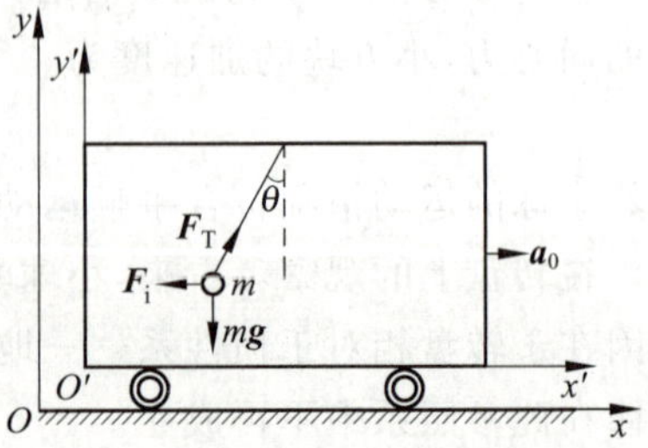

图2-8 例2-5图

2.3 质点的动量定理

质点的质量 m 与速度 $\boldsymbol{v}$ 的乘积称为质点的**动量**,用 $\boldsymbol{p}$ 表示,即

$$\boldsymbol{p}=m\boldsymbol{v} \tag{2-9}$$

动量的单位为千克·米/秒(kg·m/s)。

在《自然哲学之数学原理》中,牛顿对第二定律的叙述并非采用我们熟知的 $\boldsymbol{F}=m\boldsymbol{a}$ 这种形式。他采用的是

$$\boldsymbol{F}=\frac{\mathrm{d}\boldsymbol{p}}{\mathrm{d}t} \tag{2-10}$$

式(2-10)应理解为"物体的动量对时间的变化率与所加的外力成正比,并且发生在这外力的方向上"。只是因为在牛顿力学中,质量 m 是一个常量,$\boldsymbol{F}=m\boldsymbol{a}$ 在形式上与式(2-10)等价。由相对论知识可知,质量 m 与物体的运动速度有关,不能看作常量。所以从近代物理观点来看,式(2-10)是牛顿第二定律的基本的普遍形式。

将式(2-10)变形为 $\boldsymbol{F}\mathrm{d}t=\mathrm{d}\boldsymbol{p}$,并从 $t_0\sim t$ 这段有限时间内进行积分,即得

$$\int_{t_0}^{t}\boldsymbol{F}\mathrm{d}t=\int_{\boldsymbol{p}_0}^{\boldsymbol{p}}\mathrm{d}\boldsymbol{p}=\boldsymbol{p}-\boldsymbol{p}_0$$

左侧积分表示外力 $\boldsymbol{F}$ 在时间 t_0-t 内的累积效应,叫作力的**冲量**,记作 $\boldsymbol{I}$,单位是牛[顿]秒(N·s),即

$$\boldsymbol{I}=\int_{t_0}^{t}\boldsymbol{F}\mathrm{d}t \tag{2-11}$$

于是有

$$\boldsymbol{I}=\boldsymbol{p}-\boldsymbol{p}_0 \tag{2-12}$$

式(2-12)表明:作用于质点合外力的冲量等于质点动量的增量,此即**质点的动量定理**。

式(2-12)是动量定理的矢量形式,在直角坐标系中的分量式为

$$\begin{aligned}I_x&=\int_{t_0}^{t}F_x\mathrm{d}t=p_x-p_{0x}\\ I_y&=\int_{t_0}^{t}F_y\mathrm{d}t=p_y-p_{0y}\\ I_z&=\int_{t_0}^{t}F_z\mathrm{d}t=p_z-p_{0z}\end{aligned} \tag{2-13}$$

说明 (1) 冲量的方向一般不是某一瞬时力 $\boldsymbol{F}$ 的方向,而是所有元冲量 $\boldsymbol{F}\mathrm{d}t$ 的合矢量 $\int_{t_0}^{t}\boldsymbol{F}\mathrm{d}t$ 的方向。

(2) 动量定理将质点动量的变化与力的冲量建立了联系。动量是状态量,它与过程中力的冲量相联系,是描述物体机械运动状态的物理量。冲量是过程量,是力 $\boldsymbol{F}$ 的时间积分,体现力对时间的累积作用,使物体产生动量增量。不管物体在运动过程中动量变化的细节如何,冲量总等于物体始、末动量的**矢量差**,从而将过程量的计算转变为状态量的变化,而不必考虑过程中复杂的具体细节。这一性质得到了广泛的应用。

在打击或碰撞问题中，经常应用动量定理来估算平均力。在物体碰撞等过程中，物体间的相互作用力往往很大而作用时间很短，称为**冲击力**。冲击力随时间变化的函数关系较复杂，使表示瞬时关系的牛顿第二定律无法直接应用。但根据动量定理，通过测定物体的始、末动量 $\boldsymbol{p}_0$ 和 $\boldsymbol{p}$，应用 $|\Delta\boldsymbol{p}|=|\boldsymbol{I}|=|\overline{\boldsymbol{F}}|\cdot\Delta t$，可求得平均冲击力的大小 $|\overline{\boldsymbol{F}}|=\dfrac{|\Delta\boldsymbol{p}|}{\Delta t}$。

问题 2-5 一个人躺在地上，身上压一块重石板，另一人用锤猛击石板，但见石板碎裂，而下面的人却毫无损伤。何故？

问题 2-6 如图 2-9 所示，质量为 m 的质点以速率 v 绕坐标原点 O 沿逆时针方向作半径为 R 的匀速圆周运动，从点 $A(R,0)$ 运动到点 $B(0,R)$。分别用(1)动量定理；(2)冲量定义式 $\boldsymbol{I}=\int_{t_0}^{t}\boldsymbol{F}\mathrm{d}t$ 计算这一过程中合外力对质点的冲量。

问题 2-7 如图 2-10 所示，一个用绳子悬挂着的小球在水平面内作速率为 v 的匀速圆周运动，圆周半径为 R，则小球环绕一周过程中绳中张力 $\boldsymbol{T}$ 的冲量大小为(　　)。

(A) $\dfrac{mg}{\tan\theta}\cdot\dfrac{2\pi R}{v}$　　(B) $\dfrac{mg}{\sin\theta}\cdot\dfrac{2\pi R}{v}$　　(C) $\dfrac{mg}{\cos\theta}\cdot\dfrac{2\pi R}{v}$　　(D) $mg\cdot\dfrac{2\pi R}{v}$

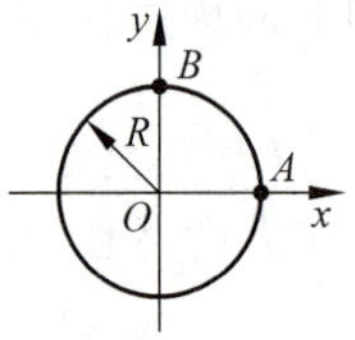

图 2-9　问题 2-6 图

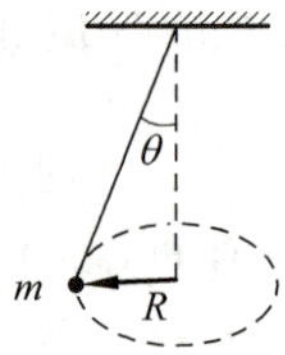

图 2-10　问题 2-7 图

例 2-6 质量 $m=10\text{ kg}$ 的物体在水平面上受到沿 x 轴方向的拉力 $F=10t^2\text{ N}$ 作用。设 $t=0$ 时，$v_0=0$，物体与水平面间的静摩擦系数和滑动摩擦系数相等，为 $\mu=0.1$。求第 2 s 末物体的速度。(重力加速度 g 取 10 m/s^2)

解 最大静摩擦力

$$f=\mu mg=0.1\times10\times10=10\ (\text{N})$$

当拉力 F 大于最大静摩擦力 f，即 $10t^2\text{ N}>10\text{ N}$，$t>1\text{ s}$ 后，物体才开始运动。在这之前，物体处于静止状态，拉力等于静摩擦力，合力始终为零。开始运动后物体所受合力

$$F_{合}=F-f=(10t^2-10)\ \text{N}$$

$F_{合}$ 在第 2 s 内的冲量 $I=\int_1^2 F_{合}\,\mathrm{d}t=\int_1^2(10t^2-10)\mathrm{d}t=\dfrac{40}{3}\ (\text{N}\cdot\text{s})$

根据质点的动量定理 $mv-mv_0=I$，并考虑到 $v_0=0$，得

$$v(2)=\frac{I}{m}=\frac{4}{3}\text{ m/s}$$

例 2-7 小球质量 $m=200\text{ g}$，以 $v_0=8\text{ m/s}$ 的速度沿与地面法线成 $\alpha=30°$ 角的方向射向光滑地面，然后与法线成 $\beta=60°$ 角的方向弹起。设碰撞时间 $\Delta t=0.01\text{ s}$，地面水平，求小球受到地面的平均冲力。

解 由于水平面光滑，地面对小球的平均冲力只能在竖直方向上，设为 $\overline{F}$，小球与地面碰撞过程中受力如图 2-11 所示。建立坐标系 Oxy。设小球在碰撞前、后 x 方向的速度分

别为 v_{0x}、v_x，y 方向的速度分别为 v_{0y}、v_y，根据动量定理有

$$0 = mv_x - mv_{0x} = mv\sin\beta - mv_0\sin\alpha$$

$$(\bar{F} - mg)\Delta t = mv_y - mv_{0y} = mv\cos\beta - (-mv_0\cos\alpha)$$

由此两式消去 v，得

$$(\bar{F} - mg)\Delta t = \frac{mv_0\sin(\alpha+\beta)}{\sin\beta} = \frac{mv_0}{\sin\beta}$$

$$\bar{F} = mg + \frac{mv_0}{\Delta t\sin\beta} = 187\ \mathrm{N}$$

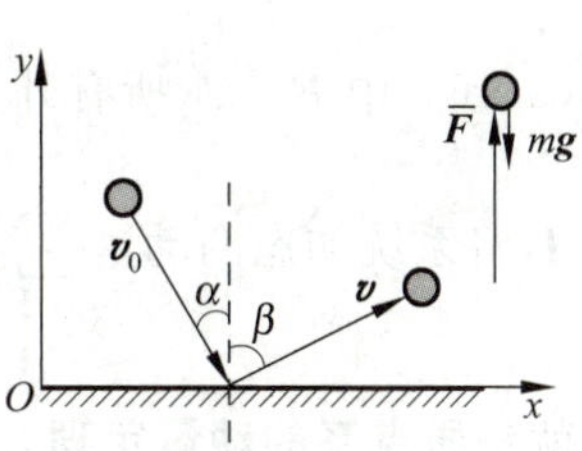

图 2-11 例 2-7 图

由上面的计算可知，小球的自重 0.2×9.8=1.96 (N)，是远小于平均冲力的。

2.4 质点系的动量定理 动量守恒定律

由相互作用着的两个或两个以上的质点组成的系统称为**质点系**。系统内各质点之间的相互作用力称为**内力**，系统外其他物体对系统内任意一质点的作用力称为**外力**。将质点力学的规律应用到组成质点系内每一个质点上，就能推演出质点系的运动规律。

2.4.1 质点系的动量定理

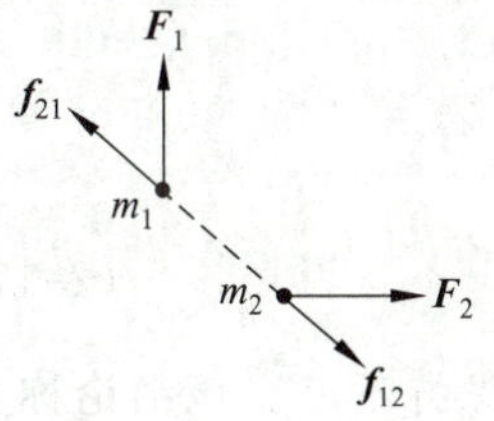

图 2-12 两个质点的系统

我们先讨论由两个质点组成的系统。如图 2-12 所示，两质点相互作用的内力为 $\boldsymbol{f}_{21}$ 与 $\boldsymbol{f}_{12}$，作用在两质点上的外力分别为 $\boldsymbol{F}_1$ 与 $\boldsymbol{F}_2$。

分别对两质点应用质点的动量定理有

$$\int_{t_0}^{t}(\boldsymbol{F}_1 + \boldsymbol{f}_{21})\mathrm{d}t = \boldsymbol{p}_1 - \boldsymbol{p}_{10}$$

$$\int_{t_0}^{t}(\boldsymbol{F}_2 + \boldsymbol{f}_{12})\mathrm{d}t = \boldsymbol{p}_2 - \boldsymbol{p}_{20}$$

两式相加得

$$\int_{t_0}^{t}(\boldsymbol{F}_1 + \boldsymbol{f}_{21})\mathrm{d}t + \int_{t_0}^{t}(\boldsymbol{F}_2 + \boldsymbol{f}_{12})\mathrm{d}t = (\boldsymbol{p}_1 + \boldsymbol{p}_2) - (\boldsymbol{p}_{10} + \boldsymbol{p}_{20})$$

由于 $\boldsymbol{f}_{12}$ 与 $\boldsymbol{f}_{21}$ 是一对内力，$\boldsymbol{f}_{12} + \boldsymbol{f}_{21} = 0$

故
$$\int_{t_0}^{t}(\boldsymbol{F}_1 + \boldsymbol{F}_2)\mathrm{d}t = (\boldsymbol{p}_1 + \boldsymbol{p}_2) - (\boldsymbol{p}_{10} + \boldsymbol{p}_{20}) \tag{2-14}$$

上式表明，作用于两质点组成的系统的合外力的冲量等于系统内两质点动量的增量。

如果系统是由 n 个质点组成的质点系，可以依照上述步骤对各个质点应用动量定理，再相加。由于系统内的各个内力总是以作用力和反作用力的形式成对出现的，所以它们的矢量和等于零，因此可以得到

$$\int_{t_0}^{t}\boldsymbol{F}\mathrm{d}t = \sum_{i=1}^{n}\boldsymbol{p}_i - \sum_{i=1}^{n}\boldsymbol{p}_{i0} \tag{2-15a}$$

式(2-15a)中 $\boldsymbol{F}$ 表示所有外力的矢量和 $\sum_{i=1}^{n}\boldsymbol{F}_i$,即合外力,$\int_{t_0}^{t}\boldsymbol{F}\mathrm{d}t$ 则为合外力的冲量,将其记为 $\boldsymbol{I}$,将系统初态的动量 $\sum_{i=1}^{n}\boldsymbol{p}_{i0}$ 和末态的动量 $\sum_{i=1}^{n}\boldsymbol{p}_i$ 分别记为 $\boldsymbol{p}_0$ 和 $\boldsymbol{p}$,得

$$\boldsymbol{I}=\boldsymbol{p}-\boldsymbol{p}_0 \tag{2-15b}$$

这就是**质点系的动量定理**,即作用于系统的合外力的冲量等于系统动量的增量。

对于无限小的时间间隔,质点系的动量定理可写成

$$\boldsymbol{F}\mathrm{d}t=\mathrm{d}\boldsymbol{p}$$

或

$$\boldsymbol{F}=\frac{\mathrm{d}\boldsymbol{p}}{\mathrm{d}t} \tag{2-16}$$

式(2-16)即为质点系的牛顿第二定律公式,或称为**质点系动量定理的微分表达式**,它表明:系统的动量随时间的变化率等于该系统所受的合外力。

讨论 只有外力才能改变系统的动量,而系统的内力(系统内各质点间的相互作用)不能改变系统的动量。由推导式(2-14)与式(2-15)的过程可知,在质点系内动量的传递和交换中则是内力在起作用。

2.4.2 质点系动量守恒定律

当质点系所受合外力为零,即 $\boldsymbol{F}=0$ 时,由式(2-16)可得

$$\frac{\mathrm{d}\boldsymbol{p}}{\mathrm{d}t}=0$$

于是有

$$\boldsymbol{p}=\text{常矢量}$$

亦即

$$\text{当}\ \boldsymbol{F}=0\ \text{时,}\quad \sum_{i=1}^{n}\boldsymbol{p}_i=\sum_{i=1}^{n}m_i\boldsymbol{v}_i=\text{常矢量} \tag{2-17}$$

这就是说:当一个质点系所受的合外力为零时,这一质点系的动量保持不变。该结论称为**质点系动量守恒定律**。

式(2-17)是动量守恒定律的矢量表达式,在直角坐标系中,其分量形式为

$$\begin{aligned}&\text{当}\ F_x=0\ \text{时,}\quad \sum_{i=1}^{n}m_iv_{ix}=p_x=\text{常量}\\&\text{当}\ F_y=0\ \text{时,}\quad \sum_{i=1}^{n}m_iv_{iy}=p_y=\text{常量}\\&\text{当}\ F_z=0\ \text{时,}\quad \sum_{i=1}^{n}m_iv_{iz}=p_z=\text{常量}\end{aligned} \tag{2-18}$$

由此可见,如果系统所受的合外力沿某坐标轴方向的分量为零,则系统的动量在此方向的分量守恒。

说明 (1) 系统动量守恒的条件是合外力为零。常见的有如下两种情况。

① 在碰撞、打击、爆炸等过程中,因为物体相互作用时间极短,相互作用内力很大,一般的外力(如空气阻力、摩擦力或重力)与内力相比,对系统运动状态变

化的影响往往可忽略，即认为系统的动量守恒。

② 若$\boldsymbol{F}\neq 0$，但系统在某一方向上的合外力为零，则在该方向上动量守恒，即应用式(2-18)。

(2) 动量守恒定律只适用于惯性系，使用时所有速度必须相对于同一惯性系。

应用动量定理和动量守恒定律解题一般步骤如下。

(1) 确定研究对象。分析物体受力情况，确定是否满足动量守恒条件。

(2) 写出力对物体(系统)的冲量与物体始、末态的动量，并向选定的坐标轴进行投影。

(3) 根据定理或定律列出方程。特别要注意始、末态动量在坐标轴上投影的正、负号。

问题 2-8 炸弹从 h 高度处自由下落过程中，若测得从下落到一半高度处$\left(\frac{1}{2}h\text{ 处}\right)$落到地面的时间间隔为 t_1。当在另一次试验中，该炸弹从同样高度 h 处自由下落到一半处突然炸裂成三块质量分别为 m_1、m_2、m_3 的弹片，其中 $m_1=m_2$，且这两块弹片相对于 m_3 的速度大小相等，分别向上和向下飞出，若测得从此刻开始，m_3 落到地面的时间间隔为 t_2，则有(　　)。

(A) $t_1>t_2$　　(B) $t_1<t_2$　　(C) $t_1=t_2$　　(D) 无法确定

例 2-8 如图 2-13 所示，在光滑的水平地面上，有一质量为 M、长为 l 的小车，车上一端有一质量为 m 的人，起初人与车均静止。若人从车一端走到另一端，则人和车相对地面走过的距离分别为多少？

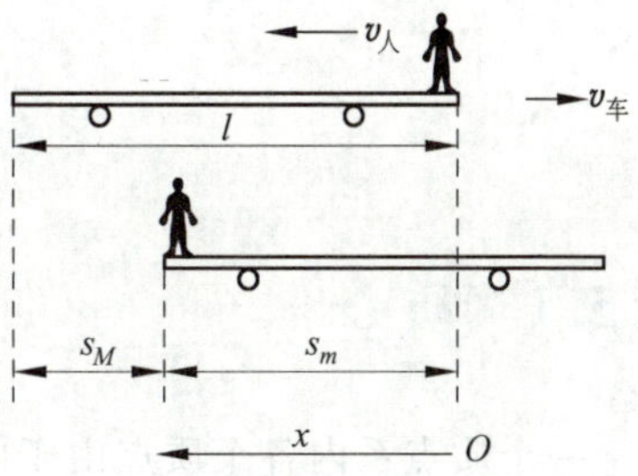

图 2-13　例 2-8 图

解 取车与人为系统。因为此系统在水平方向不受力，所以水平方向动量守恒。选地面为参照系，开始时，系统的动量为零。设在任一时刻，人与车的速度分别为$\boldsymbol{v}_人$和$\boldsymbol{v}_车$，根据动量守恒定律得

$$m\boldsymbol{v}_人+M\boldsymbol{v}_车=0$$

如图 2-13 所示，取 Ox 轴沿着车长方向，将上式投影得

$$mv_人-Mv_车=0$$

设人从一端走到另一端所用时间为 t，上式对时间积分

$$m\int_0^t v_人\,\mathrm{d}t-M\int_0^t v_车\,\mathrm{d}t=0 \tag{1}$$

设人与车相对于地面走过的距离分别为 S_m 和 S_M，有

$$S_m=\int_0^t v_人\,\mathrm{d}t,\quad S_M=\int_0^t v_车\,\mathrm{d}t$$

式(1)成为

$$mS_m-MS_M=0 \tag{2}$$

从图 2-13 可知

$$l=S_m+S_M \tag{3}$$

联解式(2)、(3)得

$$S_m=\frac{M}{m+M}l\quad S_M=\frac{ml}{m+M}$$

例 2-9 如图 2-14 所示，一个静止的物体炸裂成三块，质量分别为 m_1、m_2、m_3，且 $m_1=m_2$，$m_3=m_1+m_2$，m_1、m_2 以相同的速率 30 m/s 沿相互垂直的方向飞开。试求 m_3 的速度的大小和方向。

解　物体的动量原等于零。炸裂时，爆炸力是物体内力，一般情况下，它远大于系统所受外力（如重力），所以在爆炸过程中，可认为动量是守恒的。由此知道，物体分裂为三块瞬间，这三块碎片的动量之和仍然等于零，即

$$m_1 \boldsymbol{v}_1 + m_2 \boldsymbol{v}_2 + m_3 \boldsymbol{v}_3 = 0$$

由三个矢量共面的条件知，$\boldsymbol{v}_1$、$\boldsymbol{v}_2$ 和 $\boldsymbol{v}_3$ 共面，因为 $\boldsymbol{v}_1$ 和 $\boldsymbol{v}_2$ 相互垂直，所以

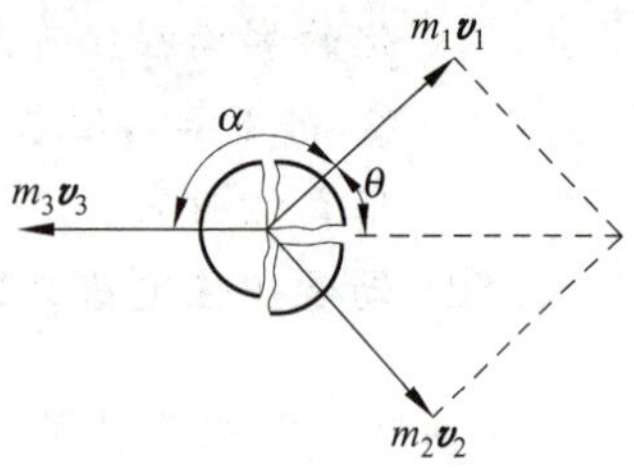

图 2-14　例 2-9 图

$$(m_3 v_3)^2 = (m_1 v_1)^2 + (m_2 v_2)^2$$

将 $m_1 = m_2$，$m_3 = m_1 + m_2$ 代入上式得

$$v_3 = \frac{1}{2}\sqrt{v_1^2 + v_2^2} = \frac{1}{2}\sqrt{30^2 + 30^2} = 21.2\ (\text{m/s})$$

如图 2-14 所示，$\boldsymbol{v}_3$ 与 $\boldsymbol{v}_1$ 或 $\boldsymbol{v}_2$ 夹角

$$\alpha = 180° - \theta$$

而 $\tan\theta = \dfrac{m_2 v_2}{m_1 v_1} = 1$，$\theta = 45°$，即 $\alpha = 135°$。

2.5　质心运动定理

2.5.1　质心

一个质点系内各个质点由于内力和外力的作用，它们的运动情况可能很复杂。但相对于此质点系有一个特殊的点，即质心，它的运动可能非常简单，只由质点系所受的合外力决定。

考虑由一刚性轻杆相连的两个质点组成的系统，当我们将它斜向抛出时（图 2-15），它在空间的运动很复杂，两质点的轨迹形状都不是抛物线。但实践和理论都证明两质点连线中的某点 C 却作抛物线运动。点 C 的运动规律就像两质点的质量都集中在点 C，全部外力也作用在点 C 一样。这个特殊点 C 就定义为质点系的**质心**。

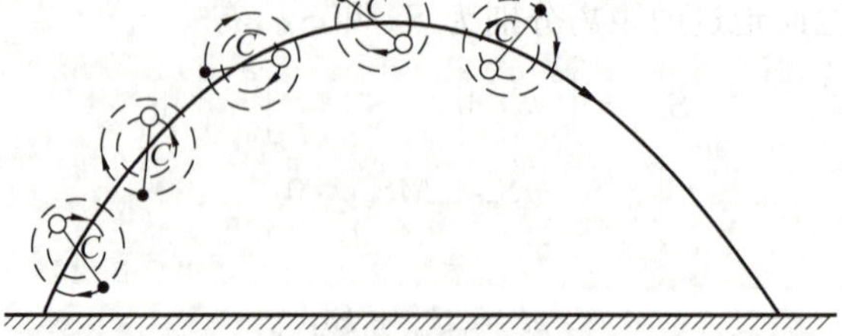

图 2-15　质心的运动轨迹

设一质点系由 n 个质点组成，如果用 m_i 和 $\boldsymbol{r}_i$ 表示系统中第 i 个质点的质量和相对于某一坐标原点的位矢，用 $\boldsymbol{r}_C$ 表示质心的位矢，则

$$\boldsymbol{r}_C = \frac{\sum_{i=1}^{n} m_i \boldsymbol{r}_i}{m} \tag{2-19}$$

式中，$m = \sum_{i=1}^{n} m_i$ 为系统的总质量。

在直角坐标系中，质心坐标表示式为

$$x_C = \frac{\sum_{i=1}^{n} m_i x_i}{m},\quad y_C = \frac{\sum_{i=1}^{n} m_i y_i}{m},\quad z_C = \frac{\sum_{i=1}^{n} m_i z_i}{m} \tag{2-20}$$

如果质量是连续分布的，则 $\boldsymbol{r}_C$ 和坐标表示式分别为

$$\boldsymbol{r}_C = \frac{\int \boldsymbol{r}\,\mathrm{d}m}{m} \tag{2-21}$$

$$x_C = \frac{\int x\,\mathrm{d}m}{m},\quad y_C = \frac{\int y\,\mathrm{d}m}{m},\quad z_C = \frac{\int z\,\mathrm{d}m}{m} \tag{2-22}$$

例 2-10 求质量为 m、半径为 R 的半圆形匀质薄板的质心位置。

解 如图 2-16 所示，以平分板的半径为 x 轴、板的底边为 y 轴建立直角坐标系。根据对称性，有

$$y_C = 0$$

半圆形匀质薄板的质量面密度 $\sigma = \frac{2m}{\pi R^2}$。在离原点 x 处取宽为 $\mathrm{d}x$、高为 $2y = 2\sqrt{R^2 - x^2}$ 的面积元，

面积为 $$\mathrm{d}S = 2\sqrt{R^2 - x^2}\,\mathrm{d}x$$

质量为 $$\mathrm{d}m = \sigma\mathrm{d}S = \frac{4m}{\pi R^2}\sqrt{R^2 - x^2}\,\mathrm{d}x$$

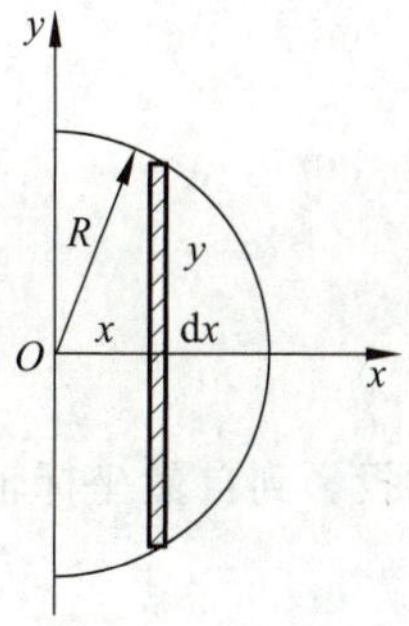

图 2-16 计算半圆形板的质心

由式(2-22)

$$x_C = \frac{\int x\,\mathrm{d}m}{m} = \frac{4}{\pi R^2}\int_0^R x\sqrt{R^2 - x^2}\,\mathrm{d}x = \frac{4R}{3\pi}$$

即质心的坐标为 $\left(\frac{4R}{3\pi}, 0\right)$，位矢 $\boldsymbol{r}_C = \frac{4R}{3\pi}\boldsymbol{i}$。

2.5.2 质心运动定理

将式(2-19)两边对时间求导，得质心的速度

$$\boldsymbol{v}_C = \frac{\sum_{i=1}^{n} m_i \boldsymbol{v}_i}{m}$$

注意到质点系的动量 $\boldsymbol{p} = \sum_{i=1}^{n} m_i \boldsymbol{v}_i$，上式可写成

$$\boldsymbol{p} = m\boldsymbol{v}_C \tag{2-23}$$

式(2-23)表明：质点系的动量等于质点系的质量乘以质心的速度。

说明 某一瞬时质点系的动量既可按 $\boldsymbol{p}=\sum_{i=1}^{n} m_i \boldsymbol{v}_i$ 计算，也可按式(2-23)计算。

将式(2-23)两边对时间求导

$$\frac{\mathrm{d}\boldsymbol{p}}{\mathrm{d}t}=m\frac{\mathrm{d}\boldsymbol{v}_C}{\mathrm{d}t}=m\boldsymbol{a}_C \tag{2-24}$$

式(2-24)中 $\boldsymbol{a}_C$ 是质心运动的加速度。由式(2-24)并结合质点系的牛顿第二定律公式(2-16)

得

$$\boldsymbol{F}=\frac{\mathrm{d}\boldsymbol{p}}{\mathrm{d}t}=m\boldsymbol{a}_C \tag{2-25}$$

式(2-25)表明，作用在系统上的合外力等于系统的质量与其质心加速度的乘积，这就是**质心运动定理**。

式(2-25)是质心运动定理的矢量形式，具体计算时可将其投影到直角坐标轴上

$$\begin{cases}\sum_{i=1}^{n} F_{ix}=ma_{Cx}\\ \sum_{i=1}^{n} F_{iy}=ma_{Cy}\\ \sum_{i=1}^{n} F_{iz}=ma_{Cz}\end{cases} \tag{2-26}$$

或投影到自然坐标轴上

$$\begin{cases}\sum_{i=1}^{n} F_{i\mathrm{t}}=ma_{C\mathrm{t}}\\ \sum_{i=1}^{n} F_{i\mathrm{n}}=ma_{C\mathrm{n}}\end{cases} \tag{2-27}$$

说明 (1) 质心运动定理表明：一个质点系质心的运动，就如同这样一个质点的运动，该质点的质量等于整个质点系的质量，所受的力是质点系所受的合外力。

(2) 内力不能影响质心的运动。

由式(2-25)得

$$\text{如果 } \boldsymbol{F}=0,\quad \boldsymbol{p}=m\boldsymbol{v}_C=\sum_{i=1}^{n} m_i\boldsymbol{v}_i=\text{常矢量} \tag{2-28}$$

即由质心运动定理，我们又得到了动量守恒定律。

说明 (1) 系统的动量守恒与质心保持匀速直线运动状态或静止状态是等价的。

(2) 如果作用于质点系的外力的矢量和等于零，则质心作匀速直线运动或保持静止；若质心原来是静止的，则其位置保持不动。如果作用于质点系的合外力在某一方向上的分量等于零，则质心速度在该方向上的分量保持不变；若质心的速度该方向上的分量原来就等于零，则质心沿该方向就不发生位移。

讨论　(1) 重心和质心的区别。

一个物体的质心，是物体质量分布所决定的一个特殊的点。由式(2-23)、式(2-25)和式(2-28)及其推导过程可知，质心的运动规律反映了质点系整体运动的特征。而重心是地球对物体各部分引力(即重力)的合力的作用点。两者的物理意义完全不同。当物体远离地球，不受重力的作用，重心这个概念便失去意义，而质心却依然是存在的。对位于地球表面且体积不太大的物体，可认为物体处于均匀重力场中，亦即在物体体积内各处的重力加速度大小相等、方向平行，物体的重心与质心的位置是重合的。

(2) 在很多实际问题中，所研究的物体并不能当成质点看待。用牛顿运动定律分析它们的运动时，严格说来，是对物体用了质心运动定理式(2-25)，而所分析的运动实际上是物体质心的运动。

应用质心运动定理可以解释日常生活中的很多现象。例如，在非常光滑的地面上走路很困难；在静止的小船上，人向前走，船往后退，等等，都是因为水平方向外力很小，人的质心或人与船组成的系统的质心趋向于保持静止的缘故。

问题 2-9　用"原来处于静止的质点系，当其所受合外力等于零时，质心位置保持不变(即质心保持静止)"的结论，重新计算例 2-8。

2.6　功　质点的动能定理

2.6.1　功

如图 2-17 所示，质点在力 $\boldsymbol{F}$ 的作用下发生元位移 $\mathrm{d}\boldsymbol{r}$ 时，力 $\boldsymbol{F}$ 对质点做的**功** $\mathrm{d}W$ 定义为力 $\boldsymbol{F}$ 与位移 $\mathrm{d}\boldsymbol{r}$ 的数量积(标量积)，即 $\mathrm{d}W$ 为力 $\boldsymbol{F}$ 在位移 $\mathrm{d}\boldsymbol{r}$ 方向上的投影 $F\cos\theta$ 与此位移大小 $|\mathrm{d}\boldsymbol{r}|$ 的乘积，即

$$\mathrm{d}W = \boldsymbol{F}\cdot\mathrm{d}\boldsymbol{r} = F\cos\theta\,|\,\mathrm{d}\boldsymbol{r}\,| = F_{\mathrm{t}}\,|\,\mathrm{d}\boldsymbol{r}\,| \qquad (2\text{-}29\mathrm{a})$$

式中 θ 为 $\boldsymbol{F}$ 与 $\mathrm{d}\boldsymbol{r}$ 的夹角，F_{t} 为 $\boldsymbol{F}$ 在 $\mathrm{d}\boldsymbol{r}$ 方向的投影 $F\cos\theta$，即是切向分力。

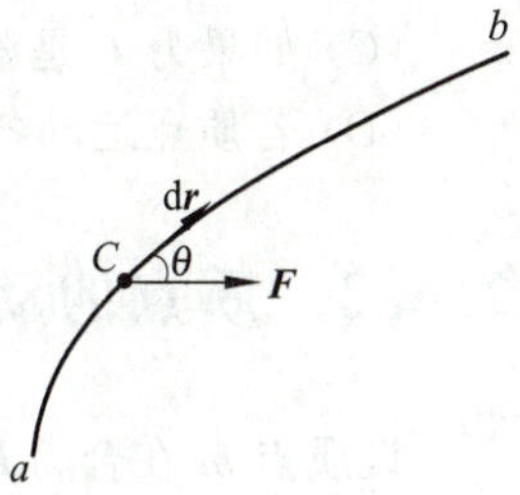

图 2-17　功的定义

设 $\mathrm{d}\boldsymbol{r}$ 相应的元路程为 $\mathrm{d}s$，由于 $|\mathrm{d}\boldsymbol{r}|=\mathrm{d}s$，所以上式也可写成

$$\mathrm{d}W = \boldsymbol{F}\cdot\mathrm{d}\boldsymbol{r} = F\cos\theta\mathrm{d}s = F_{\mathrm{t}}\mathrm{d}s \qquad (2\text{-}29\mathrm{b})$$

功的单位是焦耳(J)。

质点从 a 运动到 b，力 $\boldsymbol{F}$ 所做的总功为

$$W = \int \mathrm{d}W = \int_a^b \boldsymbol{F}\cdot\mathrm{d}\boldsymbol{r} \qquad (2\text{-}30)$$

说明　(1) 功是力对空间位移的累积效应，是与空间过程有关的物理量。

(2) 功是代数量　当 $0\leqslant\theta<90°$ 时，$\cos\theta>0$，力对物体做正功；当 $\theta=90°$ 时，$\cos\theta=0$，力对物体不做功；当 $90°<\theta\leqslant180°$ 时，$\cos\theta<0$，力对物体做负功，或者说物体克服外力做功。

在直角坐标系中,

$$\boldsymbol{F}=F_x\boldsymbol{i}+F_y\boldsymbol{j}+F_z\boldsymbol{k},\quad \mathrm{d}\boldsymbol{r}=\mathrm{d}x\boldsymbol{i}+\mathrm{d}y\boldsymbol{j}+\mathrm{d}z\boldsymbol{k}$$

元功可写成

$$\mathrm{d}W=F_x\mathrm{d}x+F_y\mathrm{d}y+F_z\mathrm{d}z \tag{2-31}$$

则

$$W=\int\mathrm{d}W=\int_a^b(F_x\mathrm{d}x+F_y\mathrm{d}y+F_z\mathrm{d}z) \tag{2-32}$$

如质点作直线运动从 a 运动到 b,则

$$W=\int_a^b F_x\mathrm{d}x \tag{2-33}$$

功的计算步骤：确定求哪个力的功,并写出该力随位置变化的关系式；选定积分变量,写出元功 $\mathrm{d}W$ 的表达式；确定积分限进行积分。

在实际问题中,除了要知道一个力做功的大小,还要知道力做功的快慢。定义单位时间内力所做的功叫作**功率**,用 P 表示,则有

$$P=\frac{\mathrm{d}W}{\mathrm{d}t} \tag{2-34}$$

由功的定义式(2-29)得

$$P=\boldsymbol{F}\cdot\frac{\mathrm{d}\boldsymbol{r}}{\mathrm{d}t}=\boldsymbol{F}\cdot\boldsymbol{v}=Fv\cos\theta=F_t v \tag{2-35}$$

即功率等于力与速度的数量积,或功率等于力的切向分量与速度大小的乘积。

功率的单位为瓦(W)。

问题 2-10 关于质点在力 $\boldsymbol{F}$ 的作用下发生元位移 $\mathrm{d}\boldsymbol{r}$ 时所做的元功,下列说法中不正确的是(　　)。

(A) 元功 $\mathrm{d}W=(F\cos\theta)|\mathrm{d}\boldsymbol{r}|$,即力在位移方向上的投影和此位移大小的乘积

(B) 元功 $\mathrm{d}W=F(|\mathrm{d}\boldsymbol{r}|\cos\theta)$,即位移在力方向上的投影和此力的大小的乘积

(C) 如果力 $\boldsymbol{F}$ 是若干个力的合力,则元功 $\mathrm{d}W$ 等于各个力的元功的代数和

(D) 若质点运动各过程元功不为零,则总功必不为零

2.6.2 质点的动能定理

设质点 m 在合力 $\boldsymbol{F}$ 的作用下,自点 a 沿曲线运动到点 b,在两点的速率分别为 v_0 和 v(图 2-18)。在 c 点发生位移 $\mathrm{d}\boldsymbol{r}$,由式(2-29),合力 $\boldsymbol{F}$ 对质点 m 所做的元功

$$\mathrm{d}W=F_t|\mathrm{d}\boldsymbol{r}|=m\frac{\mathrm{d}v}{\mathrm{d}t}|\mathrm{d}\boldsymbol{r}|=m\frac{|\mathrm{d}\boldsymbol{r}|}{\mathrm{d}t}\mathrm{d}v=mv\mathrm{d}v$$

对上式积分,则得到合力 $\boldsymbol{F}$ 在这一过程中的功

$$W=\int_{v_0}^{v}mv\mathrm{d}v=\frac{1}{2}mv^2-\frac{1}{2}mv_0^2$$

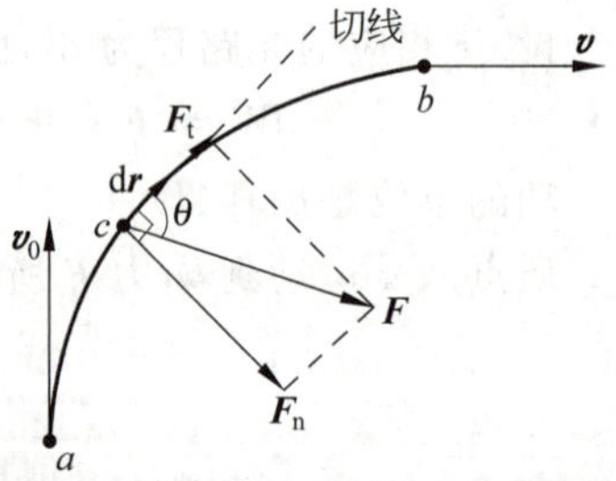

图 2-18 质点动能定理推导

定义：$\frac{1}{2}mv^2$ 为物体的动能,用 E_k 表示,即

$$E_k=\frac{1}{2}mv^2 \tag{2-36}$$

则有 $$W=E_k-E_{k0}=\Delta E_k \tag{2-37}$$

E_{k0}和 E_k 分别为质点的始、末动能。式(2-37)表明：合力对质点所做的功等于质点动能的增量，这个结论称为**质点的动能定理**。动能的单位是焦耳(J)。

讨论 动能定理将质点动能的变化与力做的功建立了联系。动能是反映物体状态的物理量，是状态量，它与运动过程中力的功相联系，是机械运动能量之一。能量并不限于机械运动，还有其他形式的能量，如热能、电磁能、核能、生物能等。功是与空间过程有关的过程量，是力 $\boldsymbol{F}$ 的空间积分，体现力对空间的累积作用。功是能量变化的量度。

应用动能定理解题步骤：①明确研究对象；②分析物体在过程中受到的全部力做功情况，并加以计算；③列出始、末状态动能的表达式；④运用动能定理列方程求解。要注意动能定理适用于惯性系，解题过程中涉及的速度均应相对于同一惯性系。

问题 2-11 一质点在几个外力同时作用下运动。下列说法正确的是(　　)。

(A) 质点的动量改变时，质点的动能一定改变

(B) 质点的动能不变时，质点的动量也一定不变

(C) 外力的冲量为零时，外力的功一定为零

(D) 外力的功为零时，外力的冲量一定为零

例 2-11 质量 $m=3$ kg 的质点受方向不变的力 $F=6t$ N 的作用，$t=0$ 时，$v_0=0$。求在前 2 s 内 F 对质点做的功。

解 该题可以先由动量定理求出 2 s 末的速度，然后由动能定理求出力所做的功。

前 2 s 内 F 对质点的冲量

$$I=\int_0^2 F\mathrm{d}t=\int_0^2 6t\mathrm{d}t=12\ (\mathrm{N\cdot s})$$

由动量定理 $$I=mv-mv_0$$

考虑到 $t=0$ 时，$v_0=0$，得 $$v=\frac{I}{m}=\frac{12}{3}\ \mathrm{m/s}=4\ \mathrm{m/s}$$

由动能定理 $$W=\frac{1}{2}mv^2-\frac{1}{2}mv_0^2=\frac{1}{2}\times 3\times 4^2\ \mathrm{J}=24\ \mathrm{J}$$

例 2-12 质点在力 $F=F_0\mathrm{e}^{-kx}$ 的作用下沿 x 轴运动，F_0、k 均为正常量。若质点在 $x=0$ 处的速度为 0，求质点所能达到的最大动能。

解 由动能定理 $E_k-E_{k0}=W$ 及 $E_{k0}=0$ 可知，力 F 对质点所做功的最大值即质点所能达到的最大动能。力 F 对质点所做的功

$$W=\int_0^x F\mathrm{d}x=\int_0^x F_0\mathrm{e}^{-kx}\mathrm{d}x=\frac{F_0}{k}(1-\mathrm{e}^{-kx})$$

由 W 的表达式可知，当 $x\to\infty$ 时，W 达极大值$\dfrac{F_0}{k}$，即质点所能达到的最大动能为 $E_k=\dfrac{F_0}{k}$

例 2-13 重解例 2-4，用动能定理求小球在任意位置的速率。

解 如图 2-19 所示，张力 $\boldsymbol{T}$ 与位移 $\mathrm{d}\boldsymbol{r}$ 的夹角始终为$\dfrac{\pi}{2}$，当绳与竖直方向夹角为 θ 时，

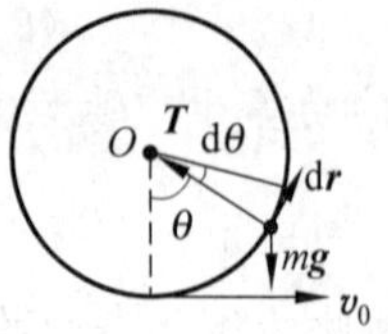

图 2-19 例 2-13 解用图

重力 $\boldsymbol{G}$ 与 $\mathrm{d}\boldsymbol{r}$ 的夹角为 $\left(\frac{\pi}{2}+\theta\right)$，从而有

$$\mathrm{d}W=(\boldsymbol{G}+\boldsymbol{T})\cdot\mathrm{d}\boldsymbol{r}=mg\cos\left(\frac{\pi}{2}+\theta\right)\mathrm{d}s+T\cos\frac{\pi}{2}\mathrm{d}s$$

$$=-mg\sin\theta l\,\mathrm{d}\theta$$

$$W=\int\mathrm{d}W=-\int_0^\theta mgl\sin\theta\mathrm{d}\theta=mgl(\cos\theta-1)$$

由动能定理

$$\frac{1}{2}mv^2-\frac{1}{2}mv_0^2=mgl(\cos\theta-1)$$

得

$$v=\sqrt{v_0^2+2gl(\cos\theta-1)}$$

例 2-14 如图 2-20 所示，在光滑水平桌面上水平放置一固定的半径为 R 的圆形屏障，有一质量为 m 的滑块贴着圆形屏障的内侧运动。设滑块与屏障间的摩擦系数为 μ_k 且滑块经过 A 点时速率为 v_0。求滑块从 A 点起运动一圈的过程中摩擦力所做的功。

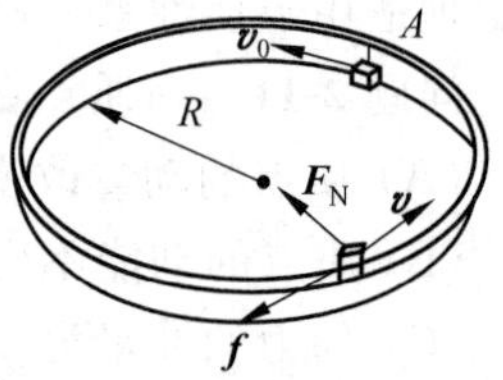

图 2-20 例 2-14 图

解 在任意时刻滑块受力如图 2-20 所示。滑块所受重力与桌面支持力是一对平衡力，未画出；受圆形屏障侧向支持力 F_N，此力提供向心力，即 $F_N=m\frac{v^2}{R}$。滑块受到圆形屏障的摩擦力

$$f=\mu_k F_N=\mu_k m\frac{v^2}{R}$$

摩擦力的方向沿切向，但与滑块的运动方向相反，由牛顿第二定律，有

$$-f=ma_t=m\frac{\mathrm{d}v}{\mathrm{d}t}$$

即

$$\frac{\mathrm{d}v}{\mathrm{d}t}=-\mu_k\frac{v^2}{R}$$

对 $\frac{\mathrm{d}v}{\mathrm{d}t}$ 进行变换

$$\frac{\mathrm{d}v}{\mathrm{d}t}=\frac{\mathrm{d}v}{\mathrm{d}\theta}\frac{\mathrm{d}\theta}{\mathrm{d}t}=\frac{\mathrm{d}v}{\mathrm{d}\theta}\omega=\frac{\mathrm{d}v}{\mathrm{d}\theta}\frac{v}{R}$$

式中 θ 是任意时刻滑块相对于 A 点转过的圆心角。

代入上式得

$$\frac{\mathrm{d}v}{\mathrm{d}\theta}=-\mu_k v$$

变形并代入初始条件积分

$$\int_{v_0}^{v}\frac{\mathrm{d}v}{v}=\int_0^\theta-\mu_k\mathrm{d}\theta$$

得

$$v=v_0\mathrm{e}^{-\mu_k\theta}$$

当 $\theta=2\pi$，即滑块已运行一周时，$v=v_0\mathrm{e}^{-2\mu_k\pi}$，在此过程中仅有摩擦力对物块做功，由动能定理可得

$$W_f=\frac{1}{2}mv^2-\frac{1}{2}mv_0^2=\frac{1}{2}mv_0^2(\mathrm{e}^{-4\mu_k\pi}-1)$$

2.7 势能 保守力

一般而言，功是过程量，但本节将研究一类具有特殊性质的力——**保守力**，这类力所做的功与路径无关，如重力、万有引力、弹性力等，并由此引入另外一种形式的机械能——**势能**。

2.7.1 重力、万有引力、弹性力做功的特点

1. 重力做功

如图 2-21 所示，质量为 m 的质点在重力 $\boldsymbol{G}$ 作用下由点 a 沿任意路径运动到点 b，选取水平地面上一点为坐标原点，y 轴垂直于地面向上，重力 $\boldsymbol{G}$ 只有 y 分量，即 $F_y=-mg$，应用式(2-33)，有

$$W=\int_{y_a}^{y_b}F_y\mathrm{d}y=\int_{y_a}^{y_b}-mg\,\mathrm{d}y=mgy_a-mgy_b$$

即

$$W=-(mgy_b-mgy_a) \tag{2-38}$$

可见重力做的功只与质点的始、末位置有关，而与质点经过的路径无关。

2. 万有引力做功

如图 2-22 所示，质量为 m 的质点在另一质量为 M 的质点的引力场中，沿任意路径从点 a 运动到点 b。如取 M 的位置为坐标原点，a、b 两点距 M 的距离分别为 r_a、r_b，m 在某时刻的位矢为 $\boldsymbol{r}$，则 m 受 M 的万有引力

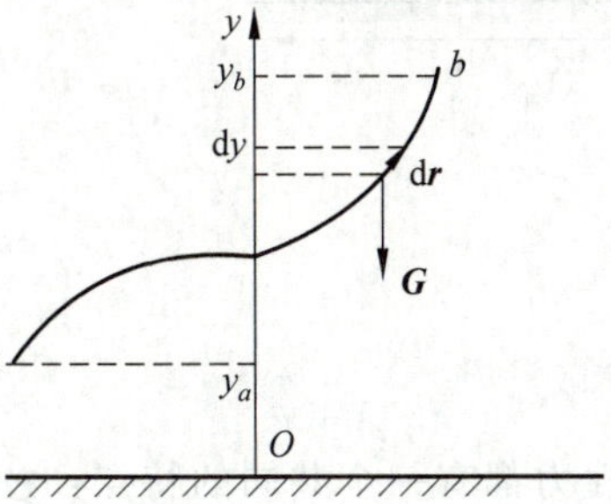

图 2-21 重力的功

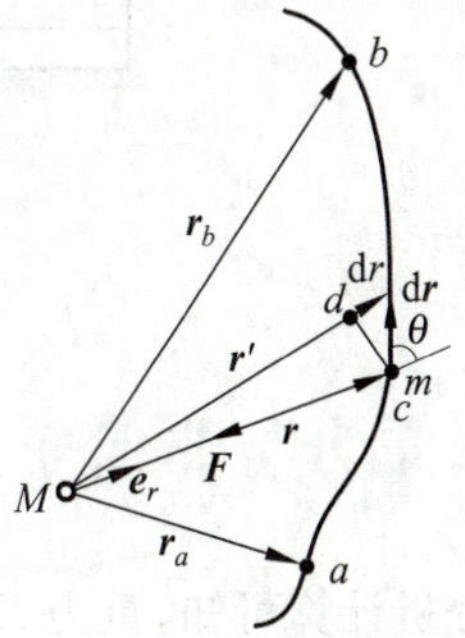

图 2-22 万有引力的功

$$\boldsymbol{F}=-\frac{GMm}{r^2}\boldsymbol{e}_r$$

式中 $\boldsymbol{e}_r$ 是位矢 $\boldsymbol{r}$ 的单位矢量。当 m 沿路径移动元位移 $\mathrm{d}\boldsymbol{r}$ 时，万有引力的元功

$$\mathrm{d}W=\boldsymbol{F}\cdot\mathrm{d}\boldsymbol{r}=-\frac{GMm}{r^2}\boldsymbol{e}_r\cdot\mathrm{d}\boldsymbol{r}$$

如图 2-22 所示，在 $\boldsymbol{r}'$ 上截取 $Md=|\boldsymbol{r}|=Mc$，则 $\mathrm{d}r=|\boldsymbol{r}'|-|\boldsymbol{r}|$ 是 m 位矢大小的增量。因为

$\mathrm{d}\boldsymbol{r}$ 是无穷小位移，所以等腰$\triangle cMd$ 的顶角$\angle cMd\to 0$，cd 趋向于垂直 $Mc(\boldsymbol{r})$、$Md(\boldsymbol{r}')$，从而得 $\boldsymbol{e}_r\cdot\mathrm{d}\boldsymbol{r}=|\boldsymbol{e}_r||\mathrm{d}\boldsymbol{r}|\cos\theta=|\mathrm{d}\boldsymbol{r}|\cos\theta=\mathrm{d}r$。于是上式为

$$\mathrm{d}W=-\frac{GMm}{r^2}\mathrm{d}r$$

从而

$$W=\int_a^b\boldsymbol{F}\cdot\mathrm{d}\boldsymbol{r}=\int_{r_a}^{r_b}-\frac{GMm}{r^2}\mathrm{d}r=\frac{GMm}{r_b}-\frac{GMm}{r_a}$$

即

$$W=-\left[\left(-\frac{GMm}{r_b}\right)-\left(-\frac{GMm}{r_a}\right)\right] \tag{2-39}$$

可见万有引力做的功只与质点始、末的位置有关，而与质点经过的路径无关。

3. 弹性力做功

如图 2-23 所示，将轻弹簧的一端与质量为 m 的质点连接(这样的系统称为**弹簧振子**)并放在光滑的水平面上，弹簧的另一端固定。以弹簧自然伸长时的自由端为坐标原点 O，m 处于点 O 时受力为零，即该位置为系统的**平衡位置**。建立如图 2-23 所示的 Ox 轴，则当 m 相对于原点 O 的位移为 x 时，所受的弹性力

$$F=-kx \tag{2-40}$$

式中 k 为弹簧的劲度系数，负号表示弹性力的方向与 m 位移的方向相反。m 从 x_a 运动到 x_b，弹性力做功

$$W=\int_{x_a}^{x_b}F\mathrm{d}x=\int_{x_a}^{x_b}(-kx)\mathrm{d}x=\frac{1}{2}kx_a^2-\frac{1}{2}kx_b^2$$

即

$$W=-\left(\frac{1}{2}kx_b^2-\frac{1}{2}kx_a^2\right) \tag{2-41}$$

可见弹性力做的功只与质点始、末的位置有关，而与质点经过的路径无关。

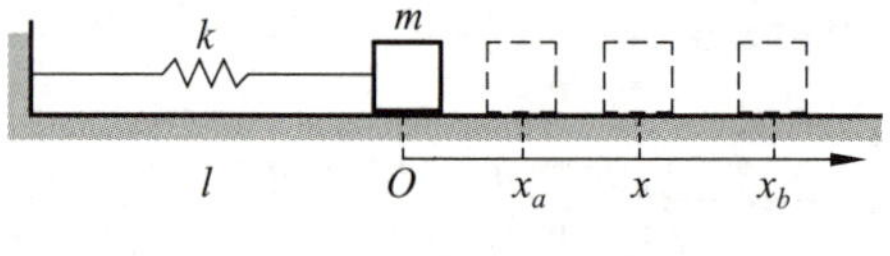

图 2-23 弹性力的功

2.7.2 保守力与非保守力

由以上分析计算可知，重力、万有引力、弹性力都有一个共同的特点：它们对物体做的功与具体路径无关，只由物体始、末位置决定。具有这种性质的力称为**保守力**。如果物体运动的路径是一闭合回路，那么始、末位置相同，保守力 $\boldsymbol{F}$ 做的功为零，即

$$\oint_L\boldsymbol{F}\cdot\mathrm{d}\boldsymbol{r}=0 \tag{2-42}$$

所以保守力可以等价地定义为沿任意闭合路径做功为零的力。

然而，在物理学中并非所有的力都是保守力。例如常见的摩擦力，它所做的功就与路径有关。比如说，当一个物体在不光滑的平面上移动时，若经不同的路径从同一始位置到达同一末位置，显然在路程较长的路径上，摩擦力做的功的数值较大。我们将这种做功与路径有

关的力称为**非保守力**。

2.7.3 势能

从上面关于重力、万有引力、弹性力做功的讨论中，我们发现这些保守力所做的功均只与物体的始、末位置有关，同时式(2-38)、式(2-39)和式(2-41)的左边都是三种保守力的功，右边都是与物体位置有关的函数，而功是能量变化的量度，因此，上述三式中的能量一定包含在位置函数里。为此我们把这种与物体位置有关的能量称为物体的**势能**，用 E_p 表示，于是三种势能分别为

$$\begin{cases} \text{重力势能} & E_p = mgy \\ \text{万有引力势能} & E_p = -\dfrac{GMm}{r} \\ \text{弹性势能} & E_p = \dfrac{1}{2}kx^2 \end{cases} \tag{2-43}$$

式(2-38)、式(2-39)和式(2-41)可统一写成

$$W = -(E_{pb} - E_{pa}) = -\Delta E_p \tag{2-44}$$

上式表明，保守力对物体做的功等于物体势能增量的负值。

说明 (1) 只有保守力才能引入势能的概念。

(2) 势能具有相对性。势能的值与势能零点的选取有关，但两点间的势能差值不变。尽管原则上势能零点可以任意选取，但通常势能零点的选取要使势能的表达式最为简单。在式(2-43)中，重力势能是取所研究问题中的参考面(如地面位置)为势能零点，y 是物体相对参考面的高度；引力势能是选无限远处为引力势能零点；水平放置的弹簧振子的弹性势能是取平衡位置(弹簧为原长)为弹性势能零点。

(3) 势能是属于系统的。势能是由系统内各物体间相互作用的保守力和相对位置决定的量，因而它只属于系统，单独谈单个物体的势能是没有意义的。如重力势能是属于地球和物体所组成的系统，引力势能是属于两个或多个物体组成的系统，弹性势能是属于物体和弹簧组成的系统。习惯上称为某个物体的势能，这只是叙述上的简便而已。

(4) 如已知势能表达式，由式(2-44)可以方便地求保守力的功，而不再需要作积分计算。

讨论 在保守力 $\boldsymbol{F}$ 的作用下，物体在点 a 的势能 E_{pa} 的一般定义：E_{pa} 等于将物体从点 a 移至零势能点处的过程中，保守力 $\boldsymbol{F}$ 对物体所做的功，数学表达式为

$$E_{pa} = \int_a^{\text{零势能点}} \boldsymbol{F} \cdot \mathrm{d}\boldsymbol{r} \tag{2-45}$$

问题 2-12 式(2-43)给出了重力势能、引力势能和弹簧振子弹性势能的表达式。说出它们势能零点。如选择不同的势能零点，表达式变化吗？以弹簧振子弹性势能为例，取伸长

h 为势能零点，应用式(2-45)，求出其势能表达式。

问题 2-13 重力是引力的一个特例，所以重力势能是引力势能的一个特例。以物体在地球表面上时为势能零点，即规定物体离地球中心的距离 r_a 等于地球半径 R_E 时，势能为零，应用式(2-45)，求出物体在地球以上高度 h 时的势能表达式。并说明当 $h \ll R$ 时，物体势能的表达式变为 $E_p = mgh$（地球的质量为 M_E）。

问题 2-14 如图 2-24 所示，劲度系数为 k 的轻弹簧下端挂一质量为 m 的物体。取系统平衡时物体的位置（设此时弹簧伸长 h）为竖直 y 轴的原点 O，相应状态作为弹性势能和重力势能的零点。当物体的位置坐标为 y 时，(1) 应用式(2-45)求出系统弹性势能的表达式；(2)求出系统弹性势能与重力势能之和，即系统势能表达式。

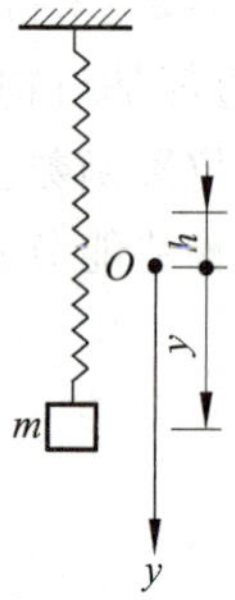

图 2-24 问题 2-14 图

例 2-15 一颗质量 5×10^3 kg 的陨石从外太空落到地球上，它与地球间的引力做功多少？已知地球半径为 $R_E = 6.37\times10^6$ m，质量为 $M_E = 5.98\times10^{24}$ kg。

解 在此过程中引力做功等于引力势能增量的负值，选取 $r=\infty$ 处为引力势能零点，则

$$W = -\Delta E_p = -(E_{pR_E} - E_{p\infty}) = -\left[\left(-\frac{GM_E m}{R_E}\right) - 0\right] = \frac{GM_E m}{R_E}$$

$$= \frac{6.67\times10^{-11}\times5.98\times10^{24}\times5\times10^3}{6.37\times10^6} = 3.13\times10^{11}\,(\mathrm{J})$$

2.8 功能原理 机械能守恒定律

2.6 节与 2.7 节讨论了质点机械运动的能量——动能和势能，以及合外力对质点做功引起质点动能改变的动能定理。下面讨论质点系中功和能的关系。

2.8.1 质点系的动能定理

设质点系由 n 个质点组成，在运动过程中，作用于各质点合力的功分别为 W_1、W_2、…、W_n，结果使得各质点动能由 E_{k10}、E_{k20}、…、E_{kn0} 变为 E_{k1}、E_{k2}、…、E_{kn}，对第 i 个质点应用动能定理，有 $W_i = E_{ki} - E_{ki0}\,(i=1,2,\cdots,n)$，将 n 个等式相加

$$\sum_{i=1}^{n} W_i = \sum_{i=1}^{n} E_{ki} - \sum_{i=1}^{n} E_{ki0}$$

用 E_{k0} 表示质点系的初动能 $\sum\limits_{i=1}^{n} E_{ki0}$，$E_k$ 表示质点系的末动能 $\sum\limits_{i=1}^{n} E_{ki}$，$\Delta E_k$ 表示质点系始、末动能的变化即动能的增量，用 W 表示作用于系统内所有质点上的力所做的功之和 $\sum\limits_{i=1}^{n} W_i$，则有

$$W = E_k - E_{k0} = \Delta E_k \tag{2-46}$$

上式表明：作用于质点系内各质点上的所有力做的功之和等于质点系动能的增量，这就是

质点系的动能定理。

系统内每一个质点所受的力，既有来自系统外的外力，也有来自于系统内各质点间相互作用的内力，因此，功 W 应是一切外力所做的功 W_{ex} 与质点系内一切内力做的功 W_{in} 之和，这样式(2-46)可以写成

$$W_{ex}+W_{in}=E_k-E_{k0}=\Delta E_k \tag{2-47}$$

这就是**质点系的动能定理的另一种表达式**。它表明：作用于质点系一切外力做的功与一切内力做的功之和等于质点系动能的增量。

注意　系统内力做的功之和可以不为零，因而内力可以改变系统的动能。

问题 2-15　计算一对作用力与反作用力的元冲量之矢量和、元功之和，由此说明系统内力的冲量之矢量和为零，从而不改变系统的动量；而功之和一般不为零，即可以改变系统的动能。

问题 2-16　在关于质点动能定理的式(2-37)中，当一个质点受几个力作用时，W 既可按合力对质点所做的功来计算，也可以按各力对质点所做功的和来计算，两者是相同的，而在关于质点系动能定理的式(2-46)中，W 只能按作用于质点系内各质点上力的功的和来计算，不能按作用于质点系的合力的功来计算。请说明原因。

问题 2-17　下列说法，错误的是(　　)。

(A) 对于单一质点，各个外力对物体所做功之和等于合外力的功

(B) 对于单一质点，各个外力对物体的冲量之矢量和等于合外力的冲量

(C) 对于质点系，各个外力对系统的冲量之矢量和等于合外力的冲量

(D) 对于质点系，各个外力对系统的功之和等于合外力的功

问题 2-18　对于质点系，下列说法正确的是(　　)。

(A) 当动量不为零时，动能一定不为零

(B) 当动能不为零时，动量一定不为零

(C) 在一个过程中，外力的冲量为零，则外力的功一定为零

(D) 在一个过程中，外力的功为零时，则外力的冲量一定为零

2.8.2　功能原理

式(2-47)$W_{ex}+W_{in}=E_k-E_{k0}$ 表明，作用于质点系一切外力做的功与一切内力做的功之和等于质点系动能的增量，而系统内力又可以分为保守内力和非保守内力两种，因此内力的功分成两部分，即保守内力的功 W_{inc} 和非保守内力的功 W_{ind}

$$W_{in}=W_{inc}+W_{ind}$$

而保守内力的功 W_{inc} 等于势能增量的负值

$$W_{inc}=-\Delta E_p$$

于是式(2-47)可变为

$$W_{ex}+W_{ind}=\Delta E_k+\Delta E_p=\Delta E \tag{2-48}$$

式中 $E=E_k+E_p$ 定义为**系统的机械能**。式(2-48)说明：系统所受外力做的功与系统内非

保守内力做的功之和等于系统机械能的增量，这就是**系统的功能原理**。

注意 使用功能原理解题和动能定理解题的区别。

(1) 当取物体为研究对象时，使用的是单个物体的动能定理，外力做的功是作用在物体上所有外力所做的总功，所以必须计算包括重力、弹性力等一切外力所做的功。物体动能的变化是由外力所做的总功决定的。

(2) 当取系统为研究对象使用功能原理解决问题时，由于应用了系统的势能这个概念，保守内力所做的功，例如重力的功和弹性力的功，已为系统的势能变化所代替，不必再计算。

问题 2-19 在式(2-48)中，当 $W_{ex}=0$，即有 $W_{ind}=\Delta E_k+\Delta E_p=\Delta E$，这时，非保守内力做的功将引起系统机械能的变化，即系统内部其他形式的能量与机械能相互转换。试举例说明。

问题 2-20 对质点系有下列3种说法：(1)质点系动量的改变与内力无关；(2)质点系动能的改变与内力无关；(3)质点系机械能的改变与保守内力无关。这3种说法中正确的是(　　)。

(A) 只有(1)　　(B) (1)与(3)　　(C) (1)与(2)　　(D) (2)与(3)

2.8.3 机械能守恒定律

由功能原理可知，当 $W_{ex}+W_{ind}=0$ 时，有 $\Delta E=0$，

$$E=E_0 \quad 或 \quad E_k+E_p=E_{k0}+E_{p0} \tag{2-49}$$

式(2-49)的物理意义是：当作用于质点系的外力和非保守内力都不做功时，质点系的机械能守恒。这就是**机械能守恒定律**。

机械能守恒定律是自然界最普遍规律之一的能量守恒定律的特殊情形。

讨论 机械能守恒定律还可以写成

$$\Delta E_k=-\Delta E_p \tag{2-50}$$

可见，在满足机械能守恒的条件下，质点系内的动能和势能之间可以互相转换，但动能和势能之和不变，即机械能是不变量或守恒量。质点系内的动能和势能之间的转换是通过质点系内的保守力做功来实现的。

应用功能原理(机械能守恒定律)解题步骤：

(1) 确定研究对象，研究的对象应是质点系或是可以看成由质点组成的物体系统。

(2) 进行受力分析，将外力和内力、保守内力和非保守内力区别开来，并分别考察外力的功和非保守内力的功，判断是否满足机械能守恒的条件。

(3) 选取势能零点，确定始态和末态的势能和动能。

(4) 根据功能原理或机械能守恒定律列方程、求解。

问题 2-21 重解例2-4，用机械能守恒定律求小球在任意位置的速率。

例 2-16 第一宇宙速度 v_1 是指在地面上发射一航天器，使之能绕地球作圆轨道运行所

需要的最小发射速度。第二宇宙速度 v_2 是指在地面上发射一航天器，使之能脱离地球的引力作用所需要的最小发射速度，第二宇宙速度也称为**逃逸速度**。求：(1) v_1；(2) v_2。

解 如将地球和航天器作为一个系统，在航天器的运动过程中，只有地球的引力做功，因此系统的机械能守恒。

(1) 设航天器质量为 m，作圆周运动时距地面高度为 h，速度为 v，则在地面发射后的机械能

$$E_0 = E_{k0} + E_{p0} = \frac{1}{2}mv_1^2 - \frac{GM_E m}{R_E}$$

作圆周运动时的机械能

$$E = E_k + E_p = \frac{1}{2}mv^2 - \frac{GM_E m}{R_E + h}$$

由机械能守恒得

$$\frac{1}{2}mv_1^2 - \frac{GM_E m}{R_E} = \frac{1}{2}mv^2 - \frac{GM_E m}{R_E + h}$$

即

$$v_1^2 = v^2 - 2\frac{GM_E}{R_E + h} + 2\frac{GM_E}{R_E} \tag{1}$$

地球对航天器的万有引力提供航天器作圆周运动的向心力

$$m\frac{v^2}{R_E + h} = \frac{GM_E m}{(R_E + h)^2}$$

即

$$v^2 = \frac{GM_E}{R_E + h} \tag{2}$$

将式(2)代入式(1)，得

$$v_1^2 = GM_E\left(\frac{2}{R_E} - \frac{1}{R_E + h}\right) \tag{3}$$

由式(3)可以看出航天器飞得越高，即 h 越大，所需初速度 v_1 就越大，反之，航天器飞得越低，所需初速度 v_1 就越小。对于地球表面附近的航天器有 $R_E \gg h$，由式(3)得第一宇宙速度

$$v_1 = \sqrt{\frac{GM_E}{R_E}} = 7.9 \times 10^3 \text{ m/s}$$

比较 v_1 和 v 可知，对于地球表面附近的航天器，$v_1 = v$，即航天器作圆周运动的速度 v 与第一宇宙速度 v_1 相等。

(2) 在地面发射后的机械能

$$E_0 = E_{k0} + E_{p0} = \frac{1}{2}mv_2^2 - \frac{GM_E m}{R_E}$$

航天器脱离地球引力后，其在地球引力作用下的引力势能为零，如果在地面上以最小发射速度 v_2 发射，其动能也为零，从而其机械能 $E=0$，由机械能守恒，得

$$\frac{1}{2}mv_2^2 - \frac{GM_E m}{R_E} = 0$$

于是

$$v_2 = \sqrt{\frac{2GM_E}{R_E}} = 11.2 \times 10^3 \text{ m/s}$$

讨论 第三宇宙速度 v_3 是指在地面上发射一航天器，使之能脱离太阳的引力作用所需要的最小发射速度。按照机械能守恒定律计算可得 $v_3=16.7\times10^3$ m/s 。

问题 2-22 黑洞 星体的逃逸速度与星体的半径和密度有关。如果星体的半径很小，密度很大，以至于逃逸速度超过光速 c，即星体的质量 M 和半径 R 满足关系式$\sqrt{\dfrac{2GM}{R}}>c$，那么这个星体即使发光，引力也会把光吸引回来，远处的观察者根本接收不到该星体发出的任何信息，这种天体称为**黑洞**。令$\sqrt{\dfrac{2GM}{R_c}}=c$，则有

$$R_c=\frac{2GM}{c^2}$$

这称为质量分布 M 的引力半径。求：(1)地球和太阳的引力半径；(2)当地球和太阳的质量收缩到半径为引力半径的球体内时，球体的质量密度。

例 2-17 在光滑水平桌面上有两个质量都为 m 的物体，用一根劲度系数为 k 的轻弹簧相连并处于静止状态，如图 2-25 所示。今用棒击其中一个物体，使其获得指向另一物体的速度 v_0。求棒击后弹簧的最大压缩长度。

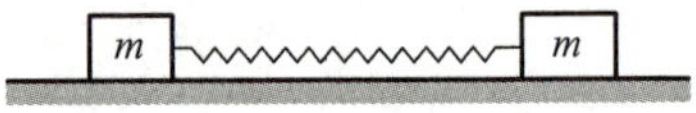

图 2-25 例 2-17 图

解 方法一 以桌面为参照系，选两个物体和弹簧作为系统。设棒击后的某一时刻两个物体的运动速度分别为 v 和 v'，弹簧压缩长度为 x，因桌面光滑，在水平方向系统不受外力作用，系统的动量守恒，即有

$$mv_0=mv+mv'$$

得

$$v'=v_0-v$$

棒击后只有弹性力做功，系统的机械能守恒，即

$$\frac{1}{2}mv_0^2=\frac{1}{2}mv^2+\frac{1}{2}mv'^2+\frac{1}{2}kx^2$$

将 $v'=v_0-v$ 代入得

$$\frac{kx^2}{2m}=\frac{1}{2}[v_0^2-v^2-(v_0-v)^2]=v_0v-v^2 \tag{1}$$

当 $\mathrm{d}x/\mathrm{d}v=0$ 时，x 值最大，此时有

$$v_0-2v=0$$

即

$$v=v_0/2$$

代入式(1)得弹簧的最大压缩长度

$$x=\sqrt{\frac{2m}{k}(v_0v-v^2)}=v_0\sqrt{\frac{m}{2k}}$$

方法二 仍以桌面为参照系，选两个物体和弹簧作为系统。棒击一个物体后，系统将向同一方向运动，当两物体以相同速度运动时，弹簧的压缩长度最大，设为 x，由动量守恒得

$$mv_0=mv+mv$$

即

$$v=v_0/2$$

由机械能守恒得 $$\frac{1}{2}mv_0^2=\frac{1}{2}mv^2+\frac{1}{2}mv^2+\frac{1}{2}kx^2$$

代入 $v=v_0/2$ 得 $$x=v_0\sqrt{\frac{m}{2k}}$$

问题 2-23 一质量为 M 的弹簧振子水平放置，静止在平衡位置，如图 2-26 所示。一质量为 m 的子弹以水平速度 $\boldsymbol{v}$ 射入振子中，并随之一起运动。如果水平面光滑，此后弹簧的最大势能为( )。

(A) $\frac{1}{2}mv^2$ (B) $\frac{m^2v^2}{2(M+m)}$

(C) $(M+m)\frac{m^2}{2M^2}v^2$ (D) $\frac{m^2}{2M}v^2$

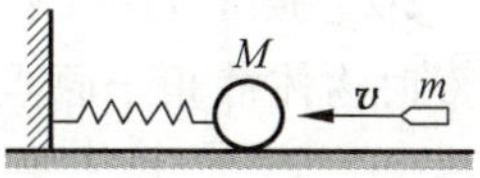

图 2-26 问题 2-23 图

例 2-18 劲度系数为 k 的轻弹簧上端固定，下端挂一质量为 m 的物体，先用手托住，使弹簧不伸长，现将物体突然放手。求：(1)当物体到达最低位置时，弹簧的伸长量和弹性力；(2)物体在平衡位置时的速率。

解 取弹簧、物体和地球为系统，在物体运动过程中，做功的力为重力和弹性力，系统机械能守恒。取初始位置为重力势能和弹性势能零点。

(1) 初始时系统机械能，

$$E_0=E_{k0}+E_{p0}^e+E_{p0}^G=0 \tag{1}$$

设物体到达最低位置时下降了 x，此时动能为零，机械能

$$E=E_k+E_p^e+E_p^G=\frac{1}{2}kx^2-mgx$$

由机械能守恒得

$$\frac{1}{2}kx^2-mgx=0$$

解出 $$x=\frac{2mg}{k}$$

此时弹簧弹力的大小

$$F=kx=2mg(\text{方向向上})$$

(2) 初始机械能与式(1)相同。

处于平衡位置的物体所受合力为零，设此时弹簧伸长为 h，则

$$mg-kh=0$$

即有 $$h=\frac{mg}{k} \tag{2}$$

设物体此时速率为 v，系统机械能

$$E=E_k+E_p^e+E_p^G=\frac{1}{2}mv^2+\frac{1}{2}kh^2-mgh$$

由机械能守恒得

$$\frac{1}{2}mv^2+\frac{1}{2}kh^2-mgh=0$$

代入式(2)的 h，得 $$v=g\sqrt{\frac{m}{k}}$$

习 题

2-1 质量 $m=2$ kg 的质点的运动方程为 $\boldsymbol{r}=[(6t^2-1)\boldsymbol{i}+(3t^2+3t-1)\boldsymbol{j}]$ m。求该质点所受力。

2-2 质量 $m=4$ kg 的物体同时受力 $\boldsymbol{F}_1=(2\boldsymbol{i}-3\boldsymbol{j})$ N 和 $\boldsymbol{F}_2=(4\boldsymbol{i}-11\boldsymbol{j})$ N 的作用，当 $t=0$ 时物体静止于原点。求：(1)物体的加速度；(2)3s 末物体的速度；(3)物体的运动方程。

2-3 如习题 2-3 图所示，质量 $m=4$ kg 的物体被两根长度均为 $l=1.25$ m 的轻绳系在竖直杆上相距为 2 m 的两点 A、B。当上边绳中的张力为 60 N 时，系统的转动角速度是多大？此时下边绳子的张力是多大？(g 取 10 m/s^2)

2-4 如习题 2-4 图所示，倾角为 θ 的斜面的底边 AB 长 $l=2.1$ m，质量为 m 的物体从斜面顶端由静止开始向下滑动，物体与斜面之间的滑动摩擦系数 $\mu_k=0.14$。试问当 θ 为何值时，物体在斜面上下滑的时间最短？最短时间是多少？(g 取 9.8 m/s^2)

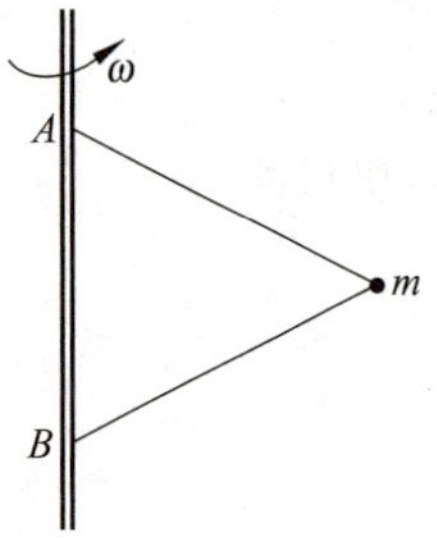

习题 2-3 图

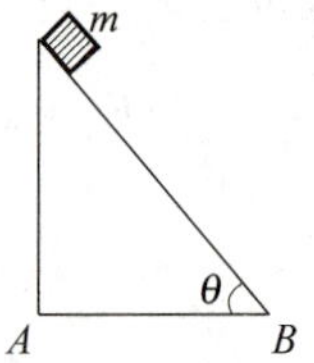

习题 2-4 图

2-5 质量为 $m=10$ kg 的物体在 $t=0$ 时，位于原点，速率为零。如果物体在沿着 x 轴方向的力 $F=(3+4x)$ N 的作用下运动了 3 m。应用牛顿第二定律计算物体处于 3 m 处的速度和加速度。

2-6 质量分布均匀的柔软绳子的一部分置于光滑水平桌面，另一部分自桌边下垂。绳全长为 L，开始时下垂部分为 L_0，绳初速度为零。设绳不可伸长，应用牛顿第二定律求整个绳全部离开桌面时的速度。

2-7 质量为 m 的物体在液体中由静止下落，该液体对物体的阻力为 $f=-kv$，式中 k 为正常量，负号表示阻力与速度方向相反。试推导物体任意时刻的速度表达式 $v(t)$。

2-8 以初速度 v_0 竖直向上发射一颗质量为 m 的子弹，若空气阻力 $f=cv^2$，其中 c 为正比例常数。求子弹到达最高点所需要的时间。

2-9 如习题 2-9 图所示，有一密度为 ρ 的细棒，长度为 l，其上端用细线悬着，下端紧贴着密度为 ρ' 的液体表面。设液体没有黏性，$\rho>\rho'/2$。现将悬线剪断，求细棒在恰好全部没入水中时的沉降速度。

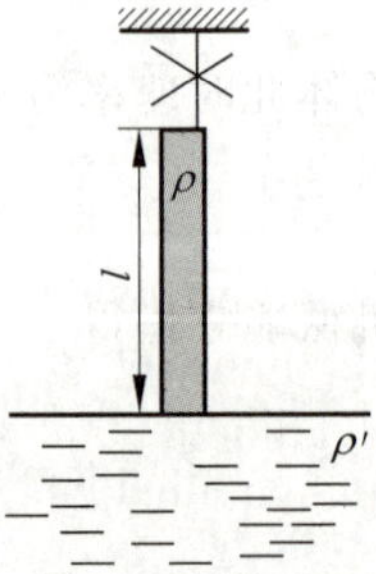

习题 2-9 图

*2-10 在刹车时卡车以恒定的加速度 $a=7.0\ \text{m/s}^2$ 减速。刹车一开始，原来停在上面的一个箱子就开始滑动，它在卡车车厢上滑动了 $l=2\ \text{m}$ 后撞上了卡车的前帮。设箱子与车厢底板之间的滑动摩擦系数 $\mu_k=0.50$，以车厢为参照系，求此箱子撞上前帮时相对卡车的速率。(g 取 $9.8\ \text{m/s}^2$)

2-11 一架飞机以 300 m/s 的速率水平飞行，与一只身长 0.20 m、质量 0.50 kg 的飞鸟相撞，设碰撞后飞鸟的尸体与飞机具有同样的速度，而原来飞鸟对于地面的速率很小，可以忽略不计。试估计飞鸟对飞机的冲击力(碰撞时间可用飞鸟身长被飞机速率相除来估算)。根据本题计算结果，谈谈高速运动的物体(如飞机、汽车)与通常情况下不足以引起危害的物体(如飞鸟、小石子)相碰撞后会产生什么后果?

2-12 水力采煤是用高压水枪喷出的强力水柱冲击煤层。如习题 2-12 图所示，设直径 $D=30\ \text{mm}$、水速 $v=56\ \text{m/s}$ 的水柱垂直射在煤层表面上，冲击煤层后的速度为零。求水柱对煤的平均冲力。

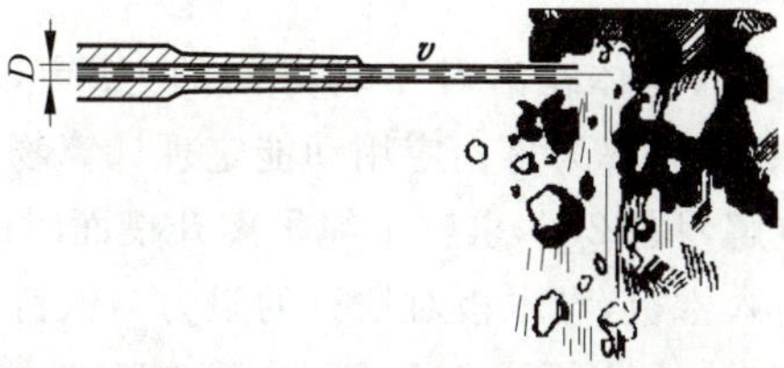

习题 2-12 图

2-13 质量 $m=10\ \text{kg}$ 的物体在 $t=0$ 时，速率为零。如果物体在沿着 x 轴方向的力 $F=(3+4t)\ \text{N}$ 的作用下运动了 3 s，计算 3 s 末物体的速度。

2-14 质量为 m 的物体开始时静止，在时间间隔 $0\leqslant t\leqslant 2T$ 内，受力 $F=F_0\left[1-\frac{(t-T)^2}{T^2}\right]$ 作用。证明：在 $t=2T$ 时物体的速率为 $\frac{4F_0T}{3m}$。

2-15 设枪膛内的子弹在发射过程中受随时间变化的爆炸力的作用，力的大小 $F=\left(400-\frac{4}{3}\times10^5 t\right)\ \text{N}$，子弹初速度为零，出口速度为 $v=300\ \text{m/s}$。求：(1)子弹走完枪膛全程所需要的时间；(2)子弹在枪膛内受到的爆炸力的冲量；(3)子弹的质量。

2-16 大炮在发射时会发生反冲现象。如习题 2-16 图所示，设炮身的仰角为 θ，炮弹和炮身的质量分别为 m 和 M，炮弹的出口速度为 $\boldsymbol{v}$。若忽略炮身反冲时与地面的摩擦力，求炮身的反冲速度 $\boldsymbol{v}'$ 的大小。

2-17 一个原来静止的原子核放射性蜕变时放出一个动量为 $p_1=9.22\times10^{-21}\ \text{kg}\cdot\text{m/s}$ 的电子，同时还在垂直于此电子运动的方向上放出一个动量为 $p_2=5.33\times10^{-21}\ \text{kg}\cdot\text{m/s}$ 的中微子。求蜕变后原子核的反冲动量的大小和方向。

2-18 如习题 2-18 图所示，浮动起重船的质量 $m_1=2\times10^4\ \text{kg}$，起重杆 OA 长 $l=8\ \text{m}$(质量不计)，起吊物体的质量 $m_2=2\times10^3\ \text{kg}$。设开始起吊时整个系统处于静止，$OA$ 与铅直位置的夹角为 $\alpha_1=60°$，水的阻力不计。求 OA 与铅直位置成角 $\alpha_2=30°$ 时船的位移。

习题 2-16 图

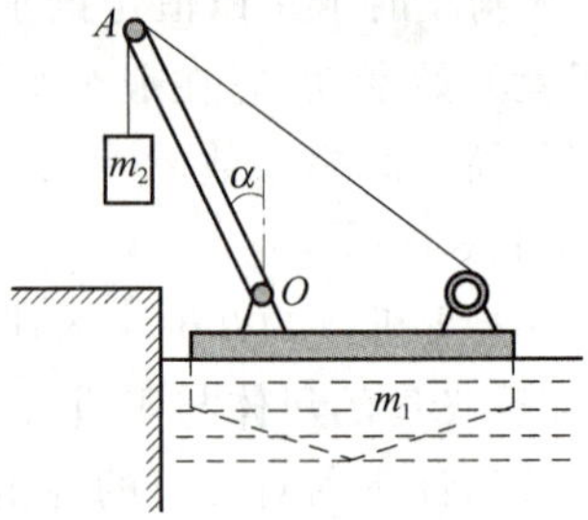

习题 2-18 图

2-19　质量为 5 kg 的质点在力 $\boldsymbol{F}$ 的作用下沿空间曲线运动，其运动方程 $\boldsymbol{r}=[(2t^3+t)\boldsymbol{i}+(3t^4-t^2+8)\boldsymbol{j}-12t^2\boldsymbol{k}]$ m。求力 $\boldsymbol{F}$ 的功率。

2-20　质量 $m=2$ kg 的质点在力作用下沿 x 轴运动，其运动方程为 $x=(t+t^3)$ m。求力在最初 2.0 s 内所做的功。

2-21　质量为 $m=10$ kg 的物体在沿着 x 轴方向的力 $F=(3+4x)$ N 的作用下运动了 3 m，设 $t=0$ 时，物体位于原点，速率为零。应用动能定理计算物体处于 3 m 处的速度。

2-22　应用动能定理重解习题 2-6，求整个绳子离开桌面时的速度。

2-23　铁锤将一铁钉击入木板，设木板对铁钉的阻力与铁钉进入木板内的深度成正比。在铁锤击第一次时，能将小钉击入木板内 1 cm，问击第二次时能击入多深？假定铁锤两次打击时的速度相同。

2-24　质量为 m 的物体在阻尼介质中以低速作直线运动时，阻力近似为速度的线性函数 $f=-kmv$，式中 k 是正常数。试证明物体以初速度 v_0 开始运动到静止的过程中，阻力所做的功正好等于物体损失的动能。

2-25　如习题 2-25 图所示，劲度系数为 k 的轻弹簧水平放置，一端固定、另一端系一质量为 m 的物体，物体与水平面间的滑动摩擦系数为 μ_k。开始时，弹簧处于原长，物体静止。现以沿弹簧伸长方向、大小恒定的拉力 F 将物体从平衡位置开始向右拉动。求弹簧的最大弹性势能。

2-26　应用机械能守恒定律重解习题 2-6，求整个绳子离开桌面时的速度。

2-27　两个质量分别为 m_1 和 m_2 的质点在相互之间的万有引力场中运动。开始时，两质点间的距离为 a，它们都处于静止状态。试求两质点的距离为 $\frac{1}{2}a$ 时两质点的速度各为多少？

2-28　如习题 2-28 图所示，质量为 M 的物体静止于光滑的水平面上，并连接有一劲度系数为 k 的轻弹簧，如习题 2-28 图所示，另一质量为 M 的物体以速度 $\boldsymbol{v}_0$ 沿弹簧长度方向与弹簧相撞。求当弹簧压缩到最大时，有百分之几的动能转化为势能。

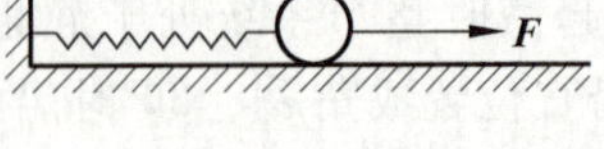

习题 2-25 图

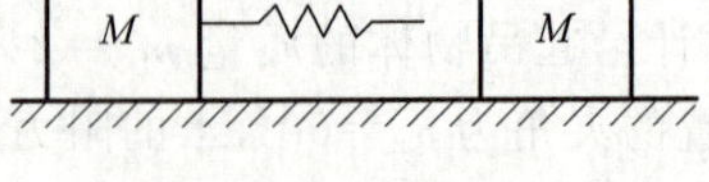

习题 2-28 图

2-29 如习题2-29图所示，质量为 m 的物体从质量为 M、半径为 R、张角为 $\pi/2$ 的圆弧形槽顶端由静止滑下。如所有摩擦都可忽略，求(1)物体刚离开槽底端时，物体和槽的速度各是多少？(2)物体从 A 滑到 B 的过程中，物体对槽所做的功；*(3)物体到达 B 时对槽的压力。

*2-30 已知地球的半径 $R_E=6.37\times10^6$ m，质量 $M_E=5.98\times10^{24}$ kg。今有质量 $m=3.0\times10^3$ kg 的人造地球卫星点从半径 $2R_E$ 的圆形轨道上，经如习题2-30图所示的半椭圆形轨道上的点 a 变轨至半径为 $4R_E$ 的另一个圆形轨道点 b 上。点 a 和点 b 处的椭圆轨道与圆轨道的切线相切。求卫星在此过程中获得的能量。(g 取 $9.8\ \text{m/s}^2$)

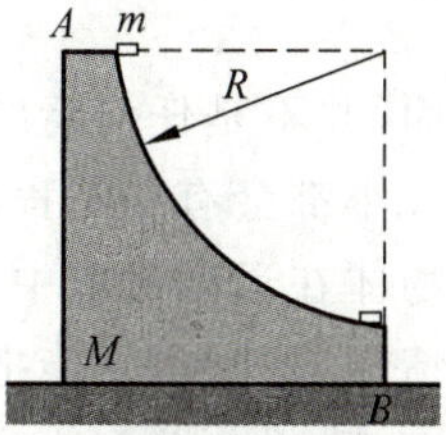

习题2-29图

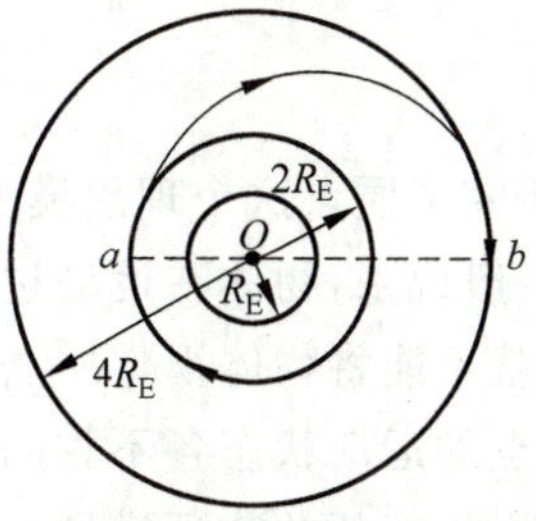

习题2-30图

第3章

刚体的定轴转动

前面两章研究了质点这个理想模型的运动规律。然而，并不是任何情况下都可把物体简化为质点。一般说来，物体在运动过程中，它的形状和大小都会有一定程度的变化，显然在这种情况下，就不能将物体视作质点了。而且，即便是物体在运动过程中，其形状和大小均不变化，但各点的运动状态各不相同，如物体在转动的情形，这时也不能把物体当作质点处理。为此，引入一个新的物理模型——**刚体**：在外力作用下，其形状和大小保持不变的物体。也就是说，组成物体的任意两质点之间的距离在运动中保持不变。实际上，如果在外力作用下，物体的形状和大小的变化甚微，对运动的影响可以忽略，这种物体就可视作刚体。本章中，研究刚体的一种最简单、最常见的运动——刚体的定轴转动。对于转动，力对物体运动状态的影响往往通过力矩的形式表现出来。首先根据牛顿运动定律推导出反映力矩与刚体角加速度变化的瞬时关系——刚体定轴转动定律，然后从刚体定轴转动定律出发，分别考虑力矩对时间与空间的累积作用，得到刚体定轴转动的角动量定理和角动量守恒定律以及动能定理。在推导有关基本规律的同时，将介绍力矩、转动惯量、角动量、力矩的功和冲量矩等相应物理量。

3.1 刚体定轴转动的运动学

3.1.1 刚体的平动和转动

1. 刚体的平动

在运动过程中，若刚体上任意两质元连线的空间方向始终不变，或者说组成刚体的所有质点的运动轨迹都保持完全相同，称**刚体的平动**。如电梯的升降、活塞的往返等。刚体平动时，刚体上各点的位移、速度、加速度都相等，各质元运动的轨迹的形状也相同，因此刚体上任意一点的运动都可代表整个刚体的平动。换句话说，平动的刚体可以简化为质点来处理。

注意 刚体平动时，刚体上任意两质元的位移都相同，并不说明整个刚体都作直线运动，事实上，刚体既可以作平面曲线运动，也可以作空间曲线运动(图 3-1)。

2. 刚体的转动

如果刚体上所有的质点都绕同一直线作圆周运动，称这种运动为**刚体的转动**，这条直线称**转轴**(如图 3-2)。如果转轴是固定不动的，则称**为刚体的定轴转动**。如门窗、钟表指针的运动等都属于定轴转动。

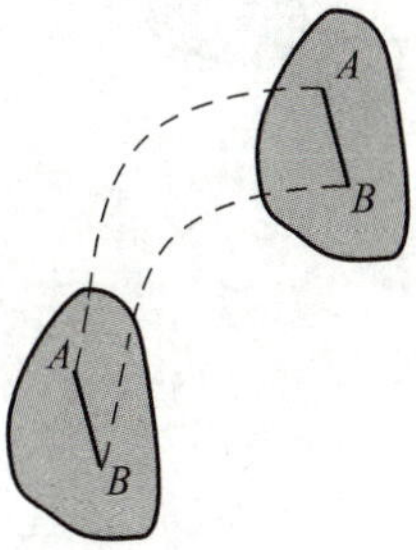

图 3-1　刚体的平动

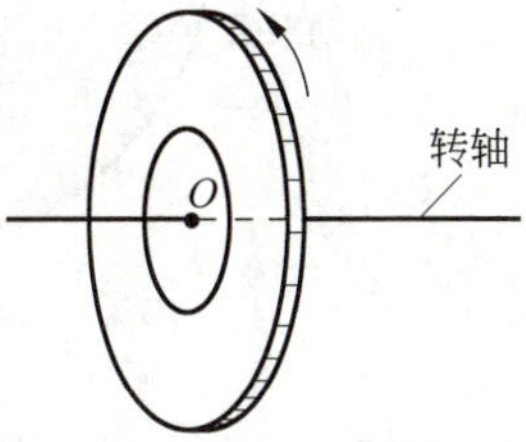

图 3-2　刚体的转动

刚体的一般运动是平动和转动的组合。

3.1.2 刚体定轴转动的运动学描述

刚体作定轴转动时，刚体内各点都在垂直于轴的平面内绕轴作圆周运动，圆周的圆心均在轴上、半径就是相应点与轴的垂直距离。刚体各点相对转轴的位置不同，它们在任一段时间内的位移、任一时刻的速度和加速度一般是不同的，但转过的角度是相等的，任一时刻的角速度和角加速度是相同的。显然用角量来描述刚体的定轴转动是方便的。为了研究刚体的定轴转动，定义：垂直于转轴的平面为**转动平面**。显然转动平面有无数个。当研究刚体的定轴转动时，可以任意选取一个转动平面，如图 3-3 所示。以转轴与转动平面的交点 O 为原点，过点 O 在转动平面内作一射线作为计算角坐标的参考位置，且把此射线作为 Ox 轴，这样刚体的方位可由原点 O 到转动平面上任一点 P 的位矢 $\boldsymbol{r}$ 与 Ox 的夹角 θ 来确定，θ 就称为刚体定轴转动的**角坐标**。角坐标 θ 是代数量。首先规定刚体转动正方向，如果角坐标 θ 的始边 Ox 转到终边 OA，其转向与刚体转动正方向一致，取正值，反之取负值。另外在研究刚体定轴转动时，通常取转轴为 Oz 轴，Oz 轴的正向与刚体转动正方向成右手螺旋关系，即大拇指垂直于其他四指，四指顺着刚体转动正方向，大拇指的指向为 Oz 的正向(图 3-3)。

刚体转动时，θ 是随时间变化的单值连续函数，即

$$\theta = \theta(t) \tag{3-1}$$

这个函数关系为**刚体定轴转动的转动方程**，简称**刚体的转动方程**。从刚体转动方程出发，仿照质点运动学，定义刚体定轴转动的角速度 ω、角加速度 α 分别为

$$\omega = \frac{\mathrm{d}\theta}{\mathrm{d}t} \tag{3-2}$$

$$\alpha = \frac{\mathrm{d}\omega}{\mathrm{d}t} = \frac{\mathrm{d}^2\theta}{\mathrm{d}t^2} \tag{3-3}$$

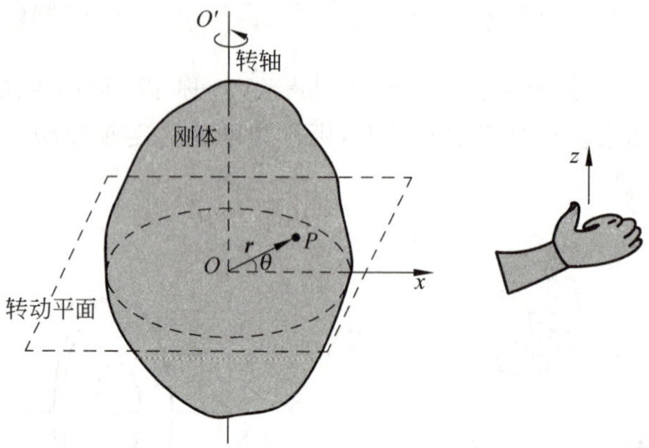

图 3-3 刚体定轴转动的转动方程

距转轴距离为 r 的质点，其角量与线量的关系为

$$v = r\omega \tag{3-4}$$

$$a_t = r\alpha \tag{3-5}$$

$$a_n = r\omega^2 \tag{3-6}$$

说明 式(3-2)～式(3-5)中的 ω、α、v 和 a_t 均为代数量，类似于角坐标正、负的规定，首先规定刚体转动正方向；ω 和 v 为正表示刚体作正方向转动，α 和 a_t 为正表示刚体内各点的切向加速度与正方向一致；各量为负表示相反的意义。

问题 3-1 地球表面不同纬度处的物体因地球自转而引起的角速度是否相同？线速度是否相同？地球表面不同处的物体的法向加速度是否均指向地心？

问题 3-2 刚体绕定轴作匀变速转动时，刚体上任一点的切向加速度和法向加速度两者的大小分别为 a_t 和 a_n，则（　　）。

(A) a_t 和 a_n 均不随时间变化　　(B) a_t 和 a_n 均随时间变化

(C) a_t 恒定，a_n 随时间变化　　(D) a_t 随时间变化，a_n 恒定

例 3-1 一条缆索绕过一定滑轮拉动升降机，如图 3-4(a)所示。滑轮的半径 $r=0.5\text{m}$。如果升降机从静止开始以加速度 $a=0.4\ \text{m/s}^2$ 匀加速上升，假定缆索和滑轮之间不打滑。求：(1)滑轮的角加速度；(2)开始上升后 $t=5\ \text{s}$ 末滑轮的角速度；(3)在 5 s 内转过的圈数；(4)开始上升后 $t=1\ \text{s}$ 末滑轮边缘上一点的加速度。

解 为了图示清晰，将滑轮放大如图 3-4(b)所示。

(1) 由于升降机的加速度和滑轮边缘上的任一点的切向加速度相同，所以滑轮的角加速度为

$$\alpha = \frac{a_t}{r} = \frac{a}{r} = 0.8\ \text{rad/s}^2$$

(2) 由于 $\omega_0=0$，所以 5 s 末滑轮的角速度为

$$\omega = \alpha t = 4.0\ \text{rad/s}$$

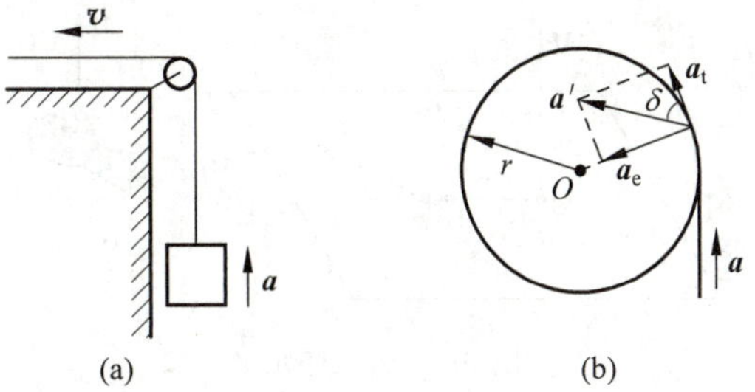

图 3-4 例 3-1 图

(3) 在这 5 s 内转过的角度为

$$\theta=\frac{1}{2}\alpha t^2=10.0\text{rad}$$

转过的圈数为

$$N=\frac{\theta}{2\pi}\approx 1.6\ 圈$$

(4) $t=1$ s 末

$$a_t=a=0.4\ \text{m/s}^2$$

$$a_n=r\omega^2=r\alpha^2t^2=0.32\ \text{m/s}^2$$

加速度的大小为

$$a'=\sqrt{a_n^2+a_t^2}=0.51\ \text{m/s}^2$$

与滑轮边缘的切线方向的夹角为(图 3-4(b))

$$\delta=\arctan\frac{a_n}{a_t}=\arctan\frac{0.32}{0.4}=38.7°$$

3.2 刚体定轴转动定律

3.2.1 力矩

为了反映力的大小、方向和作用点三要素对物体转动的影响,需要引入力矩这一物理量。

1. 力对定点的力矩

如图 3-5 所示,**力 $\boldsymbol{F}$ 对 O 点的力矩**定义为力 $\boldsymbol{F}$ 的作用点 P 相对于 O 点的位矢 $\boldsymbol{r}$ 与力 $\boldsymbol{F}$ 的矢量积,用符号 $\boldsymbol{M}$ 表示,即

$$\boldsymbol{M}=\boldsymbol{r}\times\boldsymbol{F} \tag{3-7}$$

力矩的单位为牛·米(N·m)。

由矢量积的定义可知,力矩是矢量,其方向和大小按下列方法决定。

方向 垂直于由 $\boldsymbol{r}$ 与 $\boldsymbol{F}$ 确定的平面,指向可由 $\boldsymbol{r}$ 和 $\boldsymbol{F}$ 的方向按右手螺旋法则确定:右手拇指伸直,其余四指自 $\boldsymbol{r}$ 的方向沿小于 π 的角转向 $\boldsymbol{F}$ 的方向时,拇指所指的方向就是力矩的方向(图 3-5)。

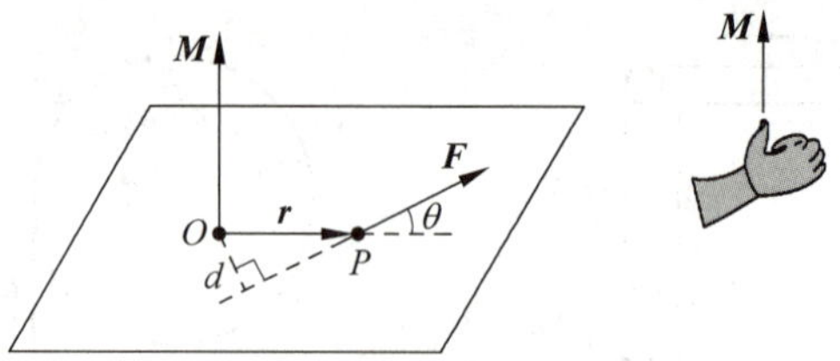

图 3-5 力矩的定义

大小 设 $\boldsymbol{F}$ 与 $\boldsymbol{r}$ 间的夹角为 θ，根据矢量积的定义，$\boldsymbol{M}$ 的大小 M 为 $\boldsymbol{r}$ 的大小 r、$\boldsymbol{F}$ 的大小 F 和 $\boldsymbol{r}$ 与 $\boldsymbol{F}$ 夹角的正弦三者之积，即

$$M = rF\sin\theta \tag{3-8a}$$

从图 3-5 可以看出，$r\sin\theta = d$ 是 O 点到力 $\boldsymbol{F}$ 的作用线的垂直距离，通常称为力对 O 点的**力臂**，于是又有表述：$\boldsymbol{M}$ 的大小 M 等于力的大小与力臂的积，即

$$M = Fd \tag{3-8b}$$

在直角坐标系中，力 $\boldsymbol{F}$ 与其作用点相对于参考点 O 的位矢 $\boldsymbol{r}$ 分别为

$$\boldsymbol{r} = x\boldsymbol{i} + y\boldsymbol{j} + z\boldsymbol{k}, \quad \boldsymbol{F} = F_x\boldsymbol{i} + F_y\boldsymbol{j} + F_z\boldsymbol{k}$$

由向量代数中关于向量积(矢量积)的坐标表示法，得

$$\boldsymbol{M} = \boldsymbol{r}\times\boldsymbol{F} = \begin{vmatrix} \boldsymbol{i} & \boldsymbol{j} & \boldsymbol{k} \\ x & y & z \\ F_x & F_y & F_z \end{vmatrix} = (yF_z - zF_y)\boldsymbol{i} + (zF_x - xF_z)\boldsymbol{j} + (xF_y - yF_x)\boldsymbol{k} \tag{3-9}$$

注意 (1) 对于质点系，内力是以作用力和反作用力的形式成对出现的，任一对内力大小相等，方向相反，而它们的作用点对 O 点的力臂相等，所以一对内力矩的大小相等、方向相反，它们的矢量和为零。由此可知，质点系的所有内力对任一参考点的力矩的矢量和为零。

(2) 由力矩的计算方法可知，力矩的大小和方向都与参考点 O 的选择有关。因此，在计算力矩时必须说明参考点。

例 3-2 质量为 1.0 kg 的质点的运动方程为 $\boldsymbol{r} = [2t^3\boldsymbol{i} + (t^4 - 3t^3)\boldsymbol{j}]$m。求在 $t = 1.0$ s 时，质点所受的相对于坐标原点 O 的力矩。

解 质点的速度 $\boldsymbol{v} = \dfrac{\mathrm{d}\boldsymbol{r}}{\mathrm{d}t} = [6t^2\boldsymbol{i} + (4t^3 - 9t^2)\boldsymbol{j}]$ m/s

质点的加速度 $\boldsymbol{a} = \dfrac{\mathrm{d}\boldsymbol{v}}{\mathrm{d}t} = [12t\boldsymbol{i} + 6(2t^2 - 3t)\boldsymbol{j}]$ m/s^2

作用于质点的力 $\boldsymbol{F} = m\boldsymbol{a} = [12t\boldsymbol{i} + 6(2t^2 - 3t)\boldsymbol{j}]$N

在任意时刻，相对于坐标原点 O 质点所受的力矩为

$$\boldsymbol{M} = \boldsymbol{r}\times\boldsymbol{F} = \begin{vmatrix} \boldsymbol{i} & \boldsymbol{j} & \boldsymbol{k} \\ 2t^3 & t^4 - 3t^3 & 0 \\ 12t & 6(2t^2 - 3t) & 0 \end{vmatrix}$$

$$= [2t^3 \cdot 6(2t^2 - 3t) - (t^4 - 3t^3) \cdot 12t]\boldsymbol{k} = 12t^5\boldsymbol{k}(\mathrm{N \cdot m})$$

在 $t=1.0\ \mathrm{s}$ 时

$$\boldsymbol{M}=12\boldsymbol{k}\ \mathrm{N\cdot m}$$

2. 力对固定转轴的力矩

方向任意的外力 $\boldsymbol{F}$ 作用在绕 Oz 轴作定轴转动的刚体的点 P 上，且过点 P 的转动平面与 Oz 轴的交点为 O。若将力 $\boldsymbol{F}$ 分解为两个分力(图 3-6)，一个是与转轴平行的分力 $\boldsymbol{F}_z$，另一个是位于转动平面内的分力 $\boldsymbol{F}'$，显然 $\boldsymbol{F}_z$ 对刚体的转动不起作用，起作用的是 $\boldsymbol{F}'$。类似于力矩的一般定义，$\boldsymbol{F}'$对 z 轴的力矩为

$$\boldsymbol{M}_z=\boldsymbol{r}\times\boldsymbol{F}'$$

大小为

$$M_z=rF'\sin\theta=F'd \tag{3-10}$$

为简化起见，在涉及定轴转动问题时，除非特别说明，都认为力 $\boldsymbol{F}$ 在某一转动平面内。

说明 对于力对固定转轴的力矩，由矢量积的定义可知，$\boldsymbol{M}_z=\boldsymbol{r}\times\boldsymbol{F}'$ 的方向或是沿着转轴 Oz 的正方向，或是沿着 Oz 的负方向，所以通常用代数量 M_z 来表示，如果其使刚体沿规定的转动正方向转动，取正值，反之取负值。

如果刚体同时受几个力的作用，则刚体定轴转动的合力矩等于各分力矩的代数和，即

$$M_z=\sum_i M_{iz} \tag{3-11}$$

M_{iz} 的正、负按上述说明决定。如在图 3-7 中，力 $\boldsymbol{F}_1$ 的力矩取负值，而力 $\boldsymbol{F}_2$ 和 $\boldsymbol{F}_3$ 的力矩取正值。

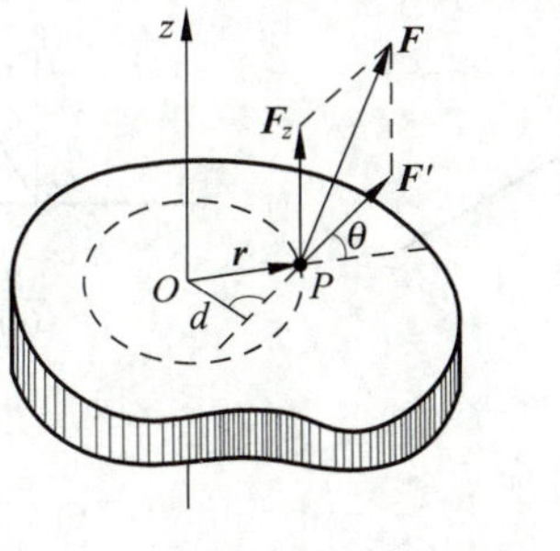

图 3-6 力对固定转轴的力矩

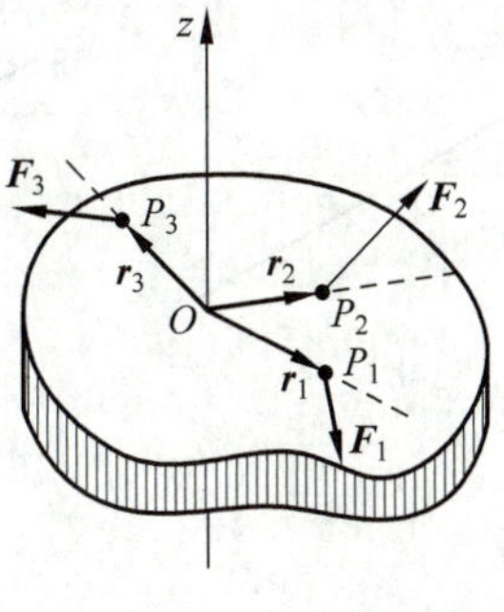

图 3-7 多个力对固定转轴的力矩

问题 3-3 以刚体作定轴转动为例，证明系统内质点间相互作用的内力矩的代数和为零。

问题 3-4 有两个力同时作用在一个有固定转轴的刚体上，则关于这两个力的力矩的几种说法中，不正确的是(　　)。

(A) 这两个力都平行于轴作用时，它们对轴的合力矩一定是零

(B) 这两个力都垂直于轴作用时，它们对轴的合力矩可能是零

(C) 当这两个力的合力为零时，它们对轴的合力矩一定是零

(D) 只有这两个力在转动平面上的分力，才能改变该刚体绕轴转动的状态

例 3-3 如图 3-8 所示，质量为 m、长为 l 的匀质细杆可绕位于杆端的轴 O 在竖直平面内转动。求杆与水平位置时成 θ 角时所受的重力矩。

解　在距 O 轴 ρ 处取长度为 $\mathrm{d}\rho$ 的质量元

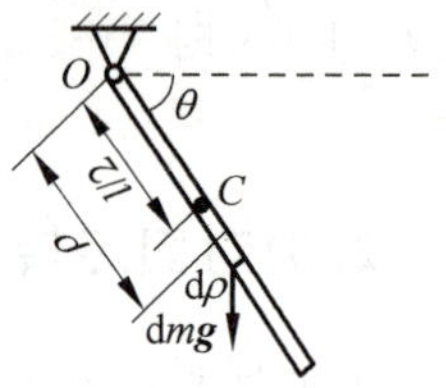

图 3-8　例 3-3 图

$$\mathrm{d}m = \frac{m}{l}\mathrm{d}\rho$$

所受重力为 $\frac{mg}{l}\mathrm{d}\rho$，对轴 O 的力臂为 $\rho\cos\theta$，从而对轴 O 的力矩为

$$\mathrm{d}M = \frac{mg}{l}\rho\cos\theta\mathrm{d}\rho$$

显然，所有质量元所受的重力矩都使刚体顺时针转动，整个杆所受的重力矩为

$$M = \int \mathrm{d}M = \int_0^l \frac{mg}{l}\rho\cos\theta\mathrm{d}\rho = \frac{1}{2}mgl\cos\theta$$

讨论　将例 3-3 的结果改写成 $M=mg\times\frac{1}{2}l\cos\theta$ 中，式中 $\frac{1}{2}l$ 是杆的质心 C 到轴 O 的距离（图 3-8），可以看出质量均匀分布的细杆所受的重力矩等于将它的质量全部集中于质心时所受的重力的力矩，$\frac{1}{2}l\cos\theta$ 是相应的力臂。可以证明这一结果可以推广到任意形状的在重力作用下的物体绕水平轴在竖直平面内转动的情况。

问题 3-5　求如图 3-9 所示的三种情况中，长度为 l、质量为 m 且均匀分布的细杆绕垂直于杆的水平轴 O 在竖直平面内转动时所受的重力矩。在图(a)和图(b)中，θ 表示杆与水平方向的夹角；在图(c)中 θ 表示杆与竖直方向的夹角。在图(a)中，轴 O 位于杆的中点；在图(b)中，轴 O 距离杆端 A 为 $l/4$；在图(c)中，轴 O 位于杆的下端。

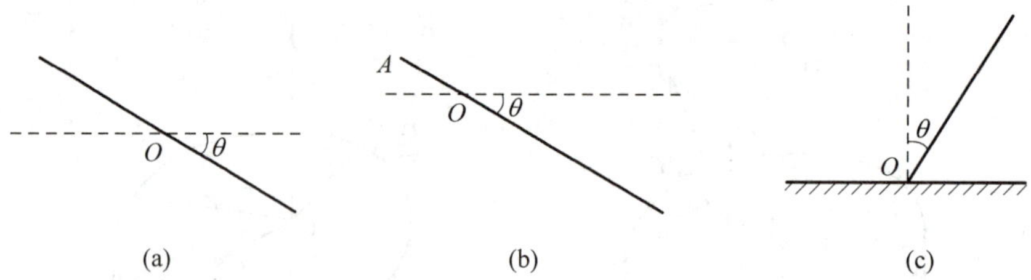

图 3-9　问题 3-5 图

3.2.2　刚体定轴转动定律

实验指出，一个绕定轴转动的刚体，当它所受的对于转轴的合外力矩等于零时，它将保持原有的角速度不变，即或保持静止状态，或作匀角速转动。这反映了任何物体都具有转动惯性，就像物体具有平动惯性一样。

实验还指出，一个绕定轴转动的刚体，当它所受的对于转轴的合外力矩 M 不等于零时，它将获得角加速度 α。下面推导 α 与 M 的关系式。

图 3-10 表示一个绕固定轴 z 转动的刚体。在刚体上任取质点 i，其质量为 m_i，离转轴的距离为 r_i，设质点 i 所受的外力为 $\boldsymbol{F}_i$，内力为 $\boldsymbol{f}_i$。

由牛顿第二定律，质点 i 的运动方程为

$$\boldsymbol{F}_i+\boldsymbol{f}_i=m_i\boldsymbol{a}_i$$

如以 F_{it} 和 f_{it} 分别表示 $\boldsymbol{F}_i$ 和 $\boldsymbol{f}_i$ 在切向的分力，那么质点 i 在切向的运动方程为

$$F_{it}+f_{it}=m_ia_{it}$$

$a_{it}=r_i\alpha$ 为质点 i 的切向加速度，上式即为

$$F_{it}+f_{it}=m_ir_i\alpha$$

两边乘以 r_i，得

$$F_{it}r_i+f_{it}r_i=m_ir_i^2\alpha$$

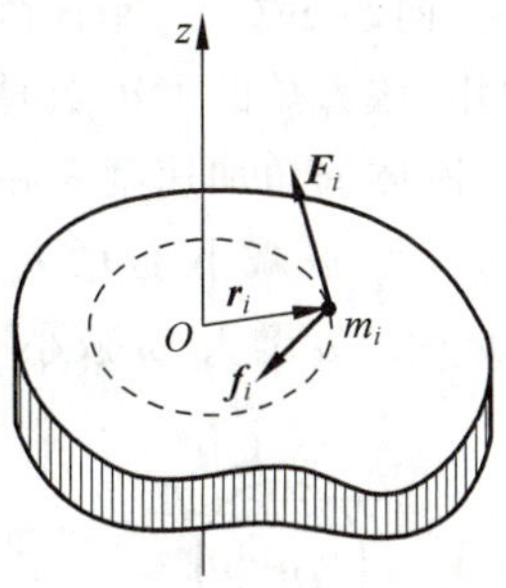

图 3-10 推导刚体定轴转动定律用图

式中 $F_{it}r_i$ 和 $f_{it}r_i$ 分别是外力 $\boldsymbol{F}_i$ 和内力 $\boldsymbol{f}_i$ 的切向力的力矩。考虑到法向分力 F_{in} 和 f_{in} 均通过转轴 z，所以其力矩为零，故上式左边即为作用在质点 i 上的外力矩和内力矩之和。若考虑到所有质点，上式可变为

$$\sum_i F_{it}r_i+\sum_i f_{it}r_i=\left(\sum_i m_ir_i^2\right)\alpha$$

在问题 3-3 中已证明，内力矩的和为零，即 $\sum\limits_i f_{it}r_i=0$，故上式为

$$\sum_i F_{it}r_i=\left(\sum_i m_ir_i^2\right)\alpha$$

左边的 $\sum\limits_i F_{it}r_i$ 为刚体内所有质点所受的外力对转轴的力矩的代数和，即**合外力矩**，用 M_z 表示，右边括号中的 $\sum\limits_i m_ir_i^2$ 只与刚体的形状、质量分布以及转轴的位置有关，也就是说，它只与绕定轴转动的刚体本身的性质和转轴的位置有关。对于绕定轴转动的刚体，它为一恒量，叫**转动惯量**，用 J 表示，单位为千克·米^2($\mathrm{kg\cdot m^2}$)，即

$$J=\sum_i m_ir_i^2 \tag{3-12}$$

则得

$$M_z=J\alpha \tag{3-13}$$

式(3-13)表明：刚体定轴转动时，它的角加速度与所受合外力矩成正比，与转动惯量成反比，此即**刚体定轴转动定律**。

说明 刚体定轴转动定律和牛顿第二定律相比较，形式相似，地位相当。

(1) $\boldsymbol{F}=m\boldsymbol{a}$，式中 $\boldsymbol{F}$ 为质点受到的外力；m 为质量，为质点平动惯性的量度；$\boldsymbol{a}$ 为力 $\boldsymbol{F}$ 所产生的平动效果，改变物体的运动状态，且与 $\boldsymbol{F}$ 的方向相同。

(2) $M_z=J\alpha$，式中 M_z 为刚体受到的外力矩；J 为刚体定轴转动的转动惯量，为刚体转动惯性的量度；α 为力矩 M_z 所产生的转动效果，改变刚体的转动状态，且与 M_z 的方向相同。

问题 3-6 下列关于刚体定轴转动定律的说法中，正确的是(　　)。

(A) 两个质量相等的刚体，在相同力矩的作用下，运动状态的变化情况一定相同

(B) 作用在定轴转动刚体上的力越大，刚体的角加速度就越大

(C) 角速度的方向一定与外力矩的方向相同

(D) 内力矩不会改变定轴转动刚体的角加速度

问题 3-7 一刚体以初角速度 ω_0 绕一固定轴转动。现对其施加一个与 ω_0 方向一致的力矩，该力矩的大小随时间减小。设力矩初始为 M_0，一段时间后，减小到 $M_0/2$。在此过程中，刚体的角加速度 α 和角速度 ω 的变化情况为（　　）。

(A) α 减小，ω 增大　　(B) α 减小，ω 减小

(C) α 增大，ω 减小　　(D) α 增大，ω 增大

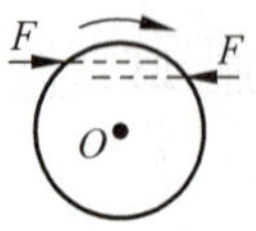

图 3-11　问题 3-8 图

问题 3-8 如图 3-11 所示，一圆盘绕过盘心且与盘面垂直的光滑固定轴 O 顺时针转动。若将大小相等为 F、方向相反但不在同一条直线的两个力沿盘面同时作用到圆盘上，则圆盘的角速度（　　）。

(A) 必然增大　　(B) 必然减少

(C) 不会改变　　(D) 不能确定

3.2.3 转动惯量的计算

(1) 若刚体是由离散分布的质点组成，则转动惯量 J 按式(3-12)计算。

(2) 若刚体质量是连续分布的，则 J 按下式计算

$$J=\int r^2\mathrm{d}m \tag{3-14}$$

式中 r 为质元 $\mathrm{d}m$ 到转轴的垂直距离，$\mathrm{d}m$ 的表示方法有三种情况：

① 质量是一维线分布的，则 $\mathrm{d}m=\lambda\mathrm{d}x$，$\lambda$ 为质量线密度；

② 质量是二维面分布的，则 $\mathrm{d}m=\sigma\mathrm{d}S$，$\sigma$ 为质量面密度；

③ 质量是三维体分布的，则 $\mathrm{d}m=\rho\mathrm{d}V$，$\rho$ 为质量体密度。

(3) 转动惯量具有可加性：当一个刚体由几部分组成时，可以分别计算各个部分对转轴的转动惯量，然后把结果相加就可以得到整个刚体的转动惯量，即

$$J=J_1+J_2+J_3+\cdots+J_n \tag{3-15}$$

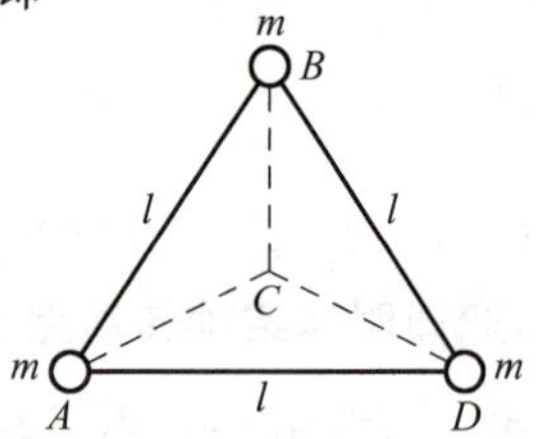

图 3-12　例 3-4 图

例 3-4 如图 3-12 所示，在由不计质量的细杆组成的边长为 l 的正三角形的顶角 A、B、D 上，各固定一个质量为 m 的小球。求：(1)系统对过质心的且与三角形平面垂直的轴 C 的转动惯量；(2)系统对过 A 点、且平行于轴 C 的轴的转动惯量。

解 (1) 由平面几何知识可知质心距正三角形三个顶点距离均为 $l/\sqrt{3}$，由式(3-12)得

$$J_C=m_Ar_A^2+m_Br_B^2+m_Dr_D^2=m\left(\frac{l}{\sqrt{3}}\right)^2+m\left(\frac{l}{\sqrt{3}}\right)^2+m\left(\frac{l}{\sqrt{3}}\right)^2=ml^2$$

(2) 由式(3-12)得

$$J_A=m_Ar_A^2+m_Br_B^2+m_Dr_D^2=m\times0^2+ml^2+ml^2=2ml^2$$

例 3-5 已知匀质细杆质量为 m、长为 l。计算细杆：(1)绕过杆中心 O 且垂直于杆的轴的转动惯量；(2)绕过杆端点 A 且与杆垂直的轴的转动惯量。

解 (1) 如图 3-13(a)所示，在距 O 点 x 处取长度为 $\mathrm{d}x$ 的质量微元，其质量

$$\mathrm{d}m=\frac{m}{l}\mathrm{d}x$$

转动惯量 $$\mathrm{d}J=x^2\mathrm{d}m=x^2\frac{m}{l}\mathrm{d}x$$

代入式(3-14),积分限从 $x=-\frac{l}{2}\sim x=\frac{l}{2}$,即

$$J=\int\mathrm{d}J=\int_{-l/2}^{l/2}x^2\frac{m}{l}\mathrm{d}x=\frac{m}{l}\frac{x^3}{3}\bigg|_{-l/2}^{l/2}=\frac{1}{12}ml^2$$

(2) 如图 3-13(b)所示,积分限从 $x=0\sim x=l$,即

$$J=\int_0^l x^2\frac{m}{l}\mathrm{d}x=\frac{1}{3}ml^2$$

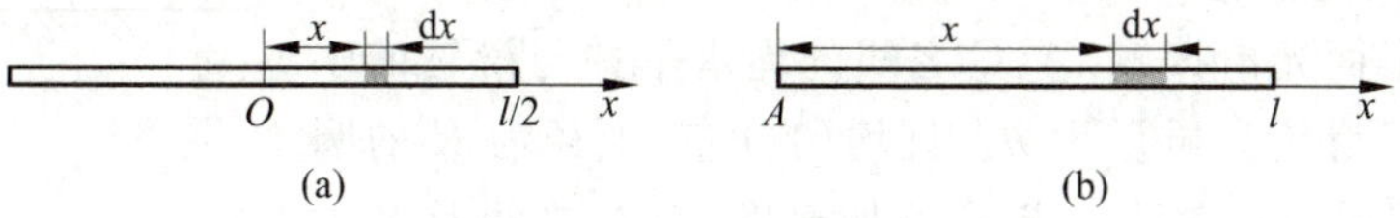

图 3-13 例 3-5 图

例 3-6 计算质量为 m、半径为 R 的匀质细圆环绕过环心且垂直于环面的轴的转动惯量。

解 根据式(3-14)有

$$J=\int R^2\mathrm{d}m=R^2\int\mathrm{d}m=mR^2$$

此题由于环上各质元到转轴的距离处处相同,所以不需要写出质量微元的具体表达式就能计算出结果。

例 3-7 计算质量为 m、半径为 R 的匀质薄圆板绕过圆心且垂直于板面的轴的转动惯量。

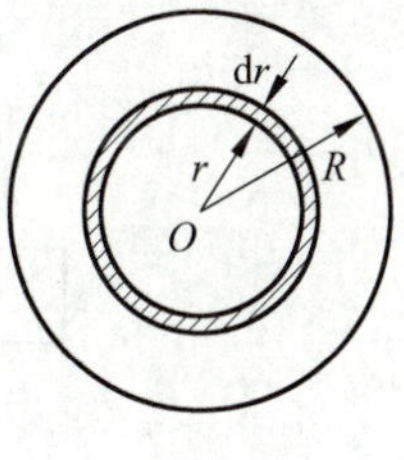

图 3-14 例 3-7 图

解 如图 3-14 所示,在距圆心 r 处取宽度为 $\mathrm{d}r$ 的圆环面积微元,其面积

$$\mathrm{d}S=2\pi r\mathrm{d}r$$

质量 $$\mathrm{d}m=\sigma\mathrm{d}S=\frac{m}{\pi R^2}2\pi r\mathrm{d}r=\frac{2m}{R^2}r\mathrm{d}r$$

利用例 3-6 的结果,得该面积微元的转动惯量

$$\mathrm{d}J=r^2\mathrm{d}m=r^2\frac{m}{\pi R^2}2\pi r\mathrm{d}r=\frac{2m}{R^2}r^3\mathrm{d}r$$

代入式(3-14),积分限从 $r=0\sim r=R$,即

$$J=\int\mathrm{d}J=\int_0^R\frac{2m}{R^2}r^3\mathrm{d}r=\frac{2m}{R^2}\frac{r^4}{4}\bigg|_0^R=\frac{1}{2}mR^2$$

不难看出,质量为 m、半径为 R 的匀质圆柱绕圆柱轴线的转动惯量也是 $\frac{1}{2}mR^2$。

问题 3-9 两个匀质圆盘 A 和 B 的质量和厚度均相同,密度分别为 ρ_A 和 ρ_B,且 $\rho_A>\rho_B$。若两盘对通过各自盘心且与盘面垂直的轴的转动惯量分别为 J_A 和 J_B,则( )。

(A) $J_A>J_B$ (B) $J_A<J_B$

(C) $J_A=J_B$ (D) 不能确定 J_A 和 J_B 的相对大小

3.2.4　刚体定轴转动定律的应用

应用刚体定轴转动定律解题的步骤可分为以下三步：①确定研究对象；②对研究对象进行受力分析，并确定外力矩；③规定转动正方向，根据转动定律列方程求解，讨论结果。

若题中还存在平动运动，还需针对平动对象由牛顿第二定律列出方程，同时列出平动与转动之间的联系方程。

例 3-8　如图 3-15 所示，不可伸长的轻绳绕过位于水平光滑桌面边缘上的定滑轮 C 连接两物体 A 和 B，A、B 质量分别为 m_A、m_B，A 与桌面光滑接触，A、C 之间的绳水平并与滑轮的水平光滑轴垂直，滑轮是质量为 m_C 且均匀分布、半径为 R 的圆盘，绳与滑轮间无相对滑动。求 B 的加速度，A、C 之间及 B、C 之间绳的张力大小。

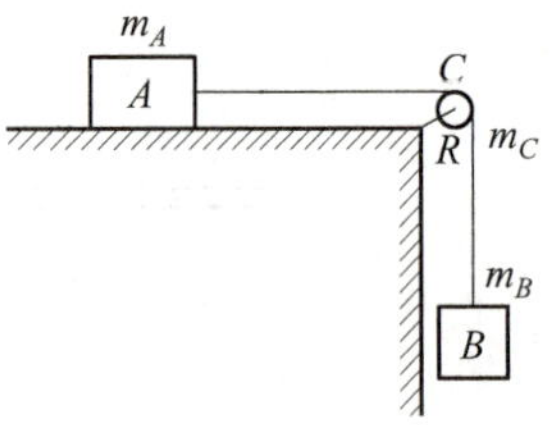

图 3-15　例 3-8 图

解　分别以 A 和 B 为研究对象，它们受力和加速度的情况如图 3-16(a)、(b)所示，根据牛顿第二定律，并考虑到绳不可伸长，得 $a_A = a_B$ 并记为 a，可得

$$T_1 = m_A a \tag{1}$$

$$m_B g - T_2 = m_B a \tag{2}$$

以 C 为研究对象，它受力和转动情况如图 3-16(c)。由于所受重力 $m_C\boldsymbol{g}$ 和轴处约束力 $\boldsymbol{N}_2$ 均通过轴，不产生力矩，同时轴处光滑，$\boldsymbol{N}_2$ 也不会导致摩擦力矩。由定轴转动定律得

$$T_2' R - T_1' R = J\alpha \tag{3}$$

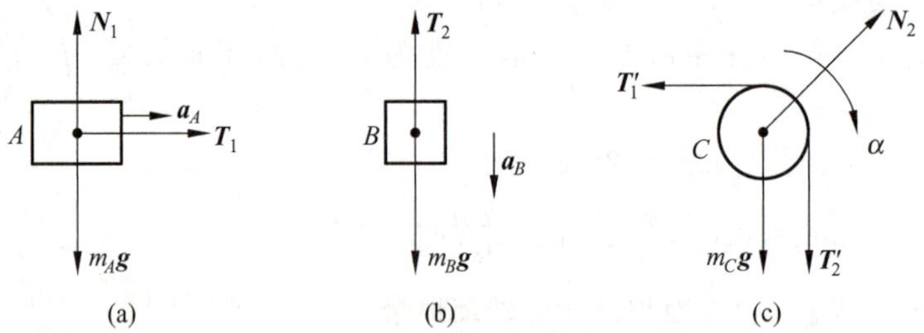

图 3-16　例 3-8 解用图

绳与滑轮间无相对滑动，由转动和平动的运动学关系，得

$$a = R\alpha \tag{4}$$

考虑到 $J=\frac{1}{2}m_C R^2$，$\boldsymbol{T}_1'$ 与 $\boldsymbol{T}_1$、$\boldsymbol{T}_2'$ 与 $\boldsymbol{T}_2$ 是两对作用力与反作用力，大小分别相等，可联立式(1)～(4)解得

$$a = \frac{m_B g}{m_A + m_B + \frac{1}{2}m_C},\quad T_1 = \frac{m_A m_B g}{m_A + m_B + \frac{1}{2}m_C},\quad T_2 = \frac{\left(m_A + \frac{1}{2}m_C\right)m_B g}{m_A + m_B + \frac{1}{2}m_C}$$

注意　由结果可知，当考虑滑轮质量 m_C 时，$\boldsymbol{T}_2>\boldsymbol{T}_1$；不计 m_C 时，$T_1=T_2=\dfrac{m_A m_B g}{m_A+m_B}$。

例 3-9　如图 3-17 所示，长为 l、质量为 m 的匀质细杆竖直放置，其下端与一固定铰链 O 相连，并可绕其无摩擦地转动。求当此杆受到微小扰动后，在重力作用下由静止开始绕 O 点转动到与竖直方向成 θ 角时的角加速度和角速度。

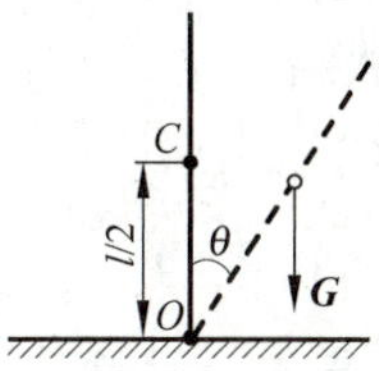

图 3-17　例 3-9 和问题 3-12 图

解　由例 3-3 的结论，将杆的质量视为全部集中于质心 C，当杆与铅直方向成 θ 角时，重力 G 对铰链 O 的力矩为

$$M=mg\,\frac{l}{2}\sin\theta$$

使杆作顺时针方向的加速转动。由刚体定轴转动定律得

$$\frac{1}{2}mgl\sin\theta=J\alpha$$

代入杆对 O 的转动惯量 $J=\dfrac{1}{3}ml^2$

得

$$\alpha=\frac{mg\,\dfrac{l}{2}\sin\theta}{\dfrac{m}{3}l^2}=\frac{3g\sin\theta}{2l}$$

由角加速度定义有

$$\frac{d\omega}{dt}=\frac{3g\sin\theta}{2l}\tag{1}$$

而

$$\frac{d\omega}{dt}=\frac{d\omega}{d\theta}\frac{d\theta}{dt}=\frac{d\omega}{d\theta}\omega$$

式(1)可变为

$$\omega d\omega=\frac{3g}{2l}\sin\theta d\theta$$

对上式积分，并利用初始条件：$t=0$ 时，$\theta_0=0$，$\omega_0=0$，得

$$\int_0^{\omega}\omega d\omega=\frac{3g}{2l}\int_0^{\theta}\sin\theta d\theta$$

积分后化简得

$$\omega=\sqrt{\frac{3g(1-\cos\theta)}{l}}$$

问题 3-10　计算例 3-9 中杆转动到与竖直方向成 θ 角时，杆端点的速度和加速度。

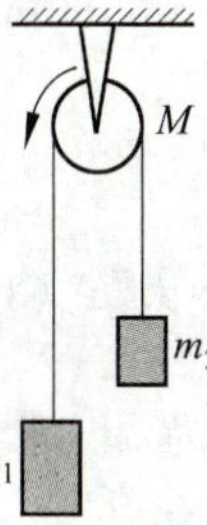

图 3-18　问题 3-11 图

问题 3-11　如图 3-18 所示，不可伸长的轻绳跨过一具有水平光滑轴、质量为 m 的定滑轮，两端分别悬有质量为 m_1 和 m_2 的物体 ($m_1<m_2$)。设转动时绳与滑轮之间无相对滑动，左侧绳中张力为 T_1，右侧为 T_2，若某时刻滑轮沿逆时针方向转动，则有(　　)。

(A) $T_1>T_2$　　(B) $T_1=T_2$

(C) $T_1<T_2$　　(D) 无法判断 T_1 和 T_2 的相对大小

问题 3-12　两根长度相等、质量分别为 m_1 和 m_2 且 $m_1>m_2$ 的匀质细杆竖直放置，其下端与固定铰链相连，并可绕铰链无摩擦地在竖直平面内转动,装置示意图如图 3-17 所示。如两杆各自受到微小扰动后,在重力作用下由静止开始转动,转到水平位置时所用的时间分别为 t_1 和 t_2。对于 t_1 和 t_2 的大小,下列判断正确的是(　　)。

(A) $t_1=t_2$　　(B) $t_1>t_2$

(C) $t_1<t_2$　　(D) 不能判断两者的大小

3.3　刚体定轴转动的角动量定理和角动量守恒定律

3.3.1　角动量

质量均匀分布的圆盘在外力矩的作用下,绕过盘心且垂直于盘面的轴作加速转动时,圆盘的运动状态显然是在变化的,然而其动量却恒为零。这表明描述物体的转动需要引进新的物理量。为此,引入角动量这一描述物体转动状态的基本物理量。

1. 质点的角动量

定义　质点对 O 点的角动量为质点相对于 O 点的位矢 $\boldsymbol{r}$ 与质点的动量 $\boldsymbol{p}$ 的矢量积(图 3-19),用符号 $\boldsymbol{L}$ 表示,即

$$\boldsymbol{L}=\boldsymbol{r}\times\boldsymbol{p} \tag{3-16}$$

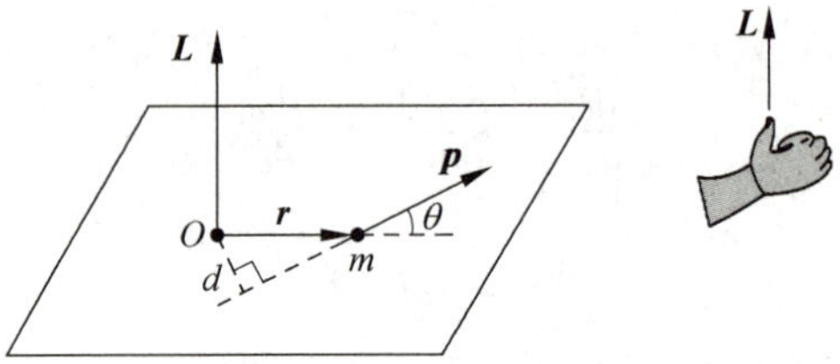

图 3-19　质点对 O 点的角动量

类似于 3.2.1 节中对力矩 $\boldsymbol{M}$ 的处理,角动量 $\boldsymbol{L}$ 的方向可由 $\boldsymbol{r}$ 和 $\boldsymbol{p}$ 的方向按右手螺旋法则决定。设质点的动量 $\boldsymbol{p}$ 与位矢 $\boldsymbol{r}$ 间的夹角为 θ,则角动量 $\boldsymbol{L}$ 的大小为

$$L=rp\sin\theta=rmv\sin\theta \tag{3-17a}$$

从图 3-19 可以看出,$r\sin\theta=d$ 为点 O 到速度方向线的垂直距离,于是式(3-17a)可写成

$$L=mvd \tag{3-17b}$$

角动量的单位为千克·米^2/秒(kg·m^2/s)。

说明　在直角坐标系中,对角动量 $\boldsymbol{L}$ 有类似于 3.2.1 节中对力矩 $\boldsymbol{M}$ 的计算公式[式(3-9)]。

例 3-10　质量为 m 的质点作半径为 r 的圆周运动,设速率为 v,角速度为 ω。求质点对圆心 O 的角动量。

解 质点作圆周运动，$\boldsymbol{v}\perp\boldsymbol{r}$，角动量的大小

$$L = rmv\sin\theta = rmv\sin\frac{\pi}{2} = rmv = mr^2\omega$$

方向由 $\boldsymbol{r}$、$\boldsymbol{p}$ 按右手螺旋法则决定。如图 3-20 所示，$\boldsymbol{L}$ 的方向垂直于圆周平面。如果把过圆心 O 并垂直于圆周平面的直线当成转轴，则该题的结果就表示质点绕该轴作圆周运动的角动量。

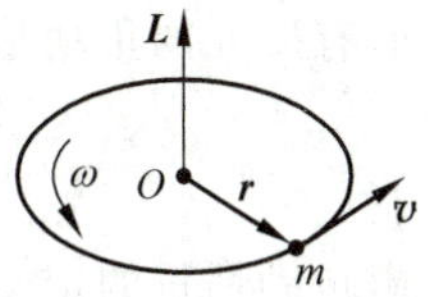

图 3-20 作圆周运动的质点的角动量

注意 如果质点作匀速圆周运动，即 ω 不变，则质点的角动量保持不变，但动量却是各点不同的。

问题 3-13 对于例 2-4，求相对于 O 点，小球在最低点和最高点的角动量的大小和方向。

问题 3-14 关于角动量有如下 4 种说法，其中正确的是（ ）。

(A) 若干个质点组成的系统的动量为零，则系统相对于任一参考点的角动量一定为零

(B) 质点作直线运动，相对于直线上任一点，质点的角动量一定为零

(C) 质点作直线运动，相对于直线外的任一参考点的角动量一定不变

(D) 质点作匀速率圆周运动，其动量不断改变，它相对圆心的角动量也不断改变

问题 3-15 如图 3-21 所示，两根长度均为 l 的刚性轻杆互相垂直，且在中点 O 处固结。4 个质量均为 m 的质点分别固定于两杆的 4 个端点。系统绕过 O 点且与两杆均垂直的轴沿逆时针方向转动。建立如图 3-21 所示的 $Oxyz$ 坐标系，垂直于纸面向外的轴 Oz 是转轴（未画出）。(1)设质点的速率为 v，写出图示瞬时每个质点的动量和角动量的矢量表达式；(2)求出系统的动量和角动量；(3)如系统作加速转动，系统的动量和角动量变化吗？

2. 刚体定轴转动的角动量

如图 3-22 所示，当刚体作定轴转动时，刚体上每个质点都在各自的转动平面内绕 Oz 轴作圆周运动，其中任一质点 m_i 对转轴的角动量为

$$\boldsymbol{L}_{iz} = \boldsymbol{r}_i \times \boldsymbol{p}_i = \boldsymbol{r}_i \times m_i \boldsymbol{v}_i$$

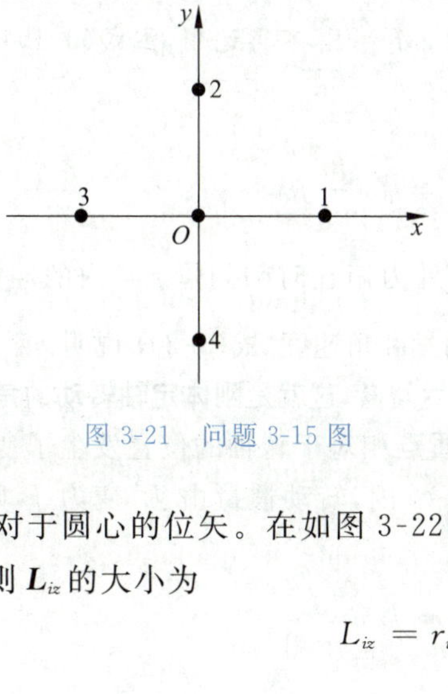

图 3-21 问题 3-15 图

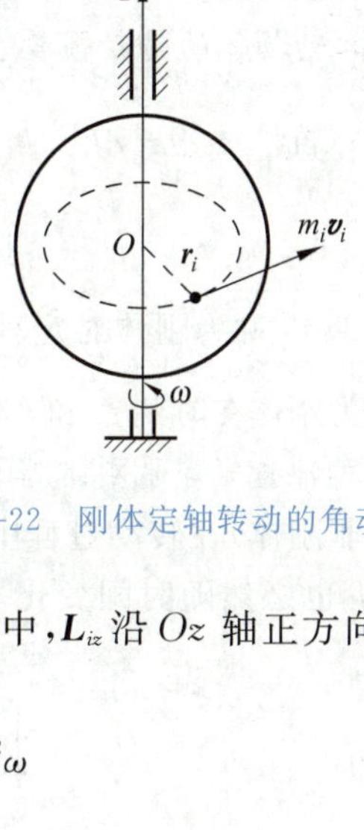

图 3-22 刚体定轴转动的角动量

$\boldsymbol{r}_i$ 为 m_i 相对于圆心的位矢。在如图 3-22 所示的情况中，$\boldsymbol{L}_{iz}$ 沿 Oz 轴正方向。设转动的角速度为 ω，则 $\boldsymbol{L}_{iz}$ 的大小为

$$L_{iz} = r_i m_i v_i = m_i r_i^2 \omega$$

由于所有质元的角动量方向均沿 Oz 轴正方向，刚体对转轴 Oz 的角动量 L_z 为

$$L_z = \sum_i L_{iz} = \left(\sum_i m_i r_i^2\right)\omega$$

由转动惯量的定义，上式即为

$$L_z = J\omega \tag{3-18}$$

式(3-18)表明：刚体对定轴的角动量等于刚体对该轴的转动惯量与角速度的乘积。

说明　角动量是矢量，但对于定轴转动的刚体，其方向或沿转轴 Oz 正方向，或沿 Oz 的负方向，所以可以用代数量 L_z 来表示。如果刚体沿规定的转动正方向转动，L_z 取正值；反之 L_z 取负值。

问题 3-16　写出下列情形中刚体绕给定轴以角速度 ω 转动时的角动量。(1) 质量为 m、长为 l 的匀质细杆绕过中心且垂直于杆的轴；(2) 质量为 m、长为 l 的匀质细杆绕过杆的一端且垂直于杆的轴；(3) 质量为 m、半径为 R 的匀质薄圆盘绕过圆心且垂直于盘面的轴。

3.3.2　刚体定轴转动的角动量定理

刚体作定轴转动的角动量 $L_z = J\omega$，J 为常量，可改写定轴转动定律

$$M_z = J\alpha = J\frac{d\omega}{dt} = \frac{d(J\omega)}{dt} = \frac{dL_z}{dt}$$

即

$$M_z = \frac{dL_z}{dt} \tag{3-19}$$

上式表示，刚体对定轴所受到的合外力矩等于刚体对此轴的角动量的时间变化率。这是用角动量陈述的**刚体定轴转动定律**。

讨论　对于刚体，它对定轴的转动惯量 J 是保持不变的，因此式(3-19)与 $M_z = J\alpha$ 的意义完全一样。但式(3-19)比 $M_z = J\alpha$ 的适用范围更为广泛，适用于刚体，也适用于非刚体，即当绕定轴转动物体的转动惯量 J 可以变化时，$M_z = J\alpha$ 不再适用，但式(3-19)仍成立。

将式(3-19)写成 $M_z dt = dL_z$，两边积分有

$$\int_{t_0}^{t} M_z dt = L_z - L_{0z} = J\omega - J\omega_0 \tag{3-20}$$

式(3-20)中，$\int_{t_0}^{t} M_z dt$ 称为刚体对定轴所受到的合外力矩在时间间隔 t-t_0 内的**冲量矩**，L_{0z} 和 L_z、ω_0 和 ω 分别为刚体在时刻 t_0 和 t 对定轴的角动量和角速度。式(3-20)说明：刚体对定轴所受到的合外力矩的冲量矩等于刚体对此轴的角动量的增量，这就是**刚体定轴转动的角动量定理**。

如果物体(非刚体)在转动过程中，物体内各质点相对于转轴的位置发生了变化，那么物体的转动惯量 J 也必然随时间变化。时间间隔 t-t_0 内，转动惯量由 J_0 变为 J，则式(3-20)可写成

$$\int_{t_0}^{t} M_z dt = J\omega - J_0\omega_0 \tag{3-21}$$

问题 3-17 如图 3-23 所示，两个匀质圆柱体 A、$B(R_A<R_B)$ 质量相同。如果它们以相同的角速度绕各自圆柱轴旋转，从某时刻起，对它们施加相同的恒定阻力矩，则(　　)。

(A) A 先停转　　(B) B 先停转

(C) 一起停转　　(D) 无法确定两者停止转动的先后

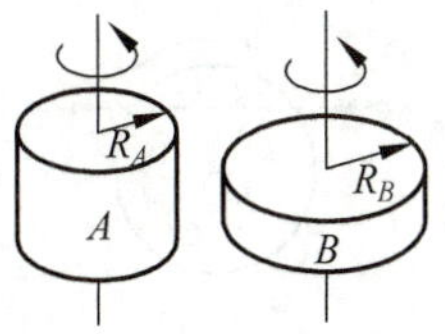

图 3-23　问题 3-17 图

3.3.3 刚体定轴转动的角动量守恒定律

由式(3-19)可以看出，如果刚体对定轴所受到的合外力矩等于零，刚体的角动量保持不变，即

$$M_z=0,\quad L_z=J\omega=\text{恒量} \tag{3-22}$$

这个结论叫作刚体对固定转轴的**角动量守恒定律**。

如果在一个刚体组中所有刚体都绕同一定轴转动，则该系统的角动量守恒定律为

$$M_z=0,\quad \sum_i J_i\omega_i=\text{恒量} \tag{3-23}$$

讨论 (1) 在得出刚体定轴转动的角动量守恒定律的过程中受到刚体、定轴等条件的限制，但实际上，它们的适用范围是远远超出这些限制的。该定律可以推广到转动惯量可以变化，甚至转轴不固定的情况。

(2) 刚体定轴转动的角动量守恒定律经常用于质点绕一固定点(力心)转动的情况。最常见的是质点受到有心力的情况，即合力 $\boldsymbol{F}$ 通过参考点，致使合力矩为零。如：

① 质点作匀速圆周运动时，作用于质点的合力通过圆心，相对于圆心，质点的角动量守恒。

② 太阳系中行星绕太阳运动，太阳作用于行星的引力是指向太阳中心的有心力，相对于太阳中心，行星的角动量是守恒。再如人造卫星绕地球运动也是如此。

③ 当带电粒子入射到质量较大的原子核附近发生碰撞时，粒子所受的原子核的库仑力始终通过原子核的中心，相对于原子核中心，微观粒子在碰撞过程中角动量守恒。

在上述各种情况中，如果把取过参考点并垂直于轨道平面的直线当成转轴，则可以理解成质点对该转轴的角动量守恒。

说明 运动物体与定轴转动物体碰撞时，由于相互作用时间极短，有限的外力矩的冲量矩可以忽略，运动物体与定轴转动物体组成的系统的角动量守恒；但是，由于固定转轴可能受到很大约束力，其冲量不能忽略，所以动量一般不守恒。

应用角动量定理和角动量守恒定律解题思路：选定研究对象，进行受力分析，计算各个力的力矩，分析是否满足守恒条件；确定研究对象初态和末态角速度的方向，即角动量的方向；选定转轴的正方向，确定力矩、角动量的正负，根据定理或定律列方程。列方程时注意方程中角速度必须对同一参考系、转动惯量是对同一转轴。

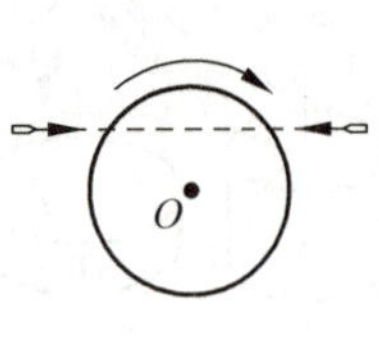

图 3-24 问题 3-18 图

问题 3-18 如图 3-24 所示，一圆盘绕通过盘心且垂直于盘面的水平光滑轴转动，两个质量相等、速度大小相同、方向相反并在一条直线上的子弹同时射入圆盘并且留在盘内。在子弹射入前、后的瞬间，对于圆盘和子弹系统的角动量 L 和圆盘的角速度 ω，有(　　)。

(A) L 不变，ω 增大　(B) 两者均不变　(C) L 不变，ω 减小　(D)两者均变小

问题 3-19 一人造地球卫星在环绕地球的椭圆轨道上运动，若卫星在远地点时，对地心的角动量的大小为 L_A，动能为 E_{kA}；在近地点时，对地心的角动量的大小为 L_B，动能为 E_{kB}，则(　　)。

(A) $L_A=L_B, E_{kA}=E_{kB}$　(B) $L_A>L_B, E_{kA}=E_{kB}$

(C) $L_A=L_B, E_{kA}<E_{kB}$　(D) $L_A<L_B, E_{kA}>E_{kB}$

问题 3-20 在文艺体育活动中，有很多应用角动量守恒定律的实例。如：(1)跳水运动员完美地完成空翻动作并很好地压水；(2)花样滑冰运动员或芭蕾舞蹈演员想加速旋转时，先把两臂和一条腿伸开，并绕通过足尖的垂直轴旋转，然后再收拢腿和臂等。说明他们做法中蕴含的物理原理。

问题 3-21 运动中的小球碰撞在门上，使门转动。在此过程中，忽略门轴摩擦力，把小球和门选取为一个系统，系统的动量不守恒，请分析动量不守恒的原因。在这个过程中，系统的角动量守恒吗？请说明道理。

例 3-11 如图 3-25 所示，长为 l、质量为 M 的匀质木杆的一端挂在光滑的水平轴 O 上，开始时静止于竖直位置，现有一粒质量为 m 的子弹以水平速度 $\boldsymbol{v}_0$ 射入杆的中点未穿过。求木杆开始转动时的角速度。

解 取子弹和木杆为研究系统，对于子弹射入杆过程，系统所受外力有重力和轴 O 处约束力。约束力通过轴，不产生力矩；设子弹射入时间极短，可以认为系统始终处于竖直位置，重力方向线通过轴，也不产生力矩。相对于轴 O，系统角动量守恒。子弹射入前，子弹的角动量为 $\frac{1}{2}lmv_0$，杆的角动量为零。系统角动量

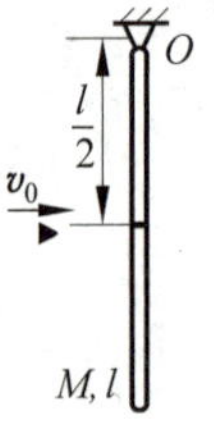

图 3-25 例 3-11 图

$$L_0=\frac{1}{2}lmv_0$$

设子弹射入后，系统转动的角速度为 ω，则角动量

$$L=\left(\frac{1}{3}Ml^2+\frac{1}{4}ml^2\right)\omega$$

由 $L=L_0$ 有

$$\left(\frac{1}{3}Ml^2+\frac{1}{4}ml^2\right)\omega=\frac{1}{2}lmv_0$$

即得

$$\omega=\frac{6mv_0}{(4M+3m)l}$$

例 3-12 如图 3-26 所示，质量为 M 且均匀分布、半径为 R 的水平转台可绕通过中心的竖直光滑轴 O 转动。一质量为 m 的人(视为质点)站在台的边缘，人和台原来都静止。如果人

沿台的边缘奔跑一周，相对于地面来说，转台和人各转了多少角度？

解 对人和转台组成的系统，在人走动时，系统所受外力重力、轴 O 处约束力对轴的力矩为零，对轴 O 角动量守恒。已知开始时系统的角动量为零，设任意时刻转台和人的角速度分别为 ω 和 ω'，则有

$$J'\omega' - J\omega = 0 \tag{1}$$

式中，$J'=mR^2$ 和 $J=\dfrac{1}{2}MR^2$ 分别表示人和转台对竖直转轴的转动惯量。注意列出上式时已考虑 ω 和 ω' 方向相反，并取人相对于轴的角动量为正。以 θ 和 θ' 分别表示转台和人对地面的角位移，则

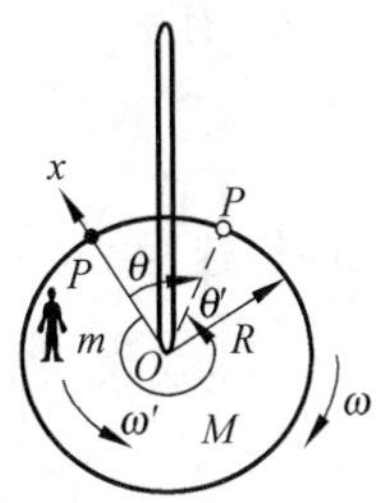

图 3-26 例 3-12 图

$$\omega = \frac{d\theta}{dt}, \quad \omega' = \frac{d\theta'}{dt}$$

代入式(1)得

$$mR^2\frac{d\theta'}{dt} = \frac{1}{2}MR^2\frac{d\theta}{dt}$$

两边乘以 dt 并积分，则有

$$\int_0^{\theta'} mR^2 d\theta' = \int_0^{\theta}\frac{1}{2}MR^2 d\theta$$

由此得

$$m\theta' = \frac{1}{2}M\theta \tag{2}$$

设 Ox 轴固定于地面，人在初始时位于转台边缘与 Ox 轴的交点 P，当人在转台上奔跑了一周回到点 P 时，如图 3-26 所示有

$$\theta' = 2\pi - \theta \tag{3}$$

联解式(2)与式(3)，得

$$\theta = \frac{4\pi m}{M+2m} \quad \theta' = \frac{2\pi M}{M+2m}$$

例 3-13 工程上，两飞轮常用摩擦啮合器使它们以相同的转速一起转动，如图 3-27 所示，A 和 B 两飞轮的轴杆在同一中心线上，A 轮的转动惯量为 $J_A=10\ \text{kg}\cdot\text{m}^2$，$B$ 轮的转动惯量为 $J_B=20\ \text{kg}\cdot\text{m}^2$，$C$ 为摩擦啮合器，其质量可忽略。开始时 A 轮的转速为 600 r/min，B 轮静止。假设转轴光滑，求两轮摩擦啮合后的转速。

解 两飞轮 A、B 用啮合器 C 啮合达到共同的角速度，就是沿两飞轮的公共轴线施加大小相等、方向相反的正压力，从而在啮合器 C 的两部分之间产生摩擦力(矩)来实现的。取两飞轮 A、B 和啮合器 C 为系统，啮合器 C 两部分之间的摩擦力为系统内力，不改变系统的角动量；系统受到的外力——轴向正压力对公共轴线的力矩为零。系统角动量守恒。啮合前，系统角动量

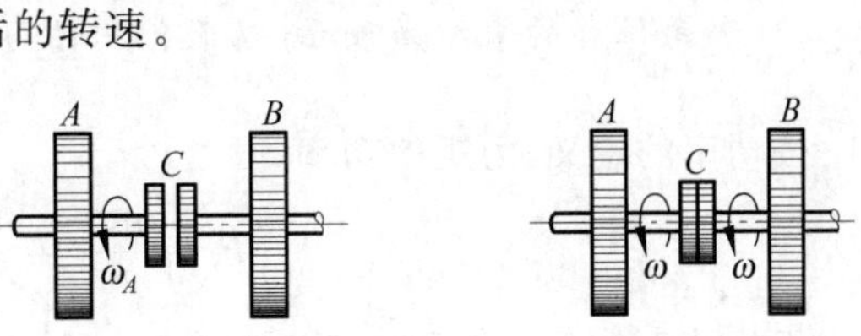

图 3-27 例 3-13 图

$$L_0 = J_A\omega_A + J_B\omega_B$$

设两轮啮合后共同的角速度为 ω，有

$$L = (J_A + J_B)\omega$$

由 $L=L_0$ 有

$$\omega=\frac{J_A\omega_A+J_B\omega_B}{J_A+J_B}=\frac{20}{3}\pi=20.9(\mathrm{rad/s})$$

共同的转速为

$$n=200\mathrm{r/min}$$

3.4 刚体定轴转动的动能定理

3.4.1 刚体定轴转动中力矩的功

如图 3-28 所示，设作用在定轴转动刚体上点 P 的力 $\boldsymbol{F}$ 位于转动平面内，若力 $\boldsymbol{F}$ 的作用点的位移为 $\mathrm{d}\boldsymbol{r}$，刚体相应的角位移为 $\mathrm{d}\theta$，则 $|\mathrm{d}\boldsymbol{r}|=r\mathrm{d}\theta$，$\boldsymbol{F}$ 与 $\boldsymbol{r}$ 的夹角为 φ，与 $\mathrm{d}\boldsymbol{r}$ 的夹角为 α，则 $\varphi+\alpha=\pi/2$，$\boldsymbol{F}$ 在该位移上做的功

$$\mathrm{d}W=\boldsymbol{F}\cdot\mathrm{d}\boldsymbol{r}=F\cos\alpha r\mathrm{d}\theta=Fr\sin\varphi\mathrm{d}\theta$$

由力矩的定义可知，$Fr\sin\varphi$ 为力 $\boldsymbol{F}$ 对转轴 O 的力矩 M，于是有

$$\mathrm{d}W=M\mathrm{d}\theta \tag{3-24}$$

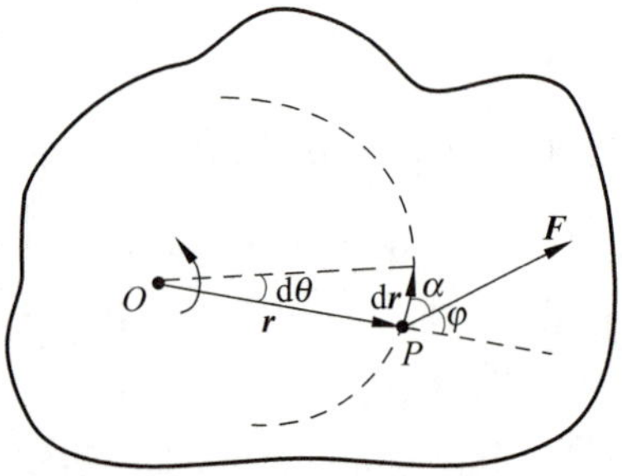

图 3-28 力矩做功

式(3-24)说明：作用在定轴转动刚体上力 $\boldsymbol{F}$ 的元功 $\mathrm{d}W$ 等于该力对转轴的力矩 M 与刚体角位移 $\mathrm{d}\theta$ 的乘积，这个元功通常也称为**力矩的元功**。

如果刚体从 θ_0 转到 θ，则这一过程中力矩所做的功

$$W=\int_{\theta_0}^{\theta}M\mathrm{d}\theta \tag{3-25}$$

如果有多个外力作用于刚体，式(3-24)与式(3-25)中的 M 应为诸外力对转轴的合力矩 $\sum_i M_i$。

注意 力矩的功实质上仍是力做的功，只不过因对于刚体转动的情况，力的功可以用力矩和角位移的乘积来表示，从而使用的习惯说法而已。

按功率的定义，力矩的功率为

$$P=\frac{\mathrm{d}W}{\mathrm{d}t}=\frac{M\mathrm{d}\theta}{\mathrm{d}t}=M\omega \tag{3-26}$$

即力矩的功率等于力矩和角速度的乘积。

例 3-14 如图 3-29 所示，一根长为 l、质量为 m 的匀质木杆的一端挂在水平轴 O 上。求细杆从竖直位置转动到与竖直方向成 θ 角的过程中，重力矩所做的功。

解 由题意，取逆时针方向为杆转动的正方向，而重力矩要使杆顺时针转动，将杆的质量视为全部集中于质心 C，当杆与竖直方向夹角 θ 时，重力矩

$$M=-mg\frac{l}{2}\sin\theta$$

从 $\theta=0$ 到 θ，重力矩做的功

$$W=\int_0^\theta M\mathrm{d}\theta=\int_0^\theta -mg\,\frac{l}{2}\sin\theta\mathrm{d}\theta=-mg\,\frac{l}{2}(1-\cos\theta)$$

问题 3-22 如图 3-30 所示，长为 l、质量为 m 的匀质细杆可绕过 O 点并垂直于杆的水平轴转动。求杆从水平位置转动到与水平位置成 θ 角的过程中，重力矩所做的功。

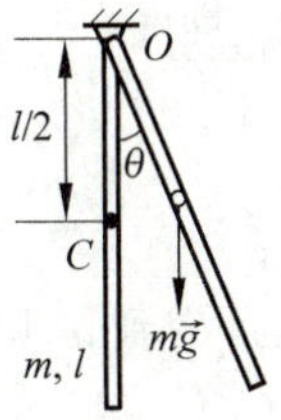

图 3-29 例 3-14 图

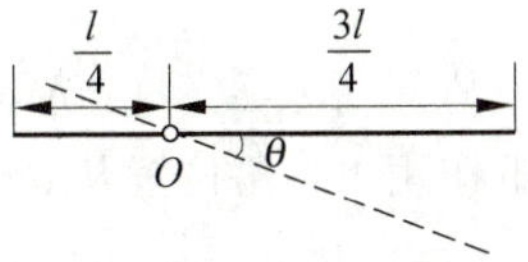

图 3-30 问题 3-22 图

3.4.2 刚体定轴转动的转动动能

设刚体转动的角速度为 ω，第 i 个质点的质量为 m_i，作圆周运动的半径为 r_i，速率为 v_i，则该质点的动能

$$E_{ki}=\frac{1}{2}m_i v_i^2=\frac{1}{2}m_i r_i^2\omega^2$$

整个刚体的动能

$$E_k=\frac{1}{2}\left(\sum_i m_i r_i^2\right)\omega^2$$

式中括号内的量为刚体的转动惯量 J，上式可写成

$$E_k=\frac{1}{2}J\omega^2 \tag{3-27}$$

上式表明：刚体定轴转动的转动动能等于刚体的转动惯量与角速度平方的乘积的一半。

说明 刚体定轴转动的动能 $E_k=\frac{1}{2}J\omega^2$ 与质点的动能 $E_k=\frac{1}{2}mv^2$ 在形式上是类似的，转动惯量 J 与质量对应，角速度 ω 与线速度 v 对应。

问题 3-23 写出下列情形中刚体绕给定轴以角速度 ω 转动时的转动动能。(1) 质量为 m、长为 l 的匀质细杆绕过杆的中心且垂直于杆的轴；(2) 质量为 m、长为 l 的匀质细杆绕过杆的一端且垂直于杆的轴；(3) 质量为 m、半径为 R 的匀质薄圆盘绕过圆心且垂直于盘面的轴。

问题 3-24 如图 3-31 所示，两个质量相同的匀质圆柱体 A、$B(R_A<R_B)$绕各自圆柱轴旋转，两者角动量大小相等，则转动动能 E_{kA}和 E_{kB}(　　)。

(A) $E_{kA}>E_{kB}$　　(B) $E_{kA}=E_{kB}$

(C) $E_{kA}<E_{kB}$　　(D) 无法确定 E_{kA}和 E_{kB}的大小关系

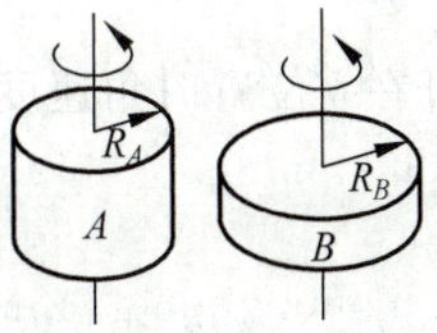

图 3-31 问题 3-24 图

3.4.3 刚体定轴转动的动能定理

在刚体定轴转动定律 $M=J\alpha$ 中，对 α 作变换

$$M = J\alpha = J\frac{\mathrm{d}\omega}{\mathrm{d}t} = J\frac{\mathrm{d}\omega}{\mathrm{d}\theta}\frac{\mathrm{d}\theta}{\mathrm{d}t} = J\omega\frac{\mathrm{d}\omega}{\mathrm{d}\theta}$$

即

$$M\mathrm{d}\theta = J\omega\mathrm{d}\omega$$

若刚体在外力矩作用下，角位置从 θ_0 变到 θ，角速度从 ω_0 变到 ω，则

$$\int_{\theta_0}^{\theta} M\mathrm{d}\theta = \int_{\omega_0}^{\omega} J\omega\mathrm{d}\omega = \frac{1}{2}J\omega^2 - \frac{1}{2}J\omega_0^2$$

上式左边是外力矩对刚体做的功 W，于是有

$$W = \frac{1}{2}J\omega^2 - \frac{1}{2}J\omega_0^2 \tag{3-28}$$

式(3-28)表明：刚体定轴转动时，合外力矩的功等于刚体转动动能的增量，这就是**刚体定轴转动的动能定理**。

注意 定轴转动刚体中所有内力矩的功之和为零，计算力矩做功时只需考虑外力矩做的功。原因在于任何一对相互作用的内力大小相等、方向相反，相对于转轴的力臂相同，从而力矩大小相等，方向相反，同时刚体内任一点的角位移相等，所以内力矩的功为零。实质上，刚体作为特殊的质点系，质点间的相对位置不变，所以内力不做功。

例 3-15 如图 3-32 所示，质量为 m、长为 l 的匀质细杆可绕垂直于杆端的 O 轴无摩擦地转动。求杆从水平位置由静止开始转到与水平位置时成 θ 角时的角速度。

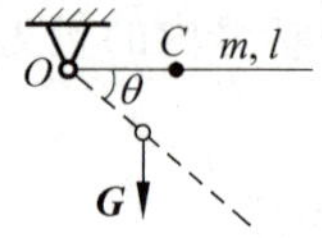

图 3-32 例 3-15 图

解 在杆转动过程中，仅有重力(矩)做功。取顺时针方向为杆转动的正方向，将杆的质量视为全部集中于质心 C，当杆与水平方向夹角 θ 时，则重力矩为

$$M = mg\frac{l}{2}\cos\theta$$

若杆转动 $\mathrm{d}\theta$，则重力矩做功

$$\mathrm{d}W = mg\frac{l}{2}\cos\theta\mathrm{d}\theta$$

杆从水平位置转动到 θ 位置，整个过程中重力矩做功

$$W = \int\mathrm{d}W = \int_0^{\theta} mg\frac{l}{2}\cos\theta\mathrm{d}\theta = mg\frac{l}{2}\sin\theta$$

设杆在 θ 位置时角速度为 ω，据动能定理，同时考虑到初始时刻 $\omega_0=0$，有

$$\frac{1}{2}J\omega^2 = mg\frac{l}{2}\sin\theta$$

代入 $J=ml^2/3$，得

$$\omega=\sqrt{\frac{3g\sin\theta}{l}}$$

问题 3-25 质量为 m、长为 l 的匀质细杆可绕垂直于杆端的轴无摩擦地转动。杆从水平位置由静止开始转至竖直位置时角速度为 ω。如果将此杆切成 $l/2$ 长度，仍从水平位置

由静止开始转至竖直位置，则角速度应为(　　)。

(A) 2ω　　(B) $\sqrt{2}\omega$　　(C) ω　　(D) $\omega/\sqrt{2}$

问题 3-26　对于例 3-9 的装置，试由转动动能定理计算当杆转动到与竖直方向成 θ 角时的角速度。

3.4.4　刚体的重力势能

一个体积不太大、质量为 m 的刚体在重力场中的重力势能是组成刚体的各个质点的重力势能之和，即

$$E_p = \sum_i m_i g h_i = g \sum_i m_i h_i$$

根据质心的定义式(2-19)，此刚体质心的高度

$$h_C = \frac{\sum_i m_i h_i}{m}$$

所以上式可写成

$$E_p = mgh_C \tag{3-29}$$

即：刚体的重力势能与它的质量全部集中在质心时所具有的势能一样。

讨论　引入刚体的势能后，关于一般质点系统的功能原理和机械能守恒定律，都可使用于刚体的定轴转动，而且由于刚体的内力不做功，所以只要外力不做功，刚体的机械能就守恒。

在力学部分结束时，我们强调指出，在牛顿力学中，角动量守恒定律、能量守恒定律和动量守恒定律，形式上都是从牛顿定律"推导"出来的，但是这些守恒定律比牛顿定律有着更广泛的适用范围。它们不仅适用于牛顿力学有效的经典物理范围，也适用于牛顿力学失效的近代物理理论范围——量子力学和相对论。这三条守恒定律比牛顿力学更基本、更普遍，是近代物理理论的基础，成为普遍适用的物理定律。

在前面各章，我们介绍了描述平动和转动的基本物理量、基本运动规律，现列于表 3-1 中，以供参考。

表 3-1　质点的运动规律与刚体的定轴转动规律对比

质点的运动	刚体的定轴转动
速度 $\boldsymbol{v}=\frac{\mathrm{d}\boldsymbol{r}}{\mathrm{d}t}$	角速度 $\omega=\frac{\mathrm{d}\theta}{\mathrm{d}t}$
加速度 $\boldsymbol{a}=\frac{\mathrm{d}\boldsymbol{v}}{\mathrm{d}t}=\frac{\mathrm{d}^2\boldsymbol{r}}{\mathrm{d}t^2}$	角加速度 $\alpha=\frac{\mathrm{d}\omega}{\mathrm{d}t}=\frac{\mathrm{d}^2\theta}{\mathrm{d}t^2}$
力 $\boldsymbol{F}$、质量 m、加速度 $\boldsymbol{a}$，运动定律 $\boldsymbol{F}=m\boldsymbol{a}$	力矩 M、转动惯量 J、角加速度 α，转动定律 $M=J\alpha$
动量 $\boldsymbol{p}=m\boldsymbol{v}$，冲量 $\boldsymbol{I}=\int_{t_0}^{t}\boldsymbol{F}\mathrm{d}t$ 动量定理 $\boldsymbol{I}=\Delta\boldsymbol{p}$	角动量 $L=J\omega$，冲量矩 $\int_{t_0}^{t}M\mathrm{d}t$ 角动量定理 $\int_{t_0}^{t}M\mathrm{d}t=\Delta L$

续表

质点的运动	刚体的定轴转动
动量守恒定律 $\sum_{i=1}^{n}\boldsymbol{F}_i=0,\sum_{i=1}^{n}m_i\boldsymbol{v}=$ 常量	角动量守恒定律 $\sum_i M_i=0,\quad \sum_i J_i\omega_i=$ 常量
平动动能 $E_k=\frac{1}{2}mv^2$,力的功 $W=\int_a^b\boldsymbol{F}\cdot\mathrm{d}\boldsymbol{r}$ 动能定理 $W=\frac{1}{2}mv^2-\frac{1}{2}mv_0^2$	转动动能 $E_k=\frac{1}{2}J\omega^2$,力矩的功 $W=\int_{\theta_0}^{\theta}M\mathrm{d}\theta$ 动能定理 $W=\frac{1}{2}J\omega^2-\frac{1}{2}J\omega_0^2$
重力势能 $E_p=mgh$	重力势能 $E_p=mgh_C$
机械能守恒定律 只有保守内力做功,$E_k+E_p=$常量	机械能守恒定律 只有保守内力做功,$E_k+E_p=$常量

例 3-16　应用机械能守恒定律重解例 3-9,求杆转动到与竖直方向成 θ 角时的角速度。

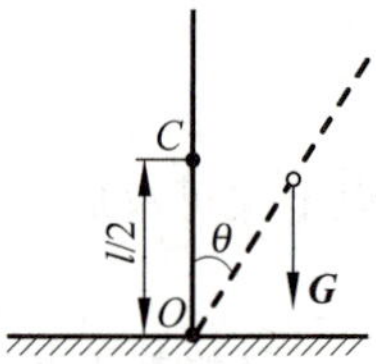

图 3-33　例 3-16 图

解　取杆与地球为系统,杆在绕铰链 O 定轴转动的过程中,只有重力做功,满足机械能守恒的条件。图 3-33 中,点 C 表示杆的质心。选铰链 O 处为重力势能零点,杆处于竖直位置时

$$E_{k0}=0,\quad E_{p0}=mg\,\frac{l}{2},\quad E_0=mg\,\frac{l}{2}$$

设杆与竖直方向成 θ 角时,角速度为 ω,则

$$E_k=\frac{1}{2}J\omega^2,\quad E_p=mg\,\frac{l}{2}\cos\theta,\quad E=\frac{1}{2}J\omega^2+mg\,\frac{l}{2}\cos\theta$$

根据机械能守恒定律得

$$mg\,\frac{l}{2}=\frac{1}{2}J\omega^2+mg\,\frac{l}{2}\cos\theta$$

代入 $J=ml^2/3$,解得

$$\omega=\sqrt{\frac{3g(1-\cos\theta)}{l}}$$

对于该装置,在例 3-9、问题 3-26 和例 3-16 中,我们分别用刚体定轴转动定律、动能定理和机械能守恒定律加以求解,侧重点各不相同,读者应仔细体会,认真总结。

例 3-17　如图 3-34 所示,一根长为 l、质量为 M 的匀质木杆的一端挂在一根光滑的水平轴 O 上而静止在竖直位置。今有一粒质量为 m 的子弹以水平速度 $\boldsymbol{v}_0$ 射入杆的末端而未穿出。求:(1)木杆和子弹开始转动时的角速度;(2)木杆和子弹一起摆起的最大摆角。

解　(1) 取子弹和木杆为研究系统,对于子弹射入杆过程,通过与例 3-11 相同的分析可知,相对于轴 O,系统角动量守恒。子弹射入前,子弹的角动量为 lmv_0,杆的角动量为零。系统角动量

$$L_0=lmv_0$$

设子弹射入后,系统转动的角速度为 ω,则角动量

$$L=\left(\frac{1}{3}Ml^2+ml^2\right)\omega$$

由 $L=L_0$ 有

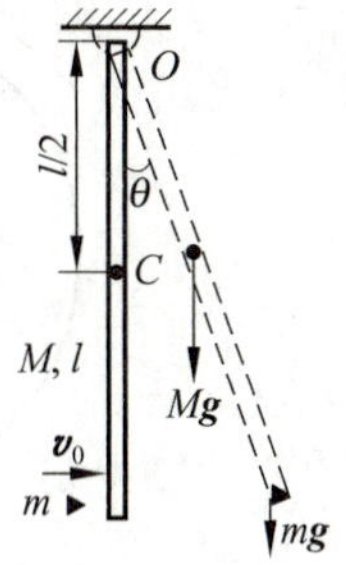

图 3-34　例 3-17 图

$$\left(\frac{1}{3}Ml^2+ml^2\right)\omega=lmv_0$$

解得

$$\omega=\frac{3mv_0}{(M+3m)l}$$

(2) 取子弹、杆与地球为系统，子弹和木杆在一起摆起的过程中，只有重力做功，机械能守恒，取悬点 O 为势能零点，结合图 3-34，点 C 为木杆质心，开始时

$$E_{p0}=-Mg\frac{l}{2}-mgl,\quad E_{k0}=\frac{1}{2}J\omega^2,\quad E_0=\frac{1}{2}J\omega^2-Mg\frac{l}{2}-mgl$$

设最大摆角为 θ，得

$$E_p=-Mg\frac{l}{2}\cos\theta-mgl\cos\theta,\quad E_k=0,\quad E=-Mg\frac{l}{2}\cos\theta-mgl\cos\theta$$

应用机械能守恒定律，得

$$\frac{1}{2}J\omega^2-Mg\frac{l}{2}-mgl=-Mg\frac{l}{2}\cos\theta-mgl\cos\theta$$

将 $\omega=\frac{3mv_0}{(M+3m)l}$ 和 $J=\frac{1}{3}Ml^2+ml^2$ 代入上式，解得最大摆角 θ 应满足

$$\cos\theta=1-\frac{3m^2v_0^2}{(M+3m)(M+2m)gl}$$

即

$$\theta=\arccos\left(1-\frac{3m^2v_0^2}{(M+3m)(M+2m)gl}\right)$$

习　题

3-1　汽车发动机的转速在 7 s 内由 200 r/min 增加到 3000 r/min，假定是匀变速的。求：(1)发动机的初角速度、末角速度以及角加速度；(2)发动机在这段时间内转了多少转；(3)如发动机轴上装有一半径为 $r=0.2$ m 的飞轮，它的边缘上一点在第 7 s 末的切向加速度、法向加速度和加速度的大小。

3-2　圆盘绕定轴 O 转动。如习题 3-2 图所示，在某一瞬时，其角速度 ω 为顺时针方向，轮缘上点 A 的速度为 $v_A=0.8$ m/s，转动半径为 $r_A=0.1$ m；盘上任一点 B 的加速度 $\boldsymbol{a}_B$ 与其转动半径 OB 成 θ 角，且 $\tan\theta=0.6$。试求该瞬时圆盘的角加速度。

3-3　如习题 3-3 图所示，以初速度 $\boldsymbol{v}_0$ 将质量为 m 的质点以仰角 θ 从原点处抛出。设质点在 Oxy 平面内运动，不计空气阻力，计算任一时刻，相对于坐标原点，作用在质点上的力矩 $\boldsymbol{M}$。

3-4　电机的电枢在达到 20 r/s 的转速时关闭电源，若它仅在摩擦力作用下均匀减速，需要 240 s 才停转；若加上阻滞力矩 500 N·m，则在 40 s 内停转。试求该电机电枢的转动惯量。

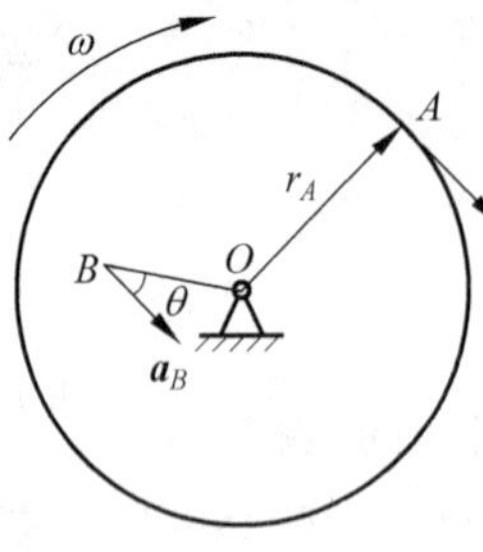

习题3-2图

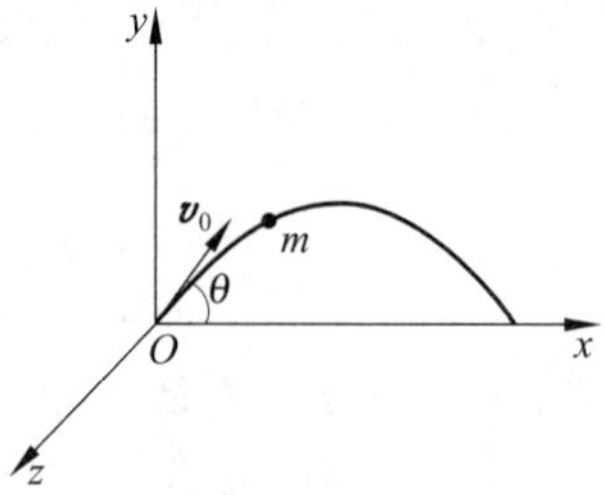

习题3-3图

3-5 转动惯量为 J 的圆盘绕固定轴转动，起初角速度为 ω_0，设它所受阻力矩为 $M=-k\omega$，式中 k 为正常量，负号表示阻力矩与转动角速度方向相反。求圆盘的角速度从 ω_0 变为 $\frac{1}{2}\omega_0$ 所需的时间。

3-6 如习题3-6图所示，不可伸长的轻绳跨过具有水平光滑轴、质量为 M 的定滑轮，绳的两端分别系有质量 m_1、m_2 的物体（$m_1<m_2$）。设滑轮可视为质量均匀分布的圆盘，绳与轮之间无相对滑动，求物体 m_1、m_2 的加速度和滑轮两侧绳中的张力。

3-7 如习题3-7图所示，质量为 m、长为 l 的匀质杆可绕位于杆端的光滑轴 O 在竖直平面内转动。设杆在水平位置由静止开始自由转下，求杆转到与水平位置时成 θ 角时的(1)角加速度；(2)角速度。

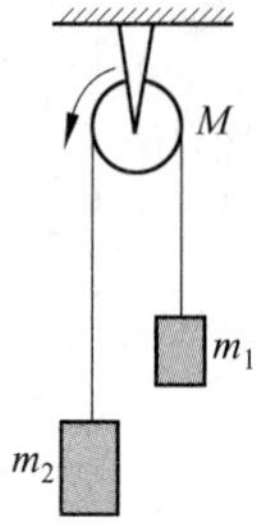

习题3-6图

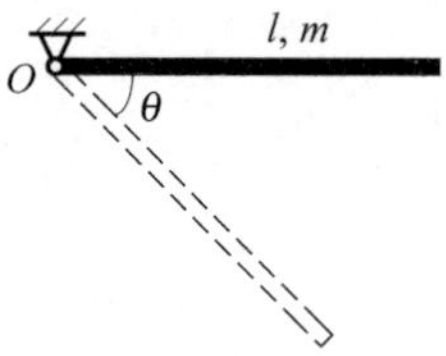

习题3-7图

3-8 对于习题3-3的情况，计算任一时刻，相对于坐标原点 O，质点的角动量 $\boldsymbol{L}$。

3-9 一质量为8 kg、半径为0.5 m的均质圆盘在外力矩的作用下，绕过盘心且垂直圆面的轴转动，其转动的角度按 $\theta=2t^2$ rad规律变化，则在第2 s内外力矩对盘的冲量矩是多少？

3-10 如习题3-10图所示，质量为 m 且均匀分布、长为 l 的细杆可绕位于端点的光滑竖直轴 O 在粗糙的水平桌面内转动，设细杆与水平桌面间的滑动摩擦系数为 μ_k。求：(1)细杆在转动时所受到的摩擦力矩；(2)设杆的初始角速度为 ω_0，经多长时间杆停止转动。

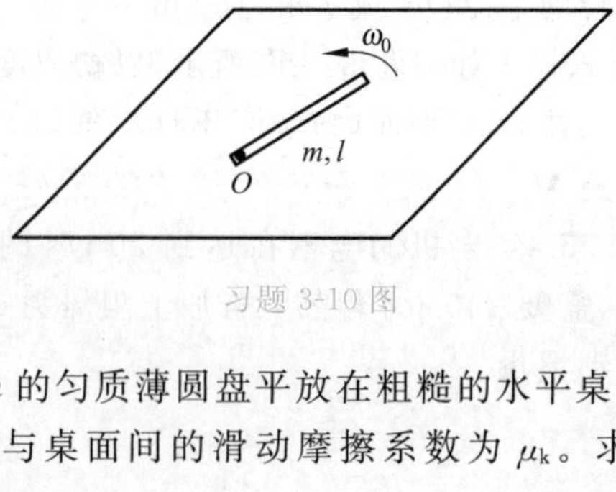

习题3-10图

3-11 如习题3-11图所示，半径为 R、质量为 m 的匀质薄圆盘平放在粗糙的水平桌面上，可绕通过盘心且垂直盘面的光滑轴旋转，设盘与桌面间的滑动摩擦系数为 μ_k。求：

(1)圆盘在转动时所受到的摩擦力矩；(2)设圆盘的初始角速度为 ω_0，经多长时间圆盘停止转动。

3-12 如习题 3-12 图所示，质量 $M=0.03\ \text{kg}$、长 $l=0.2\ \text{m}$ 的均匀细棒可在一水平面内绕通过中点并与棒垂直的光滑竖直轴 O 自由转动，细棒上套有两个可沿棒滑动的小物体，质量都为 $m=0.02\ \text{kg}$，开始时，两个小物体分别固定在棒中心两侧，距棒中心都为 $r=0.05\ \text{m}$，此系统以 $n_1=15\ \text{r/min}$ 的转速转动。若将小物体松开，求：(1)当两小物体到达棒端时，系统的角速度；(2)当小物体飞离棒端时，棒的角速度。

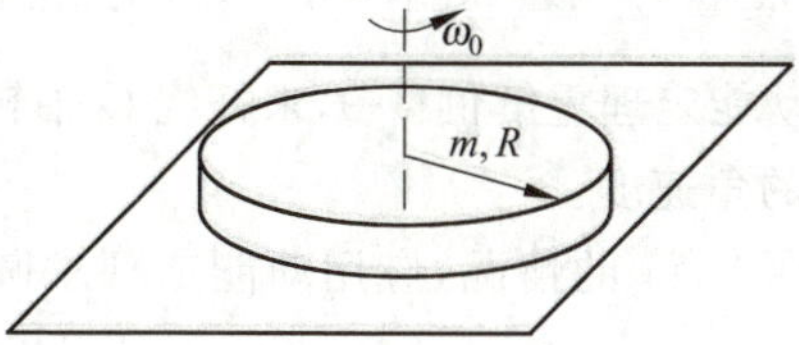

习题 3-11 图

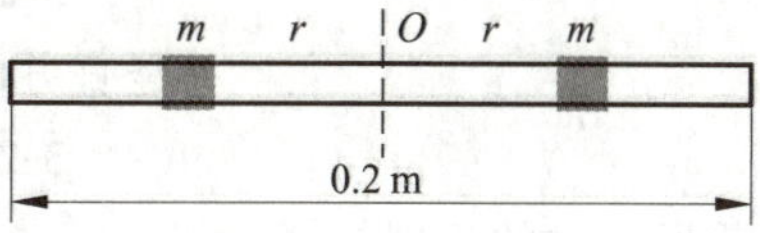

习题 3-12 图

3-13 在相对于过中心的竖直轴自由旋转的水平转盘边上站一质量为 m 的人(视为质点)，转盘的半径为 R、质量为 M 且均匀分布。若开始时人相对于水平转盘静止，人和转盘组成的系统角速度为 ω_0。此人由盘边走到盘心，求转盘角速度的变化。

3-14 哈雷彗星绕太阳运动的轨道是一个椭圆。它离太阳最近的距离是 $r_1=8.75\times10^{10}\ \text{m}$，此时它的速率是 $v_1=5.46\times10^4\ \text{m/s}$。它离太阳最远时的速率是 $v_2=9.08\times10^2\ \text{m/s}$，这时它离太阳的距离 r_2 是多少？

3-15 宇宙飞船中有三个宇航员绕着船舱内环形内壁沿同一方向跑动以产生人造重力。(1)如果想使人造重力等于他们在地面上时受到的自然重力，那么他们跑动的速率应为多大？设他们质心运动的半径为 2.5 m。(2)如果飞船最初未动，当宇航员以上面速率跑动时，飞船将以多大角速度旋转？设每个宇航员的质量为 70 kg，飞船相对于其纵轴的转动惯量为 $3\times10^5\ \text{kg}\cdot\text{m}^2$。* (3)要使飞船转过 30°，宇航员需要跑几圈？(取 $g=9.8\ \text{m/s}^2$)

3-16 如习题 3-16 图所示，长为 l、质量为 M 的匀质木杆的一端挂在光滑的水平轴 O 上，开始时静止于竖直位置，现有一粒质量为 m 的子弹以水平速度 $\boldsymbol{v}_0$ 从杆的中点穿过，穿出速度为 $\boldsymbol{v}$。求木杆开始转动时的角速度。

3-17 如习题 3-17 图所示，质量为 M、长为 l 的匀质细杆可绕端点 O 自由转动，杆置于光滑水平面上。质量为 m 的小球以位于平面内的速度 $\boldsymbol{v}_0$ 与细杆另一端垂直相碰，碰撞后小球弹回的速度为 $\boldsymbol{v}$。求细杆开始转动时的角速度。

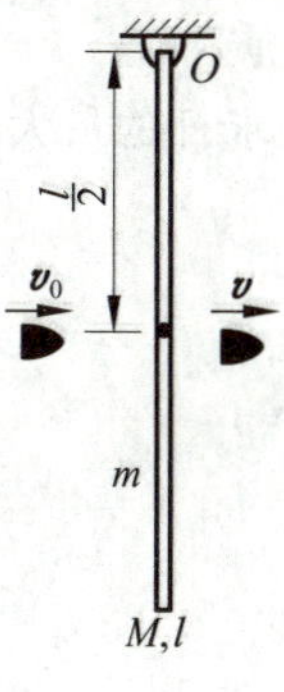

习题 3-16 图

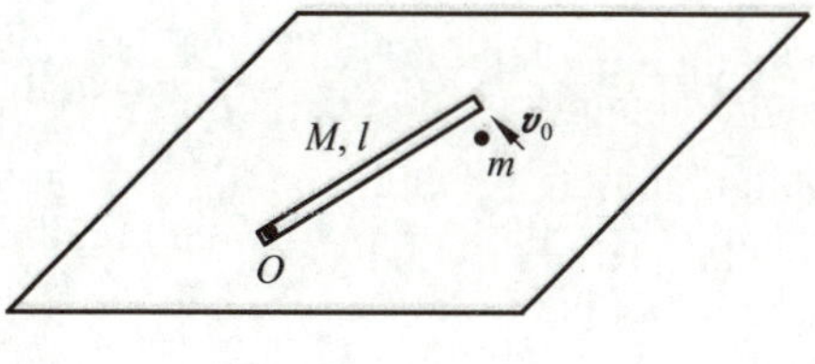

习题 3-17 图

3-18 一质量为 8 kg、半径为 0.5 m 的均质圆盘在外力矩的作用下，绕过盘心且垂直圆面的轴转动，其转动的角度按 $\theta=2t^2$ rad 规律变化，则在第 2 s 内外力矩对圆盘所做的功是多少？

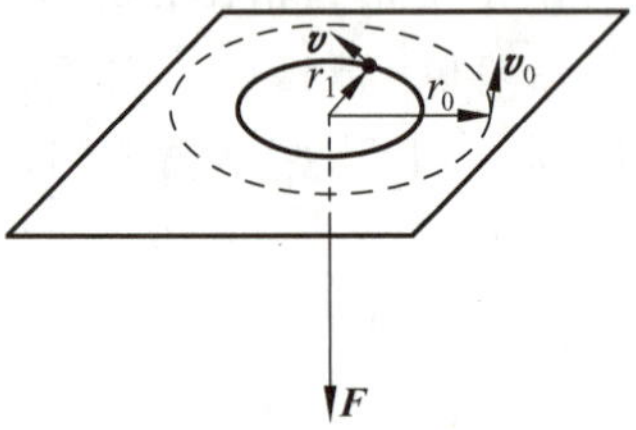

习题 3-19 图

3-19 如习题 3-19 图所示，质量为 m 的小球系在绳子的一端，绳穿过水平面上一小孔，使小球限制在一光滑水平面上运动，先使小球以速度 $\boldsymbol{v}_0$ 绕小孔作半径为 r_0 的圆周运动，然后缓慢向下拉绳使圆周半径减小为 r_1。求拉力 $\boldsymbol{F}$ 所做的功。

3-20 应用动能定理重解例 3-9，求杆绕 O 轴转动到与竖直方向成 θ 角的角速度。

3-21 对习题 3-11 的情况，应用动能定理求圆盘在停止转动前所转过的角度。

3-22 如习题 3-17 图所示，质量为 M、长为 l 的匀质细杆，可绕位于端点的光滑竖直轴 O 在水平桌面上转动，杆与桌面间的滑动摩擦系数为 μ_k。质量为 m 的小球以水平速度 $\boldsymbol{v}_0$ 与杆另一端垂直相碰后，以速度 $\boldsymbol{v}$ 被弹回。求碰撞后，杆到停止转动时所转过的角度。

3-23 试由转动动能定理计算对于例 3-8 的装置，当物体 B 下落 h 时的速率，滑轮的角速度；并由 B 的速率求 B 的加速度。

3-24 水星绕太阳运行轨道的近日点到太阳的距离为 $r_1=4.59\times10^7$ km，远日点到太阳的距离为 $r_2=6.98\times10^7$ km。求水星越过近日点和远日点时的速率 v_1 和 v_2[已知万有引力常量 $G=6.67\times10^{-11}\ \mathrm{m^3/(kg\cdot s^2)}$，太阳质量 $M_S=1.99\times10^{30}$ kg]。

3-25 应用机械能守恒定律重解例 3-15，求：(1)杆从水平位置转到与水平位置成 θ 角时的角速度；(2)在(1)过程中，杆相对于轴 O 所受到的重力矩的冲量矩。

3-26 对习题 3-6 的装置，用机械能守恒定律求物体 m_2 从静止开始下落 h 时的速率，并由此求其加速度。

3-27 如习题 3-27 图所示，滑轮转动惯量为 $J=0.01\ \mathrm{kg\cdot m^2}$，半径为 $r=0.07$ m，物体质量为 $m=5$ kg，由轻绳与劲度系数 $k=200$ N/m 的弹簧相连，若绳与滑轮间无相对滑动，滑轮轴上的摩擦忽略不计。求：(1)当绳拉直，弹簧无伸长时，使物体由静止而下落的最大距离；(2)物体的最大速率(g 取 10 m/s²)。

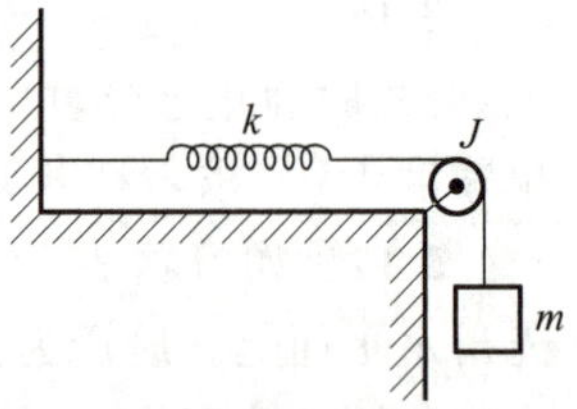

习题 3-27 图

3-28 如习题 3-16 图所示，长为 l、质量为 M 的匀质木杆，一端挂在光滑的水平轴 O 上，开始时静止于竖直位置，现有一粒质量为 m 的子弹以水平速度 $\boldsymbol{v}_0$ 从杆的中点穿过，穿出速度为 $\boldsymbol{v}$。求杆的最大摆角。

第二篇

电　磁　学

第4章

静 电 场

任何电荷周围都存在着电场，相对于观察者静止的电荷所激发的电场叫作**静电场**。本章研究真空中静电场的基本性质，从反映电荷之间作用的基本定律——库仑定律出发，建立静电场的概念；从位于电场中的电荷要受电场力和电荷在电场中运动时电场力要做功两个方面，引入描述电场特性的**两个基本物理量——电场强度**和**电势**，并研究其计算方法和二者之间的关系；介绍反映静电场性质的**两条基本原理——高斯定理**和**环路定理**；最后讨论导体和电介质的静电特性等。

库仑

4.1 库仑定律　静电力叠加原理

4.1.1 电荷

1. 电荷

电荷是实物粒子的一种属性。实验证明，电荷只有两种，同种电荷相斥，异种电荷相吸。宏观物体所带电荷种类的不同根源于组成它们的微观粒子所带电荷种类的不同：电子带负电荷，质子带正电荷，中子不带电荷。正常状况下原子中电子总数和质子总数相等，原子呈电中性，这时物体中任何一部分所包含的电子总数和质子总数相等，对外界不显示电性。如果由于某种原因，使物体内电子不足或过多，则物体分别带正电或负电。

带电体所带电荷的多少叫电量。电量常用 Q 或 q 表示，在国际单位制中，单位为库[仑](C)。正电荷电量取正值，负电荷电量取负值。

2. 电荷的量子性

实验证明，在自然界中，电荷总是以一个基本单元的整数倍出现，电荷的这个特性叫作电荷的**量子性**。电荷的基本单元就是一个电子所带电量的绝对值，常以 e 表示。在通常的计算中，取近似值为 $e=1.602\times10^{-19}\text{C}$。

1964 年，盖尔曼(M. Gell-Mann)从理论上预言基本粒子由若干**夸克**或**反夸克**组成，每一个夸克或反夸克可能带有 $\pm\frac{1}{3}e$ 或 $\pm\frac{2}{3}e$ 的电量。然而至今单独存在的夸克尚未在实验中发现。即使发现了，也不过把基元电荷的大小缩小到目前的1/3，电荷的量子性依然不变。

3. 电荷守恒定律

实验表明，在一个与外界没有电荷交换的系统内，正负电荷的代数和在任何物理过程中保持不变。

电荷守恒定律是自然界的基本守恒定律之一，无论在宏观领域，还是在微观领域都是成立的，如核反应和粒子的相互作用过程。

4. 电荷的相对论不变性

实验证明一个物体所带总电量与它的运动状态无关，即系统所带电荷与参照系的选择无关。

4.1.2 库仑定律

1. 点电荷

当一个带电体本身的线度比所研究的问题中所涉及的距离小很多时，则带电体的大小、形状及电量分布等诸多因素均可忽略，该带电体就可看作一个带电的点，称为**点电荷**。与质点、刚体、理想气体等概念一样，点电荷是对实际情况的抽象，是一种理想化的物理模型，是一个相对的概念。

2. 库仑定律

在真空中，两静止点电荷之间的相互作用力的大小与这两个点电荷所带电量乘积成正比，与它们之间距离的平方成反比，作用力的方向沿着它们的连线，同性相斥、异性相吸。q_2 受 q_1 的作用力为

$$\boldsymbol{F}_{12}=\frac{1}{4\pi\varepsilon_0}\frac{q_1q_2}{r_{12}^2}\boldsymbol{e}_{r,12} \tag{4-1}$$

式中 q_1、q_2 分别表示两个点电荷的电量，$\boldsymbol{e}_{r,12}$ 表示从 q_1 到 q_2 的矢径 $\boldsymbol{r}_{12}$ 的单位矢量(图4-1)，ε_0 称为**真空电容率**，也称**真空介电常量**，在通常的计算中，取近似值为

$$\varepsilon_0=8.85\times10^{-12}\,\mathrm{C^2/(N\cdot m^2)}$$

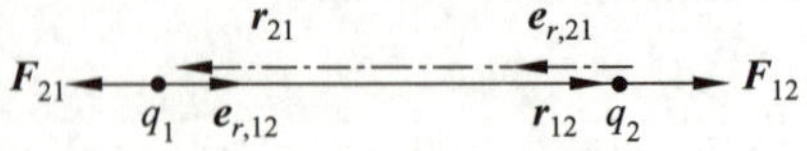

图4-1 两个静止点电荷之间的相互作用力

静止电荷之间的作用力，通常称为**静电力**或**库仑力**。

说明 (1)当 q_1 与 q_2 同号时，$\boldsymbol{F}_{12}$ 与 $\boldsymbol{e}_{r,12}$ 同方向，表明 q_2 受 q_1 的斥力(图4-1)；当 q_1 与 q_2 异号时，$\boldsymbol{F}_{12}$ 与 $\boldsymbol{e}_{r,12}$ 方向相反，表明 q_2 受 q_1 的引力。

(2) q_2 对 q_1 的作用力为

$$\boldsymbol{F}_{21}=\frac{1}{4\pi\varepsilon_0}\frac{q_1q_2}{r_{21}^2}\boldsymbol{e}_{r,21}=\frac{1}{4\pi\varepsilon_0}\frac{q_1q_2}{r_{21}^2}(-\boldsymbol{e}_{r,12})=-\boldsymbol{F}_{12}$$

即两个静止点电荷之间的相互作用力符合牛顿第三定律。

(3) 库仑定律是物理学中最精确的基本实验定律之一，在 r 从$10^{-17}\sim10^{7}$ m 的很大范围内正确、有效。在一定条件下，由库仑定律和洛伦兹变换，可以推导出电磁场的基本方程组——麦克斯韦方程组。库仑定律是经典电磁理论的基石。

问题 4-1 设有两个静止点电荷 q_1、q_2，坐标分别为(x_1,y_1,z_1)和(x_2,y_2,z_2)，写出 $\boldsymbol{F}_{21}$ 和 $\boldsymbol{F}_{12}$在直角坐标系中的矢量表达式。

问题 4-2 在氢原子的玻尔模型中，电子在静电力的作用下以一定的半径绕质子作圆周运动。设电子圆周运动的轨道半径为 $r=5.29\times10^{-11}$ m，试比较它们之间的静电力和万有引力的大小。

4.1.3 静电力叠加原理

库仑定律只讨论两个静止点电荷之间的作用力。实验证明，当空间存在两个以上的静止点电荷时，两个点电荷之间的作用力并不因第三个点电荷的存在而有所改变。因此两个以上的点电荷对一个点电荷的作用力等于各个点电荷单独存在时对该点电荷的作用力的矢量和。这一结论叫**静电力叠加原理**。

对于由 n 个点电荷组成的电荷系 q_1、q_2、…、q_n，它们对另一个点电荷 q_0 的静电力，由静电力叠加原理得：

$$\boldsymbol{F}=\sum_{i=1}^{n}\frac{1}{4\pi\varepsilon_0}\frac{q_0q_i}{r_{i0}^2}\boldsymbol{e}_{r,i0} \tag{4-2}$$

式中，$\boldsymbol{e}_{r,i0}$ 表示从电荷 q_i 到 q_0 的矢径 $\boldsymbol{r}_{i0}$的单位矢量。

4.2 电场强度

4.2.1 电场

任何电荷在其周围都将激发起**电场**，电荷间的相互作用是通过电场对电荷的作用来实现的。这种作用可以表示为

电荷 ⟷ 电场 ⟷ 电荷

电磁场是一种特殊形态的物质，一方面它和一切实物一样，具有能量、动量、质量等属性，另一方面，它又不同于实物，几个电场可以同时占有同一空间。静电场存在于静止电荷的周围，并分布在一定的空间，处于静电场中的电荷要受到电场力的作用，并且当电荷运动时电场力要对它做功。由这两方面的性质可分别引出描述电场性质的两个基本物理量——**电场强度**和**电势**。下面我们先介绍电场强度，电势则在 4.4 节介绍。

4.2.2 电场强度的概念

1. 试验电荷 q_0

为了定量地了解电场中任一点处电场的性质，可利用一个**试验电荷** q_0 放到电场中各点，观测 q_0 受到的作用力。试验电荷所带的电量应充分小，使它引入电场后在实验精度内对原电场不会产生可觉察的影响；同时其几何线度应充分小到可以被看作点电荷，以便能用它来确定场中每一点的性质。

2. 电场强度

实验发现，同一试验电荷在场中不同点，其受力的大小和方向一般不相同。对于电场中任一固定点，电荷 q_0 变化时，q_0 所受的力的方向不变，大小随之改变，但$\dfrac{\boldsymbol{F}}{q_0}$保持为一恒矢量，因此$\dfrac{\boldsymbol{F}}{q_0}$反映了该点处电场的性质。用$\dfrac{\boldsymbol{F}}{q_0}$定义电场中某点的**电场强度**，简称**场强**，用 $\boldsymbol{E}$ 表示，即

$$\boldsymbol{E}=\frac{\boldsymbol{F}}{q_0} \tag{4-3}$$

即，电场中任一点（场点）的电场强度等于单位正电荷在该点所受的电场力。电场强度的单位为牛/库(N/C)或伏/米(V/m)。

说明 (1)电场强度是电场的属性，与试探电荷是否存在无关。

(2) 在电场中不同点处的 $\boldsymbol{E}$ 一般不相同，因此 $\boldsymbol{E}$ 是空间坐标(x,y,z)的函数，即 $\boldsymbol{E}=\boldsymbol{E}(x,y,z)$。

(3) 在已知静电场中各点电场强度 $\boldsymbol{E}$ 的情况下，可由

$$\boldsymbol{F}=q\boldsymbol{E} \tag{4-4}$$

求出置于其中任意点处的点电荷 q 受的力。

问题 4-3 如图 4-2 所示，相隔一定距离的两个等量异号点电荷 $+q$ 和 $-q$ 构成的系统称为**电偶极子**。以 $\boldsymbol{l}$ 表示从 $-q$ 指向 $+q$ 的矢量，则 $q\boldsymbol{l}$ 称为电偶极子的电矩（简称为**电偶极矩**），以 $\boldsymbol{p}$ 表示。求一个电偶极子在电场强度为 $\boldsymbol{E}$ 的均匀电场中受的电场力和力矩。

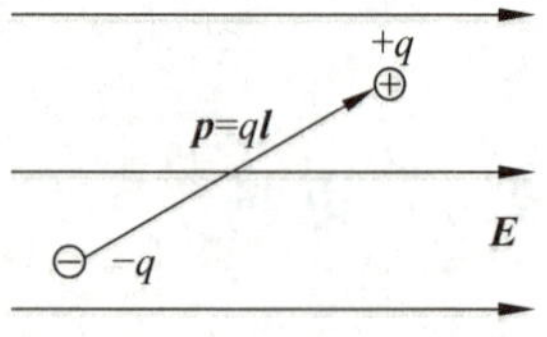

图 4-2 电偶极子

4.2.3 电场强度的计算

1. 点电荷的电场强度

设在真空有一个静止的点电荷 q，根据库仑定律放在场点 P 的试探电荷 q_0 受的力 $\boldsymbol{F}=\dfrac{qq_0}{4\pi\varepsilon_0 r^2}\boldsymbol{e}_r$，$\boldsymbol{e}_r$ 是从源电荷 q 到 P 点的矢径 $\boldsymbol{r}$ 的单位矢量。由电场强度 $\boldsymbol{E}=\dfrac{\boldsymbol{F}}{q_0}$的定义得点电荷

q 在 P 点的场强

$$\boldsymbol{E}=\frac{q}{4\pi\varepsilon_0 r^2}\boldsymbol{e}_r \tag{4-5}$$

由上式可知，如果 $q>0$，P 点的场强 $\boldsymbol{E}$ 与 $\boldsymbol{e}_r$ 的方向相同，$q<0$，与 $\boldsymbol{e}_r$ 的方向相反(图 4-3)。

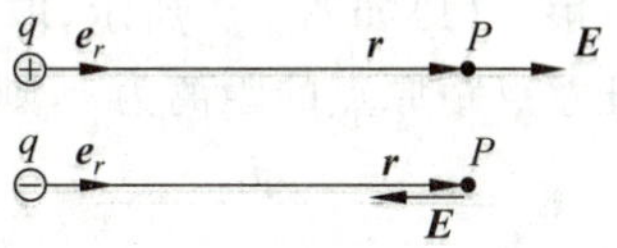

图 4-3 静止点电荷的电场强度

问题 4-4 设静止点电荷 q 坐标为(x_0, y_0, z_0)，写出它在点 $P(x,y,z)$处所产生的电场强度 $\boldsymbol{E}$ 在直角坐标系中的矢量表达式。

2. 点电荷系的电场强度

对于由 n 个点电荷组成的电荷系 q_1、q_2、…、q_n，要求这些点电荷在空间任一点 P 产生的场强，我们仍然在 P 点引入试探电荷 q_0，由静电力叠加原理和电场强度的定义得 P 点的电场强度为

$$\boldsymbol{E}=\sum_{i=1}^{n}\frac{1}{4\pi\varepsilon_0}\frac{q_i}{r_i^2}\boldsymbol{e}_{ri} \tag{4-6}$$

式中，$\boldsymbol{e}_{ri}$ 表示从电荷 q_i 到 P 点的矢径 $\boldsymbol{r}_i$ 的单位矢量。式(4-6)表明，点电荷系在空间任一点所激发的场强等于各个点电荷单独存在时在该点激发的场强的矢量和，这称为**场强叠加原理**。

3. 连续分布电荷的电场强度

若带电体的电荷是连续分布的，可以认为该带电体的电荷是许多无限小的电荷元 $\mathrm{d}q$ 组成的，而每个电荷元可以看成点电荷，其中任一电荷元 $\mathrm{d}q$ 在场点 P 产生的场强 $\mathrm{d}\boldsymbol{E}$ 为

$$\mathrm{d}\boldsymbol{E}=\frac{\mathrm{d}q}{4\pi\varepsilon_0 r^2}\boldsymbol{e}_r$$

式中 r 是电荷元 $\mathrm{d}q$ 到场点 P 的距离，$\boldsymbol{e}_r$ 为 $\mathrm{d}q$ 指向场点 P 的单位矢量。整个带电体在 P 点产生的场强可用积分计算为

$$\boldsymbol{E}=\int\mathrm{d}\boldsymbol{E}=\int\frac{\mathrm{d}q}{4\pi\varepsilon_0 r^2}\boldsymbol{e}_r \tag{4-7}$$

由此可得连续分布电荷的电场强度的一般计算步骤。

(1) 在带电体上任取一电荷元 $\mathrm{d}q$。

对于电荷体分布：$\mathrm{d}q=\rho\mathrm{d}V$，$\rho$ 为电荷体密度，单位为$\mathrm{C/m^3}$。

对于电荷面分布：$\mathrm{d}q=\sigma\mathrm{d}S$，$\sigma$ 为电荷面密度，单位为$\mathrm{C/m^2}$。

对于电荷线分布：$\mathrm{d}q=\lambda\mathrm{d}l$，$\lambda$ 为电荷线密度，单位为 $\mathrm{C/m}$。

(2) 选取适当的坐标系，由 $\mathrm{d}\boldsymbol{E}=\frac{\mathrm{d}q}{4\pi\varepsilon_0 r^2}\boldsymbol{e}_r$ 求出 $\mathrm{d}q$ 在场点 P 产生的电场强度 $\mathrm{d}\boldsymbol{E}$，并分解到直角坐标系的各轴上，即写出 $\mathrm{d}E_x$、$\mathrm{d}E_y$ 和 $\mathrm{d}E_z$。

(3) 确定积分上、下限，对电场各分量分别进行积分计算。在计算过程中要注意根据对称性来简化计算过程，即如果由电荷分布的对称性可分析出场强的方向，则只需求出各电荷元的电场强度在此方向上的分量之和。

(4) 必要时进行讨论。

电场强度的计算要点可归纳为六个字：**先分解，再积分**。

例 4-1 已知电偶极子电矩为 $\boldsymbol{p}$，求：(1)电偶极子轴线延长线上一点 A 的场强 $\boldsymbol{E}_A$；(2)电偶极子轴线中垂线上一点 B 的场强 $\boldsymbol{E}_B$。

解 (1)如图 4-4 所示，取电偶极子轴线的中点为坐标原点 O，沿 $\boldsymbol{p}$ 的方向为 x 轴，轴线上任意点距原点的距离为 r，则 $+q$ 和 $-q$ 在 A 点的产生的电场强度 $\boldsymbol{E}_+$ 和 $\boldsymbol{E}_-$ 均沿轴线，

$$\boldsymbol{E}_+=\frac{q\boldsymbol{i}}{4\pi\varepsilon_0\left(r-\dfrac{l}{2}\right)^2}\quad \boldsymbol{E}_-=-\frac{q\boldsymbol{i}}{4\pi\varepsilon_0\left(r+\dfrac{l}{2}\right)^2}$$

$$\boldsymbol{E}_A=\boldsymbol{E}_++\boldsymbol{E}_-=\frac{q_0}{4\pi\varepsilon_0}\left[\frac{1}{\left(r-\dfrac{l}{2}\right)^2}-\frac{1}{\left(r+\dfrac{l}{2}\right)^2}\right]\boldsymbol{i}=\frac{ql\ \boldsymbol{i}}{2\pi\varepsilon_0 r^3\left(1-\dfrac{l}{2r}\right)^2\left(1+\dfrac{l}{2r}\right)^2}$$

对于电偶极子，有 $r\gg l$，并考虑到 $\boldsymbol{E}_A$ 的方向与电偶极矩 $\boldsymbol{p}$ 方向相同($\boldsymbol{p}=ql\boldsymbol{i}$)，将上式写成

$$\boldsymbol{E}_A=\frac{\boldsymbol{p}}{2\pi\varepsilon_0 r^3}$$

(2) 如图 4-5 所示，取电偶极子轴线的中点为坐标原点，沿 $\boldsymbol{p}$ 的方向为 x 轴，中垂线为 y 轴，中垂线上任一点 B 到原点 O 的距离为 r，到 $-q$ 和 $+q$ 的距离分别为 r_+ 和 r_-，则 $r_+=r_-$。

$$E_+=E_-=\frac{q}{4\pi\varepsilon_0\left(r^2+\dfrac{l^2}{2^2}\right)}$$

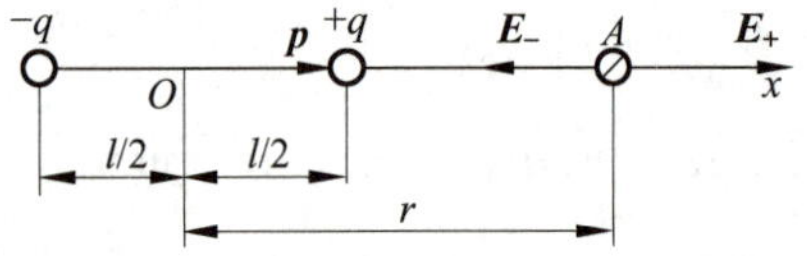

图 4-4 电偶极子轴线上的场强

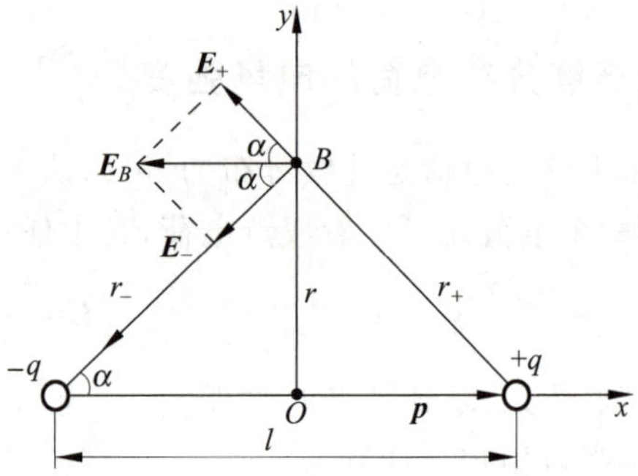

图 4-5 电偶极子轴线中垂线上的场强

$\boldsymbol{E}_+$ 和 $\boldsymbol{E}_-$ 的矢量式分别为

$$\boldsymbol{E}_+=-\frac{q}{4\pi\varepsilon_0\left(r^2+\dfrac{l^2}{2^2}\right)}\cos\alpha\boldsymbol{i}+\frac{q}{4\pi\varepsilon_0\left(r^2+\dfrac{l^2}{2^2}\right)}\sin\alpha\boldsymbol{j}$$

$$\boldsymbol{E}_-=-\frac{q}{4\pi\varepsilon_0\left(r^2+\dfrac{l^2}{2^2}\right)}\cos\alpha\boldsymbol{i}-\frac{q}{4\pi\varepsilon_0\left(r^2+\dfrac{l^2}{2^2}\right)}\sin\alpha\boldsymbol{j}$$

$$\boldsymbol{E}_B=\boldsymbol{E}_++\boldsymbol{E}_-=-\frac{2q}{4\pi\varepsilon_0\left(r^2+\dfrac{l^2}{2^2}\right)}\cos\alpha\boldsymbol{i}$$

$$=-\frac{2q}{4\pi\varepsilon_0\left(r^2+\dfrac{l^2}{4}\right)}\cdot\frac{\dfrac{l}{2}\boldsymbol{i}}{\sqrt{r^2+\dfrac{l^2}{4}}}=\frac{-ql\boldsymbol{i}}{4\pi\varepsilon_0\left(r^2+\dfrac{l^2}{4}\right)^{\frac{3}{2}}}$$

对于电偶极子，有 $r\gg l$，且 $\boldsymbol{p}=ql\boldsymbol{i}$，可将上式写成

$$\boldsymbol{E}_B=-\frac{\boldsymbol{p}}{4\pi\varepsilon_0 r^3}$$

例 4-2 电荷 $q(q>0)$ 均匀分布在半径为 R 的细圆环上。计算过环心 O 且垂直于环面的轴线上与环心 O 相距 x 的 P 点的场强。

解 如图 4-6 所示，以圆环中心 O 为坐标原点，所述轴线为 x 轴，在圆环上任取线元 $\mathrm{d}l$，其带电量为 $\mathrm{d}q$，在 P 点的场强为 $\mathrm{d}\boldsymbol{E}$，$\mathrm{d}\boldsymbol{E}$ 沿平行和垂直于轴线的两个分量分别为 $\mathrm{d}\boldsymbol{E}_{/\!/}$ 和 $\mathrm{d}\boldsymbol{E}_{\perp}$。由于圆环均匀带电，圆环上全部 $\mathrm{d}q$ 的 $\mathrm{d}\boldsymbol{E}_{\perp}$ 分量均抵消，对场强有贡献的是平行轴线的分量 $\mathrm{d}\boldsymbol{E}_{/\!/}$，

$$\mathrm{d}E_{/\!/}=\mathrm{d}E\cos\theta=\frac{\mathrm{d}q}{4\pi\varepsilon_0 r^2}\cos\theta$$

$$E=\int\mathrm{d}E_{/\!/}=\int\frac{\mathrm{d}q}{4\pi\varepsilon_0 r^2}\cos\theta=\frac{\cos\theta}{4\pi\varepsilon_0 r^2}\int\mathrm{d}q=\frac{q\cos\theta}{4\pi\varepsilon_0 r^2}$$

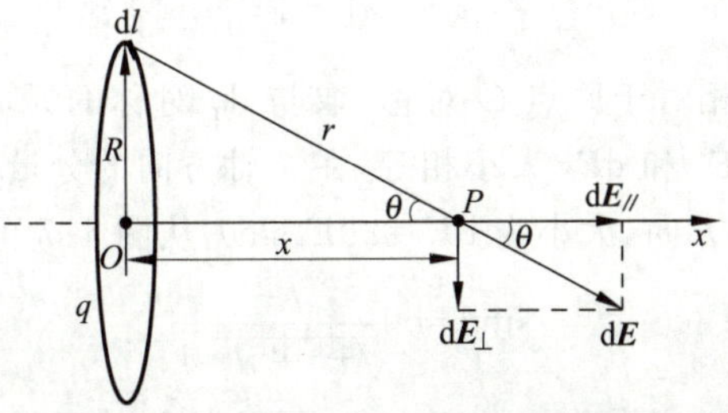

图 4-6 均匀带电细圆环轴上的场强

将 $\cos\theta=\dfrac{x}{r}$，$r=\sqrt{R^2+x^2}$ 代入得

$$E=\frac{qx}{4\pi\varepsilon_0\ (x^2+R^2)^{\frac{3}{2}}}$$

考虑到 $\boldsymbol{E}$ 的方向，可写成

$$\boldsymbol{E}=\frac{qx\boldsymbol{i}}{4\pi\varepsilon_0\ (x^2+R^2)^{\frac{3}{2}}}$$

当 $x\gg R$ 时，$(x^2+R^2)^{\frac{3}{2}}\approx x^3$，则 $\boldsymbol{E}$ 的大小为

$$E\approx\frac{q}{4\pi\varepsilon_0 x^2}$$

此结果说明，远离环心的电场相当于位于环心的一个点电荷 q 所产生的电场。

问题 4-5 利用例 4-2 的结果，取细圆环为积分元，可以计算：(1)过半径为 R 的均匀带电薄圆盘盘心且垂直于盘面的轴线上的场强；(2)无限大均匀带电平面的场强分布。设圆盘和平面的电荷面密度均为 σ，试计算之。

例 4-3 求长度为 L 的均匀带电细杆中垂线上一点的场强。设杆带电量为 $q(q>0)$。

解 如图 4-7 所示，取杆的中点 O 为坐标原点，x 轴沿杆向右，y 轴沿杆的中垂线向上，场点 P 在 y 轴上，距原点 O 距离为 d。电荷线密度为 $\lambda=q/L$。在杆上任取一元电荷 $\mathrm{d}q=\lambda\mathrm{d}x$，在点 P 处产生的场强 $\mathrm{d}\boldsymbol{E}_1$ 的大小为

$$\mathrm{d}E_1=\frac{1}{4\pi\varepsilon_0}\frac{\lambda\mathrm{d}x}{x^2+d^2}$$

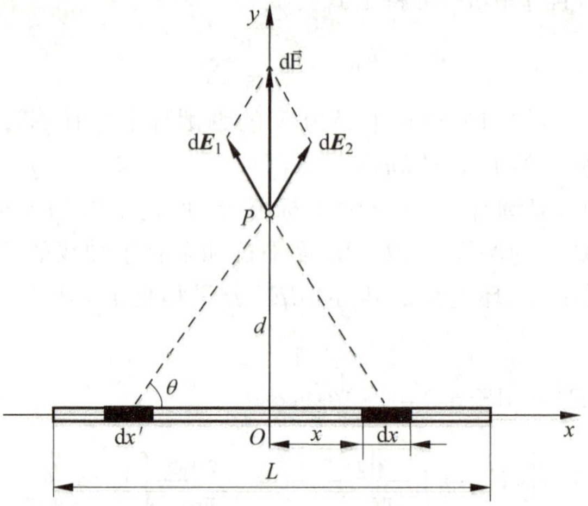

图 4-7 均匀带电杆中垂线上的场强

方向如图所示。电荷分布相对于原点 O 对称，取与 $\mathrm{d}q$ 对称的元电荷 $\mathrm{d}q'=\lambda\mathrm{d}x'$，$\mathrm{d}x'=\mathrm{d}x$，它们在点 P 产生的场强 $\mathrm{d}\boldsymbol{E}_1$ 和 $\mathrm{d}\boldsymbol{E}_2$ 大小相等，在 x 轴方向的分量大小相等，方向相反，互相抵消，合场强 $\mathrm{d}\boldsymbol{E}$ 沿 y 轴正方向，大小为 $\mathrm{d}E=2\mathrm{d}E_1\sin\theta$，从图 4-7 可知

$$\sin\theta=\frac{d}{\sqrt{x^2+d^2}}$$

整个杆的场强 $\boldsymbol{E}$ 的方向也必定沿着 y 轴正方向，可得点 P 的场强为

$$E=\int\mathrm{d}E=\frac{\lambda d}{2\pi\varepsilon_0}\int_0^{\frac{L}{2}}\frac{\mathrm{d}x}{(x^2+d^2)^{3/2}}=\frac{\lambda L}{4\pi\varepsilon_0 d\sqrt{d^2+L^2/4}}=\frac{q}{4\pi\varepsilon_0 d\sqrt{d^2+L^2/4}}$$

因此

$$\boldsymbol{E}=\frac{q\boldsymbol{j}}{4\pi\varepsilon_0 d\sqrt{d^2+L^2/4}}$$

讨论 (1) 当 $d\ll L$，即在带电杆中部附近区域内，

$$\boldsymbol{E}\approx\frac{q\boldsymbol{j}}{2\pi\varepsilon_0 dL}=\frac{\lambda\boldsymbol{j}}{2\pi\varepsilon_0 d}$$

此时相对于距离 d，可将该带电细杆视为"无限长"，即是说，在无限长带电细杆周围任意点的电场强度与该点到杆的距离成反比。

(2) 当 $L\ll d$，即在远离杆的区域内，

$$\boldsymbol{E}\approx\frac{q\boldsymbol{j}}{4\pi\varepsilon_0 d^2}$$

即离均匀带电细杆很远处，杆的电场相当于一个置于点 O 的点电荷 q 的电场。

例 4-4 半径为 R 的半圆环均匀带正电，电荷线密度为 λ。试求圆心 O 处的场强。

解 以圆心 O 为坐标原点，通过半圆环两端点的直径为 x 轴，过圆环中点的直径为 y 轴，建立如图 4-8 所示的直角坐标系。在角坐标 θ 处，取长度为 $\mathrm{d}l=R\mathrm{d}\theta$ 的带电微元，则其所带电量 $\mathrm{d}q=\lambda\mathrm{d}l=\lambda R\mathrm{d}\theta$。$\mathrm{d}q$ 在圆心处所产生的电场强度的大小为

$$dE=\frac{\lambda R d\theta}{4\pi\varepsilon_0 R^2}$$

则 d$\boldsymbol{E}$ 沿 x 轴和 y 轴的两个分量分别为

$$dE_x=-dE\cos\theta=-\frac{\lambda d\theta}{4\pi\varepsilon_0 R}\cos\theta$$

$$dE_y=-dE\sin\theta=-\frac{\lambda d\theta}{4\pi\varepsilon_0 R}\sin\theta$$

$$E_x=\int dE_x=-\int_0^{\pi}\frac{\lambda d\theta}{4\pi\varepsilon_0 R}\cos\theta=-\frac{\lambda}{4\pi\varepsilon_0 R}\sin\theta\Big|_0^{\pi}=0$$

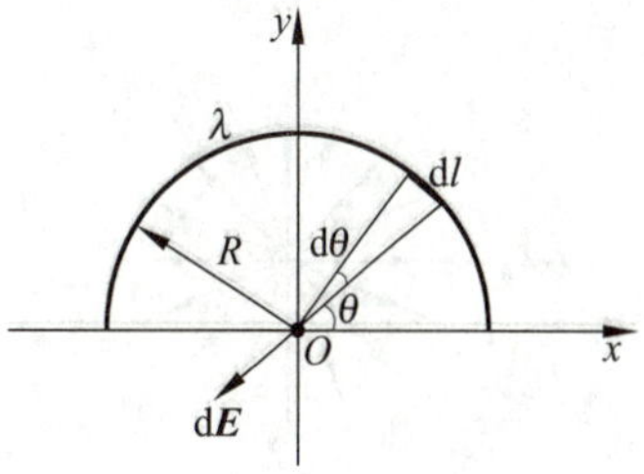

图 4-8 均匀带电半圆环圆心处的场强

实际上，由于半圆环均匀带电，圆环上全部 dq 的 dE_x 分量均抵消，直接可知 $E_x=0$

$$E_y=-\frac{\lambda}{4\pi\varepsilon_0 R}\int_0^{\pi}\sin\theta d\theta=\frac{\lambda}{4\pi\varepsilon_0 R}\cos\theta\Big|_0^{\pi}=-\frac{\lambda}{2\pi\varepsilon_0 R}$$

$$\boldsymbol{E}=E_x\boldsymbol{i}+E_y\boldsymbol{j}=-\frac{\lambda}{2\pi\varepsilon_0 R}\boldsymbol{j}$$

问题 4-6 在例 4-2 或例 4-4 中，有人这样计算，所取线元 dl 的大小始终相等，从而 dq 也始终相等，由此对例 4-2，$dE=\frac{1}{4\pi\varepsilon_0}\frac{dq}{r^2}$，对例 4-4，$dE=\frac{1}{4\pi\varepsilon_0}\frac{dq}{R^2}$ 也都始终相等，于是对例 4-2，$E=\int dE=\int\frac{1}{4\pi\varepsilon_0}\frac{dq}{r^2}=\frac{1}{4\pi\varepsilon_0 r^2}\int dq=\frac{q}{4\pi\varepsilon_0 r^2}$；对例 4-4，$E=\int dE=\int\frac{1}{4\pi\varepsilon_0}\frac{dq}{R^2}=\frac{1}{4\pi\varepsilon_0 R^2}\int dq=\frac{q}{4\pi\varepsilon_0 R^2}=\frac{\pi R\lambda}{4\pi\varepsilon_0 R^2}=\frac{\lambda}{4\varepsilon_0 R}$。上述做法，错在哪里？

4.3 高斯定理

4.3.1 电场线

1. 电场线

为了形象描述场强在空间的分布情况，可以引入电场线概念。电场线是按下列规定在电场中画出的一系列假想的曲线：曲线上每一点的切线方向表示该点场强的方向，曲线的疏密表示场强的大小。定量地说，为了表示电场中某点场强的大小，设想通过该点画一个垂直于电场方向的面元 d$S_\perp$，如图 4-9 所示，通过此面元画 dΦ_e 条电场线，使得

$$E=\frac{d\Phi_e}{dS_\perp}\qquad(4\text{-}8)$$

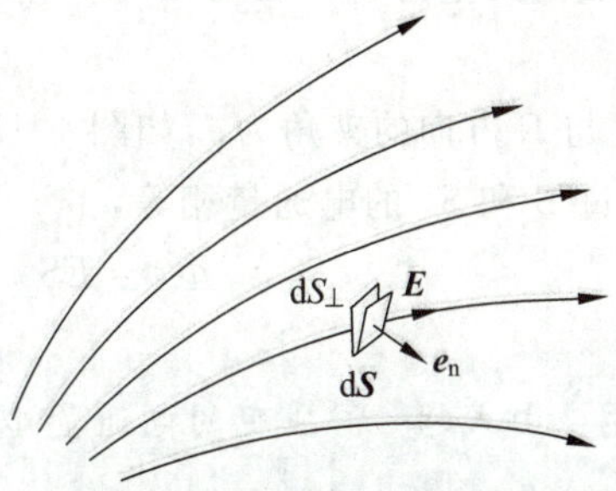

图 4-9 电场线数密度与场强大小的关系

图 4-10 为几种常见带电体系产生的电场的电场线。

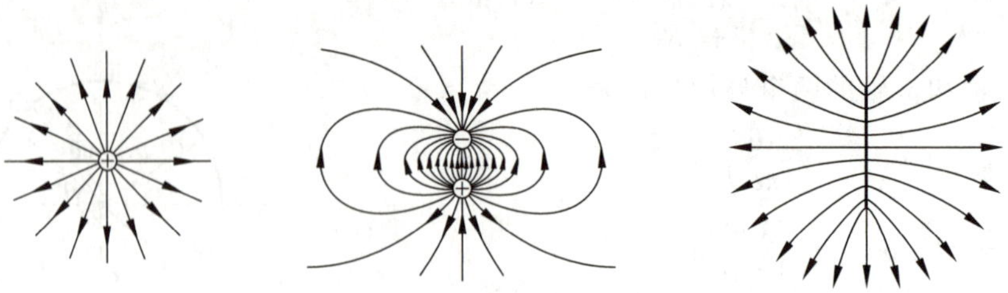

(a) 点电荷　(b) 电偶极子　(c) 带电直线

图 4-10　几种静止电荷的电场线

2. 静电场电场线的特点

(1) 电场线总是起始于正电荷或无穷远，终止于负电荷或无穷远，不会在没有电荷的地方中断，也不会形成闭合曲线。

(2) 任何两条电场线不会相交，这是因为电场中每一点处电场强度只能有一个确定的方向。

4.3.2 电通量

通过电场中某一个面的电场线条数叫作通过该面的**电场强度通量**，简称为**电通量**，用 Φ_e 表示，单位伏[特]·米(V·m)。

1. 面积元矢量 d*S*

对于曲面上面积元 dS，我们引入**面积元矢量** $\mathrm{d}\boldsymbol{S}=\mathrm{d}S\boldsymbol{e}_n$，其中 d$S$ 为面积元矢量的大小，$\boldsymbol{e}_n$ 表示面积元矢量单位法向矢量。

2. 电通量的计算

(1) 匀强电场的电通量

匀强电场的电场线是一系列均匀分布的平行直线。在匀强电场中取一个平面 S，它的单位法向矢量为 $\boldsymbol{e}_n$。若 S 面与 $\boldsymbol{E}$ 垂直，如图 4-11(a)所示，且取 $\boldsymbol{e}_n$ 的方向与 $\boldsymbol{E}$ 相同，则

$$\Phi_e = ES \tag{4-9}$$

若 $\boldsymbol{e}_n$ 与 $\boldsymbol{E}$ 方向的夹角为 θ，如图 4-11(b)所示，我们考虑 S 在垂直于场强方向的投影 $S_\perp$，那么通过 S 和 $S_\perp$ 的电通量相等，

$$\Phi_e = ES_\perp = ES\cos\theta = \boldsymbol{E}\cdot\boldsymbol{e}_n S = \boldsymbol{E}\cdot\boldsymbol{S} \tag{4-10}$$

说明　由式(4-10)决定的电通量 Φ_e 有正负之别。当 $0\leqslant\theta<\frac{\pi}{2}$，$\Phi_e>0$；当 $\theta=\frac{\pi}{2}$，$\Phi_e=0$，当 $\frac{\pi}{2}<\theta\leqslant\pi$，$\Phi_e<0$。

(2) 非匀强电场中，穿过任意曲面 S 的电通量

如图 4-11(c)所示，可将曲面 S 分割成无限多个面积元 d$\boldsymbol{S}$，先计算通过每一面积元的电

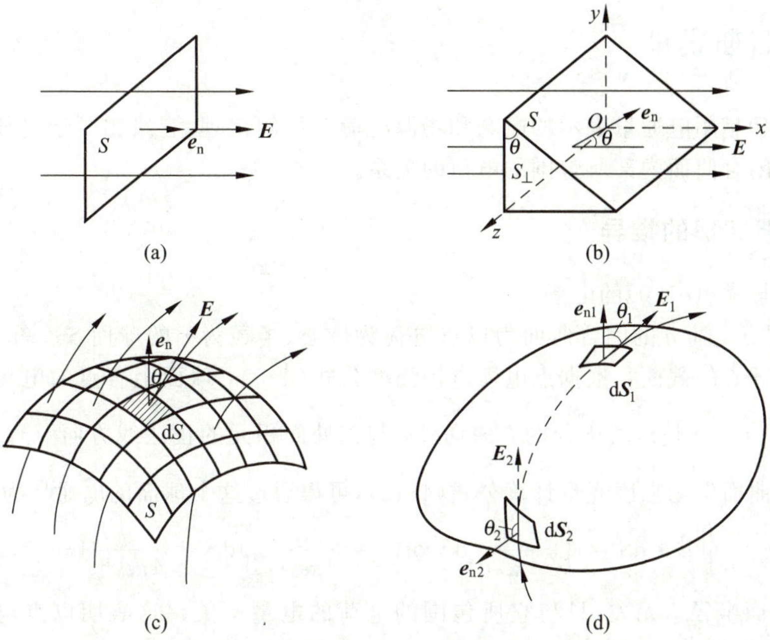

图 4-11 电通量的计算

通量

$$d\Phi_e = E dS\cos\theta = \boldsymbol{E}\cdot d\boldsymbol{S}$$

然后将整个 S 面上所有面元的电通量相加，即

$$\Phi_e = \iint_S E dS\cos\theta = \iint_S \boldsymbol{E}\cdot d\boldsymbol{S} \tag{4-11}$$

(3) 通过闭合曲面 S 的电通量

$$\Phi_e = \oint\!\!\!\oint_S E dS\cos\theta = \oint\!\!\!\oint_S \boldsymbol{E}\cdot d\boldsymbol{S} \tag{4-12}$$

积分符号 $\oint\!\!\!\oint_S$ 表示对整个闭合曲面进行面积分。

注意 对于不闭合曲面，面上各处法向单位矢量的正向任意取这一侧或另一侧。对于闭合曲面，由于它使整个空间划分成内、外两部分，通常规定自内向外的方向为面积元法线的正方向。当电场线从内部穿出时(如图 4-11(d)中面元 $d\boldsymbol{S}_1$ 处)，电通量为正。当电场线从外部穿入时(如图 4-11(d)中面元 $d\boldsymbol{S}_2$ 处)，电通量为负。上式所表示的通过整个闭合曲面的电通量 Φ_e 就等于穿出和穿入闭合曲面的电场线的条数之差，也就是净穿出闭合曲面的电场线的总条数。

问题 4-7 有一直角三棱柱如图 4-11(b)所示，取直角顶点 O 为坐标原点，坐标系三根坐标轴分别沿相交于点 O 的三条棱边，如一均匀电场 $\boldsymbol{E}$ 沿 x 轴。求通过此三棱柱表面的电通量。

4.3.3 高斯定理

高斯定理是用电通量表示的电场和场源电荷关系的定理，它给出了通过任意闭合曲面的电通量与闭合曲面内部所包围的电荷的关系。

1. 高斯定理的推导

(1) 点电荷 q($q>0$)的电场

① 包围点电荷 q 的闭合曲面为以点电荷为球心、半径为 r 的球面 S。图 4-12(a)为通过点电荷即球心的截面。根据点电荷电场强度公式(4-5)，球面上各点的电场强度的大小都是$\dfrac{q}{4\pi\varepsilon_0 r^2}$，方向都是沿着半径的方向向外，与该处面积元的正法线方向一致，即与球面垂直。由闭合曲面电场强度通量计算公式(4-12)，可得通过这个球面的电通量为

$$\Phi_e = \oiint_S \boldsymbol{E}\cdot \mathrm{d}\boldsymbol{S} = \oiint_S \frac{q}{4\pi\varepsilon_0 r^2}\mathrm{d}S\cos 0^\circ = \frac{q}{4\pi\varepsilon_0 r^2}\oiint_S \mathrm{d}S = \frac{q}{4\pi\varepsilon_0 r^2}4\pi r^2 = \frac{q}{\varepsilon_0}$$

其结果与球面半径 r 无关，只与它所包围的电荷的电量有关。这表明以点电荷 q 为中心的任何一个球面上的电通量都是相等的。从电场线的观点看来，若 q 为正电荷，从它发出并穿出球面的电场线条数为 q/ε_0 条；若 q 为负电荷，则穿入球面并汇聚于它的电场线条数为 q/ε_0 条。

② 任意形状的闭合曲面 S 包围点电荷 q。如图 4-12(b)所示，可以在 S 外面加一个以点电荷为中心的球面 S'，由于电场线的连续性，穿过 S 与 S' 的电场线条数完全一样，即它们的电通量都是 q/ε_0，即通过任意形状的包围点电荷 q 的闭合曲面电通量都是 q/ε_0。

③ 闭合曲面 S 不包围 q。如图 4-12(c)所示，则由电场线的连续性可得出，由一侧进入 S 的电场线的条数一定等于从另一侧穿出 S 的电场线的条数，所以净穿出 S 的电场线的总条数为零，亦即通过 S 的电通量为零。

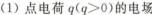

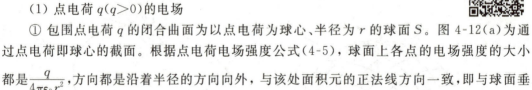

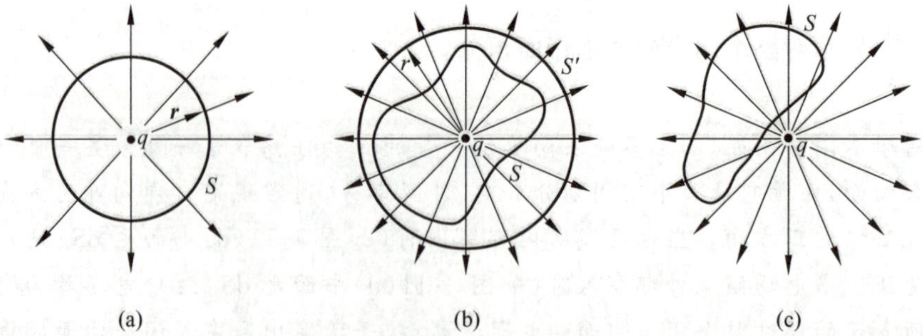

图 4-12 高斯定理推导用图

基于上述分析我们可以得到如下结论：在一个点电荷电场中任意一个闭合曲面 S 的电通量或者为 q/ε_0 或者为零，即

$$\oiint_S \boldsymbol{E}\cdot \mathrm{d}\boldsymbol{S} = \begin{cases} \dfrac{q}{\varepsilon_0}(S\text{ 包围点电荷 }q) \\ 0(S\text{ 不包围点电荷 }q) \end{cases}$$

(2) 任意带电体系的电场

对于一个由点电荷 $q_1, q_2, \cdots, q_n$ 组成的电荷系来说，在它们电场中的任意一点，由场强叠加原理，

$$\boldsymbol{E} = \boldsymbol{E}_1 + \boldsymbol{E}_2 + \boldsymbol{E}_3 + \cdots + \boldsymbol{E}_n$$

式中 $\boldsymbol{E}_1, \boldsymbol{E}_2, \boldsymbol{E}_3, \cdots, \boldsymbol{E}_n$ 为单个点电荷产生的电场。这时通过任意闭合曲面 S 的总通量为

$$\begin{aligned}\Phi_e &= \oint\!\!\!\!\oint_S \boldsymbol{E} \cdot d\boldsymbol{S} = \iint_S \boldsymbol{E}_1 \cdot d\boldsymbol{S} + \iint_S \boldsymbol{E}_2 \cdot d\boldsymbol{S} + \cdots + \iint_S \boldsymbol{E}_n \cdot d\boldsymbol{S} \\ &= \Phi_{e1} + \Phi_{e2} + \cdots + \Phi_{en}\end{aligned}$$

式中 $\Phi_{e1}, \Phi_{e2}, \cdots, \Phi_{en}$ 为 $q_1, q_2, \cdots, q_n$ 各自激发的电场穿过闭合曲面 S 的电通量。由上述关于单个点电荷的结论可知，当 q_i 在封闭曲面内时，$\Phi_{ei} = q_i/\varepsilon_0$；当 q_i 在封闭曲面外时，$\Phi_{ei} = 0$，所以有

$$\oint\!\!\!\!\oint_S \boldsymbol{E} \cdot d\boldsymbol{S} = \frac{\sum_i q_i}{\varepsilon_0} \tag{4-13a}$$

如果电场是由连续分布的电荷所激发的，则式(4-13a)可写成

$$\oint\!\!\!\!\oint_S \boldsymbol{E} \cdot d\boldsymbol{S} = \frac{\iiint_V \rho \, dV}{\varepsilon_0} \tag{4-13b}$$

式中 ρ 为电荷体密度，V 为闭合曲面 S 所包围的体积。式(4-13)就是高斯定理的数学表达式，它表明：在真空中的静电场内，通过任意闭合曲面的电通量等于该闭合曲面所包围的电量的代数和除以 ε_0。高斯定理中所说的闭合曲面通常称为**高斯面**。

注意 (1) 高斯定理表达式左边的场强是曲面上各点的场强，它是由**全部电荷**(既包括闭合曲面内的又包括闭合曲面外的)共同产生的合电场，并非只由闭合曲面内的电荷产生。

(2) 通过闭合曲面的总电通量由它所包围的电荷决定，闭合曲面外的电荷对总电通量没有贡献。

讨论 (1) 对任一矢量场，若场强矢量对任意闭合曲面的积分(即通量)恒为零，则称该矢量场为**无源场**；若场强矢量对任意闭合曲面的通量不恒为零，则称该矢量场为**有源场**。静电场的高斯定理表明：静电场是有源场。电场线起始于正电荷，终止于负电荷。

(2) 高斯定理式(4-13)是在静电场的情形下推导出来的，实际上该定理不但适用于静电场，对变化的电场也是适用的，是电磁场的基本方程组——麦克斯韦方程组的基本方程之一。

问题 4-8 (1)一点电荷 q 位于一立方体的中心，求通过立方体一面的电通量；(2)如果把这个点电荷移放到立方体的一个角上，求这时通过立方体每一面的电通量。

2. 应用高斯定理求静电场的分布

当电荷分布具有特殊对称性时，可以应用高斯定理方便地计算电场分布。如

(1) 球对称性：如点电荷、均匀带电球面或球体等。

(2) 轴对称性：如无限长均匀带电直线、无限长均匀带电圆柱体或圆柱面等。

(3) 面对称性：无限大均匀带电平面或平板等。

应用高斯定理解题步骤如下。

(1) 根据电荷分布的对称性，分析场强分布的对称性。

(2) 选取合适的通过待求场强的场点的高斯面 S。高斯面一般应选取简单的几何闭合面，如球面或圆柱面；在 S 面上欲求 $\boldsymbol{E}$ 之处使 $E=$常量，$\boldsymbol{E}$ 与 $\mathrm{d}\boldsymbol{S}$ 夹角 $\theta=0°$或常数，从而积分 $\oint\!\!\oint_S \boldsymbol{E}\cdot\mathrm{d}\boldsymbol{S}$ 中的 $\boldsymbol{E}$ 能以标量形式从积分号内提出来，而不需求 $\boldsymbol{E}$ 之处使 $\theta=90°$，从而 $\boldsymbol{E}\cdot\mathrm{d}\boldsymbol{S}=E\cos\theta\mathrm{d}S=0$。

(3) 分别求出通过高斯面的电通量和高斯面内的电荷。

(4) 由高斯定理求电场强度。

例 4-5 求均匀带电球面的电场分布。已知球面半径为 R，所带电量为 $q(q>0)$。

解 对称性分析。如图 4-13 所示，由于电荷分布是球对称的，不论 P 点是在球面内或球面外，相对于球心 O 与 P 的连线 OP，在球面上都存在与它对称的一对对电荷元 $\mathrm{d}q$ 和 $\mathrm{d}q'$，每一对电荷元在 P 点处激发的垂直 OP 的场强分量，因为方向相反而相互抵消，所以 P 点的场强 $\boldsymbol{E}$ 一定是沿 OP 的连线，即沿半径方向向外，并且，在任何与带电球面同心的球面上各点的场强的大小都相等。

选取高斯面。如图 4-13 所示，无论 P 点是在球面内或球面外，总选择以 O 为球心，O 到场点 P 的距离 r 为半径的球面 S 为高斯面。

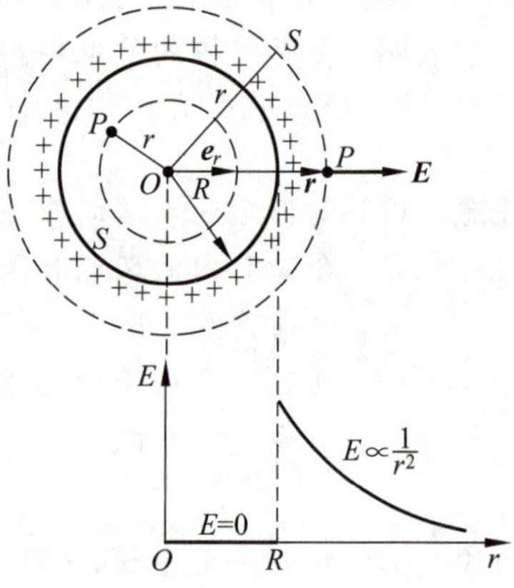

图 4-13 均匀带电球面的场强

计算电通量和电荷。

$$\Phi_e=\oint\!\!\oint_S \boldsymbol{E}\cdot\mathrm{d}\boldsymbol{S}=\oint\!\!\oint_S E\mathrm{d}S=E4\pi r^2$$

P 点在球面外

$$\sum_i q_i=q$$

高斯定理给出

$$E\cdot 4\pi r^2=\frac{q}{\varepsilon_0}$$

由此式得出

$$E=\frac{q}{4\pi\varepsilon_0 r^2}$$

考虑到 $\boldsymbol{E}$ 的方向，可得电场强度的矢量式为

$$\boldsymbol{E}=\frac{q}{4\pi\varepsilon_0 r^2}\boldsymbol{e}_r,\quad r>R$$

$\boldsymbol{e}_r$ 为沿半径方向的单位矢量。此结果说明，均匀带电球面外的场强分布正像球面上的电荷都集中在球心时所形成的一个点电荷的场强分布一样。对球面内部任一点 P，

$$\sum_i q_i=0$$

由高斯定理

$$E=0,\quad r<R$$

这表明均匀带电球面内部的场强处处为零。根据上述结果，可画出场强大小随距离的变化曲线 E-r 曲线(图 4-13)。从 E-r 曲线中可看出，场强的值在球面($r=R$)上是不连续的。

问题 4-9 有两个同心的均匀带电球面，半径分别为 R_1 和 $R_2(R_1<R_2)$，所带电荷分别为 q_1 和 q_2。应用例 4-5 的结果和场强叠加原理，并用 r 表示场点到球心的距离，(1)计算 $r<R_1$，$R_1<r<R_2$，$r>R_2$ 三个区域中的电场分布；(2)若 $q_1=q$，$q_2=-q$，结果如何？

例 4-6 求无限长均匀带电直线的电场分布。已知直线上电荷线密度为 $\lambda(\lambda>0)$。

解 对称性分析。如图 4-14 所示，考虑离直线距离为 r 的一点 P 处的场强 $\boldsymbol{E}$，由于带电直线为无限长，且均匀带电，所以其电场分布应具有轴对称性，P 点的电场方向唯一的可能是垂直于带电直线而沿径向，和 P 点在以带电直线为轴的同一圆柱面上的各点的场强的方向也都应该沿着径向，而且场强的大小应该相等。

选取高斯面。如图 4-14 所示，以带电直线为轴，作一个通过 P 点、高为 l 的封闭的圆柱面为高斯面 S。

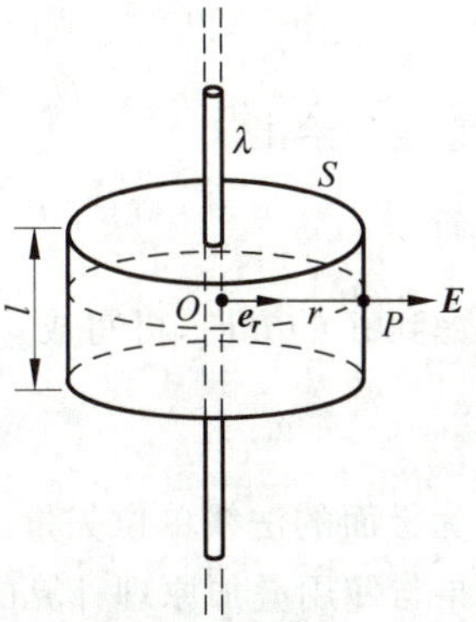

图 4-14 无限长的均匀带电直线的场强

计算电通量和电荷。

$$\Phi_e=\oint\!\!\!\oint_S \boldsymbol{E}\cdot d\boldsymbol{S}=\iint_{侧面}\boldsymbol{E}\cdot d\boldsymbol{S}+\iint_{上底}\boldsymbol{E}\cdot d\boldsymbol{S}+\iint_{下底}\boldsymbol{E}\cdot d\boldsymbol{S}$$

在 S 面的上、下底面，场强方向与底面平行，因此上式等号右侧后面两项等于零，而在侧面上各点电场的方向与法线方向相同，所以有

$$\Phi_e=\iint_{侧面}\boldsymbol{E}\cdot d\boldsymbol{S}=E\iint_{侧面}dS=E2\pi rl$$

$$\sum_i q_i=\lambda l$$

由高斯定理得

$$E2\pi rl=\frac{\lambda l}{\varepsilon_0}$$

由此得

$$E=\frac{\lambda}{2\pi\varepsilon_0 r}$$

或

$$\boldsymbol{E}=\frac{\lambda}{2\pi\varepsilon_0 r}\boldsymbol{e}_r$$

$\boldsymbol{e}_r$ 为沿着以直导线为轴的圆柱半径方向的单位矢量。

问题 4-10 求半径为 R 的无限长均匀带电圆柱面的电场分布。已知单位长度圆柱面上所带电荷为 λ。

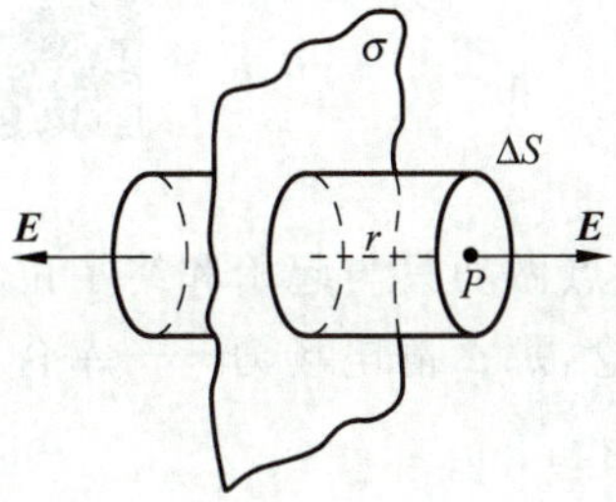

图 4-15 无限大均匀带电平面的电场

例 4-7 求无限大均匀带电平面的电场分布。已知带电平面上电荷面密度为 $\sigma(\sigma>0)$。

解 对称性分析。无限大均匀带电平面的电场分布应满足平面对称，如图 4-15 所示，距离带电平面为 r 的场点 P 的场强 $\boldsymbol{E}$ 必然垂直于该带电平面并指向远离平面的方向，而且离平面等远处(同侧或两侧)的场强大小都相等。

选取高斯面。如图 4-15 所示，选一个轴线垂直于带电平面的封闭的圆柱面作为高斯面 S，带电平面平分此柱面，而 P 点位于它的一个底面上。

计算电通量和电荷。

$$\Phi_e = \oint\!\!\!\oint_S \boldsymbol{E}\cdot \mathrm{d}\boldsymbol{S} = \iint_{\text{侧面}} \boldsymbol{E}\cdot \mathrm{d}\boldsymbol{S} + \iint_{\text{左}} \boldsymbol{E}\cdot \mathrm{d}\boldsymbol{S} + \iint_{\text{右}} \boldsymbol{E}\cdot \mathrm{d}\boldsymbol{S}$$

由于柱面的侧面上各点的 $\boldsymbol{E}$ 与侧面平行，所以通过侧面的电通量为零，因而只有通过两底面的电通量。以 ΔS 表示一个底的面积，则

$$\Phi_e = \iint_{\text{左}} \boldsymbol{E}\cdot \mathrm{d}\boldsymbol{S} + \iint_{\text{右}} \mathbf{E}\cdot \mathrm{d}\boldsymbol{S} = \iint_{\text{左}} E\mathrm{d}S\cos 0^\circ + \iint_{\text{右}} E\mathrm{d}S\cos 0^\circ = 2\Delta SE$$

而
$$\sum_i q_i = \sigma \Delta S$$

高斯定理给出
$$2E\Delta S = \sigma\Delta S/\varepsilon_0$$

从而
$$E = \frac{\sigma}{2\varepsilon_0}$$

考虑到 $\boldsymbol{E}$ 的方向，可写成

$$\boldsymbol{E} = \frac{\sigma}{2\varepsilon_0}\boldsymbol{e}_n$$

$\boldsymbol{e}_n$ 为板面的法线单位矢量。此结果说明，无限大均匀带电平面两侧的电场是均匀场。这一结果与使用叠加原理计算的结果相同(问题 4-5)。

问题 4-11　应用例 4-7 结果和场强叠加原理，计算两平行的无限大均匀带电平面所产生的电场分布，按图 4-16 所示的三个区域Ⅰ，Ⅱ，Ⅲ。

(1) $\sigma_1 = \sigma_2 = \sigma$。

(2) $\sigma_1 = \sigma, \sigma_2 = -\sigma$。

(3) 在(2)的情况下，一块带电平面对另一带电平面单位面积的作用力为多大？

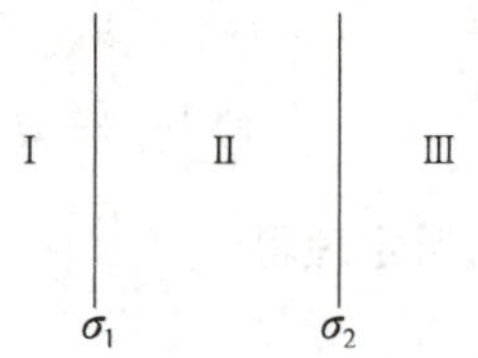

图 4-16　两平行的无限大均匀带电平面

讨论　根据叠加原理，求若干个带电体组合系统的场强分布，可以通过将这些带电体单独存在时的场强直接叠加得到。采用这一方法，常常可以简化问题的处理。如问题 4-9 和问题 4-11。这一方法在求电势时也经常使用，如问题 4-15，例 4-11。

4.4 电　势

在力学中，曾论证了保守力——万有引力和弹性力对质点做功只与起始和终了位置有关，而与路径无关这一重要特性，并由此引入相应的势能概念，那么静电场力——库仑力的情况怎样呢？是否也是保守力，从而能引入电势能的概念？

4.4.1　静电场力的保守性

1. 静电场力的功

如图 4-17 所示，正点电荷 q 置于 O 点，试探电荷 q_0 在 q 的电场中沿任意路径 acb 由 a 点运动到 b 点。在 c 处，q_0 有位移 $\mathrm{d}\boldsymbol{l}$，静电力 $\boldsymbol{F}$ 对 q_0 的元功为

$$\mathrm{d}W = \boldsymbol{F}\cdot\mathrm{d}\boldsymbol{l} = q_0\boldsymbol{E}\cdot\mathrm{d}\boldsymbol{l} = \frac{qq_0}{4\pi\varepsilon_0 r^2}\boldsymbol{e}_r\cdot\mathrm{d}\boldsymbol{l}$$

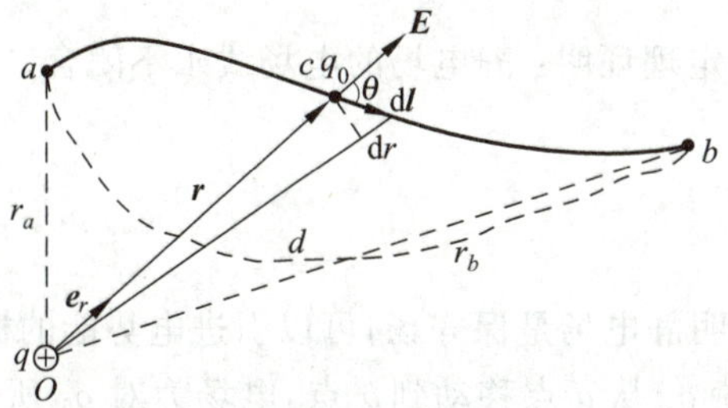

图 4-17　静电场力做功的计算

依照 2.7.1 节中对万有引力做功的计算，得 $\boldsymbol{e}_r\cdot\mathrm{d}\boldsymbol{l}=\mathrm{d}l\cos\theta=\mathrm{d}r$，于是

$$\mathrm{d}W = \frac{qq_0}{4\pi\varepsilon_0 r^2}\mathrm{d}r$$

当试探电荷 q_0 由 a 点运动到 b 点时，电场力的功为

$$W = \int \mathrm{d}W = \frac{qq_0}{4\pi\varepsilon_0}\int_{r_a}^{r_b}\frac{\mathrm{d}r}{r^2} = \frac{qq_0}{4\pi\varepsilon_0}\left[\frac{1}{r_a}-\frac{1}{r_b}\right] \tag{4-14}$$

式中 r_a 和 r_b 分别为试探电荷 q_0 的起点和终点距点电荷 q 的距离。由此可见，在静止点电荷 q 的电场中，电场力对试探电荷 q_0 所做的功与路径无关，只与起点和终点位置有关。

任何带电体都可看作由许多点电荷组成的点电荷系。设 q_0 在点电荷系 $q_1, q_2, \cdots, q_n$ 的电场中由 a 点运动到 b 点时，由场强叠加原理，静电场力的功为

$$W = \int_{\widehat{ab}}\boldsymbol{F}\cdot\mathrm{d}\boldsymbol{l} = \int_{\widehat{ab}}q_0\boldsymbol{E}\cdot\mathrm{d}\boldsymbol{l} = \int_{\widehat{ab}}q_0\boldsymbol{E}_1\cdot\mathrm{d}\boldsymbol{l} + \int_{\widehat{ab}}q_0\boldsymbol{E}_2\cdot\mathrm{d}\boldsymbol{l} + \cdots + \int_{\widehat{ab}}q_0\boldsymbol{E}_n\cdot\mathrm{d}\boldsymbol{l} \tag{4-15}$$

上式右边每一项都只与 q_0 始、末二位置有关，而与路径无关，由此得出如下结论：试探电荷在任何静电场中移动时，电场力所作的功只与试探电荷所带电量以及路径的起点和终点的位置有关，而与路径无关。静电场的这一特性称为**静电场的保守性**，即静电场是保守场，静电力是保守力。

2. 静电场的环路定理

上述结论还可用另一种形式来表达。设试探电荷 q_0 在静电场中经过闭合路径(如图 4-17 中 $acbda$)又回到原来的位置，由式(4-14)和式(4-15)可知电场力做功为零，即 $\oint_L q_0\boldsymbol{E}\cdot\mathrm{d}\boldsymbol{l}=0$，因为试探电荷 $q_0\neq 0$，所以上式也可写成

$$\oint_L \boldsymbol{E}\cdot\mathrm{d}\boldsymbol{l} = 0 \tag{4-16}$$

上式表明，在静电场中，电场强度 $\boldsymbol{E}$ 沿任意闭合路径的线积分为零。

讨论 一矢量场的场强矢量沿任意闭合路径的线积分称为**环流**。若场强矢量沿任意闭合路径的环流恒等于零，则称此矢量场为**无旋场或保守场**；若场强矢量沿任意闭合路径的环流不恒为零，则称此矢量场为**有旋场或非保守场**。所以式(4-16)也表明：在静电场中电场强度 $\boldsymbol{E}$ 的环流恒等于零，这叫作**静电场的环路定理**。由此可知，静电场是无旋场(保守场)。

静电场的高斯定理和环路定理是表征静电场基本特性的两个基本定理。这两个定理表明静电场是有源无旋场。

问题 4-12 试用环路定理证明：静电场的电场线永不闭合。

4.4.2 电势

静电场的环路定理表明静电场是保守场，可以引进电势能的概念。

静电场中，将试探电荷 q_0 从 a 点移动到 b 点，电场力对 q_0 所做的功 W_{ab} 等于 q_0 在 a、b 两点电势能增量的负值，即电势能的减少。以 E_{pa} 和 E_{pb} 分别表示 q_0 在起点 a 和终点 b 的电势能，则

$$W_{ab} = q_0\int_a^b \boldsymbol{E}\cdot \mathrm{d}\boldsymbol{l} = -(E_{pb} - E_{pa}) = E_{pa} - E_{pb} \tag{4-17}$$

与力学中的弹性势能、万有引力势能等一样，电势能是一个相对的量。为了确定电荷在电场中某一点电势能的大小，必须选择一个电势能的参照点。通常当电荷分布于有限区域内时，我们选定 q_0 在无限远处的静电势能为零，亦即令 $E_{p\infty}=0$，这样试探电荷 q_0 在 a 点的静电势能为

$$E_{pa} = W_{a\infty} = q_0\int_a^\infty \boldsymbol{E}\cdot \mathrm{d}\boldsymbol{l} \tag{4-18}$$

即电荷 q_0 在某一点 a 的静电势能 E_{pa} 在数值上等于 q_0 从 a 点经任意路径移到无限远处电场力所做的功 $W_{a\infty}$。上式中 E_{pa} 与 q_0 成正比，即比值 $\dfrac{E_{pa}}{q_0}$ 与试探电荷无关，它反映了静电场本身在 a 点的性质，我们用这一比值作为表征静电场中给定点电场性质的物理量，称为**电势**，用符号 V_a 表示，

$$V_a = \frac{E_{pa}}{q_0} = \int_a^\infty \boldsymbol{E}\cdot \mathrm{d}\boldsymbol{l} \tag{4-19}$$

即静电场中某点的电势在数值上等于单位正电荷从该点经过任意路径移动到无限远时电场力所做的功。

从电势的定义式(4-19)，试探电荷 q_0 在 a 点的静电势能为

$$E_{pa} = q_0 V_a \tag{4-20}$$

在静电场中任意两点 a、b 的**电势差**，通常也叫作**电压**，用公式表示为

$$U_{ab} = V_a - V_b = \int_a^\infty \boldsymbol{E}\cdot \mathrm{d}\boldsymbol{l} - \int_b^\infty \boldsymbol{E}\cdot \mathrm{d}\boldsymbol{l} = \int_a^b \boldsymbol{E}\cdot \mathrm{d}\boldsymbol{l} \tag{4-21}$$

即静电场中任意两点 a 和 b 的电势差在数值上等于把单位正电荷从 a 点沿任意路径移到 b

点时，电场力所做的功。因此，当任一点电荷从 a 点移到 b 点时，电场力所做的功可用电势差表示为

$$W_{ab}=q_0(V_a-V_b)=q_0U_{ab} \tag{4-22}$$

电势能的单位为焦耳(J)，电势和电势差的单位为伏特(V)，1V=1J/C。

注意 对于电势和电势能，有与 2.7.3 节关于保守力的势能的特点的类似讨论。下面再强调几点。

(1) 关于电势和电势能的计算

① 当场源为有限带电体时，规定无限远处为零点，此时在某点 a 的电势能和电势分别按式(4-18)与式(4-19)计算。

② 当电荷的分布延伸到无限远时，如“无限大带电平面”或“无限长带电直线”，则零点不能再选在无限远处，只能在有限的范围内选取电场中某点为零点，按 $E_{pa}=q_0\int_a^{\text{零势能点}}\boldsymbol{E}\cdot\mathrm{d}\boldsymbol{l}$ 计算电势能，$V_a=\int_a^{\text{零电势点}}\boldsymbol{E}\cdot\mathrm{d}\boldsymbol{l}$ 计算电势。

(2) 在应用式(4-22)计算电场力的功时，当电荷的分布延伸到无限远时，一般先由 $U_{ab}=\int_a^b\boldsymbol{E}\cdot\mathrm{d}\boldsymbol{l}$ 计算 U_{ab}，然后求功，而不要先求 V_a 和 V_b。

(3) 在涉及静电场的有关问题时，如使用动能定理、功能原理和能量守恒定律等，必须将静电场力的功与静电势能包括在内。

问题 4-13 当电荷的分布延伸到无限远时，如“无限大带电平面”或“无限长带电直线”，则零点不能再选在无限远处。谈谈你对这一问题的理解。

4.4.3 电势的计算

1. 点电荷的电势

点电荷 $q(q>0)$ 所激发的电场场强分布为 $\boldsymbol{E}=\dfrac{q}{4\pi\varepsilon_0 r^2}\boldsymbol{e}_r$，电场线是以点电荷 q 为中心呈辐射状。因电场力做功与路径无关，所以如图 4-18 所示，选取以待求电势的场点 a 为起点的射线(射线的反向延长线通过点电荷 q)作为积分路径是最方便的。设点电荷 q 到 a 点距离为 r，而 $\mathrm{d}\boldsymbol{l}$ 与 $\boldsymbol{r}$ 方向相同，有

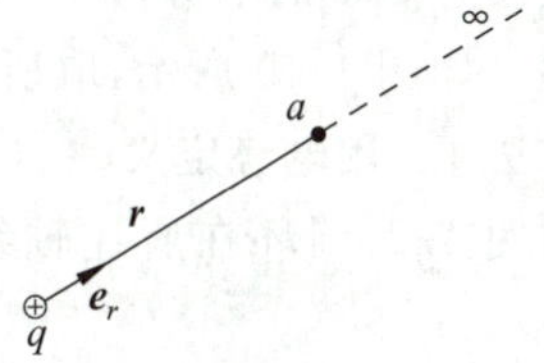

图 4-18 点电荷电场中任一点的电势

$$V_a=\int_a^\infty\boldsymbol{E}\cdot\mathrm{d}\boldsymbol{l}=\int_a^\infty\frac{q}{4\pi\varepsilon_0 r^2}\boldsymbol{e}_r\cdot\mathrm{d}\boldsymbol{l}=\int_r^\infty\frac{q}{4\pi\varepsilon_0 r^2}\mathrm{d}r=\frac{q}{4\pi\varepsilon_0 r} \tag{4-23}$$

由此可见，在点电荷周围空间中任意一点的电势与该点离点电荷的距离 r 成反比。在正点电荷的电场中，各点的电势均为正值，在负点电荷的电场中，各点的电势均为负值。

2. 点电荷系的电势

设有点电荷系 $q_1,q_2,\cdots,q_n$，某点 a 的电势由场强叠加原理可知为

$$
\begin{aligned}
V_a &= \int_a^{\infty} \boldsymbol{E} \cdot \mathrm{d}\boldsymbol{l} = \int_a^{\infty} (\boldsymbol{E}_1 + \boldsymbol{E}_2 + \cdots + \boldsymbol{E}_n) \cdot \mathrm{d}\boldsymbol{l} \\
&= \int_a^{\infty} \boldsymbol{E}_1 \cdot \mathrm{d}\boldsymbol{l} + \int_a^{\infty} \boldsymbol{E}_2 \cdot \mathrm{d}\boldsymbol{l} + \cdots + \int_a^{\infty} \boldsymbol{E}_n \cdot \mathrm{d}\boldsymbol{l} \\
&= \frac{q}{4\pi\varepsilon_0 r_1} + \frac{q_2}{4\pi\varepsilon_0 r_2} + \cdots + \frac{q_n}{4\pi\varepsilon_0 r_n} = \sum_{i=1}^{n} \frac{q_i}{4\pi\varepsilon_0 r_i}
\end{aligned}
$$

$$
V_a = \sum_{i=1}^{n} \frac{q_i}{4\pi\varepsilon_0 r_i} \tag{4-24}
$$

式中 r_i 为第 i 个点电荷 q_i 到 a 点的距离，即点电荷系的电场中某点的电势等于各个点电荷单独存在时在该点所激发的电势的代数和。这一结论称为静电场的**电势叠加原理**。

3. 连续分布电荷的电势

若一带电体上的电荷是连续分布的，可以把带电体分成无数电荷元 $\mathrm{d}q$ 的集合，r 为 $\mathrm{d}q$ 到给定点 a 的距离，则 a 点的电势为

$$
V_a = \int \frac{\mathrm{d}q}{4\pi\varepsilon_0 r} \tag{4-25}
$$

积分遍及整个带电体。

说明 求电势，通常有两种方法。

(1) 用电势定义 $V_a = \int_a^{零电势点} \boldsymbol{E} \cdot \mathrm{d}\boldsymbol{l}$，这种方法常用于已知电场分布或电场分布容易确定的情况。

(2) 用式(4-24)和式(4-25)所表达的电势叠加原理。

注意 采用方法(2)时，电势零点已取在无穷远处。

例 4-8 一半径为 R 的均匀带电细圆环所带电量为 q。计算过环心 O 且垂直于环面的轴线上任意点 a 的电势。

解 如图 4-19 所示，取所述轴线为 Ox 轴。

方法 1 用电势定义

由例 4-2，圆环在所述轴线上任一点产生的场强为

$$
\boldsymbol{E} = \frac{qx\boldsymbol{i}}{4\pi\varepsilon_0 (R^2 + x^2)^{\frac{3}{2}}}
$$

$$
V_a = \int_a^{\infty} \boldsymbol{E} \cdot \mathrm{d}\boldsymbol{l}
$$

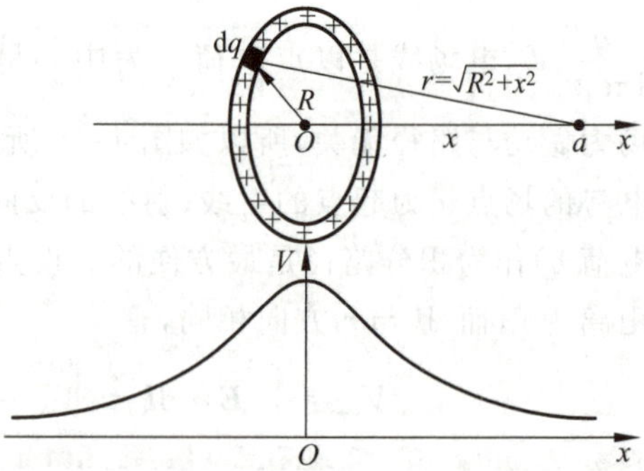

图 4-19 均匀带电圆环轴线上的电势

因为积分与路径无关，故可以选取以点 a 为起点沿 x 轴到无限远的路径，$\mathrm{d}\boldsymbol{l} = \mathrm{d}x\boldsymbol{i}$，于是

$$
V_a = \int_x^{\infty} \boldsymbol{E} \cdot \mathrm{d}\boldsymbol{l} = \int_x^{\infty} \frac{qx\boldsymbol{i}}{4\pi\varepsilon_0 (R^2 + x^2)^{\frac{3}{2}}} \cdot \mathrm{d}x\boldsymbol{i} = \int_x^{\infty} \frac{qx\,\mathrm{d}x}{4\pi\varepsilon_0 (R^2 + x^2)^{\frac{3}{2}}}
$$

$$= \frac{q}{4\pi\varepsilon_0} \cdot \frac{1}{2}\int_x^{\infty} \frac{d(R^2+x^2)}{(R^2+x^2)^{\frac{3}{2}}} = \frac{q}{4\pi\varepsilon_0\sqrt{R^2+x^2}}$$

方法 2 用电势叠加原理

如图 4-19 所示，把圆环分成一系列电荷元 dq，dq 在 a 点产生的电势为

$$dV_a = \frac{dq}{4\pi\varepsilon_0 r} = \frac{dq}{4\pi\varepsilon_0\sqrt{R^2+x^2}}$$

整个环在 a 点产生电势为

$$V_a = \int dV_a = \int_q \frac{dq}{4\pi\varepsilon_0\sqrt{R^2+x^2}} = \frac{q}{4\pi\varepsilon_0\sqrt{R^2+x^2}}$$

注意 $x=0$ 处，$V_0=\dfrac{q}{4\pi\varepsilon_0 R}$，可见均匀带电圆环中心的电场强度为零，而电势却不为零。

问题 4-14 利用例 4-8 的结果，取细圆环为积分元，可以计算过半径为 R 的均匀带电薄圆盘盘心且垂直于盘面的轴线上的电势分布。设电荷面密度为 σ，试计算之。

例 4-9 求均匀带电球面的电场中的电势分布。已知球面半径为 R，带电量为 q。

解 例 4-5 已求得均匀带电球面的场强分布为

$$\boldsymbol{E} = \begin{cases} \dfrac{q}{4\pi\varepsilon_0 r^2}\boldsymbol{e}_r, & r>R \\ 0, & r<R \end{cases}$$

$\boldsymbol{e}_r$ 为沿半径方向的单位矢量。在使用电势定义进行积分时，选取以待求电势的场点 a 为起点的射线（射线的反向延长线通过球心）作为积分路径（图 4-20）。若 a 点在球面外（$r>R$）

$$V_a = \int_a^{\infty} \boldsymbol{E}\cdot d\boldsymbol{l} = \int_a^{\infty} \frac{q}{4\pi\varepsilon_0 r^2}\boldsymbol{e}_r \cdot d\boldsymbol{l}$$

$$= \int_r^{\infty} \frac{q}{4\pi\varepsilon_0 r^2}dr = \frac{q}{4\pi\varepsilon_0 r}$$

一个均匀带电球面在球外任一点的电势和把全部电荷看作集中于球心的一个点电荷在该点的电势相同。

若 a 点在球面内（$r<R$），由于球面内、外场强的函数关系不同，积分必须分段进行，

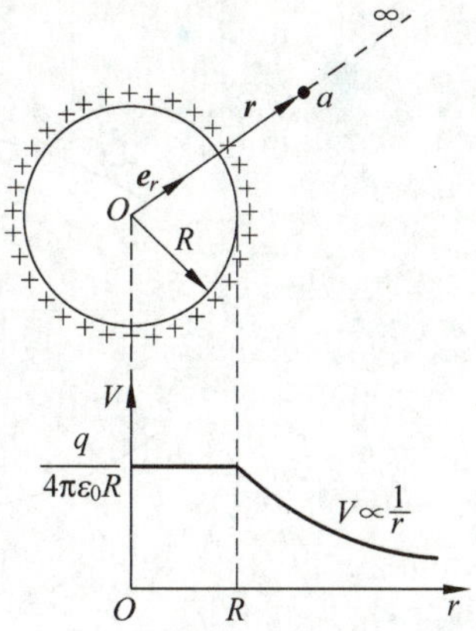

图 4-20 均匀带电球面的电势

$$V_a = \int_a^{\infty} \boldsymbol{E}\cdot d\boldsymbol{l} = \int_a^R 0dr + \int_R^{\infty} \frac{q}{4\pi\varepsilon_0 r^2}dr = \frac{q}{4\pi\varepsilon_0 R}$$

可见，球面内任一点电势与球面上的电势相等，均匀带电球面内的空间是等势的。V-r 曲线如图 4-20 所示。

问题 4-15 有两个同心的均匀带电球面，半径分别为 R_1 和 R_2（$R_1<R_2$），所带电荷分别为 q_1 和 q_2。由例 4-9 的结果和电势叠加原理，并用 r 表示场点到球心的距离，(1) 计算该系统电势分布（按 $r<R_1$，$R_1<r<R_2$，$r>R_2$ 三个区域）；(2) 计算两球壳电势差 U_{12}；(3) 若 $q_1=q$，$q_2=-q$，(1)、(2) 结果如何？一个点电荷 q_0 从内球壳运动到外球壳，电场力对其做多少功？

4.4.4　等势面　电势梯度

1. 等势面

在电场中电势相等的点所构成的曲面称为**等势面**。如在距点电荷距离相等的点处电势是相等的,这些点构成的曲面是以点电荷为球心的球面。可见点电荷电场中的等势面是一系列同心的球面。图 4-21 给出了几种电场的等势面分布图,其中不带箭头的线为等势面与纸面的交线,带有箭头的线为电场线。图(a)为均匀电场的等势面,图(b)为点电荷电场的等势面,图(c)为等量正、负点电荷电场的等势面。为了直观地比较电场中各点的电势,画等势面时,使相邻等势面间的电势差为常量。这样等势面密集的地方场强大,稀疏的地方场强小。

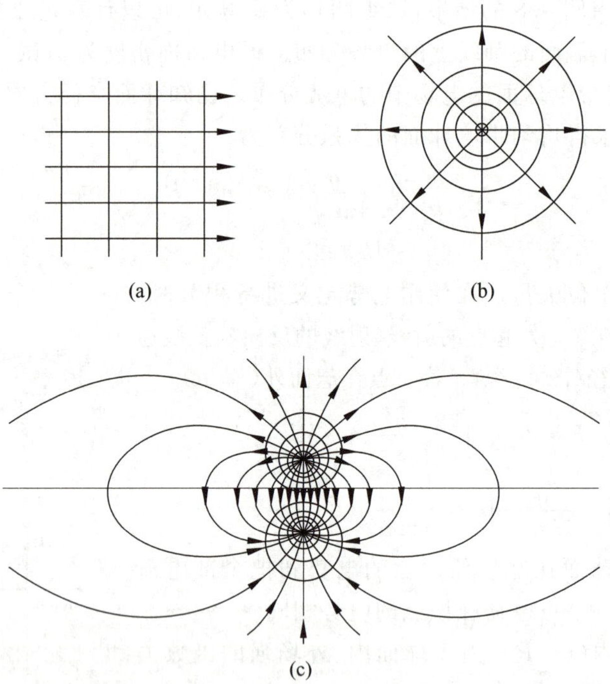

图 4-21　几种电荷分布的电场线与等势面

等势面和电场线有如下关系。

(1) 在任意静电场中,等势面与电场线处处垂直。

证明　设试验电荷 q_0 沿着等势面上经一位移元 $\mathrm{d}\boldsymbol{l}$ 从 a 点移到 b 点,则电场力做的功为

$$\mathrm{d}W = q_0\boldsymbol{E}\cdot\mathrm{d}\boldsymbol{l} = q_0E\cos\theta\mathrm{d}l = q_0(V_a - V_b) = 0$$

因为上式中 q_0、E 和 $\mathrm{d}l$ 均不等于零,所以

$$\cos\theta = 0,\quad \theta = \frac{\pi}{2}$$

说明 $\boldsymbol{E}$ 与 $\mathrm{d}\boldsymbol{l}$ 垂直,即等势面与电场线正交。

(2) 电场线总是指向电势降低的方向。

如沿一条电场线的方向移动正电荷，电场力必定做正功，因而该电荷具有的电势能减小，说明沿电场线方向，电势降低。

说明 由等势面的概念可知，如要计算任意两点的电势差，只要计算两点所在等势面间的电势差，从而可在连接两等势面间的所有路径中，选取使计算最为简单的路径进行计算。

2. 电场强度与电势的微分关系

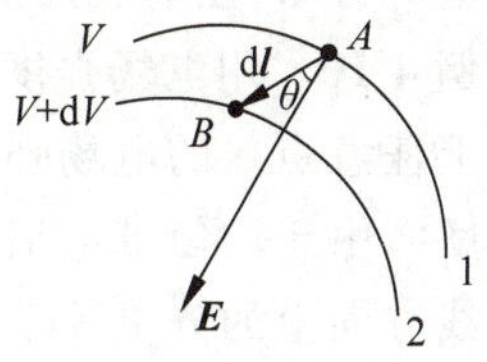

图 4-22 求 $\boldsymbol{E}$ 和 V 的微分关系

电场强度和电势都是描述电场性质的物理量，$V_a=\int_a^{\infty}\boldsymbol{E}\cdot d\boldsymbol{l}$ 表示了它们之间的积分关系，即电势等于电场强度的线积分。下面我们来研究它们之间的微分关系。如图 4-22 所示，设在静电场中有两个靠得很近的等势面 1 和 2，电势分别为 V 和 $V+dV$，在两等势面上分别取点 A 和点 B，从点 A 到点 B 的位移元为 $d\boldsymbol{l}$，这两点距离非常小，它们之间的 $\boldsymbol{E}$ 可认为是不变的，设 $d\boldsymbol{l}$ 和 $\boldsymbol{E}$ 之间的夹角为 θ，则将单位正点电荷由点 A 移到点 B。由电势差的定义式(4-21)得电场力所做的功

$$-(V_B-V_A)=-dV=\boldsymbol{E}\cdot d\boldsymbol{l}=E dl\cos\theta$$

电场强度在 $d\boldsymbol{l}$ 上的分量 $E\cos\theta=E_l$，即

$$-dV=E_l dl$$

或

$$E_l=-\frac{dV}{dl} \tag{4-26}$$

由高等数学可知，式(4-26)中$\frac{dV}{dl}$为电势 V 沿 $d\boldsymbol{l}$ 方向的方向导数，即 V 沿 $d\boldsymbol{l}$ 方向的变化率。式(4-26)表明，在电场中某点的电场强度在任一方向的分量等于电势沿该方向的变化率的负值。这就是电场强度与电势的微分关系。式中负号意味着 $\boldsymbol{E}$ 指向 V 降低的方向。

讨论 (1) 在直角坐标系中，$V=V(x,y,z)$。由式(4-26)可求得电场强度沿三个坐标轴方向的分量

$$E_x=-\frac{\partial V}{\partial x},\quad E_y=-\frac{\partial V}{\partial y},\quad E_z=-\frac{\partial V}{\partial z} \tag{4-27a}$$

于是，电场强度在直角坐标系中的矢量形式为

$$\boldsymbol{E}=-\left(\frac{\partial V}{\partial x}\boldsymbol{i}+\frac{\partial V}{\partial y}\boldsymbol{j}+\frac{\partial V}{\partial z}\boldsymbol{k}\right) \tag{4-27b}$$

(2) 由高等数学知识可知，等势面 $V(x,y,z)=c$ 在点(x,y,z)的电势梯度为

$$\nabla V=\mathrm{grad}V=\frac{\partial V}{\partial x}\boldsymbol{i}+\frac{\partial V}{\partial y}\boldsymbol{j}+\frac{\partial V}{\partial z}\boldsymbol{k} \tag{4-28}$$

且其方向为电势变化最快的方向。结合式(4-27)和式(4-28)，得

$$\boldsymbol{E} = -\nabla V \tag{4-29}$$

即电场中各点的电场强度等于该点电势梯度的负值，这是**电场强度和电势的微分关系的另一种表示**。

(3) 式(4-26)或式(4-27)说明，电场中某点的电场强度只决定于该点电势的空间变化率，而与该点电势无直接关系。

因为电势是标量，与矢量 $\boldsymbol{E}$ 相比，一般来说容易求得，所以当我们要计算场强时，可先计算电势分布，然后利用式(4-26)或式(4-27)计算场强。

例 4-10 用电场强度和电势的微分关系，计算过均匀带电细圆环圆心且垂直于环面的轴线上任意点 a 的电场强度。

解 由于均匀带电细圆环的电荷分布对于轴线是对称的，所以轴线上各点的场强垂直于轴线方向上的分量等于零，因而轴线上任一点的场强沿 x 轴。例 4-8 已求得所述轴线上任意点 a 的电势为

$$V = \frac{q}{4\pi\varepsilon_0 \sqrt{R^2 + x^2}}$$

由式(4-26)

$$E_x = -\frac{\partial V}{\partial x} = -\frac{\partial}{\partial x}\left(\frac{q}{4\pi\varepsilon_0 \sqrt{R^2 + x^2}}\right) = \frac{qx}{4\pi\varepsilon_0 (R^2 + x^2)^{3/2}}$$

这与例 4-2 的计算结果相同。

问题 4-16 设点电荷 q 的坐标为 (x_0, y_0, z_0)，则在任意点 $a(x, y, z)$ 的电势为 $V = \frac{q}{4\pi\varepsilon_0 r}$，其中 $r = \sqrt{(x-x_0)^2 + (y-y_0)^2 + (z-z_0)^2}$。试由电场强度和电势的微分关系求出点 a 的电场强度在直角坐标系中的矢量表达式。

4.5 静电场中的导体

4.5.1 导体的静电平衡条件

导体的种类很多，本节所讨论的导体专指金属导体。**金属导体的电结构特征**是在它内部有可以自由移动的电荷——**自由电子**。当金属导体放在静电场中，它内部自由电子将受静电场的作用而产生定向运动。这一运动将改变导体上的电荷分布，电荷分布的改变又将反过来改变导体内、外的电场分布。这种现象叫作**静电感应**。导体静电感应而带的电荷叫**感应电荷**。

导体内部和表面都没有电荷的宏观定向运动的状态称为导体的**静电平衡状态**。静电平衡状态只有在导体内部场强处处为零时才有可能达到和维持。否则，导体内部的自由电子在电场的作用下将发生定向移动。同时，导体表面附近的电场强度必定和导体表面垂直，否则，电场强度的表面分量将使表面的电荷做宏观运动。因此，导体处于**静电平衡状态的条件**是

$$\boldsymbol{E}_{\text{int}} \equiv 0, \quad \text{导体表面场强 } \boldsymbol{E}_{\text{s}} \text{ 垂直于导体表面}$$

当导体处于静电平衡时，因为其内部电场强度处处为零，而且表面紧邻处的电场强度都垂直于表面，所以导体中以及表面上任意两点间的电势差必然为零。这就是说，处于静电平衡的导体是等势体，其表面是等势面。这是导体静电平衡条件的另一种说法。

4.5.2　静电平衡的导体上的电荷分布

1. 内部各处净电荷为零，净电荷分布在表面

证明　如图 4-23 所示，在导体内部围绕任意点 P 作一个小闭合曲面 S，由于静电平衡时导体内部电场强度处处为零，因此通过此封闭曲面的电通量必然为零。按高斯定理，此闭合曲面内电荷的代数和为零，由于 P 点是任意的，封闭曲面也可以作得任意地小，所以可以得出待证结论。

2. 表面附近的电场强度与该处电荷密度 σ 成正比，方向与表面垂直，即

$$\boldsymbol{E} = \frac{\sigma}{\varepsilon_0}\boldsymbol{e}_{\text{n}} \tag{4-30}$$

$\boldsymbol{e}_{\text{n}}$ 是表面指向导体外部的单位法线矢量。

证　如图 4-24 所示，在导体表面紧邻处取一点 P。为求该点处的电场强度，过 P 点作一个平行于导体表面的小面元 ΔS，以 ΔS 为底，以过 P 点的导体表面法线为轴作一个封闭的圆柱面，圆柱面的另一底面 $\Delta S'$ 在导体的内部。以该圆柱面为高斯面。

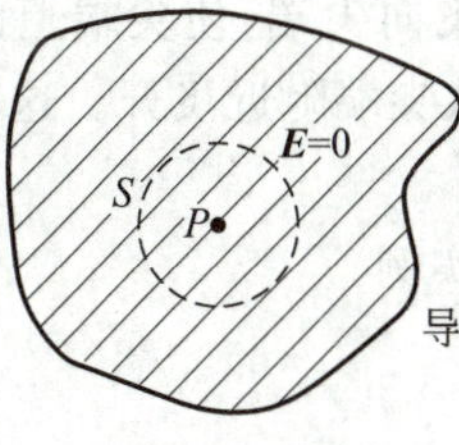

图 4-23　导体内无净电荷

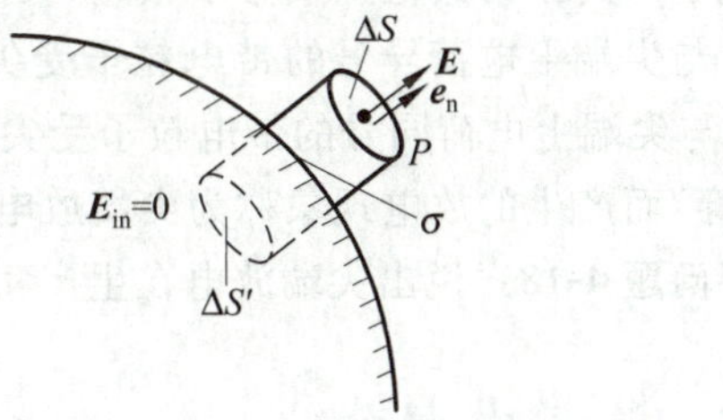

图 4-24　导体表面电荷与场强的关系

求电通量与电荷。由于导体内部场强为零，而表面紧邻处的场强又与表面垂直，圆柱面的侧面与场强方向平行，所以通过此封闭圆柱面的电通量就是通过 ΔS 的电通量，

$$\Phi_{\text{e}} = E\Delta S$$

以 σ 表示导体表面上 P 点附近的面电荷密度，则

$$\sum_i q_i = \sigma\Delta S$$

由高斯定理可得

$$E\Delta S = \frac{\sigma\Delta S}{\varepsilon_0}$$

即

$$E = \frac{\sigma}{\varepsilon_0}$$

再考虑 $\boldsymbol{E}$ 的方向，即得式(4-30)。

注意　导体表面附近某点的场强是该导体上的全部电荷以及导体外所有的其他电荷产生的，而不仅仅是该点邻近的表面上电荷产生的。

问题 4-17　面电荷密度为 σ 的无限大均匀带电平面的两侧场强为 $E=\sigma/2\varepsilon_0$，而在静电平衡状态下，对于导体表面附近的点，如该处表面面电荷密度为 σ，则其场强为 $E=\sigma/\varepsilon_0$。为什么前者比后者小一半？

3. 导体表面上电荷分布

这个问题十分复杂。它不仅与导体的形状有关，而且还与导体周围的环境有关。对于孤立的带电导体，电荷面密度与该处表面的曲率有关。表面尖而凸出部分，曲率较大，面电荷密度 σ 较大；较平坦处，曲率较小，σ 也较小；凹进去处曲率为负值，σ 则更小。图 4-25 给出一个有尖端的导体表面的电荷和场强分布的情况，尖端附近的面电荷密度最大。

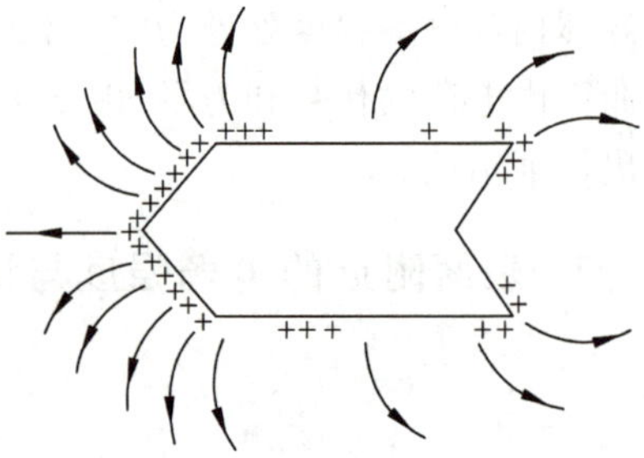

图 4-25　导体尖端处电荷密度大

上述结论在生产技术上十分重要。由式(4-30)可知，对于具有尖端的带电导体，无疑尖端处的场强特别强。那里空气中散存的带电粒子，如电子或离子，在过强电场的作用下作加速运动时就可能获得足够大的能量，以致它们和空气分子碰撞时，能使后者离解成电子和离子。这些新的电子和离子与其他空气分子相碰，又能产生新的带电粒子。这样，就会产生大量的带电粒子。与尖端上电荷异号的带电粒子受尖端电荷的吸引，飞向尖端，使尖端上的电荷被中和掉；与尖端上电荷同号的带电粒子受尖端电荷的排斥而从尖端附近飞开。这种使得空气被“击穿”而产生的放电现象称为**尖端放电**。

问题 4-18　说出尖端放电在生产实际中的一些使用实例。

4.5.3　静电屏蔽

在静电场中，因导体的存在使某些特定的区域不受电场影响的现象称为**静电屏蔽**。静电屏蔽是通过在静电场中置放空腔导体实现的。

1. 腔内无带电体的情况

在静电平衡时，由静电感应产生的感应电荷只分布在空腔导体的外表面，内表面处处无净电荷，而且空腔中的电场处处为零，或者说，空腔内的电势处处相等。

论证如下。

(1) 空腔导体内表面上净电荷为零

如图 4-26 所示，在导体内作一个紧贴内表面的封闭曲面 S 包围住空腔，导体内的场强为零，$\oiint_S \boldsymbol{E}\cdot d\boldsymbol{S}=0$，由高斯定理知内表面上的净电荷为零。

(2) 空腔导体内表面上处处无净电荷

采用反证法：

如图 4-26 所示，假设内表面一部分带正电荷，另一部分带等量的负电荷，则必有电场线从正电荷出发终止于负电荷，这与导体是等势体的性质相矛盾。

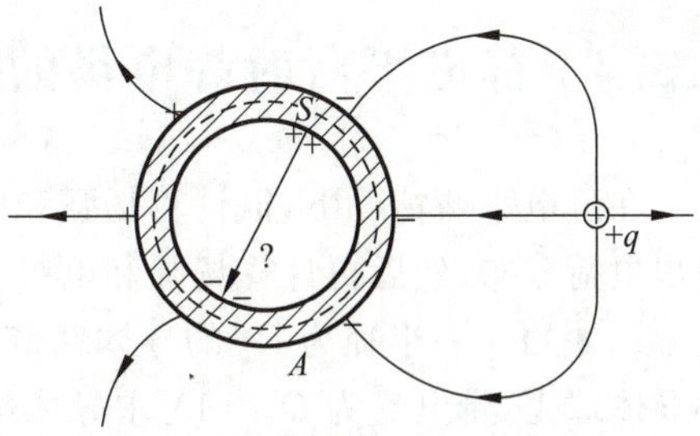

图 4-26 用空腔导体屏蔽外电场

(3) 腔内电场为零

由于空腔导体的内表面上处处无净电荷，所以内表面附近电场处处为零(式(4-30))，电场线不可能起于(或止于)内表面；同时腔内无带电体，所以也不可能有电场线。综上，腔内电场为零，或者说，空腔内的电势处处相等，进一步地，导体和空腔内部构成等势体。

注意 尽管腔内无带电体时，空腔导体和空腔内部的电势处处相等，但是空腔导体外面(包括空腔导体的外表面)的电荷分布情况会改变空腔导体的电势。

2. 腔内有带电体的情况

如图 4-27(a)所示，在腔内有一带正电的带电体。在导体内作一个封闭曲面 S 包围住空腔，导体内的场强为零，$\oiint_S \boldsymbol{E}\cdot \mathrm{d}\boldsymbol{S}=0$，由高斯定理知导体的内表面将产生等量的感应负电荷，由电荷守恒定律可知，外表面上将产生等量的感应正电荷。如图 4-27(b)所示，如把外壳接地，则外表面上感应正电荷将和地上来的负电荷中和，空腔内的电荷对导体外的电场就不会产生影响了。

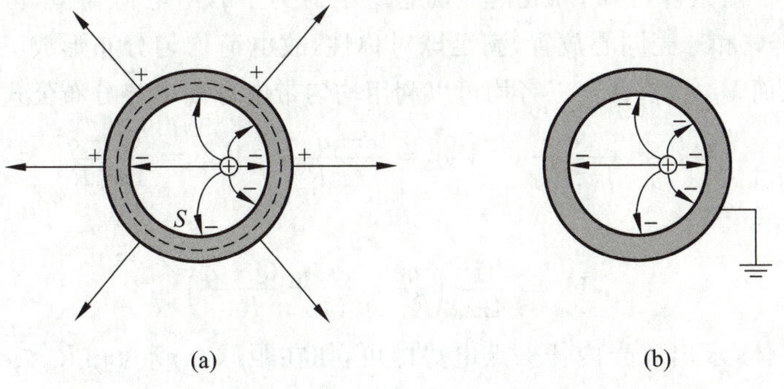

图 4-27 接地空腔导体的屏蔽作用

综上所述，空腔导体，无论其是否接地，将使腔内空间的电场不受外电场影响，而接地空腔导体将使外部空间不受空腔内的电场的影响。这就是**空腔导体的静电屏蔽作用**。

问题 4-19 对于图 4-27(a)的空腔导体球壳，(1)若变动空腔内点电荷的位置，球壳外表面的电荷分布、球壳外的电场和球壳的电势是否变化？(2)若在球壳外引入电荷，球壳内表面的电荷分布、腔内的电场和球壳的电势是否变化？

4.5.4 静电平衡时静电场的分析与计算

在静电平衡情况下，欲计算场强和电势，首先要根据导体静电平衡条件和电荷守恒定律求出电荷分布，然后再计算场强和电势。

例 4-11 一半径为 R_1 的导体球带有电量 q，球外有一内、外半径分别为 R_2 和 R_3 的同心导体球壳，带电量为 Q。(1) 求导体球和球壳的电势；(2) 若使外球壳接地，再求它们的电势；(3)设法用导线将内部金属导体球接地，求内球所带的电量。在计算(2)和(3)时，认为大地和无穷远的电势相等，并取为电势零点。

解 根据电势叠加原理，空间任一点的电势

$$V = V_{R_1} + V_{R_2} + V_{R_3} \tag{1}$$

V_{R_1}、V_{R_2}、V_{R_3} 分别表示三个球面在该点的电势。在下列计算过程中，以 V_1、V_2 分别表示导体球和球壳的电势。

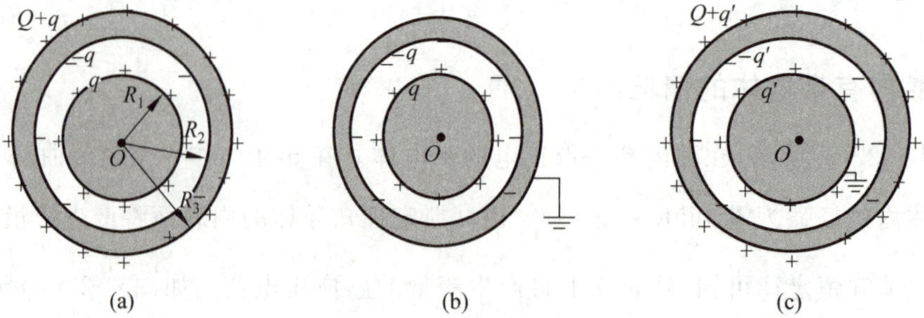

(a) (b) (c)

图 4-28 例 4-11 解用图

(1) 由静电平衡条件可知，球壳内表面感应电荷为 $-q$，由电荷守恒，可知球壳外表面电量为 $Q+q$。由于球和球壳同心放置，满足球对称性，故电荷均匀分布形成三个均匀带电球面[图 4-28(a)]，从而 V_{R_1}、V_{R_2}、V_{R_3} 三者均可以利用均匀带电球面电势分布公式(例 4-9)求得

$$V_{R_1} = \frac{q}{4\pi\varepsilon_0 R_1}, \quad V_{R_2} = \frac{-q}{4\pi\varepsilon_0 R_2}, \quad V_{R_3} = \frac{Q+q}{4\pi\varepsilon_0 R_3}$$

代入式(1)得

$$V_1 = \frac{1}{4\pi\varepsilon_0}\left(\frac{q}{R_1} - \frac{q}{R_2} + \frac{Q+q}{R_3}\right)$$

导体球壳是等势体，求出球壳内任一点电势即可，如在距球心 O 为 $r(R_2<r<R_3)$ 的一点

$$V_{R_1} = \frac{q}{4\pi\varepsilon_0 r}, \quad V_{R_2} = \frac{-q}{4\pi\varepsilon_0 r}, \quad V_{R_3} = \frac{Q+q}{4\pi\varepsilon_0 R_3}$$

代入式(1)得

$$V_2 = \frac{Q+q}{4\pi\varepsilon_0 R_3}$$

(2) 若使球壳接地，球壳外表面电荷被中和，这时只有球和球壳的内表面带电(图 4-28(b))，此时球壳电势为零，即

$$V_2 = 0$$

与(1)中所用方法相同，可求得球的电势

$$V_1=\frac{1}{4\pi\varepsilon_0}\left(\frac{q}{R_1}-\frac{q}{R_2}\right)$$

(3) 设内部金属球接地后所带电量为 q',球壳内表面感应的电量为 $-q'$,球壳外表面总电量为 $Q+q'$,电荷都均匀分布在各表面上(图 4-28(c))。在导体球内各点

$$V_{R_1}=\frac{q'}{4\pi\varepsilon_0 R_1},\quad V_{R_2}=\frac{-q'}{4\pi\varepsilon_0 R_2},\quad V_{R_3}=\frac{Q+q'}{4\pi\varepsilon_0 R_3}$$

由内部金属球接地,知

$$V_1=V_{R_1}+V_{R_2}+V_{R_3}=\frac{q'}{4\pi\varepsilon_0 R_1}+\left(-\frac{q'}{4\pi\varepsilon_0 R_2}\right)+\frac{Q+q'}{4\pi\varepsilon_0 R_3}=0$$

解得

$$q'=\frac{R_1R_2}{R_1R_3-R_1R_2-R_2R_3}Q$$

注意 导体接地,只说明其电势为零,不能说其所带的电量一定为零。请考虑一下,例 4-11(3)中,如果内球的 $q'=0$,还能满足其电势为零的要求吗?也考虑一下,例 4-11(2)中,为什么球壳外表面电荷为零?

问题 4-20 例 4-11 也可以先求出空间的场强分布,再用电势的定义 $V_a=\int_a^\infty \boldsymbol{E}\cdot\mathrm{d}\boldsymbol{l}$ 求出电势。请用该方法计算(1)。

例 4-12 有两块面积很大的导体薄板 a、b 平行放置,它们的面积均为 S,距离为 d(图 4-29)。若给 a 板电荷 Q_a,b 板电荷 Q_b,求导体板四个表面的电荷分布、空间的场强分布及两板之间的电势差。

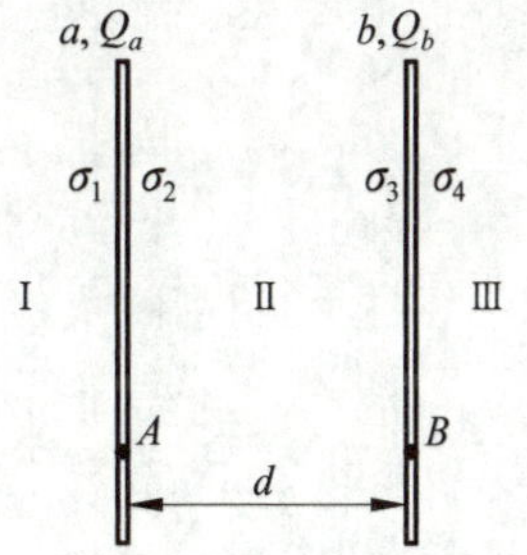

图 4-29 无限大带电平行导体平板

解 不考虑边缘效应,静电平衡时电荷将均匀分布在导体板的表面上,从而形成四个均匀带电平面,设电荷面密度分别为 σ_1、σ_2、σ_3、σ_4。由电荷守恒定律可知

$$\sigma_1+\sigma_2=\frac{Q_a}{S}\tag{1}$$

$$\sigma_3+\sigma_4=\frac{Q_b}{S}\tag{2}$$

由静电平衡条件,板 a、b 内的 A 点和 B 点的场强应为零。以向右为正,有

$$E_A=\frac{1}{2\varepsilon_0}(\sigma_1-\sigma_2-\sigma_3-\sigma_4)=0\tag{3}$$

$$E_B=\frac{1}{2\varepsilon_0}(\sigma_1+\sigma_2+\sigma_3-\sigma_4)=0\tag{4}$$

联立以上四式,可解得

$$\sigma_1=\sigma_4=\frac{Q_a+Q_b}{2S},\quad \sigma_2=-\sigma_3=\frac{Q_a-Q_b}{2S}$$

区域Ⅰ

$$E=\frac{1}{2\varepsilon_0}(-\sigma_1-\sigma_2-\sigma_3-\sigma_4)=-\frac{Q_a+Q_b}{2\varepsilon_0 S}$$

区域Ⅱ

$$E=\frac{1}{2\varepsilon_0}(\sigma_1+\sigma_2-\sigma_3-\sigma_4)=\frac{Q_a-Q_b}{2\varepsilon_0 S}$$

区域Ⅲ

$$E=\frac{1}{2\varepsilon_0}(\sigma_1+\sigma_2+\sigma_3+\sigma_4)=\frac{Q_a+Q_b}{2\varepsilon_0 S}$$

以上三式中若 $E>0$,表示场强向右,$E<0$,表示场强向左。读者可以验证一下,上述三个区间的场强与附近导体表面电荷密度的关系均满足 $E=\frac{\sigma}{\varepsilon_0}$。两板之间的电势差

$$U_{ab}=\int_a^b \boldsymbol{E}\cdot \mathrm{d}\boldsymbol{l}=\frac{Q_a-Q_b}{2\varepsilon_0 S}d$$

问题 4-21 由例 4-12 的结果,讨论(1)当 $Q_a=Q_b=Q$;(2)$Q_a=Q,Q_b=-Q$ 时,四个表面的电荷分布、空间的电场分布以及两板的电势差。

4.6 电容器的电容

两个能够带有等值而异号电荷的导体以及它们之间的电介质所组成的系统(图 4-30)叫**电容器**,A、B 称为电容器的两个极板。电容器可用来存储电荷和电能。

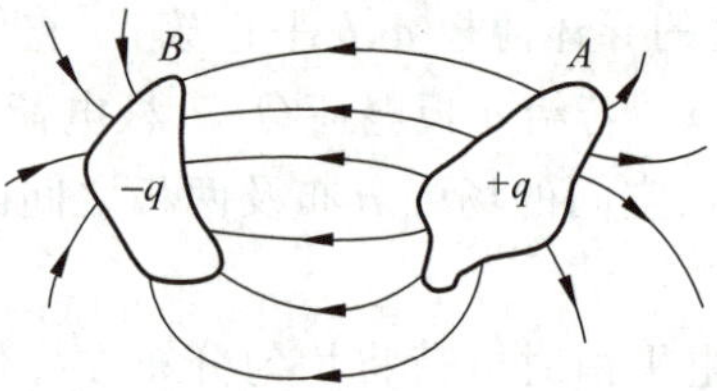

图 4-30 两个具有等值而异号电荷的导体系统

4.6.1 电容器的电容

设两个极板分别带电 $+q$ 和 $-q$,若没有外电场的影响,实验证明,两极板间的电压 $U=V_A-V_B$ 与电量 q 成正比,即对给定的电容器,它所带电荷 q 和两极板间的电势差 U 的比值是一个由电容器本身特性所确定的常量。我们将这一比值定义为**电容器的电容**,用 C 表示,即

$$C=\frac{q}{U} \tag{4-31}$$

电容的单位为法[拉](F)。在实际应用中,法[拉]太大,常用微法(μF)、皮法(pF)等作为电容的单位,$1\mathrm{F}=10^6\mu\mathrm{F}=10^{12}\mathrm{pF}$。

注意 (1) 定义式(4-31)中的 q 为任一极板上所带电量的绝对值。

(2) 电容是描述电容器容纳电荷或储存电能能力的物理量,在量值上等于两极板间的电势差为单位值时所容纳的电荷量。它取决于电容器本身的结构,与电容器两极板的形状、大小、极板间距离及极板间的电介质有关,与极板是否带有电荷无关。

4.6.2 电容的计算

一般步骤为：(1) 设电容器两极板分别带有等量异号的电荷$+q$和$-q$；(2)计算两极板之间的电场分布；(3) 由电场分布计算两极板之间的电势差U；(4) 由电容定义$C=\frac{q}{U}$求出电容。下面计算几种常见真空电容器的电容。

例 4-13 平行板电容器 平行板电容器由靠得很近、相互平行的两金属板A和B组成(图 4-31)，两极面积均为S且完全相对，两极板间距为d，板面线度远大于d。

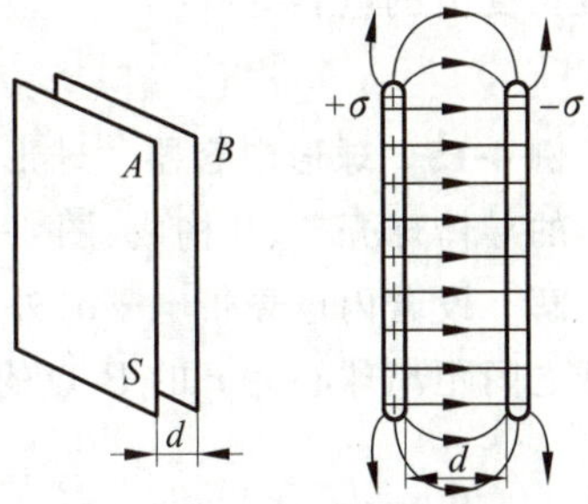

图 4-31 平行板电容器

解 设A板带电$+q$，B板带电$-q$，板面线度远大于d，边缘效应可以忽略，两极板可视为两无限大平面，电荷均匀分布，电荷面密度$\sigma=\frac{q}{S}$，由问题 4-11 可知，电场仅存在于两极板间且是均匀的，

$$E=\frac{\sigma}{\varepsilon_0}=\frac{q}{\varepsilon_0 S}$$

两板间的电压为

$$U=Ed=\frac{qd}{\varepsilon_0 S}$$

得平板电容器的电容

$$C=\frac{q}{U}=\frac{\varepsilon_0 S}{d} \tag{4-32}$$

例 4-14 圆柱形电容器 圆柱形电容器由半径分别为R_A和R_B、长度均为L的两同轴金属圆柱导体面A、B构成(图 4-32)，且$L\gg R_B-R_A$，两圆柱面的两端对齐。

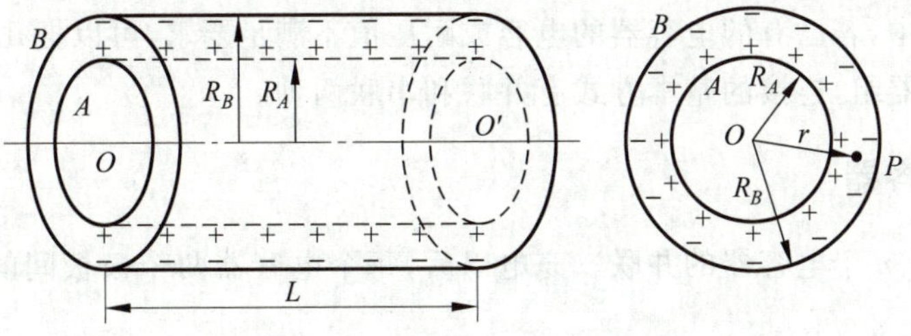

图 4-32 圆柱形电容器

解 设A筒带电$+q$，B筒带电$-q$。因为$L\gg R_B-R_A$，A、B两圆柱面间的电场可以看成是无限长圆柱面的电场，电荷各自均匀地分布在A筒的外表面和B筒的内表面上，单位长度上的电量$\lambda=\frac{q}{L}$。由高斯定理可求得两筒之间距离轴线为r的P点处电场强度的大小为

$$E=\frac{\lambda}{2\pi\varepsilon_0 r}$$

场强方向沿半径方向由 A 筒指向 B 筒。两柱面间的电势差

$$U=\int_A^B \boldsymbol{E}\cdot \mathrm{d}\boldsymbol{l}=\int_{R_A}^{R_B}\frac{\lambda}{2\pi\varepsilon_0 r}\mathrm{d}r=\frac{\lambda}{2\pi\varepsilon_0}\ln\frac{R_B}{R_A}=\frac{q}{2\pi\varepsilon_0 L}\ln\frac{R_B}{R_A}$$

得圆柱形电容器的电容

$$C=\frac{q}{U}=\frac{2\pi\varepsilon_0 L}{\ln\dfrac{R_B}{R_A}} \tag{4-33}$$

单位长度上的电容为

$$C_l=\frac{2\pi\varepsilon_0}{\ln\dfrac{R_B}{R_A}}$$

例 4-15 球形电容器 球形电容器由半径分别为 R_A 和 R_B 两个同心的导体球壳 A、B 构成(图 4-33)。

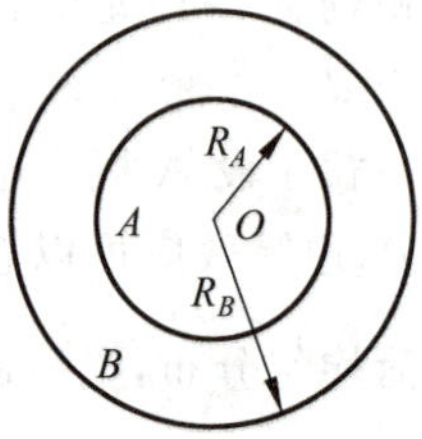

图 4-33 球形电容器

解 设若内球壳带电 $+q$,外球壳带电 $-q$,通过高斯定理可求得两球之间距离球心为 r 的 P 点的场强

$$E=\frac{q}{4\pi\varepsilon_0 r^2}$$

方向沿半径方向。两球壳之间的电势差

$$U=\int_A^B \boldsymbol{E}\cdot \mathrm{d}\boldsymbol{l}=\int_{R_A}^{R_B}\frac{q}{4\pi\varepsilon_0 r^2}\mathrm{d}r=\frac{q}{4\pi\varepsilon_0}\left(\frac{1}{R_A}-\frac{1}{R_B}\right)$$

球形电容器的电容为

$$C=\frac{q}{U}=\frac{4\pi\varepsilon_0 R_A R_B}{R_B-R_A} \tag{4-34}$$

问题 4-22 孤立导体的电容 对于一个孤立的导体,可以认为它和无限远的另一导体组成一个电容器。试计算在空气中半径为 R 的孤立导体球的电容。

4.6.3 电容器的连接

在实际应用中,若已有的电容器的电容或耐压值不满足要求,可以把几个电容器连接起来构成一个电容器组,连接的基本方式有并联和串联两种。

1. 并联电容器

图 4-34 表示 n 个电容器的并联。充电以后,每个电容器两个极板间的电压相等,设为 U,有

$$U=U_1=U_2=\cdots=U_n$$

U 也就是电容器组的电压。电容器组所带总电量为各电容器电量之和

$$q=q_1+q_2+\cdots+q_n$$

所以电容器组的等效电容为

$$C=\frac{q}{U}=\frac{q_1}{U}+\frac{q_2}{U}+\cdots+\frac{q_n}{U}$$

由于 $\frac{q_i}{U}=C_i$ 为每个电容器的电容,所以有

$$C = C_1 + C_2 + \cdots + C_n \tag{4-35}$$

即并联电容器的等效电容等于每个电容器电容之和。

2. 串联电容器

图 4-35 表示 n 个电容器的串联。充电后，由于静电感应，每个电容器都带上等量异号的电荷 $+q$ 和 $-q$，这也是电容器组所带电量，故有

$$q = q_1 = q_2 = \cdots = q_n$$

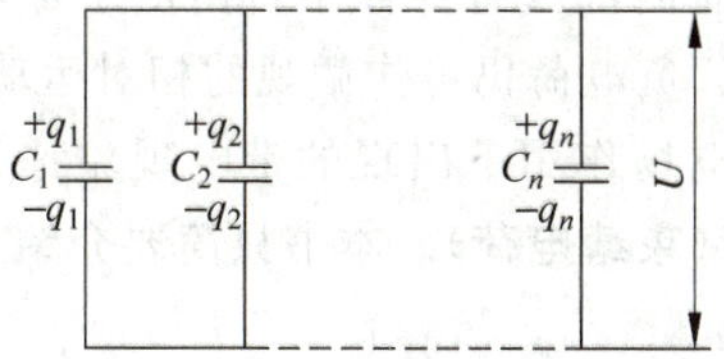

图 4-34 电容器的并联

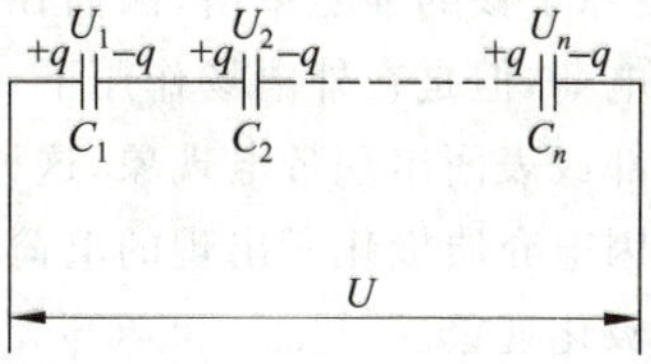

图 4-35 电容器的串联

电容器组上的总电压为各电容器的电压之和

$$U = U_1 + U_2 + \cdots + U_n$$

为了方便，我们计算等效电容的倒数

$$\frac{1}{C} = \frac{U}{q} = \frac{U_1}{q} + \frac{U_2}{q} + \cdots + \frac{U_n}{q}$$

即有

$$\frac{1}{C} = \frac{1}{C_1} + \frac{1}{C_2} + \cdots + \frac{1}{C_n} \tag{4-36}$$

此式表示串联电容器的等效电容的倒数等于各电容器电容的倒数之和。

例 4-16 如图 4-36 所示，电容器 C_1 充电到电压 $U_0 = 120$ V，然后移去充电用的直流电源，闭合电键 S，将此电容器与电容器 C_2 相连接，设 $C_1 = 8\ \mu\text{F}$，$C_2 = 4\ \mu\text{F}$。求电容器组的电压。

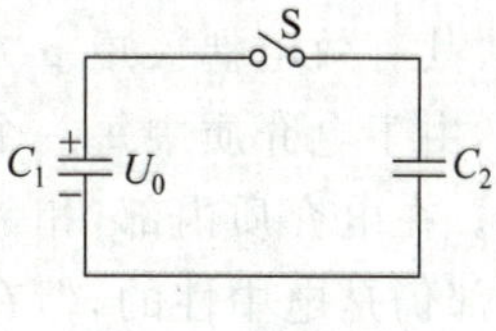

图 4-36 例 4-16 图

解 C_1 上原有电量

$$Q_0 = C_1 U_0 \tag{1}$$

S 合上后，两电容器组成并联电容器组，原来的电荷 Q_0 分给两个电容器。设电容器的电压为 U

$$Q_0 = C_1 U + C_2 U \tag{2}$$

由式(1)和式(2)解得

$$U = \frac{C_1 U_0}{C_1 + C_2}$$

代入数据得

$$U = \frac{8 \times 10^{-6} \times 120}{8 \times 10^{-6} + 4 \times 10^{-6}}\ \text{V} = 80\ \text{V}$$

4.7 静电场中的电介质

4.7.1 电介质极化的微观机理

电介质通常是指不导电的绝缘物质，如空气、纯净的水、油类、玻璃、云母等。在电介质中，电子受原子核的强烈束缚，因而在常态下，电介质内部没有导体中自由电子那样可以自由移动的电荷，但是在外电场作用下，电介质内的正、负电荷仍可作微观的相对运动，结果在电介质内部或表面出现带电现象，这种电介质在外电场作用下出现的带电现象称为**电介质的极化**。因电介质极化所出现的电荷称为**极化电荷**(**束缚电荷**)。本书只简要介绍各向同性电介质的极化现象。

1. 两类电介质

为研究极化过程，常将分子中的正、负电荷看作分别集中在两个几何点上，这两个点分别叫作正、负电荷“中心”。在无外电场时，有些电介质的分子(如 H_2、CH_4 等)正、负电荷的中心是重合的[图 4-37(a)]，这类电介质称为**无极分子电介质**；有些电介质的分子(如 HCl、H_2O、NH_3 等)正、负电荷的中心不相重合，构成一等效的电偶极子(称为分子偶极子)，这类电介质称为**有极分子电介质**。

2. 电介质的极化

无极分子电介质在外电场中，分子的正、负电荷中心将发生相对位移，形成电偶极子，其有效电偶极矩 $\boldsymbol{p}$ 方向沿外电场 $\boldsymbol{E}_0$ 方向，如图 4-37(b)所示。对一块电介质整体来说，由于电介质中每一个分子都形成电偶极子，所以它们在电介质中排列如图 4-37(c)所示。在电介质内部，相邻电偶极子的正、负电荷相互靠近，因而对于均匀电介质来说，其内部仍是电中性的，但在和外电场垂直的两个端面层里将分别出现正电荷和负电荷。由于无极分子电介质的极化起因于分子的正、负电荷中心在外电场作用下发生相对位移，所以称为**位移极化**。

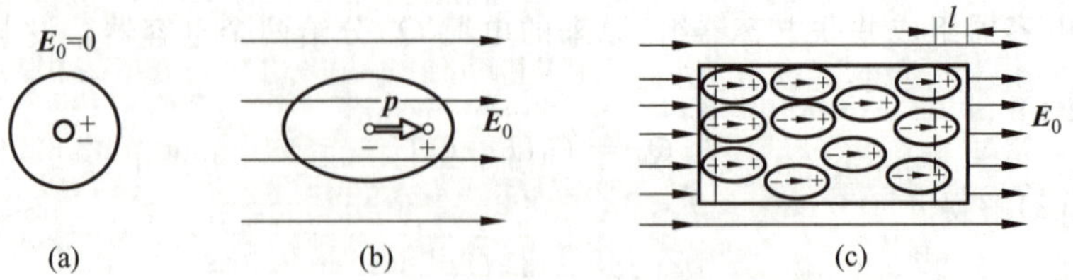

图 4-37 无极分子极化示意图

对于有极分子电介质，每个有极分子都相当于一个电偶极子，整块电介质可以看成是无数的电偶极子的聚集体。在没有外电场时，由于分子的无规则热运动，各个分子的电偶极矩的排列是杂乱无章的，如图 4-38(a)所示，所以电介质内部呈电中性。当有外电场时，每一个分子的电偶极矩将受到一个电力矩作用，如图 4-38(b)所示，从而使其电偶极矩 $\boldsymbol{p}$ 的取向

与外电场 $\boldsymbol{E}_0$ 的方向趋于一致，这样在和外电场垂直的两个端面层里也将分别出现正电荷和负电荷(图 4-38(c))。由于有极分子电介质的极化起因于分子的等效电偶极矩转向外电场的方向，所以称为**取向极化**。

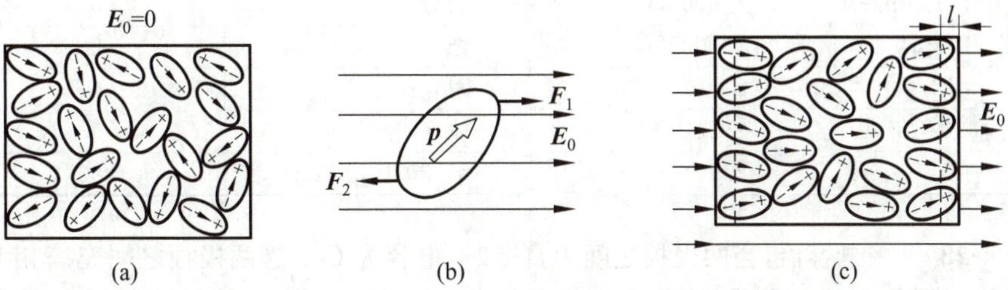

图 4-38 有极分子极化示意图

注意 极化电荷和自由电荷的区别

自由电荷 如电容器充电时极板上带的电荷，可以由人们“主动”地安置或移走，再如置于外电场中金属导体所产生的感应电荷，可以通过接地之类的方法而被转移。

极化电荷不能离开电介质而转移到带电体上，也不能在电介质内部自由运动，其运动范围只是分子线度(10^{-10} m 量级)，所以又叫**束缚电荷**。

4.7.2 电介质对电场的影响

在有电介质存在时，空间各点的场强 $\boldsymbol{E}$ 是自由电荷激发的场强 $\boldsymbol{E}_0$ 和极化电荷激发的附加电场 $\boldsymbol{E}'$ 叠加的结果，即

$$\boldsymbol{E} = \boldsymbol{E}_0 + \boldsymbol{E}' \tag{4-37}$$

由于极化电荷的活动不能超出原子范围以及分子热运动的缘故，电介质极化后产生的极化电荷的数量比导体因静电感应在表面出现的感应电荷要少得多，因此在电介质内部，极化电荷产生的附加电场 $\boldsymbol{E}'$ 与外电场 $\boldsymbol{E}_0$ 叠加的结果，会使介质内部的电场削弱，但不会完全抵消而变为零。电介质内部电场强度的计算一般较复杂，我们仅以电场中充满各向同性均匀电介质为例加以研究。

经实验测定，对于平行板电容器、圆柱形电容器和球形电容器等常见电容器，如在两极板之间是真空时，自由电荷激发的场强大小为 E_0，在两极板之间的空间充满各向同性均匀电介质后，介质内的场强大小 E 将变为

$$E = E_0 - E' = \frac{E_0}{\varepsilon_r} \tag{4-38}$$

式中 ε_r 称为电介质的**相对介电常数**，为没有单位的纯数。真空中的 $\varepsilon_r=1$，在20 ℃、1atm 的情况下，空气中的 $\varepsilon_r=1.000\,55$，可认为近似等于1，其他电介质的 ε_r 都大于1。相对介电常数 ε_r 和真空介电常数 ε_0 的乘积，即 $\varepsilon=\varepsilon_0\varepsilon_r$ 称为电介质的**绝对介电常数**，简称为**介电常数**。几种常见电介质的相对介电常数列在表 4.1 中。

表 4.1 几种电介质的相对介电常数 ε_r

电介质	ε_r	电介质	ε_r
真空	1	尼龙	3.5
空气(20 ℃,1 atm)	1.000 55	云母	5.4
氦(20 ℃,1 atm)	1.000 064	纸	2.5
石蜡	2	陶瓷	6
变压器油(20 ℃)	2.24	玻璃	5～10
聚乙烯	2.26	水(20 ℃,1 atm)	80.2

问题 4-23 一电容器,当两极板之间为真空时,电容为 C_0;当两极板之间充满相对介电常数为 ε_r 的各向同性均匀电介质时,电容为 C。由式(4-38)与计算电容的方法,试证明 $C=\varepsilon_r C_0$。

4.7.3 *D* 矢量 有电介质时的高斯定理

在 4.7.2 节指出,对于几种常见电容器,在极板之间的空间引入各向同性均匀电介质后,实验得出 $\boldsymbol{E}=\dfrac{\boldsymbol{E}_0}{\varepsilon_r}$。将此式写成 $\varepsilon_0\varepsilon_r\boldsymbol{E}=\varepsilon_0\boldsymbol{E}_0$,再将两侧对任意封闭曲面(高斯面)$S$ 积分,可得

$$\oint\!\!\!\oint_S \varepsilon_0\varepsilon_r\boldsymbol{E}\cdot d\boldsymbol{S}=\varepsilon_0\oint\!\!\!\oint_S \boldsymbol{E}_0\cdot d\boldsymbol{S}=\varepsilon_0\,\frac{\sum\limits_i q_{0i}}{\varepsilon_0}=\sum_i q_{0i}$$

式中第二个等号应用了真空中的高斯定理,其中 $\sum\limits_i q_{0i}$ 是产生 $\boldsymbol{E}_0$ 的自由电荷被封闭曲面所包围的部分。由于自由电荷,如电容器充电时极板上带的电荷,可以由人们"主动"地安置或移走,上式就有了实际上的重要性。引入一个辅助物理量**电位移**,符号用 $\boldsymbol{D}$,单位为库/米^2(C/m^2)。在各向同性电介质中,

$$\boldsymbol{D}=\varepsilon_0\varepsilon_r\boldsymbol{E}=\varepsilon\boldsymbol{E} \tag{4-39}$$

并且与引入电场线和电通量相仿,引入**电位移线**和**电位移通量** Φ_d。规定

$$\Phi_d=\iint_S \boldsymbol{D}\cdot d\boldsymbol{S}$$

从而

$$\oint\!\!\!\oint_S \boldsymbol{D}\cdot d\boldsymbol{S}=\sum_i q_{0i} \tag{4-40}$$

式(4-40)表明:在静电场中,通过任意闭合曲面的电位移通量等于该闭合曲面内包围的自由电荷电量的代数和,这就是**有电介质时的高斯定理**。

讨论 (1) 式(4-39)关于电位移 $\boldsymbol{D}$ 与电场强度 $\boldsymbol{E}$ 的关系只适用于各向同性电介质。

(2) 式(4-40)表示的有电介质时的高斯定理虽是从两极板之间的空间充满各向同性均匀电介质的三种常见电容器得出的,但可以证明在一般情况下它也是正确的,是普遍适用的。

(3) 按 $\boldsymbol{E}$ 与 $\boldsymbol{D}$ 的关系,电介质通常分为各向同性和各向异性两种。在各向同性电介质中,$\boldsymbol{E}$ 与 $\boldsymbol{D}$ 的关系满足式(4-39),两者方向相同,且大小成线性关系。在各向异性电介质中,$\boldsymbol{E}$ 与 $\boldsymbol{D}$ 方向一般不相同,大小之间甚至不存在单值函数关系。本教材只是扼要讨论了各向同性电介质的情形。

当电荷与电介质的分布具有特殊对称性，可以应用有电介质时的高斯定理求电场强度，其方法和真空中的高斯定理的应用基本相同。首先根据自由电荷的分布，用高斯定理式(4-40)求出电位移矢量的分布，再由式(4-39)求出电场强度分布。

例 4-17 如图 4-39 所示，平行板电容器两极板的面积为 S，自由电荷面密度分别为 $+\sigma$、$-\sigma$，两极板之间有两层各向同性的均匀介质，分界面平行板面，介电常数分别为 ε_1、ε_2，厚度分别为 d_1、d_2。求：(1)在各层介质内的电位移 $\boldsymbol{D}$ 和电场强度 $\boldsymbol{E}$；(2)电容器的电容。

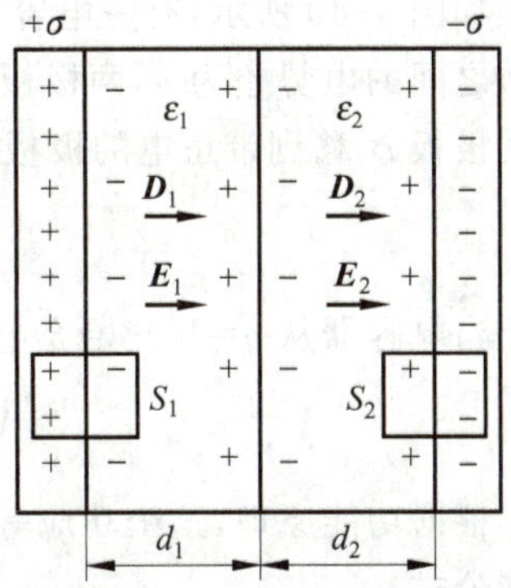

图 4-39 充满两种各向同性均匀电介质的平行板电容器

解 (1) 设这两种电介质中电位移分别为 $\boldsymbol{D}_1$、$\boldsymbol{D}_2$，电场强度分别为 $\boldsymbol{E}_1$ 和 $\boldsymbol{E}_2$，它们都和极板面垂直，而且都为均匀场。在左极板处，做底面积为 S_1 的圆柱面为高斯面(图 4-39)，左底面在导体板内，导体板内电位移矢量为零，右底面在介电常数为 ε_1 的电介质内，侧面的法线与 $\boldsymbol{D}_1$ 垂直。

$$\oiint_S \boldsymbol{D}\cdot \mathrm{d}\boldsymbol{S} = \iint_{\text{右底面}} \boldsymbol{D}\cdot \mathrm{d}\boldsymbol{S} = D_1 S_1$$

$$\sum_i q_{0i} = \sigma S_1$$

由高斯定理有 $D_1=\sigma$，方向垂直板面向右。

同样在右极板处作底面积为 S_2 的圆柱面为高斯面

$$\oiint_S \boldsymbol{D}\cdot \mathrm{d}\boldsymbol{S} = \iint_{\text{左底面}} \boldsymbol{D}\cdot \mathrm{d}\boldsymbol{S} = -D_2 S_2$$

$$\sum_i q_{0i} = -\sigma S_2$$

得 $D_2=\sigma$，方向垂直板面向右。可见，$\boldsymbol{D}_1=\boldsymbol{D}_2$，即两种介质中 $\boldsymbol{D}$ 相同。

由 $\boldsymbol{E}=\dfrac{\boldsymbol{D}}{\varepsilon}$ 得

$$E_1=\frac{D_1}{\varepsilon_1}=\frac{\sigma}{\varepsilon_1},\quad E_2=\frac{D_2}{\varepsilon_2}=\frac{\sigma}{\varepsilon_2}$$

方向垂直板面向右。可见，$\boldsymbol{E}_1\neq\boldsymbol{E}_2$，即两种介质中 $\boldsymbol{E}$ 不相同。

(2) 正、负两极板间电势差为

$$U=E_1d_1+E_2d_2=\frac{\sigma}{\varepsilon_1}d_1+\frac{\sigma}{\varepsilon_2}d_2$$

所以电容器的电容为

$$C=\frac{q}{U}=\frac{\sigma S}{\dfrac{\sigma}{\varepsilon_1}d_1+\dfrac{\sigma}{\varepsilon_2}d_2}=\frac{S}{\dfrac{d_1}{\varepsilon_1}+\dfrac{d_2}{\varepsilon_2}}$$

说明 按电容器串联公式可以得例 4-17 中的电容器电容。

问题 4-24 从例 4-17 可知，在平行板电容器两种各向同性均匀介质分界面处，电位移矢量(实际是法向分量)是连续的，而电场强度(实际是法向分量)是不连续的。试谈谈你对这一现象的看法。

4.8 电容器的储能公式　静电场的能量

4.8.1 电容器的储能公式

如图 4-40 所示，有一电容为 C 的平行平板电容器正处于充电过程中。设在某时刻两极板之间的电势差为 u，两极板所带电荷分别为 $+q$ 和 $-q$，此时若继续将 $+\mathrm{d}q$ 电荷从带负电的极板 B 移到带正电的极板 A 时，外力因克服静电力而需作的功为

$$\mathrm{d}W = u\mathrm{d}q = \frac{1}{C}q\,\mathrm{d}q$$

因此当电容器从 $q=0$ 开始充电到 $q=Q$ 时，外力所做的总功为

$$W = \int \mathrm{d}W = \int_0^Q \frac{q}{C}\mathrm{d}q = \frac{1}{2}\frac{Q^2}{C}$$

根据功能原理，这个功应等于带电电容器储存的静电能，利用关系式 $Q=CU$，得**电容器储能公式**

$$W_e = \frac{1}{2}\frac{Q^2}{C} = \frac{1}{2}CU^2 = \frac{1}{2}QU \tag{4-41}$$

式(4-41)适用于任何种类的电容器所存储的能量的计算。

问题 4-25　如图 4-41 所示，平行板电容器带有电量 q，现在把一电介质置于平行板电容器的两极板之间。在电介质进入过程中，作用在电介质板的电力是把它拉进还是推出电容器两极板间的区域？

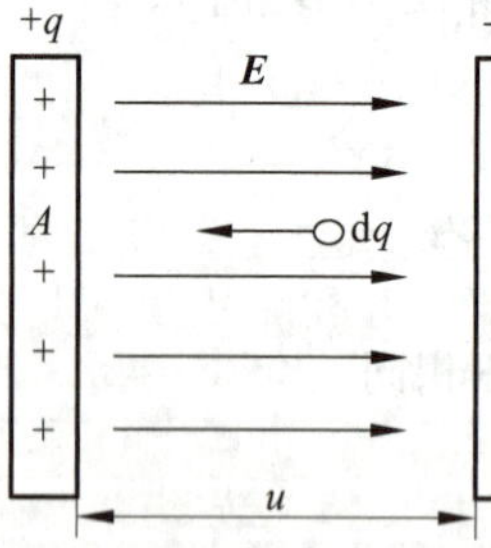

图 4-40　把 $+\mathrm{d}q$ 电荷从带负电极板移到带正电极板

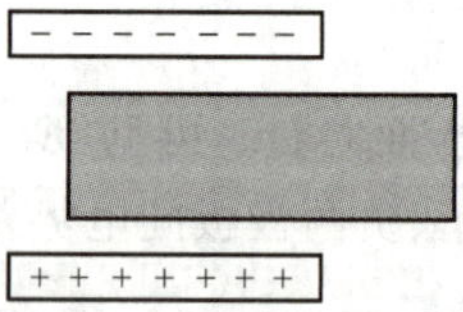

图 4-41　问题 4-25 图

4.8.2 静电场的能量

电容器的能量储存在哪里呢？我们仍以平行板电容器为例进行讨论。

对于极板面积为 S、间距为 d 的平行板电容器，若不计边缘效应，则电场所占有的空间体积为 Sd，于是电容器储存的能量也可以写成

$$W_e = \frac{1}{2}\frac{\varepsilon S}{d}E^2d^2 = \frac{1}{2}\varepsilon E^2 Sd = \frac{1}{2}\varepsilon E^2 V$$

由此可见，静电能可以用表征电场性质的电场强度来表示，而且和电场所占的体积 $V=$

Sd 成正比。这表明**电能储存在电场**中，由于平行板电容器中电场是均匀分布的，所储存的静电场能量也应该是均匀分布的，定义每单位体积的电场能量为**静电场能量密度**（J/m^3），则静电场能量密度

$$w_e = \frac{1}{2}\varepsilon E^2 = \frac{1}{2}\frac{D^2}{\varepsilon} = \frac{1}{2}DE \tag{4-42}$$

讨论 式(4-42)虽是从均匀电场的特例中导出的，但可以证明这是一个普遍适用的公式，在非均匀电场和变化的电磁场中仍然是正确的，只是此时的能量密度是逐点改变的。

一个带电系统的整个电场中储存的总能量可按下式计算

$$W_e = \iiint_V w_e \mathrm{d}V = \iiint_V \frac{1}{2}DE\mathrm{d}V = \iiint_V \frac{1}{2}\varepsilon E^2\mathrm{d}V \tag{4-43}$$

积分区域遍及整个电场空间。

例 4-18 如图 4-42 所示，圆柱形电容器由半径分别为 R_1 和 R_2 的两同轴圆柱面组成，两圆柱面的长度为 l，柱面间充满介电常数为 ε 的电介质。若圆柱面单位长度所带电量为 λ，求电容器储存的电场能量。

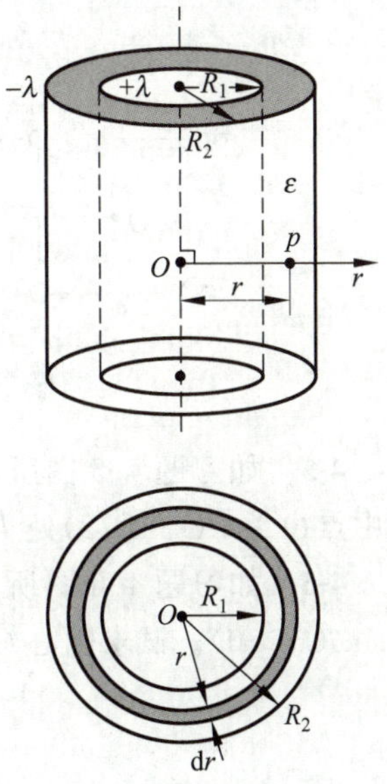

图 4-42 圆柱形电容器储存能量的计算

解 由高斯定理知，介质内任一点 P 的场强大小为

$$E = \frac{\lambda}{2\pi\varepsilon r}$$

在半径为 r、厚为 $\mathrm{d}r$、长为 l 的薄圆筒内，电场能量为

$$\mathrm{d}W_e = w_e\mathrm{d}V = \frac{1}{2}\varepsilon E^2 2\pi rl\,\mathrm{d}r$$

$$= \frac{1}{2}\varepsilon\frac{\lambda^2}{4\pi^2\varepsilon^2 r^2}2\pi rl\,\mathrm{d}r = \frac{\lambda^2 l}{4\pi\varepsilon r}\mathrm{d}r$$

所求能量为

$$W_e = \iiint_V w_e\mathrm{d}V = \int_{R_1}^{R_2}\frac{\lambda^2 l}{4\pi\varepsilon r}\mathrm{d}r = \frac{\lambda^2 l}{4\pi\varepsilon}\ln\frac{R_2}{R_1}$$

问题 4-26 例 4-18 柱形电容器储存能量也可以根据公式 $W_e = \dfrac{1}{2}\dfrac{Q^2}{C}$ 计算。试计算之。

问题 4-27 如图 4-43 所示，真空中两条相距为 $2a$ 的平行的均匀带电的长直线，线电荷密度分别为 λ 和 $-\lambda$。O、P 两点与两直线共面，与导线距离如图所示。求 O、P 两点的电场能量密度。

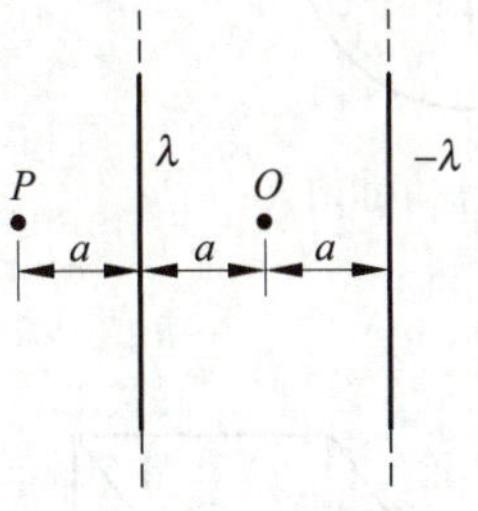

图 4-43 问题 4-27 图

习 题

4-1 两个电量都是 q 的点电荷，相距 $2a$，连线中点为 O，今在它们连线的垂直平分线上放置另一点电荷 q'，q' 与 O 相距 r。求：(1)q' 所受的力；(2)q' 放在哪一点时所受的力最大，

是多少？

4-2 三个点电荷的带电量均为 Q，分别位于边长为 l 的等边三角形的三个角上。求在三角形重心应放置一电量为多少的点电荷，系统处于平衡状态。

4-3 设边长为 a 的正方形的四角上放有 4 个点电荷如习题 4-3 图所示，正方形中心点为 O，P 点距 O 为 $x(x\gg a)$，OP 方向如图。求 P 点的电场强度。

4-4 在坐标原点 O 及 $(\sqrt{3},0)$ 点分别放置 $Q_1=-2.0\times10^{-6}$C 和 $Q_2=1.0\times10^{-6}$C 的点电荷，如习题 4-4 图所示。计算点 $P(\sqrt{3},-1)$ 处的电场强度。坐标单位为 m。

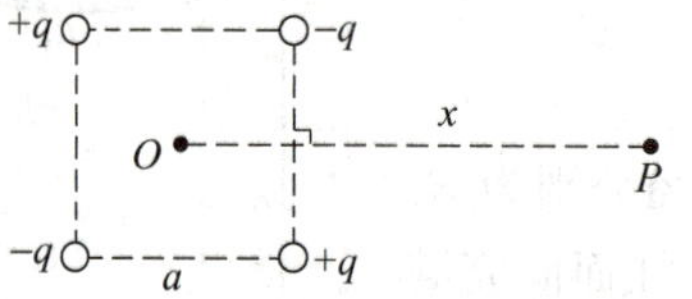

习题 4-3 图

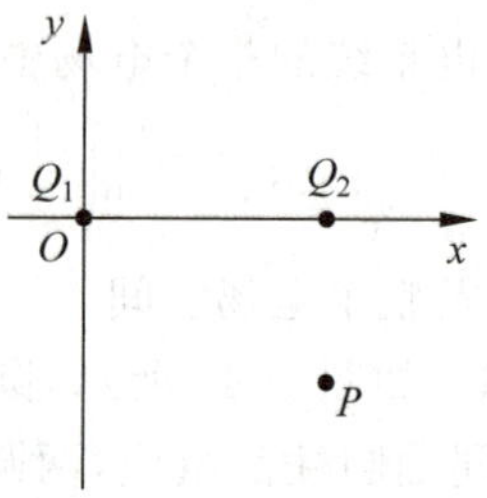

习题 4-4 图

4-5 如习题 4-5 图所示，均匀带电直线长为 L，线电荷密度为 λ。求直线的延长线上距 L 中点 O 为 $r(r>L/2)$ 处 P 点的场强。

4-6 如习题 4-6 图所示，一个细的带电塑料圆环半径为 R，所带电荷线密度为 $\lambda=\lambda_0\sin\theta(\lambda_0>0)$。试求圆心 O 处的场强。

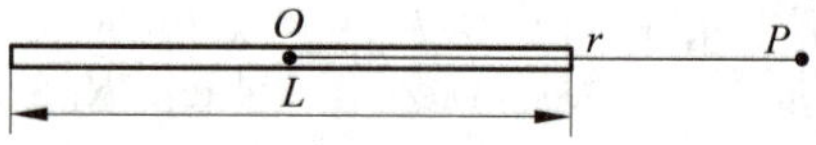

习题 4-5 图

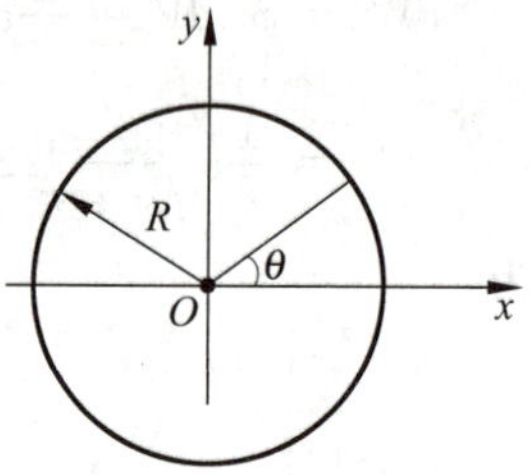

习题 4-6 图

4-7 设一边长 $d=10$ cm 的立方体处于电场强度 $\boldsymbol{E}=b\sqrt{x}\boldsymbol{i}$ 的电场之中，式中 $b=800\ \mathrm{N/(C\cdot m^{1/2})}$。正方体的位置如习题 4-7 图所示。计算：(1)通过立方体表面的电通量；(2)立方体内的电荷量。

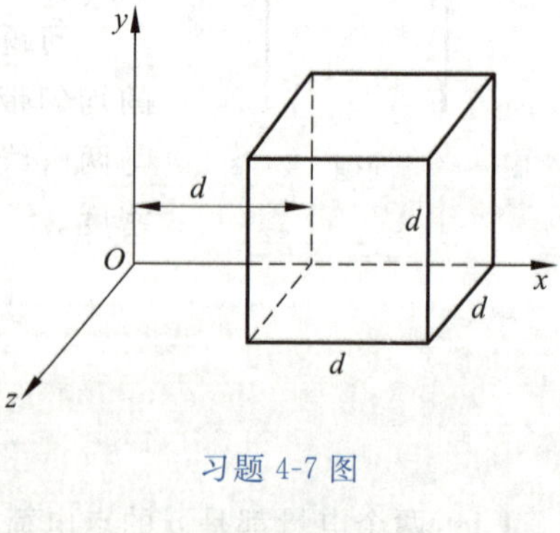

习题 4-7 图

4-8 实验证明，地球表面上方电场不为零，晴天大气电场的平均场强约为 120 V/m，方向向下。设地球表面为均匀带电球面，求地球表面上有多少过剩电荷？试以每平方厘米的额外电子数来表示。

4-9 内、外半径分别为 R_1 和 R_2 的两无限长共轴圆柱面的内圆柱面单位长度均匀带正电荷 λ，外圆柱面单位长度均匀带负电荷 $-\lambda$。求空间的电场分布。

4-10 均匀带电球体半径为 R，电量为 q。求球内外场强。

4-11 无限大均匀带电平板厚度为 d，电荷体密度为 ρ。求板内、外场强分布。

4-12 点电荷 q_1、q_2、q_3、q_4 的电量均为 4×10^{-9} C，放置在一正方形的四个顶点上，顶点距正方形中心 O 的距离为 5 cm。将一试探电荷 $q_0=10^{-9}$ C 从无穷远移到 O 点，电场力做功多少？在此过程中 q_0 的电势能改变多少？

4-13 两个同心的均匀带电球面半径分别为 $R_1=5.0$ cm，$R_2=20.0$ cm，已知内球面的电势为 $V_1=60$ V，外球面的电势为 $V_2=-30$ V。求：(1)内、外球面所带电量；(2)在两个球面之间何处电势为零。

4-14 一电量 $q_0=6.6\times10^{-10}$ C 的点电荷在一无限长均匀带电直线的电场中，从距直线 $r_1=2$ cm 处运动到距直线 $r_2=4$ cm 处，电场力做功 $W=5.0\times10^{-6}$ J。求带电直线的电荷线密度。

4-15 有一均匀带电细圆环，半径为 R，电荷线密度为 $\lambda(\lambda>0)$，圆环平面用支架固定在水平面上，如习题 4-15 图所示。(1)求位于圆环上方，在过环心 O 且垂直于环面的轴线上距环心 O 为 h 处 p 点的电势 V_p；(2)有一质量为 M、带电为 $-q$ 的小球在重力和圆环电荷静电力的作用下，从 p 点由静止开始下落，求小球到达 O 点时的速度。

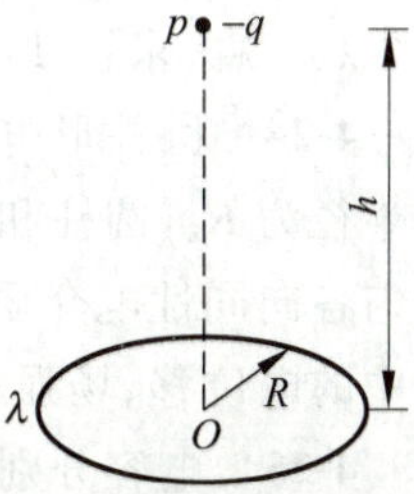

习题 4-15 图

4-16 电荷 q 均匀分布在半径为 R 的球体内。求其激发的电势分布。

4-17 一均匀带电薄圆盘半径为 R，电荷面密度为 σ。求：(1)过盘心且垂直于盘面的轴线上任一点电势；(2)由场强与电势的微分关系求轴线上任一点场强。

4-18 一静电场电势分布 $V=\dfrac{1}{2}x^2+2xy+\dfrac{1}{2}y^2$。求其电场分布。

4-19 如习题 4-19 图所示，一球心为 O、半径为 R 的导体球带电量为 Q。在距球心 O 点 d_1 处放置一已知点电荷 q_1，在距球心 O 点 d_2 处放置一点电荷 q_2。试求当 q_2 为多少时，可使导体电势为零。

4-20 如习题 4-20 图所示，三平行金属板 A、B、C 面积均为 200 cm^2，A 板带正电 3.0×10^{-7} C，A、B 板相距 4.00 mm，A、C 相距 2.00 mm，B 和 C 两板都接地。如认为大地和无穷远的电势相等，并取为电势零点，求：(1)B、C 板上的感应电荷；(2)A 板的电势。

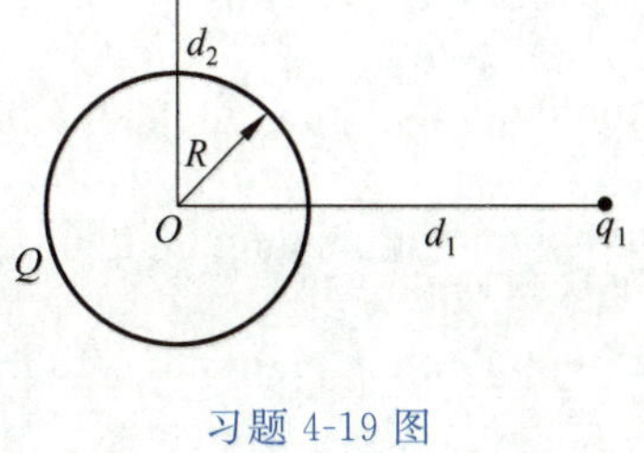

习题 4-19 图

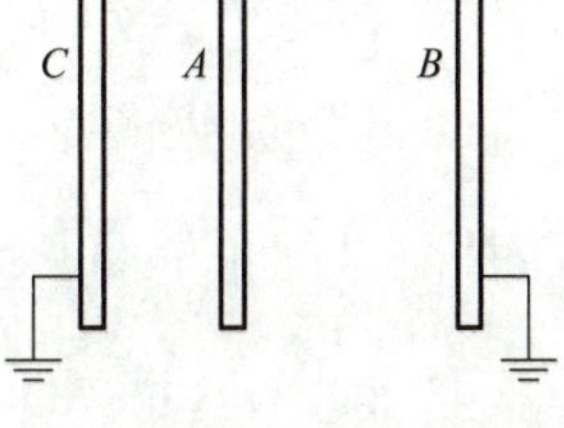

习题 4-20 图

4-21 如习题 4-21 图所示，在半径为 R 的中性导体球的一半径的延长线上放一长为

L、均匀地带有电量 q 的细棒，棒靠近球的一端到球心 O 的距离为 a。求：(1)导体球上感应电荷在球心 O 产生的电势；(2)导体球的电势；(3)当导体球接地时，球表面的感应电荷。

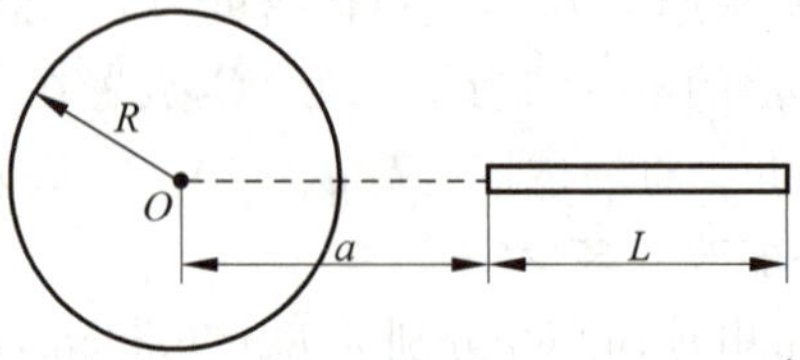

习题 4-21 图

4-22 两个电容器 C_1 与 C_2 分别标明 200 pF、500 V 与 300 pF、900 V，把它们串联起来。(1)其等效电容为多大？(2)两端加上 1000 V 的电压，是否会被击穿？* (3)如果要使这电容器组不被击穿，最大可加多大电压？

4-23 半径为 a 的二圆柱形平行长直导线轴线相距为 $d(d\gg a)$，二者电荷线密度分别为 $+\lambda$、$-\lambda$。求：(1)二导线间电势差；(2)此导线组单位长度的电容。

4-24 圆柱形电容器由半径为 R_1 的长直圆柱导体和与它同轴的薄导体圆筒组成，圆筒的半径为 R_2，圆柱和圆筒的长度均为 l。若直导体与导体圆筒之间充以相对电容率为 ε_r 的均匀各向同性电介质。设直导体和圆筒单位长度上的电荷分别为 $+\lambda$ 和 $-\lambda$。求：(1)电介质中的电位移、场强；(2)此圆柱形电容器的电容。

4-25 电容分别为 C_1 和 C_2 的两个电容器，对于把它们并联充电到电压 U 和把它们串联充电到电压 $2U$ 的两种形式，哪种形式储存的电荷量、能量大些？大多少？

4-26 将一个 100 pF 的电容器充电到 100 V，然后把它和电源断开，再把它和另一电容器并联，最后电压为 30 V。第二个电容器的电容多大？并联时损失了多少电能？

4-27 一球形电容器的内、外球壳的半径分别为 R_A 和 R_B，两球壳间充满相对介电常数为 ε_r 的电介质。(1)应用式(4-43)计算此电容器带有电量 Q 时所储存的电能；(2)由电容器储能公式 $W_e=\frac{1}{2}\frac{Q^2}{C}$，求该电容器的电容。

第5章

稳恒磁场

在静止电荷周围，存在着电场。如果电荷在运动，那么在它的周围就不仅有电场，而且还有磁场。如果作宏观运动的电荷在空间的分布不随时间变化，即形成**恒定电流**。在恒定电流的周围激发的不随时间而变化的磁场，称为**稳恒磁场**(**静磁场**)。

奥斯特

本章主要讨论恒定电流激发磁场(稳恒磁场或静磁场)的规律和性质。主要内容是恒定电流的电流密度，电源的电动势；描述磁场的物理量——磁感应强度；电流激发磁场的规律——毕奥-萨伐尔定律；反映磁场性质的基本定理——磁场的高斯定理和安培环路定理；以及磁场对运动电荷的作用力——洛伦兹力和磁场对电流的作用力——安培力；磁场中的磁介质等。

5.1 恒定电流

5.1.1 电流 电流密度

电流是由大量电荷作定向运动形成的。电荷的携带者叫**载流子**，金属导体中的载流子是可以自由运动的电子；半导体中的载流子是电子和带正电的“空穴”；电解液中的载流子是其中的正负离子。这些载流子定向运动形成的电流叫作**传导电流**。

1. 电流强度

常见的电流是沿着一根导线流动的。单位时间内通过导体任一截面的电量称为**电流强度**，简称**电流**，用 I 表示

$$I=\frac{\mathrm{d}q}{\mathrm{d}t} \tag{5-1}$$

习惯上规定正电荷运动的方向为电流的方向。如果电流的大小和方向不随时间而变化，则称为**恒定电流**。电流 I 的单位为安[培](A)。

注意 电流是标量，不是矢量，所谓电流的方向是指电流沿导体循行的指向。

2. 电流密度

电流 I 虽能描述电流的强弱，但它只能反映通过导体截面的整体电流特征，并不能说明电流通过截面上各点的情况。当电流在大块导体中流动时，导体内部各处的电流分布将是不均匀的。图 5-1 画出了在三种导体中的电流分布情况。为了细致地描述导体内各点电流分布的情况，必须引入一个新的物理量——**电流密度 $\boldsymbol{j}$**。电流密度是矢量，方向和大小规定如下：导体中任意一点电流密度 $\boldsymbol{j}$ 的方向为该点正电荷的运动方向，大小等于通过垂直于电流方向的单位面积的电流。如图 5-2 所示，

$$j=\frac{\mathrm{d}I}{\mathrm{d}S_{\perp}}=\frac{\mathrm{d}I}{\mathrm{d}S\cos\theta} \tag{5-2}$$

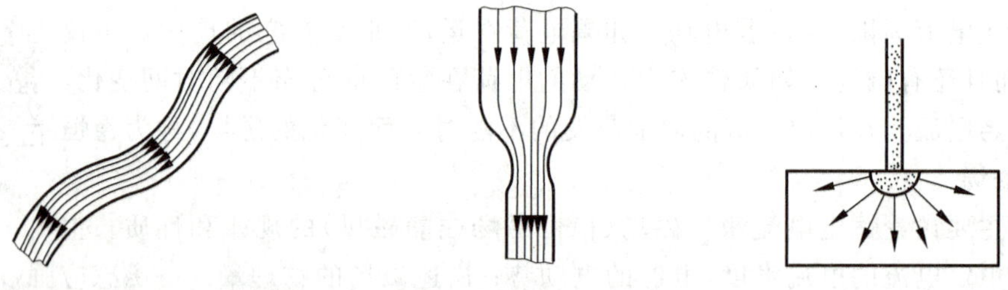

(a) 粗细均匀，材料均匀的金属导体　(b) 粗细不均匀的导线　(c) 半球形接地电极附近的电流

图 5-1　在三种导体中的电流分布情况

式中，θ 为电流密度 $\boldsymbol{j}$ 与面元 $\mathrm{d}S$ 法线的单位矢量 $\boldsymbol{e}_{\mathrm{n}}$ 的夹角，即通过面积元 $\mathrm{d}S$ 的电流为

$$\mathrm{d}I=j\mathrm{d}S\cos\theta=\boldsymbol{j}\cdot\mathrm{d}\boldsymbol{S}$$

$\mathrm{d}\boldsymbol{S}=\mathrm{d}S\boldsymbol{e}_{\mathrm{n}}$ 为面积元矢量。通过任一截面的电流为

$$I=\iint_S \boldsymbol{j}\cdot\mathrm{d}\boldsymbol{S} \tag{5-3}$$

电流密度的单位为安/米^2（$\mathrm{A/m^2}$）。

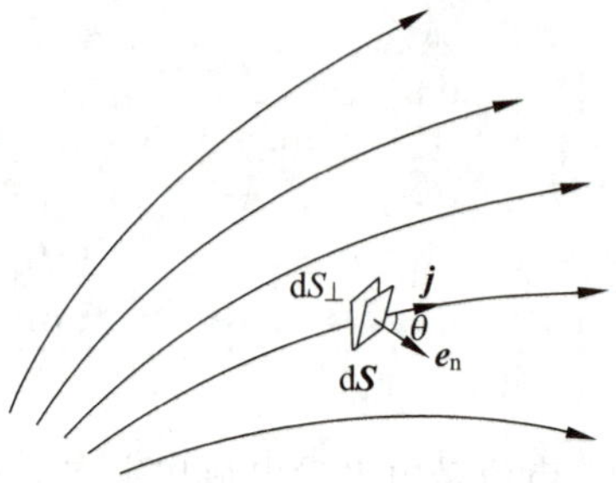

图 5-2　电流密度 $\boldsymbol{j}$

问题 5-1　在电场作用下，金属导体内的自由电子获得定向“漂移”运动，设电子电量为 e，电子“漂移”运动速率的平均值为 $\bar{v}$，单位体积内自由电子数为 n。试证：电流密度 $j=ne\bar{v}$。

例 5-1　(1) 设每个铜原子贡献一个自由电子，求铜导线中自由电子的数密度 n。

(2) 在家用电路中，容许电流最大值为 15 A，铜导线的半径为 0.81 mm。若导线中电流为最大值，且电流密度是均匀的，求电流密度的值 j。

(3) 求电子漂移速率 $\bar{v}$。

解　(1) 铜导线的质量密度 $\rho=8.95\times10^3\ \mathrm{kg/m^3}$，铜的摩尔质量 $M_{\mathrm{mol}}=63.5\times10^{-3}\mathrm{kg/mol}$，阿伏伽德罗常数 $N_{\mathrm{A}}=6.02\times10^{23}/\mathrm{mol}$，得

$$n=\frac{N_{\mathrm{A}}\rho}{M_{\mathrm{mol}}}=\frac{6.02\times10^{23}\times8.95\times10^3}{63.5\times10^{-3}}=8.48\times10^{26}(\text{个}/\mathrm{m^3})$$

(2)
$$j=\frac{I}{S}=\frac{15}{3.14\times(0.81\times10^{-3})^2}=7.28\times10^6(\mathrm{A/m^2})$$

(3) 问题 5-1 求得 $j=ne\bar{v}$，由此

$$\bar{v}=\frac{j}{ne}=\frac{7.28\times10^{6}}{8.48\times10^{28}\times1.60\times10^{-19}}=5.36\times10^{-4}\,(\mathrm{m/s})\approx2\,(\mathrm{m/h})$$

5.1.2 电源 电动势

只有在导体两端维持恒定的电势差，导体中才会有恒定的电流流动。怎样才能维持恒定的电势差呢？

在如图5-3(a)所示的导电回路中，如开始时极板 A 和 B 分别带有正、负电荷，A、B 之间有电势差，这时导线中有电场。在电场力作用下，正电荷从极板 A 通过导线移到极板 B，并与极板 B 上的负电荷中和，直至两极板间的电势差消失。因此单纯依靠静电场的作用在导体两端不可能维持恒定的电势差，也就不可能获得恒定电流。

但是，如果我们能把正电荷从负极板 B 沿着两极板间另一路径，移至正极板 A 上，使两极板正、负电荷的数量维持不变，这样两极板间就有恒定的电势差，导线中也就有恒定的电流通过。显然，要把正电荷从极板 B 移至极板 A 必须有非静电力 $\boldsymbol{F}_k$ 作用才行。这种能提供非静电力的装置称为**电源**。在电源内部，依靠非静电力 $\boldsymbol{F}_k$ 克服静电力 $\boldsymbol{F}$ 对正电荷做功，才能使正电荷从极板 B 经电源内部输送到极板 A 上去(图5-3(b))。可见，电源中非静电力 $\boldsymbol{F}_k$ 的做功过程，就是把其他形式的能量转变为电能的过程。

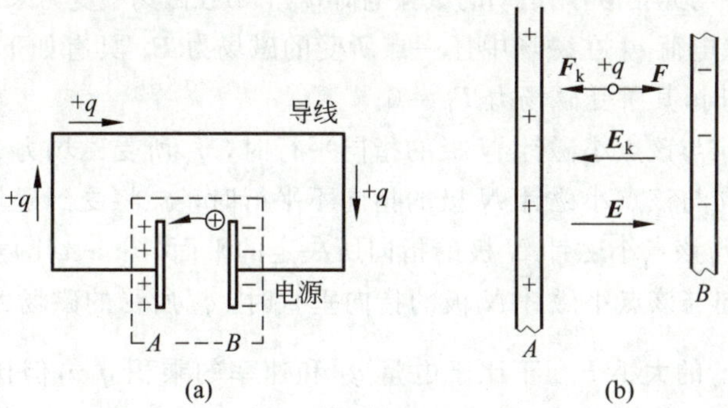

图5-3 电源内的非静电力把正电荷从负极板移至正极板

为了表述不同的电源转化能量的能力，人们引入了电动势这一物理量。非静电力移动电荷做功，可以设想在电源内部存在一“非静电性场”，类似于静电场的电场强度的定义，将单位正电荷受到的非静电力定义为**非静电性场的场强**，记为 $\boldsymbol{E}_k$，设电源内每个载流子的电量为 q_0，有

$$\boldsymbol{E}_k=\frac{\boldsymbol{F}_k}{q_0}\tag{5-4}$$

那么**电源的电动势**定义为单位正电荷绕闭合回路一周时，非静电力所做的功。用 W 表示非静电力所做的功，$\mathscr{E}$ 表示电源电动势，有

$$\mathscr{E}=\frac{W}{q}=\oint_L\boldsymbol{E}_k\cdot\mathrm{d}\boldsymbol{l}\tag{5-5}$$

考虑到在如图5-3(a)所示的闭合回路中，外电路的导线中只存在静电场，没有非静电场；非静电场强度 $\boldsymbol{E}_k$ 只存在于电源内部，故在外电路上有

$$\int_{外} \boldsymbol{E}_k \cdot d\boldsymbol{l} = 0$$

这样,式(5-5)可改写为

$$\mathscr{E} = \oint_L \boldsymbol{E}_k \cdot d\boldsymbol{l} = \int_{负}^{正} \boldsymbol{E}_k \cdot d\boldsymbol{l} \tag{5-6}$$

式(5-6)表示电源电动势的大小等于把单位正电荷从负极经电源内部移至正极时非静电力所做的功。

电动势虽然不是矢量,但为了便于判断在电流流动时非静电力是做正功,还是做负功,也就是电源是放电,还是被充电,通常把电源内部电势升高的方向,即从负极经电源内部到正极的方向,规定为电动势的方向。电动势的单位和电势的单位相同。

注意 非静电性场的场强 $\boldsymbol{E}_k$ 的环流一般不等于零,而静电场的场强 $\boldsymbol{E}$ 的环流等于零。

5.2 磁场 磁感应强度

在研究静电场时,我们根据试验电荷在电场中受力的性质,引入了描述电场性质的物理量——电场强度 $\boldsymbol{E}$。与此相似,用运动的试验电荷 q_0(>0)在磁场中受力来定义**磁感应强度 $\boldsymbol{B}$**。

实验表明,试验电荷 q_0 在磁场中任一点所受的磁场力 $\boldsymbol{F}_m$ 具有如下性质。

(1) 当 q_0 静止时,其所受磁场力 $\boldsymbol{F}_m=0$。

(2) 当 $\boldsymbol{v}$ 的方向与该点小磁针 N 极的指向平行时,q_0 所受磁场力 $\boldsymbol{F}_m=0$(图 5-4(a))。

(3) 当 $\boldsymbol{v}$ 的方向与该点小磁针 N 极的指向不平行时,q_0 将受到磁场力 $\boldsymbol{F}_m$ 的作用,$\boldsymbol{F}_m$ 总垂直于 $\boldsymbol{v}$ 的方向与该点小磁针 N 极的指向所决定的平面(图 5-4(b))。

(4) 当 $\boldsymbol{v}$ 的方向与该点小磁针 N 极的指向垂直时,q_0 所受的磁场力 $\boldsymbol{F}_m$ 最大,用 $\boldsymbol{F}_{max}$ 表示(图 5-4(c))。$\boldsymbol{F}_{max}$ 的大小 F_{max} 正比于电量 q_0 和速率的乘积 $q_0 v$,但比值 $\frac{F_{max}}{q_0 v}$ 只与空间位置有关,与 $q_0 v$ 的数值无关。

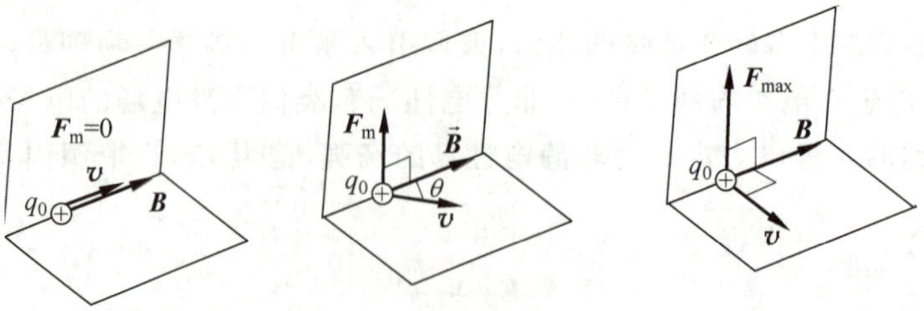

(a) $\boldsymbol{v}//\boldsymbol{B}$, $\boldsymbol{F}_m=0$ (b) $\boldsymbol{v}$与$\boldsymbol{B}$成夹角θ (c) $\boldsymbol{v}\perp\boldsymbol{B}$, $\boldsymbol{F}_m=\boldsymbol{F}_{max}$

图 5-4 磁感应强度的定义

根据上述实验规律,将磁场中任一点磁感应强度 $\boldsymbol{B}$ 的大小和方向定义如下。

(1) 方向 该点小磁针 N 极的指向。

(2) 大小 运动的试验电荷 q_0(>0)所受的最大磁力的大小 F_{max} 与电量 q_0 和速率 v 的

乘积的比值$\frac{F_{\max}}{q_0 v}$，即

$$B=\frac{F_{\max}}{q_0 v} \tag{5-7}$$

磁感应强度 $\boldsymbol{B}$ 的单位是特[斯拉](T)。

问题 5-2 在静电场中定义电场强度时，将电场中某点 $\boldsymbol{E}$ 定义为试验电荷 q_0 所受的力 $\boldsymbol{F}_{\mathrm{e}}$ 与 q_0 的比值，即 $\boldsymbol{E}=\frac{\boldsymbol{F}_{\mathrm{e}}}{q_0}$；为什么在磁场中定义磁感应强度时，不能将磁场中某点 $\boldsymbol{B}$ 定义为试验电荷 q_0 所受的力 $\boldsymbol{F}_{\mathrm{m}}$ 与 $q_0 v$ 的比值，即 $\boldsymbol{B}=\frac{\boldsymbol{F}_{\mathrm{m}}}{q_0 v}$？

5.3 毕奥-萨伐尔定律

5.3.1 毕奥-萨伐尔定律

在静电学中，任意形状的带电体所产生的电场强度 $\boldsymbol{E}$ 可以看成是许多元电荷 $\mathrm{d}q$ 所产生的电场强度 $\mathrm{d}\boldsymbol{E}$ 的叠加。现在，研究任意形状的载流导线在给定点 P 处所产生的磁感应强度 $\boldsymbol{B}$。首先给出**电流元**的定义：载流导线的各个微小线段称为电流元。电流元 $I\mathrm{d}\boldsymbol{l}$ 看成是矢量，其大小为流过导线的电流 I 与导线的线元长度 $\mathrm{d}l$ 的乘积，其方向为线元所在处的电流的方向。这样任意形状的载流导线可划分为许多电流元的集合，如图 5-5 所示，载流导线在点 P 的磁场可以看成是导线上各个电流元 $I\mathrm{d}\boldsymbol{l}$ 在点 P 磁感应强度 $\mathrm{d}\boldsymbol{B}$ 的叠加。

如图 5-5 所示，在真空中，通有恒定电流 I 的导线上的电流元 $I\mathrm{d}\boldsymbol{l}$ 在相对线元的位矢为 $\boldsymbol{r}$ 的点 P 产生的磁感应强度为

$$\mathrm{d}\boldsymbol{B}=\frac{\mu_0}{4\pi}\frac{I\mathrm{d}\boldsymbol{l}\times\boldsymbol{e}_r}{r^2} \tag{5-8}$$

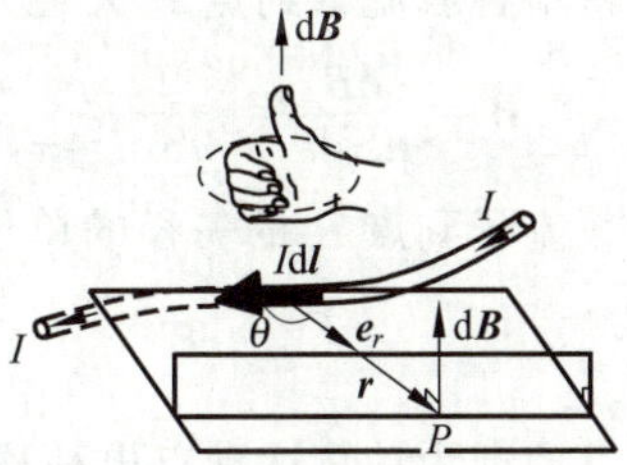

图 5-5 电流元所激发的磁感应强度

式(5-8)称为**毕奥-萨伐尔定律**。式中 μ_0 称为**真空磁导率**，$\mu_0=4\pi\times10^{-7}\ \mathrm{T\cdot m/A}$，$\boldsymbol{e}_r$ 是相对线元的位矢 $\boldsymbol{r}$ 的单位矢量。由矢量积的定义可知：

(1) $\mathrm{d}\boldsymbol{B}$ 的方向垂直于 $\mathrm{d}\boldsymbol{l}$ 和 $\boldsymbol{r}(\boldsymbol{e}_r)$ 所组成的平面，指向由 $I\mathrm{d}\boldsymbol{l}$ 和 $\boldsymbol{r}(\boldsymbol{e}_r)$ 的方向按右手螺旋法则决定。

(2) $\mathrm{d}\boldsymbol{B}$ 的大小与电流元的大小 $I\mathrm{d}l$ 成正比，与 $I\mathrm{d}\boldsymbol{l}$ 和 $\boldsymbol{r}(\boldsymbol{e}_r)$ 的夹角 θ 的正弦成正比，而与 r 的平方成反比，即

$$\mathrm{d}B=\frac{\mu_0}{4\pi}\frac{I\mathrm{d}l\sin\theta}{r^2} \tag{5-9}$$

由叠加原理得知，任意形状的线电流在给定点 P 产生的磁感应强度

$$\boldsymbol{B}=\int_L \mathrm{d}\boldsymbol{B}=\frac{\mu_0}{4\pi}\int_L\frac{I\mathrm{d}\boldsymbol{l}\times\boldsymbol{e}_r}{r^2} \tag{5-10}$$

说明 (1) 毕奥-萨伐尔定律是电流激发磁场的基本规律。但需要指出，该定律只适合于线状载流导体，当导体截面的线度远小于到场点 P 的距离 r 时，可将导体看作一条几何线，即线状导体。

(2) 仿照 3.2.1 节中对力矩 $\boldsymbol{M}$ 的计算公式(式(3-9))，磁感应强度 $\boldsymbol{B}$ 的计算可以在直角坐标系中进行。

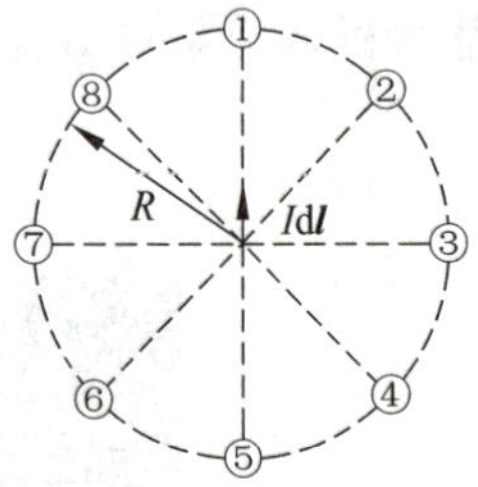

图 5-6 问题 5-3 图

问题 5-3 计算图 5-6 中电流元 $I\mathrm{d}\boldsymbol{l}$ 在所标注的 8 个点处所产生的磁感应强度的大小并判断方向。这 8 个点位于以 $I\mathrm{d}\boldsymbol{l}$ 所在点为圆心、半径为 R 的圆周上，且将圆周 8 等分。$I\mathrm{d}\boldsymbol{l}$ 的方向指向点①。

问题 5-4 电流元 $I\mathrm{d}\boldsymbol{l}=I\mathrm{d}l\boldsymbol{i}$，且位于原点。求电流元(1)在 x 轴、y 轴和 z 轴上任一点；(2)在 Oxy 平面内任一点；(3)在空间任一点(x,y,z)产生的磁感应强度 $\mathrm{d}\boldsymbol{B}$ 的表达式。

5.3.2 运动电荷的磁场

按照经典电子理论，导体中的电流就是大量带电粒子的定向运动。由此可知，电流产生的磁场实际上就是运动电荷产生磁场的宏观表现。

设图 5-5 中电流元 $I\mathrm{d}\boldsymbol{l}$ 的横截面积为 S，载流子的数密度为 n，每个载流子的电量均为 $q(>0)$，并且都以速度 $\boldsymbol{v}$ 作定向运动，$\boldsymbol{v}$ 的方向与 $\mathrm{d}\boldsymbol{l}$ 的方向相同。电流元 $I\mathrm{d}\boldsymbol{l}$ 在点 P 的磁场为这些载流子在该点磁场的矢量和。由于电流 $I=qnvS$，电流元中共有 $nS\mathrm{d}l$ 个载流子，并且忽略各载流子到点 P 矢径 $\boldsymbol{r}$ 的差异，则每个载流子在点 P 产生的磁场

$$\boldsymbol{B}=\frac{\mathrm{d}\boldsymbol{B}}{nS\mathrm{d}l}=\frac{1}{nS\mathrm{d}l}\frac{\mu_0}{4\pi}\frac{I\mathrm{d}\boldsymbol{l}\times\boldsymbol{e}_r}{r^2}=\frac{1}{nS\mathrm{d}l}\frac{\mu_0}{4\pi}\frac{qnvS\,\mathrm{d}\boldsymbol{l}\times\boldsymbol{e}_r}{r^2}=\frac{1}{\mathrm{d}l}\frac{\mu_0}{4\pi}\frac{qv\,\mathrm{d}\boldsymbol{l}\times\boldsymbol{e}_r}{r^2}$$

$\boldsymbol{e}_r$ 是载流子到点 P 的矢径的单位矢量。把 $v\mathrm{d}\boldsymbol{l}$ 写成 $\boldsymbol{v}\mathrm{d}l$，则有

$$\boldsymbol{B}=\frac{\mu_0}{4\pi}\frac{q\boldsymbol{v}\times\boldsymbol{e}_r}{r^2} \tag{5-11}$$

式(5-11)即为计算运动点电荷磁场的公式。

由矢量积的定义可知，$\boldsymbol{B}$ 的方向垂直于 $\boldsymbol{v}$ 和电荷 q 到场点的矢径 $\boldsymbol{r}(\boldsymbol{e}_r)$ 所决定的平面，如果 $q>0$，指向由 $\boldsymbol{v}$ 和 $\boldsymbol{r}$ 按右手螺旋法则决定；如果 $q<0$，则与之相反。$\boldsymbol{B}$ 的大小 $B=\frac{\mu_0}{4\pi}\frac{qv\sin\theta}{r^2}$，$\theta$ 为 $\boldsymbol{v}$ 与 $\boldsymbol{r}$ 的夹角，如图 5-7 所示。

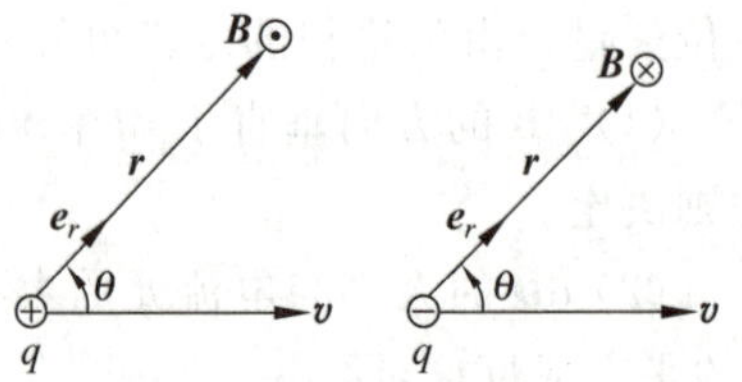

图 5-7 正、负运动点电荷产生的磁场

问题 5-5 一点电荷在空间运动。某一瞬时，在以点电荷为球心的球面上，(1)哪些点的磁场最强？(2)哪些点的磁场为零？

问题 5-6 一点电荷沿直线$\overline{AB}$作匀速直线运动。该点电荷(1)在直线$\overline{AB}$上产生的磁场是否变化？(2)在直线外的点产生的磁场方向是否变化？大小呢？

5.3.3 毕奥-萨伐尔定律的应用

应用毕奥-萨伐尔定律和磁场叠加原理计算磁感应强度的步骤大致如下：

(1) 选择合适的电流元 $I\mathrm{d}\boldsymbol{l}$。

(2) 按照定律写出电流元 $I\mathrm{d}\boldsymbol{l}$ 在场点 P 的磁感应强度 $\mathrm{d}\boldsymbol{B}$，并作图表示 $\mathrm{d}\boldsymbol{B}$ 的方向。

(3) 选择合适的坐标系，将 $\mathrm{d}\boldsymbol{B}$ 分解到各坐标轴上，从而把矢量积分变为标量积分。

(4) 如果积分变量不止一个，利用各变量之间的关系，统一为一个变量，然后确定积分上下限并积分。

计算要点可归纳为六个字：**先分解，再积分**。

例 5-2　载流直导线的磁场　如图 5-8 所示，有一长为 L 的载流直导线，导线中的电流为 I，试计算与导线垂直距离为 a 的场点 P 处的磁感应强度。

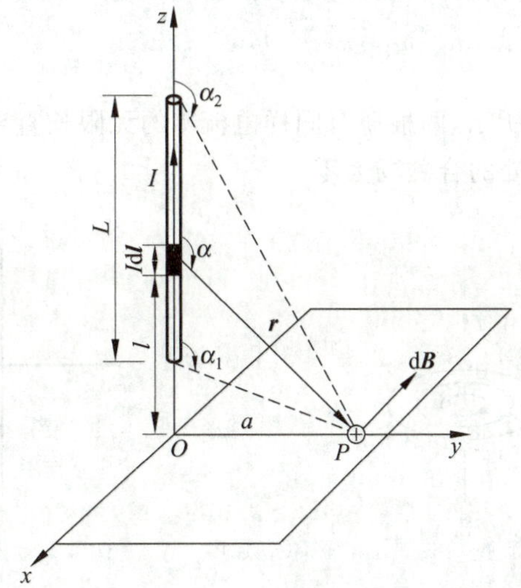

图 5-8　载流直导线磁场的计算

解　取点 P 到导线的垂线的垂足 O 为原点，Oz 轴沿 I 方向，Oy 轴沿垂线方向。在载流直导线上任取一电流元 $I\mathrm{d}\boldsymbol{l}$，电流元在点 P 处所产生的磁感应强度 $\mathrm{d}\boldsymbol{B}$ 的大小为

$$\mathrm{d}B = \frac{\mu_0}{4\pi}\frac{I\mathrm{d}l\sin\alpha}{r^2}$$

α 为 $I\mathrm{d}\boldsymbol{l}$ 与 $I\mathrm{d}\boldsymbol{l}$ 到点 P 的矢径 $\boldsymbol{r}$ 的夹角。$\mathrm{d}\boldsymbol{B}$ 的方向垂直于电流元 $I\mathrm{d}\boldsymbol{l}$ 与矢径 $\boldsymbol{r}$ 所决定的平面，即垂直于 Oyz 平面，且沿 x 轴负方向。由于直导线上各电流元在 P 点所产生的磁感应强度的方向一致，故载流直导线在 P 点所产生的磁感应强度的大小为

$$B = \int_L \mathrm{d}B = \int_L \frac{\mu_0}{4\pi}\frac{I\mathrm{d}l\sin\alpha}{r^2}$$

取 $I\mathrm{d}\boldsymbol{l}$ 与 $\boldsymbol{r}$ 的夹角 α 为自变量，从图中可看出

$$r = \frac{a}{\sin(\pi-\alpha)} = \frac{a}{\sin\alpha}$$

$$l = a\cot(\pi-\alpha) = -a\cot\alpha$$

$$\mathrm{d}l = a\csc^2\alpha\mathrm{d}\alpha$$

把 r 和 $\mathrm{d}l$ 代入积分式里，取导线始端的电流元与到点 P 的矢径 $\boldsymbol{r}_1$ 的夹角 α_1 为积分下限，末端的电流元与到点 P 的矢径 $\boldsymbol{r}_2$ 的夹角 α_2 为积分上限，得

$$B=\frac{\mu_0 I}{4\pi a}\int_{\alpha_1}^{\alpha_2}\sin\alpha\mathrm{d}\alpha=\frac{\mu_0 I}{4\pi a}(\cos\alpha_1-\cos\alpha_2)$$

注意　结果的表达式中 α_1 和 α_2 分别是直导线始、末端的电流元和它们到 P 点的矢径 $\boldsymbol{r}_1$、$\boldsymbol{r}_2$ 之夹角。

讨论　(1) 如果载流直导线为"无限长"，即 $\alpha_1\to 0,\alpha_2\to\pi$，得

$$B=\frac{\mu_0 I}{2\pi a}$$

方向与电流 I 流向成右手螺旋关系，如图 5-9 所示。

(2) 如果 P 点在电流流向的正向延长线上，$\alpha_1=\alpha_2=0,B=0$；在反向延长线上，$\alpha_1=\alpha_2=\pi$，$B=0$。

问题 5-7　如图 5-10 所示，两根通有同样电流 I 的无限长直导线十字交叉放在一起，交叉点相互绝缘。试判断何处的合磁场为零。

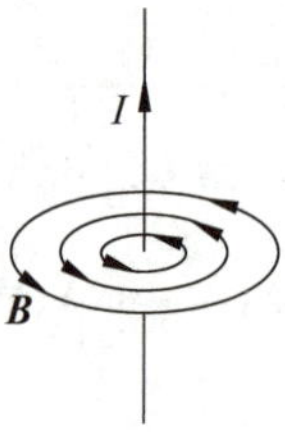

图 5-9　无限长截流直导线周围的磁感应强度

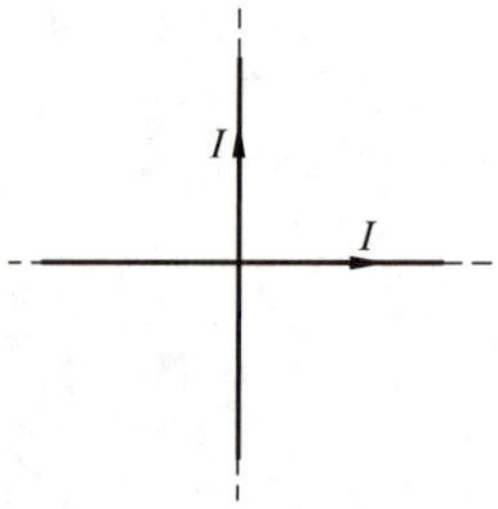

图 5-10　问题 5-7 图

例 5-3　圆形电流轴线上的磁场　在真空中有一半径为 R、通有电流 I 的圆形载流线圈。计算过线圈圆心 O 且垂直于线圈平面的轴线上任一点 P 的磁感应强度。

解　如图 5-11 所示，把所述轴线取作 x 轴，并取原点在圆心 O。由于线圈上所有 $\mathrm{d}\boldsymbol{l}$ 总与 $\boldsymbol{r}$ 相垂直，所以任一电流元 $I\mathrm{d}\boldsymbol{l}$ 在 P 点所产生的磁感应强度 $\mathrm{d}\boldsymbol{B}$ 的值为

$$\mathrm{d}B=\frac{\mu_0}{4\pi}\frac{I\mathrm{d}l}{r^2}$$

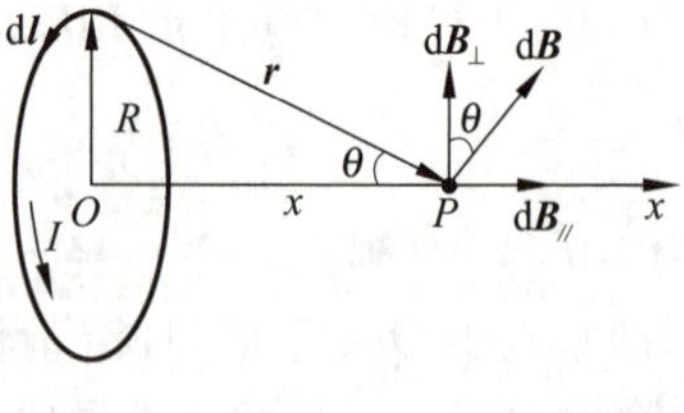

图 5-11　圆电流轴线上的磁场

$\mathrm{d}\boldsymbol{B}$ 的方向如图 5-11 所示，垂直于 $I\mathrm{d}\boldsymbol{l}$ 和 $\boldsymbol{r}$ 组成平面。显然，线圈上各电流元在 P 点所产生的 $\mathrm{d}\boldsymbol{B}$ 的方向各不相同，如果把 $\mathrm{d}\boldsymbol{B}$ 分解为与轴线平行的分量 $\mathrm{d}\boldsymbol{B}_{/\!/}$ 和与轴线垂直的分量 $\mathrm{d}\boldsymbol{B}_{\perp}$，由对称性可知，$\mathrm{d}\boldsymbol{B}_{\perp}$ 分量均抵消，对场强有贡献的是平行轴线的分量 $\mathrm{d}\boldsymbol{B}_{/\!/}$，所以

$$\begin{aligned}B&=\int_L\mathrm{d}B_{/\!/}=\int_L\mathrm{d}B\sin\theta=\int_L\frac{\mu_0}{4\pi}\frac{I\mathrm{d}l}{r^2}\frac{R}{r}\\&=\frac{\mu_0}{4\pi}\frac{IR}{r^3}\int_0^{2\pi R}\mathrm{d}l=\frac{\mu_0}{4\pi}\frac{2\pi R^2 I}{r^3}=\frac{\mu_0}{2}\frac{R^2 I}{(R^2+x^2)^{\frac{3}{2}}}\end{aligned}\qquad(1)$$

$\boldsymbol{B}$ 的方向垂直于圆电流平面，与圆电流环绕方向构成右螺旋关系，沿 x 轴正方向。

讨论 (1) 当 $x=0$，即在圆心处，磁感应强度大小为

$$B=\frac{\mu_0 I}{2R}$$

如果载流导线为一段圆心角为 θ 的圆弧，则圆心处的磁感应强度大小为

$$B=\frac{\mu_0 I}{2R}\frac{\theta}{2\pi}$$

(2) 当 $x\gg R$，有

$$B\approx\frac{\mu_0 R^2 I}{2x^3} \tag{2}$$

问题 5-8 试判断圆形电流所环绕的圆面上磁感应强度的方向。

问题 5-9 如图 5-12 所示，一根无限长直导线通有电流 I，中部一段弯成圆心为 P、半径为 a、圆心角为 $\frac{2\pi}{3}$ 的圆弧。求圆心 P 点的 $\boldsymbol{B}$。

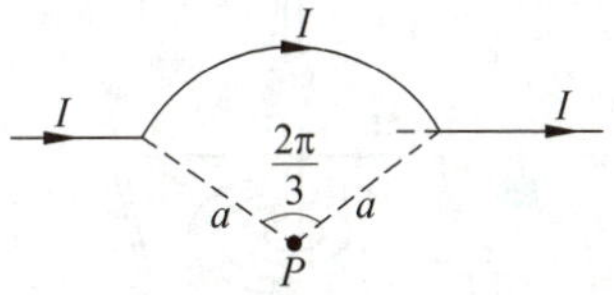

图 5-12 问题 5-9 图

5.3.4 磁矩

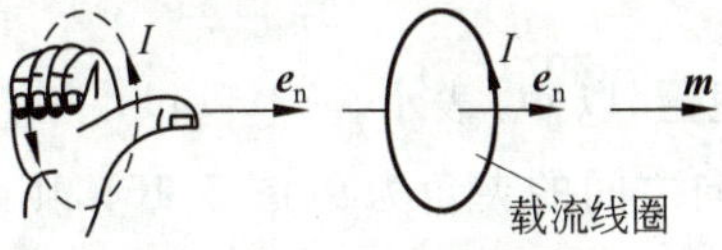

图 5-13 载流平面线圈的磁矩

在静电场中，我们讨论了电偶极子的电场，并引入电偶极矩 $\boldsymbol{p}=q\boldsymbol{l}$ 来表示电偶极子。类似地，我们引入磁矩来描述载流线圈的性质。如图 5-13 所示，有一平面圆电流，其面积为 S，电流为 I，规定线圈平面正法向单位矢量 $\boldsymbol{e}_n$ 与电流流向成右手螺旋关系。定义载流平面线圈的**磁矩** $\boldsymbol{m}$

$$\boldsymbol{m}=IS\boldsymbol{e}_n \tag{5-12}$$

即 $\boldsymbol{m}$ 的大小等于 IS，方向与线圈平面的正法线方向一致。式(5-12)对任意平面载流线圈都适用。

问题 5-10 利用磁矩将例 5-2 的结果式(1)和式(2)用矢量形式表示出来。

5.4 磁场基本定理

5.4.1 磁场的高斯定理

1. 磁感应线

(1) **定义** **磁感应线**是磁感应强度矢量 $\boldsymbol{B}$ 在空间分布的形象描绘。磁感应线的作法类似于电场线，即：①磁感应线上任意一点的切线方向为该点磁感应强度矢量 $\boldsymbol{B}$ 的方向；②通过垂直于 $\boldsymbol{B}$ 方向上单位面积的磁感应线数目等于该点 $\boldsymbol{B}$ 的大小。

(2) **磁感应线的特点** 几种不同形状的电流所产生的磁感应线如图 5-14 所示。通过观察可以发现：

① 任何两条磁感应线在空间不会相交，这是因为磁场中每一点处磁场只能有一个确定的方向。

② 每一条磁感应线都是和闭合电流相互套链的无头无尾的闭合曲线。

③ 磁感应线的环绕方向和电流流向成**右手螺旋关系**。如载流长直导线磁感应线的回转方向和电流之间的关系为：用右手握住导线，使大拇指伸直并指向电流方向，这时其他四指弯曲的方向就是磁感应线的回转方向(图 5-14(a))；而螺线管电流和圆电流的磁感应线的回转方向与电流之间的关系为：使四指弯曲的方向沿着电流方向，而伸直大拇指的指向就是螺线管内(或圆电流中心处)的磁感应线方向(图 5-14(b)、图 5-14(c))。

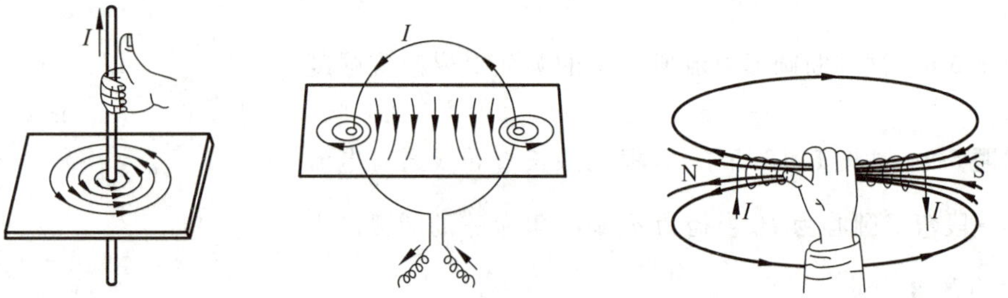

(a) 直电流 (b) 圆电流 (c) 螺线管电流

图 5-14 几种不同形状环形电流磁场的磁感应线

2. 磁通量

通过任一曲面的磁感应线数目称为通过此曲面的**磁通量**，以 Φ_m 表示。

在曲面 S 上取一面积元 $\mathrm{d}\boldsymbol{S}=\mathrm{d}S\boldsymbol{e}_n$，设 $\boldsymbol{e}_n$ 与该处 $\boldsymbol{B}$ 方向之间的夹角为 θ(图 5-15)，则通过面积元 $\mathrm{d}\boldsymbol{S}$ 的磁通量为

$$\mathrm{d}\Phi_m = B\cos\theta\mathrm{d}S = \boldsymbol{B}\cdot\mathrm{d}\boldsymbol{S} \tag{5-13}$$

通过曲面 S 的磁通量为

$$\Phi_m = \int\mathrm{d}\Phi_m = \iint_S \boldsymbol{B}\cdot\mathrm{d}\boldsymbol{S} \tag{5-14}$$

磁通量和电通量的计算方法完全类似(4.3.2 节)。

磁通量的单位为韦伯(Wb)，$1\mathrm{Wb}=1\mathrm{T}\cdot\mathrm{m}^2$。

问题 5-11 如图 5-16 所示，一长直导线通有电流 I，在导线旁平行放置一共面的、边长分别为 a 和 b 的矩形线圈，长度为 b 的边与导线平行，线圈靠近导线的一边与导线的距离为 d。求通过该矩形面积的磁通量。

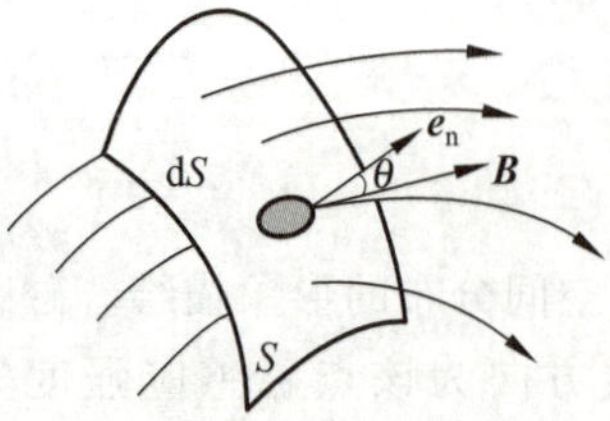

图 5-15 磁通量

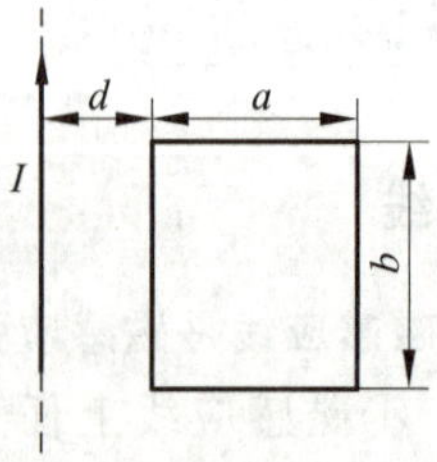

图 5-16 问题 5-11 图

3. 磁场的高斯定理

因为磁感应线是连续的闭合曲线，在磁场中取任一闭合曲面，穿入此闭合曲面的磁感应线数一定等于穿出此闭合曲面的磁感应线数，因此穿过磁场中任一闭合曲面的磁通量必然为零，即

$$\oiint_S \boldsymbol{B} \cdot \mathrm{d}\boldsymbol{S} = 0 \tag{5-15}$$

上式称为**磁场的高斯定理**。

讨论 由磁场的高斯定理可知，磁场是无源场。

问题 5-12 如何从电流来确定它所激发磁场的磁感应线方向？如何用磁感应线来表示磁场？与静电场线相比较，两者有何区别？什么叫磁通量？它是矢量吗？

问题 5-13 一闭合曲面在非均匀磁场中运动，通过该闭合曲面的磁通量会发生变化吗？

问题 5-14 如图 5-17 所示，在长直载流导线附近作一球形闭合面 S，Φ_m 为穿过 S 面的磁通量，B 为面 S 上点 p 处的磁感应强度大小。当面 S 向直导线靠近时，Φ_m 及 B 的变化为（　　）。

(A) Φ_m 增大，B 增大　　(B) Φ_m 不变，B 增大

(C) Φ_m 增大，B 不变　　(D) Φ_m 不变，B 不变

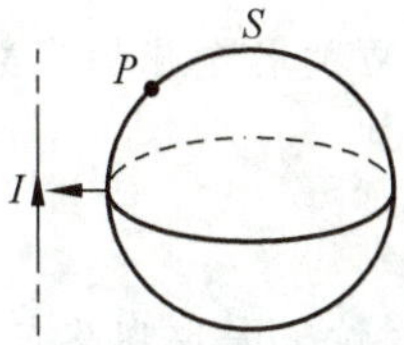

图 5-17　问题 5-14 图

5.4.2 安培环路定理

1. 安培环路定理

静电场的重要性质之一是静电场是保守力场，在静电场中电场强度 $\boldsymbol{E}$ 沿任意闭合路径的线积分（即环流）为零，即 $\oint_L \boldsymbol{E} \cdot \mathrm{d}\boldsymbol{l} = 0$。那么磁场是不是保守力场呢？在磁场中磁感应强度 $\boldsymbol{B}$ 沿任意闭合路径的环流 $\oint_L \boldsymbol{B} \cdot \mathrm{d}\boldsymbol{l}$ 等于什么呢？

下面通过长直载流导线周围磁场的特例具体计算 $\boldsymbol{B}$ 沿任一闭合路径的环流 $\oint_L \boldsymbol{B} \cdot \mathrm{d}\boldsymbol{l}$。

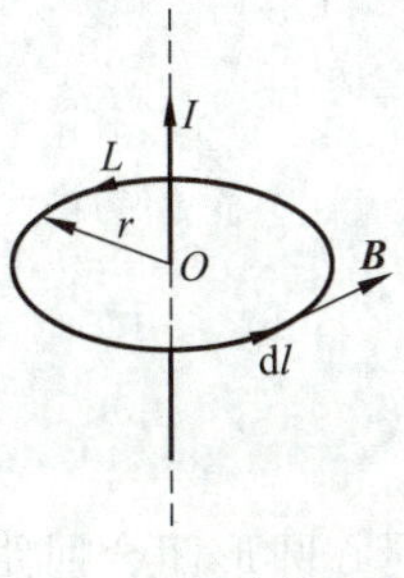

图 5-18　无限长载流直导线 $\boldsymbol{B}$ 的环流

取一个与导线垂直的平面，以该平面与导线的交点 O 为圆心，在平面上作一条半径为 r 的圆形闭合线 L（图 5-18），则在这圆周上任一点的磁感应强度为 $B=\mu_0 I/(2\pi r)$，其方向与圆周相切。设在圆周 L 上循着逆时针绕行方向取线元矢量 $\mathrm{d}\boldsymbol{l}$，则 $\boldsymbol{B}$ 与 $\mathrm{d}\boldsymbol{l}$ 间的夹角 $\theta=0°$，$\boldsymbol{B}$ 沿这一闭合路径 L 的环流为

$$\oint_L \boldsymbol{B} \cdot \mathrm{d}\boldsymbol{l} = \oint_L B\cos 0° \mathrm{d}l = \oint_L \frac{\mu_0 I}{2\pi r}\mathrm{d}l = \frac{\mu_0 I}{2\pi r}\oint_L \mathrm{d}l = \mu_0 I$$

上式表明，在稳恒磁场中，磁感应强度 $\boldsymbol{B}$ 沿闭合路径的环流 $\oint_L \boldsymbol{B} \cdot \mathrm{d}\boldsymbol{l}$ 等于此闭合路径所包围的电流与真空磁导率的乘积。上式虽是

在特殊情况下导出的，但是可以证明，上式对任何形式的电流所激发的磁场、对任何形状的闭合路径也都是成立的。

在求上面的环流时，积分回路 L 的绕行方向与电流的流向成右手螺旋关系。若绕行方向不变，电流反向，这时 $\boldsymbol{B}$ 与 $\mathrm{d}\boldsymbol{l}$ 的夹角 θ 处处为 180°，则有

$$\oint_L \boldsymbol{B}\cdot\mathrm{d}\boldsymbol{l}=\oint_L B\cos180^\circ\mathrm{d}l=-\oint_L\frac{\mu_0 I}{2\pi r}\mathrm{d}l=\frac{\mu_0 I}{2\pi r}\oint_L\mathrm{d}l=-\mu_0 I=\mu_0(-I)$$

式中最后将 $-\mu_0 I$ 写成 $\mu_0(-I)$，使得电流可以当作代数量来处理，即将电流看作有正、负的量。**电流正、负的规定**：若电流流向与积分回路的绕行方向满足右手螺旋关系，电流取正值(图 5-19(a))；反之，电流就取负值(图 5-19(b))。

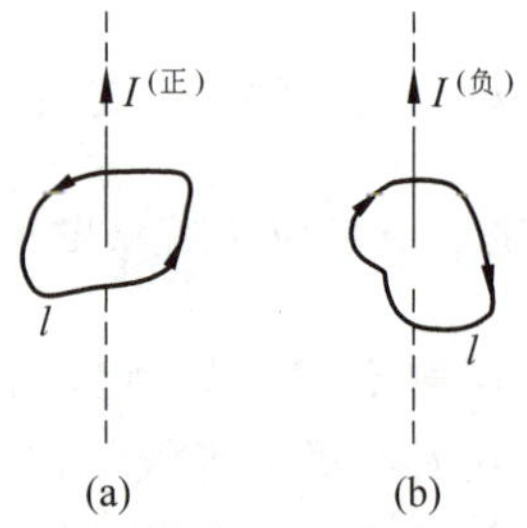

图 5-19 安培环路定理中电流正、负的规定

在一般情况下，如果我们所选取的闭合路径围绕着不只一个电流，进一步的研究指出：在稳恒磁场中，磁感应强度沿任何闭合路径的环流等于真空的磁导率 μ_0 乘以该闭合路径所包围的各电流的代数和。这个结论称为**安培环路定理**，即

$$\oint_L \boldsymbol{B}\cdot\mathrm{d}\boldsymbol{l}=\mu_0\sum_i I_i \tag{5-16}$$

讨论 安培环路定理表明磁场是有旋场(非保守场)。结合磁场的高斯定理可知磁场是有旋无源场。

注意 (1) 安培环路定理表达式(5-16)中右端的 $\sum_i I_i$ 仅为闭合路径所包围的电流的代数和，但式左端的 $\boldsymbol{B}$ 却为空间所有的电流产生的磁感应强度的矢量和，其中也包括了那些未被 L 所包围的电流所产生的磁场，只不过后者的磁场对此闭合路径的环流无贡献。当闭合路径不包围电流，或闭合路径所包围的电流的代数和为零时，则 $\oint_L \boldsymbol{B}\cdot\mathrm{d}\boldsymbol{l}=0$，但这并不意味着闭合路径上每一点的 $\boldsymbol{B}$ 都为零。

(2) 特别要注意闭合路径 L“包围”电流的含义：只有与 L 互相“铰链”的电流，才算被 L 包围的电流。由于电流是闭合的，一个电流与闭合路径 L“铰链”即意味着该电流穿过以 L 为边界的任意形状的曲面。在图 5-20 中，电流 I_1、I_2 被回路 L 所包围，且 I_1 为正，I_2 为负；I_3、I_4 没有被 L 包围，它们对 $\boldsymbol{B}$ 沿 L 的环流无贡献。

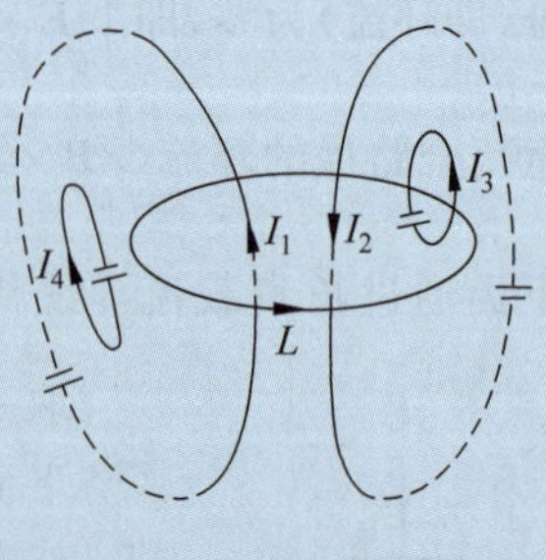

图 5-20 被闭合回路“包围”电流的含义

(3) 安培环路定理中的电流指的是闭合稳恒电流，对于任意设想的一段载流导线的磁场则不成立。

问题 5-15 如图 5-21 所示，在一圆形电流 I 平面内，选取一个同心圆形闭合回路 L。则由安培环路定理可知(　　)。

(A) $\oint_L \boldsymbol{B} \cdot \mathrm{d}\boldsymbol{l} = 0$，且回路 L 上任意一点 $\boldsymbol{B} = 0$

(B) $\oint_L \boldsymbol{B} \cdot \mathrm{d}\boldsymbol{l} = 0$，且回路 L 上任意一点 $\boldsymbol{B} \neq 0$

(C) $\oint_L \boldsymbol{B} \cdot \mathrm{d}\boldsymbol{l} \neq 0$，且回路 L 上任意一点 $\boldsymbol{B} \neq 0$

(D) $\oint_L \boldsymbol{B} \cdot \mathrm{d}\boldsymbol{l}$ 的值与回路 L 的半径大小有关

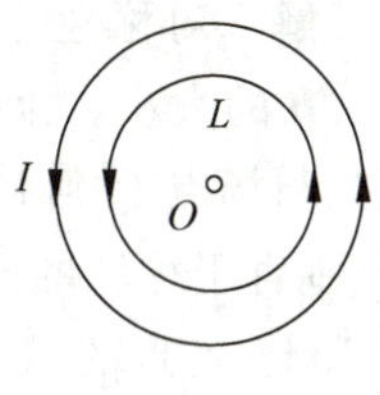

图 5-21　问题 5-15 图

问题 5-16　判断下列对于安培环路定理 $\oint_L \boldsymbol{B} \cdot \mathrm{d}\boldsymbol{l} = \mu_0 \sum_i I_i$ 的理解的正误。

(A) $\oint_L \boldsymbol{B} \cdot \mathrm{d}\boldsymbol{l}$ 仅与回路 L 所包围的电流有关，与不被 L 所包围的电流无关。

(B) $\oint_L \boldsymbol{B} \cdot \mathrm{d}\boldsymbol{l}$ 中的 $\boldsymbol{B}$ 仅与 L 所包围的电流有关，与不被 L 所包围的电流无关。

(C) 当 $\oint_L \boldsymbol{B} \cdot \mathrm{d}\boldsymbol{l} = 0$ 时，则 L 上各点的 $\boldsymbol{B}$ 均为零。

(D) 若在某一范围内 $\oint_L \boldsymbol{B} \cdot \mathrm{d}\boldsymbol{l} \neq 0$，则在该范围内磁场为有旋场；而在某一范围内 $\oint_L \boldsymbol{B} \cdot \mathrm{d}\boldsymbol{l} = 0$，则在该范围内磁场为无旋场(保守场)。

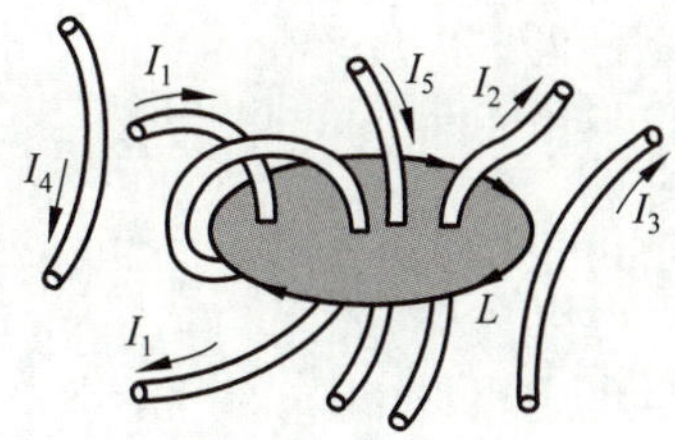

图 5-22　问题 5-17 图

问题 5-17　在图 5-22 所示电流的磁场中，按所取闭合路径 L 和绕行方向，磁感应强度的环流是多少？

问题 5-18　在无电流的空间区域内，如果磁感应线是平行直线，那么磁场一定是均匀场。试证明之。

问题 5-19　静电场的高斯定理、环路定理反映了静电场的基本性质，稳恒磁场的高斯定理、安培环路定理反映了稳恒磁场的基本性质。试根据这些定理总结静电场和稳恒磁场的不同属性。

2. 安培环路定理的应用

类似于应用高斯定理可以方便地计算出某些具有特殊对称性带电体的电场分布，应用安培环路定理也可以方便地计算出具有特殊对称性的载流导线所产生的磁场。

利用安培环路定理求磁场分布的一般思路：

(1) 依据电流的对称性分析磁场分布的对称性。

(2) 选取合适的通过待求 $\boldsymbol{B}$ 的场点的闭合路径 L(通常称为**安培环路**)。

(3) 分别求出 $\boldsymbol{B}$ 沿 L 的环流与 L 所包围的电流。

(4) 根据定理计算磁感应强度的数值和方向。

此过程中决定性的技巧是选取合适的闭合路径 L，以便使积分 $\oint_L \boldsymbol{B} \cdot \mathrm{d}\boldsymbol{l}$ 中的 $\boldsymbol{B}$ 能从积分号内提出来。

例 5-4　无限长载流圆柱体导线的磁场分布　设圆柱体半径为 R，通有电流 I，电流均匀地分布在圆柱体横截面上。

解 对称性分析

B 的大小。由于无限长载流圆柱体导线的磁场分布具有轴对称性，磁感应强度 **B** 的大小只与场点 P 到载流圆柱体轴线的垂直距离 r 有关，故选取以柱轴上一点 O 为圆心、r 为半径、垂直于柱轴的圆周作为闭合路径 L，且点 P 在 L 上(图 5-23(a))。在所取的闭合圆周路径 L 上，各点的磁感应强度 **B** 的大小相等。

B 的方向。如图 5-23 (b)所示，在通过场点 P 的导线横截面上，取一对面积元 dS_1 和 dS_2，$dS_1=dS_2$，它们关于连线 OP 对称。设 $d\boldsymbol{B}_1$ 和 $d\boldsymbol{B}_2$ 是以 dS_1 和 dS_2 为横截面的长直电流在点 P 的磁感应强度。从图示的关系可以看出，它们对闭合路径 L 在点 P 的切线对称，故合矢量 $d\boldsymbol{B}=d\boldsymbol{B}_1+d\boldsymbol{B}_2$ 沿 L 的切线方向，即垂直于半径 r。由于整个柱截面可以成对地分割成许多对称的面积元，以对称面积元为横截面的每对长直电流在点 P 的磁感应强度(合矢量)也都沿 L 的切线方向。因此，通过整个截面的电流 I 在点 P 的磁感应强度 **B**，必沿 L 的切线方向，并且磁感应线的绕向与所围电流的方向成右手螺旋关系，即逆时针绕向，由此规定逆时针绕向为闭合圆周 L 的绕行方向(图 5-23(b))，由安培环路定理得

$$\oint_L \boldsymbol{B}\cdot d\boldsymbol{l} = B2\pi r = \sum_i I_i$$

如果 $r<R$，点 P 在导线内部，穿过 L 的电流 $\sum_i I_i = \frac{I}{\pi R^2}\pi r^2 = \frac{r^2}{R^2}I$，代入上式得

$$B=\frac{\mu_0 Ir}{2\pi R^2}$$

可见在圆柱形导线内部，B 与离开轴线的距离 r 成正比。

如果 $r>R$，点 P 在导线外，$\sum_i I_i = I$，于是有

$$B=\frac{\mu_0 I}{2\pi r}$$

上式表明，在圆柱体导线外部磁场分布与全部电流 I 集中在轴线上的长直电流所激发的磁场相同，B 与 r 成反比。

由上面对于 **B** 方向的分析可知，在圆柱形导线内部与外部，磁感应线的绕向均与所围电流的方向成右手螺旋关系。

图 5-23(c)给出了 B 与 r 的关系曲线。

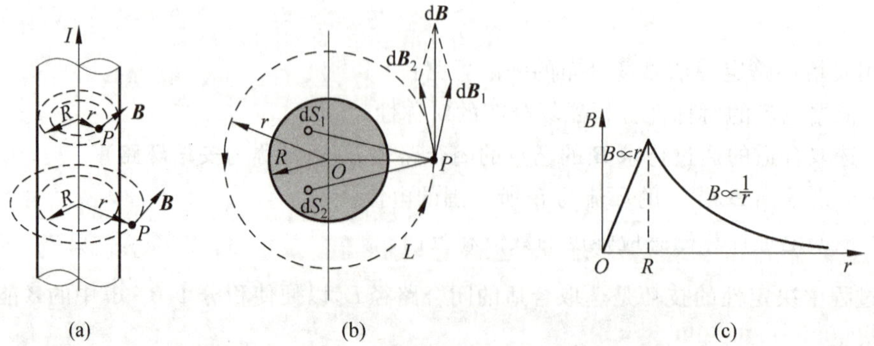

图 5-23 长直圆柱体载流导线的磁场

问题 5-20 (1) 图 5-24 中哪个图正确地描述了半径为 R 的无限长均匀载流圆柱体导线沿径向的磁场分布?( )

(2) 图 5-24 中哪个图正确地描述了半径为 R 的无限长均匀载流薄壁圆柱筒沿径向的磁场分布?( )

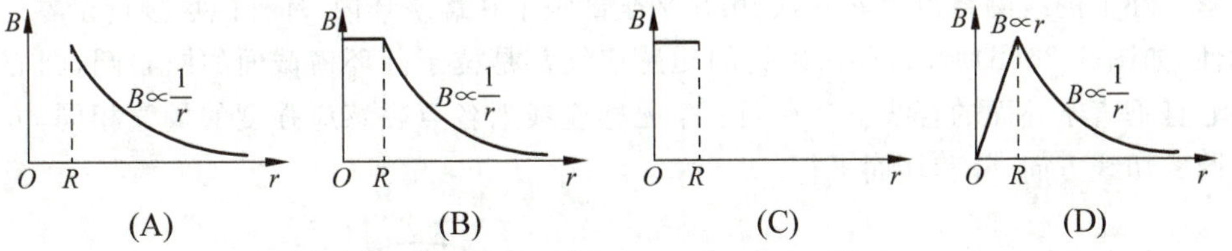

图 5-24 问题 5-20 图

例 5-5 载流长直螺线管内的磁场 如图 5-25(a)所示,长度远大于横截面线度的直螺线管称为"无限长"螺线管,简称**长直螺线管**。设长直螺线管的长度为 l,共有 N 匝线圈,且是均匀密绕,每匝通有电流 I。求螺线管内的磁场。

解 螺线管各匝线圈都是螺旋形的,但在均匀密绕的情况下,可以把它看作是许多匝圆形线圈紧密排列组成。根据电流分布的对称性,可确定管内的磁感应线是一系列与轴线平行的直线,而且在同一磁感应线上各点的 $\boldsymbol{B}$ 相同。在管外侧,磁场很弱,可以忽略不计。

为了计算管内中间部分的一点 P 的磁感应强度,可以通过 P 点作一矩形的闭合回路 $L(ABCDA)$,如图 5-25(b)所示,回路的边 AB、CD 与轴线平行,A'、B' 为回路与螺线管的交点。在线段 CD 上,以及在线段 BC 和 DA 位于管外部分(即 $B'C$ 和 DA' 段),因为管外 $\boldsymbol{B}=0$,故 $\boldsymbol{B}\cdot\mathrm{d}\boldsymbol{l}=0$。在 BC 和 DA 的位于管内部分(即 BB' 和 $A'A$ 段),虽然 $\boldsymbol{B}\neq0$,但 $\boldsymbol{B}$ 与 $\mathrm{d}\boldsymbol{l}$ 垂直,$\boldsymbol{B}\cdot\mathrm{d}\boldsymbol{l}=0$。线段 AB 上各点磁感应强度 $\boldsymbol{B}$ 的大小相等,方向与线元 $\mathrm{d}\boldsymbol{l}$ 的方向一致,$\boldsymbol{B}$ 沿回路 $L(ABCDA)$ 的环流为

$$\oint_L \boldsymbol{B}\cdot\mathrm{d}\boldsymbol{l}=\int_{AB}\boldsymbol{B}\cdot\mathrm{d}\boldsymbol{l}+\int_{BC}\boldsymbol{B}\cdot\mathrm{d}\boldsymbol{l}+\int_{CD}\boldsymbol{B}\cdot\mathrm{d}\boldsymbol{l}+\int_{DA}\boldsymbol{B}\cdot\mathrm{d}\boldsymbol{l}=\int_{AB}\boldsymbol{B}\cdot\mathrm{d}\boldsymbol{l}=B\cdot AB$$

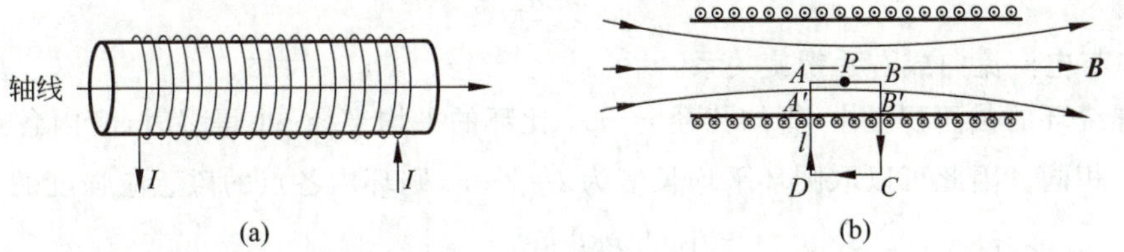

图 5-25 长直螺线管内磁场的计算

而回路所围绕的总电流为 $AB\,\dfrac{N}{l}I$。按安培环路定理,有

$$B\cdot AB=AB\,\frac{N}{l}I$$

所以

$$B=\frac{\mu_0 NI}{l}$$

方向按电流由右手螺旋关系决定。因为矩形回路是任意的,不论 AB 段在管内任何位置,上式都成立。因此长直螺线管内任一点 $\boldsymbol{B}$ 的大小均相同,方向平行于轴线,即长直螺线管内中间部分的磁场是一个均匀磁场。

问题 5-21 由对称性并结合问题 5-18 的讨论，说明长直螺线管内中间部分的磁场是一个均匀磁场。

例 5-6 载流螺绕环内的磁场 绕在圆环上的螺线形线圈叫**螺绕环**。如图 5-26(a)所示，螺绕环线圈密绕，线圈总匝数为 N，每匝线圈通有电流 I。求螺绕环的磁感应强度分布。

解 环上的线圈绕得很紧密，磁场几乎全部集中在螺绕环内，环外磁场接近于零。由于对称性，如图 5-26(b)所示，环内磁场的磁感应线都是位于圆环横截面的同心圆，圆心在通过环心且垂直于环面的直线上。在同一条磁感应线上各点磁感应强度的量值相同，方向处处沿圆的切线方向，并和环面平行。

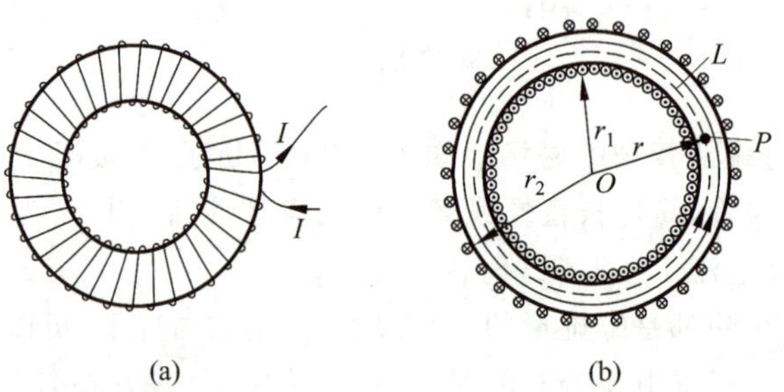

图 5-26 螺绕环内磁场的计算

为了计算环内某一点 P 的磁感应强度 $\boldsymbol{B}$，如图 5-26(b)所示，我们取通过该点的一条磁感应线作为闭合路径 L。根据以上所述，有

$$\oint_L \boldsymbol{B} \cdot \mathrm{d}\boldsymbol{l} = \oint_L B\cos 0° \mathrm{d}l = B\oint_L \mathrm{d}l = B2\pi r$$

式中 r 为回路半径。闭合路径所围绕的总电流为 NI。由安培环路定理，有

$$B2\pi r = \mu_0 NI$$

计算出点 P 磁感应强度为

$$B = \frac{\mu_0 NI}{2\pi r}$$

$\boldsymbol{B}$ 的方向与电流流向成右手螺旋关系。

当螺绕环的截面积很小，管的孔径 $r_2 - r_1$ 比环的平均半径 $\bar{r}$ 小得多时，管内各点磁场强弱实际上相同。因此可以取圆环平均长度为 $l = 2\pi\bar{r}$，则环内各点的磁感应强度的量值为

$$B = \frac{\mu_0 NI}{l} = \mu_0 nI$$

式中，$n = N/l$ 为螺绕环单位长度上的匝数。

5.5 带电粒子在磁场中的运动

5.5.1 洛伦兹力

电量为 q、运动速度为 $\boldsymbol{v}$ 的带电粒子，在磁场 $\boldsymbol{B}$ 中所受的磁场力(**洛伦兹力**)$\boldsymbol{F}_{\mathrm{m}}$ 为

$$\boldsymbol{F}_{\mathrm{m}} = q\boldsymbol{v} \times \boldsymbol{B} \tag{5-17}$$

由矢量积的定义可知，$\boldsymbol{F}_\mathrm{m}$ 的方向垂直于 $\boldsymbol{v}$ 和 $\boldsymbol{B}$ 构成的平面，当 $q>0$ 时，指向由 $\boldsymbol{v}$ 和 $\boldsymbol{B}$ 的方向按右手螺旋法则决定；当 $q<0$ 时，则与之相反；大小 $F_\mathrm{m}=|q|vB\sin\theta$，$\theta$ 为 $\boldsymbol{v}$ 和 $\boldsymbol{B}$ 之间夹角。

注意 由于 $\boldsymbol{F}_\mathrm{m}$ 恒垂直于 $\boldsymbol{v}$，所以洛伦兹力对运动电荷不做功。

带电粒子若在既有电场又有磁场的区域里运动，受到的力为

$$\boldsymbol{F}=q\boldsymbol{E}+q\boldsymbol{v}\times\boldsymbol{B} \tag{5-18}$$

式(5-18)通常叫作**洛伦兹关系式**。

问题 5-22 如图 5-27 所示，已知在某一空间存在相互垂直的沿 Oz 轴的均匀电场 $\boldsymbol{E}$ 和沿 Oy 轴的均匀磁场 $\boldsymbol{B}$。今有一带电量为 q、质量为 m 的粒子以与 $\boldsymbol{E}$ 同向的初速度 $\boldsymbol{v}_0$ 从原点 O 进入电磁场。求该带电粒子的运动微分方程。

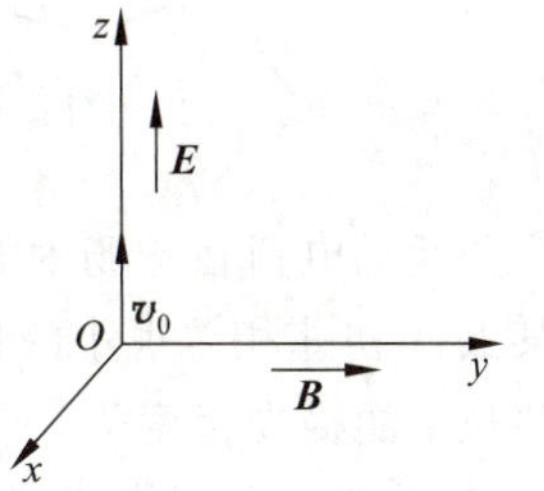

图 5-27 问题 5-22 图

5.5.2 带电粒子在均匀磁场中的运动

设有一均匀磁场，磁感应强度为 $\boldsymbol{B}$，一电量为 $q(q>0)$、质量为 m 的粒子，以初速 $\boldsymbol{v}_0$ 进入磁场中运动。下面分三种情况进行分析。

(1) 如果 $\boldsymbol{v}_0$ 与 $\boldsymbol{B}$ 相互平行，作用于带电粒子的洛伦兹力等于零，带电粒子不受磁场的影响，进入磁场后作匀速直线运动。

(2) 如果 $\boldsymbol{v}_0$ 与 $\boldsymbol{B}$ 垂直，粒子进入磁场后，受到与运动方向垂直的洛伦兹力 $\boldsymbol{F}_\mathrm{m}$，速度的大小不变，只改变方向，但始终垂直于 $\boldsymbol{B}$，$\boldsymbol{F}_\mathrm{m}$ 的大小 $F_\mathrm{m}=qvB=qv_0B$ 保持不变。带电粒子在垂直于磁场 $\boldsymbol{B}$ 的平面内作匀速圆周运动，洛伦兹力提供向心力(图 5-28)，因此

$$qv_0B=m\frac{v_0^2}{R}$$

得圆周运动的半径为

$$R=\frac{mv_0}{qB} \tag{5-19}$$

周期为

$$T=\frac{2\pi R}{v_0}=2\pi\frac{m}{qB} \tag{5-20}$$

即圆周运动的半径与速率成正比，而圆周运动的周期与速率无关。

(3) 如果 $\boldsymbol{v}_0$ 与 $\boldsymbol{B}$ 成任意角 θ，可将速度 $\boldsymbol{v}_0$ 分解为垂直于磁场方向的分量 $v_\perp=v_0\sin\theta$ 与平行于磁场方向的分量 $v_{/\!/}=v_0\cos\theta$，前者使粒子产生垂直于磁场方向的匀速圆周运动，而后者使粒子具有沿磁场方向的匀速分运动。上述两种分运动的合运动是一个以磁场方向为轴线的螺旋运动，如图 5-29 所示，螺旋线的半径为

$$R=\frac{mv_\perp}{qB}=\frac{mv_0\sin\theta}{qB} \tag{5-21}$$

周期仍由式(5-20)给出，螺距为

$$h=v_0\cos\theta\cdot T=\frac{2\pi m}{qB}v_0\cos\theta \tag{5-22}$$

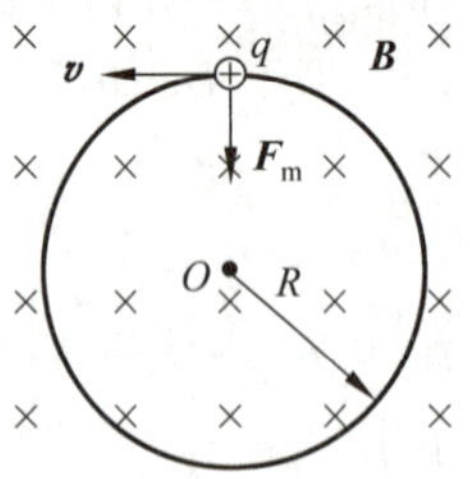

图 5-28 带电粒子的初速垂直于匀强磁场

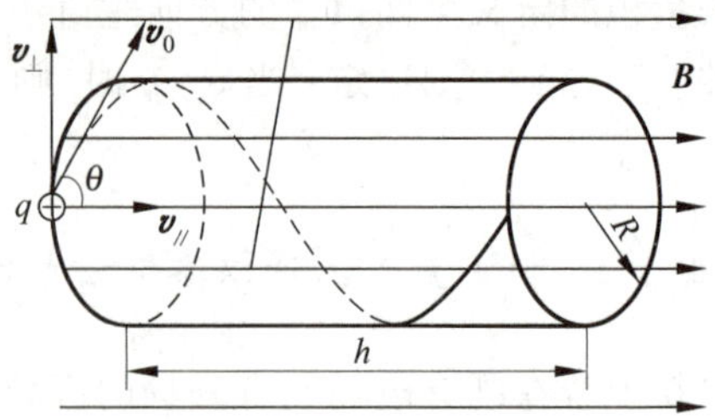

图 5-29 带电粒子的初速与匀强磁场不垂直

运动电荷在磁场中的螺旋运动,被应用于磁聚焦技术。如图 5-30 所示,在均匀磁场中某点 A 初速相差很小的带电粒子,它们的 $\boldsymbol{v}_0$ 和 $\boldsymbol{B}$ 之间的夹角 θ 不尽相同,但都很小,于是这些粒子的横向速度 $v_\perp = v_0 \sin\theta \approx v_0\theta$ 略有差异,而纵向速度 $v_{/\!/} = v_0 \cos\theta \approx v_0$ 近似相等。这样,这些带电粒子沿半径不同的螺旋线运动,但它们的螺距却是近似相等的,即经 h 后都汇聚于屏上同一点 P。这个现象与光束经过光学透镜聚焦的现象很相似,故称之为**磁聚焦现象**。磁聚焦在电子光学中有广泛的应用。

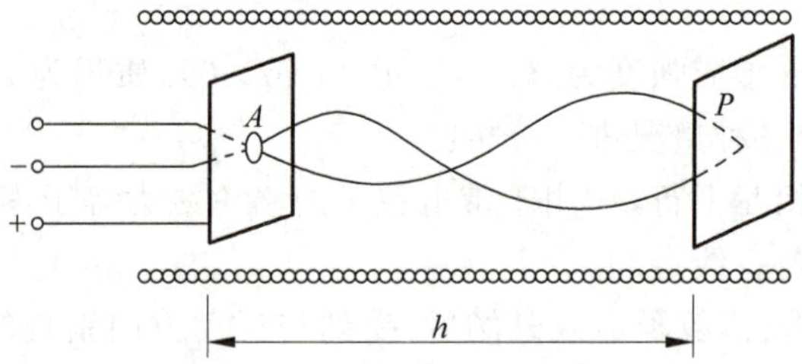

图 5-30 磁聚集的原理

问题 5-23 一质子射入可能存在电场和磁场的空间中运动。对于质子的受力,不考虑重力。判断下列说法的正误。

(1) 如果质子的运动轨迹为抛物线,可知此空间存在均匀电场。

(2) 如果质子作匀速圆周运动,表明此空间存在均匀磁场。

(3) 如果质子作直线运动,表明此空间不存在电场和磁场。

(4) 如果质子在磁场力的作用下作匀速圆周运动,其半径与速率成正比,频率与速率无关。

问题 5-24 空间某一区域有均匀电场 $\boldsymbol{E}$ 和均匀磁场 $\boldsymbol{B}$,且两者方向相同。一个电子以速度 $\boldsymbol{v}_0$ 沿垂直于 $\boldsymbol{E}$ 和 $\boldsymbol{B}$ 的方向进入此区域。试描述电子的运动轨迹。

5.5.3 霍耳效应

如图 5-31 所示,将宽为 b、厚为 d 的长方体导体放入均匀磁场中,使磁感应强度 $\boldsymbol{B}$ 与导体片表面垂直,即沿厚度 d 方向,当在与 $\boldsymbol{B}$ 垂直的方向,即沿长度方向上通有电流时,发现在导体片上下表面之间出现电势差,此现象称为**霍耳效应**,出现的电势差称为**霍耳电势差**。实验发现:霍耳电势差与电流 I、磁感应强度大小 B 成正比,与板的厚度 d 成反比,即

$$U_H = V_1 - V_2 = k\frac{IB}{d} \tag{5-23}$$

式中，比例系数 k 称为**霍耳系数**，它取决于导体板材料的性质。

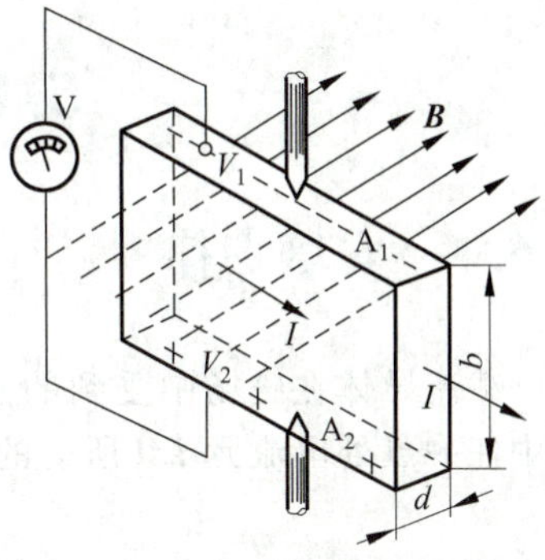

图 5-31　霍耳效应

霍耳效应可以用导体或半导体中的载流子在磁场中受到洛伦兹力的作用来说明。若载流子带正电 $q(q>0)$，则其定向漂移运动的平均速度 $\boldsymbol{v}$ 的方向与电流方向相同，载流子将受到向上的磁场力 $\boldsymbol{F}_m$ 而向上运动，使导体上表面带正电，下表面带负电，形成方向向下的电场 $\boldsymbol{E}_H$(**霍耳电场**)，于是载流子就要受到一个与洛伦兹力方向相反的电场力 $\boldsymbol{F}_e$(图 5-32(a))。当载流子受的磁场力 $\boldsymbol{F}_m$ 与静电场力 $\boldsymbol{F}_e$ 平衡时，有

$$qvB = qE_H$$

此时，在上下表面形成的稳定电势差即霍耳电势差为

$$U_H = V_1 - V_2 = E_H b = vBb$$

而电流强度 $I=nqvS=nqvbd$，由此可得 $v=I/(nqbd)$，代入上式可得

$$U_H = \frac{1}{nq}\frac{IB}{d} \tag{5-24}$$

将上式与式(5-23)相比较，可知霍耳系数为

$$k = \frac{1}{nq} \tag{5-25}$$

以上我们讨论了载流子带正电的情况，所得到的霍耳电势差和霍耳系数均为正值。若载流子带负电(图 5-32(b))，霍耳电势差和霍耳系数的表达式仍同于式(5-24)和式(5-25)，但其均为负值。

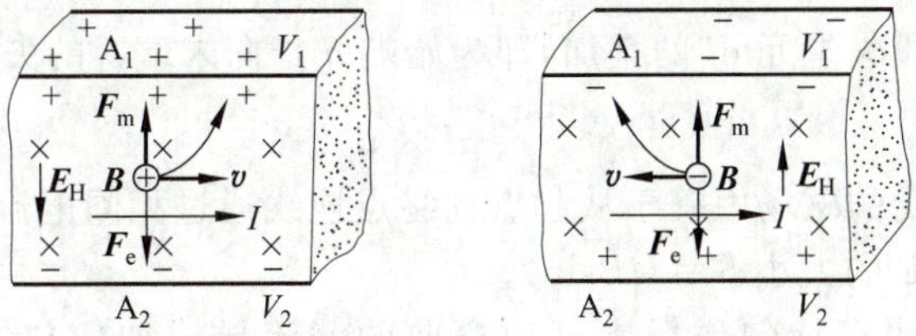

图 5-32　霍耳效应原理图

由式(5-25)可知，霍耳系数与载流子所带的电量及载流子数密度成反比。金属的载流子数密度大，故霍耳系数小；半导体的载流子数密度远小于金属，故半导体的霍耳系数大。因此，霍耳器件多用半导体材料制成。

利用霍耳效应制成的霍耳元件，作为一种特殊的半导体器件，在生产和科研中得到了广泛的应用。如判别材料的导电类型、确定载流子密度和温度的关系、测量温度、磁场和电流等。磁流体发电也是依赖于霍耳效应的。

5.6 磁场对电流的作用

安培

5.6.1 安培定律

载流导体在磁场中受到的磁力称为**安培力**。安培通过大量实验总结出磁场中任一点处电流元 $I\mathrm{d}\boldsymbol{l}$ 所受的安培力为

$$\mathrm{d}\boldsymbol{F} = I\mathrm{d}\boldsymbol{l} \times \boldsymbol{B} \tag{5-26}$$

式中 $\boldsymbol{B}$ 为电流元所在点处的磁感应强度，通常将此式称为**安培定律**。

说明 关于 $\mathrm{d}\boldsymbol{F}$ 的方向和大小可以按矢量积的定义进行讨论。

有限长载流导线所受的安培力等于各电流元所受安培力的矢量叠加，即

$$\boldsymbol{F} = \int_L \mathrm{d}\boldsymbol{F} = \int_L I\mathrm{d}\boldsymbol{l} \times \boldsymbol{B} \tag{5-27}$$

用安培定律计算载流导线在磁场中所受安培力的步骤如下：

(1) 根据磁场分布选取合适的电流元 $I\mathrm{d}\boldsymbol{l}$；

(2) 由安培定律给出电流元 $I\mathrm{d}\boldsymbol{l}$ 所受的力 $\mathrm{d}\boldsymbol{F}$，并作图表示 $\mathrm{d}\boldsymbol{F}$ 的方向；

(3) 选取坐标系，写出 $\mathrm{d}\boldsymbol{F}$ 的分量式 $\mathrm{d}F_x$、$\mathrm{d}F_y$ 和 $\mathrm{d}F_z$；

(4) 确定积分上、下限，统一积分变量后积分。

例 5-7 在磁感应强度为 $\boldsymbol{B}$ 的均匀磁场中，有一段两端点相距为 l、通有电流 I 的弯曲载流导线(图 5-33)。试求这段导线所受的磁场力。

解 根据式(5-27)，所求力为

$$\boldsymbol{F} = \int_a^b I\mathrm{d}\boldsymbol{l} \times \boldsymbol{B} = I\left(\int_a^b \mathrm{d}\boldsymbol{l}\right) \times \boldsymbol{B}$$

此式中积分 $\int_a^b \mathrm{d}\boldsymbol{l}$ 是各段矢量元 $\mathrm{d}\boldsymbol{l}$ 的叠加，即为始端 a 指向末端 b 的矢量 $\boldsymbol{l}$。于是

$$\boldsymbol{F} = I\boldsymbol{l} \times \boldsymbol{B}$$

这说明整个弯曲导线受的磁场力等于从起点到终点连线通过相同电流时所受的磁场力。如 $\boldsymbol{l}$ 和 $\boldsymbol{B}$ 的夹角为 θ，则 $\boldsymbol{F}$ 的大小 $F = IlB\sin\theta$。

问题 5-25 试说明在均匀磁场中，(1)弯曲的截流导线如何放置，所受磁场力为零？(2)闭合载流线圈所受的磁场力必为零。

例 5-8 一长直导线 ab 载有电流 I_1，其旁放一段导线 cd 通有电流 I_2，ab 与 cd 共面且互相垂直，有关尺寸如图 5-34 所示，试求导线 cd 所受的磁场力。

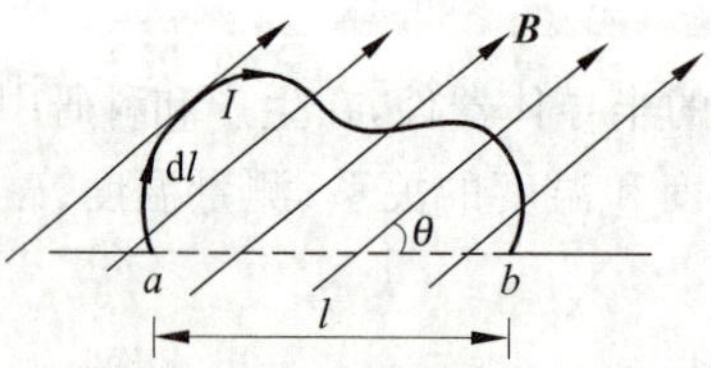

图 5-33 例 5-7 图

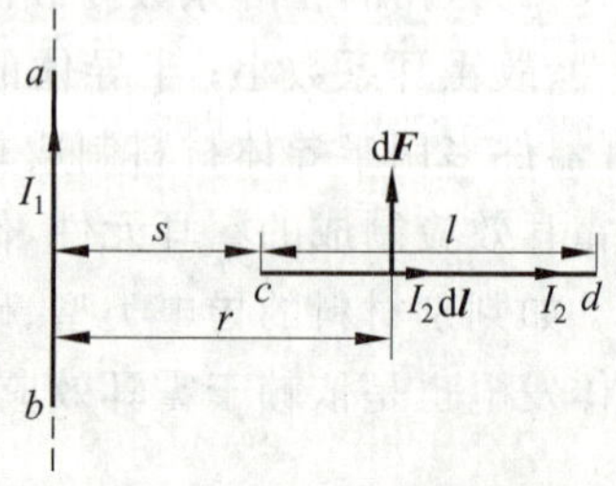

图 5-34 例 5-8 图

解 如图 5-34 所示，在 cd 导线上距 ab 导线为 r 处取电流元 $I_2\mathrm{d}\boldsymbol{l}$，$\mathrm{d}l=\mathrm{d}r$。$ab$ 导线在 $I_2\mathrm{d}\boldsymbol{l}$ 处产生的磁感应强度大小为

$$B=\frac{\mu_0 I_1}{2\pi r}$$

方向垂直向里。$I_2\mathrm{d}\boldsymbol{l}$ 受力大小

$$\mathrm{d}F=I_2\mathrm{d}lB=\frac{\mu_0 I_1 I_2 \mathrm{d}r}{2\pi r}$$

方向垂直导线向上。

由于 cd 导线上各电流元受力方向均相同，所以所受磁场力大小为

$$F=\int_L \mathrm{d}F=\int_s^{s+l}\frac{\mu_0 I_1 I_2}{2\pi r}\mathrm{d}r=\frac{\mu_0 I_1 I_2}{2\pi}\ln\frac{s+l}{s}$$

方向垂直导线向上。

问题 5-26 一水平圆线圈通有电流 I_1，今有一条通有电流 I_2 的长直导线铅直地通过圆线圈的圆心。说明圆线圈所受的安培力为零。

5.6.2 磁场对平面载流线圈的作用

设有一刚性长方形平面载流线圈 $abcd$，边长分别为 l_1 和 l_2，电流强度为 I，放在磁感应强度为 $\boldsymbol{B}$ 的均匀磁场中(图 5-35)。设线圈的平面和磁场的方向成角度 θ，其中 ab 和 cd 边垂直于磁场方向。

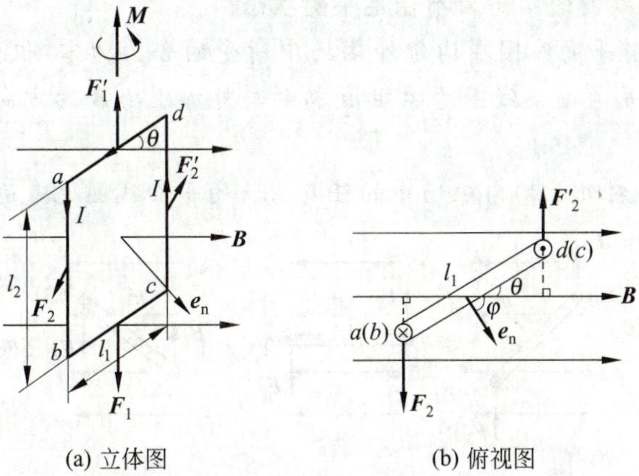

(a) 立体图　　(b) 俯视图

图 5-35 平面载流线圈在均匀磁场中所受的磁力矩

导线 bc 和 da 所受磁场力 $\boldsymbol{F}_1$ 和 $\boldsymbol{F}_1'$ 的大小分别为 $F_1=BIl_1\sin\theta$，$F_1'=BIl_1\sin(\pi-\theta)=BIl_1\sin\theta$，这两个力大小相等、方向相反，并且在同一直线上，是一对平衡力，合力与合力矩均为零。

导线 ab 和 cd 边所受的磁场力 $\boldsymbol{F}_2$ 和 $\boldsymbol{F}_2'$ 的大小相等，即 $F_2=F_2'=BIl_2$，方向相反，它们的合力为零，但不在同一直线上，因此形成了绕过 da 和 bc 两边中点连线的轴的磁力矩，其大小为

$$M = F_2 \frac{l_1}{2}\cos\theta + F'_2 \frac{l_1}{2}\cos\theta = BIl_2 l_1 \cos\theta = BIS\cos\theta$$

式中，$S = l_1 l_2$ 为线圈的面积。

考虑到线圈平面的正法线方向 $\boldsymbol{e}_n$ 和磁场方向之间的夹角 $\varphi = \pi/2 - \theta$

$$M = BIS\sin\varphi$$

对 N 匝通电回路组成的线圈所受的力矩为

$$M = NBIS\sin\varphi = Bm\sin\varphi \tag{5-28}$$

式中，$m = NIS$ 为载流线圈的大小，矢量表达式为

$$\boldsymbol{m} = NI\boldsymbol{S} = NIS\boldsymbol{e}_n$$

考虑到力矩是使线圈平面的正法线方向 $\boldsymbol{e}_n$ 转向磁场方向，可以将式(5-28)写成矢量形式

$$\boldsymbol{M} = \boldsymbol{m} \times \boldsymbol{B} \tag{5-29}$$

说明 (1) 当 $\varphi = 0$，即 $\boldsymbol{m}$ 的方向与 $\boldsymbol{B}$ 的方向相同(图 5-36(a))，线圈所受的磁力矩为零，此时线圈处于平衡状态。若外界扰动使线圈偏过一个微小角度，磁场对线圈的作用是使线圈回到平衡状态，即 $\varphi = 0$ 时，线圈的状态是**稳定平衡状态**。

(2) 当 $\varphi = \pi/2$，即 $\boldsymbol{m}$ 的方向与 $\boldsymbol{B}$ 的方向垂直(图 5-36(c))，线圈所受的磁力矩最大，$M = NBIS$，这时磁力矩有使 φ 减小的趋势。

(3) 当 $\varphi = \pi$，即 $\boldsymbol{m}$ 的方向与 $\boldsymbol{B}$ 的方向相反(图 5-36(e))，线圈所受的磁力矩为零。但不同于 $\varphi = 0$ 的情况，这里，一旦外界扰动使线圈稍稍偏过一个微小角度，磁场对线圈的磁力矩作用就将使线圈继续偏离，而趋于 $\varphi = 0$ 的平衡状态，即 $\varphi = \pi$ 时，线圈的状态为**不稳定平衡状态**。

总之，载流平面线圈在均匀外磁场中所受的合力为零，仅受一磁力矩 $\boldsymbol{M}$ 的作用，$\boldsymbol{M}$ 总是力图使线圈的磁矩 $\boldsymbol{m}$ 转到与外加磁场 $\boldsymbol{B}$ 的方向相一致的稳定平衡位置。

(4) 式(5-29)对处于均匀磁场中的任意形状的平面线圈也是适用的。

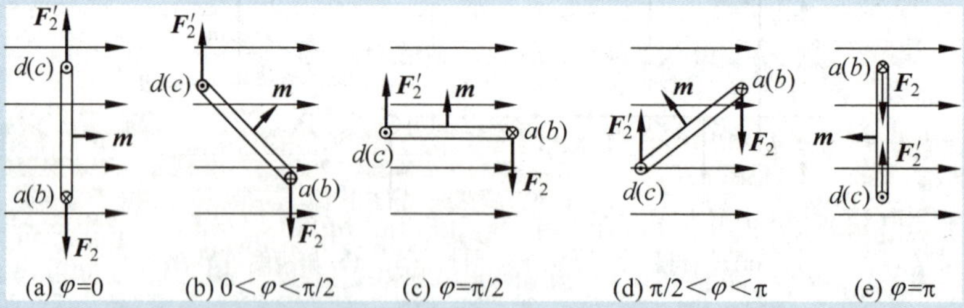

图 5-36 载流线圈的磁矩

日常生活中用的磁电式仪表和直流电动机的工作原理，都利用了载流线圈在磁场中受磁力矩作用而引起转动的这一特性。

问题 5-27 通有电流 I、磁矩为 $\boldsymbol{m}$ 的线圈，放在磁感应强度为 $\boldsymbol{B}$ 的均匀磁场中。若 $\boldsymbol{m}$ 的方向与 $\boldsymbol{B}$ 的方向相同，则通过线圈的磁通量 Φ_m 与线圈所受的磁力矩的大小 M 为(　　)。

(A) $\Phi_m = IBm, M = 0$　　(B) $\Phi_m = Bm/I, M = 0$

(C) $\Phi_m = IBm, M = Bm$　　(D) $\Phi_m = Bm/I, M = Bm$

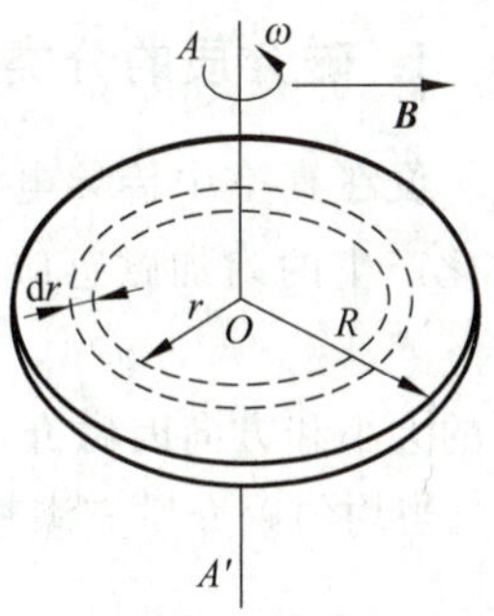

图 5-37 例 5-9 图

例 5-9 如图 5-37 所示，半径为 R 的均匀带电平面圆盘，电荷面密度为 $\sigma(>0)$，以角速度 ω 绕垂直于盘面的中心轴 AA' 做逆时针旋转。(1)求圆盘的磁矩 $\boldsymbol{m}$ 的大小；(2)若有一磁感应强度为 $\boldsymbol{B}$ 的均匀外磁场，方向与圆盘平面平行，并位于纸面内，求外磁场作用于此盘的磁力矩 $\boldsymbol{M}$ 的大小。

解 将圆盘分割成无数个以 O 为圆心的细圆环。如图 5-37 所示，取半径为 r、宽为 $\mathrm{d}r$ 的一个圆环，此环上带电量

$$\mathrm{d}q = \sigma 2\pi r \mathrm{d}r$$

当以角速度 ω 旋转时，产生的圆电流为

$$\mathrm{d}I = \frac{\omega}{2\pi}\mathrm{d}q = \sigma\omega r\,\mathrm{d}r$$

为逆时针流动。

(1) 各圆电流 $\mathrm{d}I$ 的磁矩 $\mathrm{d}\boldsymbol{m}$ 的方向，从而整个圆盘磁矩的方向均沿轴 $A'A$ 向上，$\mathrm{d}\boldsymbol{m}$ 的大小为

$$\mathrm{d}m = \pi r^2 \mathrm{d}I = \pi\omega\sigma r^3 \mathrm{d}r$$

整个圆盘磁矩大小为

$$m = \int_0^R \mathrm{d}m = \frac{1}{4}\pi\omega\sigma R^4$$

(2) 各圆电流 $\mathrm{d}I$ 的磁矩 $\mathrm{d}\boldsymbol{m}$ 与 $\boldsymbol{B}$ 垂直，其在外磁场中受到的磁力矩 $\mathrm{d}\boldsymbol{M}$ 垂直于纸面向内，大小为

$$\mathrm{d}M = B\mathrm{d}m\sin\frac{\pi}{2} = \pi B\omega\sigma r^3\mathrm{d}r$$

整个圆盘受到的磁力矩的大小为

$$M = \int_0^R \mathrm{d}M = \frac{1}{4}\pi B\omega\sigma R^4$$

方向垂直于纸面向内。

注意 由于外磁场均匀，且 $\boldsymbol{m}$ 和 $\boldsymbol{B}$ 互相垂直，直接可得 $M=mB=\frac{1}{4}\pi B\omega\sigma R^4$。

5.7 磁场中的磁介质

5.7.1 磁介质的磁化

在实际的磁场中，一般都存在这样或那样的物质，这些物质与磁场互相影响，处于磁场中的物质要被磁场磁化。一切能够磁化的物质称为**磁介质**。磁化了的磁介质将产生附加磁场，影响原磁场的分布。

1. 磁介质的分类

设在真空中传导电流在某点所产生的磁感应强度为 $\boldsymbol{B}_0$，放进某种磁介质后，因介质磁化产生的附加磁感应强度为 $\boldsymbol{B}'$。根据场的叠加原理，该点的磁感应强度为

$$\boldsymbol{B}=\boldsymbol{B}_0+\boldsymbol{B}' \tag{5-30}$$

$\boldsymbol{B}'$的大小和方向因磁介质性质而异。为了便于讨论磁介质的分类，我们引入相对磁导率 μ_r。当均匀磁介质充满整个磁场时，磁介质的**相对磁导率**定义为

$$\mu_r=\frac{B}{B_0} \tag{5-31}$$

同时定义磁介质的**磁导率**

$$\mu=\mu_0\mu_r \tag{5-32}$$

μ_r 或 μ 可用来描述不同磁介质磁化后对原外磁场的影响(表 5-1)。实验指出，无限大各向同性均匀磁介质中的磁感应强度 $\boldsymbol{B}$ 与真空中磁感应强度 $\boldsymbol{B}_0$ 的关系为

$$\boldsymbol{B}=\mu_r\boldsymbol{B}_0 \tag{5-33}$$

表 5-1 几种磁介质的相对磁导率

磁介质种类		相对磁导率
抗磁质 $\mu_r<1$	铋(293 K)	$1-16.6\times10^{-5}$
	汞(293 K)	$1-2.9\times10^{-5}$
	铜(293 K)	$1-1.0\times10^{-5}$
	氢(气体)	$1-3.98\times10^{-5}$
顺磁质 $\mu_r>1$	氧(液体,90 K)	$1+769.9\times10^{-5}$
	氧(气体,293 K)	$1+344.9\times10^{-5}$
	铝(293 K)	$1+1.65\times10^{-5}$
	铂(293 K)	$1+26\times10^{-5}$
铁磁质 $\mu_r\gg1$	纯铁	5×10^3(最大值)
	硅钢	7×10^2(最大值)
	坡莫合金	1×10^5(最大值)

从表 5-1 中可见，有的磁介质的 μ_r 是略大于 1 的常数，这种磁介质叫**顺磁质**，此种介质中，$\boldsymbol{B}'$的方向与 $\boldsymbol{B}_0$ 的方向相同。有的磁介质的 μ_r 是略小于 1 的常数，这种磁介质叫**抗磁质**，此种介质中，$\boldsymbol{B}'$的方向与 $\boldsymbol{B}_0$ 的方向相反。还有一种磁介质，它的 μ_r 比 1 大得多，而且还随 $\boldsymbol{B}_0$ 的大小发生变化，这种磁介质叫**铁磁质**，例如铁、镍、钴以及它们的合金等就是铁磁质。

总之在抗磁质和顺磁质中，$B\approx B_0$，它们对原磁场影响甚微，是**弱磁质**。而铁磁质使原磁场显著增强，$B'\gg B_0$。

注意 电介质总是起着减弱介质内电场的作用，即 $E<E_0$，然而在磁介质内，B 可以大于 B_0，也可以小于 B_0。

2. 顺磁质和抗磁质的磁化

(1) 分子电流和分子磁矩

在物质的分子中，每个电子都绕原子核做轨道运动，从而具有**轨道磁矩**；此外电子还会有自旋，从而具有**自旋磁矩**。一个分子内所有电子全部磁矩的矢量和，称为**分子的固有磁矩**，简称**分子磁矩**，用符号 $\boldsymbol{m}$ 表示。分子磁矩可用一个等效的圆电流 I 来表示，这就是安培当年为解释磁性起源而设想的**分子电流**（图 5-38）。

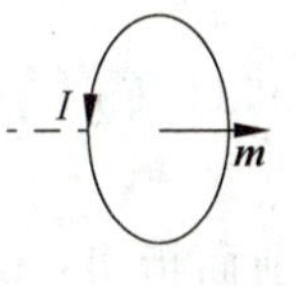

图 5-38 分子电流和分子磁矩

注意 分子电流与导体中的传导电流是有区别的，形成分子电流的电子只作绕核运动，它们不是自由电子。

(2) 顺磁质的磁化

在顺磁质中每个分子都有磁矩 $\boldsymbol{m}$。在没有外磁场时，由于分子的无规热运动，磁介质中各分子磁矩的方向是杂乱的，大量分子的磁矩相互抵消，所以宏观上磁介质不显磁性。当外磁场存在时，各分子磁矩受磁场力矩的作用，或多或少地转向磁场方向，这就是顺磁质的磁化。例如，在长直螺线管中充有某种均匀顺磁质，在没有外磁场作用时，各分子电流的取向杂乱无章，它们的磁矩互相抵消，宏观上不显示磁性（图 5-39(a)）。当线圈通有电流时，电流的磁场对分子磁矩发生取向作用，各分子磁矩在一定程度上沿外磁场的方向排列起来，这样顺磁质就被磁化了。显然，在顺磁质中因磁化而出现的附加磁感应强度 $\boldsymbol{B}'$ 与外磁场的磁感应强度 $\boldsymbol{B}_0$ 方向相同。于是，在外磁场中，顺磁质内磁感应强度 $\boldsymbol{B}$ 的大小为

$$B = B_0 + B'$$

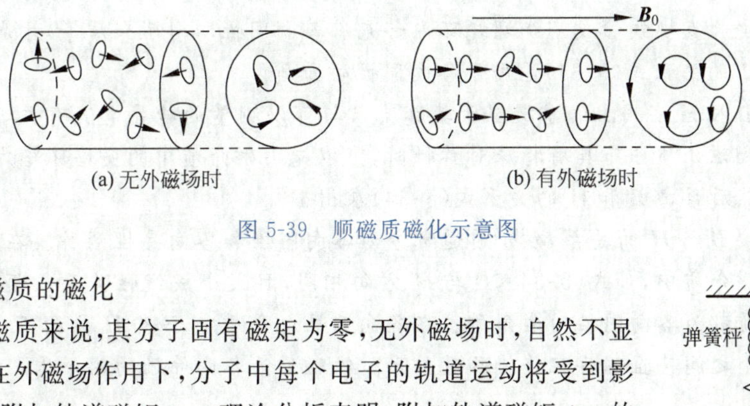

(a) 无外磁场时　　(b) 有外磁场时

图 5-39 顺磁质磁化示意图

(3) 抗磁质的磁化

对于抗磁质来说，其分子固有磁矩为零，无外磁场时，自然不显示磁性。但在外磁场作用下，分子中每个电子的轨道运动将受到影响，从而引起附加轨道磁矩 $\Delta\boldsymbol{m}$，理论分析表明，附加轨道磁矩 $\Delta\boldsymbol{m}$ 的方向必与外磁场的 $\boldsymbol{B}_0$ 方向相反。因此，在抗磁质中，就要出现与外磁场 $\boldsymbol{B}_0$ 方向相反的附加磁场 $\boldsymbol{B}'$，即在外磁场中，抗磁质内磁感应强度 $\boldsymbol{B}$ 的大小为

$$B = B_0 - B'$$

问题 5-28 如图 5-40 所示，将磁介质装入试管中，用弹簧吊起来挂到一竖直螺线管上端。当螺线管通电后，则可发现随样品的不同，它可能受到螺线管的不均匀磁场向上或向下的磁力。这是一种

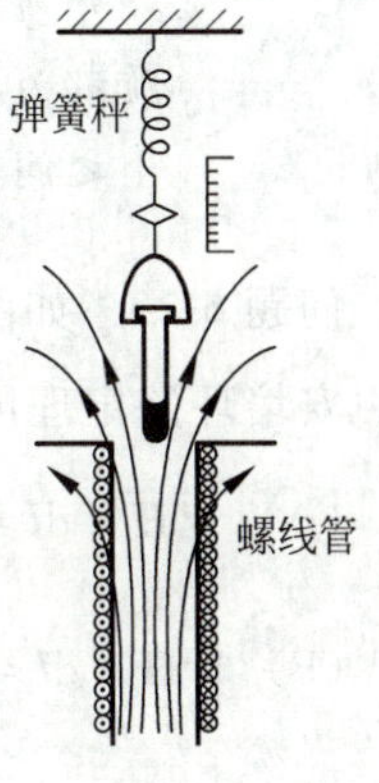

图 5-40 问题 5-28 图

区分样品是顺磁质还是抗磁质的精细的实验。问受到向上的磁力的样品是顺磁质还是抗磁质?

5.7.2 磁场强度 *H* 及磁介质中的安培环路定理

前面指出,无限大各向同性均匀磁介质中的磁感应强度 $\boldsymbol{B}$ 与真空中磁感应强度 $\boldsymbol{B}_0$ 的关系为 $\boldsymbol{B}=\mu_r\boldsymbol{B}_0$。将此式写成 $\boldsymbol{B}/\mu_0\mu_r=\boldsymbol{B}_0/\mu_0$,并将两侧分别对任意闭合路径 L 积分,可得

$$\oint_L \frac{\boldsymbol{B}}{\mu_0\mu_r}\cdot d\boldsymbol{l}=\frac{1}{\mu_0}\oint_L \boldsymbol{B}_0\cdot d\boldsymbol{l}=\sum_i I_i$$

右侧是传导电流的代数和。定义**磁场强度 $\boldsymbol{H}$**

$$\boldsymbol{H}=\frac{\boldsymbol{B}}{\mu_0\mu_r}=\frac{\boldsymbol{B}}{\mu} \tag{5-34}$$

磁场强度的单位是安培/米(A/m)。利用磁场强度 $\boldsymbol{H}$ 的定义得

$$\oint_L \boldsymbol{H}\cdot d\boldsymbol{l}=\sum_i I_i \tag{5-35}$$

此式的意义是:在有介质的磁场中,磁场强度沿任意闭合路径的线积分等于该闭合路径所包围的传导电流的代数和,此即磁介质中的**安培环路定理**。

讨论 (1) 式(5-35)虽然是就无限大各向同性均匀磁介质的特殊情况导出的,但可以证明对于磁介质的一般分布情形,仍是普遍成立的。

(2) $\boldsymbol{B}=\mu_r\boldsymbol{B}_0$ 仅对电流与磁介质的分布具有特殊对称性情况(如无限大各向同性均匀磁介质分布、无限长柱对称分布的电流和各向同性均匀磁介质、载流的密绕长直螺线管或密绕螺绕环内部充满各向同性均匀磁介质等)才成立,而 $\boldsymbol{B}$ 和 $\boldsymbol{H}$ 的关系式(5-34)适用于各向同性磁介质。

(3) 引入 $\boldsymbol{H}$ 实用上的意义在于其环流只与可以测量的传导电流有关,这样在电流和磁介质分布具有特殊对称性时,可以先由磁介质中的安培环路定理求出 $\boldsymbol{H}$,然后再由 $\boldsymbol{B}$ 和 $\boldsymbol{H}$ 的关系式(5-34)求出 $\boldsymbol{B}$。

(4) 按 $\boldsymbol{B}$ 与 $\boldsymbol{H}$ 的关系,磁介质通常分为各向同性和各向异性两种。在各向同性的磁介质中,如式(5-34),$\boldsymbol{B}$ 与 $\boldsymbol{H}$ 方向相同,且大小成线性关系。顺磁质和抗磁质都为各向同性的磁介质。在各向异性电介质中,$\boldsymbol{B}$ 与 $\boldsymbol{H}$ 方向不一定相同,大小之间甚至不存在单值函数关系。铁磁质为各向异性的磁介质。

问题 5-29 如图 5-41 所示,在一圆形电流 I 平面内,选取一个同心圆形闭合回路 L。则由安培环路定理可知( )。

(A) $\oint_L \boldsymbol{H}\cdot d\boldsymbol{l}=0$,因为 L 上处处 $\boldsymbol{H}=0$

(B) $\oint_L \boldsymbol{H}\cdot d\boldsymbol{l}=0$,因为 L 上处处 $\boldsymbol{H}$ 与 $d\boldsymbol{l}$ 垂直

(C) $\oint_L \boldsymbol{H}\cdot d\boldsymbol{l}=I$,因为 L 包围电流 I

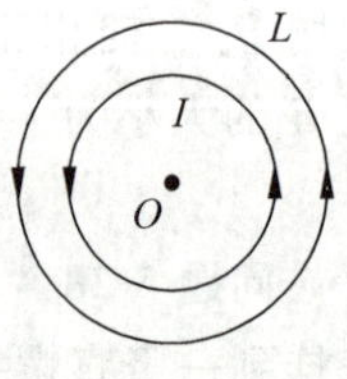

图 5-41 问题 5-29 图

(D) $\oint_L \boldsymbol{H}\cdot d\boldsymbol{l}=-I$,因为 L 包围电流 I 且绕向与 I 相反

例 5-10 如图 5-42 所示,一磁导率为 μ_1、半径为 R_1 的无限长圆柱形直导线均匀地通有电流 I,在该导线外包一层磁导率为 μ_2,内、外半径分别为 R_1、R_2 的同轴圆管形不导电磁介质。求磁场强度和磁感应强度的分布。

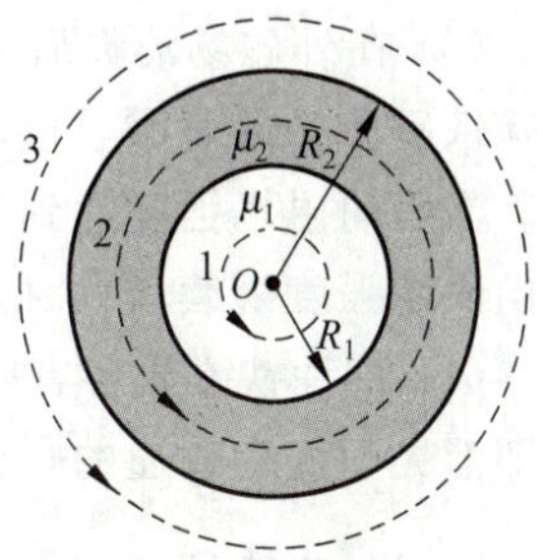

图 5-42 例 5-10 解用图

解 由于电流分布的轴对称性,磁场强度 $\boldsymbol{H}$ 的大小只与场点到圆柱轴线的垂直距离有关。考察在与轴线垂直的任一截面内且以轴线与截面交点 O 为圆心的圆周上各点的 $\boldsymbol{H}$。各点的 $\boldsymbol{H}$ 大小相等,而方向沿圆周的切线并与电流成右手螺旋关系(图 5-42 中 1、2、3 圆周)。对所选的闭合圆周,设其半径为 r,由磁介质中的安培环路定理得

$$\oint_L \boldsymbol{H}\cdot d\boldsymbol{l}=2\pi rH=I'$$

I'表示穿过环路的电流,则

$$H=\frac{I'}{2\pi r}$$

在导线内($r<R_1$),取图 5-42 中的圆形回路 1,有 $I'=\frac{I}{\pi R_1^2}\cdot\pi r^2$,得

$$H=\frac{Ir}{2\pi R_1^2},\quad B=\mu_1 H=\frac{\mu_1 Ir}{2\pi R_1^2}$$

在不导电磁介质内($R_1<r<R_2$),取图 5-42 中的圆形回路 2,有 $I'=I$,得

$$H=\frac{I}{2\pi r},\quad B=\mu_2 H=\frac{\mu_2 I}{2\pi r}$$

在磁介质外($r>R_2$),取图 5-42 中的圆形回路 3,有 $I'=I$,得

$$H=\frac{I}{2\pi r},\quad B=\mu_0 H=\frac{\mu_0 I}{2\pi r}$$

设导线中电流从纸面流出,则磁感应线是与 O 同心的逆时针绕向的圆(图 5-42),$\boldsymbol{H}$、$\boldsymbol{B}$ 沿圆周的切线方向。

5.7.3 铁磁质

铁磁质是以铁为代表的一类磁性很强的物质。在纯化学元素中,除铁之外,还有过渡族中的其他元素(如钴、镍)和某些稀土族元素(如钆、镝、钬)具有铁磁性。然而常用的铁磁质是它们的合金和氧化物。铁磁质常用于电机、电器设备、电子器件。

1. 铁磁质的主要特性

(1) 铁磁质在外磁场作用下,能产生很大的与外磁场同向的附加磁感应强度,即铁磁质具有很大的磁导率 μ。

(2) 铁磁质中的磁感应强度 $\boldsymbol{B}$ 和磁场强度 $\boldsymbol{H}$ 不是简单的正比关系。或者说,铁磁质的磁导率 μ 不是常数,而是随铁磁质中的 $\boldsymbol{H}$ 的不同而变化。当 $\boldsymbol{H}$ 的值不很大时,磁感应强度

B 的大小随 **H** 的增大而迅速增大；当 **H** 增大到一定程度时，**B** 的增大趋势明显地变缓以至于不再增大。这种现象称为**磁饱和**。

(3) 在外磁场消失后。铁磁质内部仍将保留部分磁性，这称为铁磁质的**剩磁**现象。欲消除铁磁质中的剩磁，可以给铁磁质加反向磁场。随着反向磁场强度的增大，剩磁开始减小。当反向磁场强度达到某个数值时，剩磁全部消失，把这时的反向磁场强度称为**矫顽力**。反向磁场强度继续增大时，铁磁质将开始反向磁化。

(4) 每种铁磁质各有一临界温度，称为**居里点**。当温度超过居里点时，铁磁质的铁磁性立即消失而变为普通的顺磁质。

2. 铁磁质的磁化机理

从物质的原子结构的观点来看，铁磁质内电子因自旋引起的相互作用是很强烈的，在这种作用下，铁磁质内形成了一些微小的自发磁化区域，叫作**磁畴**。磁畴的大小为10^{-12}～10^{-8} m^3。每一个磁畴中，各个电子的自旋磁矩排列得很整齐。在未磁化的铁磁质中，由于热运动，各个磁畴的排列方向是无序的，因而在宏观上对外界不显示磁性(图5-43(a))。当铁磁质处于外磁场中时，各个磁畴的磁矩都趋向于沿外磁场方向排列(图5-43(b))，使整个磁畴趋向外磁场方向。所以铁磁质在外磁场中的磁化程度非常大。当外磁场大到一定程度后，所有磁畴的磁矩方向都指向外磁场的方向，这时铁磁质就达到了磁饱和状态。如果在磁饱和后撤除外磁场，铁磁质将重新分裂为许多磁畴，但由于掺杂和内应力等的作用，磁畴并不能恢复到原来的去磁状态，因而表现出剩磁现象。当铁磁质的温度超过某一临界温度时，分子热运动加剧到了使磁畴瓦解的程度，从而使材料的铁磁性消失而变为顺磁性，这个温度就是居里温度或居里点。

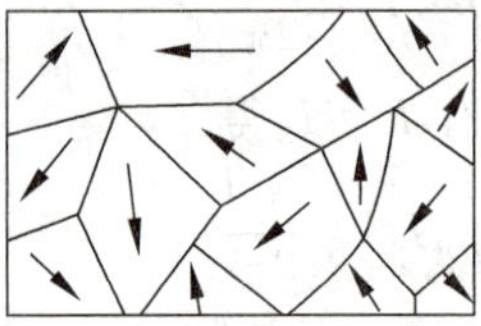
(a) 无外磁场

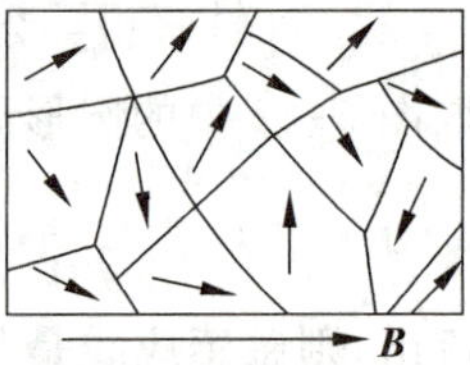

(b) 有外磁场

图5-43 磁畴

问题5-30 在外磁场中，顺磁质和铁磁质的磁化程度明显地依赖于温度，而抗磁质的磁化程度则几乎与温度无关，为什么？

习 题

5-1 如习题5-1图所示，弓形平面载流线圈 $acba$，acb 的圆心为 O，半径 $R=2$ cm，圆心角$\angle aOb=90°$，$I=40$ A。求圆心 O 点的磁感应强度。

5-2 将通有电流 I 的长直导线弯成如习题5-2图所示的形状，中间部分是圆心为 O、半径为 R 的半圆，左侧部分的延长线通过圆心 O，右侧部分与圆弧相切。求圆心 O 点处磁感应强度。

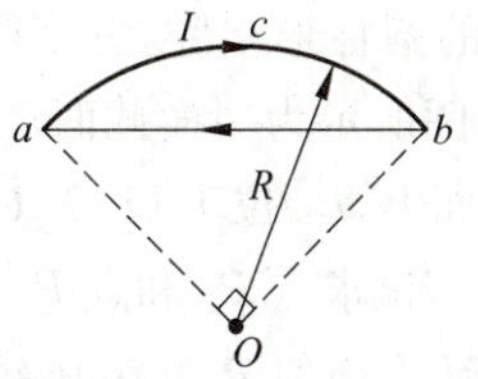

习题 5-1 图

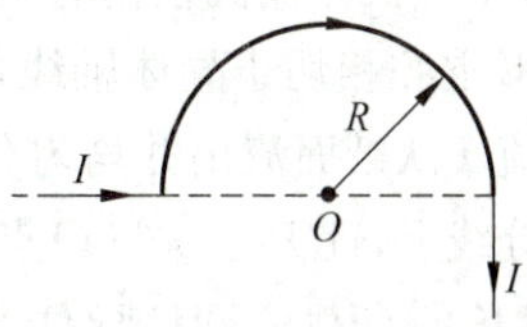

习题 5-2 图

5-3 两根长直导线互相平行地放置在真空中，其中通以同向的电流 $I_1 = I_2 = 10\ \text{A}$，如习题 5-3 图所示为一横截面，P 点位于截面内，与导线的垂线互相垂直，到两导线距离均为 0.5 m。求 P 点的磁感应强度。

5-4 圆形载流导线圆心处的磁感应强度的大小为 B_1，若保持导线中的电流强度不变，而将导线变成正方形，此时回路中心处的磁感应强度的大小为 B_2。试求 $B_1 : B_2$

5-5 如习题 5-5 图所示，一宽为 a 的薄长金属板均匀地分布电流 I。试求在薄板所在平面内、距板的一边为 a 的点 P 处的磁感应强度。

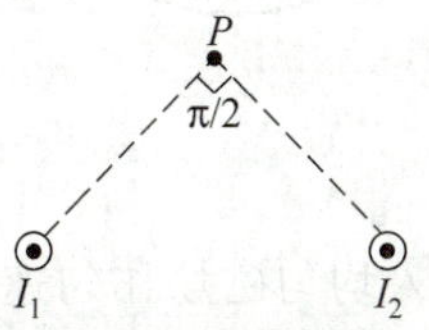

习题 5-3 图

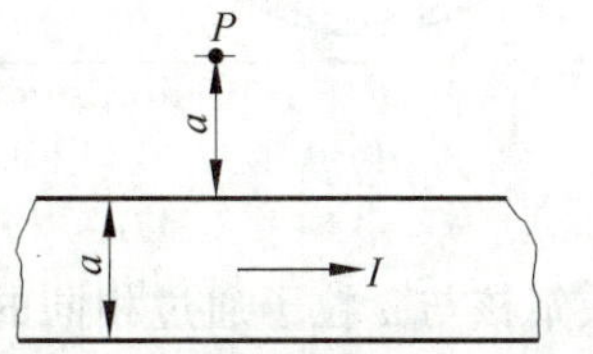

习题 5-5 图

5-6 在真空中有两个点电荷 $+q$ 和 $-q$，相距为 $3d$，它们都以角速度 ω 绕与两点电荷连线垂直的轴转动，$+q$ 到转轴的距离为 d。试求转轴与电荷连线交点处的磁场 $\boldsymbol{B}$。

5-7 玻尔氢原子模型中，电子绕原子核作圆轨道运动，圆轨道半径为 5.3×10^{-11} m，频率 $\nu = 6.8\times10^{15}$ Hz。求电子(1)在轨道中心产生的 $\boldsymbol{B}$ 的大小；(2)等效磁矩。

5-8 半径为 R 的薄圆盘均匀带正电，电量为 q。令此盘以角速度 ω 绕通过圆盘中心且垂直盘面的轴线匀速转动，求圆盘中心 O 处的磁感应强度。

5-9 如习题 5-9 图所示为一根很长的长直圆管形导体的横截面，内、外半径分别为 a 和 b，导体内载有沿轴线方向的电流 I，且电流 I 均匀分布在管的横截面上。试求导体内部的磁感应强度分布。

5-10 如习题 5-10 图所示，一无限长圆柱形导体管外半径为 R_1，管内空心部分的半径为 R_2，空心部分的轴线与圆柱的轴线相距 a，题图为其横截面。现有电流 I 沿导体管流动，电流均匀分布在管的横截面上，求：(1)圆柱轴线上磁感应强度的大小；(2)空心部分轴线上磁感应强度的大小。

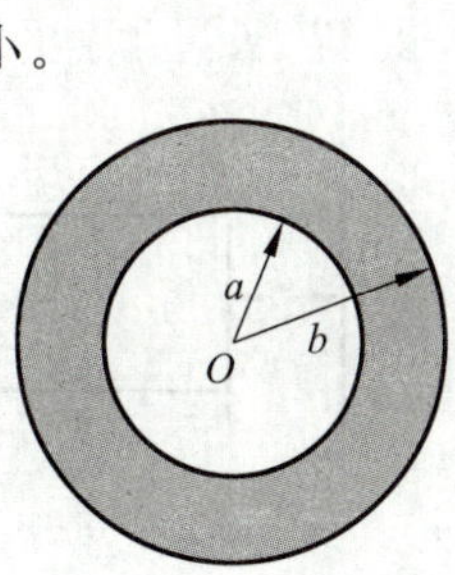

习题 5-9 图

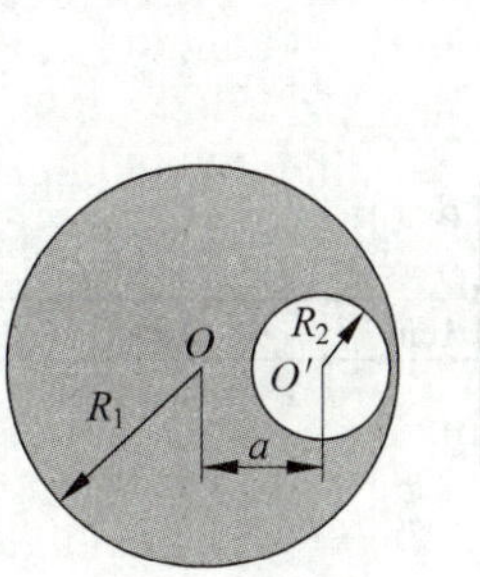

习题 5-10 图

5-11 半径为 a 的长导体圆柱内有两个直径为 a 的圆柱形空腔，三个圆柱的轴线共面且平行，从而两圆柱形空腔相切于导体轴线，如习题 5-11 图所示为一横截面，O、O_1、O_2 为三个圆柱截面圆圆心，电流 I 从纸面流出并均匀分布在导体截面上，P_1 位于 O、O_1、O_2 连线方向，P_2 位于 O_1O_2 的垂直平分线上，且 P_1、P_2 与 O 点的距离均为 r。试求点 P_1 和点 P_2 的磁感应强度 $\boldsymbol{B}$。

5-12 一根很长的直载流圆柱导体半径为 R，电流 I 均匀分布在其截面上。求通过一边在轴线上、长为 $2R$、宽为 h 的矩形（如习题 5-12 图所示的阴影部分）的磁通量。

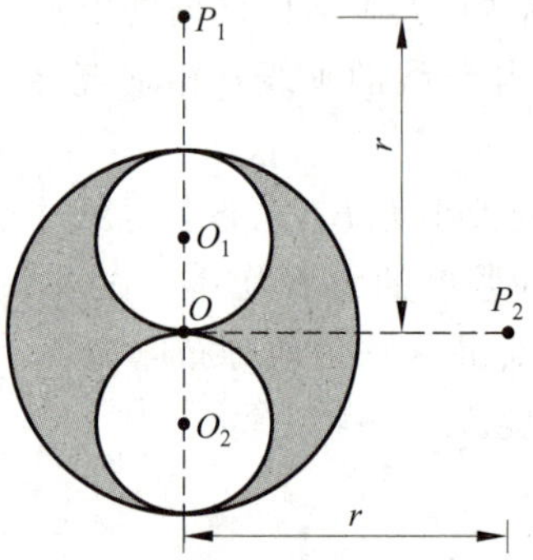

习题 5-11 图

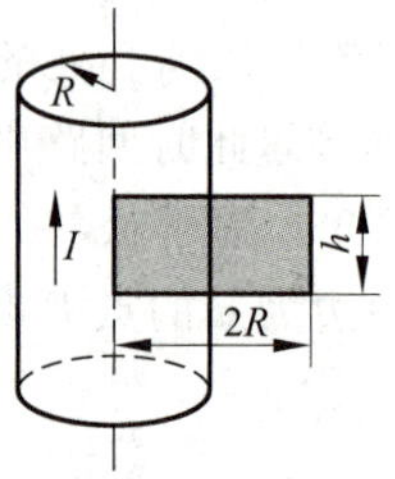

习题 5-12 图

5-13 质子、氘核与 α 粒子通过相同的电势差而进入均匀磁场作匀速圆周运动。(1)比较这些粒子动能的大小；(2)已知质子圆轨道的半径为 10 cm，求氘核和 α 粒子的轨道半径。

5-14 一个动能为 2000 eV 的正电子，射入磁感应强度 $B=0.1T$ 的均匀磁场中，其速度与 $\boldsymbol{B}$ 成 89°角。试求正电子螺旋运动的周期、螺距和半径。

5-15 在霍耳效应实验中，宽 $b=1.0$ cm、厚 $d=1.0\times10^{-3}$ cm 的导体沿长度方向通有 3.0A 且均匀分布在截面上的电流。当磁感应强度 $B=1.5$ T 的匀强磁场沿厚度方向时，导体中在宽度方向产生 1.0×10^{-5} V 的横向霍耳电压。求：(1)载流子的漂移速度；(2)每立方米的载流子数目；(3)假设载流子是电子，试画出该题所述的霍耳效应实验示意图。

5-16 长直导线 AB 载有电流 $I_1=20A$，其旁放一段导线 cd 通有电流 $I_2=10$ A，AB 与 cd 共面且互相垂直，有关尺寸如习题 5-16 图所示。试求导线 cd(1)所受的磁场力；(2)所受的磁场力对 O 点(cd 的延长线与 AB 的交点)的力矩。

5-17 无限长载流直导线通有电流 I_1，长为 a、宽为 b 的矩形线框 $ABCD$ 与直导线共面，AB 边与直导线平行，线框中通以电流 I_2，有关尺寸如习题 5-17 图所示。求：(1)电流 I_1 的磁场对线框每条边的磁力的大小和方向；(2)电流 I_1 的磁场对整个线框的磁力的大小和方向。

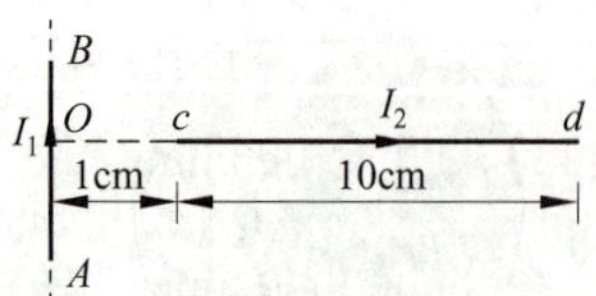

习题 5-16 图

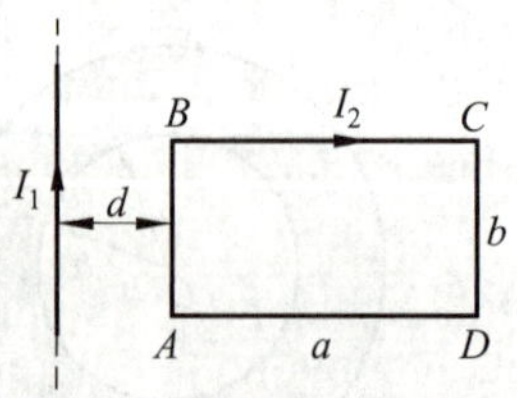

习题 5-17 图

5-18 如习题5-18图所示，半径$R=0.1$ m、匝数$N=1000$的半圆形闭合线圈载有电流$I=10$ A，放在匀强磁场中。已知$B=3.0\times10^{-2}$ T，如磁场方向与线圈平行，求：(1)线圈磁矩的大小和方向；(2)线圈所受到磁力矩的大小和方向。

5-19 截面积为$S=2.00$ mm^{2}的铜线，密度为$\rho=8.9\times10^3$ kg/m^3，弯成正方形的三边。如习题5-19图所示，该正方形可以绕水平光滑轴OO'转动。当导线处于方向竖直向上的匀强磁场中并通有电流$I=10A$时，正方形与竖直平面的夹角$\theta=15°$处于平衡状态。求磁感应强度$\boldsymbol{B}$的大小。

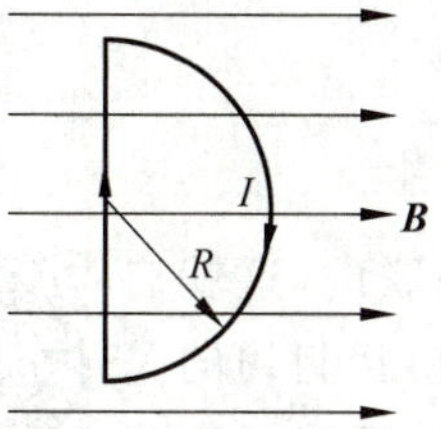

习题5-18图

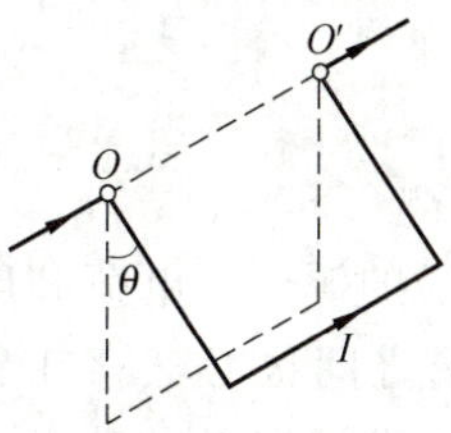

习题5-19图

5-20 半径为R的无限长圆柱形导体的相对磁导率为μ_r，沿圆柱的轴线方向均匀地通有电流，其电流密度为j。试求磁场强度$\boldsymbol{H}$和磁感应强度$\boldsymbol{B}$的分布。

5-21 螺绕环中心周长$L=10$ cm，环上线圈匝数$N=200$匝，线圈中通有电流$I=0.1$ A。(1)当管内是真空时，求管中心的磁场强度$\boldsymbol{H}$和磁感应强度$\boldsymbol{B}_0$；(2)若环内充满相对磁导率$\mu_r=4200$的磁性物质，则管内的$\boldsymbol{B}$和$\boldsymbol{H}$各是多少？*(3)磁性物质中心处由导线中传导电流产生的$\boldsymbol{B}_0$和由磁化电流产生的$\boldsymbol{B}'$各是多少？

第6章

电磁感应

激发电流和磁场的源——电荷和电流是互相关联的，这就启发人们：电场和磁场之间也必然存在着相互联系、相互制约的关系。电磁感应定律的发现以及位移电流概念的提出，阐明了**变化的磁场能够激发电场，变化的电场能够激发磁场，电场与磁场是紧密联系、不可分割的统一体**。本章讨论电磁感应现象的基本规律——法拉第电磁感应定律，产生感应电动势的两种情况——动生的和感生的，自感和互感现象的规律，磁场的能量，简要介绍位移电流的概念和麦克斯韦方程组。

法拉第　　麦克斯韦

6.1 电磁感应定律

6.1.1 法拉第电磁感应定律

电磁感应定律是建立在广泛的实验基础上的。例如：(1) 如图 6-1(a)所示，当闭合回路 $ABCD$ 中部分导体(CD)切割磁力线运动时，回路 $ABCD$ 中会产生感应电流；(2) 如图 6-1(b)所示，当通电螺线管 A 相对于闭合回路 A' 静止，但电流变化时，回路 A' 中会产生感应电流；(3) 如图 6-1(c)所示，当条形磁铁向着或者远离闭合线圈 A 运动时，线圈 A 中会产生感应电流。

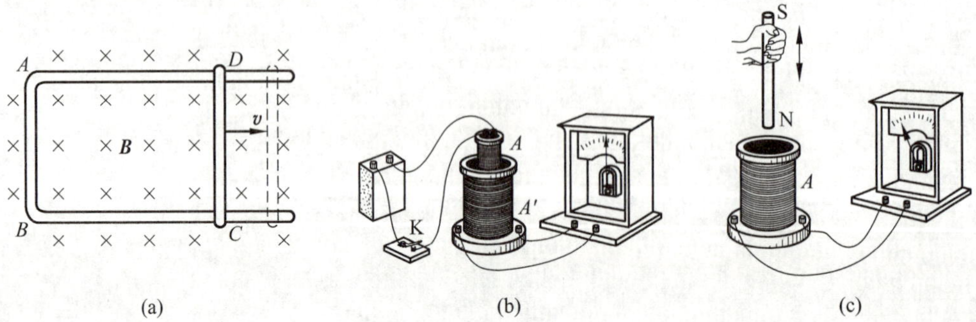

图 6-1　电磁感应现象三例

从以上实验可以看出，无论是使磁场保持不变，而使闭合回路在磁场中运动(图 6-1(a))，或者是使闭合回路(线圈)保持不动，而使闭合回路中的磁场发生变化(图 6-1(b)、图 6-1(c))，都可以在闭合回路中引起电流。这就是说，尽管在闭合回路中引起电流的方式有所不同，但都有一个共同点，即穿过闭合回路的磁通量发生了变化。于是可得出结论，当通过任一闭合导体回路所包围面积的磁通量发生变化时，回路中就会产生电流，这种现象叫**电磁感应现象**，产生的电流叫**感应电流**。回路中有电流的原因是其中有电动势，这种电动势称为**感应电动势**。其实即使回路不闭合，回路中也能产生感应电动势，只是不会形成感应电流。

实验表明，通过回路所包围面积的磁通量发生变化时，回路中的感应电动势 $\mathscr{E}_i$ 正比于磁通量对时间变化率的负值。这个结论叫作**法拉第电磁感应定律**。用公式表示就是

$$\mathscr{E}_i = -\frac{d\Phi_m}{dt} \tag{6-1}$$

如果回路是由 n 匝线圈串联而成，并且穿过每一回路的磁通量分别为 $\Phi_{m_1}, \Phi_{m_2}, \cdots, \Phi_{m_n}$，则串联线圈的总感应电动势 $\mathscr{E}_i$ 为

$$\mathscr{E}_i = \mathscr{E}_1 + \mathscr{E}_2 + \cdots + \mathscr{E}_n = -\frac{d\Phi_{m_1}}{dt} - \frac{d\Phi_{m_2}}{dt} - \cdots - \frac{d\Phi_{m_n}}{dt} = -\frac{d\Psi}{dt} \tag{6-2}$$

式中，$\Psi = \Phi_{m_1} + \Phi_{m_2} + \cdots + \Phi_{m_n}$ 称为**磁通匝链数或全磁通**，简称**磁链**。

实际问题时，常遇到穿过各匝线圈的磁通量都相同，即 $\Psi = n\Phi_m$，则

$$\mathscr{E}_i = -n\frac{d\Phi_m}{dt} \tag{6-3}$$

法拉第电磁感应定律表达式(6-1)中的负号反映感应电动势方向与磁通量变化状况的关系，是定律的重要组成部分。应用法拉第电磁感应定律确定感应电动势的方向，通常遵循以下步骤。

(1) 选择回路绕行正方向和回路所围面积正法线单位矢量 $\boldsymbol{e}_n$，应规定两者遵循右手螺旋定则(图 6-2)，在做出选择时，一般使通过回路所围面积的磁通量为正。

(2) 判断$\frac{d\Phi_m}{dt}$的正负，从而确定 $\mathscr{E}_i$ 的正负。

(3) 由 $\mathscr{E}_i$ 的正负与回路绕行正方向的关系确定 $\mathscr{E}_i$ 的方向。

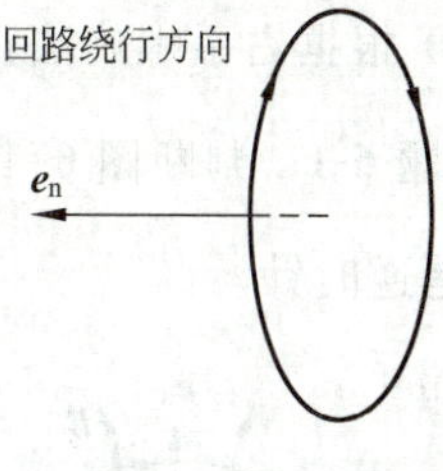

图 6-2 回路绕行正方向和回路所围面积的正法线单位矢量

若 $\mathscr{E}_i < 0$，则其方向与回路的绕行正方向相反；若 $\mathscr{E}_i > 0$，则其方向与回路的绕行正方向相同。

对于图 6-3(a)的情形，磁铁插入线圈，对应图中回路绕行正方向和 $\boldsymbol{e}_n$ 方向的选取，穿过线圈所包围面积的磁通量 Φ_m 为正值，且$\frac{d\Phi_m}{dt} > 0$，按照式(6-1)，$\mathscr{E}_i$ 是负的，这表明其方向与回路的绕行正方向相反。

对于图 6-3(b)的情形，磁铁从线圈抽出，Φ_m 仍为正值，但$\frac{d\Phi_m}{dt} < 0$，$\mathscr{E}_i$ 是正的，这表明其方向与回路的绕行正方向相同。

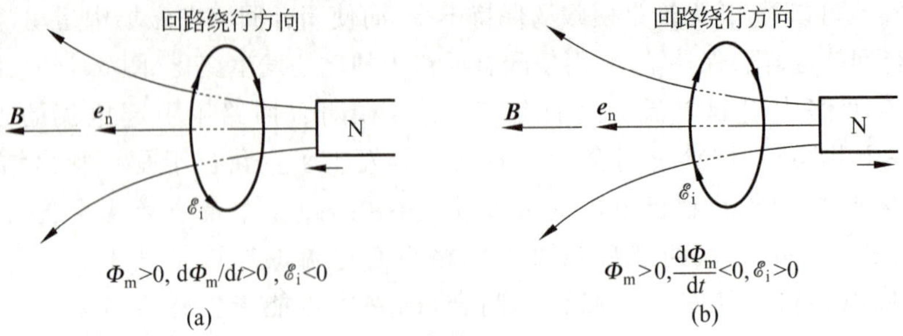

图 6-3 感应电动势方向的决定

6.1.2 楞次定律

闭合导体回路中的感应电动势将按自己的方向产生感应电流，产生的感应电流也将在导体回路中产生自己的磁场。对图 6-3(a)的情形，感应电流产生的磁场的磁通量向右；对图 6-3(b)的情形，感应电流产生的磁场的磁通量向左。和导致感应电流的磁场联系起来考虑，借助于式(6-1)中的负号所表示的感应电动势的方向的规律可以表述为：当穿过闭合导体回路所包围面积的磁通量发生变化时，在回路中就会有感应电流产生，此感应电流的方向总是使它自己的磁场穿过回路面积的磁通量，去抵偿引起感应电流的磁通量的改变。或表述为：闭合的导体回路中所出现的感应电流，总是使它自己所激发的磁场反抗任何引发电磁感应的原因，如反抗相对运动、磁场变化或线圈变形等。这个规律叫作**楞次定律**。

根据楞次定律判断感应电动势方向的步骤。

(1) 判断穿过闭合回路的磁通量沿什么方向，发生什么变化，即增加还是减少。

(2) 根据楞次定律来确定感应电流所激发的磁场与原来的磁场同向还是反向。

(3) 根据右手螺旋法则从感应电流产生的磁场方向确定感应电动势的方向。

问题 6-1 判断图 6-4 中 4 种情况下，Φ_m、$\frac{d\Phi_m}{dt}$、$\mathscr{E}_i$ 的正负，并说明 $\mathscr{E}_i$ 的绕行方向是顺时针，还是逆时针。

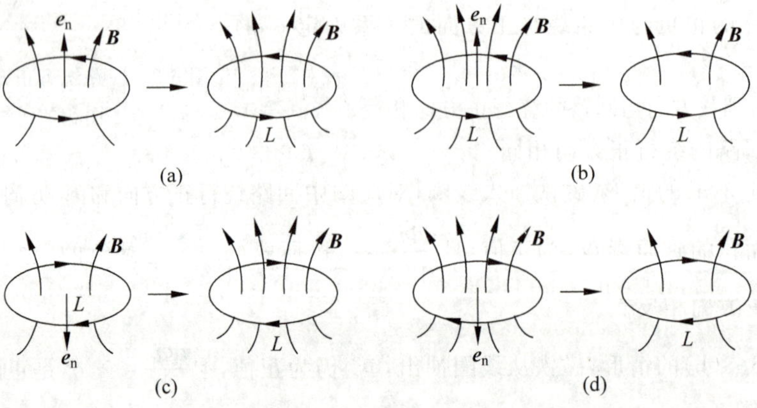

图 6-4 问题 6-1 图

问题 6-2 4 个矩形导体回路 a、b、c、d 的尺寸如图 6-5 所示。4 个回路都将以垂直于回路竖直边的恒定速度 $\boldsymbol{v}$ 穿过磁感应强度为 $\boldsymbol{B}$ 的均匀磁场，$\boldsymbol{B}$ 的方向垂直纸面向外。按照 4 个回路穿过磁场时感应电动势的最大值从小到大将其排序。

问题 6-3 楞次定律实际上是能量转化与守恒定律在电磁感应现象中的一种表现。结合图 6-3，说一说你对这一问题的理解。

例 6-1 如图 6-6 所示，长直导线通有交变电流 $I=I_0\sin\omega t$，式中 I_0 是电流振幅，ω 是角频率，I_0 和 ω 都是正常量。在长直导线旁平行放置边长分别为 a 和 b 的矩形线圈，线圈与直导线共面，靠近直导线的一边与直导线的距离为 d。求任一时刻线圈中的感应电动势。

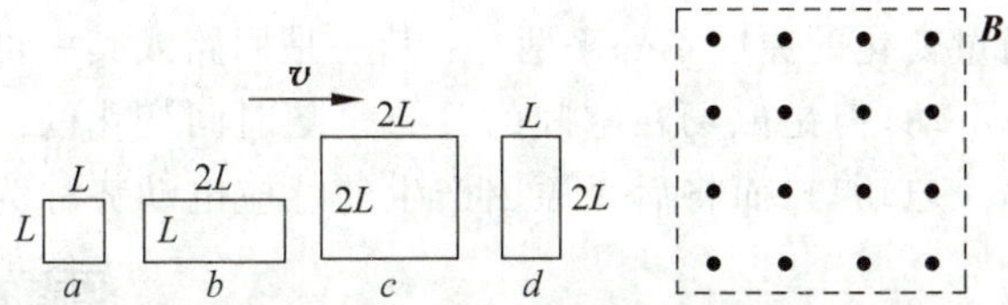

图 6-5 问题 6-2 图

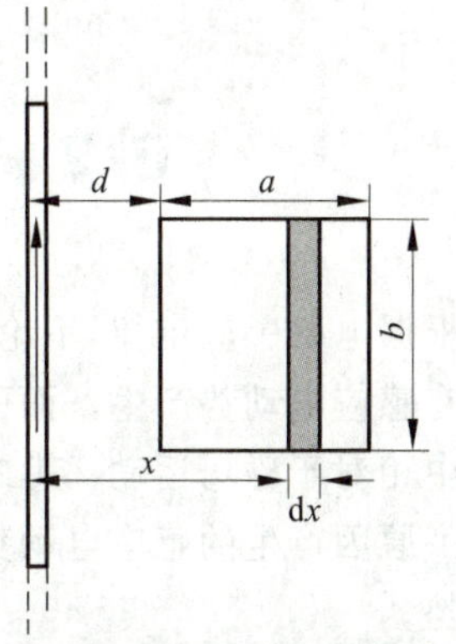

图 6-6 例 6-1 图

解 在任一时刻，距离直导线为 x 处的磁感应强度为

$$B=\frac{\mu_0}{2\pi}\frac{I}{x}$$

选顺时针的转向作为矩形线圈的绕行正方向，则通过图中阴影面积元 $\mathrm{d}S=b\mathrm{d}x$ 的磁通量为

$$\mathrm{d}\Phi_\mathrm{m}=B\cos 0°\mathrm{d}S=\frac{\mu_0}{2\pi}\frac{I}{x}b\,\mathrm{d}x$$

通过整个线圈的磁通量为

$$\Phi_\mathrm{m}=\int\mathrm{d}\Phi_\mathrm{m}=\int_d^{d+a}\frac{\mu_0 I}{2\pi x}b\,\mathrm{d}x=\frac{\mu_0 bI_0\sin\omega t}{2\pi}\ln\left(\frac{d+a}{d}\right)$$

感应电动势为

$$\mathscr{E}_\mathrm{i}=-\frac{\mathrm{d}\Phi_\mathrm{m}}{\mathrm{d}t}=-\frac{\mu_0 bI_0}{2\pi}\ln\left(\frac{d+a}{d}\right)\frac{\mathrm{d}}{\mathrm{d}t}(\sin\omega t)=-\frac{\mu_0 bI_0\omega}{2\pi}\ln\left(\frac{d+a}{d}\right)\cos\omega t$$

线圈内的感应电动势随时间按余弦规律变化，为正时，是顺时针绕向，为负时，是逆时针绕向。

问题 6-4 设例 6-1 中线圈的电阻为 R，求在时间间隔 $t_1\sim t_2$ 内通过线圈任一截面的电量。

例 6-2 如图 6-7 所示，均匀磁场与矩形导线回路面法线单位矢量 $\boldsymbol{e}_\mathrm{n}$ 间的夹角为 $\theta=\pi/3$。磁感应强度 $\boldsymbol{B}$ 的大小与时间成正比，即 $B=kt(k>0)$。长为 l 的边 ab 以垂直于 ab 的恒定速度 $\boldsymbol{v}$ 向右运动。设 $t=0$ 时，ab 边在 $x=0$

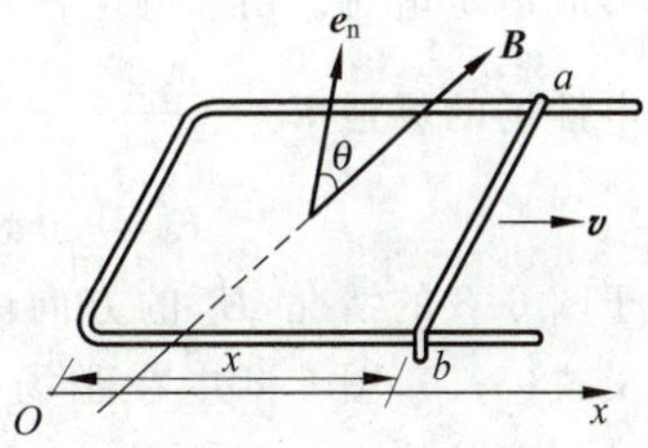

图 6-7 例 6-2 图

处，即与回路的左边重合。求任意时刻回路中的感应电动势的大小和方向。

解 考虑到图中所示的 $\boldsymbol{e}_n$ 方向，取回路的绕行正方向为逆时针。t 时刻金属杆 ab 距原点 O 的距离为 x，则穿过回路所包围面积的磁通量为

$$\Phi_m = \iint_S \boldsymbol{B}\cdot d\boldsymbol{S} = \iint_S B\,dS\cos\frac{\pi}{3} = \frac{B}{2}\iint_S dS = \frac{1}{2}BS = \frac{1}{2}Blx = \frac{1}{2}lkvt^2$$

根据法拉第电磁感应定律得

$$\mathscr{E}_i = -\frac{d\Phi_m}{dt} = -lkvt$$

负号说明 $\mathscr{E}_i$ 的绕行方向与回路绕行正方向相反，即为顺时针。

6.2 动生电动势和感生电动势

根据电磁感应定律，不论什么原因，只要穿过回路面积的磁通量发生了变化，在回路中就会有感应电动势产生。而引起磁通量变化的原因不外乎两种：其一是回路或其一部分在磁场中相对于磁场运动；其二是回路不动，但是磁场在空间的分布是随时间变化的。通常将前一原因产生的感应电动势称为**动生电动势**，而将后一原因产生的感应电动势称为**感生电动势**。

6.2.1 动生电动势

动生电动势的产生可用洛伦兹力来解释。如图 6-8 所示，均匀磁场的磁感应强度为 $\boldsymbol{B}$，$\boldsymbol{B}$ 的方向垂直于纸面向外。当长为 L 的导体棒 ab 以垂直于磁场的速度 $\boldsymbol{v}$ 在磁场中向右运动时，棒内的自由电子被带着以同一速度 $\boldsymbol{v}$ 向右运动，因而每个电子受到方向向上的非静电力——洛伦兹力 $\boldsymbol{F}_m = -e\boldsymbol{v}\times\boldsymbol{B}$，该力驱使电子沿棒由 b 向 a 运动，致使 a 端积累起负电荷，b 端积累起正电荷，从而在棒内建立起静电场。当作用在电子上的静电场力 $\boldsymbol{F}_e$ 与洛伦兹力 $\boldsymbol{F}_m$ 相平衡，即 $\boldsymbol{F}_e + \boldsymbol{F}_m = 0$ 时，a、b 两端间便有稳定的电势差。若将该段运动导体棒看作电源，电源的电动势即为动生电动势，方向由 a 指向 b（图 6-8）。如果该导体棒与导线构成闭合回路，则在回路中将出现感应电流。洛伦兹力 $\boldsymbol{F}_m$ 将源源不断地使电子从电源内部（导体棒），沿从 b 到 a 的方向输送到电源负极 a，这等效于源源不断地使正电荷从电源内部，沿从 a 到 b 的方向输送到电源正极 b，从而在电源正、负极（b、a）之间维持恒定的电势差，在回路中形成恒定电流。由非静电性场的场强 $\boldsymbol{E}_k$ 的定义（式(5-4)），得到与动生电动势对应的非静电性场的场强 $\boldsymbol{E}_k = \dfrac{\boldsymbol{F}_k}{-e} = \dfrac{\boldsymbol{F}_m}{-e} = \dfrac{-e(\boldsymbol{v}\times\boldsymbol{B})}{-e}$，即

$$\boldsymbol{E}_k = \boldsymbol{v}\times\boldsymbol{B} \tag{6-4}$$

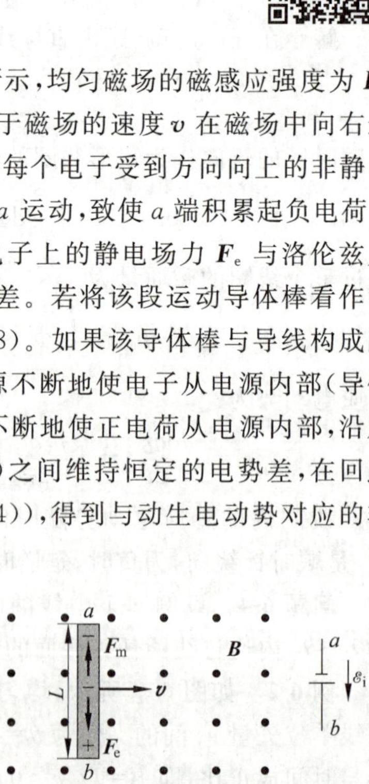

图 6-8 动生电动势

对于图 6-8 的情况，$\boldsymbol{E}_k$ 的方向由 a 指向 b。由电动势的定义式(5-5)，图 6-8 中在磁场中运动导体棒 ab 所产生的动生电动势为

$$\mathscr{E}_i = \int_L \boldsymbol{E}_k\cdot d\boldsymbol{l} = \int_a^b (\boldsymbol{v}\times\boldsymbol{B})\cdot d\boldsymbol{l}$$

$\boldsymbol{v}$ 与 $\boldsymbol{B}$ 均为恒矢量且互相垂直，$\boldsymbol{v}\times\boldsymbol{B}$ 的方向与 $\mathrm{d}\boldsymbol{l}$ 的方向相同，所以

$$\mathscr{E}_{\mathrm{i}}=\int_0^L\left(vB\sin\frac{\pi}{2}\right)\mathrm{d}l\cos 0=BLv$$

一般情况下，磁场可以不均匀，导体可以是任意形状，在导体运动时，各部分的速度可以不同，$\boldsymbol{v}$ 和 $\boldsymbol{B}$ 可以成任意角度 θ，$\boldsymbol{v}\times\boldsymbol{B}$ 与 $\mathrm{d}\boldsymbol{l}$ 可以成任意角度 α，有

$$\mathscr{E}_{\mathrm{i}}=\int_L\boldsymbol{E}_{\mathrm{k}}\cdot\mathrm{d}\boldsymbol{l}=\int_L(\boldsymbol{v}\times\boldsymbol{B})\cdot\mathrm{d}\boldsymbol{l}=\int_L(vB\sin\theta)\mathrm{d}l\cos\alpha \tag{6-5}$$

积分是沿运动的导线段进行。

应用式(6-5)求动生电动势的主要步骤如下。

(1) 选取微元 $\mathrm{d}\boldsymbol{l}$，各微元产生的动生电动势 $\mathrm{d}\mathscr{E}_{\mathrm{i}}=(vB\sin\theta)\mathrm{d}l\cos\alpha$，其中 θ 为 $\boldsymbol{v}$ 和 $\boldsymbol{B}$ 之间的夹角，α 为 $\boldsymbol{v}\times\boldsymbol{B}$ 和 $\mathrm{d}\boldsymbol{l}$ 之间的夹角。

(2) 统一积分变量，确定积分上下限，积分 $\mathscr{E}_{\mathrm{i}}=\int_L\mathrm{d}\mathscr{E}_{\mathrm{i}}$，积分值为正，说明 $\mathscr{E}_{\mathrm{i}}$ 指向与积分路径走向一致；积分值为负，说明 $\mathscr{E}_{\mathrm{i}}$ 指向与积分路径走向相反。

讨论 (1) 对闭合回路，仍然可以使用法拉第电磁感应定律计算动生电动势。

(2) 对非闭合回路，有时也可通过增加辅助线，构成闭合回路，从而使用法拉第电磁感应定律进行计算。

对于上述两种情况，一个关键的问题是要搞清闭合回路的电动势与待求动生电动势的关系。

例 6-3 如图 6-9 所示，长为 L 的铜棒 OP 在方向垂直于纸面向内的均匀磁场 $\boldsymbol{B}$ 中，沿顺时针方向绕位于端点的 O 轴在纸面内以角速度 ω 转动。求棒中的动生电动势。

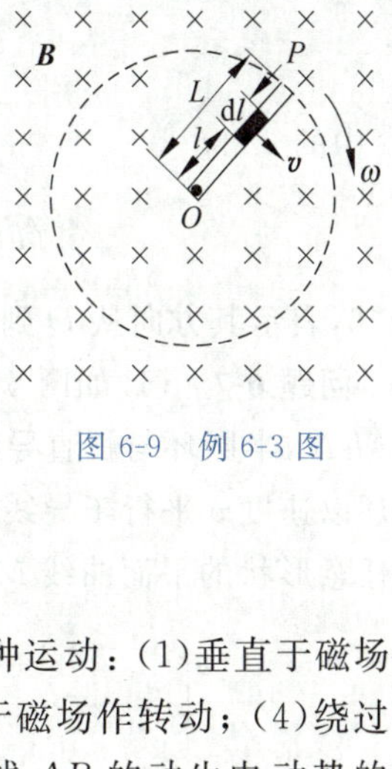

图 6-9 例 6-3 图

解 取积分路径从 O 到 P，在铜棒上距 O 为 l 处取线元 $\mathrm{d}\boldsymbol{l}$，其速度大小为 $v=\omega l$，且 $\boldsymbol{v}$ 与 $\boldsymbol{B}$ 垂直，$\boldsymbol{v}\times\boldsymbol{B}$ 和 $\mathrm{d}\boldsymbol{l}$ 方向相同，即

$$\mathrm{d}\mathscr{E}_{\mathrm{i}}=(\boldsymbol{v}\times\boldsymbol{B})\cdot\mathrm{d}\boldsymbol{l}=vB\sin\frac{\pi}{2}\mathrm{d}l\cos 0=l\omega B\,\mathrm{d}l$$

方向从 O 到 P。各个线元 $\mathrm{d}\boldsymbol{l}$ 上产生的动生电动势 $\mathrm{d}\mathscr{E}_{\mathrm{i}}$ 的指向相同，整个铜棒产生的动生电动势为

$$\mathscr{E}_{\mathrm{i}}=\int_L\mathrm{d}\mathscr{E}_{\mathrm{i}}=\int_0^L l\omega B\,\mathrm{d}l=\frac{1}{2}L^2\omega B$$

问题 6-5 如图 6-10 所示，导线 AB 在均匀磁场 $\boldsymbol{B}$ 作下列四种运动：(1)垂直于磁场作平动；(2)绕固定端点 A 垂直于磁场作转动；(3) 绕中点 O 垂直于磁场作转动；(4)绕过中点 O 且垂直于磁场的轴在平行于磁场的平面内作转动。关于导线 AB 的动生电动势的哪个结论是错误的？(　　)。

(A) (1)有动生电动势，A 端为高电势　(B) (2)有动生电动势，B 端为高电势

(C) (3) 动生电动势为零　(D) (4)无动生电动势

问题 6-6 (1)如图 6-11 所示，在方向垂直于纸面向外的均匀磁场 $\boldsymbol{B}$ 中，半圆形闭合回路 $ADCA$ 绕点 A 在纸面内以角速度 ω 逆时针旋转时，半圆 ADC 部分与直径 AC 部分的电动势的大小是否相等？各是多少？(2)如果将回路的半圆 ADC 部分换成任意形状的平面曲线，再回答上述问题。

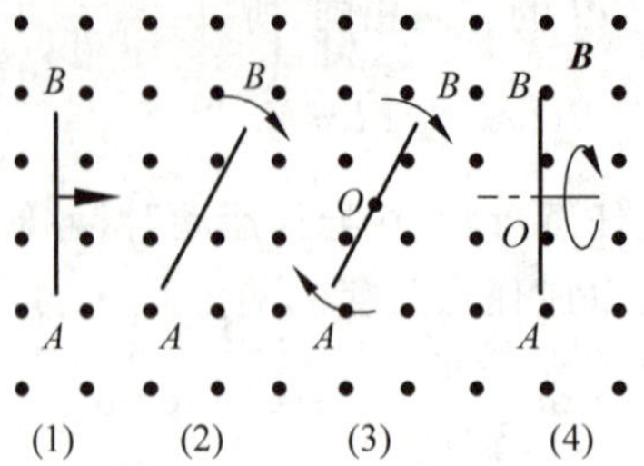

图 6-10 问题 6-5 图

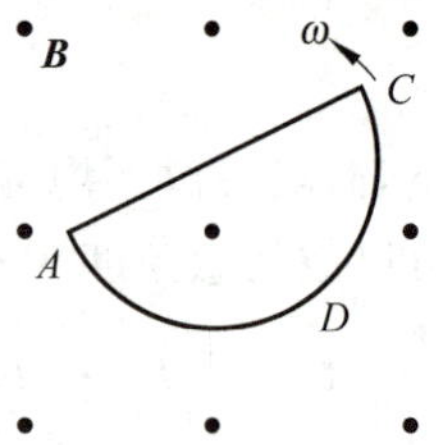

图 6-11 问题 6-6 图

例 6-4 如图 6-12 所示,无限长载流导线 AB 通有电流 I,导体细棒 CD 与 AB 共面并互相垂直,CD 长为 l,端点 C 距 AB 为 a,CD 以速度 $\boldsymbol{v}$ 平行于 AB 运动。求 CD 中的动生电动势。

解 取积分路径从 C 到 D,在距 AB 为 x 处取线元 $\mathrm{d}x$,AB 在线元处产生的磁感应强度 $\boldsymbol{B}$ 的大小为

$$B=\frac{\mu_0 I}{2\pi x}$$

方向垂直纸平面向里。$\boldsymbol{v}$ 与 $\boldsymbol{B}$ 互相垂直,$\boldsymbol{v}\times\boldsymbol{B}$ 方向沿从 D 到 C 方向,即与积分路径反向,由此,$\mathrm{d}x$ 在运动过程中产生的动生电动势为

$$\begin{aligned}\mathrm{d}\mathscr{E}_{\mathrm{i}}&=(\boldsymbol{v}\times\boldsymbol{B})\cdot\mathrm{d}\boldsymbol{l}=vB\sin\frac{\pi}{2}\mathrm{d}x\cos\pi\\&=-vB\,\mathrm{d}x=-v\frac{\mu_0 I}{2\pi x}\mathrm{d}x\end{aligned}$$

CD 中的 $\mathscr{E}_{\mathrm{i}}$ 为

$$\mathscr{E}_{\mathrm{i}}=\int\mathrm{d}\mathscr{E}_{\mathrm{i}}=\int_a^{a+l}-v\frac{\mu_0 I}{2\pi x}\mathrm{d}x=-\frac{\mu_0 I v}{2\pi}\ln\frac{a+l}{a}$$

$\mathscr{E}_{\mathrm{i}}<0$,表示其方向从 D 到 C。

问题 6-7 (1)如图 6-13 所示,载有电流 I 的长直导线附近放一半径为 R 的导体半圆环 MeN,半圆环与长直导线共面,且直径 MN 与长直导线垂直,环心 O 与导线相距 a。设半圆环以速度 $\boldsymbol{v}$ 平行于导线平移,求半圆环内动生电动势 $\mathscr{E}_{\mathrm{i}}$ 的大小和方向。(2)如将半圆环换成任意形状的平面曲线 MeN,且 MN 连线方向与长度均不变,再进行上述求解。

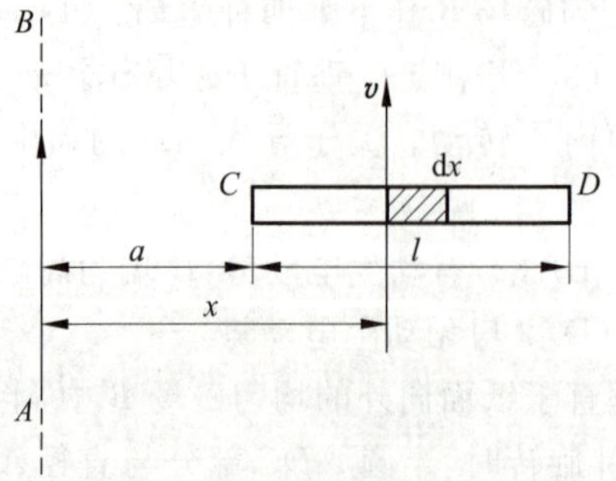

图 6-12 例 6-4 图

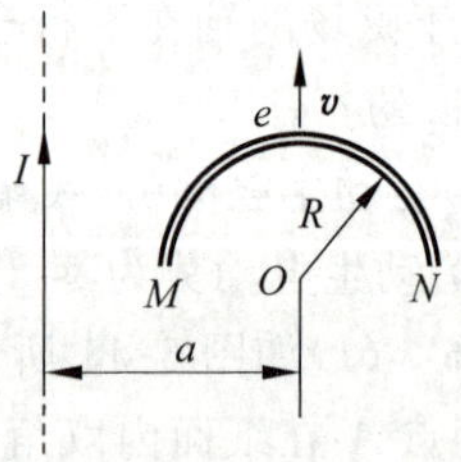

图 6-13 问题 6-7 图

问题 6-8 例 6-3 和例 6-4 可以通过增加辅助线，构成闭合回路，用法拉第电磁感应定律计算。试计算之。

6.2.2 感生电动势

1. 感生电场和感生电动势

如前节所述，导体在磁场中运动产生动生电动势，其非静电力是洛伦兹力。在因磁场变化而产生感生电动势的情况下，由于回路未动，非静电力不可能是洛伦兹力。那么产生感生电动势的非静电力是什么力呢？对此，麦克斯韦提出：变化的磁场能够在空间激发一种电场，这种电场叫**感生电场**或**涡旋电场**，是引起感生电动势的非静电性场。

用 $\boldsymbol{E}_{\mathrm{i}}$ 表示感生电场的场强，由电动势的定义式(5-5)，则有

$$\mathscr{E}_{\mathrm{i}} = \oint_L \boldsymbol{E}_{\mathrm{i}} \cdot \mathrm{d}\boldsymbol{l} \tag{6-6}$$

由法拉第电磁感应定律

$$\mathscr{E}_{\mathrm{i}} = -\frac{\mathrm{d}\Phi_{\mathrm{m}}}{\mathrm{d}t} = -\frac{\mathrm{d}}{\mathrm{d}t}\iint_S \boldsymbol{B} \cdot \mathrm{d}\boldsymbol{S}$$

因为感生电场的产生源自于磁场的变化，所以在计算磁通量的随时间变化率$\frac{\mathrm{d}\Phi_{\mathrm{m}}}{\mathrm{d}t}$时，不必考虑闭合回路的运动或回路的变化所引起的磁通量的变化，从而可以把对时间的导数和对曲面 S 积分的两个运算的顺序交换，上式可写成

$$\mathscr{E}_{\mathrm{i}} = -\iint_S \frac{\partial \boldsymbol{B}}{\partial t} \cdot \mathrm{d}\boldsymbol{S} \tag{6-7}$$

式中，$\partial \boldsymbol{B}/\partial t$ 是闭合回路所围面积内某点的磁感应强度随时间的变化率。结合式(6-6)与式(6-7)，得

$$\oint_L \boldsymbol{E}_{\mathrm{i}} \cdot \mathrm{d}\boldsymbol{l} = -\iint_S \frac{\partial \boldsymbol{B}}{\partial t} \cdot \mathrm{d}\boldsymbol{S} \tag{6-8}$$

式(6-8)明确反映出**变化的磁场能激发电场**。感生电场的存在与是否有导体回路无关。如果有导体回路存在，感生电场的作用驱使导体中的电荷作定向运动，从而显示出感应电流；如果不存在导体回路，就没有感应电流，但是变化的磁场所激发的电场还是客观存在的。

说明 式(6-8)中的负号给出 $\boldsymbol{E}_{\mathrm{i}}$ 线的绕行方向和所围的$\partial \boldsymbol{B}/\partial t$ 的方向成左手螺旋关系(图 6-14)，这与 6.1.1 节中应用法拉第电磁感应定律或 6.1.2 节中应用楞次定律决定感应电动势方向的结果完全一致。

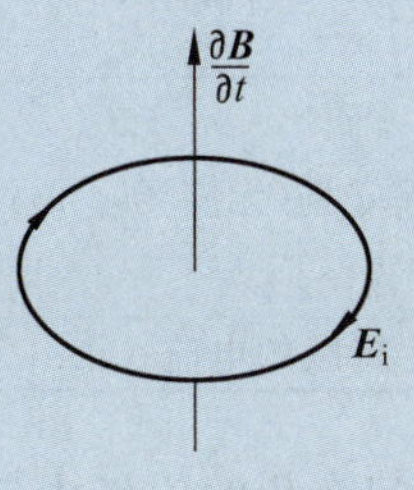

图 6-14 $\boldsymbol{E}_{\mathrm{i}}$ 线和$\partial \boldsymbol{B}/\partial t$ 成左手螺旋关系

感生电动势的计算：

(1) 对闭合回路，由式(6-7)，可以通过计算$\partial \boldsymbol{B}/\partial t$对回路所围面积的积分得到。

(2) 对非闭合回路，若磁场在空间分布具有对称性，可由式(6-8)求出$\boldsymbol{E}_i$的空间分布，然后再由$\mathscr{E}_i=\int_L \boldsymbol{E}_i\cdot \mathrm{d}\boldsymbol{l}$计算。有时也可通过添加辅助线构成闭合回路再进行计算，这时要搞清闭合回路的电动势与待求电动势的关系。

注意　在计算感生电动势时，对于闭合回路，与6.1.1节中应用法拉第电磁感应定律确定感电动势的方向的方法相同，按照右手螺旋定则确定回路绕行正方向和回路所围面积正法线单位矢量$\boldsymbol{e}_n$，$\boldsymbol{E}_i$线和$\mathscr{E}_i$的实际绕行方向都要结合回路绕行正方向确定。

2. 普遍情况下电场的安培环路定理

一般情况下，空间电场$\boldsymbol{E}$是静电场$\boldsymbol{E}_e$和感生电场$\boldsymbol{E}_i$的叠加，即

$$\boldsymbol{E}=\boldsymbol{E}_e+\boldsymbol{E}_i$$

而$\oint_L \boldsymbol{E}_e\cdot \mathrm{d}\boldsymbol{l}=0$，所以，式(6-8)变为

$$\oint_L \boldsymbol{E}\cdot \mathrm{d}\boldsymbol{l}=-\iint_S \frac{\partial \boldsymbol{B}}{\partial t}\cdot \mathrm{d}\boldsymbol{S} \tag{6-9}$$

式(6-9)是**普遍情况下电场的安培环路定理**，是电磁学的基本方程之一。

3. 两种电场——静电场　感生电场

麦克斯韦提出涡旋电场具有重大意义，扩大了人们对电场的了解，即除了静电场外还有涡旋电场。静电场由电荷产生，是有源无旋场；涡旋电场由变化的磁场产生，是无源有旋场。两者产生的原因不同，性质也不同，但两者的共同点是都能对电荷有作用力，所以都称为电场。表6-1给出两种电场性质的比较。

表6-1　感生电场与静电场的性质比较

		静　电　场	感　生　电　场
成因		静止的电荷	变化的磁场
场的性质	相同点	两种电场对放入其中的电荷都有作用力	
	相异点	电场线起始于正电荷，终止于负电荷，电场线不闭合	电场线是闭合的
		$\oint_S \boldsymbol{E}_e\cdot \mathrm{d}\boldsymbol{S}=\frac{1}{\varepsilon_0}\sum_i q_i$　有源场	$\oint_S \boldsymbol{E}_i\cdot \mathrm{d}\boldsymbol{S}=0$　无源场
		$\oint_L \boldsymbol{E}_e\cdot \mathrm{d}\boldsymbol{l}=0$　保守场(无旋场)	$\oint_L \boldsymbol{E}_i\cdot \mathrm{d}\boldsymbol{l}=-\iint_S \frac{\partial \boldsymbol{B}}{\partial t}\cdot \mathrm{d}\boldsymbol{S}$ 非保守场(有旋场)
		不能在导体内产生持续的电流	可以在导体内产生感生电动势和电流

问题6-9　一个带电粒子在随时间变化的磁场中运动，其速度的大小是否会发生变化？为什么？

问题 6-10 如图 6-15 所示，U 形金属导轨宽$\overline{cd}=L$。导轨所在空间的磁场的磁感应强度大小随时间变化的规律为 $B=t^2/2$，方向与导轨平面垂直。若 $t=0$ 时，导轨上的导线$\overline{ab}$由与$\overline{cd}$重合处开始以速度 $\boldsymbol{v}$ 向右匀速滑动。分别求出任意时刻 t，金属框中动生电动势 $\mathscr{E}_{动}$ 和感生电动势 $\mathscr{E}_{感}$。

例 6-5 均匀磁场 $\boldsymbol{B}$ 被局限在半径为 R 的圆筒内，$\boldsymbol{B}$ 与筒的轴线平行，$\frac{\mathrm{d}B}{\mathrm{d}t}>0$，图 6-16 为一横截面。求筒内外感生电场 $\boldsymbol{E}_\mathrm{i}$ 的分布。

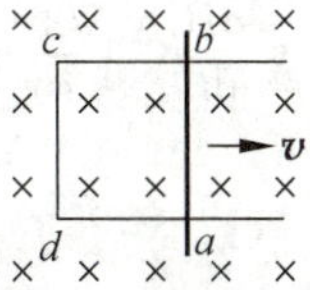

图 6-15 问题 6-10 图

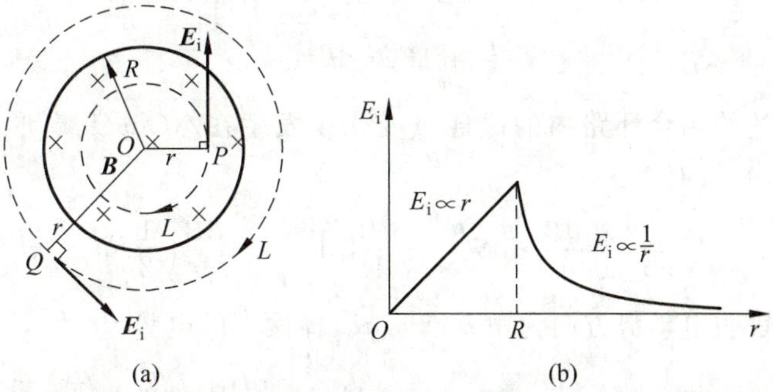

图 6-16 例 6-5 图

解 根据磁场分布的轴对称性可知，在圆柱内、外，感生电场的电场线都是位于圆柱横截面且圆心在圆柱轴线上的同心圆，在同一条电场线上，$\boldsymbol{E}_\mathrm{i}$ 的大小相同。过待求场点作半径为 r 的圆形回路 L，回路的绕行方向与 $\boldsymbol{B}$ 的方向构成右手螺旋关系(图 6-16(a))。

$$\oint_L \boldsymbol{E}_\mathrm{i}\cdot\mathrm{d}\boldsymbol{l}=\oint_L E_\mathrm{i}\mathrm{d}l=E_\mathrm{i}2\pi r=-\iint_S\frac{\partial\boldsymbol{B}}{\partial t}\cdot\mathrm{d}\boldsymbol{S}$$

$$\boldsymbol{E}_\mathrm{i}=-\frac{1}{2\pi r}\iint_S\frac{\partial\boldsymbol{B}}{\partial t}\cdot\mathrm{d}\boldsymbol{S}$$

(1) 当 $r<R$，即所考察的点在筒内

$$\iint_S\frac{\partial\boldsymbol{B}}{\partial t}\cdot\mathrm{d}\boldsymbol{S}=\pi r^2\frac{\mathrm{d}B}{\mathrm{d}t}$$

$$E_\mathrm{i}=-\frac{1}{2}r\frac{\mathrm{d}B}{\mathrm{d}t}$$

(2) 当 $r>R$，即所考察的点在筒外

$$\iint_S\frac{\partial\boldsymbol{B}}{\partial t}\cdot\mathrm{d}\boldsymbol{S}=\pi R^2\frac{\mathrm{d}B}{\mathrm{d}t}$$

$$E_\mathrm{i}=-\frac{R^2}{2r}\frac{\mathrm{d}B}{\mathrm{d}t}$$

因为$\frac{\mathrm{d}B}{\mathrm{d}t}>0$，所以 $E_\mathrm{i}<0$，圆筒内外 $\boldsymbol{E}_\mathrm{i}$ 的方向如图 6-16(a)所示，与规定的正方向相反。用楞次定律可直接判断出电场线的绕行方向。图 6-16(b)给出 $\boldsymbol{E}_\mathrm{i}$ 的大小 E_i 随离轴线距离 r 的变化曲线。

例 6-6 在半径为 R 的圆柱形体积内充满磁感应强度为 $\boldsymbol{B}$ 的均匀磁场，$\boldsymbol{B}$ 方向平行于圆柱的轴线且垂直于纸面向内，图 6-17 为一横截面。有一长为 $2R$ 的金属棒$\overline{ab}$位于该横截

面内，棒的一半在磁场内，另一半在磁场外（$ac=cb$），且端点 a 位于圆柱边沿上。设$\frac{\mathrm{d}B}{\mathrm{d}t}>0$，求棒两端的电势差 U_{ab}。

解 如图 6-17 所示，增加 Oa 和 Ob，构成取闭合环路 $OacbO$，该回路的感生电动势为

$$\mathscr{E}_{\mathrm{i}}=\oint_L \boldsymbol{E}_{\mathrm{i}}\cdot \mathrm{d}\boldsymbol{l}=\int_{Oa}\boldsymbol{E}_{\mathrm{i}}\cdot \mathrm{d}\boldsymbol{l}+\int_{acb}\boldsymbol{E}_{\mathrm{i}}\cdot \mathrm{d}\boldsymbol{l}+\int_{bO}\boldsymbol{E}_{\mathrm{i}}\cdot \mathrm{d}\boldsymbol{l}$$

由例 6-5 可知，在 Oa、bO 段上，$\boldsymbol{E}_{\mathrm{i}}\perp \mathrm{d}\boldsymbol{l}$，积分值为零，故

$$\mathscr{E}_{\mathrm{i}}=\int_{acb}\boldsymbol{E}_{\mathrm{i}}\cdot \mathrm{d}\boldsymbol{l}=\mathscr{E}_{ab}$$

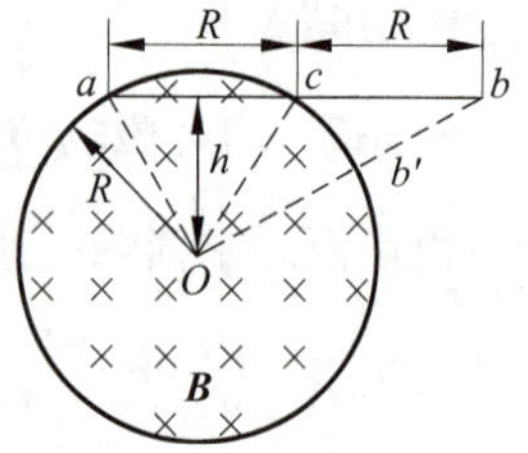

图 6-17 例 6-6 图

而上述的闭合环路内的磁通量变化仅发生在△Oac 及扇形 Ocb' 区域内，故有

$$\mathscr{E}_{ab}=\mathscr{E}_{\mathrm{i}}=-\iint_S \frac{\partial \boldsymbol{B}}{\partial t}\cdot \mathrm{d}\boldsymbol{S}=-\frac{\mathrm{d}B}{\mathrm{d}t}\iint_S \mathrm{d}S=-\frac{\mathrm{d}B}{\mathrm{d}t}\left(\frac{1}{2}Rh+\pi R^2\,\frac{30^\circ}{360^\circ}\right)=-\frac{\mathrm{d}B}{\mathrm{d}t}R^2\left(\frac{\sqrt{3}}{4}+\frac{\pi}{12}\right)$$

负号表明电动势方向为由 b 指向 a。棒两端的电势差

$$U_{ab}=\frac{\mathrm{d}B}{\mathrm{d}t}R^2\left(\frac{\sqrt{3}}{4}+\frac{\pi}{12}\right)$$

问题 6-11 由例 6-5 求出的感生电场 $\boldsymbol{E}_{\mathrm{i}}$ 分布，应用 $\mathscr{E}_{ab}=\int_a^b \boldsymbol{E}_{\mathrm{i}}\cdot \mathrm{d}\boldsymbol{l}$ 求解例 6-6。

问题 6-12 随时间线性变化的均匀磁场被限制在圆柱面内，磁感应强度 $\boldsymbol{B}$ 的方向平行于圆柱轴线且垂直于纸面向内，图 6-18 为一横截面，O 为圆截面的圆心。L_1 是以 O 为圆心的圆形闭合回路；L_2 是以 O 为圆心的圆环扇形闭合回路 $MNPQ$。问：L_1 和 L_2 上每一点的$\frac{\partial \boldsymbol{B}}{\partial t}$是否为零？感生电场是否为零？$\oint_{L_1}\boldsymbol{E}_{\mathrm{i}}\cdot \mathrm{d}\boldsymbol{l}$ 和 $\oint_{L_2}\boldsymbol{E}_{\mathrm{i}}\cdot \mathrm{d}\boldsymbol{l}$ 是否为零？

问题 6-13 圆柱形空间存在着轴向均匀磁场，图 6-19 为一横截面，O 为圆截面的圆心。B 以$\frac{\mathrm{d}B}{\mathrm{d}t}$的速率在变化。在磁场中有两点 a、b，如在其间分别放置直导线$\overline{ab}$和弯曲导线$\widehat{acb}$，则（ ）。

(A) 感生电动势只在导线$\overline{ab}$中产生

(B) 感生电动势只在弯曲导线$\widehat{acb}$产生

(C) 在$\overline{ab}$和$\widehat{acb}$两者中均产生感生电动势，且两者大小相等

(D) 在$\overline{ab}$和$\widehat{acb}$两者中均产生感生电动势，$\overline{ab}$的感生电动势小于$\widehat{acb}$的感生电动势

图 6-18 问题 6-12 图

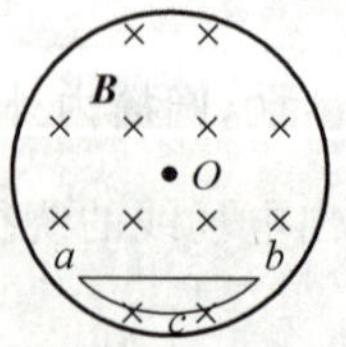

图 6-19 问题 6-13 图

4. 感生电场在科学技术中的应用

(1) 电子感应加速器

应用感生电场加速电子的电子感应加速器，是感生电场存在的最重要的例证之一。

电子感应加速器结构如图 6-20 所示，在电磁铁的两磁极间放置一个环形真空室。电磁铁线圈中通以交变电流，在两磁极间产生交变磁场，交变磁场又在真空室内激发涡旋电场。电子由电子枪注入环形真空室时，在磁场施加的洛伦兹力和涡旋电场的电场力共同作用下做加速圆周运动。由于电场和磁场都是周期性变化的，只有在涡旋电场的方向与电子绕行方向相反时，电子才能得到加速，所以每次电子注入并得到加速后要在涡旋电场改变方向之前把电子引出使用。分析表明，电子得到加速的时间只是交变电流周期 T 的四分之一。这个时间虽短，但由于电子注入真空时初速度相当大，所以在加速的短短时间内，电子已在环内加速绕行了几十万圈。小型电子感应加速器可把电子加速到 0.1～1 MeV，用来产生 X 射线。大型的加速器可使电子能量达数百 MeV，用于科学研究。

(2) 涡电流

当大块导体放在变化着的磁场中或相对于磁场运动时，在这块导体中也会出现感应电流。这种在金属导体内部自成闭合的电流称为**涡电流**，如图 6-21 所示。由于在金属导体中电流流经的横截面积很大，电阻很小，所以涡电流可以很大，能释放出大量焦耳热，这就是感应加热的原理。

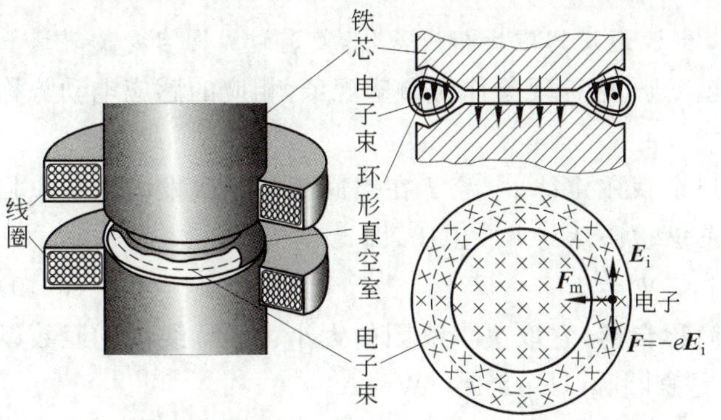

(a) 结构示意图　(b) 磁极及真空室中电子的轨道

图 6-20 电子感应加速器结构原理图

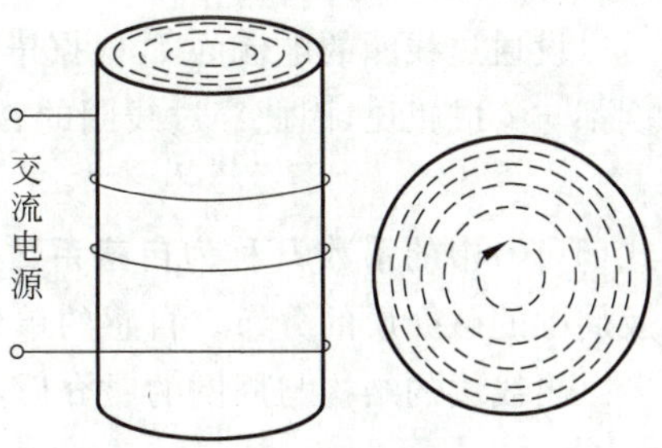

图 6-21 涡电流

用涡电流加热的方法有很多独特的优点。这种方法是在物料内部各处同时加热，而不是把热量从外面逐层地传导进去。用这种方法还可以把被熔金属和坩埚放在真空中，使被熔金属不致在高温下氧化。还有一些需要在高度真空下工作的电子器件，如电子管、示波管、显微管等在用一般的方法抽空后，被置于高频磁场内，其中的金属部分隔着玻璃管子也被加热，温度升高后，吸附在金属表面上的少许残存气体被释放出来，由抽气机抽出，可使之达到更高的真空。

理论分析表明，涡电流强度与交变电流的频率有关。原因如下：感应电动势与磁通量随时间的变化率成正比，而磁通量随时间的变化率又与交变电流的频率成正比，所以感应电动势从而涡电流应与交变电流的频率成正比。在可以忽略涡电流自身激发磁场的情况下,根据电流产生的热量与电流的二次方成正比的焦耳定律,便可知道涡电流所产生的热量与交变电流的频率的二次方成正比。这也就是在熔化金属时,通常采用高频电炉的原因。

大块金属导体在磁场中运动时,导体上产生涡流。反过来,有涡电流的导体又受到磁场的安培力的作用。根据楞次定律,安培力阻碍金属导体在磁场中的运动,这就是**电磁阻尼**的原理。例如磁电式电表中或电气机车的电磁制动器中的阻尼装置,就是应用涡电流实现其阻尼作用的。

涡电流产生的热效应虽然有着广泛的应用,但是在有些情况下有很大的弊害。例如,在发电机和变压器的铁芯中常常因涡电流产生无用的热量,不仅造成电能浪费,而且会因铁芯严重发热而不能正常工作。为了减小涡流损耗,一般变压器、电机及其他交流仪器的铁芯不采用整块材料,而是用相互绝缘的薄片(如硅钢片)或细条叠合而成,使涡流受绝缘的限制,只能在薄片范围内流动,于是增大了电阻,减小了涡电流,使损耗降低。

6.3 自感和互感

6.3.1 自感

当一个线圈的电流发生变化时,该电流激发的磁场相应变化,使通过线圈自身的磁通量也发生变化,从而在线圈中产生感应电动势,这种现象称为**自感现象**,相应的感应电动势称为**自感电动势**。

设通过线圈的电流为 I,根据毕奥-萨伐尔定律,电流 I 在空间任一点激发的磁感应强度都与 I 成正比,因此穿过线圈的磁链 Ψ 也必然与 I 成正比,即

$$\Psi = LI \tag{6-10}$$

式(6-10)中的系数 L 称为**自感系数**,简称**自感**,它取决于线圈的大小、形状、线圈的匝数以及周围的磁介质的分布。自感的单位是亨[利](H),1H=1Wb/A。

当线圈的结构与周围的磁介质不变,则 L 为常数,线圈中自感电动势为

$$\mathscr{E}_L = -\frac{\mathrm{d}\Psi}{\mathrm{d}t} = -L\frac{\mathrm{d}I}{\mathrm{d}t} \tag{6-11}$$

式(6-11)中的负号是楞次定律的数学表示,它指出自感电动势将反抗线圈中电流的改变。也就是说,电流增加时,自感电动势与原来电流的方向相反;电流减少时,自感电动势与原来电流的方向相同。

实际问题中,L 的计算极为复杂,往往需要根据式(6-11)通过实验测定。只有极少数简单情形可按式(6-10)计算。其主要步骤是:

(1) 假设线圈中通有电流 I,计算电流 I 在线圈内产生的磁场;

(2) 计算通过线圈的磁链 Ψ;

(3) 由式(6-10),即 $L=\dfrac{\Psi}{I}$求出 L。

例 6-7 长直螺线管长为 l,横截面积为 S,线圈的匝数为 N,管中介质的磁导率为 μ。试求其自感 L。

解 设线圈电流为 I,管内的磁感应强度的大小为

$$B=\mu\frac{N}{l}I$$

通过每匝线圈的磁通量为

$$\Phi_m=BS=\mu\frac{N}{l}IS$$

通过 N 匝线圈的磁链为

$$\Psi=N\Phi_m=\mu\frac{N^2}{l}IS$$

由 $\Psi=LI$,有

$$L=\mu\frac{N^2}{l}S$$

设螺线管单位长度上线圈的匝数为 n,体积为 V,有 $n=N/l$ 和 $V=lS$,故上式可变形为

$$L=\mu n^2V$$

由于计算中忽略了边缘效应,所以计算值是近似的,实际测量值比计算值要小些。

问题 6-14 对于单层密绕螺线管的自感,判断下列各说法的正误。所谓密绕,就是相邻线圈紧密相靠。

(A) 将螺线管的半径增大 1 倍,则自感为原来的 4 倍。

(B) 换用比原来导线直径大 1 倍的导线密绕,则自感为原来的 1/4。

(C) 在原来密绕的情况下,用同样直径的导线再顺序密绕一层,则自感为原来的 2 倍。所谓顺序,就是使两层线圈的电流流向一致。

(D) 在原来密绕的情况下,用同样直径的导线再反序密绕一层,则自感为零。所谓反序,就是使两层线圈的电流流向相反。

例 6-8 如图 6-22 所示,一根电缆由共轴的两个薄壁金属筒构成,半径分别为 a、b,电流 I 从内筒端流入,经外筒端流出,两筒之间充满磁导率为 μ 的介质。求单位长度同轴电缆的自感。

解 这种电缆可视为单匝回路,其磁通量为通过任一长方形截面的磁通量。截面的长为两金属筒与以轴线为始边的半平面的交线,宽为 $b-a$。由例 5-10 的结果知,筒间距轴 r 处的磁感应强度的大小为

$$B=\frac{\mu I}{2\pi r}$$

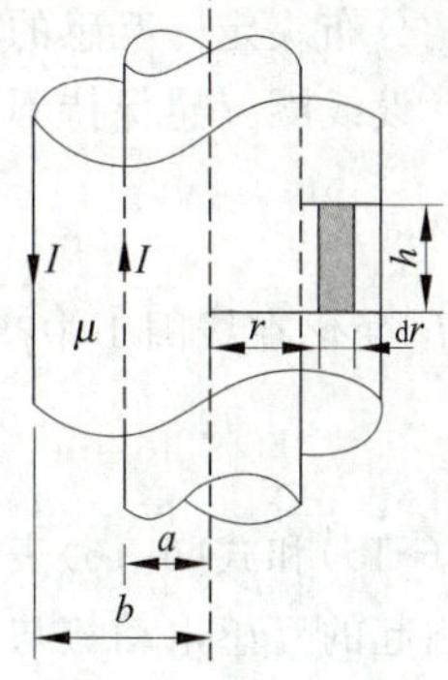

图 6-22 电缆的自感计算

取长为 h 的一段电缆来考虑,穿过阴影面积磁通量为

$$d\Phi_m=\boldsymbol{B}\cdot d\boldsymbol{S}=BdS=Bh\,dr$$

$$\Phi_m=\int d\Phi_m=\int_a^b\frac{\mu Ih}{2\pi r}dr=\frac{\mu Ih}{2\pi}\ln\frac{b}{a}$$

$$L=\frac{\Phi_m}{I}=\frac{\mu h}{2\pi}\ln\frac{b}{a}$$

单位长度的电缆自感为

$$L_0 = \frac{L}{h} = \frac{\mu}{2\pi}\ln\frac{b}{a}$$

从例6-7和例6-8的结果可以看到，螺线管的自感只与螺线管自身结构和所处介质环境有关，与电流无关。

6.3.2 互感

如图6-23所示，有两相邻线圈1和2，当线圈1中的电流变化时，其激发的磁场也随之变化。这样，在它相邻的线圈2中就有感应电动势产生。同样，当线圈2中的电流变化时，也会在线圈1中产生感应电动势。这种现象称为**互感现象**，所产生的电动势称为**互感电动势**。

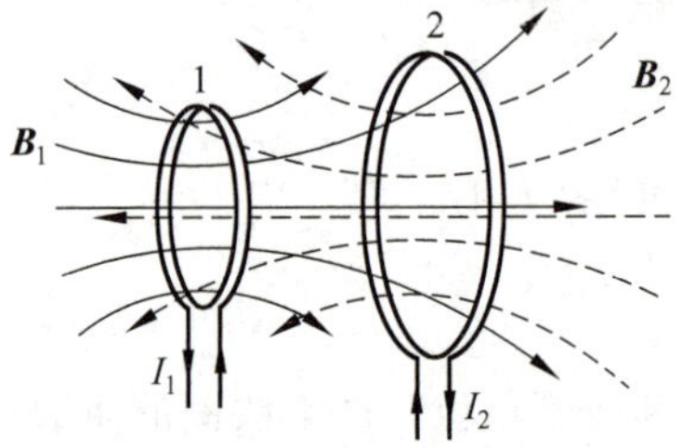

图6-23 互感现象

设线圈1中电流为 I_1，根据毕奥-萨伐尔定律可知，它所激发的磁场应与 I_1 成正比，从而此磁场通过线圈2的磁链 Ψ_{21} 也与 I_1 成正比，即

$$\Psi_{21} = M_{21} I_1 \tag{6-12}$$

同理，如果线圈2通有电流 I_2，它激发的磁场在线圈1中的磁链 Ψ_{12} 为

$$\Psi_{12} = M_{12} I_2 \tag{6-13}$$

式(6-12)和式(6-13)中的 M_{21} 和 M_{12} 称为**互感系数**，简称**互感**。理论和实验证明 M_{21} 和 M_{12} 相等，用 M 来表示。

$$M_{21} = M_{12} = M \tag{6-14}$$

在不存在铁磁质情形下，M 由两只线圈的几何形状、大小、匝数、相对位置以及周围的磁介质的分布决定。互感的单位也为亨(H)。

设线圈互感保持不变，由 I_1 变化在线圈2中产生的互感电动势为

$$\mathscr{E}_{21} = -\frac{\mathrm{d}\Psi_{21}}{\mathrm{d}t} = -M\frac{\mathrm{d}I_1}{\mathrm{d}t} \tag{6-15}$$

由 I_2 变化在线圈1中产生的互感电动势为

$$\mathscr{E}_{12} = -\frac{\mathrm{d}\Psi_{12}}{\mathrm{d}t} = -M\frac{\mathrm{d}I_2}{\mathrm{d}t} \tag{6-16}$$

式(6-15)和式(6-16)表明，当一个线圈中的电流随时间的变化率一定时，则在另一个线圈中引起的互感电动势与互感成正比。所以互感是表征相互感应强弱的一个物理量，或说是两个电路耦合程度的量度。

互感的计算与自感相似，其主要步骤如下：

(1) 假设线圈1中通有电流 I_1，计算电流 I_1 产生的磁场；

(2) 计算 I_1 的磁场通过另一线圈2的磁链 Ψ_{21}；

(3) 由式(6-12)计算 M。

问题6-15 三个半径十分接近的圆形线圈相隔的距离很近，如何放置可使它们两两之间的互感最小？

例 6-9 一密绕的螺绕环的内、外半径远大于环的横截面的线度，单位长度的匝数为 $n=2000/\text{m}$，环的横截面积为 $S=10\ \text{cm}^2$，另一个 $N=10$ 匝的小线圈套绕在环上，如图 6-24 所示。(1)求两个线圈间的互感；(2)当螺绕环中的电流变化率为 $\dfrac{dI}{dt}=10\ \text{A/s}$ 时，求在小线圈中产生的互感电动势的大小。

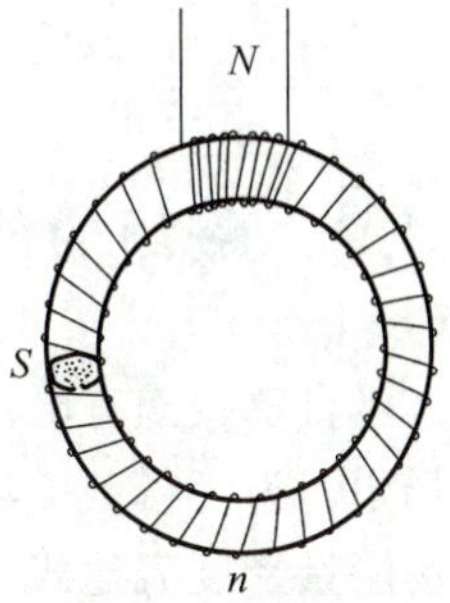

图 6-24 螺旋环与小线圈间互感

解 螺绕环中磁感应强度的大小

$$B=\mu_0 nI$$

通过 N 匝小线圈的磁链为

$$\Psi_N=N\Phi_m=N\mu_0 nIS$$

根据互感的定义可得螺绕环与小线圈间的互感为

$$M=\frac{\Psi_N}{I}=\mu_0 nNS=4\pi\times10^{-7}\times2000\times10\times10\times10^{-4}$$

$$\approx2.5\times10^{-5}(\text{H})=25\ (\mu\text{H})$$

(2) 小线圈中产生的互感电动势大小

$$\mathscr{E}_{21}=\left|-M\frac{dI_1}{dt}\right|=250\ \mu\text{V}$$

6.4 磁场能量

在电流激发磁场的过程中，是要供给能量的，所以磁场应具有能量。

6.4.1 自感磁能

如图 6-25 所示，当 S 闭合后，回路中的电流不能突变，而是从零逐渐增大到稳定值 I。在电流增长的过程中，线圈中将产生自感电动势，对电流的增长起阻碍作用。要维持电流的持续增长，电源必须克服自感电动势做功，从而消耗电源的电能并转化为线圈磁场的能量储存起来。根据功能原理，电源克服自感电动势做的功等于线圈中磁场能量的增量。

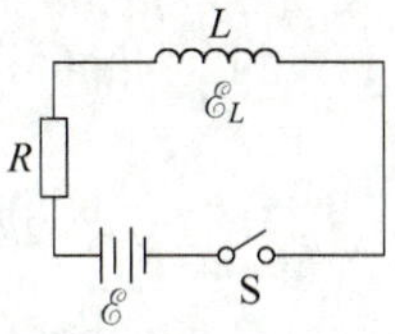

图 6-25 磁场能量的建立

设某一瞬时线圈中的电流为 i，自感电动势为 $\mathscr{E}_L=-L\dfrac{di}{dt}$，在 dt 时间内电源克服自感电动势做的功为

$$dW=-\mathscr{E}_L i\,dt=L\frac{di}{dt}i\,dt=Li\,di$$

在电流从零逐渐增大到稳定值 I 的整个过程中，电源克服自感电动势做的总功为

$$W=\int dW=\int_0^I Li\,di=\frac{1}{2}LI^2$$

因此，自感为 L 的线圈通有电流 I 时所具有的磁能(**自感磁能**)为

$$W_m = \frac{1}{2}LI^2 \tag{6-17}$$

6.4.2 磁场的能量

当自感线圈有电流通过时，在线圈中就建立了磁场，所以自感线圈中的能量实际储存在磁场中。为了得到磁场能量与磁感应强度 B 之间的关系，我们以长直螺线管为特例，导出磁场能量密度表达式。长直螺线管的自感为

$$L = \mu n^2 V$$

代入式(6-17)可得通有电流 I 的长直螺线管的磁场能量为

$$W_m = \frac{1}{2}LI^2 = \frac{1}{2}\mu n^2 V I^2$$

由于长直螺线管的磁场 $B=\mu n I$，所以上式可写作

$$W_m = \frac{1}{2}\frac{B^2}{\mu}V$$

定义单位体积内的磁能为**磁场能量密度**（或称**磁能密度**），用 w_m 表示，则

$$w_m = \frac{1}{2}\frac{B^2}{\mu} \tag{6-18}$$

上式虽然是从特例导出，可以证明它是普遍适用的。w_m 的单位是焦/米^3(J/m^3)。

总磁能 W_m 等于对磁场分布的空间积分，即

$$W_m = \iiint_V w_m \mathrm{d}V = \iiint_V \frac{1}{2}\frac{B^2}{\mu}\mathrm{d}V \tag{6-19}$$

例 6-10 如图 6-26 所示，同轴电缆中金属芯线的半径为 R_1，共轴金属圆筒的半径为 R_2，中间为真空。若芯线与圆筒分别与电池两极相接，芯线与圆筒上的电流大小相等、方向相反。设可略去金属芯线内的磁场，求此同轴电缆芯线与圆筒之间单位长度中储存的磁能和自感。

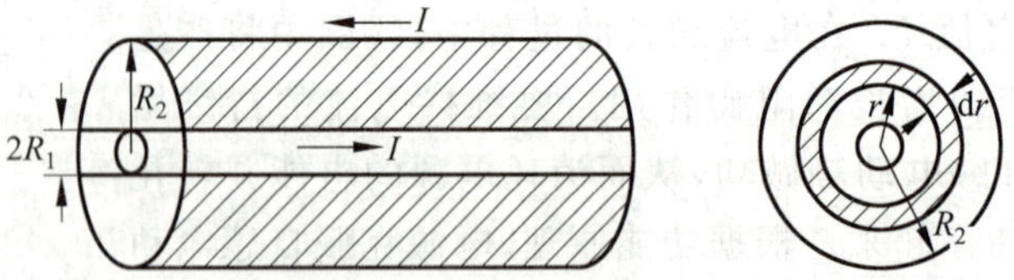

图 6-26 例 6-10 图

解 由题意知，金属芯线内的磁场可视为零，又由安培环路定理可求得圆筒外部的磁场亦为零，这样只有 $R_1<r<R_2$ 的区域中存在磁场，离开轴线为 r 处的磁感应强度大小为

$$B = \frac{\mu_0 I}{2\pi r}$$

磁场能量密度

$$w_m = \frac{1}{2}\frac{B^2}{\mu_0} = \frac{\mu_0 I^2}{8\pi^2 r^2}$$

取底面半径为 r、厚度为 dr、长度为 1 的体积元，该体积元的磁场能量为

$$dW_m = w_m dV = \frac{\mu_0 I^2}{8\pi^2 r^2} 2\pi r dr = \frac{\mu_0 I^2}{4\pi}\frac{dr}{r}$$

单位长度上的磁能

$$W_m = \iiint_V w_m dV = \frac{\mu_0 I^2}{4\pi}\int_{R_1}^{R_2}\frac{dr}{r} = \frac{\mu_0 I^2}{4\pi}\ln\frac{R_2}{R_1}$$

由式(6-17)知单位长度的自感

$$L = \frac{2W_m}{I^2} = \frac{\mu_0}{2\pi}\ln\frac{R_2}{R_1}$$

从本例可知，应用线圈自感磁能公式(6-17)，通过计算磁场能量提供了求自感的另一种方法。

问题 6-16　如图 6-27 所示，真空中两条相距为 $2a$ 的平行长直导线通有大小相等、方向相反的电流 I，O、P 两点与两导线在同一平面上，与导线距离如图所示。求 O、P 两点的磁场能量密度。

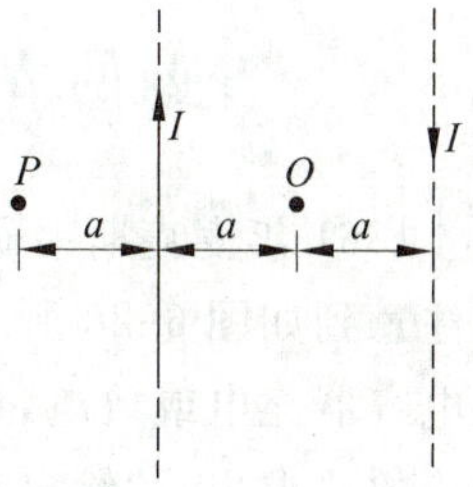

图 6-27　问题 6-16 图

6.5　普遍的安培环路定理　麦克斯韦方程组

6.5.1　安培环路定理应用于非稳恒电流时所遇到的问题

稳恒电流激发的稳恒磁场满足安培环路定理 $\oint_L \boldsymbol{B}\cdot d\boldsymbol{l} = \mu_0 \sum_i I_{ci}$，为与下面要引入的位移电流 I_d 相区别，这里对传导电流加上下标 c。现在讨论一个含有电容器的回路。

图 6-28(a)、(b)分别表示平板电容器充电和放电时的情况。不论是充电或放电，在同一时刻，通过电路中导体上任何截面的传导电流依然相等，但在电容器两极板之间传导电流 I_c 中断。在图 6-28(a)中，任取闭合回路 L，以 L 为边界作 S_1 和 S_2 两个曲面，其中 S_1 与导线相交，而 S_2 伸展到两极板之间，从而电流 I_c 只穿过曲面 S_1 而不穿过曲面 S_2。现在对回路 L 使用安培环路定理求 $\oint_L \boldsymbol{B}\cdot d\boldsymbol{l}$。

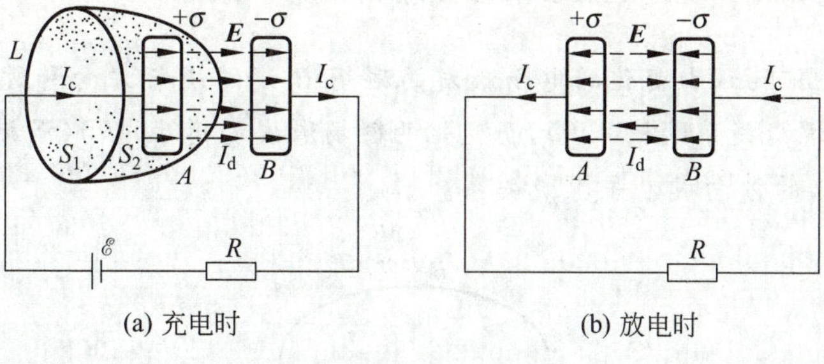

图 6-28　L 环路环绕不闭合电流

对于 S_1，由于穿过 S_1 的电流为 I_c，得到

$$\oint_L \boldsymbol{B}\cdot d\boldsymbol{l} = \mu_0 I_c$$

但对于 S_2，由于穿过 S_2 的电流为 0，得到

$$\oint_L \boldsymbol{B}\cdot \mathrm{d}\boldsymbol{l}=0$$

显然，在同一个回路上磁场的环流不同，由于沿同一闭合路径，$\boldsymbol{B}$ 的环流只能有一个值，所以这里明显地出现了矛盾。它说明以式(5-16)的形式表示的安培环路定理不适用于非恒定电流的情况。

6.5.2 普遍的安培环路定理

1861 年麦克斯韦研究电磁场的规律时，想把安培环路定理推广到非恒定电流的情况。他注意到如图 6-28 所示的电容器充电或放电的情况下，在电流断开处，即两平行板之间，无论电容器充电或放电，这里的**电场是变化的**。他大胆地假设这电场的变化和磁场相联系，从理论的要求出发，给出在没有电流的情况下这种联系的定量关系为

$$\oint_L \boldsymbol{B}\cdot \mathrm{d}\boldsymbol{l}=\mu_0\varepsilon_0\frac{\mathrm{d}\Phi_{\mathrm{e}}}{\mathrm{d}t}=\mu_0\varepsilon_0\iint_S\frac{\partial \boldsymbol{E}}{\partial t}\cdot \mathrm{d}\boldsymbol{S} \tag{6-20}$$

式中，S 是以闭合路径 L 为边线的任意形状的曲面。此式说明：和变化电场相联系的磁场沿闭合路径 L 的环流等于以该路径为边线的任意曲面的电通量 Φ_{e} 对时间的变化率的 $\mu_0\varepsilon_0$（即 $1/c^2$）倍。电场和磁场的这种联系常被称为**变化的电场产生磁场**，式(6-20)是变化电场产生磁场的基本规律。

如果一个面上有传导电流通过，同时还有变化的电场存在，则磁场沿此面的边线 L 的环流由下式决定：

$$\oint_L \boldsymbol{B}\cdot \mathrm{d}\boldsymbol{l}=\mu_0\left(\sum_i I_{\mathrm{c}i}+\varepsilon_0\iint_S\frac{\partial \boldsymbol{E}}{\partial t}\cdot \mathrm{d}\boldsymbol{S}\right) \tag{6-21}$$

这一公式被称为**推广了的或普遍的安培环路定理**。应当强调指出，在麦克斯韦这一假设基础上所导出的结果，都与实验符合得很好。式(6-21)是电磁学的基本定律之一。其中 $\varepsilon_0\iint_S\frac{\partial \boldsymbol{E}}{\partial t}\cdot \mathrm{d}\boldsymbol{S}$ 曾被麦克斯韦称为通过面 S 的**位移电流**，通常用 I_{d} 表示。将传导电流与位移电流合在一起称为**全电流** I，即 $I=\sum_i I_{\mathrm{c}i}+I_{\mathrm{d}}$。于是式(6-21)表示磁感应强度沿任意闭合曲线的环流等于穿过该曲线为边界的任意曲面的全电流的 μ_0 倍。

讨论 由式(6-20)可知，由变化的电场激发的磁场 $\boldsymbol{B}$ 线的绕行方向和所围的 $\partial \boldsymbol{E}/\partial t$ 的方向成右手螺旋关系(图 6-29)，而变化的磁场激发的感生电场(涡旋电场) $\boldsymbol{E}_{\mathrm{i}}$ 线和所围的 $\partial \boldsymbol{B}/\partial t$ 的方向成左手螺旋关系。

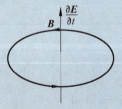

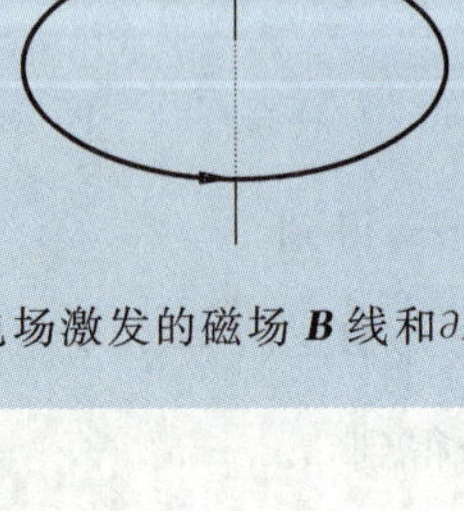

图 6-29 由变化的电场激发的磁场 $\boldsymbol{B}$ 线和 $\partial \boldsymbol{E}/\partial t$ 成右手螺旋关系

位移电流与传导电流的性质比较，如表 6-2 所示。

表 6-2　传导电流和位移电流的性质比较

	传导电流	位移电流
相同	都以相同的规律激发磁场	
相异	(1) 由在电场作用下自由电荷的定向运动所引起	(1) 由变化的电场引起，与电荷的宏观移动无直接关系
	(2) 只存在于导体、电解液等实物内	(2) 存在于电场变化的空间(包括实物内、真空中等)
	(3) 通过电阻时产生热效应，且遵守焦耳-楞次定律	(3) 一般不引起热效应，即使变化的电场引起束缚电荷的微观移动，也有热效应，但不遵守焦耳-楞次定律

例 6-11　现对一半径 $R=3.0\ \mathrm{cm}$ 的圆形平行平板空气电容器充电。在某一时刻充电电路上的传导电流 $I_c=2.5\ \mathrm{A}$。若略去电容器的边缘效应，求此刻两极板间离开轴线的距离 $r=2.0\ \mathrm{cm}$ 处点 P 的磁感应强度。

解　两极板间的电场

$$E=\frac{\sigma}{\varepsilon_0}=\frac{q}{\pi\varepsilon_0 R^2}$$

得

$$\frac{\mathrm{d}E}{\mathrm{d}t}=\frac{1}{\pi\varepsilon_0 R^2}\frac{\mathrm{d}q}{\mathrm{d}t}=\frac{I_c}{\pi\varepsilon_0 R^2}$$

如图 6-30 所示，由于两板间的电场对圆形平板具有轴对称性，所以磁场的分布也具有轴对称性，磁力线都是垂直于电场而圆心在圆板中心轴线上的同心圆，其绕向与$\frac{\mathrm{d}\boldsymbol{E}}{\mathrm{d}t}$的方向成右手螺旋关系。取半径为 r 的圆周为安培环路 L，$\boldsymbol{B}$ 的环流为

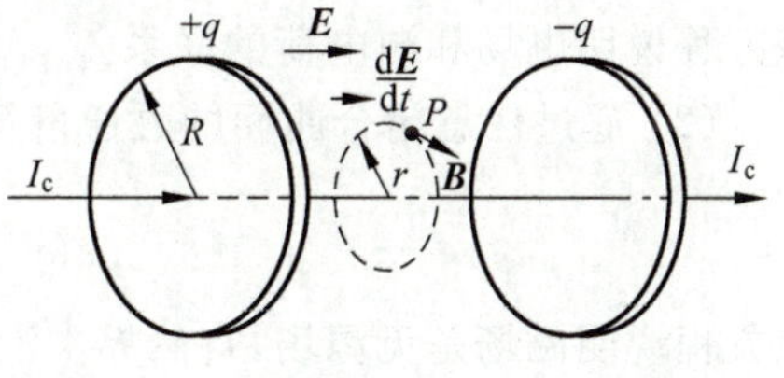

图 6-30　电容器两极板间的磁场计算

$$\oint_L \boldsymbol{B}\cdot\mathrm{d}\boldsymbol{l}=B2\pi r$$

而

$$\mu_0\varepsilon_0\iint_S\frac{\partial \boldsymbol{E}}{\partial t}\cdot\mathrm{d}\boldsymbol{S}=\mu_0\varepsilon_0\frac{\mathrm{d}E}{\mathrm{d}t}\pi r^2=\mu_0 I_c\frac{r^2}{R^2}$$

由式(6-20)得

$$B2\pi r=\mu_0 I_c\frac{r^2}{R^2}$$

$$B=\frac{\mu_0 I_c}{2\pi}\frac{r}{R^2}$$

将已知量代入上式，得到距轴线为 $r=2.0\ \mathrm{cm}$ 的点 P 处的磁感应强度的值为

$$B=\frac{4\pi\times10^{-7}}{2\pi}\times\frac{2.5\times0.02}{(0.03)^2}=\frac{1}{9}\times10^{-4}=1.11\times10^{-5}\,(\mathrm{T})$$

问题 6-17　一圆柱形体积内充满方向平行于圆柱的轴线且垂直于纸面向内的均匀电场 $\boldsymbol{E}$，图 6-31 为一横截面，O 为截面圆的圆心，P 为截面圆中的一点。设 $\boldsymbol{E}$ 的大小随时间线

性增加，则横截面的位移电流 I_d，点 P 的感生磁场 $\boldsymbol{B}$(　　)。

(A) I_d 方向垂直纸面向外，$\boldsymbol{B}$ 方向垂直于 OP 向下

(B) I_d 方向垂直纸面向里，$\boldsymbol{B}$ 方向垂直于 OP 向下

(C) I_d 方向垂直纸面向外，$\boldsymbol{B}$ 方向垂直于 OP 向上

(D) I_d 方向垂直纸面向里，$\boldsymbol{B}$ 方向垂直于 OP 向上

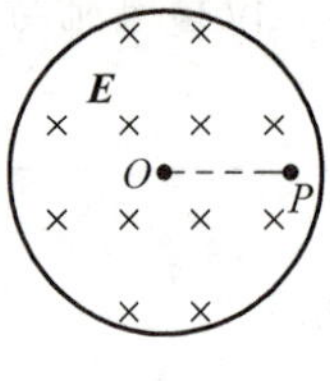

图 6-31　问题 6-17 图

问题 6-18　对于位移电流，下述说法正确的是(　　)。

(A) 位移电流的实质是变化的电场

(B) 位移电流和传导电流一样，是自由电荷的定向运动

(C) 位移电流服从传导电流遵循的所有定律

(D) 位移电流产生的磁场是保守场

6.5.3　真空中麦克斯韦方程组的积分形式

麦克斯韦总结了从库仑到安培和法拉第等人的电磁理论全部学说，在此基础上他提出了“涡旋电场”和“位移电流”的假设，他认为变化的磁场可以激发涡旋电场，而变化的电场也可以激发磁场。这样，麦克斯韦揭示了电场和磁场的内在联系，把电场和磁场统一为电磁场，得到了电磁场的基本方程组——**麦克斯韦方程组**。

(1) 通过任意闭合曲面的电通量等于该闭合曲面所包围的自由电荷的代数和除以 ε_0

$$\oiint_S \boldsymbol{E} \cdot \mathrm{d}\boldsymbol{S} = \frac{\sum_i q_i}{\varepsilon_0} \tag{6-22a}$$

该方程说明电场和源电荷的联系。

(2) 通过任意闭合曲面的磁通量恒等于零

$$\oiint_S \boldsymbol{B} \cdot \mathrm{d}\boldsymbol{S} = 0 \tag{6-22b}$$

该方程说明磁场是无源场，自然界中没有单一“磁荷”存在。

(3) 电场强度沿任意闭合曲线的环流等于以该曲线为边界的任意曲面的磁通量对时间变化率的负值

$$\oint_L \boldsymbol{E} \cdot \mathrm{d}\boldsymbol{l} = -\iint_S \frac{\partial \boldsymbol{B}}{\partial t} \cdot \mathrm{d}\boldsymbol{S} \tag{6-22c}$$

该方程说明电场和磁场的联系，反映变化的磁场周围伴随着电场的规律。

(4) 磁感应强度沿任意闭合曲线的环流等于穿过该曲线为边界的任意曲面的全电流的 μ_0 倍

$$\oint_L \boldsymbol{B} \cdot \mathrm{d}\boldsymbol{l} = \mu_0 \left(\sum_i I_{ci} + \varepsilon_0 \iint_S \frac{\partial \boldsymbol{E}}{\partial t} \cdot \mathrm{d}\boldsymbol{S} \right) \tag{6-22d}$$

该方程说明磁场和电流以及变化的电场的联系，包含了变化的电场周围伴随着磁场的规律。

麦克斯韦方程组的积分形式反映了空间某区域内的电磁场量和场源之间的关系。在麦克斯韦方程组中，电场和磁场是一个不可分割的整体。该方程组系统而完整地概括了电磁场的基本规律，并预言了电磁波的存在。

麦克斯韦方程组在电磁学中的地位，如同牛顿运动定律在力学中的地位一样。以麦克

斯韦方程组为核心的电磁理论是经典物理学最引以为自豪的成就之一，它揭示了电磁相互作用的完美统一，为物理学树立了这样一种信念：物质的各种相互作用在更高层次上应该是统一的。正如爱因斯坦所说："这是自牛顿以来物理学所经历的最深刻和最有成果的一项真正观念上的变革"。

注意　将麦克斯韦方程组中式(6-22a)、式(6-22c)与静电场的高斯定理式(4-13)、环路定理式(4-16)相比，式(6-22b)、式(6-22d)与稳恒磁场的高斯定理式(5-15)、环路定理式(5-16)相比，不管其形式是否进行了修改，其电场和磁场都有了新的涵义。在静电场与稳恒磁场的规律表达式中，电场和磁场分别由静止电荷和稳恒电流(传导电流)激发；但在麦克斯韦方程组式(6-22)中，电场由电荷和变化的磁场共同激发，磁场由传导电流和位移电流(变化的电场)共同激发。

问题 6-19　(1)真空中静电场的高斯定理和真空中麦克斯韦方程组中关于一般电磁场的电高斯定理形式皆为$\oiint_S \boldsymbol{E}\cdot \mathrm{d}\boldsymbol{S}=\frac{\sum_i q_i}{\varepsilon_0}$，对该式中的$\boldsymbol{E}$矢量的理解有何区别？(2)真空中稳恒磁场的高斯定理和真空中麦克斯韦方程组中关于一般电磁场的磁高斯定理形式皆为$\oiint_S \boldsymbol{B}\cdot \mathrm{d}\boldsymbol{S}=0$，对该式中的$\boldsymbol{B}$矢量的理解有何区别？

6.5.4　电磁波

麦克斯韦方程组中$\frac{\partial \boldsymbol{B}}{\partial t}$和$\frac{\partial \boldsymbol{E}}{\partial t}$两项的存在，意味着在空间只要存在随时间变化的磁场，就会激发涡旋电场，如果这涡旋电场也随时间变化，它又要激发涡旋磁场。同样在空间只要存在随时间变化的电场，就会激发涡旋磁场，如果这涡旋磁场也随时间变化，它又要激发涡旋电场。这种随时间变化的电场和磁场互相激发，交替产生，由近及远以有限的速度在空间传播开来的过程称为**电磁波**。图 6-32 是电磁波沿一维空间传播的示意图。

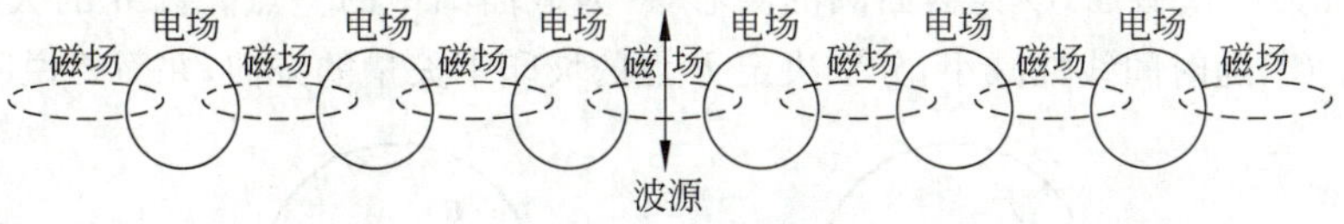

图 6-32　电磁波传播示意图

1. 电磁波的基本性质

(1) **电磁波是横波**　电场强度$\boldsymbol{E}$和磁感应强度$\boldsymbol{B}$都与传播方向$\boldsymbol{k}$相垂直，所以电磁波是横波，$\boldsymbol{E}$和$\boldsymbol{B}$也互相垂直，$\boldsymbol{E}$方向、$\boldsymbol{B}$方向和$\boldsymbol{k}$方向三者构成右螺旋关系。图 6-33 给出最简单的电磁波，即平面简谐电磁波中$\boldsymbol{E}$方向、$\boldsymbol{B}$方向和$\boldsymbol{k}$方向的关系。

(2) **电磁波的传播速度**　$v=\frac{1}{\sqrt{\varepsilon_r\varepsilon_0\mu_r\mu_0}}$，在真空中$\varepsilon_r=\mu_r=1$，从而速度为$c=\frac{1}{\sqrt{\varepsilon_0\mu_0}}=$

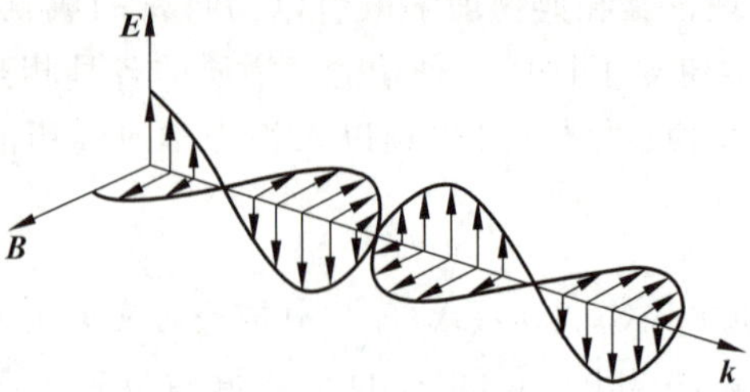

图 6-33 电场方向、磁场方向和传播方向三者构成右螺旋关系

2.997×10^8 m/s，这个传播速度与真空中光速相等，麦克斯韦本人首先发现了这一点，据此他在历史上第一次指出了光波就是电磁波。

(3) **$\boldsymbol{E}$ 和 $\boldsymbol{B}$ 同相位** 即在任何时刻，任何地点 $\boldsymbol{E}$ 和 $\boldsymbol{B}$ 的变化都是同步的(图 6-33)。

(4) **$\boldsymbol{E}$ 和 $\boldsymbol{B}$ 的大小成比例** 在真空中，$\boldsymbol{E}$ 和 $\boldsymbol{B}$ 的大小有如下关系

$$B=\frac{E}{c} \tag{6-23}$$

2. 电磁波的能量

在真空中电磁波单位体积的能量(能量密度)

$$w_{\mathrm{em}}=w_{\mathrm{e}}+w_{\mathrm{m}}=\frac{1}{2}\varepsilon_0E^2+\frac{B^2}{2\mu_0}=\frac{1}{2}\varepsilon_0E^2+\frac{1}{2}\frac{(E/c)^2}{\mu_0}=\varepsilon_0E^2=\frac{B^2}{\mu_0} \tag{6-24}$$

在电磁波传播时，其中的能量也随同传播。单位时间内通过与传播方向垂直的单位面积的电磁场能量，叫**电磁波的能流密度**，又叫**坡印亭矢量**，用 $\boldsymbol{S}$ 表示，单位瓦特/平方米($\mathrm{W/m^2}$)。

$$\boldsymbol{S}=\frac{1}{\mu_0}\boldsymbol{E}\times\boldsymbol{B} \tag{6-25}$$

问题 6-20 一圆柱形体积内充满方向平行于圆柱的轴线且垂直于纸面向内的均匀电场 $\boldsymbol{E}$，图 6-34 为一横截面，O 为截面圆的圆心，P 为截面圆中的一点。设 $\boldsymbol{E}$ 的大小：(1)随时间线性增加；(2)随时间线性减小，分别决定 P 点的坡印亭矢量的方向，并简要说明物理意义。

问题 6-21 一圆柱形体积内充满方向平行于圆柱的轴线且垂直于纸面向内的均匀磁场 $\boldsymbol{B}$，图 6-35 为一横截面，O 为截面圆的圆心，P 为截面圆中的一点。设 $\boldsymbol{B}$ 的大小：(1)随时间线性增加；(2)随时间线性减小，分别决定 P 点的坡印亭矢量的方向，并简要说明物理意义。

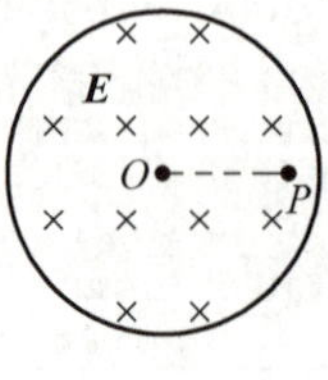

图 6-34 问题 6-20 图

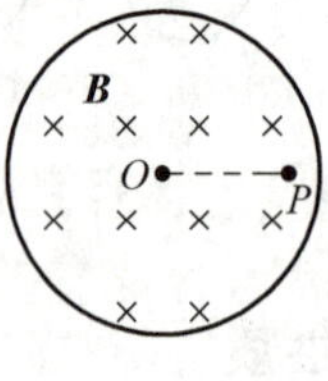

图 6-35 问题 6-21 图

3. 电磁波谱

电磁波包括的范围很广，波长没有上下限的限制，从无线电波、红外线、可见光、紫外线到 X 射线和 γ 射线等都是电磁波。它们的本质完全相同，只是波长(或频率)有很大差异。

由于波长不同，它们就有不同的特性，而且产生的方式也各不相同。我们可以按照它们的波长(或频率)的顺序排列成图表，叫作**电磁波谱**(图 6-36)。由于各种电磁波的波长或频率相差悬殊，因此图中的波长或频率是以对数尺度标度的。图中还给出了各种波长范围(波段)的电磁波名称及其激发方式和探测方法。表 6-3 给出了各种无线电波的范围和用途。

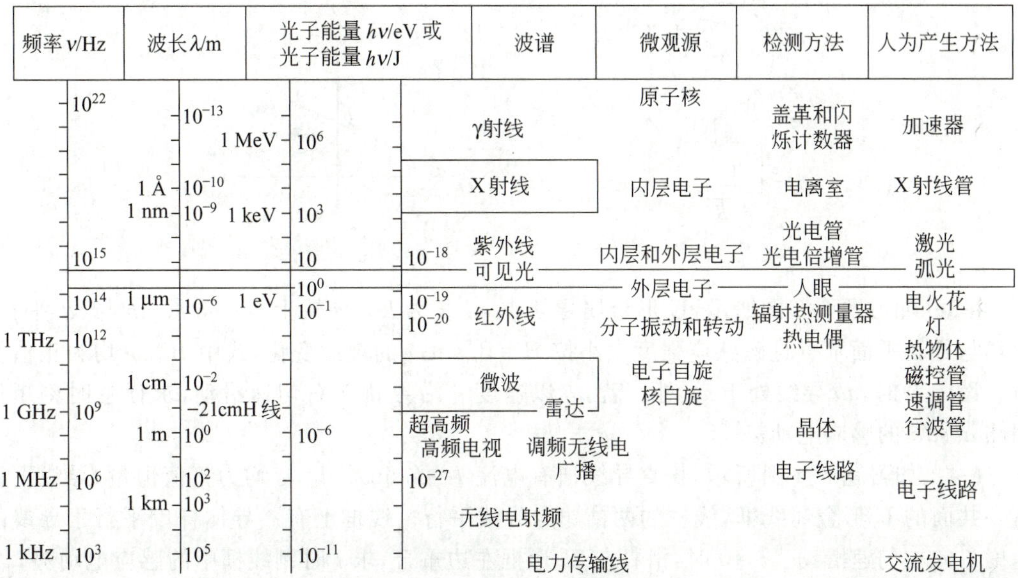

图 6-36　电磁波谱

表 6-3　各种无线电波的范围和用途

名称	长波	中波	中短波	短波	米波	微波		
						分米波	厘米波	毫米波
波长	30 000～3000 m	3000～200 m	200～50 m	50～10 m	10～1 m	1 m～10 cm	10～1 cm	1～0.1 cm
频率	10～100 kHz	100～1500 kHz	1.5～6 MHz	6～30 MHz	30～300 MHz	300～3000 MHz	3000～30 000 MHz	30 000～300 000 MHz
主要用途	越洋长距离通信和导航	无线电广播	电报通信	无线电广播、电报通信	调频无线电广播，电视广播、无线电导航	电视、雷达、无线电导航及其他专门用途		

习　题

6-1　如习题 6-1 图所示，通过回路的磁通量与线圈平面垂直，且指向图面，设磁通量依如下关系变化 $\Phi_m=(6t^2+7t+1)$ Wb。求 $t=2$ s 时，在回路中的感应电动势的量值和方向。

6-2 如习题 6-2 图所示，在垂直于均匀磁场的平面中有一金属架 $aOba$，$\angle aOb=\theta$，$ab\perp Ox$，磁场随时间变化的规律为 $B=\frac{t^2}{2}$。若 $t=0$ 时，ab 边由 $x=0$ 处开始以速率 v 作平行于 x 轴的向右匀速滑动，试求任意时刻 t 金属框中感应电动势的大小和方向。

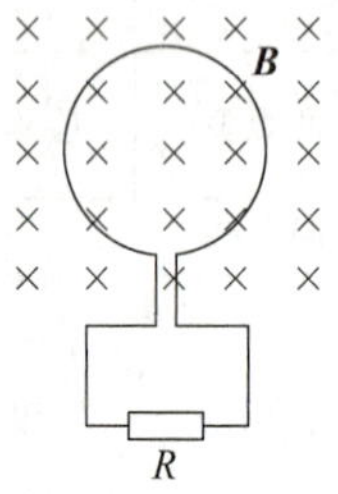

习题 6-1 图

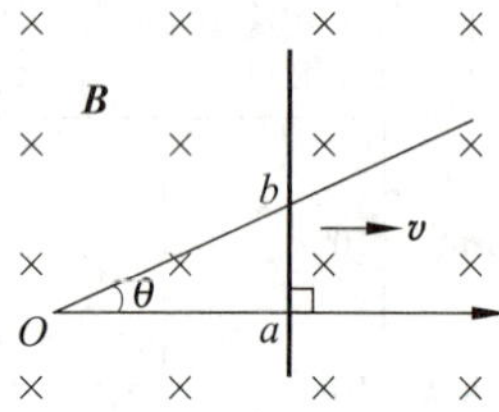

习题 6-2 图

6-3 如习题 6-3 图所示，U 形金属导轨中 cd 长为 L，导轨上有一导线 ab 与 cd 平行。磁场与导轨平面垂直且磁感应强度大小按 $B=B_m\sin\omega t$ 的规律变化，式中 B_m、ω 均为正值恒量。设 $t=0$ 时，ab 导线处于 x_0 处。若 ab 以速度 v 沿导轨向右匀速滑动，求任意时刻矩形回路 $abcda$ 的感应电动势。

6-4 如习题 6-4 图所示，长直导线通有电流 $I=I_0\sin\omega t$，I_0、ω 均为正值恒量，导线下面有一共面的 U 形金属线框，线框的两横边与导线平行。线框上有一导体杆以平行于导线的速度 v 向右匀速滑动。$t=0$ 时，滑杆与 U 形框左边重合，求 t 时刻线框中的感应电动势。

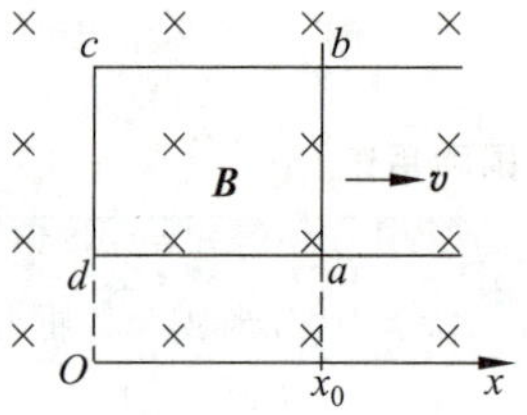

习题 6-3 图

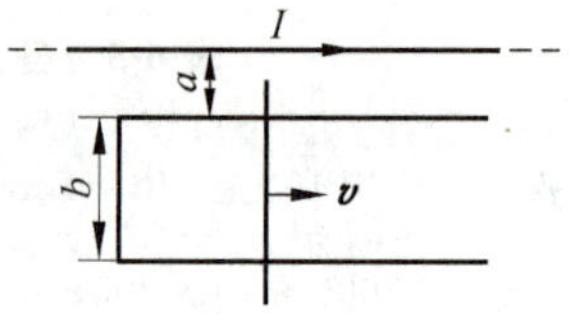

习题 6-4 图

6-5 如习题 6-5 图所示，边长为 a 的等边三角形金属框 ACD 在磁感应强度为 $\boldsymbol{B}$ 的均匀磁场中以角速度 ω 绕 OO' 轴匀速转动，OO' 是 CD 的中线。求当金属框转动到其法线与 $\boldsymbol{B}$ 垂直时，金属框上动生电动势的大小。

6-6 如习题 6-6 图所示，长为 L 的导体棒 OP 处于均匀磁场中，绕 OO' 轴以角速度 ω 旋转，棒与转轴间夹角恒为 θ。磁感应强度 $\boldsymbol{B}$ 与转轴平行。求 OP 棒在图示位置处的动生电动势。

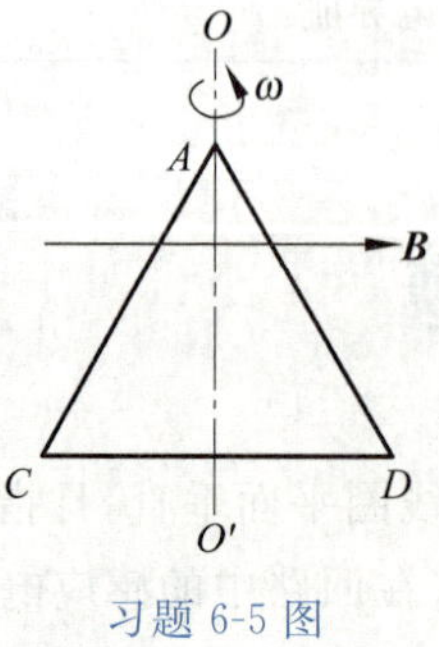

习题 6-5 图

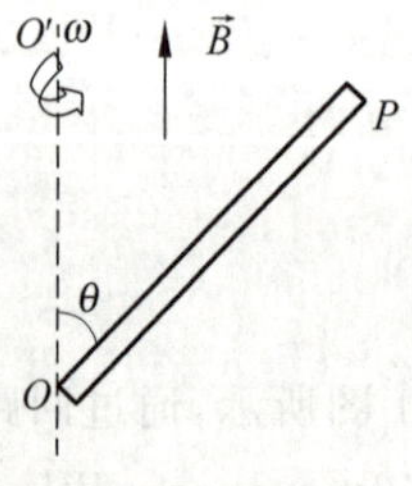

习题 6-6 图

6-7 如习题 6-7 图所示，长直导线载有电流 $I=5\ \text{A}$，在导线旁放一个 1000 匝的矩形线框。线框和导线共面，长 $l=0.04\ \text{m}$，宽 $a=0.02\ \text{m}$，长边与导线平行且相距 $b=0.05\ \text{m}$。$t=0$ 时，线框从此位置起以速率 $v=0.03\ \text{m/s}$ 沿垂直长直导线方向向右移动。试求 t 时刻线框中的动生电动势。

6-8 长 $l=0.5\ \text{m}$、宽 $b=0.2\ \text{m}$ 的矩形回路在磁场中运动，已知磁感应强度 $\boldsymbol{B}=(6-y)\boldsymbol{i}\text{T}$。如习题 6-8 图所示，当 $t=0$ 时，回路静止地位于 yOz 平面内且长边与 z 轴重合。求下列两种情况下，回路中动生电动势随时间的变化规律。(1)回路从 $t=0$ 起，开始以速度 $v=2\ \text{m/s}$ 沿 y 轴正方向运动；(2)回路从 $t=0$ 起，以加速度 $a=2\ \text{m/s}^2$ 沿 y 轴正方向运动。

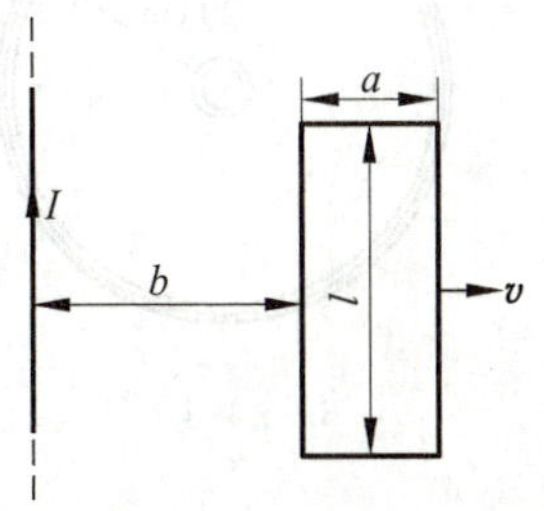

习题 6-7 图

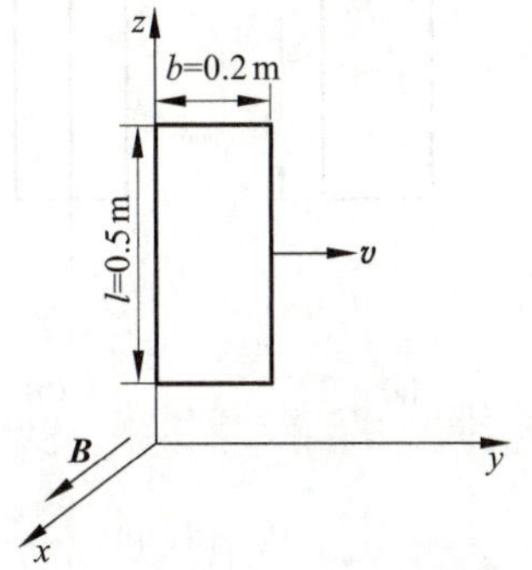

习题 6-8 图

6-9 在半径为 R 的圆柱形体积内充满磁感应强度为 $\boldsymbol{B}$ 的均匀磁场，$\boldsymbol{B}$ 的方向平行于柱轴，如习题 6-9 图所示为一横截面。(1)有一长为 l 的金属棒放在该截面内，两端点 A、A' 在圆柱边沿上。设 $\frac{\mathrm{d}B}{\mathrm{d}t}$ 为正，求棒两端的电势差的大小；(2)设 $\boldsymbol{B}$ 以 $1.0\times10^{-2}\ \text{T/s}$ 的恒定变化率减少。求 P、O、Q 三点的感生电场的大小，并将方向在图中标示出来。$OP=OQ=5.0\ \text{cm}$，$R>5.0\ \text{cm}$。

6-10 截面为长方形的螺绕环有 N 匝线圈，其尺寸如习题 6-10 图所示。证明：此螺绕环的自感为 $L=\frac{\mu_0 N^2 h}{2\pi}\ln\frac{b}{a}$。

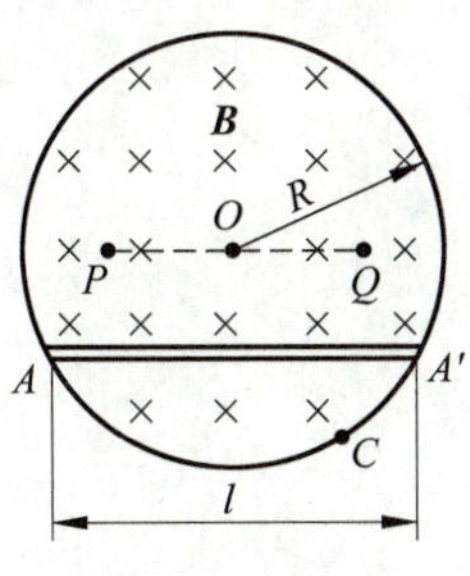

习题 6-9 图

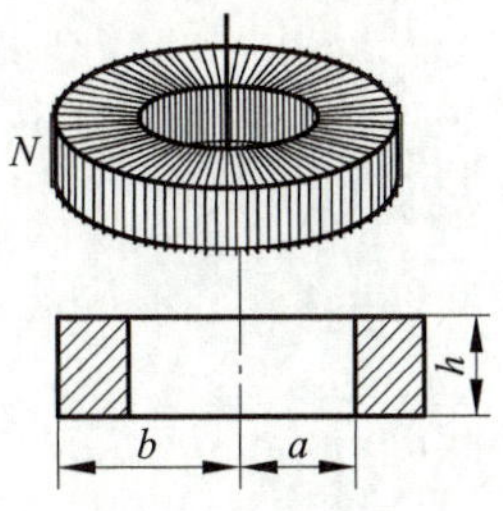

习题 6-10 图

6-11 空心密绕的螺绕环的平均半径为 0.10 m，横截面积 $6\ \text{cm}^2$，共有线圈 250 匝。求它的自感。又若线圈中通有 3A 的电流时，求它的磁通量以及磁链数。

6-12 如习题 6-12 图所示，一矩形线圈长 $l=20\ \text{cm}$，宽 $b=10\ \text{cm}$，由 100 匝表面绝缘的导线绕成，与直导线共面且长为 l 的边与直导线平行。求图(a)、(b)两种情况下，线圈与长直导线之间的互感。

6-13　如习题 6-13 图所示，一面积为 4.0 cm^2 共 50 匝的小圆形线圈 A 放在半径为 20 cm 共 100 匝的大圆形线圈 B 的正中央，两线圈同心且共面。设线圈 B 在线圈 A 圆面内各点处所产生的磁感应强度可看作是相同的。求：(1)两线圈的互感；(2)当线圈 B 中电流的变化率为－50 A/s 时，线圈 A 中感应电动势的大小。

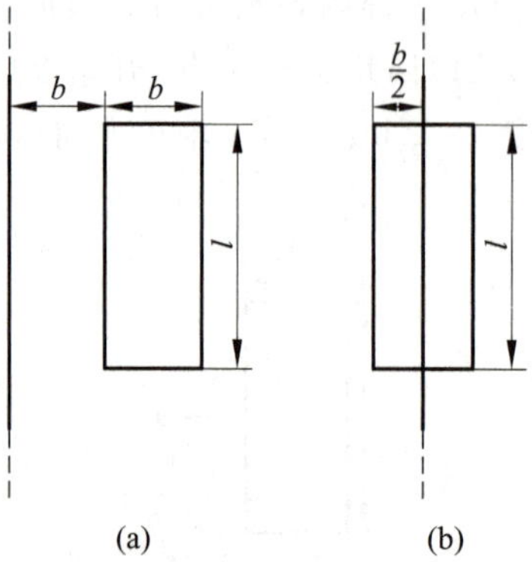

习题 6-12 图

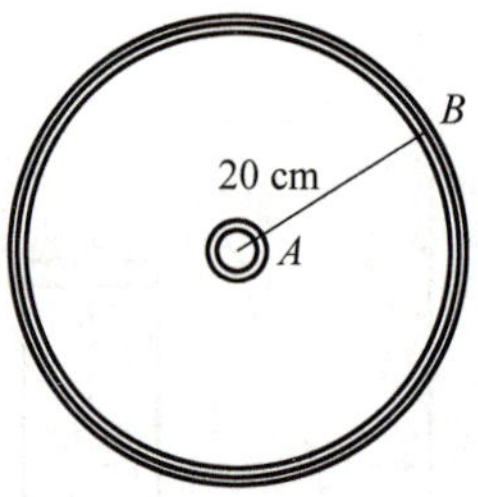

习题 6-13 图

6-14　一根圆柱形长直导线载有电流 I，I 均匀地分布在它的横截面上。证明：导线内部单位长度的磁场能量为$\frac{\mu_0 I^2}{16\pi}$。

6-15　未来可能会利用超导线圈中持续大电流建立的磁场来储存能量。要储存 1 kW·h 的能量，利用 1.0 T 的磁场，需要多大体积的磁场？若利用线圈中 500 A 的电流储存上述能量，则该线圈的自感应为多大？

6-16　证明：平板电容器中的位移电流可写为 $I_d=C\frac{dU}{dt}$，式中 C 是电容器的电容，U 是两极板的电势差。

第三篇

热　学

第7章

气体动理论

热学是研究物质的热现象、热运动的规律性以及热运动和其他运动形式之间的转化规律。研究热现象的规律有宏观的热力学和微观的统计力学两种方法。统计力学方法是从宏观物体由大量微观粒子(原子、分子等)所构成、粒子又不停地作热运动的基本事实出发,运用统计方法研究大量微观粒子的热运动规律。本章的气体动理论是统计物理学中最基本、最简单的内容。热力学方法,则从能量观点出发,以大量实验观测为基础,来研究物质热现象的宏观基本规律及其应用。这将在下一章讨论。气体动理论和热力学是从不同角度研究物质热运动规律的,两者是相辅相成的。

本章主要内容有:热力学系统的状态参量,热力学第零定律,理想气体的微观模型与状态方程、压强公式和温度公式,能量均分定理,麦克斯韦气体分子速率分布律,分子平均自由程和平均碰撞频率等。

7.1 平衡态 状态参量 状态方程

7.1.1 平衡态

在热学中所研究的对象都是由大量分子或原子组成的宏观物体或物体系统,如气体、液体、固体等,称为**热力学系统**,简称**系统**。系统以外的物质统称为外界或环境。根据系统与外界互相作用的情况,系统可分为**开放系统**、**封闭系统**和**孤立系统**。与外界既有物质交换又有能量交换的系统称为开放系统;与外界只有能量交换而没有物质交换的系统称为封闭系统;与外界不交换任何能量和物质,即不受外界任何影响的系统称为孤立系统。一个孤立系统,不论其初始状态如何,经过足够长的时间后,必将达到一个宏观性质不再随时间变化的状态,称为**热平衡态**,简称**平衡态**。如果系统是非孤立的,或系统的宏观性质随时间变化的状态叫作**非平衡态**。对于气体系统,平衡态表现为气体的各部分质量密度均匀、温度均匀和压强均匀。本书热学部分除特别声明外,均是讨论组分单一的气体系统,而且只涉及其平衡态性质。

说明 (1) 从微观的角度看,在平衡态下,组成系统的大量粒子仍在不停地、无规则地运动着,只是大量粒子运动的平均效果不变,从而表现为系统的宏观性质不随时间变化,因此从微观角度看,这种状态应理解为热动平衡。

(2) 孤立系统和平衡态都是理想模型。在现实世界中，孤立系统不可能存在，所以严格的平衡态不可能存在。如果一个系统与外界的质量交换和能量交换，与自身的总质量和总能量相比可以忽略，这样的系统就可视为孤立系统，其经过足够长的时间所达到的状态就可以认为是平衡态。

问题 7-1 比较气体系统的平衡态和力学中物体的平衡态的区别。

问题 7-2 把一金属棒的一端置入沸水中，另一端置入冰水中。金属棒放在这样的两个恒温热源之间，经过长时间后，达到一个不随时间变化的稳定的温度分布状态。这一状态是平衡态吗？

7.1.2 热力学系统的描述 状态参量

系统处于平衡态时，其各种宏观性质不再随时间变化，热力学用一些可以直接测量的量来描述系统的宏观属性，这些用来表征系统宏观属性的物理量称为**状态参量**。状态参量都是宏观量。如对于给定的气体，常用体积(V)、压强(p)和温度(T)作为状态参量来描述。可以用以 p 为纵轴、V 为横轴的 p-V 图上的一个点来表示系统的一个平衡态，如图 7-1 中的点 $A(p_1, V_1, T_1)$或点 $B(p_2, V_2, T_2)$。

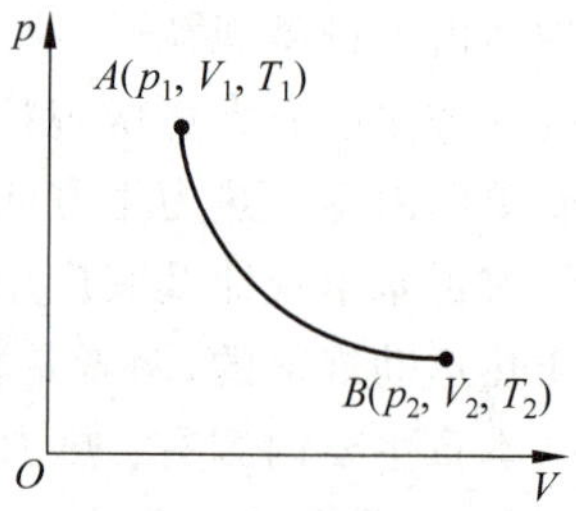

图 7-1 p-V 图上的一点表示系统的一个平衡态

气体的压强是气体对容器器壁单位面积上的正压力，单位是帕斯卡，简称帕(Pa)，1 Pa＝1 N/m^2。通常，人们把 45°纬度海平面处测得的 0 ℃时大气压值 1.013×10^5 Pa 称为标准大气压，记为 atm。**气体的体积**是指气体分子自由活动的空间大小，即容器的容积，单位是立方米(m^3)。

任何宏观物体都是由大量微观粒子(如分子、原子等)组成的。每一个运动着的微观粒子都有其大小、质量、速度、能量等。这些用来描述单个微观粒子运动状态的物理量叫**微观量**，微观量一般只能间接测量。宏观量和微观量之间存在着内在联系。宏观物体所发生的各种现象都是它所包含的大量微观粒子运动的集体表现，从而宏观量总是一些微观量的**统计平均值**。气体动理论主要研究描述气体系统的宏观量特别是状态参量与微观量统计平均值之间的关系。

7.1.3 热力学第零定律 温度

日常生活中，人们用温度描述物体的冷热程度，认为热的物体温度高，冷的物体温度低。这种概念依赖于人的主观感觉，不但不能定量地给出系统的温度，有时甚至会得出错误的结论。温度的科学定义是建立在热力学第零定律的基础上的。

实验证明，两个冷热程度不同的系统互相接触并不受外界干扰，系统之间会通过传热交换能量。当两系统冷热程度相同时，传热就会停止，这时我们说这两个系统处于**热平衡**。如果系统 A 和系统 B 能分别与系统 C 处于热平衡，那么系统 A 和系统 B 也必定处于热平衡。这一结论称为**热力学第零定律**。为了描述处于热平衡的系统的共同性质，我们引入**温度**的概念。由热力学第零定律可知，一切互为热平衡的系统都具有共同的温度。

实验又表明，当几个处于热平衡的系统分开后，它们将保持这个状态不变。这说明各个系统的热平衡状态时的温度仅取决于系统本身内部运动状态。在 7.2 节，我们将阐明温度反映的是系统大量分子热运动的剧烈程度。

热力学第零定律不仅给出了温度的科学定义，而且指出了温度的测量方法。为此，选定一种物质作为测温物质，以其随温度有明显变化的性质作为温度的标志。再选取一个或两个特定的"标准状态"作为温度"定点"，并赋予数值就可以建立一种温标。常用的以 t 表示的摄氏温标，以 1 atm 下水的冰点和沸点为两个定点，并分别赋予二者的温度数值为 0 与 100。用这种温标表示的温度称为摄氏温度，单位为℃。另一种温标是热力学温标，用 T 表示热力学温度，单位为开尔文，简称开(K)。该温标规定水的三相点(水、冰和水蒸气平衡共存的状态)为 273.16 K。摄氏温标和热力学温标的换算关系为

$$t = T - 273.15$$

问题 7-3 怎样根据平衡态定性地引进温度的概念？对于非平衡态能否使用温度的概念？

问题 7-4 用温度计测量温度根据什么原理？

7.1.4 理想气体状态方程

实验表明，描述气体平衡态的三个参量 p、V、T 之间存在着确定的函数关系，称为**气体的状态方程或物态方程**

$$f(p,V,T) = 0$$

从上式可知，p、V、T 三个状态参量中只有两个是独立的。

一般气体，在压强不太大(与大气压比较)和温度不太低(与室温比较)时，可以看作**理想气体**。对于一定质量的理想气体，p、V、T 三个状态参量之间服从下列三个实验定律。

玻意耳-马略特定律：当温度保持不变时，压强与体积的乘积等于恒量，即 $pV=$恒量，亦即在一定温度下，体积与压强成反比。

盖·吕萨克定律：当压强保持不变时，体积与热力学温度成正比，即 $\frac{V}{T}=$恒量。

查理定律：当体积保持不变时，气体压强与热力学温度成正比，即$\frac{p}{T}=$恒量。

从三条实验定律，可以推出**理想气体状态方程**

$$pV = \nu RT \tag{7-1}$$

式中 R 为**普适气体常量**，$R=8.31\ \mathrm{J/(mol\cdot K)}$，$\nu$ 为气体的摩尔数，即

$$\nu = \frac{M}{M_{\mathrm{mol}}} = \frac{N}{N_{\mathrm{A}}}$$

式中 M 为气体质量，M_{mol} 为气体的摩尔质量，N 为气体的分子数，N_{A} 是阿伏加德罗常量，$N_{\mathrm{A}}=6.02\times10^{23}/\mathrm{mol}$。式(7-1)还可以进一步写成

$$p = \frac{N}{V}\frac{R}{N_{\mathrm{A}}}T$$

或

$$p = nkT \tag{7-2}$$

式中$n=\dfrac{N}{V}$称为气体的**分子数密度**，即单位体积内的分子数，$k=\dfrac{R}{N_A}$称为**玻耳兹曼常量**，$k=1.38\times10^{-23}$ J/K。

说明 (1) 严格满足式(7-1)的气体，称为理想气体，这是从宏观上对理想气体作出的定义。

(2) 式(7-2)是联系宏观量p、T与微观量统计平均值n的重要关系式。

例 7-1 容器内装有质量为0.10 kg的氧气，压强为10^6 Pa，温度为47 ℃。因为容器漏气，经过一段时间后，压强降到原来的$\dfrac{5}{8}$，温度降到27 ℃。设氧气可看作理想气体，问：(1)容器的容积有多大？(2)漏去了多少氧气？

解 (1)根据理想气体状态方程，$pV=\nu RT=\dfrac{M}{M_{mol}}RT$，氧气的$M_{mol}=32\times10^{-3}$ kg/mol，求得容器的容积V为

$$V=\frac{MRT}{M_{mol}p}=\frac{0.10\times8.31\times(273+47)}{32\times10^{-3}\times10^6}=8.31\times10^{-3}(\mathrm{m^3})$$

(2) 设漏气之后，压强减小到p'，温度降到T'，M'为容器中剩余的氧气质量，从状态方程求得

$$M'=\frac{M_{mol}p'V}{RT'}=\frac{32\times10^{-3}\times\frac{5}{8}\times10^6\times8.31\times10^{-3}}{8.31\times(273+27)}=6.67\times10^{-2}(\mathrm{kg})$$

所以漏去的氧气质量为

$$\Delta M=M-M'=0.10-6.67\times10^{-2}=3.33\times10^{-2}(\mathrm{kg})$$

例 7-2 假设在地球大气中，大气压p随高度h的变化为等温的。试证：$p=p_0\mathrm{e}^{-M_{mol}gh/RT}$，式中$M_{mol}$为大气分子摩尔质量，$p_0$为地面$h=0$处的大气压。

证 如图7-2所示，在h处考察厚度为$\mathrm{d}h$、截面为S的薄层气体的受力，设气体的密度为ρ，由力的平衡，可得

$$pS=(p+\mathrm{d}p)S+\rho gS\mathrm{d}h$$

整理得

$$\frac{\mathrm{d}p}{\mathrm{d}h}=-\rho g \quad ①$$

由理想气体状态方程$pV=\dfrac{M}{M_{mol}}RT$得

$$\rho=\frac{M}{V}=\frac{M_{mol}p}{RT} \quad ②$$

将式②代入式①并变形得到

$$\frac{\mathrm{d}p}{p}=-\frac{M_{mol}g}{RT}\mathrm{d}h$$

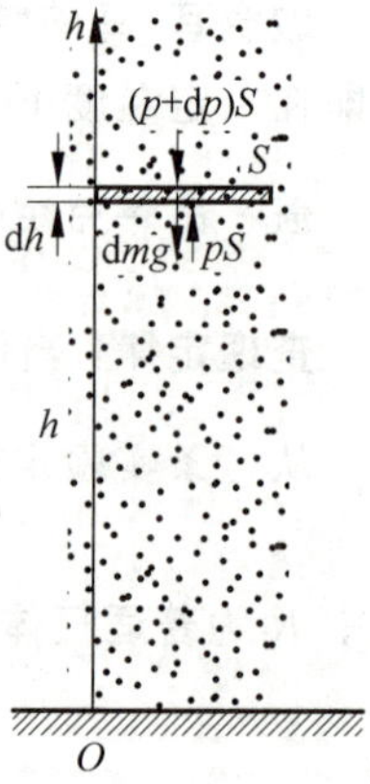

图7-2 例7-2图

积分

$$\int_{p_0}^{p}\frac{\mathrm{d}p}{p}=\int_0^h-\frac{M_{mol}g}{RT}\mathrm{d}h$$

得

$$p = p_0 e^{-M_{mol}gh/RT} \quad ③$$

通常将式③称为**恒温气压公式**。按此式计算，取 $M_{mol}=29.0\times10^{-3}$ kg/mol，$T=273$ K，$p_0=1$ atm，在珠穆朗玛峰峰顶，$h=8848$ m，大气压强应为 0.33 atm。实际上，由于珠峰峰顶温度很低，该处大气压强要比这一计算值小。一般地说，式③只有在高度不超过 2 km 时才能给出比较符合实际的结果。

实际上，大气的状况很复杂，其中的水蒸气含量、太阳辐射强度、气流的走向等因素都有较大的影响，大气温度也并不随高度一直降低。在 10 km 高空，温度约为 −50 ℃。再向高处去，温度反而随高度升高了。火箭和人造卫星的探测发现，在 400 km 以上，温度甚至可达 10^3 K 或更高。

7.2 压强和温度的统计意义

热力学系统是由大量分子、原子等无规则运动的微观粒子组成，那么系统的宏观状态参量(如温度、压强等)与这些微观粒子的运动有什么关系呢？

在气体动理论中，我们用统计的方法求出与大量分子运动有关的一些物理量的平均值，如平均能量、平均速度、平均碰撞次数等，从而对与大量气体分子热运动相联系的宏观现象作出微观解释。理想气体的压强公式是我们应用统计方法得到的第一个关于大量分子热运动的统计规律。

7.2.1 理想气体的微观模型

气体动理论关于理想气体模型的基本微观假设为下列两部分。

1. 关于单个分子的力学性质的假设

(1) 分子本身的线度，比起分子之间的距离来说可以忽略不计，即气体分子可看作质点。

(2) 分子与容器壁、分子与分子之间只有在碰撞的瞬间才有相互作用，其他任何时候的相互作用可以忽略不计，因此除碰撞以外，分子作匀速直线运动。

(3) 分子与容器壁、分子与分子之间的碰撞是完全弹性碰撞，碰撞前后气体分子动能守恒。

以上这些假设可概括为**理想气体分子**的一种微观模型：理想气体分子是一个个彼此间无相互作用的遵从牛顿运动定律的弹性质点。

2. 关于分子集体的统计性假设

由于组成物质的分子数目巨大，所以分子在热运动中相互间的碰撞极其频繁，个别分子的运动具有偶然性、无序性，无法预测。然而大量的偶然、无序的分子运动中包含着一种规律性，这种规律性来自大量偶然事件的集合，称之为**统计规律性**。当气体处于平衡状态时，对于大量气体分子的运动，提出以下两条统计假设。

(1) 若忽略重力的影响，分子的空间分布是均匀的，在容器中分子数密度处处相等，即

$$n = \frac{dN}{dV} = \frac{N}{V} \tag{7-3}$$

(2) 分子沿各个方向运动的概率相等，没有哪个方向更占优势，因此沿各个方向运动的分子数目相等，分子速度在各个方向的分量的各种平均值相等，如在 x、y、z 三个坐标轴上的速度分量的平方的平均值相等，即

$$\overline{v_x^2} = \overline{v_y^2} = \overline{v_z^2}$$

其中各速度分量的平方的平均值按下式定义

$$\overline{v_x^2} = \sum_{i=1}^{N} v_{ix}^2 / N \tag{7-4}$$

由于每个分子的速率 v_i 和速度分量有下述关系

$$v_i^2 = v_{ix}^2 + v_{iy}^2 + v_{iz}^2$$

对上式两边取平均值得 $\overline{v^2} = \overline{v_x^2} + \overline{v_y^2} + \overline{v_z^2}$，由此有

$$\overline{v_x^2} = \overline{v_y^2} = \overline{v_z^2} = \frac{1}{3}\overline{v^2} \tag{7-5}$$

问题 7-5 在平衡态下，气体分子速度 $\boldsymbol{v}$ 沿各坐标方向的分量的平均值 $\bar{v}_x$、$\bar{v}_y$、$\bar{v}_z$ 各是多少？

7.2.2 理想气体压强公式

容器中气体作用于器壁的压强，是大量气体分子对器壁不断碰撞的结果。

选一个边长为 l_1、l_2 及 l_3 的长方形容器，体积 $V = l_1 l_2 l_3$，设容器中有 N 个同类分子，每个分子的质量都为 m。因为在平衡态时气体内部各处压强完全相同，所以只要计算出 A_1 面的压强即可(图 7-3)。下面推导气体压强公式。

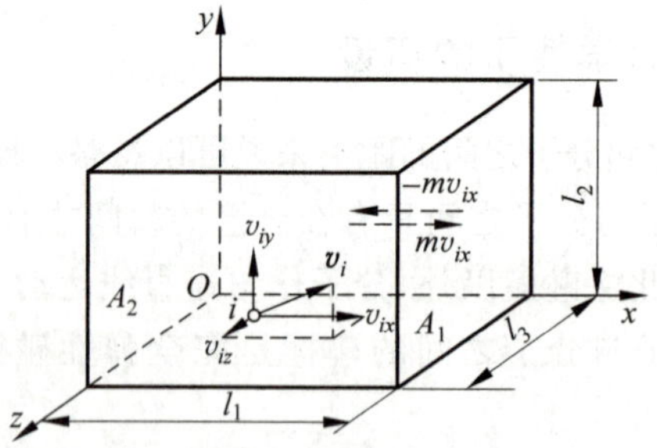

图 7-3 推导压强公式用图

1. 单个分子 i 一次碰撞对 A_1 面的冲量

考虑分子 i，其速度为 $\boldsymbol{v}_i$，速度分量为 v_{ix}、v_{iy}、v_{iz}。分子 i 与 A_1 面作弹性碰撞时，在 x 轴上的速度分量由 v_{ix} 变为 $-v_{ix}$。由动量定理，分子 i 受 A_1 面给它的作用力 f_i 的冲量 I_i 等于它动量的增量，即

$$I_i = (-mv_{ix}) - mv_{ix} = -2mv_{ix}$$

作用力 f_i 的方向沿 x 轴负方向。由牛顿第三定律，分子 i 对 A_1 面的作用力 f_i' 的冲量

$I_i' = -I_i = 2mv_{ix}$，f_i' 的方向沿 x 轴正方向。

2. 分子 i 对 A_1 面的平均力

分子 i 与 A_1 面相碰后，沿 x 轴以 $-v_{ix}$ 弹回，飞向 A_2 面，与 A_2 面相碰后，又以 v_{ix} 与 A_1 面再次相碰。分子 i 与 A_1 面连续两次相碰之间，在 x 轴方向上经过的路程为 $2l_1$，所需时间为 $\Delta t = \dfrac{2l_1}{v_{ix}}$，所以，单位时间内分子 i 与 A_1 面的碰撞次数为 $v_x/2l_1$ 次。于是，在单位时间内，分子 i 作用在 A_1 面上的总冲量，也就是分子 i 作用于 A_1 面上的平均冲力，即 $\overline{f_i'} = (2mv_{ix})\dfrac{v_{ix}}{2l_1}$。

3. A_1 面所受的平均总冲力

容器内有大量气体分子，它们与 A_1 面连续不断地碰撞，使 A_1 面受到一个几乎连续不断的作用力，这个力应等于 N 个分子在单位时间内对 A_1 面的平均冲力之总和，即

$$\overline{F} = \sum_i \overline{f'}_i = 2mv_{1x}\frac{v_{1x}}{2l_1} + 2mv_{2x}\frac{v_{2x}}{2l_1} + \cdots + 2mv_{Nx}\frac{v_{Nx}}{2l_1} = \frac{m}{l_1}(v_{1x}^2 + v_{2x}^2 + \cdots + v_{Nx}^2)$$

4. 压强

由压强的定义知 A_1 面所受的压强

$$p = \frac{\overline{F}}{l_2 l_3} = \frac{m}{l_1 l_2 l_3}(v_{1x}^2 + v_{2x}^2 + \cdots + v_{Nx}^2) = \frac{Nm}{l_1 l_2 l_3}\frac{v_{1x}^2 + v_{2x}^2 + \cdots + v_{Nx}^2}{N}$$

由气体分子热运动的统计性假设式(7-3)和式(7-5)，得

$$p = \frac{1}{3}nm\,\overline{v^2}$$

引入**气体分子的平均平动动能**

$$\overline{\varepsilon_{kt}} = \frac{1}{2}m\overline{v^2} \tag{7-6}$$

则上式成为

$$p = \frac{2}{3}n\left(\frac{1}{2}m\overline{v^2}\right) = \frac{2}{3}n\overline{\varepsilon_{kt}} \tag{7-7}$$

式(7-7)称为**理想气体的压强公式**。它表明气体的压强正比于分子数密度和分子的平均平动动能。

说明 (1) 式(7-7)将宏观参量 p 与微观量的统计平均值 n、$\overline{\varepsilon_{kt}}$ 联系起来，说明压强是大量气体分子对器壁碰撞的统计平均值，而说个别分子产生多大压强是无意义的。

(2) 气体的压强可直接测量，但气体的分子数密度 n 和分子的平均平动动能不能直接测量，所以压强公式不能直接用实验验证，它的正确性是以它能很好的解释或论证已被实验证实了的理想气体的有关定律而被确认的。

问题 7-6 讨论在推导压强公式(7-7)过程中是如何应用理想气体模型的基本微观假设的。

7.2.3　温度的统计意义

将理想气体的压强公式 $p=\frac{2}{3}n\overline{\varepsilon_{kt}}$ 与理想气体状态方程的另一形式 $p=nkT$ 相比较，则有

$$\overline{\varepsilon_{kt}}=\frac{3}{2}kT \tag{7-8}$$

式(7-8)称为**理想气体的温度公式**。它表明，处于平衡态时的理想气体的分子的平均平动动能与气体的温度成正比。

结合式(7-6)和式(7-8)，得气体分子的**方均根速率**

$$\sqrt{\overline{v^2}}=\sqrt{\frac{3kT}{m}}=\sqrt{\frac{3RT}{M_{mol}}} \tag{7-9}$$

气体分子的**方均根速率**是反映气体分子热运动状态的一个重要的统计平均值。

讨论　(1) 式(7-8)表明理想气体的热力学温度 T 与气体分子的**平均平动动能** $\overline{\varepsilon_{kt}}$ 成正比。T 是宏观量，$\overline{\varepsilon_{kt}}$ 是微观量的统计平均值，其大小表示分子热运动的剧烈程度，因而，T 是**表征大量分子热运动激烈程度的宏观物理量**，是大量分子热运动的集体表现。气体的温度越高，分子的平均平动动能就越大；分子的平均平动动能越大，分子热运动的程度越激烈。与压强一样，温度也是一个统计量。谈论个别分子有多少温度是没有意义的。

(2) 由热力学第零定律，一切互为热平衡的系统都具有共同的温度。由温度公式可知，不同种类的两种理想气体，只要温度 T 相同，则 $\overline{\varepsilon_{kt}}$ 相同。两系统处于热平衡状态的微观本质是两者分子热运动激烈程度相同。

(3) 温度和物体的整体运动无关。物体的整体运动是组成物体的所有分子的一种有序的定向运动。例如，物体做平动只是使大量分子热运动上附加了有序的定向运动(机械运动)，这定向运动没有加剧分子的无规热运动，因此物体的温度不会升高。

问题 7-7　对一定质量的某种气体来说，当 T 不变时，气体的 p 随 V 的减小而反比的增大；当 V 不变时，p 随 T 的升高而成正比的增大。从宏观来看，这两种变化同样使 p 增大；从微观上来看，它们是否有区别？

问题 7-8　乒乓球瘪了，放入热水中又鼓了起来，这是由于乒乓球热胀冷缩作用所致吗？

问题 7-9　如果盛有气体的容器相对坐标系 A 静止，而坐标系 A 相对于坐标系 B 作匀速运动，那么容器内的分子速度相对于两个坐标系是不同的，从而在两个坐标系中对气体温度的测量值是不等的。试判断上述说法的正误，并说明理由。

问题 7-10　一定量处于平衡态的某种理想气体储存于容器中，温度为 T，分子的质量为 m，则根据理想气体的微观模型，分子速度的 x 分量的平方的平均值 $\overline{v_x^2}$ 为(　　)。

例 7-3　一容器内的气体压强为 1.33Pa，温度为 300K。问在 $1m^3$ 中有多少气体分子？

这些分子总的平均平动动能 E_{kt} 是多少？

解 根据公式 $p=nkT$，分子数密度为

$$n=\frac{p}{kT}=\frac{1.33}{1.38\times10^{-23}\times300}=3.21\times10^{20}(\mathrm{m}^{-3})$$

$1\mathrm{m}^3$ 中的分子的总平均平动动能为

$$E_{kt}=n\times\overline{\varepsilon_{kt}}$$

由 $p=nkT,\overline{\varepsilon_{kt}}=\frac{3}{2}kT$，上式可变成

$$E_{kt}=\frac{p}{kT}\times\frac{3}{2}kT=\frac{3}{2}p$$

代入 p 值，得

$$E_{kt}=\frac{3}{2}\times1.33=2.00(\mathrm{J/m^3})$$

7.3 能量按自由度均分定理 理想气体的内能

7.3.1 分子的自由度

在 7.2 节推导理想气体的压强和温度公式时，把分子简化成质点处理，即只考虑了分子的平动。实际上，气体分子具有一定大小和比较复杂的结构，其运动不仅有平动，还有转动与分子内原子间的振动。在计算分子热运动的能量时，应将各种运动形式的能量都予以考虑，因而不能再把各种分子都当作质点处理。为此必须先引入自由度的概念。

在力学中，**自由度**是指确定一个物体在空间位置所需要的独立坐标数目。气体分子按其结构可分为单原子分子，如 He、Ne、Ar 等；双原子分子，如 H_2、O_2、N_2、CO 等；多原子分子(三个或三个以上的原子组成的分子)，如 H_2O、NH_3 等。分子内原子间的距离保持不变的分子称为**刚性分子**，否则称为非刚性分子。现在只讨论刚性分子的自由度。

1. 单原子分子

单原子分子(图 7-4(a))可看成自由质点，确定其位置需要三个独立坐标，如(x,y,z)，所以有 3 个平动自由度，$t=3$。

2. 刚性双原子分子

刚性双原子分子(图 7-4(b))的两个原子间的距离保持不变，就像两个质点之间由一根不计质量的刚性细杆相连(如同哑铃)，确定其质心 C 的空间位置需 3 个独立坐标，如(x,y,z)，$t=3$；确定质点连线的空间方位需两个独立坐标如(α,β)，因有$\cos^2\alpha+\cos^2\beta+\cos^2\gamma=1$的约束关系，所以质点连线的三个方位角 α、β、γ 中只有两个是独立的；两个原子均视为质点，围绕两原子连线的转动不存在，因而不需要引入与围绕两原子连线转动的对应的自由度。所以刚性双原子分子有两个转动自由度，$r=2$，总自由度 $i=5$。

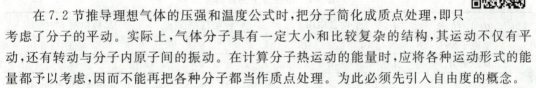

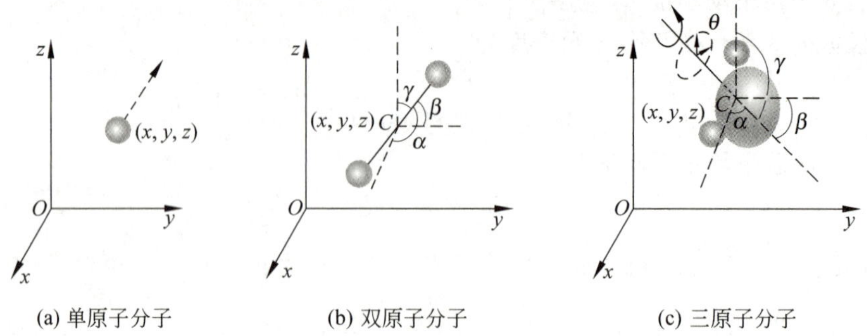

图 7-4 刚性分子的自由度

3. 刚性三原子或多原子分子

对于各原子不是直线排列的刚性三原子或多原子分子，共有 6 个自由度(图 7-4(c))，$i=6$，即确定质心 C 的三个平动自由度，如(x,y,z)，确定通过质心的轴的方位的两个转动自由度，如(α,β)和确定分子绕过质心的轴的转动自由度，如 θ。

表 7-1 给出刚性分子的自由度。

表 7-1 刚性分子的自由度

分子种类	平动自由度 t	转动自由度 r	总自由度 $i=t+r$
单原子分子	3	0	3
双原子分子	3	2	5
多原子分子	3	3	6

对于非刚性双原子分子或多原子分子，由于在原子之间相互作用力的支配下，分子内部还有原子的振动，因此还存在振动自由度。但是由于对于分子振动的能量，经典物理不能给出正确的说明，正确的说明需要量子力学。另外在常温下用经典方法认为分子是刚性的，也能给出与实验大致相符的结果。所以作为统计概念的初步，本书将不考虑分子内部的振动而认为分子都是刚性的。

7.3.2 能量按自由度均分定理

已知理想气体分子的平均平动动能为

$$\overline{\varepsilon_{kt}}=\frac{1}{2}m\overline{v^2}=\frac{3}{2}kT$$

因气体分子都有三个平动自由度，即

$$\frac{1}{2}m\overline{v^2}=\frac{1}{2}m\overline{v_x^2}+\frac{1}{2}m\overline{v_y^2}+\frac{1}{2}m\overline{v_z^2}=\frac{3}{2}kT$$

根据平衡态时大量气体分子热运动的统计假设

$$\overline{v_x^2}=\overline{v_y^2}=\overline{v_z^2}=\frac{1}{3}\overline{v^2}$$

所以

$$\frac{1}{2}m\overline{v_x^2}=\frac{1}{2}m\overline{v_y^2}=\frac{1}{2}m\overline{v_z^2}=\frac{1}{2}kT \tag{7-10}$$

式(7-10)说明，在平衡态下，气体分子所具有的平均平动动能可以均匀地分配给每一个平动自由度，即每一个平动自由度都具有相同的动能$\frac{1}{2}kT$。

由于气体大量分子的无规则运动和频繁的碰撞，分子的能量互相转换，不可能有某种运动形式特别占优势。因此，在平衡态下，无论分子做何种运动，分子的每一个自由度都具有相同的平均动能$\frac{1}{2}kT$。这就是**能量按自由度均分定理**，亦称**能量均分定理**。

7.3.3 刚性分子的平均总动能

根据能量均分定理，如果一个气体分子的总自由度为 i，则它的**平均总动能**为

$$\overline{\varepsilon_k}=\frac{i}{2}kT \tag{7-11}$$

因此

单原子分子的平均总动能 $\overline{\varepsilon_k}=\frac{3}{2}kT$

刚性双原子分子的平均总动能 $\overline{\varepsilon_k}=\frac{5}{2}kT$

刚性多原子分子的平均总动能 $\overline{\varepsilon_k}=3kT$

7.3.4 理想气体的内能

一般来说，气体的内能为气体分子无规则热运动(平动、转动和振动)能量和分子之间相互作用的势能的总和。对于刚性分子理想气体，分子之间相互作用的势能忽略不计，同时也不考虑分子内原子之间的振动，即也不考虑分子内的势能，所以分子的**平均总能量**$\bar{\varepsilon}$ 等于平均总动能$\overline{\varepsilon_k}$，即

$$\bar{\varepsilon}=\overline{\varepsilon_k}=\frac{i}{2}kT \tag{7-12}$$

气体的内能就是气体内所有分子热运动的动能之和。

1mol 理想气体的内能为

$$E_0=N_A\bar{\varepsilon}=N_A\frac{i}{2}kT=\frac{i}{2}RT \tag{7-13}$$

质量为 M 、摩尔质量为 M_{mol} 的理想气体的内能为

$$E=\frac{M}{M_{mol}}\frac{i}{2}RT \tag{7-14}$$

说明 (1) 理想气体的内能只取决于分子运动的自由度 i 和热力学温度 T，或者说理想气体的内能只是温度 T 的单值函数。

(2) 对于一定量的某种理想气体，内能的改变只与初、末态的温度有关，即

$$\Delta E = \frac{M}{M_{\mathrm{mol}}}\frac{i}{2}R(T_2 - T_1)$$

只要 $\Delta T = T_2 - T_1$ 相同，ΔE 就相同，而与过程无关。

(3) 根据理想气体状态方程 $pV=\frac{M}{M_{\mathrm{mol}}}RT$，式(7-14)可以写成 $E=\frac{i}{2}pV$。

问题 7-11 在体积为 V 的房间内充满着双原子分子理想气体，冬天室温为 T_1，压强为 p_0。现将室温经供暖器提高到温度 T_2，因房间不是封闭的，室内气压仍为 p_0。试说明房间内气体的内能不变，这与“一定质量的理想气体处于平衡状态时，内能是温度的单值函数，温度升高，内能就增加。”的说法矛盾吗？请从微观角度加以解释。

问题 7-12 试说明下列各量的物理意义：

(1) $\frac{1}{2}kT$　　(2) $\frac{3}{2}kT$　　(3) $\frac{i}{2}kT$

(4) $\frac{M}{M_{\mathrm{mol}}}\frac{i}{2}RT$　　(5) $\frac{i}{2}RT$　　(6) $\frac{3}{2}RT$

问题 7-13 标准状态下，若两种刚性分子理想气体氧气和氦气的体积比 $V_1/V_2=1/2$，则其内能 E_1/E_2 为________。

例 7-4 当温度为 0℃时，求：(1)氧分子的平均平动动能$\overline{\varepsilon_{\mathrm{kt}}}$与平均转动动能$\overline{\varepsilon_{\mathrm{kr}}}$；(2)4.0 g 氧气的内能。

解 氧分子是双原子分子，$t=3$，$r=2$

(1) $\overline{\varepsilon_{\mathrm{kt}}}=\frac{3}{2}kT=\frac{3}{2}\times 1.38\times 10^{-23}\times 273=5.65\times 10^{-21}(\mathrm{J})$

$$\overline{\varepsilon_{\mathrm{kr}}} = \frac{2}{2}kT = 1.38\times 10^{-23}\times 273 = 3.77\times 10^{-21}(\mathrm{J})$$

(2) $E=\frac{M}{M_{\mathrm{mol}}}\frac{i}{2}RT=\frac{4.0\times 10^{-3}}{32\times 10^{-3}}\times\frac{5}{2}\times 8.31\times 273=7.09\times 10^{2}(\mathrm{J})$

7.4 麦克斯韦速率分布律

处于热动平衡态下的气体分子，由于无规则热运动和频繁碰撞，对个别分子来说，速度大小和方向随机变化不可预知，但就大量分子整体来看，分子热运动速度和速率遵循确定的统计分布规律。麦克斯韦应用统计力学方法导出了在平衡态下，理想气体分子速度的分布规律——**麦克斯韦速度分布律**。如果不考虑速度方向，则可得到相应的速率分布律——**麦克斯韦速率分布律**。本节介绍速率分布函数的一般概念和麦克斯韦速率分布律的最基本内容。

7.4.1 速率分布函数

设分子的总数为 N，在气体的平衡态下，把分子的速率划分为若干相等的间隔 Δv，如果在某一速率间隔 $v\sim v+\Delta v$ 内的分子数为 ΔN，则$\frac{\Delta N}{N}$就表示在该速率间隔分子数占总分子

数的比率。显然$\frac{\Delta N}{N}$在不同速率间隔内是不同的，应是速率 v 的函数。如果速率间隔取得足够小，$\frac{\Delta N}{N}\propto\Delta v$，比值$\frac{\Delta N}{N\Delta v}$ 表示分布在 v 附近单位速率间隔内的分子数占总分子数的比率。当 Δv 足够小时，$\frac{\Delta N}{N\Delta v}$与 Δv 无关，仅为 v 的函数。取 $\Delta v\to 0$，则比值$\frac{\Delta N}{N\Delta v}$的极限就成为 v 的连续函数，以 $f(v)$表示，称为**速率分布函数**，即

$$f(v)=\frac{\mathrm{d}N}{N\mathrm{d}v} \tag{7-15}$$

速率分布函数 $f(v)$的物理意义：速率分布在 v 附近的单位速率间隔内的分子数占总分子数的比率，它描述气体分子按速率分布的规律。

讨论 (1) $\frac{\mathrm{d}N}{N}=f(v)\mathrm{d}v$ 表示速率分布在 $v\sim v+\mathrm{d}v$ 间隔内的分子数 $\mathrm{d}N$ 占总分子数 N 的比率。在有限速率间隔内 $v\sim v+\Delta v$ 的分子数占总分子数的比率为

$$\frac{\Delta N}{N}=\int_v^{v+\Delta v} f(v)\mathrm{d}v$$

(2) 速率分布函数的归一化条件。将速率分布函数对整个速率间隔进行积分，得到所有分子数占总分子数的比率，显然等于 1，即

$$\int_0^\infty f(v)\mathrm{d}v=1 \tag{7-16}$$

这是速率分布函数必须满足的条件，称为**归一化条件**。

(3) 由分布函数求与速率有关的物理量 $g(v)$（如 $g(v)=v, g(v)=v^2$ 等）的平均值，

$$\overline{g(v)}=\frac{\int g(v)\mathrm{d}N}{N}=\frac{\int_0^\infty g(v)Nf(v)\mathrm{d}v}{N}=\int_0^\infty g(v)f(v)\mathrm{d}v \tag{7-17}$$

问题 7-14 已知处于平衡态的理想气体的速率分布函数 $f(v)$，如何计算气体分子的平均速率、平均平动动能？

例 7-5 有 N 个粒子，其速率分布函数为

$$f(v)=\frac{\mathrm{d}N}{N\mathrm{d}v}=C \quad (v_0\geqslant v\geqslant 0)$$

$$f(v)=0 \quad (v>v_0)$$

求常数 C。

解 由速率分布函数的归一化条件，

$$\int_0^\infty f(v)\mathrm{d}v=\int_0^{v_0} f(v)\mathrm{d}v+\int_{v_0}^\infty f(v)\mathrm{d}v=\int_0^{v_0} C\mathrm{d}v=Cv_0=1$$

所以 $C=\frac{1}{v_0}$

7.4.2　麦克斯韦速率分布律

麦克斯韦从理论上导出了在平衡状态下，理想气体分子的速率分布函数——**麦克斯韦速率分布函数**的数学表达式

$$f(v)=4\pi\left(\frac{m}{2\pi kT}\right)^{\frac{3}{2}}\mathrm{e}^{-\frac{mv^2}{2kT}}v^2 \tag{7-18}$$

式(7-18)中 m 为单个分子的质量，T 为气体的热力学温度，k 为玻耳兹曼常量。式(7-18)确定的理想气体分子按速率分布的统计规律，称为**麦克斯韦速率分布律**。

说明　7.4.1节中对于一般速率分布函数性质的讨论都适用于麦克斯韦速率分布函数。

以速率 v 为横坐标轴、麦克斯韦速率分布函数 $f(v)$ 为纵坐标轴，画出 $f(v)$ 与 v 的关系曲线称为**麦克斯韦速率分布曲线**(图7-5)。如图7-5所示，曲线从坐标原点出发，随速率增大开始上升，在某一速率 v_p 处取极大值后下降，并渐近于横坐标轴。这表明气体分子速率可取大于零的一切可能的有限值，但速率很大的分子和很小的分子，其相对分子数都很小，与 $f(v)$ 的最大值相对应的速率 v_p 称为**最概然速率**。

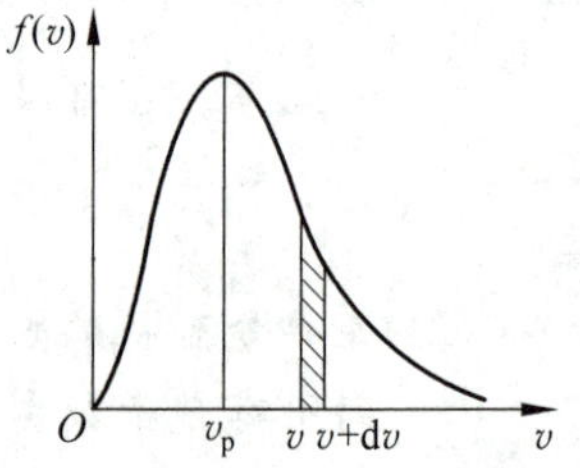

图7-5　麦克斯韦速率分布曲线

问题7-15　图7-5中小曲边梯形的面积的物理意义是什么？整个曲线下的面积等于多少？为什么？

问题7-16　根据麦克斯韦速率分布律，气体中有的分子速率大，有的分子速率小。能否说速率大的分子的温度高，速率小的分子的温度低？

7.4.3　三种统计速率

利用麦克斯韦速率分布函数 $f(v)$，可以推导出反映分子热运动状态具有代表性的三种速率的统计平均值。

1. 最概然速率 v_p

v_p 为与 $f(v)$ 的极大值相对应的速率。其物理意义是：在一定温度下，若把整个速率范围分成很多相等的小区间，则 v_p 所在的区间内分子数占总分子数的比率最大。按照极值条件，$\left.\frac{\mathrm{d}f(v)}{\mathrm{d}v}\right|_{v=v_\mathrm{p}}=0$，得

$$v_\mathrm{p}=\sqrt{\frac{2kT}{m}}=\sqrt{\frac{2RT}{M_\mathrm{mol}}}\approx 1.41\sqrt{\frac{RT}{M_\mathrm{mol}}} \tag{7-19}$$

2. 平均速率 $\bar{v}$

大量分子速率的算术平均值称为平均速率。由式(7-17)

$$\bar{v} = \int_0^{\infty} v f(v) \mathrm{d}v$$

代入 $f(v)$，积分可得

$$\bar{v} = \sqrt{\frac{8kT}{\pi m}} = \sqrt{\frac{8RT}{\pi M_{\mathrm{mol}}}} \approx 1.60\sqrt{\frac{RT}{M_{\mathrm{mol}}}} \tag{7-20}$$

3. 方均根速率 $\sqrt{\overline{v^2}}$

大量气体分子速率平方的平均值的平方根称为方均根速率。由式(7-17)

$$\overline{v^2} = \int_0^{\infty} v^2 f(v) \mathrm{d}v$$

代入 $f(v)$，积分可得 $\overline{v^2} = \dfrac{3kT}{m}$，由此得方均根速率

$$\sqrt{\overline{v^2}} = \sqrt{\frac{3kT}{m}} = \sqrt{\frac{3RT}{M_{\mathrm{mol}}}} \approx 1.73\sqrt{\frac{RT}{M_{\mathrm{mol}}}}$$

与前面用理想气体压强公式所得的结果(式(7-9))相同。

说明 (1) 三种统计速率都反映了大量分子作热运动的统计规律，它们都与温度的平方根 $\sqrt{T}$ 成正比，与分子质量的平方根 $\sqrt{m}$（或分子的摩尔质量的平方根 $\sqrt{M_{\mathrm{mol}}}$）成反比，且 $\sqrt{\overline{v^2}} > \bar{v} > v_{\mathrm{p}}$，三者之比为 $\sqrt{\overline{v^2}} : \bar{v} : v_{\mathrm{p}} = 1.23 : 1.13 : 1$（见图 7-6）。

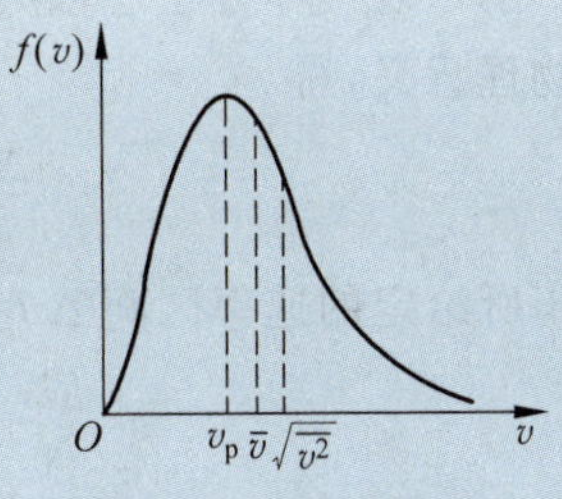

图 7-6 三种统计速率

(2) 三种速率应用于不同问题的研究中。例如：$\sqrt{\overline{v^2}}$ 用来计算分子的平均平动动能，在讨论气体压强和温度的统计规律中使用；$\bar{v}$ 用来讨论分子的碰撞，计算分子运动的平均自由程、平均碰撞次数等；v_{p} 由于是速率分布曲线中极大值所对应的速率，所以在讨论分子速率分布时常被使用。

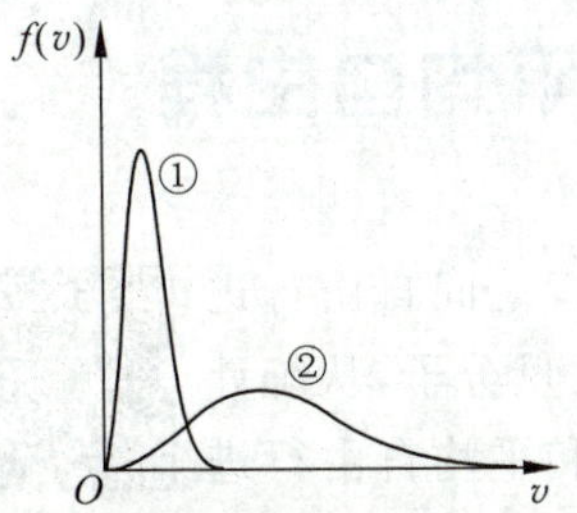

图 7-7 问题 7-17 图

问题 7-17 如图 7-7 所示，(1) 如①、②两条曲线分别为在同一温度下氧气和氢气的麦克斯韦速率分布曲线，判断哪一条是氧气分子的速率分布曲线？(2) 如①、②两条曲线分别为同一种气体在温度 T_1、T_2 下的麦克斯韦速率分布曲线，判断哪一条曲线对应的温度高？(3) 说明在(1)、(2)两种情况下，两条曲线形状不同，即曲线①比较陡，曲线②比较平坦，所蕴含的物理意义。

问题 7-18 已知 $f(v)$ 是麦克斯韦速率分布函数，N 为总的分子数，说明以下各式的物理意义。

(1) $f(v)\mathrm{d}v$；(2) $Nf(v)\mathrm{d}v$；(3) $\int_0^{\infty} f(v)\mathrm{d}v$；(4) $\int_0^{\infty} vf(v)\mathrm{d}$；(5) $\int_0^{\infty} v^2 f(v)\mathrm{d}v$；

(6) $\int_0^{\mathrm{p}} f(v)\mathrm{d}v$；(7) $\int_{v_1}^{v_2} Nf(v)\mathrm{d}v$

问题 7-19 地球周围的大气层中富含着自由氧分子和氮分子，却没有宇宙中含量最多的自由氢分子及氦原子。结合例 2-16 求得的地球表面附近物体的逃逸速率、本节中气体分子的方均根速率公式和麦克斯韦速率分布函数加以讨论。

例 7-6 计算氧气分子和氢气分子在 0 ℃时的方均根速率。

解 $T=273\text{K}$；氧气和氢气的摩尔质量分别为 $M_{\mathrm{mol,O_2}}=32.0\times10^{-3}$ kg/mol，$M_{\mathrm{mol,H_2}}=2.00\times10^{-3}$ kg/mol。按以上数据计算得

$$\sqrt{\overline{v_{\mathrm{O_2}}^2}}=\sqrt{\frac{3RT}{M_{\mathrm{mol,O_2}}}}=\sqrt{\frac{3\times8.31\times273}{32.0\times10^{-3}}}=4.61\times10^2(\mathrm{m/s})$$

$$\sqrt{\overline{v_{\mathrm{H_2}}^2}}=\sqrt{\frac{3RT}{M_{\mathrm{mol,H_2}}}}=\sqrt{\frac{3\times8.31\times273}{2.00\times10^{-3}}}=1.84\times10^3(\mathrm{m/s})$$

例 7-7 试计算理想气体分子热运动速率的大小介于 $v_{\mathrm{p}}-0.01v_{\mathrm{p}}$ 和 $v_{\mathrm{p}}+0.01v_{\mathrm{p}}$ 之间的分子数占总分子数的百分比。

解 设气体分子总数为 N，题中所给定的速率区间内的分子数为 ΔN，由速率分布函数的物理意义，得

$$\frac{\Delta N}{N}=\int_{v_{\mathrm{p}}-0.01v_{\mathrm{p}}}^{v_{\mathrm{p}}+0.01v_{\mathrm{p}}} f(v)\mathrm{d}v=\int_{0.99v_{\mathrm{p}}}^{1.01v_{\mathrm{p}}} f(v)\mathrm{d}v$$

由于所给定的速率区间 $\Delta v=(v_{\mathrm{p}}+0.01v_{\mathrm{p}})-(v_{\mathrm{p}}-0.01v_{\mathrm{p}})=0.02v_{\mathrm{p}}$ 比较小，所以有

$$\frac{\Delta N}{N}\approx f(0.99v_{\mathrm{p}})\Delta v=f(0.99v_{\mathrm{p}})\times0.02v_{\mathrm{p}}$$

注意到 $v_{\mathrm{p}}=\sqrt{\frac{2kT}{m}}$，得所求的速率区间内的分子数占总分子数的百分比为

$$\begin{aligned}\frac{\Delta N}{N}&=4\pi\left(\frac{m}{2\pi kT}\right)^{\frac{3}{2}}\mathrm{e}^{-\frac{mv^2}{2kT}}v^2\Delta v\bigg|_{v=0.99v_{\mathrm{p}},\Delta v=0.02v_{\mathrm{p}}}\\&=\frac{4}{\sqrt{\pi}}\left(\frac{v}{v_{\mathrm{p}}}\right)^2\mathrm{e}^{-\frac{v^2}{v_{\mathrm{p}}^2}}\frac{\Delta v}{v_{\mathrm{p}}}\bigg|_{v=0.99v_{\mathrm{p}},\Delta v=0.02v_{\mathrm{p}}}=\frac{4}{\sqrt{\pi}}(0.99)^2\times\mathrm{e}^{-(0.99)^2}\times0.02=1.66\%\end{aligned}$$

7.5 气体分子的平均碰撞频率和平均自由程

气体分子作无规则热运动，频繁碰撞。每个分子在两次碰撞之间自由行进多长时间和多长路径完全是偶然的、不确定的(图 7-8)。但对大量分子，从统计的角度看，每个分子在单位时间内与其他分子平均碰撞多少次和平均自由行进多少路径却是有规律的。

1. 平均碰撞频率 $\bar{Z}$

对于处于平衡状态下的大量气体分子组成的系统，一个分子在单位时间内与其他分子

的平均碰撞次数称为**平均碰撞频率 $\bar{Z}$**。

根据简化的气体分子模型，同种气体分子中每个分子都是直径为 d 的刚性球。设想跟踪一个气体分子 A。为简化计算起见，首先假定其他分子不动，A 分子以平均相对速率 $\bar{u}$ 接近其他分子，那么 1 s 内有哪些分子能与 A 分子相碰呢？在 A 分子运动过程中，它的质心轨迹是一条折线 $abce$，凡是其他分子的质心离开此折线的距离小于或等于分子有效直径 d 的，都将与 A 分子相碰(图 7-9)。如果以 1 s 内 A 分子质心运动轨迹为轴，以分子有效直径 d 为半径作一圆柱体，那么该圆柱体体积为 $\pi d^2\,\bar{u}$。质心在该圆柱体内的分子都将与 A 分子相碰。设 n 为分子数密度，则该圆柱体内的分子数为 $n\pi d^2\,\bar{u}$，亦即 1 s 内 A 分子与其他分子发生碰撞的平均次数。所以平均碰撞频率

$$\bar{Z} = n\pi d^2\,\bar{u}$$

式中 $\pi d^2 = \sigma$ 称为**分子的碰撞截面**。可以证明分子间平均相对速率与平均速率之间的关系为 $\bar{u} = \sqrt{2}\,\bar{v}$，故

$$\bar{Z} = \sqrt{2}\,\pi d^2 n\,\bar{v} \tag{7-21}$$

上式表明，分子热运动平均碰撞频率与分子数密度 n、分子平均速率 $\bar{v}$ 成正比，也与分子碰撞截面 σ 或分子有效直径 d 的平方成正比。

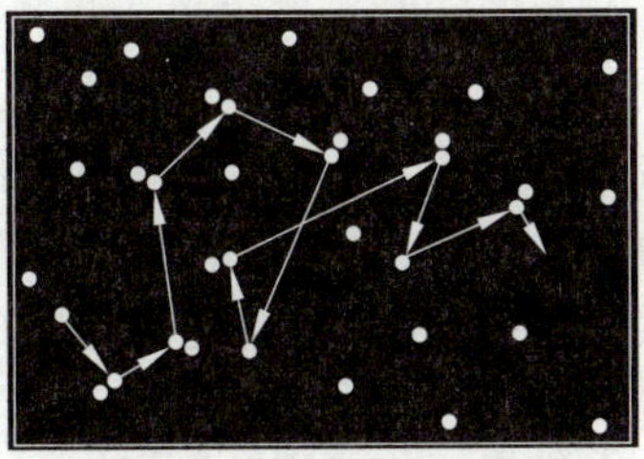

图 7-8　气体分子的碰撞

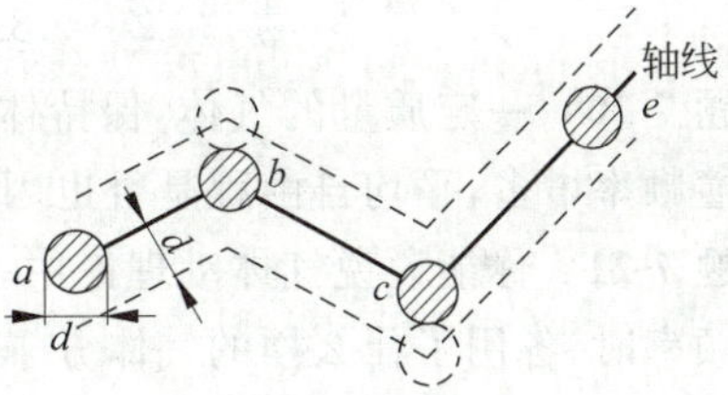

图 7-9　$\bar{Z}$ 的计算

2. 平均自由程 $\bar{\lambda}$

在平衡状态下，一个分子在连续两次碰撞之间所经过的路程的平均值称为**平均自由程 $\bar{\lambda}$**。由于 1 s 内每个分子走过的平均路程为 $\bar{v}$，与其他分子的平均碰撞频率为 $\bar{Z}$，因此 $\bar{\lambda}$ 为

$$\bar{\lambda} = \frac{\bar{v}}{\bar{Z}} = \frac{1}{\sqrt{2}\,\pi d^2 n} \tag{7-22}$$

式(7-22)表明，$\bar{\lambda}$ 与分子的有效直径 d 的平方及分子数密度成反比，而与平均速率无关。对理想气体，$p = nkT$，式(7-23)又可写成

$$\bar{\lambda} = \frac{kT}{\sqrt{2}\,\pi d^2 p} \tag{7-23}$$

即当温度一定时，$\bar{\lambda}$ 和压强成反比。

例 7-8　已知空气在标准状态(0 ℃和一个大气压)下的摩尔质量为 $M_{\text{mol}} = 2.89 \times 10^{-2}$ kg/mol，分子的碰撞截面 $\sigma = 5 \times 10^{-15}\ \text{cm}^2$，求：(1)空气分子的有效直径 d；(2)平均自由程 $\bar{\lambda}$ 和平均碰撞频率 $\bar{Z}$；(3)分子相继两次碰撞之间的平均运动时间 $\bar{\tau}$。

解　空气在标准状态下，温度 $T = 273$ K，压强 $p = 1.013 \times 10^5$ Pa。

(1) 由分子碰撞截面的定义 $\sigma = \pi d^2$，得空气分子有效直径为

$$d=\sqrt{\frac{\sigma}{\pi}}=\sqrt{\frac{5\times10^{-19}}{3.14}}=3.99\times10^{-10}(\mathrm{m})$$

(2) 空气分子平均速率以及分子数密度分别为

$$\bar{v}=\sqrt{\frac{8RT}{\pi M_{\mathrm{mol}}}}=\sqrt{\frac{8\times8.31\times273}{3.14\times2.89\times10^{-2}}}=4.47\times10^{2}(\mathrm{m/s})$$

$$n=\frac{p}{kT}=\frac{1.013\times10^{5}}{1.38\times10^{-23}\times273}=2.69\times10^{25}(\mathrm{m^{-3}})$$

平均自由程为

$$\bar{\lambda}=\frac{1}{\sqrt{2}\pi d^{2}n}=\frac{1}{\sqrt{2}\sigma n}=\frac{1}{\sqrt{2}\times5\times10^{-19}\times2.69\times10^{25}}=5.26\times10^{-8}(\mathrm{m})\approx132\,d$$

由此可见，分子的平均自由程约为有效直径的132倍。

平均碰撞频率为

$$\bar{Z}=\frac{\bar{v}}{\bar{\lambda}}=\frac{4.47\times10^{2}}{5.26\times10^{-8}}=8.50\times10^{9}(/\mathrm{s})$$

(3) 因为分子连续两次碰撞之间平均自由运动的路程为$\bar{\lambda}$，平均运动速率为$\bar{v}$，所以分子在相继两次碰撞之间平均运动时间为

$$\bar{\tau}=\frac{\bar{\lambda}}{\bar{v}}=\frac{1}{\bar{Z}}=\frac{1}{8.5\times10^{9}}=1.18\times10^{-10}(\mathrm{s})$$

问题 7-20 一定质量的气体，保持体积不变。当温度增加时，分子运动得更剧烈，因而平均碰撞频率增多，平均自由程是否也因此而减少？为什么？

问题 7-21 你能说说气体动理论中，在讨论理想气体压强公式、能量均分定理、分子平均碰撞频率时，各用了什么样的气体分子模型吗？

习 题

7-1 (1)试证：理想气体的密度 $\rho=\frac{pM_{\mathrm{mol}}}{RT}$；(2)在压强为 1.013×10^{5} Pa 和温度为20 ℃时，空气的摩尔质量 $M_{\mathrm{mol}}=28.9\times10^{-3}$ kg/mol。试求空气的密度，并求在此情况下，一间 4 m×4 m×3 m 的房间内的空气总质量。

7-2 体积为 1 $\mathrm{m^3}$ 的钢筒内装有供气焊用的氢气。假定气焊时，氢气的温度保持 300 K 不变。当压力表中指针指示出筒内氢气的压强由 4.9×10^{6} Pa 降为 9.8×10^{5} Pa 时，试问用去了多少氢气？

7-3 设想太阳是由质子组成的理想气体，其密度可以当作是均匀的，若此理想气体的压强为 1.35×10^{14} Pa，试估算太阳的温度。质子的质量 $m_{\mathrm{p}}=1.67\times10^{-27}$ kg，太阳半径 $R_{\mathrm{S}}=6.96\times10^{8}$ m，太阳质量 $M_{\mathrm{S}}=1.99\times10^{30}$ kg。

7-4 一体积为 $11.2\times10^{-3}\ \mathrm{m^3}$、温度为293 K 的真空系统已被抽到 1.38×10^{-3} Pa 的真空。为了提高其真空度，将它放在573 K 的烘箱内烘烤，使器壁释放出所吸附的气体。若烘烤后压强增大到1.38 Pa，求在烘烤过程中，器壁释放出的吸附气体分子数。

7-5 求二氧化碳(CO_2)分子在温度 $T=300$ K 时的平均平动动能。

7-6 当温度为 0 ℃时,求:(1)N_2 分子的平均平动动能和平均转动动能;(2)7 gN_2 气体的内能。

7-7 封闭容器中储有一定量的刚性分子理想气体氮气。当温度升到原来的 5 倍时,气体系统分解为氮原理想气体,此时,系统的内能为原来的几倍?

7-8 容积为 20.0 L 的瓶子以速率 $v=200$ m/s 匀速运动,瓶子里充有质量为 100 g 的理想气体氦气。设瓶子突然停止,且气体的 70%的定向运动动能转变为气体分子热运动的动能,瓶子与外界没有热量交换。求热平衡后氦气的内能、温度、压强及氦气分子的平均动能各增加多少?

7-9 容器中有 N 个气体分子,其速率分布如习题 7-9 图所示,且当 $v>2v_0$ 时,分子数为零。

(1) 用 N 和 v_0 表示 a 并写出分子速率分布函数表达式;(2) 求速率在$[1.5v_0, 2.0v_0]$区间的分子数;(3) 求分子的平均速率。

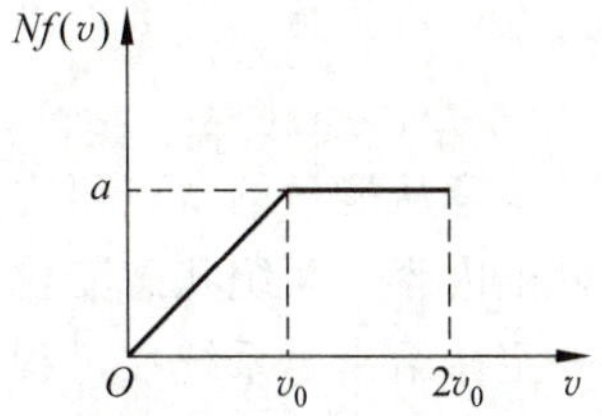

习题 7-9 图

7-10 求在 300 K 时,氢气分子速率在$[v_p-10\ \text{m/s}, v_p+10\ \text{m/s}]$区间的分子数占总分子数的比率。

7-11 已知在 $T=273$ K、$p=1.00\times10^3$ Pa 条件下气体密度 $\rho=1.24\times10^{-2}$ kg/m^3。求:(1)气体分子的方均根速率$\sqrt{\overline{v^2}}$;(2)气体的摩尔质量 M_{mol}。

7-12 质量为 6.2×10^{-14} g 的微粒悬浮于 27 ℃的液体中,观察到它的方均根速率为 1.4 cm/s。计算阿伏伽德罗常数。

7-13 氢气在 1.013×10^5 Pa(即 1 atm)、288 K 时的分子数密度为 2.54×10^{25}/m^3,平均自由程为 1.18×10^{-7} m。求氢分子的有效直径。

7-14 在 160 km 高空,空气密度为 1.5×10^{-9} kg/m^3,摩尔质量为 29 g/mol,温度为 500 K,空气分子直径设为 3.0×10^{-10} m。求在该高空处:(1)分子的平均自由程;(2)分子连续两次碰撞之间的平均时间间隔。

7-15 氮分子的有效直径为 3.8×10^{-10} m,求氮气分子在标准状态下的平均自由程和平均碰撞频率。

7-16 在标准状态下,CO_2 气体分子的平均自由程为 6.29×10^{-8} m。求CO_2 气体分子的平均碰撞频率和有效直径。

第8章

热力学基础

本章从能量的观点研究热力学系统状态变化中有关热功转换的关系与条件，是热力学的基础内容。系统状态变化过程所遵循的基本规律是热力学第一定律和第二定律。热力学第一定律给出了系统在过程中能量的变化关系；热力学第二定律指明了自然过程进行的方向。本章主要内容有：准静态过程、功、热量、内能等基本概念，热力学第一定律及其对理想气体各等值过程和绝热过程的应用，理想气体的摩尔热容，循环过程，卡诺循环和热力学第二定律、玻耳兹曼熵和克劳修斯熵的概念、熵增加原理等。

焦耳

8.1 热力学第一定律

8.1.1 准静态过程

热力学系统的状态随时间变化的过程称为**热力学过程**。当一定量的处于平衡状态的气体与外界交换能量时，它原来的平衡态受到破坏，经一定时间后，系统达到另一个新的平衡态。系统从一个平衡态变化到另一个平衡态，如果过程进行得无限缓慢，使经历的一系列中间状态都无限接近平衡态，从而任何时刻系统的状态都可当作平衡态处理，这种过程叫作**准静态过程**(或**平衡过程**)。显然，准静态过程是热力学过程的一个理想模型。如果中间状态为非平衡态，这个过程则为**非准静态过程**。在7.1.2节中曾指出，只有气体处于平衡态，才能在p-V图上用一点表示其状态。所以，当气体经历一准静态过程时，我们就可以在p-V图上用一条相应的曲线来表示该过程，这曲线为两状态间的**准静态过程曲线**，简称**过程曲线**(图8-1)。在本章中，如不特别指明，所讨论的过程都是准静态过程。

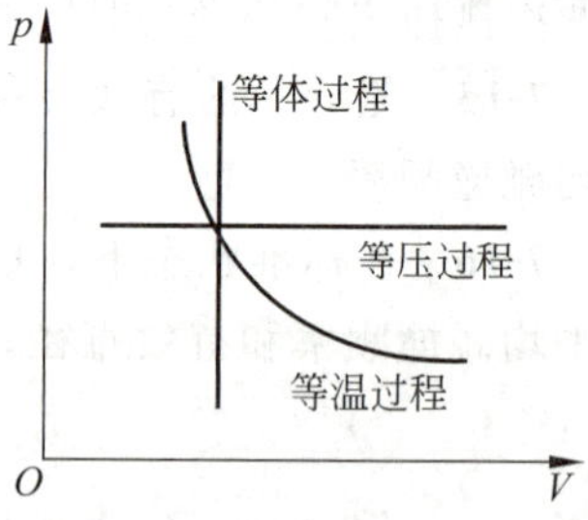

图8-1　理想气体的几种准静态过程

问题8-1　请设计一种方法，使一个系统的温度由T_1升到T_2的过程是一个准静态过程。

8.1.2 内能 功 热量

1. 内能

在 7.3.4 节中已指出，对一定质量的气体分子组成的系统，内能为气体分子无规则热运动(平动、转动和振动)能量和分子之间相互作用的势能的总和。由于分子热运动能量与 kT 成正比，而分子间的势能取决于分子的间距，所以系统内能是气体温度 T 和体积 V 的函数，即：$E=f(T,V)$。体积 V 和温度 T 都是系统的状态参量，它们和一个确定的平衡态相对应，因此内能是系统状态的单值函数，系统的状态一定，内能也一定。当系统从一个状态变化到另一个状态时，不管它的变化过程如何，内能的改变总是一个定值。

对于理想气体，$E=\dfrac{M}{M_{\mathrm{mol}}}\dfrac{i}{2}RT$，内能只是温度的单值函数。

改变系统的内能通常有两种方式：**做功**和**传热递**。

2. 功

对系统做功使系统状态发生变化，即改变了系统的内能，就完成了能量的传递与转移过程。如“摩擦生热”就是典型的例子。这里“摩擦”是指外力克服摩擦力做功，“生热”是使物体的温度升高即内能增加，也就是改变了系统的状态。做功是宏观运动，而内能增加是系统分子热运动(微观运动)的加剧，所以做功改变系统的内能，是有规则的宏观运动转变成无规则的微观热运动。

现在讨论系统在准静态过程中，由于体积变化所做的功。以气缸内气体体积变化为例。如图 8-2 所示，S 表示活塞面积，p 表示气体压强。设缸内气体作准静态膨胀，气体对活塞的压力为 $F=pS$，当气体推动活塞无摩擦缓慢地移动一段微小位移 $\mathrm{d}l$ 时，气体对外界做功为

$$\mathrm{d}W = pS\,\mathrm{d}l = p\mathrm{d}V \tag{8-1}$$

当 $\mathrm{d}V>0$ 时，$\mathrm{d}W>0$，系统体积膨胀，对外做正功；当 $\mathrm{d}V<0$ 时，$\mathrm{d}W<0$，系统体积缩小，对外作负功，即外界对系统做正功。

若系统经历一有限的准静态过程，如图 8-3 中曲线 a 所表示的从状态Ⅰ变化到状态Ⅱ的过程，体积由 V_1 变为 V_2，则系统对外界所做的功为

$$W = \int \mathrm{d}W = \int_{V_1}^{V_2} p\mathrm{d}V \tag{8-2}$$

根据定积分的意义可知，它等于 p-V 图中从Ⅰ到Ⅱ的曲线与横坐标之间曲边梯形的面积。

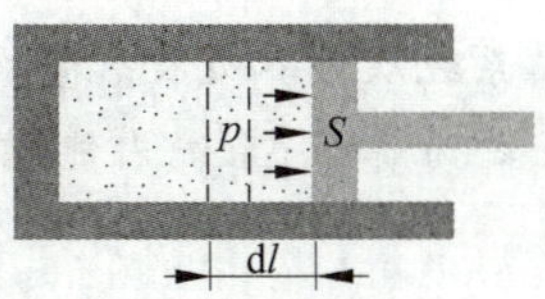

图 8-2 气体膨胀做功

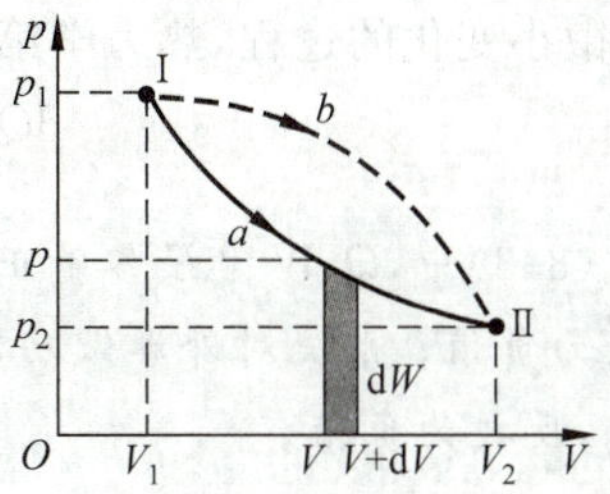

图 8-3 功的图示

若系统沿图8-3中虚线 b 所表示的从状态Ⅰ变化到状态Ⅱ的过程，可以看出过程曲线下的面积与上述过程的面积不相等，说明功的数值与进行过程有关，即**功是过程量**。

3. 热量

系统与外界之间由于存在温度差而传递的能量叫作**热量**。例如，电炉对储水器内的水加热，把热量(能量)不断地传递给低温的水，使系统状态发生变化，内能增加。温度不同的两个物体间的热传递是通过分子无规则运动来完成能量(热量)的定向迁移。

注意 (1) 做功和热传递都可以改变系统的状态，产生内能的变化。它们都是系统能量变化的量度。功是过程量，以后将看到，**热量也是过程量**。

(2) 做功和热传递改变内能的本质不同。做功"改变内能"是外界有序运动(如机械运动、电流等)的能量与系统内分子无序热运动能量的互相转换。热传递"改变内能"是外界分子无序热运动的能量与系统内分子无序热运动能量的互相转换。

问题8-2 如图8-4所示，容器Ⅰ、Ⅱ以管道相连，开启管道上的阀门后，Ⅰ中气体自由膨胀到Ⅱ中，气体做功能按式 $W=\int_{V_{\mathrm{I}}}^{V_{\mathrm{I}}+V_{\mathrm{II}}} p\mathrm{d}V$ 计算吗?式中，p 为阀门处压强，V_{I}、V_{II} 分别为容器Ⅰ、Ⅱ的容积。

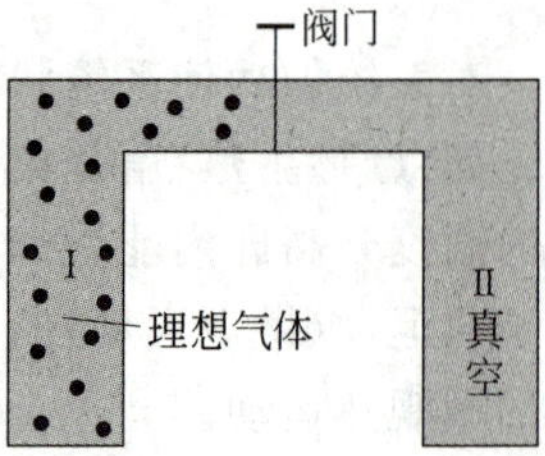

图8-4 问题8-2图

问题8-3 热量和内能的概念有何不同?下面两种说法是否正确?

(1) 物体的温度越高，则热量越多；(2)物体的温度越高，则内能越大。

8.1.3 热力学第一定律

如果有一系统，从外界吸收热量为 Q，从内能为 E_1 的初始态变为内能为 E_2 的终末态，对外界做功 W，则有

$$Q = E_2 - E_1 + W = \Delta E + W \tag{8-3}$$

此即**热力学第一定律**。它的物理意义为：系统从外界吸收的热量一部分使系统内能增加，另一部分用来对外做功。它是包括热量在内的能量守恒和转换定律。

对于状态微小变化的过程，热力学第一定律应写为

$$\mathrm{d}Q = \mathrm{d}E + \mathrm{d}W \tag{8-4}$$

说明 (1) 式(8-3)中，Q、W、ΔE 各量正、负值的规定：系统从外界吸收热量，Q 为正值，反之为负值；系统对外界做功，W 为正值，反之为负值；系统内能增加，ΔE 为正值，反之为负值。

(2) 应用式(8-3)时，只要初始态和终末态是平衡态即可，不需要所经历的中间状态为平衡态。对于联结初始态到终末态的各种不同变化过程，内能增量 ΔE 是相同的，与过程无关，由于功是与过程有关的，于是根据式(8-3)可知，热量也是过程量。两个过程量 Q、W 之差 $Q-W$ 与过程无关，等于内能增量 ΔE。

历史上有人企图制造这样一种机器，系统从某一初始态出发，经历一系列过程后回到初始态，既不需要外界供给热量，又能不停地对外做功，人们称这为**第一类永动机**。显然这种做法是违背热力学第一定律的。因为内能是一个态函数，系统经循环过程回到初始态，内能不变，$\Delta E=0$，而系统不从外界得到热量，即 $Q=0$，由热力学第一定律必有 $W=0$，也就是说，它对外做功是不可能的。因此热力学第一定律又可表述为：第一类永动机是不可能制造成功的。

如果系统通过体积变化做功，且经历的过程是准静态过程，热力学第一定律可写成

$$Q = E_2 - E_1 + \int_{V_1}^{V_2} p\mathrm{d}V \tag{8-5}$$

对于无限小的过程，则为

$$\mathrm{d}Q = \mathrm{d}E + p\mathrm{d}V \tag{8-6}$$

讨论 在系统的状态变化过程中，功与热的转换不可能是直接的，内能对于转换起了中介的作用。向系统传递热量的直接结果是增加系统的内能，再通过内能的减少，使系统对外做功；或者外力对系统做功，直接增加系统的内能，再通过内能的减少，使系统向外界传递热量。"热转化为功"与"功转化为热"是简化性的通俗用语而已。

问题 8-4 热力学第一定律的两种表达式 $Q=\Delta E+W$，$Q=\Delta E+\int_{V_1}^{V_2} p\mathrm{d}V$ 是否等价？请加以分析。

问题 8-5 有人想设计一台机器，当燃料供给 1.05×10^8 J 的热量时，要求机器对外做 30 kW·h 的功，放出 3.14×10^7 J 的热量。他的想法能实现吗？

问题 8-6 如图 8-5 所示，系统从状态 A 沿 ABC 变化到状态 C 的过程中，外界有 326 J 的热量传递给系统，同时系统对外界做功 126 J。当系统从状态 C 沿另一曲线路径 CDA 返回状态 A 时，外界对系统做功 52 J，则此过程中系统是吸热还是放热？数值是多少？

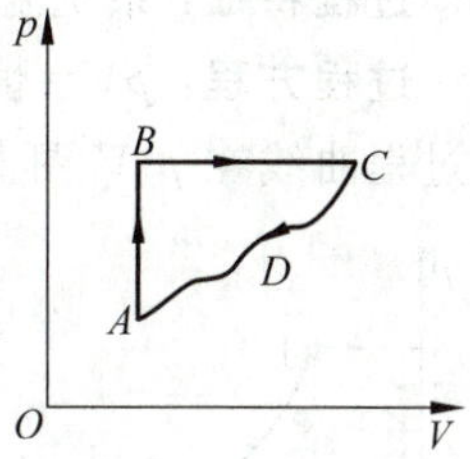

图 8-5 问题 8-6 图

例 8-1 压强为 1.013×10^5 Pa 时，1 mol 的水在 100 ℃下变成水蒸气，它的内能增加多少？已知在此压强和温度下，水和水蒸气的摩尔体积分别为 $V_{l,m}=18.8\ \mathrm{cm^3/mol}$ 和 $V_{g,m}=3.01\times10^4\ \mathrm{cm^3/mol}$，水的汽化热 $L=4.06\times10^4$ J/mol。

解 水的汽化是等温相变过程。在 1mol 的水变为水蒸气的过程中，水吸收的热量为

$$Q = \nu L = 1\times4.06\times10^4 = 4.06\times10^4(\mathrm{J})$$

汽化过程对外做的功为

$$W = p(V_{g,m}-V_{l,m}) = 1.013\times10^5\times(3.01\times10^4-18.8)\times10^{-6} = 3.05\times10^3(\mathrm{J})$$

根据热力学第一定律，水的内能增量为

$$\Delta E = Q - W = 4.06 \times 10^4 - 3.05 \times 10^3 = 3.76 \times 10^4 \text{(J)}$$

8.2 理想气体的等值过程

在本节，应用热力学第一定律研究理想气体的等体、等温和等压三个常见等值过程中的功、热量和内能的计算方法及它们之间的相互转化。

8.2.1 等体过程

过程特征： 气体体积保持不变，即 $\mathrm{d}V=0$，$V=$恒量。

过程方程： $p/T=$恒量，初态与末态的状态参量关系为

$$\frac{p_1}{T_1} = \frac{p_2}{T_2}$$

如图8-6所示，在 p-V 图上，等体过程线为平行于 p 轴的直线段。

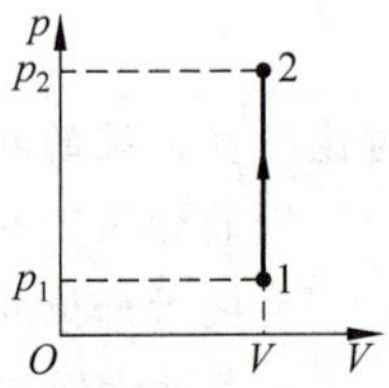

图8-6 等体过程

气体对外不做功，即 $\mathrm{d}W = p\mathrm{d}V = 0$，$W=0$。

由热力学第一定律，得

$$Q_V = E_2 - E_1 = \frac{M}{M_{\text{mol}}}\frac{i}{2}R(T_2 - T_1) \tag{8-7}$$

上式说明在等体过程中，系统从外界吸收的热量($Q_V>0$)全部用来增加系统的内能；或系统向外界放出热量($Q_V<0$)，它将减少同样数量的内能。

8.2.2 等温过程

过程特征： 系统温度保持不变，即 $\mathrm{d}T=0$，$T=$恒量。

过程方程： $pV=$恒量，初态与末态的状态参量关系为 $p_1V_1=p_2V_2$。如图8-7所示，等温过程曲线在 p-V 图上为一段双曲线。

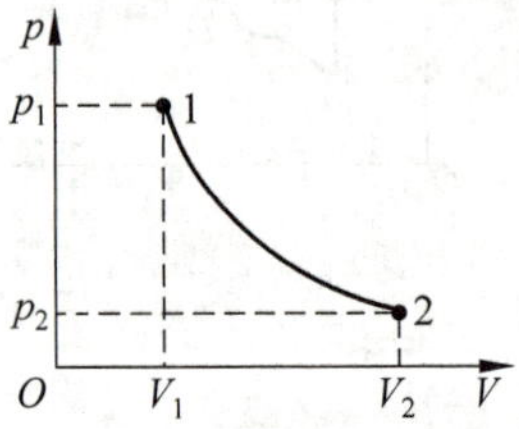

图8-7 等温过程

理想气体内能只与温度有关，因此等温过程中系统内能保持不变，即

$$\Delta E = E_2 - E_1 = 0$$

根据热力学第一定律，有

$$Q_T = W_T$$

即在等温过程中，理想气体吸收的热量全部用来对外做功。

当系统内理想气体从初态(p_1，V_1，T)等温变化到末态(p_2，V_2，T)时，使用式(8-2)，并结合状态方程 $pV=\dfrac{M}{M_{\text{mol}}}RT$，得气体吸热做功为

$$W_T = Q_T = \int_{V_1}^{V_2} p\mathrm{d}V = \int_{V_1}^{V_2}\frac{M}{M_{\text{mol}}}RT\,\frac{1}{V}\mathrm{d}V$$

即 $$W_T = Q_T = \frac{M}{M_{\text{mol}}}RT\ln\frac{V_2}{V_1} = \frac{M}{M_{\text{mol}}}RT\ln\frac{p_1}{p_2} \tag{8-8}$$

8.2.3 等压过程

过程特征：系统内气体压强保持不变，即 $dp=0, p=$恒量。

过程方程：$V/T=$恒量，初态与末态的状态参量关系为

$$\frac{V_1}{T_1} = \frac{V_2}{T_2}$$

如图 8-8 所示，在 p-V 图上等压过程曲线为平行于 V 轴的直线段。

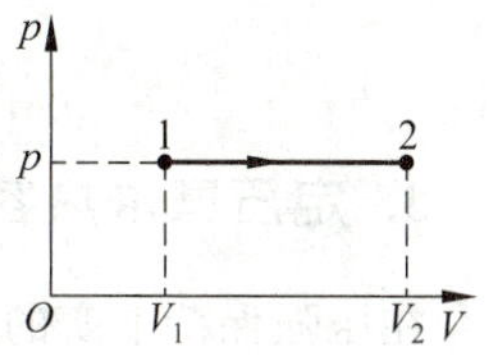

图 8-8 等压过程

理想气体从初态 (p, V_1, T_1) 等压膨胀到末态 (p, V_2, T_2)，气体对外做功为

$$W_p = \int_{V_1}^{V_2} p\mathrm{d}V = p(V_2 - V_1) = \frac{M}{M_{\text{mol}}}R(T_2 - T_1) \tag{8-9}$$

由热力学第一定律，从初态 1 到达末态 2 时系统吸收的热量为

$$Q_p = (E_2 - E_1) + W_p = \frac{M}{M_{\text{mol}}}\frac{i}{2}R(T_2 - T_1) + p(V_2 - V_1) \tag{8-10}$$

式(8-10)表明，在等压过程中理想气体吸收的热量一部分用来增加内能，另一部分则用来对外做功。

使用 $pV = \dfrac{M}{M_{\text{mol}}}RT$，$Q_p$ 还可变形为

$$Q_p = \frac{M}{M_{\text{mol}}}\frac{i}{2}R(T_2 - T_1) + \frac{M}{M_{\text{mol}}}R(T_2 - T_1) = \frac{M}{M_{\text{mol}}}\frac{i+2}{2}R(T_2 - T_1) \tag{8-11}$$

问题 8-7 将热力学第一定律应用于理想气体的等压、等体和等温三个等值过程。对于什么样的等值过程，(1)可以得到 $dQ>0, dE>0, dW>0$？(2)可以得到 $dQ<0, dE<0, dW<0$？

问题 8-8 一定量的某种理想气体分别从同一状态开始经历等压、等体、等温过程。若气体在上述过程中吸收的热量相同，则哪一个过程对外做功最多？

8.2.4 理想气体的热容

1. 摩尔热容

系统与外界之间有热量的传递时通常会引起系统本身温度的变化。这一温度的变化和热传递之间的关系可用热容表示。在一过程中，1 mol 物质温度升高 dT 时，如果吸收的热量为 dQ，则该物质在这一过程中的**摩尔热容**定义为

$$C_m = \frac{dQ}{dT} \tag{8-12}$$

其意义是 1 mol 物质温度升高 1 K 时所吸收的热量。摩尔热容的单位为 J/(mol·K)。下面介绍两个最有实际意义的热容。

2. 定体摩尔热容

在体积保持不变的过程中的摩尔热容，用 $C_{V,\mathrm{m}}$ 表示，即

$$C_{V,\mathrm{m}}=\frac{\mathrm{d}Q_V}{\mathrm{d}T} \tag{8-13}$$

对于 1 mol 理想气体，由式(8-7)，得

$$\mathrm{d}Q_V=\mathrm{d}E=\frac{i}{2}R\mathrm{d}T$$

代入式(8-13)，得

$$C_{V,\mathrm{m}}=\frac{i}{2}R \tag{8-14}$$

3. 定压摩尔热容

在压强保持不变的过程中的摩尔热容，用 $C_{p,\mathrm{m}}$ 表示，即

$$C_{p,\mathrm{m}}=\frac{\mathrm{d}Q_\mathrm{p}}{\mathrm{d}T} \tag{8-15}$$

对于 1 mol 理想气体，由式(8-11)，得

$$\mathrm{d}Q_\mathrm{p}=\frac{i}{2}R\mathrm{d}T+R\mathrm{d}T$$

代入式(8-15)，得

$$C_{p,\mathrm{m}}=\frac{i}{2}R+R=C_{V,\mathrm{m}}+R \tag{8-16}$$

式(8-16)表明，理想气体定压摩尔热容比定体摩尔热容大一个气体普适恒量 R，用来转换为膨胀时对外所做的功，通常将式(8-16)称为**迈耶公式**。

将定压摩尔热容 $C_{p,\mathrm{m}}$ 与定体摩尔热容 $C_{V,\mathrm{m}}$ 的比值称为**比热容比**，用符号 γ 表示。对于理想气体，由式(8-14)和式(8-16)，得

$$\gamma=\frac{C_{p,\mathrm{m}}}{C_{V,\mathrm{m}}}=\frac{i+2}{i} \tag{8-17}$$

说明 引入 $C_{p,\mathrm{m}}$ 和 $C_{V,\mathrm{m}}$ 后，可将质量为 M、摩尔质量为 M_{mol} 的理想气体在等压和等体过程中，当温度改变 $\mathrm{d}T$ 时所传递的热量表示为

$$\mathrm{d}Q_\mathrm{p}=\frac{M}{M_{\mathrm{mol}}}C_{p,\mathrm{m}}\mathrm{d}T \tag{8-18}$$

$$\mathrm{d}Q_V=\frac{M}{M_{\mathrm{mol}}}C_{V,\mathrm{m}}\mathrm{d}T \tag{8-19}$$

任一过程中内能的改变均可写成

$$\mathrm{d}E=\frac{M}{M_{\mathrm{mol}}}C_{V,\mathrm{m}}\mathrm{d}T \tag{8-20}$$

4. 理想气体与实际气体的 $C_{V,\mathrm{m}}$、$C_{p,\mathrm{m}}$ 及 γ 值的比较

表 8-1 给出理想气体的 $C_{V,\mathrm{m}}$、$C_{p,\mathrm{m}}$ 及 γ 值，表 8-2 给出一些实际气体的 $C_{V,\mathrm{m}}$、$C_{p,\mathrm{m}}$ 及 γ 的实验值。从表 8-1 和表 8-2 可以得出如下结论。

表 8-1 理想气体的 $C_{V,m}/R$、$C_{p,m}/R$ 及 γ 的理论值

	$C_{V,m}/R$	$C_{p,m}/R$	γ
单原子分子气体	3/2	5/2	5/3
刚性双原子分子气体	5/2	7/2	7/5
刚性多原子分子气体	3	4	4/3

表 8-2 一些实际气体的 $C_{V,m}/R$、$C_{p,m}/R$ 及 γ 的测量值(温度为 300 K)

		$C_{V,m}/R$	$C_{P,m}/R$	γ
单原子分子气体	He	1.50	2.50	1.67
	Ar	1.50	2.50	1.67
	Ne	1.53	2.50	1.64
	Kr	1.48	2.50	1.69
双原子分子气体	H_2	2.45	3.47	1.41
	N_2	2.50	3.50	1.40
	O_2	2.54	3.54	1.39
	CO	2.53	3.53	1.40
多原子分子气体	CO_2	3.43	4.45	1.30
	SO_2	3.78	4.86	1.29
	H_2O	3.25	4.26	1.31
	CH_4	3.26	4.27	1.31

(1) 各种实际气体的 $C_{p,m}-C_{V,m}$ 的测量值都接近于 R,与理论值基本一致。

(2) 在室温下,单原子分子气体及双原子分子气体的摩尔热容的测量值与理论值均有较好的一致性,表明在室温下,对于这两类气体,能量均分定理基本上反映了客观实际。

(3) 对结构比较复杂的多原子分子气体,实验值和理论值出入较大,这说明,我们对气体分子的运动方式,即分子运动的自由度的处理不够准确。

本节中以能量均分定理为基础所得出的理想气体的热容是与温度无关的,然而实验测得的热容则随温度变化。造成上述理论与实验不符的根本原因在于能量均分定理是以经典概念——能量的连续性为基础的,而实际上原子、分子等微观粒子的运动遵从量子力学规律,能量是不连续的。经典概念只能在一定限度内适用,只有量子理论才能对气体的热容做出较圆满的解释。

问题 8-9 设有理想气体 O_2 和 NH_3 各 1 mol,从相同的初态进行等体升压。若在该过程中两种气体从外界吸收相同的热量,有人说它们一定升高同样的温度和压强,即 $(\Delta T)_{NH_3}=(\Delta T)_{O_2}$,$(\Delta p)_{NH_3}=(\Delta p)_{O_2}$,你认为如何?

问题 8-10 对于计算给定质量的理想气体的内能增量公式 $\Delta E=\frac{M}{M_{mol}}C_{V,m}\Delta T$,判断下列说法的正误。

(1) 只适用于等体过程　　(2) 只适用于等压过程

(3) 只适用于一切准静态过程　(4) 适用于一切始、末态的温度差为 ΔT 的热力学过程

问题 8-11 如图 8-9 所示的三个过程,$a\to c$ 为等温过程,则有( )

(A) $a\to b$ 过程 $\Delta E>0$,$a\to d$ 过程 $\Delta E<0$

(B) $a\to b$ 过程 $\Delta E<0$,$a\to d$ 过程 $\Delta E<0$

(C) $a\to b$ 过程 $\Delta E<0$,$a\to d$ 过程 $\Delta E>0$

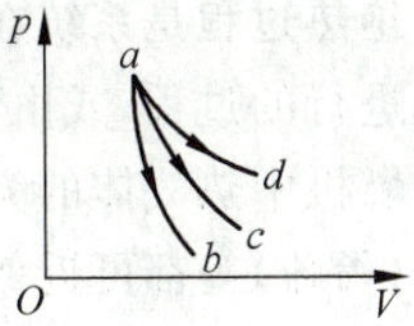

图 8-9 问题 8-11 图

(D) $a\to b$ 过程 $\Delta E>0$，$a\to d$ 过程 $\Delta E>0$

例 8-2 1 mol 氢气在压强为 1.013×10^5 Pa、温度为 20 ℃时的体积为 V_0，今使其经以下两种过程达到同一状态，(1)先保持体积不变，加热使其温度升高到 80 ℃，然后令其等温膨胀，体积变为原来的 2 倍；(2)先使其作等压膨胀到原体积的 2 倍，然后保持体积不变温度降至80 ℃。将上述两过程画在同一 p-V 图上，分别计算两过程中气体吸收的热量、做的功和内能增量。

解 设两过程的始、末态分别为 a、c，对于过程 1 温度升高到 80℃时态为 b，从 a 到 b，由等体过程方程

$$\frac{p_b}{p_a}=\frac{T_b}{T_a}$$

$$p_b=\frac{T_b}{T_a}p_a=\frac{273+80}{273+20}\times1.013\times10^5$$

$$=1.22\times10^5\,(\text{Pa})$$

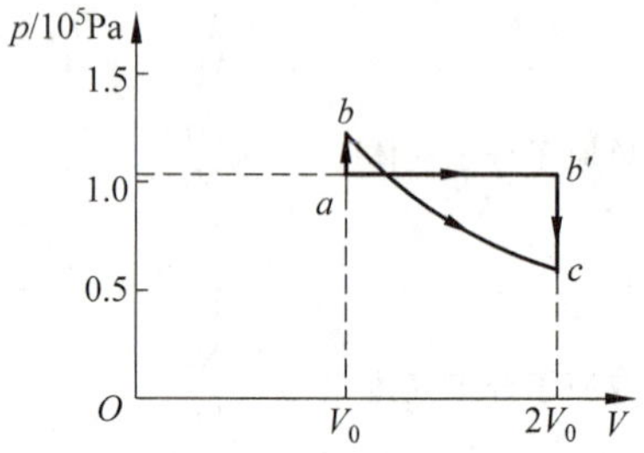

图 8-10 例 8-2 解用图

从 b 到 c，由等温过程方程，$p_bV_0=p_c\times2V_0$，得

$$p_c=p_b/2=0.61\times10^5\,\text{Pa}$$

对于过程 2，等压膨胀到原体积的 2 倍时态为 b'。根据上面计算结果与题中给出的数据，可画出两个过程的曲线分别为如图 8-10 中 abc 和 $ab'c$ 所示。

(1) $\Delta E=\Delta E_{ab}+\Delta E_{bc}=\Delta E_{ab}=C_{V,\text{m}}(T_b-T_a)$

$$=\frac{5}{2}\times8.31\times(353-293)=1.25\times10^3\,(\text{J})$$

$$W=W_{ab}+W_{bc}=W_{bc}=RT_b\ln\frac{2V_0}{V_0}=8.31\times(273+80)\times\ln2$$

$$=2.03\times10^3\,(\text{J})$$

$$Q=\Delta E+W=1.25\times10^3+2.03\times10^3=3.28\times10^3\,(\text{J})$$

(2) $\Delta E=\Delta E_{ab'}+\Delta E_{b'c}=C_{V,\text{m}}(T_b'-T_a)+C_{V,\text{m}}(T_c-T_b')=C_{V,\text{m}}(T_c-T_a)$

$$=\frac{5}{2}\times8.31\times(353-293)=1.25\times10^3\,(\text{J})$$

$$W=W_{ab'}+W_{b'c}=W_{ab'}$$

$$=p(V_b'-V_a)=pV_0=\nu RT_a=1\times8.31\times293=2.43\times10^3\,(\text{J})$$

$$Q=\Delta E+W=3.68\times10^3\ \text{J}$$

从该题结果中可以进一步看出，功、热量是过程量，而内能是状态量，仅和温度有关。

8.3 绝热过程

绝热过程是系统在和外界无热量交换的条件下进行的过程。一个被绝热材料所包围的系统进行的过程，或由于过程进行得很快，系统来不及与外界进行显著的热量交换的过程，如内燃机中热气体的突然膨胀，柴油机或压气机中空气的压缩、声波中气体的压缩(稠密)和膨胀(稀疏)等都可近似视为绝热过程。

8.3.1 绝热过程的功和内能

绝热过程的特点是过程中没有热量的传递，即 $\mathrm{d}Q=0, Q=0$。

将热力学第一定律应用于绝热过程

$$\mathrm{d}E+\mathrm{d}W=0$$

或

$$\mathrm{d}W=-\mathrm{d}E \tag{8-21}$$

即在绝热过程中，系统所做的功完全来自于内能的变化。

对质量为 M 的理想气体，由温度为 T_1 的初状态绝热地变到温度为 T_2 的末状态，在此过程中气体所做的功为

$$W_Q=-(E_2-E_1)=-\frac{M}{M_{\mathrm{mol}}}C_{V,\mathrm{m}}(T_2-T_1) \tag{8-22}$$

气体绝热膨胀对外做功，体积增大，分子数密度 n 减小；内能 E 减小，温度 T 降低；由 $p=nkT$，知压强减小；被绝热压缩时，体积减小，内能增大，温度和压强均提高。可见在绝热过程中，p、V、T 三个状态参量均要变化。

8.3.2 理想气体准静态绝热过程方程

下面推导理想气体准静态绝热过程方程。

根据绝热过程的特点 $\mathrm{d}Q=0$，热力学第一定律和理想气体内能公式

$$p\mathrm{d}V=-\mathrm{d}E=-\frac{M}{M_{\mathrm{mol}}}C_{V,\mathrm{m}}\mathrm{d}T \tag{8-23}$$

将理想气体状态方程 $pV=\frac{M}{M_{\mathrm{mol}}}RT$ 两边微分得

$$p\mathrm{d}V+V\mathrm{d}p=\frac{M}{M_{\mathrm{mol}}}R\mathrm{d}T \tag{8-24}$$

由式(8-23)和式(8-24)消去 $\mathrm{d}T$，可得

$$(C_{V,\mathrm{m}}+R)p\mathrm{d}V+C_{V,\mathrm{m}}V\mathrm{d}p=0 \tag{8-25}$$

两边除以 $C_{V,\mathrm{m}}Vp$，考虑 γ 的定义(式(8-17))，可以将上式写成

$$\frac{\mathrm{d}p}{p}+\gamma\frac{\mathrm{d}V}{V}=0 \tag{8-26}$$

积分得

$$\ln p+\gamma\ln V=\text{常量}$$

或

$$pV^{\gamma}=\text{常量} \tag{8-27a}$$

由理想气体状态方程，从上式中消去 p 或 V，则绝热过程方程又可表示为

$$p^{\gamma-1}T^{-\gamma}=\text{常量} \tag{8-27b}$$

$$TV^{\gamma-1}=\text{常量} \tag{8-27c}$$

利用绝热过程方程式(8-27a)，在 p-V 图上画出绝热过程曲线即绝热线(图 8-11)，同时还画

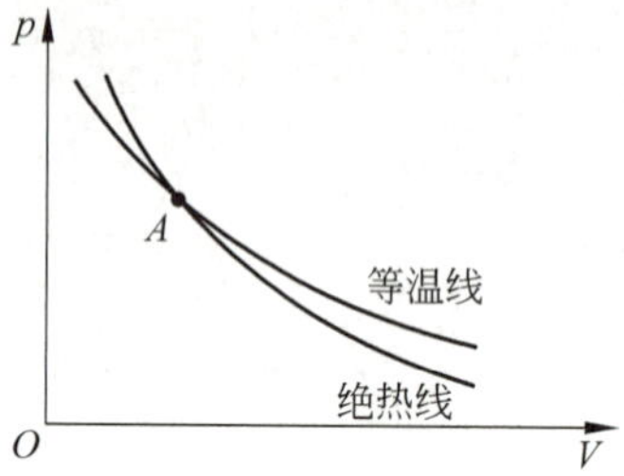

图 8-11 绝热线与等温线的比较

出了同一系统的等温线。从图中可以看出绝热线比等温线陡。如图 8-11 所示，设两条曲线相交于 A 点，由等温过程方程 $pV=$恒量和绝热过程方程 $pV^{\gamma}=$恒量，得等温线和绝热线在交点 A 的斜率分别为

$$\left(\frac{\mathrm{d}p}{\mathrm{d}V}\right)_T=-\frac{p_A}{V_A}$$

$$\left(\frac{\mathrm{d}p}{\mathrm{d}V}\right)_Q=-\gamma\frac{p_A}{V_A}$$

可见，$\left|\left(\frac{\mathrm{d}p}{\mathrm{d}V}\right)_Q\right|=\gamma\left|\left(\frac{\mathrm{d}p}{\mathrm{d}V}\right)_T\right|$，因为 $\gamma>1$，绝热线的斜率大于等温线斜率，所以绝热线比等温线陡。

从微观角度可以说明这一结论的原因。对理想气体，$p=nkT$。假设从交点 A 起，气体的体积膨胀了 $\mathrm{d}V$，分子数密度 n 减小。在等温过程中，温度 T 不变，压强的减小只是由于 n 的减小；而对绝热过程，压强的减小除来自 n 的减小这一因素外，还存在由于体积膨胀对外做功，使内能减少，从而温度 T 降低，分子热运动的激烈程度降低的另一因素，所以 $|\mathrm{d}p_Q|>|\mathrm{d}p_T|$，即绝热线比等温线陡。

问题 8-12 一理想气体系统在状态变化过程中，其状态参量分别满足方程：

(1)$\nu C_{V,\mathrm{m}}\mathrm{d}T+p\mathrm{d}V=0$；(2)$p\mathrm{d}V=\nu R\mathrm{d}T$；(3)$V\mathrm{d}p=\nu R\mathrm{d}T$。这三种情况分别表示系统经历什么过程？

问题 8-13 一定质量的理想气体系统经过压缩过程后，体积减小为原来的一半。该过程可以是准静态绝热、等温与等压过程，如果要使外界对系统做的功最大，那么这个过程应是什么过程？

问题 8-14 试讨论理想气体在图 8-12 所示的Ⅰ、Ⅲ 两个过程中是吸热还是放热？Ⅱ为绝热过程。

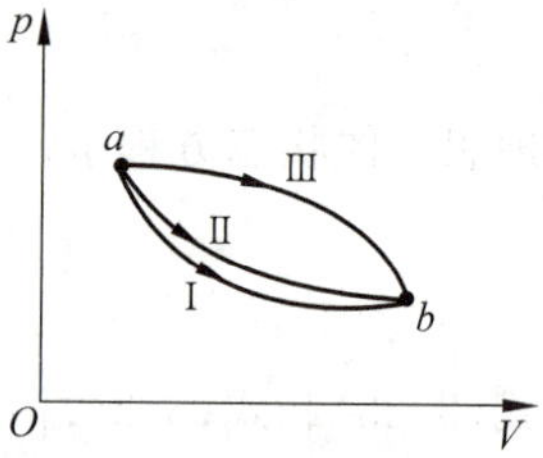

图 8-12 问题 8-14 图

问题 8-15 对于理想气体的摩尔热容 C_{m}，(1)为什么它的数值可以有无穷多个？(2)什么情况下，它取正值？什么情况下，它取负值？(3)在等温过程中，它的取值如何？(4)在绝热过程中，它的取值如何？

例 8-3 一定量的理想气体经准静态绝热过程由状态(p_1，V_1，T_1)变化到状态(p_2，V_2，T_2)。证明此程中气体对外做的功可表示为 $W_Q=\frac{1}{1-\gamma}(p_2V_2-p_1V_1)$。

证明 方法 1 由过程方程 $pV^{\gamma}=C$ 及 $p_1V_1^{\gamma}=p_2V_2^{\gamma}=C$

$$W_Q=\int_{V_1}^{V_2}p\mathrm{d}V=\int_{V_1}^{V_2}\frac{C}{V^{\gamma}}\mathrm{d}V=\frac{1}{1-\gamma}\left[\frac{C}{V^{\gamma-1}}\right]_{V_1}^{V_2}$$

$$=\frac{1}{1-\gamma}\left[\frac{C}{V_2^{\gamma-1}}-\frac{C}{V_1^{\gamma-1}}\right]=\frac{1}{1-\gamma}(p_2V_2-p_1V_1)$$

方法 2 由式(8-22)与理想气体状态方程 $pV=\frac{M}{M_{\mathrm{mol}}}RT$

$$W_Q=-(E_2-E_1)=-\frac{M}{M_{\mathrm{mol}}}\frac{i}{2}R(T_2-T_1)=-\frac{i}{2}(p_2V_2-p_1V_1)$$

再由式(8-17)$\gamma=\dfrac{i+2}{i}$，得$\dfrac{i}{2}=\dfrac{1}{\gamma-1}$，代入上式得

$$W_Q=\frac{1}{1-\gamma}(p_2V_2-p_1V_1)$$

例 8-4 一定量的理想气体氮气，温度为 300 K，压强为 1.013×10^5 Pa，将它绝热压缩，使其体积为原来体积的 1/5。求绝热压缩后的压强和温度各为多少？

解 由绝热过程方程式(8-27a)，得气体绝热压缩后，压强为

$$p_2=p_1\left(\frac{V_1}{V_2}\right)^{\gamma}=1.013\times10^5\times5^{1.4}=9.64\times10^5\,(\mathrm{Pa})$$

由绝热过程方程式(8-27c)，温度为

$$T_2=T_1\left(\frac{V_1}{V_2}\right)^{\gamma-1}=300\times5^{0.4}\approx571\,(\mathrm{K})$$

例 8-5 对质量为 80 g 的氧气，计算下述两种情况下，气体对外界所做的功 W。(1)如氧气作绝热膨胀，从体积 V_1 膨胀到体积 V_2；(2)如先经等温过程，再经等体过程也达到同样的末态。设 $T_1=300$ K，$V_1=4.1\times10^{-3}\,\mathrm{m}^3$，$V_2=41.0\times10^{-3}\,\mathrm{m}^3$。

解 (1)氧气绝热膨胀的过程曲线示意如图 8-13(1→2)。

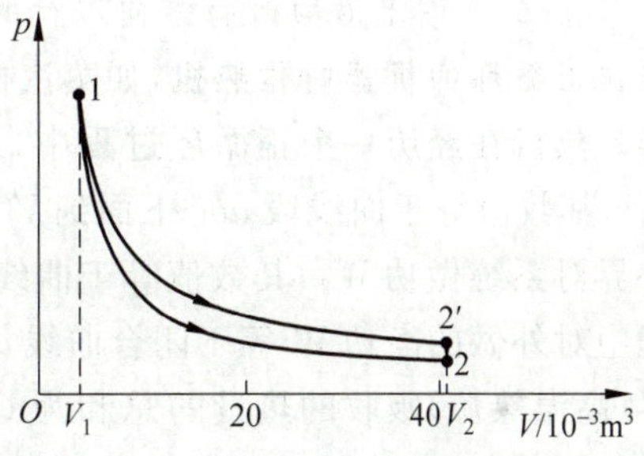

图 8-13 例 8-5 解用图

方法 1 由例 8-3 知，$W=\dfrac{1}{1-\gamma}(p_1V_1-p_2V_2)=\dfrac{p_1V_1}{\gamma-1}\left(1-\dfrac{p_2V_2}{p_1V_1}\right)$，由绝热过程方程式(8-27a)，得$\dfrac{p_2}{p_1}=\left(\dfrac{V_1}{V_2}\right)^{\gamma}$，代入上式，得

$$W=\frac{p_1V_1}{\gamma-1}\left[1-\left(\frac{V_1}{V_2}\right)^{\gamma-1}\right]$$

将 $p_1V_1=\nu RT_1$ 代入上式，则得

$$W=\frac{\nu RT_1}{\gamma-1}\left[1-\left(\frac{V_1}{V_2}\right)^{\gamma-1}\right]=\frac{(80/32)\times8.31\times300}{1.4-1}\times\left[1-\left(\frac{4.1\times10^{-3}}{41.0\times10^{-3}}\right)^{1.4-1}\right]$$
$$\approx9.38\times10^3\,(\mathrm{J})$$

方法 2 由绝热过程方程式(8-27c)，得

$$T_2=T_1\left(\frac{V_1}{V_2}\right)^{\gamma-1}$$

将上式及数据代入式(8-22)

$$W=-(E_2-E_1)=-\frac{M}{M_{\mathrm{mol}}}C_{V,\mathrm{m}}(T_2-T_1)=-\frac{M}{M_{\mathrm{mol}}}C_{V,\mathrm{m}}T_1\left[\left(\frac{V_1}{V_2}\right)^{\gamma-1}-1\right]$$
$$=-\frac{80}{32}\times\frac{5}{2}\times8.31\times300\times\left[\left(\frac{4.1\times10^{-3}}{41.0\times10^{-3}}\right)^{1.4-1}-1\right]\approx9.38\times10^3\,(\mathrm{J})$$

(2) 情形(2)过程曲线示意如图 8-13(1→2′→1)，全过程中仅在等温过程中对外界做功，即

$$W=\frac{M}{M_{\mathrm{mol}}}RT_1\ln\frac{V_2}{V_1}=\frac{80}{32}\times8.31\times300\times\ln\frac{41.0\times10^{-3}}{4.1\times10^{-3}}=1.44\times10^4\,(\mathrm{J})$$

8.4 循环过程　卡诺循环

8.4.1 循环过程　热机　致冷机

物质系统从某个状态出发，经过若干个不同的变化过程，又回到初始状态的整个过程称为**循环过程**，简称**循环**。循环中所包括的每一个过程叫作分过程。其物质系统亦称为**工作物质**，简称**工质**。由于工作物质的内能是状态的单值函数，所以系统经历一个循环后内能不变，即 $\Delta E=0$。如果工质所经历的循环过程中各分过程都是准静态过程，则整个过程就是准静态循环过程，在 p-V 图上为一条闭合曲线。

1. 正循环　热机　热机效率

在 p-V 图上沿顺时针方向进行的循环称为**正循环**(或**热机循环**)(图 8-14(a))。工作物质作正循环的机器叫作**热机**，如蒸汽机，内燃机等。热机是将热能持续不断地转化为功的机器。热机在经历一个正循环过程中，系统从状态 a 经过程 abc 变化到状态 c 时，对外做功 W_1，其数值等于曲线段 abc 下面到 V 轴之间的面积；从状态 c 经过程 cda 变化到状态 a 时，外界对系统做功 W_2，其数值等于曲线段 cda 下面到 V 轴之间的面积。工质在整个循环过程中对外做的净功 W 等于闭合曲线 $abcda$ 所包围的面积。设在整个循环过程中，工质从外界(高温热源)吸收的热量的总和为 Q_1，放给外界(低温热源)的热量的总和为 Q_2(取绝对值)，同时考虑到 $\Delta E=0$，于是有

$$Q_1 - Q_2 = W \tag{8-28}$$

即热机工作的一般特征为：一定量的工质在一次循环中从高温热源吸热 Q_1，对外做净功 W，又向低温热源放出热量 Q_2，Q_1、Q_2 和 W 三者满足式(8-28)，其能量交换与转换关系如图 8-14(b)所示。

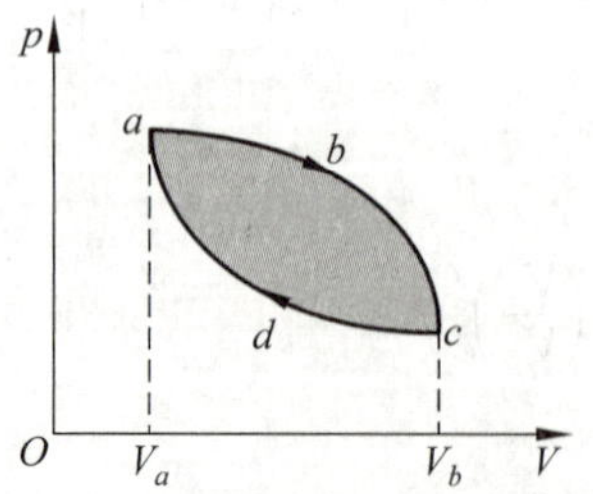

(a) 正循环(热机循环)

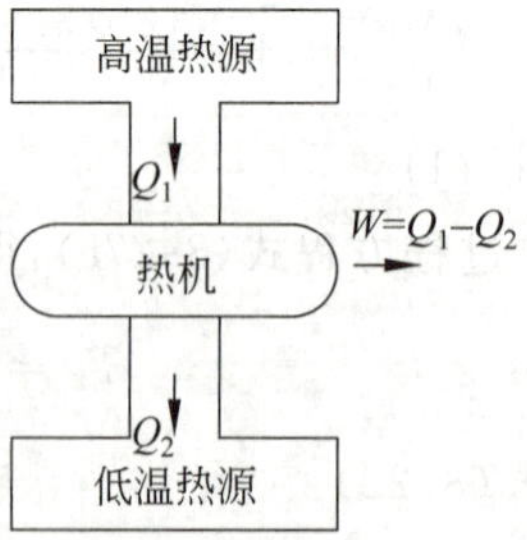

(b) 热机中的能量转化

图 8-14　正循环(热机循环)与热机中的能量转化

在实际问题中，人们关心的是从高温热源吸收来的热量有多少转化为对外做功，所以定义在一次循环过程中工质对外做的净功与它从高温热源吸收的热量的比值为**热机效率**，用 η 表示，即

$$\eta = \frac{W}{Q_1} = 1 - \frac{Q_2}{Q_1} \tag{8-29}$$

注意 (1) 式(8-28)和式(8-29)中 W 是净功,即循环过程中各分过程功的代数和,Q_1 是各吸热分过程吸收的热量之和,Q_2 是各放热分过程放出的热量数值之和,在计算效率时,必须分清吸热与放热过程。

(2) 按照热力学第一定律的对热量正、负值的规定,Q_2 应该取负值,但在研究热工问题时,为方便起见,取绝对值。

2. 逆循环 致冷机 致冷系数

在 p-V 图上沿逆时针方向进行的循环称为**逆循环(或致冷循环)**(图 8-15(a))。工作物质作逆循环的机器,称为**致冷机**,如冰箱、空调等。在一次循环中,工质从低温热源吸收热量 Q_2,向高温热源放热 Q_1,而外界对工质做功 W,其能量交换与转换关系如图 8-15(b)所示,由热力学第一定律,得

$$W = Q_1 - Q_2 \tag{8-30}$$

或

$$Q_1 = W + Q_2 \tag{8-31}$$

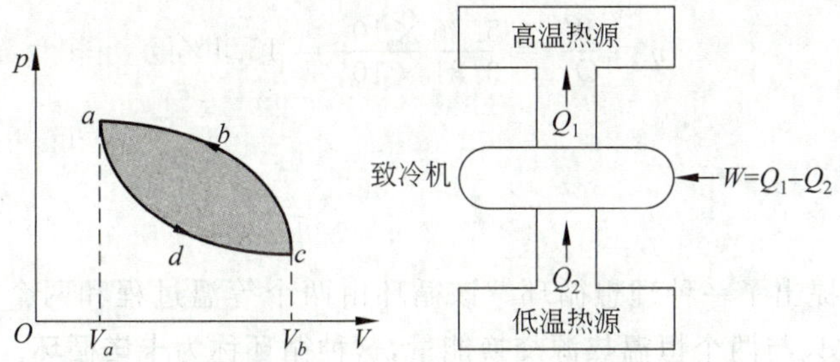

(a) 逆循环(致冷循环)　(b) 致冷机中的能量转化

图 8-15 逆循环(致冷循环)与致冷机中的能量转化

这就是说,工质从低温热源吸收的热和外界对它做的功一并以热量的形式传给高温热源。由于从低温热源吸热有可能使它的温度降低,所以这种循环为致冷循环。对于致冷机,人们关心的是工质从低温热源吸收的热量 Q_2 以及外界必须对它做的功 W。**致冷系数**的定义为

$$w = \frac{Q_2}{W} = \frac{Q_2}{Q_1 - Q_2} \tag{8-32}$$

致冷系数可以大于 1,所以不称它为致冷效率而为致冷系数。显然,对于从低温热源吸取一定的热量 Q_2,所需对它做的功 W 越小,致冷机的致冷系数越高,即致冷效果越佳。

注意 按照热力学第一定律的对热量和功的正、负值的规定,Q_1 和 W 应取负值,但在式(8-30)、式(8-31)和式(8-32)三式中,Q_1 和 W 取绝对值。

问题 8-16 试说明热机效率和致冷系数的定义,并说一说为什么要这样定义?

例 8-6 0.32kg 的理想气体氧气作如图 8-16 所示的 $abcda$ 循环,ab 和 cd 为等温过程,

bc 和 da 为等体过程。设 $V_2=2V_1$，$T_a=300\text{ K}$，$T_c=200\text{ K}$，求循环效率。

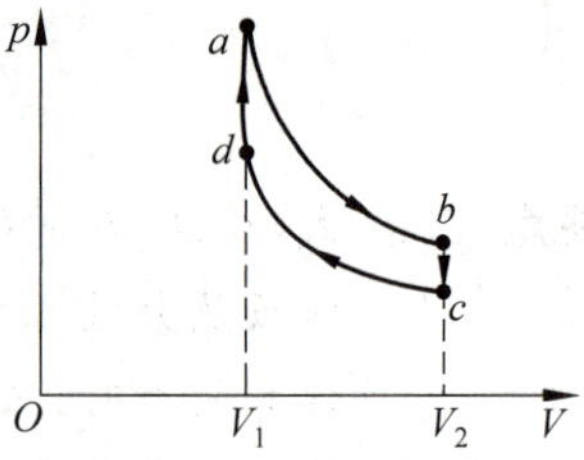

图 8-16 例 8-6 图

解 循环过程中，气体在 ab、cd 两分过程中做功，所做的净功为

$$\begin{aligned}W&=W_{ab}+W_{cd}\\&=\nu RT_a\ln(V_2/V_1)+\nu RT_c\ln(V_1/V_2)\\&=\nu R(T_a-T_c)\ln(V_2/V_1)\\&=\frac{0.32}{32\times10^{-3}}\times8.31\times(300-200)\times\ln2\\&=5.76\times10^3(\text{J})\end{aligned}$$

气体在 ab 和 da 两分过程中吸收热量。因为 ab 为等温过程，$\Delta E_{ab}=0$，所以该过程吸收热量为 $Q_{ab}=W_{ab}$；因为 da 为等体过程，$W_{da}=0$，所以该过程吸收热量为 $Q_{da}=\Delta E_{da}$。两分过程吸收的总热量为

$$\begin{aligned}Q_1&=Q_{ab}+Q_{da}=W_{ab}+\Delta E_{da}=\nu RT_a\ln(V_2/V_1)+\nu C_{V,\text{m}}(T_a-T_c)\\&=\frac{0.32}{32\times10^{-3}}\times8.31\times300\times\ln2+\frac{0.32}{32\times10^{-3}}\times\frac{5}{2}\times8.31\times(300-200)\\&=3.81\times10^4(\text{J})\end{aligned}$$

该循环效率为

$$\eta=\frac{W}{Q_1}=\frac{5.76\times10^3}{3.81\times10^4}=15.1\%$$

8.4.2 卡诺循环

1824 年，卡诺提出了一种理想循环。该循环由两个等温过程和两个绝热过程组成，即在循环过程中工质只与两个恒温热源交换能量，这种循环称为**卡诺循环**。

1. 卡诺热机

按卡诺正循环工作的热机称为**卡诺热机**。

下面讨论以理想气体为工质的卡诺热机效率，其沿 $ABCDA$ 进行正循环(图 8-17)。

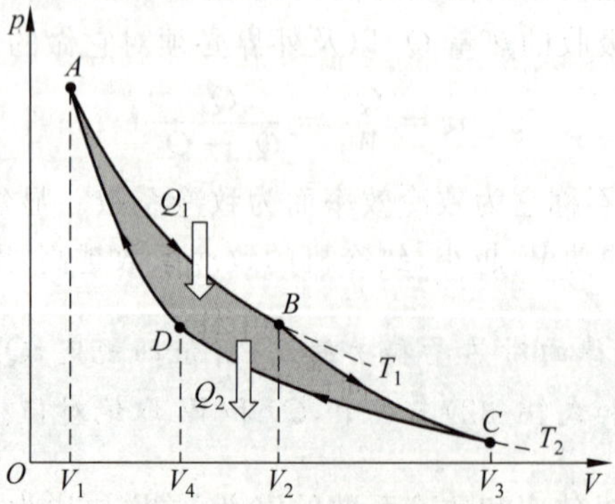

图 8-17 卡诺循环(热机)的 p-V 图

$A \to B$ 气体等温膨胀，从高温热源吸收热量 Q_1，体积从 V_1 膨胀到 V_2，对外界做功，气体吸收的热量为

$$Q_1 = \frac{M}{M_{\mathrm{mol}}} R T_1 \ln \frac{V_2}{V_1}$$

$B \to C$ 气体绝热膨胀，体积从 V_2 膨胀到 V_3，对外界做功，温度从 T_1 降至 T_2，有

$$T_1 V_2^{\gamma-1} = T_2 V_3^{\gamma-1} \tag{1}$$

$C \to D$ 气体等温压缩，外界对气体做功，体积从 V_3 压缩到 V_4，气体向低温热源放出热量 Q_2（取绝对值）为

$$Q_2 = \frac{M}{M_{\mathrm{mol}}} R T_2 \ln \frac{V_3}{V_4}$$

$D \to A$ 气体绝热压缩，体积从 V_4 压缩到 V_1，外界对气体做功，温度从 T_2 回升到 T_1，有

$$T_1 V_1^{\gamma-1} = T_2 V_4^{\gamma-1} \tag{2}$$

在整个循环中，气体对外界做的净功为

$$W = Q_1 - Q_2 = ABCDA \text{ 所包围的面积}$$

热机效率为

$$\eta_{\mathrm{C}} = \frac{W}{Q_1} = \frac{Q_1 - Q_2}{Q_1} = 1 - \frac{Q_2}{Q_1} = 1 - \frac{T_2 \ln \dfrac{V_3}{V_4}}{T_1 \ln \dfrac{V_2}{V_1}}$$

应用式(1)、式(2)可得

$$\left(\frac{V_2}{V_1}\right)^{\gamma-1} = \left(\frac{V_3}{V_4}\right)^{\gamma-1} \quad \text{或} \quad \frac{V_2}{V_1} = \frac{V_3}{V_4}$$

则卡诺热机的效率为

$$\eta_{\mathrm{C}} = 1 - \frac{T_2}{T_1} \tag{8-33}$$

讨论 (1) 以理想气体为工作物质的卡诺热机的效率只与高、低温热源的温度有关。可以证明各种工作物质的卡诺热机的效率都是如此(8.5.5)。

(2) 由于 $T_1 = \infty$ 和 $T_2 = 0$ 都不可能达到，因而卡诺热机的效率总是小于 1 的。

(3) $\eta = \dfrac{W}{Q_1} = 1 - \dfrac{Q_2}{Q_1}$ 适用于一切热机，而 $\eta_{\mathrm{C}} = 1 - \dfrac{T_2}{T_1}$ 仅适用于卡诺热机。

问题 8-17 在卡诺循环中工质只与两个恒温热源交换能量。在如图 8-16 所示的循环中，如果升温与降温都通过热传递实现，那么工质与多少个热源交换能量呢？

2. 卡诺致冷机

按卡诺逆循环工作的致冷机称为**卡诺致冷循环**，如图 8-18 所示。根据致冷系数的一般定义式(8-32)，采用导出卡诺热机效率的类似步骤，读者可以自行导出**卡诺致冷机的致冷系数**为

$$w_{\mathrm{C}} = \frac{T_2}{T_1 - T_2} \tag{8-34}$$

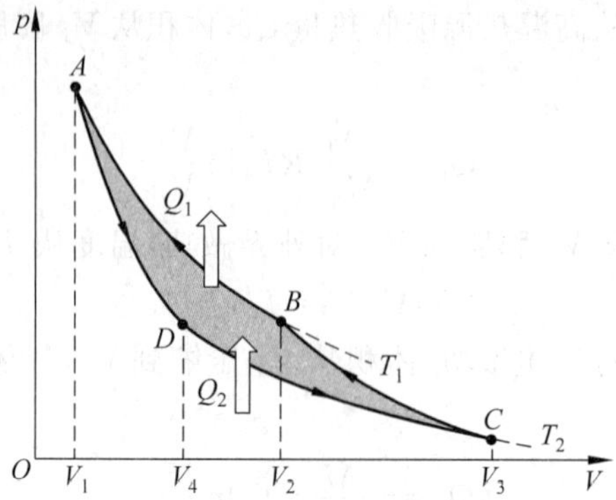

图 8-18 卡诺致冷机的 p-V 图

例 8-7 当高温热源温度为100 ℃、低温热源温度为0℃时，理想气体卡诺热机一次循环做净功为8000 J。若维持低温热源的等温线和两绝热线均不变，提高高温热源温度，使一次循环的净功增为 1.60×10^4 J。求：(1)高温热源的温度变为多少？(2)热机效率增大到多少？

解 (1) 卡诺热机的效率

$$\eta_C=\frac{W}{Q_1}=\frac{W}{W+Q_2}=1-\frac{T_2}{T_1}$$

解得

$$Q_2=\frac{WT_2}{T_1-T_2}$$

设高温热源温度由 T_1 增加到 T_1'，净功增加为 W' 时，有

$$Q_2'=\frac{W'T_2'}{T_1'-T_2'}$$

由于高温热源温度提高前、后，低温热源的等温线和两绝热线均不变，所以 $T_2=T_2'$，$Q_2=Q_2'$(图 8-17)，即

$$\frac{WT_2}{T_1-T_2}=\frac{W'T_2}{T_1'-T_2}$$

$$T_1'=\frac{W'}{W}(T_1-T_2)+T_2=473\ \text{K}$$

(2)

$$\eta_C'=1-\frac{T_2}{T_1'}=42\%$$

例 8-8 一卡诺致冷机从温度为−10℃的冷藏室吸取热量，而向温度为20℃的物体放出热量。如该致冷机所耗功率为15 kW，求该致冷机：(1)每分钟从冷藏室吸取的热量；(2)每分钟向温度为20℃的物体放出的热量。

解 致冷机的致冷系数为

$$w_C=\frac{T_2}{T_1-T_2}=\frac{273+(-10)}{(273+20)-[273+(-10)]}=\frac{263}{30}$$

每分钟做功为

$$W=15\times10^3\times60=9\times10^5\,(\text{J})$$

每分钟从冷藏室中吸取的热量为

$$Q_2=w_CW=\frac{263}{30}\times9\times10^5=7.89\times10^6\,(\text{J})$$

每分钟向温度为20℃的物体放出的热量为

$$Q_1 = Q_2 + W = 8.79\times 10^6\ \mathrm{J}$$

问题 8-18 如图 8-19 所示，$abcda$、$a'b'c'd'a'$ 表示以理想气体为工作物质的两个卡诺热机循环，$abcda$ 循环工作在温度为 T_1 和 T_2 两个热源之间，$a'b'c'd'a'$ 循环工作在温度为 T_1' 和 T_2 两个热源之间。两循环曲线所包围的面积分别为 S、S'，且 $S=S'$，则分别经一次循环，从高温吸收的热量 Q_1、Q_1' 的大小关系为(　　)。

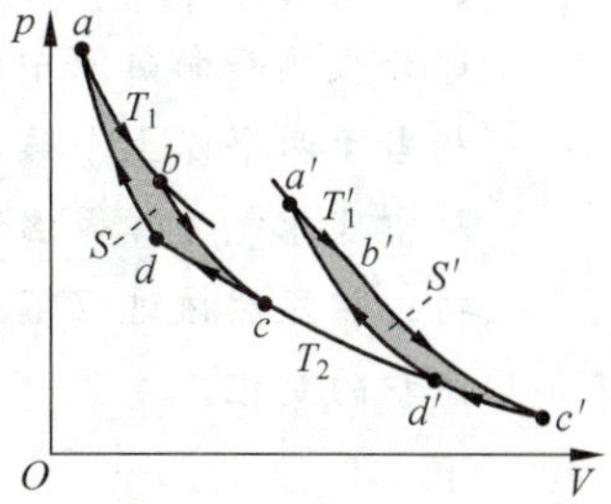

图 8-19　问题 8-18 图

(A) $Q_1 > Q_1'$　　(B) $Q_1 = Q_1'$

(C) $Q_1 < Q_1'$　　(D) 不能确定 Q_1 与 Q_1' 的相对大小

问题 8-19 在一个房间里，有一台电冰箱正工作着。如果打开冰箱的门，会不会使房间降温？

8.5 热力学第二定律

开尔文

8.5.1 热力学第二定律的开尔文表述

热机效率 $\eta=\dfrac{W}{Q_1}=1-\dfrac{Q_2}{Q_1}$ 表明，只有在 $Q_2=0$，也就是没有热量排给低温热源时，这个热机能达到最大的效率 $\eta=100\%$。如图 8-20 所示为 $\eta=100\%$ 的热机工作示意图。一台热机具有 100% 的效率，意味着这台热机的工质在循环过程中，只从单一热源吸收热量，并使之全部转化为机械功；它不需要冷源，也没有释放出热量，这种热机被称为**第二类永动机**。有人计算过，如果能造成第二类永动机，使它从海水这一单一热源吸热而完全变为有用功，那么海水的温度只要降低 0.01 K，所做的功就可供全世界所有工厂一千多年之用。由于这种热机不违反热力学第一定律，因而对人们有很大的吸引力，所以许多科学家为制造出效率为 100% 的热机，在提高热机效率方面做了大量的努力，然而这样的热机始终不能制造出来。在这些事实面前，科学家开始认识到，效率为 100% 的热机虽然没有违反热力学第一定律，但是却不能制造出来，这表示自然界有些过程虽然没有违背能量守恒定律，但是它仍然不可能实现。换句话说，并不是所有符合能量守恒定律的过程都能实现。热力学第二定律就是论述这些虽然符合能量守恒定律，却不能实现的过程的定律。

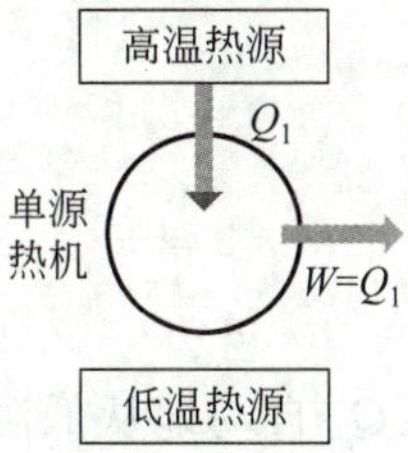

图 8-20　$\eta=100\%$ 热机工作示意图

在热机效率不可能达到 100% 的事实基础上，开尔文提出了一条重要规律：不可能制成一种循环动作的热机，只从单一热源吸取热量，使之完全变为有用功而不引起其他变化。**此即热力学第二定律的开尔文表述**。从上述讨论可知，开尔文表述可等价说成“第二类永动机是不可能制造出来的”。

注意 开尔文表述的要点："循环动作"、"单一热源"、"不引起其他变化"。"单一热源"是指温度均匀并且恒定不变的热源。若非如此，则工质就可以从热源中温度较高的部分吸热而向热源中温度较低的部分放热，这与放热为零的要求不符，且实际上就相当于两个以上个热源了。若不满足"循环动作"与"不引起其他变化"，那么如气缸中理想气体作等温膨胀时，气体从恒温热源吸收的热量就可以全部用来对外做功。但显然该过程不是循环动作的热机，而且又产生了其他变化，如气体的压强和体积的变化。

8.5.2 热力学第二定律的克劳修斯表述

克劳修斯

对于一台致冷机，为了完成从低温热源搬运热量到高温热源，必须有外界做功 W，如果不需外界做功，即 $W=0$，则致冷系数 $w=\dfrac{Q_2}{W}\to\infty$。这种致冷机也相当于它能使热量自动地从低温热源迁移至高温热源，这就实现了热量自动地从低温物体流向高温物体，但是自然界是从来找不到这一过程的。在热传递过程中，热量能自动地从高温物体流向低温物体，而相反的过程，虽然没有违背能量守恒定律，但绝不会实现。这说明热传递的过程也有个进行方向的问题。根据这一事实，克劳修斯提出：热量不可能自动地从低温物体传向高温物体。此即**热力学第二定律的克劳修斯表述**。

注意 克劳修斯表述中"自动地"的意义是不需要消耗外界能量，热量可直接地从低温物体传向高温物体，但这是不可能的。如致冷机中是通过外力做功才迫使热量从低温物体传向高温物体的。

8.5.3 热力学第二定律两种表述的等价性

热力学第二定律的两种表述是完全等价的。可以证明

(1) 违背克劳修斯表述的，也违背开尔文表述；

(2) 违背开尔文表述的，也违背克劳修斯表述。

证 (1) 克劳修斯表述不成立，即允许有一种循环Ⅰ，能使热量 Q_2 自动地从低温热源 T_2 传向高温热源 T_1(图 8-21)。这时我们可设置一部卡诺热机Ⅱ，在一次循环中，从高温热源 T_1 吸热 Q_1，向低温热源 T_2 放热 Q_2，对外做功 $W=Q_1-Q_2$。把Ⅰ、Ⅱ看成复合机，在一次循环中，低温热源 T_2 没有变化，从高温热源 T_1 吸热 Q_1-Q_2，对外做功 $W=Q_1-Q_2$，其效果是从单一热源吸热完全变为有用功，而没产生其他影响，显然这违背了开尔文表述。

(2) 设开尔文表述不成立，即允许有一种循环Ⅰ，能从单一热源 T_1 吸热 Q_1，完全变为功 W 而不产生其他影响(图 8-22)。这时可在高温热源 T_1 和低温热源 T_2 之间设计一卡诺致冷机Ⅱ，它接受Ⅰ对外做的功 W，从低温热源 T_2 吸热 Q_2，向高温热源 T_1 放热 Q_1+Q_2. 把Ⅰ、Ⅱ看成复合机，则一次循环中，从低温热源 T_2 吸热 Q_2，向高温热源 T_1 放热 Q_2，即相当于热量 Q_2 自动从低温热源传到高温热源，显然，这违背了克劳修斯表述。

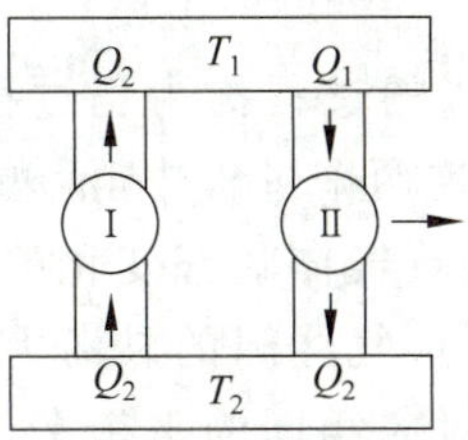

图 8-21 如果违反克劳修斯表述则必违背开尔文表述

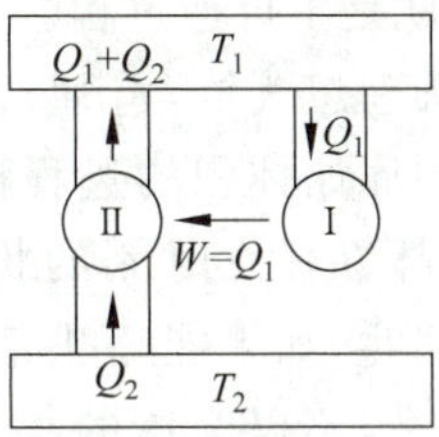

图 8-22 如果违反开尔文表述则必违背克劳修斯表述

至此证明了两种表述的等价性。

问题 8-20 理想气体的一条绝热线和一条等温线是否能有两个交点？为什么？

8.5.4 可逆过程和不可逆过程

热力学第二定律是说明自然宏观过程进行的方向的规律。为了深入理解该定律的含义，我们首先介绍可逆过程和不可逆过程的概念。

设有一个过程，使系统由某一状态变化到另一状态。如果相应于该过程，存在一个逆过程，它不仅使系统进行反向变化，回复到初始状态，而且与此同时，周围一切也都各自回复原状，则该过程称为**可逆过程**。反之，如果用任何方法都不可能使系统和外界完全复原，则该过程称为**不可逆过程**。

由可逆过程和不可逆过程的定义，我们来考察热力学第二定律的本质。

开尔文表述实际上是说热功之间的转换具有不可逆性。例如摩擦做功可以把功全部转化为热，而热量却不能在不引起其他变化的情况下全部转化为功。如果把功转化为热量称为正过程，热量转化为功称为逆过程，那么在不引起其他变化的情况下，热功之间的转换是不可逆的。

克劳修斯表述实际上是讲热量的传递过程具有不可逆性。例如两个温度不同的物体相互接触时，热量可以自动地从高温物体传至低温物体，但不可自动从低温物体传至高温物体。如果把热量从高温物体传至低温物体称为正过程，从低温物体传至高温物体称为逆过程，那么在不引起其他变化的情况下，热量的传递过程是不可逆的。

自然界发生的一切实际过程都是不可逆的，其实例不胜枚举。

气体绝热自由膨胀不可逆。所谓气体的绝热自由膨胀是指将盛有气体的绝热容器与一真空绝热容器接通时，气体自动地向真空绝热容器膨胀的过程。这一过程显然是不可逆的，即已经膨胀到真空绝热容器中的气体，不会自动退回到膨胀前的容器中去。

气体混合不可逆。两种或多种气体能自发地混合，但不能自发地再度分离。

液体混合不可逆。如一滴墨水滴入水中，墨水会自动地进行扩散，直到均匀分布，但已经分布均匀的墨水，不会自动地浓缩回它扩散前的状态。

那么实现可逆过程的条件是什么呢？只有当系统的过程具备下面两个特征，首先过程中不出现非平衡因素，即过程必须是无限缓慢的准静态过程，以保证每一中间状态均是平衡态；其次是过程中无耗散（如摩擦、黏滞性、散热、电磁损耗等），这时系统所经历的过程才是可逆过程，否则就是不可逆过程。下面举例说明。

设气缸中有理想气体，将通过移动活塞使气体膨胀的过程称为正过程，而移动活塞压缩气体回复到原始体积的过程称为逆过程。如果在这两个过程中，活塞均为无限缓慢地运动，理想气体在任意时刻的状态都可视为平衡态，故气体状态变化的过程可看成是准静态过程。这时，如果能略去活塞与气缸间的摩擦力、气体间的黏滞力等所引起的能量耗散效应，那么，不仅气体的正、逆两个过程经历了对应相同的平衡态，而且由于没有能量耗散效应，在正、逆两个过程终了时，外界环境也不会发生任何变化，即气体的状态变化的正过程为可逆过程。

然而，活塞与气缸间总有摩擦，气体间总有黏滞力，而摩擦力和黏滞力做功的过程是不可逆的，此外，实际上活塞的运动也不可能无限缓慢，在正、逆过程中，不仅气体和外界的状态不能重复，而且也不能实现准静态过程。所以气体实际进行的过程必定是不可逆过程。

总之，自然界实际发生的热力学过程不可避免地存在能量耗散与非静态效应，因此都是不可逆过程。

通过上述讨论，我们可清楚地认识到：热力学第二定律的实质在于指出一切实际宏观热力学过程都是不可逆的，都有其自发进行的方向。可逆热力学过程只是一种理想模型。尽管如此，仍有研究可逆过程的必要，因为实际过程在一定条件下可以近似地作为可逆过程处理，同时还可以通过可逆过程的研究去寻找实际过程的规律。

讨论 只要挑选出一种与热现象有关的宏观过程，指出其不可逆性，就是对热力学第二定律的一种表述，所以说热力学第二定律可以有无数种表述。人们之所以公认开尔文表述和克劳修斯表述是该定律的标准表述，是因为热功转换和热量传递是热力学过程中最有代表性的典型事例。

问题 8-21 设有下列过程：

(1) 用活塞无限缓慢地压缩绝热容器中的理想气体，设活塞与器壁无摩擦。

(2) 用缓慢旋转的叶片使绝热容器中的水温上升。

(3) 一滴墨水在水杯中缓慢地弥散开。

(4) 一个不受空气阻力及其他摩擦力作用的单摆的摆动。

其中是可逆过程的为(　　)。

(A) (1)、(2)、(4)　　(B) (1)、(2)、(3)

(C) (1)、(3)、(4)　　(D) (1)、(4)

问题 8-22 下列过程是可逆过程还是不可逆过程？试说明理由。(1)恒温加热使水蒸发。(2)由外界做功使水在恒温下蒸发。(3)在体积不变的情况下，用温度为 T_2 的炉子加热容器中的空气，使它的温度由 T_1 升到 T_2。(4)高速行驶的卡车突然刹车停止。

问题 8-23 以下关于可逆和不可逆过程的判断，(1)准静态过程一定是可逆过程；(2)可逆的热力学过程一定是准静态过程；(3)不可逆过程就是不能向相反方向进行的过程；(4)凡是有摩擦的过程，一定是不可逆过程。正确的是(　)。

(A) (1)、(2)、(3)　　(B) (1)、(2)、(4)

(C) (2)、(4)　　(D) (1)、(4)

8.5.5 卡诺定理

卡诺

卡诺提出在温度为 T_1 的高温热源和温度为 T_2 的低温热源之间工作的循环动作的机器，必须遵守以下两个结论，即**卡诺定理**。应用热力学第二定律可以证明该定理。

(1) 在相同的高温热源与低温热源之间工作的任意工作物质的可逆热机，都具有相同的效率，为

$$\eta = 1 - \frac{T_2}{T_1}$$

(2) 在相同的高温热源与低温热源之间工作的一切不可逆热机的效率都不可能大于(实际上是小于)工作在同样热源之间的可逆热机

$$\eta \leqslant 1 - \frac{T_2}{T_1}$$

卡诺定理的意义在于指出热机效率的上限，即任何实际热机效率都不可能超过 $1-\frac{T_2}{T_1}$，同时它也指出了提高热机效率的有效途径，即提高高温热源的温度，尽量降低低温热源的温度；使热机工质的循环过程尽量接近可逆循环。

问题 8-24 有人想设计一台卡诺热机，每循环一次可从 500 K 的高温热源吸热 1800 J，向 300 K 的低温热源放热 800 J，同时对外做功 1000 J。这样的设计能够实现吗？为什么？

*8.6 熵 熵增加原理

热力学第二定律指出一切实际宏观热力学过程都是不可逆的，都有其自发进行的方向。从微观上看，任何热力学过程总包含大量分子的无序运动状态的变化。热力学过程的方向性应是大量分子无序运动的统计规律性的反映。那么怎样从微观角度，即怎样用大量分子无序运动的统计规律来定量描述自然过程的方向性呢？玻耳兹曼和克劳修斯分别从不同角度引入描述系统宏观状态的态函数——**熵**，用数学形式——**熵增加原理**来表示热力学第二定律的本质。

8.6.1 玻耳兹曼熵公式

玻耳兹曼

1. 热力学概率

如图 8-23 所示，设想有一长方体容器，中间有一隔板把它分成容积相等的 A、B 两室，给 A 室充以气体，B 室为真空。抽去隔板后，让气体自由膨胀，对于任一分子，任一时刻可能处于 A 或 B 任一室。为了描述该系统分子的位置分布情况，我们首先引入下列物理量。

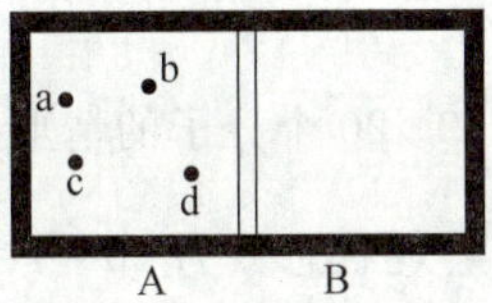

图 8-23 4 个分子在容器中

每个室中分子个数的分布，即多少个分子处于 A 室，多

少个分子处于B室，叫作**宏观状态**；对应一种宏观状态，分子不同的微观组合，即哪些分子处于A室，哪些分子处于B室，叫作**微观状态**。显然每一宏观状态可以包含有许多微观状态，统计物理学中定义：某种宏观状态所包含的微观状态数叫作其**热力学概率**，用Ω表示。

(1) 4个分子的情形

如图8-23所示，假定容器内只有a，b，c，d4个分子，系统的宏观状态与微观状态即热力学概率Ω与的分布如表8-3所示。某一宏观状态所对应的Ω可以按组合知识计算，如A室、B室各为2个分子的宏观状态所对应的Ω等于从4个不同分子中选取2个分子的组合数$C_4^2=6$。另外在计算时经常用到关系式$C_N^i = C_N^{N-i}$和$\sum_{i=0}^{N} C_N^i = 2^N$。

统计理论认为，孤立系统内，各微观状态出现的机会是相同的，即等概率的。各宏观状态所包含的微观态数是不相等的，各宏观状态的出现就不是等概率的了。由表8-3可知，对于4个分子，宏观状态数为4+1=5，而微观状态数总共有$\sum_{i=0}^{4} C_4^i = 2^4 = 16$。如分子全部集中在A室的宏观状态，只含有一个微观状态，出现概率最小，只有$\frac{1}{16}=\frac{1}{2^4}$，而两室内分子均匀分布的A2B2宏观状态，所含微观状态最多，为6个，出现概率最大，有$\frac{6}{16}=\frac{6}{2^4}$。

表8-3 4个分子的位置分布

<table>
<tr><th colspan="2">微 观 状 态</th><th rowspan="2" colspan="2">宏 观 状 态</th><th rowspan="2">一种宏观状态对应的
微观状态数 Ω</th></tr>
<tr><th>A</th><th>B</th></tr>
<tr><td>abcd</td><td>无</td><td>A4</td><td>B0</td><td>1(C_4^4 或 C_4^0)</td></tr>
<tr><td>abc</td><td>d</td><td rowspan="4">A 3</td><td rowspan="4">B 1</td><td rowspan="4">4(C_4^3 或 C_4^1)</td></tr>
<tr><td>bcd</td><td>a</td></tr>
<tr><td>cda</td><td>b</td></tr>
<tr><td>dab</td><td>c</td></tr>
<tr><td>ab</td><td>cd</td><td rowspan="6">A2</td><td rowspan="6">B2</td><td rowspan="6">6(C_4^2)</td></tr>
<tr><td>ac</td><td>bd</td></tr>
<tr><td>ad</td><td>bc</td></tr>
<tr><td>bc</td><td>ad</td></tr>
<tr><td>bd</td><td>ac</td></tr>
<tr><td>cd</td><td>ab</td></tr>
<tr><td>a</td><td>bcd</td><td rowspan="4">A1</td><td rowspan="4">B3</td><td rowspan="4">4(C_4^1 或 C_4^3)</td></tr>
<tr><td>b</td><td>acd</td></tr>
<tr><td>c</td><td>abd</td></tr>
<tr><td>d</td><td>abc</td></tr>
<tr><td>无</td><td>abcd</td><td>A0</td><td>B4</td><td>1(C_4^0 或 C_4^4)</td></tr>
</table>

(2) 20个分子的情形(表8-4)

宏观状态数为20+1=21，微观状态总数为$\sum_{i=0}^{20} C_{20}^i = 2^{20} = 1\ 048\ 576$。20个粒子全部分布在A室的热力学概率最小为$\frac{1}{2^{20}}$，几乎可以忽略。而在A室或B室各半(A10B10)的均匀分布以及差不多相等的宏观状态(如 A11B9 和 A9B11)所含的微观状态数目最多,热力学概率最大。

表 8-4 20 个分子的位置分布

宏观状态		微观状态数 Ω
A20	B0	$1(C_{20}^{20}$ 或 $C_{20}^{0})$
A18	B2	$190(C_{20}^{18}$ 或 $C_{20}^{2})$
A15	B5	$15\,504(C_{20}^{15}$ 或 $C_{20}^{5})$
A11	B9	$167\,960(C_{20}^{11}$ 或 $C_{20}^{9})$
A10	B10	$184\,756(C_{20}^{10})$
A9	B11	$167\,960(C_{20}^{9}$ 或 $C_{20}^{11})$
A5	B15	$15\,504(C_{20}^{5}$ 或 $C_{20}^{15})$
A2	B18	$190(C_{20}^{2}$ 或 $C_{20}^{18})$
A0	B20	$1(C_{20}^{0}$ 或 $C_{20}^{20})$

(3) N 个分子的情形

如果系统有 N 个分子,可以推知宏观状态数为 $N+1$,其总微观状态数为 $\sum_{i=0}^{i} C_N^i = 2^N$,$N$ 个分子全部在 A 室的宏观状态,概率仅为$\frac{1}{2^N}$。由于一般热力学系统所包含的分子数目十分巨大,例如,1 mol气体的分子数 6.023×10^{23} 个,所以气体自由膨胀后,所有分子退回到 A 室的概率为$\frac{1}{2^{6.023\times10^{23}}}$,这个概率如此之小,实际上根本观察不到。而 A、B 两室分子数相等以及差不多相等的宏观状态出现的概率最多,实际上几乎就是 100%。所以自由膨胀过程实际上是由包含微观状态数少的宏观状态向包含微观状态数多的宏观状态进行,或者说由概率小的宏观状态向概率大的宏观状态进行。这一结论对所有自然过程都是成立的。

热力学第二定律指出一切实际宏观热力学过程都是不可逆的,都有其自发进行的方向。引入热力学概率后,可以将其表述为:*一切实际宏观热力学过程总是由热力学概率小的宏观状态向热力学概率大的宏观状态进行*,这就是**热力学第二定律的统计意义**。

问题 8-25 对于上面所讨论的 20 个分子的情形,试计算系统处于 A12B8,A11B9,A10B10,A9B11,A8B12 等 5 个宏观状态的总概率。

2. 玻耳兹曼熵公式

1877 年,玻耳兹曼引入热力学系统宏观状态的态函数——熵 S,并定义系统某一宏观状态的熵 S 与该宏观状态的热力学概率 Ω 的对数成正比,即 $S\propto\ln\Omega$。1900 年,普朗克引入玻耳兹曼常量 k,得到

$$S = k\ln\Omega \tag{8-35}$$

按上式定义的熵称为**玻耳兹曼熵**,由于定义与微观状态的数目有关,也叫**微观熵**,上式也称为**玻耳兹曼熵公式**。熵的量纲与 k 的量纲相同(J/K)。对于系统的某一宏观状态,有一个 Ω 值与之对应,因而也就有一个 S 与之对应,可见,由式(8-35)定义的熵是系统的状态函数。

玻耳兹曼熵公式犹如一座横跨宏观与微观、热力学与统计力学之间的桥梁，把宏观量熵与热力学概率联系起来，指出系统所处状态的热力学概率越大，则该状态的熵越大。

用式(8-35)定义的**熵具有可加性**。具体说明如下。设给定条件下，两个子系统热力学概率分别为 Ω_1 和 Ω_2，则在同一条件下系统的热力学概率为 Ω，根据概率法则，有 $\Omega=\Omega_1\Omega_2$，代入式(8-35)有

$$S = k\ln\Omega = k\ln\Omega_1 + k\ln\Omega_2 = S_1 + S_2$$

因此，当任一系统由两个子系统组成时，该系统的熵 S 等于两个子系统的熵 S_1 与 S_2 之和，即

$$S = S_1 + S_2 \tag{8-36}$$

问题 8-26 一系统经一过程，熵增加了 1 J/K。求经此过程，系统的热力学概率增大到原来的多少倍？

8.6.2 克劳修斯熵公式

在玻耳兹曼提出熵公式(8-35)之前的1865年，克劳修斯就通过将卡诺定理推广，得出结论：一个热力学系统由某平衡态1经可逆过程过渡到另一平衡态2时，$\frac{dQ}{T}$的积分与过程的具体形式(或者说与路径)无关。由此他引进了一个由热力学系统的平衡态决定的函数并把其称为**熵**，以 S 表示。于是有，当系统由平衡态1变到平衡态2时，熵的增量为

$$S_2 - S_1 = \int_1^2 \frac{dQ}{T} \tag{8-37}$$

对于一个微小的可逆过程，有

$$dS = \frac{dQ}{T} \tag{8-38}$$

式(8-37)和式(8-38)叫**克劳修斯熵公式**。

说明 (1) 克劳修斯熵和玻耳兹曼熵的关系。克劳修斯熵只对系统的平衡态才有意义，是系统平衡态的函数。而式(8-35)定义的玻耳兹曼熵与系统的某一宏观状态所对应的微观状态数相联系，因为非平衡态也对应一定的微观状态数，从而也有一定的熵值和它对应。从这个意义上说玻耳兹曼熵更具普遍性。由于平衡态是对应于微观状态数最大的宏观状态，可以说克劳修斯熵是玻耳兹曼熵的最大值。在统计物理中可以证明两个熵公式完全等价。

(2) 克劳修斯熵的实用意义。对热力学过程的分析，总是用宏观状态参量的变化来描述的。而克劳修斯熵公式将熵和系统的宏观参量相联系，为具体计算熵与熵的变化提供了途径。

(3) 式(8-37)和式(8-38)中 Q 的正负仍按热力学第一定律的符号规则确定。

讨论 在应用克劳修斯熵公式来计算两平衡态之间熵的变化时，如果系统由始态是经过不可逆过程到达末态的，考虑到熵是系统的状态函数，系统从一个平衡态变化到另一个平衡态，两个态之间熵的变化是确定的，与过程是否可逆无关，所以可以设计一个连接同样始、末两态的可逆过程，然后用克劳修斯熵公式来计算。

例 8-9 理想气体的熵变 1 mol 理想气体由状态(p_1,V_1,T_1)经某一过程到达状态(p_2,V_2,T_2)。计算该过程中气体的熵变。

解 由热力学第一定律

$$dQ = dE + pdV = C_{V,m}dT + pdV$$

由式(8-37)与理想气体状态方程 $pV=RT$,得

$$\Delta S = S_2 - S_1 = \int_1^2 dS = \int_1^2 \frac{dQ}{T} = \int_1^2 \frac{dE + pdV}{T} = \int_{T_1}^{T_2} \frac{C_{V,m}dT}{T} + R\int_{V_1}^{V_2} \frac{dV}{V}$$

$$= C_{V,m}\ln\frac{T_2}{T_1} + R\ln\frac{V_2}{V_1} \tag{8-39}$$

利用理想气体状态方程,并注意 $C_{V,m}+R=C_{p,m}$,式(8-39)可变形为

$$\Delta S = S_2 - S_1 = C_{p,m}\ln\frac{T_2}{T_1} - R\ln\frac{p_2}{p_1} \tag{8-40}$$

和

$$\Delta S = S_2 - S_1 = C_{V,m}\ln\frac{p_2}{p_1} + C_{p,m}\ln\frac{V_2}{V_1} \tag{8-41}$$

式(8-39)、式(8-40)和式(8-41)三式即为 1 mol 理想气体的熵变公式。

例 8-10 1 kg100℃的热水冷却到环境温度27℃。求这一过程:(1)水的熵变;(2)环境的熵变。水的质量热容(比热容)$c_p=4.18\times10^3$ J/(kg·K)。

解 设想水依次与一系列温差无限小的热源接触取得热平衡进行降温,水的熵变为

$$\Delta S_{水} = \int_{T_1}^{T_2}\frac{dQ}{T} = Mc_p\int_{T_1}^{T_2}\frac{dT}{T} = Mc_p\ln\frac{T_2}{T_1}$$

$$= 1\times4.18\times10^3\times\ln\frac{300}{373} = -9.1\times10^2(\text{J/K})$$

而周围环境吸收水放出的热量产生的熵变为

$$\Delta S_{环境} = \frac{Q}{T_2} = \frac{Mc_p(T_1-T_2)}{T_2} = \frac{1\times4.18\times10^3\times73}{300} = 1.017\times10^3(\text{J/K})$$

对于水和环境组成的孤立系统,其总的熵变 $\Delta S=\Delta S_{水}+\Delta S_{环境}=107$J/K,是增加了。

例 8-11 理想气体绝热自由膨胀。如图 8-24 所示,ν mol 理想气体开始时均匀分布在容器左部,体积为 V_1,温度为 T_1,容器右部为真空,整个容器绝热,体积为 V_2。打开隔板后,气体均匀分布于整个容器。计算该过程中,气体(1)内能的增量、温度的变化;(2)熵变。

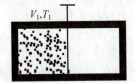

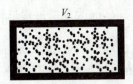

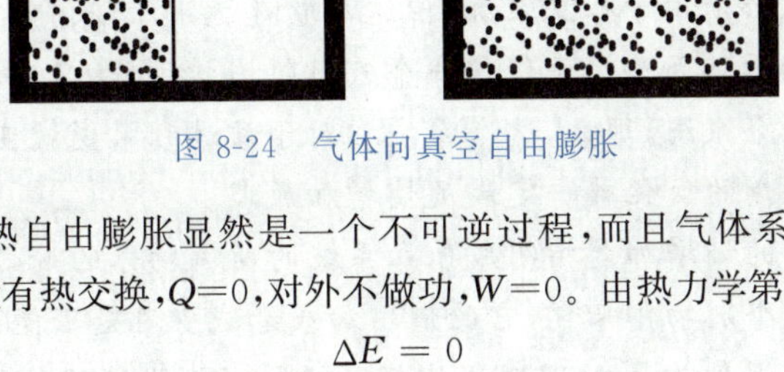

图 8-24 气体向真空自由膨胀

解 理想气体绝热自由膨胀显然是一个不可逆过程,而且气体系统是孤立系统。

(1) 系统与外界没有热交换,$Q=0$,对外不做功,$W=0$。由热力学第一定律知,内能的增量

$$\Delta E = 0$$

由于理想气体的内能是温度的单值函数,所以

$$T_{末} = T_{初} = T_1$$

即理想气体绝热自由膨胀过程的初态与末态之间内能相等，温度相同。

(2) 因温度不变，故可以设计一个可逆等温膨胀过程，使气体与温度为 T_1 的一恒温热库接触吸热而体积由 V_1 缓慢膨胀到 V_2。由式(8-37)与理想气体状态方程得这一过程中气体的熵变 ΔS 为

$$\Delta S = \int \frac{\mathrm{d}Q}{T_1} = \frac{1}{T_1}\int_{V_1}^{V_2} p\mathrm{d}V = \frac{1}{T_1}\int_{V_1}^{V_2} \frac{\nu R T_1 \mathrm{d}V}{V} = \nu R \ln(V_2/V_1)$$

从计算结果可以看出，$\Delta S>0$，因此理想气体绝热自由膨胀过程是沿着熵增加的方向进行的。

问题 8-27 下列过程中，(1)两种不同气体在等温下混合；(2)理想气体在等体下降温；(3)液体在等温下汽化；(4)理想气体在等温下压缩。哪些过程使系统熵增加？哪些过程使系统熵减少？

问题 8-28 对于可逆的以理想气体为工作物质的卡诺热机的四个分过程，分析每个过程中，气体的熵变情况。

8.6.3 熵增加原理

上面以热水在环境中冷却和气体绝热自由膨胀为例，得出了孤立系统内部进行不可逆过程时，系统的熵要增加的结论，即

$$\Delta S > 0 \text{（孤立系统内的不可逆过程）} \tag{8-42}$$

这一结论适用于所有孤立系统内的不可逆过程。

那么，在孤立系统内的可逆过程的熵变又如何呢？由于孤立系统与外界既没有物质交换，也没有能量交换，孤立系统中发生的过程，当然也是绝热的，即 $\mathrm{d}Q=0$，由式(8-38)可知，孤立系统中的可逆过程，其熵应该保持不变，即

$$\Delta S = 0 \text{（孤立系统内的可逆过程）} \tag{8-43}$$

我们将式(8-42)和式(8-43)合并为一个式子，有

$$\Delta S \geqslant 0 \tag{8-44}$$

式(8-44)可适用于孤立系统内任意过程。取“$>$”号时，用于不可逆过程；取“$=$”号时，用于可逆过程。该式称为**熵增加原理**，即孤立系统中的可逆过程，其熵不变；孤立系统中的不可逆过程，其熵要增加。实际过程总是不可逆过程，因此，一切实际过程只能朝着熵增加的方向进行，直到熵到达最大值为止。一个孤立系统最终会趋于平衡态，据此可推断，平衡态的熵最大。熵增加原理式(8-44)是热力学第二定律的数学表达式。这一原理既说明了热力学第二定律的统计意义，又为判断过程进行方向提供了依据。

注意 1. 熵增加原理必须用于孤立系统，但这与它是适用于任何宏观热力学过程的普遍规律并不矛盾。因为对于任何一个宏观热力学过程，只要把过程涉及到的所有物体视为一个系统，那么，这个系统相对于该过程来说就变成了孤立系统，过程中这系统的熵的变化就一定满足熵增加原理。

2. 熵增加原理的熵增加是指组成孤立系统的所有物体的熵之和的增加，而对于孤立系统内的个别物体来说，它的熵增加或者减少都是可能的。

比如，1 mol 温度为 T 的理想气体经可逆等温膨胀过程体积由 V_1 变化到 V_2，由

式(8-39)，并注意到 $T_1=T_2=T$，得到气体熵增为 $\Delta S_{气}=R\ln(V_2/V_1)$。取温度为 T 的热源与气体组成孤立系统，热源放热，熵变为 $\Delta S_{热源}=\frac{-TR\ln(V_2/V_1)}{T}=-R\ln(V_2/V_1)$，可见该孤立系统的熵是不变的。这是孤立系统中的可逆过程的实例。再如，例 8-10 中热水冷却到环境温度，这是在水和环境组成的孤立系统中发生的自发过程，$\Delta S_{水}<0$，$\Delta S_{环境}>0$，整个系统的 $\Delta S=\Delta S_{水}+\Delta S_{环境}>0$。

问题 8-29 一杯水置于空气中，它总是要冷却到与周围环境相同的温度。在这一自然过程中，水的熵减小了，这与熵增加原理矛盾吗？

下面对熵和熵增加原理做几点讨论。

(1) 热力学第二定律不可逆性的统计意义

由熵增加原理，孤立系统内的自发过程总是从热力学概率小的宏观状态向热力学概率大的宏观状态演化。但是，这是一种概率性规律而非确定性规律。由于每个微观状态出现的概率都相同，故存在向那些热力学概率小的宏观状态变化的可能性。只是由于宏观平衡态对应的微观状态数与其他非平衡宏观状态所对应的微观状态数相比，是无可比拟的大得多，当孤立系统处于非平衡状态时，它向平衡态过渡的可能性将具有绝对优势。这就是不可逆性的统计意义。孤立系统熵减小的过程，并不是原则上不可能，只是概率非常小。实际上，在平衡态时，系统的热力学概率(或熵)总是不停地进行着相对于极大值的或大或小的偏离，这种偏离叫作**涨落**，对于分子数比较少的系统，涨落较容易观察到，而对于大量分子构成的热力学系统，这种涨落相对很小，观测不出来。

(2) 熵是系统内分子热运动无序性的一种量度

如果处在某种宏观状态所对应的微观状态数越多，则要确定系统到底处在哪一个微观状态就越难；反之所对应的微观状态数少时，相对来说就比较容易。例如在气体自由膨胀的例子中讨论 4 个分子在 A、B 两室分布情况时，宏观状态 A4B0 只包含 1 个微观状态，因此只要我们知道系统处在这样一种宏观状态，就可以断定全部 4 个分子的分布情况，这时系统是有序的。当系统处在宏观状态 A2B2 时，此状态包含 6 种微观状态，我们不容易确定系统到底处在哪一个微观状态。显然这时系统显现出无序，或说系统处在一种混乱状态。由此可见，系统所处状态的热力学概率(或熵)越大则其真实情况就越不容易确定，系统越加无序，越加混乱。又如，功转变成热的过程是大量分子从有序运动状态向无序运动状态转化的过程；热传导的过程是大量分子从无序程度小的运动状态向无序程度大的运动状态转化的过程；气体的绝热膨胀过程也是大量分子从无序程度小的运动状态向无序程度大的运动状态转化的过程。这些过程都是熵增加的过程。因此，熵是系统无序或混乱程度的量度，熵的增加就意味着无序度的增加，平衡态时熵最大(最无序状态)。正是在这个意义上，熵的内涵变得十分丰富而且充满了开拓性活力，现在熵的概念以及与之有关的理论，已在物理学、化学、气象学、生物学、工程技术乃至社会科学领域获得了广泛的应用。

(3) 熵增与能量退化

下面通过一例题来说明这一问题。

例 8-12 如图 8-25 所示，设有 3 个恒温热源 A、B、C，且 $T_A>T_B>T_C$。

(1) 有热量 Q 从 A 传递到 B，求 A、B 两恒温热源熵变之和 ΔS。

(2) 一理想卡诺热机从 A 吸取热量 Q，向低温热源 C 传递热量，求其对外做的功 W_1。

(3) 一理想卡诺热机从 B 吸取热量 Q，向低温热源 C 传递热量，求其对外做的功 W_2。

(4) 比较(1)求得的熵变和(2)(3)两次做功的差值，说明熵增的意义。

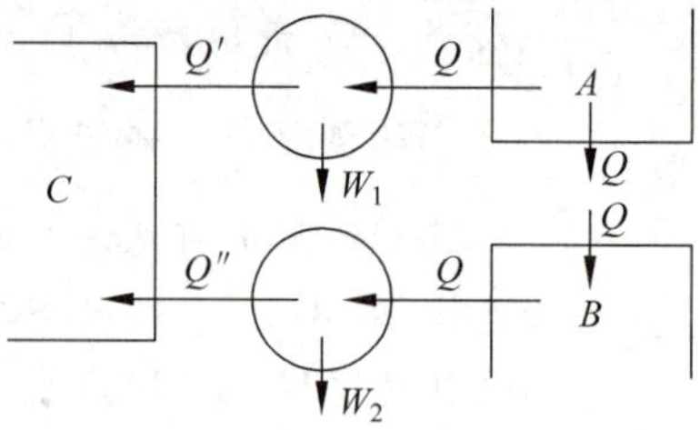

图 8-25　例 8-12 图

解　(1) A、B 两恒温热源熵变分别为

$$\Delta S_A = -\frac{Q}{T_A},\quad \Delta S_B = \frac{Q}{T_B}$$

于是

$$\Delta S = \Delta S_A + \Delta S_B = \frac{Q}{T_B} - \frac{Q}{T_A} > 0$$

(2) 因 $\eta_C = 1 - \frac{T_2}{T_1} = \frac{W}{Q}$，所以

$$W_1 = \eta_{C1} Q = \left(1 - \frac{T_C}{T_A}\right) Q$$

(3) 同上，有

$$W_2 = \eta_{C2} Q = \left(1 - \frac{T_C}{T_B}\right) Q$$

(4) 两次做功的差值为

$$W_1 - W_2 = T_C\left(\frac{Q}{T_B} - \frac{Q}{T_A}\right) > 0$$

A、B 接触，发生一不可逆过程，使热量 Q 从 A 传递到 B，使得部分内能丧失了做功的能力，用 E_d 来表示，即

$$E_d = W_1 - W_2 = T_C\left(\frac{Q}{T_B} - \frac{Q}{T_A}\right)$$

将 E_d 称为**退化能**。由(1)的结果，有

$$E_d = T_C \Delta S$$

上式表明，退化能与不可逆过程的熵变成正比。研究表明，这一表述具有普遍性，由此可得出结论：熵增是能量退化的量度，这也就是熵增的宏观意义。它说明，熵是热量转化为功的能力的量度，系统熵越大其热量转化为功的能力越小。熵是能量利用价值的量度，低熵能源利用价值高，反之则低。

习　题

8-1　如习题 8-1 图所示，一系统从状态 a 沿过程 acb 到达 b 态，有热量 335 J 传入系统，系统对外界做功 106 J。(1)若沿 adb 过程，系统对外做功 42 J，则有多少热量传入系统？(2)若系统由状态 b 沿曲线过程 bea 返回状态 a 时，外界对系统做功 84 J，问系统是吸热还是放热？热量传递是多少？

8-2　如习题 8-2 图所示，一定量的理想气体经历 ACB 过程时吸热 200 J，则经 $ACBDA$ 过程时吸热为多少？

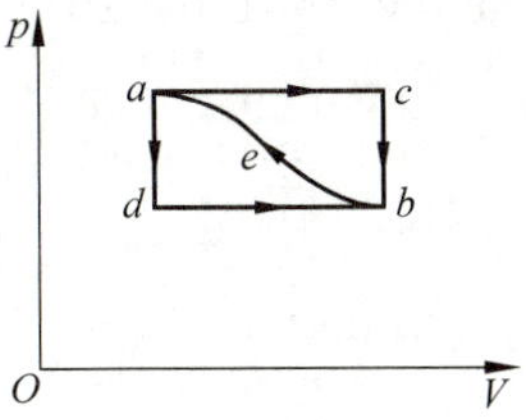

习题 8-1 图

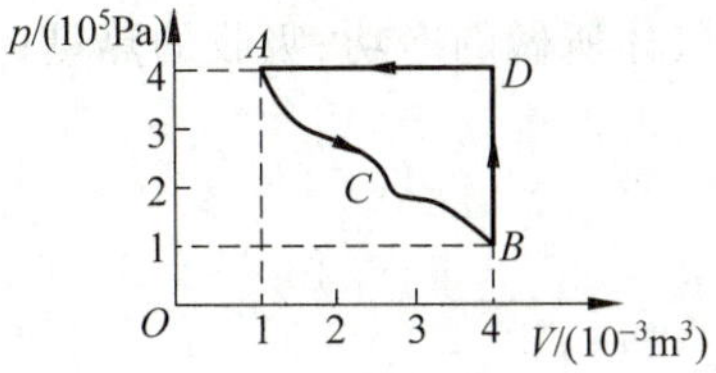

习题 8-2 图

8-3 1 mol 理想气体氢气在温度为 20℃时的体积为 V_0。今使其经以下两种过程达到同一状态：(1)先保持体积不变，加热使其温度升高到 80℃，然后令其等温膨胀，体积变为原来的 2 倍；(2)先使其作等温膨胀到原体积的 2 倍，然后保持体积不变升温至 80℃。将上述两过程画在同一 p-V 图上，分别计算两过程中吸收的热量、气体所作的功和内能增量。

8-4 如习题 8-4 图所示，1 mol 理想氧气(1)由状态 A 等温地变化到状态 B；(2)由状态 A 等体地变化到状态 C，再由状态 C 等压地变到状态 B。设 $V_1=22.4\times10^{-3}\ \text{m}^3$，$V_2=44.8\times10^{-3}\ \text{m}^3$，$p_2=1.013\times10^5$ Pa。试分别计算以上两种过程中，氧气的内能增量，对外做的功和吸收的热量。

8-5 如习题 8-5 图所示，某理想气体由初态 a 沿经过原点的直线 ab 变到终态 b。已知该气体的定体摩尔热容 $C_{V,\text{m}}=3R$，证明：气体在 ab 过程中的摩尔热容 $C_\text{m}=\dfrac{7}{2}R$。

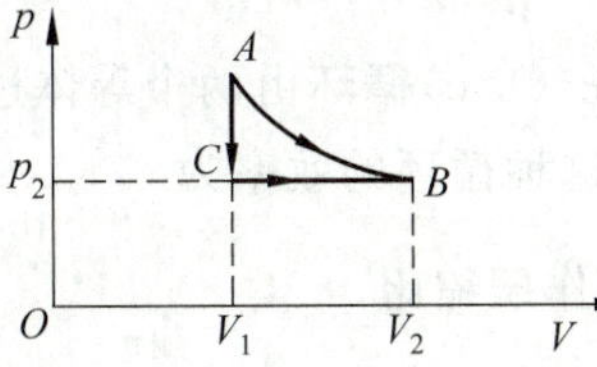

习题 8-4 图

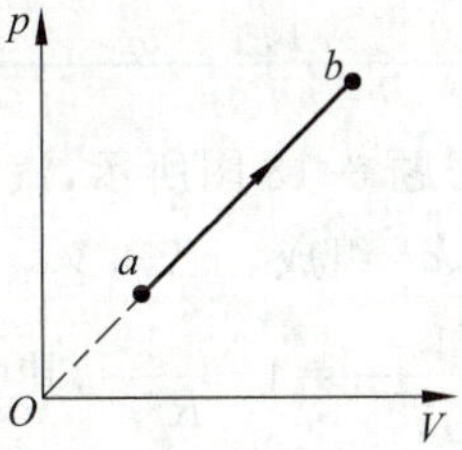

习题 8-5 图

8-6 将压强为 1.013×10^5 Pa、体积为 $1.0\times10^{-4}\ \text{m}^3$ 的氢气绝热压缩，使其体积变为 $2.0\times10^{-5}\ \text{m}^3$。求压缩时气体所做的功。

8-7 3 mol 氧气在压强为 2.026×10^5 Pa 时体积为 $40\times10^{-3}\ \text{m}^3$，先将它绝热压缩到一半体积，接着再令它等温膨胀到原体积。求在该过程中：(1)最大压强和最高温度；(2)氧气吸收的热量、对外做的功以及内能的变化。

8-8 证明质量为 M、摩尔质量为 M_mol 的理想气体，从状态Ⅰ(p_1,V_1,T_1)绝热膨胀到状态Ⅱ(p_2,V_2,T_2)的过程中所做的功为

$$W_Q=\frac{M}{M_\text{mol}}\frac{RT_1}{\gamma-1}\left[1-\left(\frac{p_2}{p_1}\right)^{\frac{\gamma-1}{\gamma}}\right]$$

8-9 如习题 8-9 图所示，使 1 mol 理想气体氧气进行 $ABCA$ 的循环，已知 AB 为等温过程，$V_1=22.4\times10^{-3}\ \text{m}^3$，$V_2=44.8\times10^{-3}\ \text{m}^3$，$p_2=1.013\times10^5$ Pa。求：(1) 循环过程中气体所做的净功、吸收的热量；(2)循环效率。

8-10 如习题 8-10 图所示，使 1 mol 理想气体氧气进行 $ABCA$ 的循环，已知 AB 为等

温过程，CA 为绝热过程，设 $T_A=300\ K$，$V_1=4.1\times10^{-3}\ m^3$，$V_2=41.0\times10^{-3}\ m^3$，求：(1)循环过程中气体所做的净功、吸收的热量；(2)循环效率。

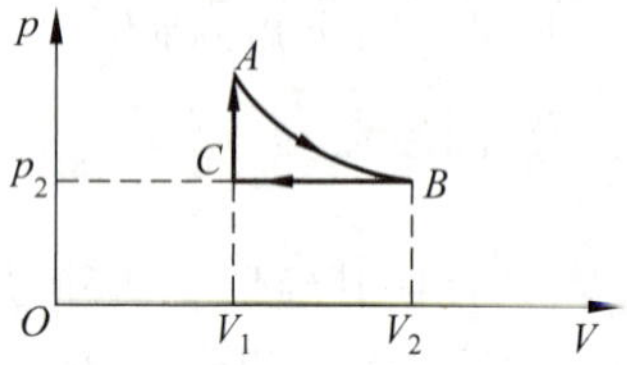

习题 8-9 图

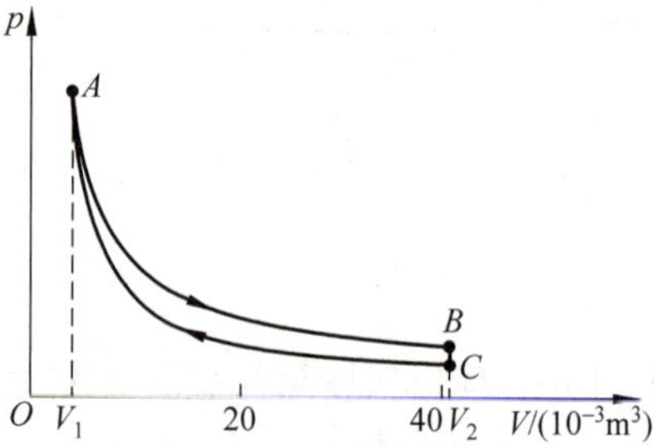

习题 8-10 图

8-11 设外界每分钟对致冷机做功为 9.0×10^5 J，致冷机每分钟从冷藏室中吸取的热量为 7.8×10^6 J。求致冷机的致冷系数以及每分钟向大气(高温热源)放出的热量。

8-12 一定量的理想气体沿习题 8-12 图所示循环，填写表格中的空格。

过　程	内能增量 $\Delta E/J$	对外做功 W/J	吸收热量 Q/J
AB	1000		
BC		1500	
CA		−500	
$ABCA$	$\eta=$		

8-13 如习题 8-13 图所示，汽油机工作的**奥托**(Otto)**循环**由两个等体过程 da、bc 与两个绝热过程 cd、ab 组成。已知 V_1、V_2 及 γ，试证：这种循环的效率为

$$\eta=1-\frac{1}{\left(\frac{V_1}{V_2}\right)^{\gamma-1}}=1-\frac{1}{R^{\gamma-1}}$$，其中 $R=V_1/V_2$ 叫作**压缩比**。

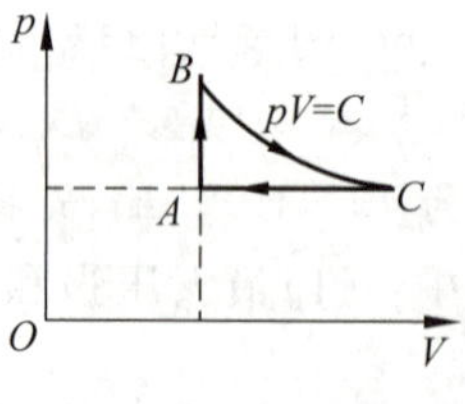

习题 8-12 图

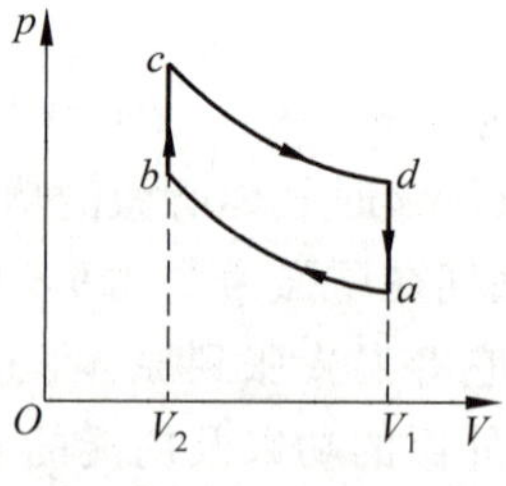

习题 8-13 图

8-14 1 mol 理想气体在 400 K 和 300 K 两热源之间进行卡诺热机循环，在 400 K 的等温线上，初始体积为 $1\times10^{-3}\ m^3$，最后体积为 $5\times10^{-3}\ m^3$。计算气体在一次循环过程中：(1)从高温热源吸收的热量；(2)所做的功；(3)向低温热源放出的热量。

8-15 一个卡诺热机的高温热源温度为127 ℃、低温热源温度为27 ℃，一次循环的净功为 8000 J。今维持低温热源的温度和两绝热线均不变，提高高温热源的温度，使其一次循环的净功增为 10000 J。求高温热源温度提高后：(1)一次循环吸收的热量；(2)循环的效率。

(3)高温热源温度提高到了多少?

8-16 在夏季,假定室外温度恒定为37℃,启动空调使室内温度始终保持在17 ℃。如果每天有 2.51×10^8 J 的热量通过热传导等方式自室外流入室内,且该空调致冷机的致冷系数为同等条件下的卡诺致冷机致冷系数的60%,则空调一天耗电多少?

8-17 一热机工作于1000 K与300 K的两热源之间。若将高温热源提高到1100 K或者将低温热源降到200 K,求理论上热机效率各增加多少?采取哪一种方案对提高热机效率更为有利?

***8-18** 1 mol理想气体氧气分别经(1)等体过程;(2)等压过程,温度从100 ℃升高到200 ℃,熵变分别是多少?

***8-19** 如习题8-19图所示,1 mol某种理想气体从状态 a 变化到状态 b,$T_a=T_b$。假设变化沿两条不同的可逆路径:(1)等温过程 $ac'b$;(2)等体过程 ac 和等压过程 cb。分别计算这两种情况下的系统的熵变 S_b-S_a。

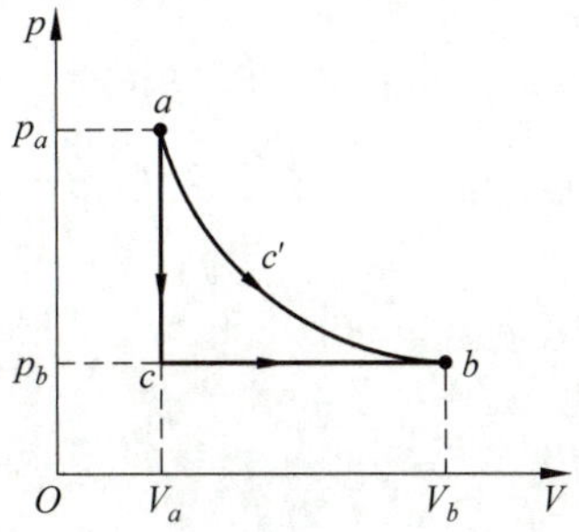

习题8-19图

***8-20** 1 kg0 ℃的冰在0 ℃时完全融化成水。已知冰在0 ℃时的融化热 $\lambda=334$ J/g,求冰经过融化过程的熵变,并计算从冰到水微观状态数即热力学概率 Ω 增大到几倍。

***8-21** 把1 kg20℃的水放到100 ℃的炉子上加热到100 ℃,水的比热是 $c=4.18\times10^3$ J/(kg·K)。(1)分别求水和炉子的熵变 ΔS_W、ΔS_f;(2)判断该过程是否可逆。

第四篇

振动与波动

第9章

机械振动

物体在一定位置附近作来回往复的运动称为**机械振动**。这种振动现象在自然界是广泛存在的。如钟摆的摆动、心脏的跳动、活塞的往复运动、固体中原子的振动等都是机械振动。

广义地说，任何一个物理量随时间的周期性变化都叫作振动。例如电路中的电流、电压，电磁场中的电场强度和磁场强度也都可能随时间作周期性变化。这些振动虽然在本质上和机械振动不同，但对它们的描述却有许多共同之处。所以机械振动的基本规律也是研究其他振动以及波动、波动光学、无线电技术等的基础。

简谐振动是最简单、最基本的振动，任何振动都可看成是由多个简谐振动的合成。本章主要内容有：简谐振动的描述，重点是简谐振动表达式的建立；简谐振动的动力学特征；两个同方向及两个互相垂直的简谐振动的合成等。

9.1 简谐振动的运动学

9.1.1 简谐振动表达式

物体运动时，如果离开平衡位置的位移(或角位移)按余弦函数(或正弦函数)的规律随时间变化，这种运动就叫作**简谐振动**。如果取平衡位置为坐标原点，作简谐振动的物体相对平衡位置的位移的数学表达式为

$$x = A\cos(\omega t + \phi_0) \tag{9-1}$$

式(9-1)常被称为**简谐振动表达式**。

说明 因为 $\cos(\omega t+\phi_0)=\sin\left(\omega t+\phi_0+\frac{\pi}{2}\right)$，若令 $\phi_0'=\phi_0+\frac{\pi}{2}$，则式(9-1)可写成 $x=A\sin(\omega t+\phi_0')$，所以也可以说，物体作简谐振动时，位移是时间的正弦函数。为统一起见，本书一律采用余弦函数作为简谐振动表达式。

从式(9-1)，可以得到作简谐振动的质点在任意时刻的速度和加速度表达式分别为

$$v = \frac{\mathrm{d}x}{\mathrm{d}t} = -A\omega\sin(\omega t + \phi_0) = A\omega\cos\left(\omega t + \phi_0 + \frac{\pi}{2}\right) \tag{9-2}$$

$$a = \frac{d^2 x}{dt^2} = -A\omega^2\cos(\omega t + \phi_0) = A\omega^2\cos(\omega t + \phi_0 + \pi) \tag{9-3}$$

物体作谐振动时，其速度、加速度随时间的变化也是简谐振动。图 9-1 给出了简谐振动的位移、速度和加速度与时间的关系曲线（**简谐振动曲线**）。

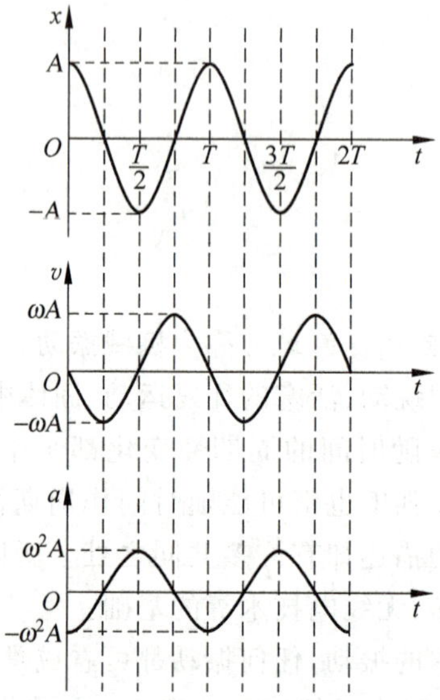

图 9-1 简谐振动中的位移、速度、加速度与时间的关系

9.1.2 描述简谐振动特征的物理量

从式(9-1)，我们介绍描述简谐振动特征的物理量。

1. 振幅

由于 $\cos(\omega t+\phi_0)$的值在 -1 和 $+1$ 之间，所以物体的位移在 $-A$ 和 $+A$ 之间，即 A 为物体离开平衡位置的最大距离，称为简谐振动的**振幅**。

类似地，将式(9-2)中的 ωA、式(9-3)中的 $\omega^2 A$ 分别称为速度振幅 v_m、加速度振幅 a_m。

2. 周期

物体作一次完全振动所经历的时间叫作振动的周期，用 T 表示。由周期的定义可知，每隔一个周期，振动状态就完全重复一次，即

$$x = A\cos(\omega t + \phi_0) = A\cos[\omega(t + T) + \phi_0]$$

由于余弦函数的周期为 2π，所以有 $\omega T = 2\pi$，因此

$$T = \frac{2\pi}{\omega} \tag{9-4}$$

单位时间内物体所作的完全振动次数叫作频率，用 ν 表示。频率与周期的关系为

$$\nu = \frac{1}{T} = \frac{\omega}{2\pi} \tag{9-5}$$

由此还可知

$$\omega = 2\pi\nu \tag{9-6}$$

所以 ω 表示在 2π 秒内物体所作的完全振动次数，称为振动的**角频率**(**圆频率**)。

应用式(9-4)与式(9-5)，简谐振动表达式还可以写成

$$x = A\cos\left(\frac{2\pi}{T}t + \phi_0\right) = A\cos(2\pi\nu\ t + \phi_0) \tag{9-7}$$

ω、T 和 ν 都表示简谐振动的周期性。T 的单位是秒(s)，ν 的单位是赫兹(Hz)，ω 的单位是弧度每秒(rad/s)。

3. 位相和初相

式(9-1)中($\omega t+\phi_0$)称为**位相**(或**周相**、**相位**)。

(1) 位相是决定振动物体运动状态的物理量。在力学中，物体在某一时刻的运动状态由位置坐标和速度来决定。对于简谐振动，当 A、ω 给定后，物体的位置和速度取决于($\omega t+\phi_0$)。当($\omega t+\phi_0$)$=0$ 时，有 $x=A$，$v=0$，表示物体在正位移最大处而速度为零；当($\omega t+\phi_0$)$=\frac{\pi}{2}$，有 $x=0$，$v=-\omega A$，表示物体在平衡位置并以最大速率向 x 轴负方向运动；当($\omega t+\phi_0$)$=\frac{3\pi}{2}$，有 $x=0$，$v=\omega A$，表示物体也在平衡位置，但以最大速率向 x 轴正方向运动。可见不同的相位决定了不同的振动状态，在一个周期之内，每一时刻的振动状态都不相同，这相当于相位经历着从 0 到 2π 的变化。

(2) 相位反映了简谐振动的周期性，即凡是位移和速度都相同的运动状态，它们的相位相差 2π 或 2π 的整数倍。

(3) 当 $t=0$ 时，相位($\omega t+\phi_0$)$=\phi_0$，故 ϕ_0 叫作初相位，简称**初相**。它是决定初始时刻(即开始计时的时间原点)振动物体运动状态的物理量。

9.1.3 简谐振动特征的矢量表示法

为直观、形象地领会简谐振动及振动表达式中 A、ω 和 ϕ_0 的物理意义，我们介绍简谐振动的旋转矢量表示法。

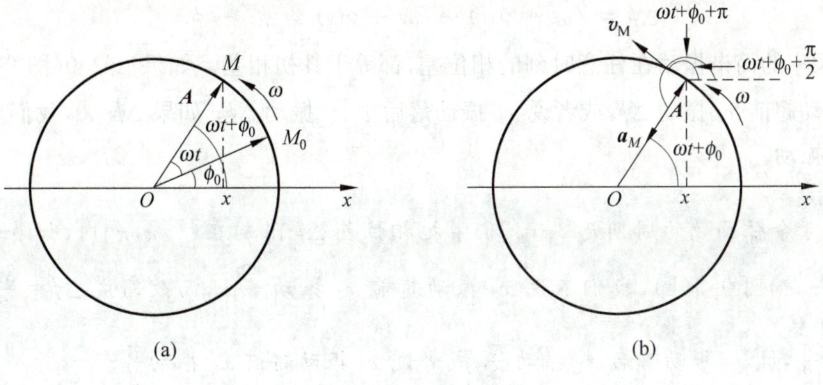

图 9-2 旋转矢量图

1. 旋转矢量

如图 9-2(a)所示,自 Ox 轴的原点 O 作一矢量 $\boldsymbol{A}$,它的模等于振动的振幅 A,并使矢量 $\boldsymbol{A}$ 在 Oxy 平面内以角速度 ω 绕 O 点逆时针匀速旋转,这个矢量 $\boldsymbol{A}$ 就叫作**旋转矢量**,A 的端点 M 在旋转过程中形成的圆叫作参考圆。

2. 描述旋转矢量的量与描述简谐振动的量的对应关系

旋转矢量 $\boldsymbol{A}$ 的长度等于简谐振动的振幅 A;$\boldsymbol{A}$ 旋转的角速度等于角频率 ω;如果在 $t=0$ 时刻,取 $\boldsymbol{A}$ 与 Ox 轴的夹角等于初相 ϕ_0,则任意时刻 t,$\boldsymbol{A}$ 与 x 轴的夹角等于相位 $\omega t+\phi_0$,$\boldsymbol{A}$ 的端点 M 在 x 轴上的投影为

$$x = A\cos(\omega t + \phi_0)$$

和简谐振动表达式是一致的图 9-2(a);$\boldsymbol{A}$ 转动一周,相当于物体在 x 轴上作一次全振动。

$\boldsymbol{A}$ 的端点 M 的速率等于简谐振动的速度振幅,即 $v_M=\omega A$,从图 9-2(b)可知,在 t 时刻,M 的速度在 x 轴上的投影是

$$v = v_M\cos\left(\omega t + \phi_0 + \frac{\pi}{2}\right) = -A\omega\sin(\omega t + \phi_0)$$

这正是式(9-2)给出的简谐振动的速度公式。M 的加速度的大小等于振动的加速度振幅,即 $a_M=\omega^2 A$,M 的加速度在 x 轴上的投影是

$$a = a_M\cos(\omega t + \phi_0 + \pi) = -\omega^2 A\cos(\omega t + \phi_0)$$

这也正是式(9-3)给出的简谐振动的加速度公式。

注意 旋转矢量本身并不作简谐振动,但可以利用旋转矢量端点 M 在 x 轴上的投影点的运动来形象地展示简谐振动的规律。

3. 利用旋转矢量图,比较两个同频率简谐振动的“步调”。

设有两个简谐振动

$$x_1 = A_1\cos(\omega t + \phi_{10}),\quad x_2 = A_2\cos(\omega t + \phi_{20})$$

它们的相位之差叫**相位差**,用 $\Delta\phi$ 表示

$$\Delta\phi = (\omega t + \phi_{20}) - (\omega t + \phi_{10}) = \phi_{20} - \phi_{10}$$

即两个同频率的简谐振动在任意时刻的相位差,都等于其初相差。如果 $\Delta\phi>0$(图 9-3(a)),我们说 x_2 振动超前 x_1 振动 $\Delta\phi$,或者说 x_1 振动落后于 x_2 振动 $\Delta\phi$;如果 $\Delta\phi<0$,我们就说 x_1 振动超前 x_2 振动。

说明 由于余弦函数的周期是 2π,我们常把相位差 $\Delta\phi$ 限制在 $(-\pi,\pi]$ 内,如 $\phi_{20}-\phi_{10}=\frac{3}{2}\pi$,如图 9-3(b),我们不说 x_2 振动超前 x_1 振动 $\frac{3}{2}\pi$,而改写成 $\Delta\phi=\frac{3\pi}{2}-2\pi=-\frac{\pi}{2}$,说 x_2 振动落后 x_1 振动 $\frac{\pi}{2}$,或者说 x_1 振动超前 x_2 振动 $\frac{\pi}{2}$。

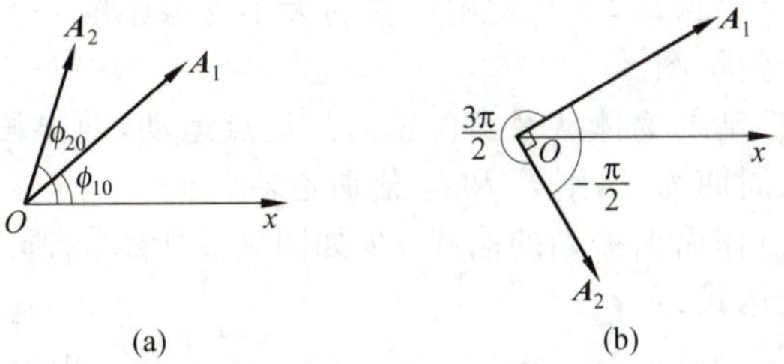

图 9-3 两个简谐振动的相位差

如果 $\Delta\phi=0$ 或者 2π 的整数倍,我们说两个振动是**同相**的,即它们将同时到达正最大位移处,同时到达平衡位置,又同时到达负最大位移处,两个振动的"步调"完全一致。

如果 $\Delta\phi=\pi$ 或者 π 的奇数倍,我们说两个振动是**反相**的,即当它们中的一个到达正最大位移处,另一个到达负最大位移处,两个振动的"步调"完全相反。

9.1.4 振幅 A 和初相 ϕ_0 的决定

对于一个简谐振动,如果 A、ω 和 ϕ_0 都知道了,就可以写出它的振动表达式。因此这三个量叫作简谐振动的**三个特征量**。ω(频率 ν,周期 T) 决定于振动系统的固有性质,在 9.2 节将讨论这一点。A 和 ϕ_0 可由**运动的初始条件**即 $t=0$ 时的位移 x_0 和速度 v_0 决定。由式(9-1)和式(9-2)得

$$x_0 = A\cos\phi_0, \quad v_0 = -A\omega\sin\phi_0 \tag{9-8}$$

由此可解得

$$A = \sqrt{x_0^2 + \left(\frac{v_0}{\omega}\right)^2} \tag{9-9}$$

$$\tan\phi_0 = \frac{-v_0}{\omega x_0} \tag{9-10}$$

初相 ϕ_0 的确定。为明确和简便起见,取 ϕ_0 位于$(-\pi,\pi]$区间。

(1)在用式(9-10)确定 ϕ_0 时,正切函数的值一般对应两个 ϕ_0 的值,必须同时考虑 v_0 与 x_0 的符号以确定取舍,$x_0>0, v_0<0, \phi_0\in(0,\pi/2)$; $x_0<0, v_0<0, \phi_0\in(\pi/2,\pi)$; $x_0<0, v_0>0, \phi_0\in(-\pi,-\pi/2)$; $x_0>0, v_0>0, \phi_0\in(-\pi/2,0)$。

(2)用式(9-8)决定 ϕ_0 时,$x_0(\cos\phi_0)$的值一般对应两个 ϕ_0 的值,必须结合 $v_0(\sin\phi_0)$的符号以确定取舍,方法与上述基本相同。

(3) 旋转矢量图法。如图 9-4 所示。

① 以振幅 A 为半径作参考圆,并作 Ox 轴。

② 根据 $x_0=A\cos\phi_0$ 给出 ϕ_0 的两个可能值,一正一负。

③ 根据旋转矢量的端点在 Ox 轴上投影的特点,若 $v_0<0$,则 ϕ_0 取正值;若 $v_0>0$,则 ϕ_0 取负值。

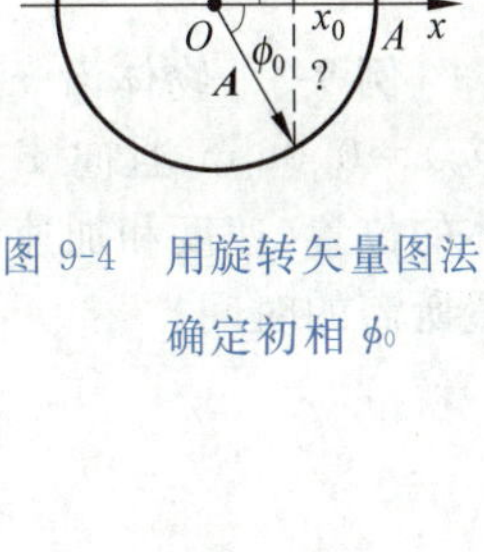

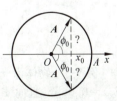

图 9-4 用旋转矢量图法确定初相 ϕ_0

特殊情况:$x_0=A, v_0=0, \phi_0=0$; $x_0=-A, v_0=0, \phi_0=\pi$。

问题 9-1 决定图 9-1 中位移 x、速度 v 和加速度 a 的初相,由此确定对于简谐振动,v 与 x、a 与 x 的相位关系。

问题 9-2 物体作简谐振动，当它初始位移的大小为振幅的一半时，该物体的初相可能为哪些值？并作出旋转矢量图。

问题 9-3 作简谐振动的物体从平衡位置向最远点运动，前半段所用时间为 t_1，后半段所用时间为 t_2。设振动周期为 T，则 t_1 和 t_2 分别是多少？

例 9-1 已知某质点作简谐振动的曲线 x-t 如图 9-5 所示，求质点振动表达式。

解 设简谐振动表达式为

$$x = A\cos(\omega t + \phi_0)$$

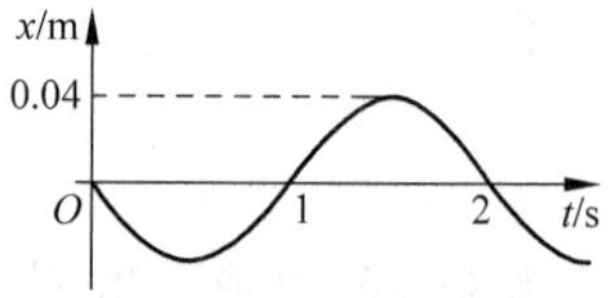

图 9-5 例 9-1 图

从图可知 $A=0.04\text{m}, T=2\text{s}$，得

$$\omega = \frac{2\pi}{T} = \pi$$

当 $t=0$ 时，$x_0=0$，由此

$$0.04\cos\phi_0 = 0, \quad 得\ \phi_0 = \pm\frac{\pi}{2}$$

又 $v=-A\omega\sin\phi_0<0$，所以

$$\sin\phi_0 > 0, \quad 得\ \phi_0 = \frac{\pi}{2}$$

$$x = 0.04\cos\left(\pi t + \frac{\pi}{2}\right)\text{m}$$

例 9-2 已知如图 9-6 所示的简谐振动 x-t 曲线，试写出其振动表达式。

解 设简谐振动表达式为

$$x = A\cos(\omega t + \phi_0)$$

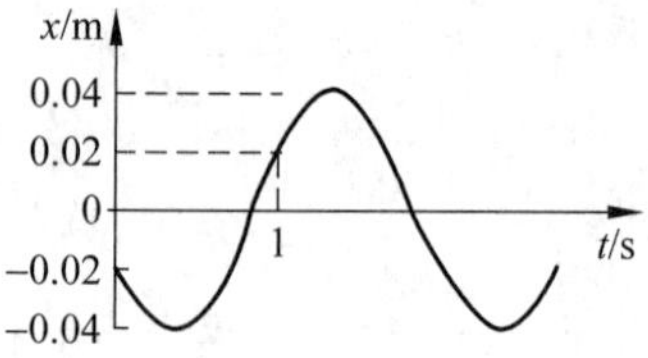

图 9-6 例 9-2 图

从图可知 $A=0.04\ \text{m}$。当 $t=0$ 时，$x_0=-0.02\ \text{m}$，即

$$0.04\cos\phi_0 = -0.02, \quad 得\ \phi_0 = \pm\frac{2\pi}{3}$$

又 $v_0=-A\omega\sin\phi_0<0$，所以 $\sin\phi_0>0$，得

$$\phi_0 = \frac{2\pi}{3}$$

当 $t=1\ \text{s}$ 时，$x(1)=0.02\ \text{m}$，即

$$0.04\cos\left(\omega\times 1 + \frac{2\pi}{3}\right) = 0.02$$

得

$$\omega\times 1+\frac{2\pi}{3}=\frac{5\pi}{3}，或\frac{7\pi}{3}\left(注意不能取\pm\frac{\pi}{3}?\right)$$

又因为 $v(1)=-A\omega\sin\left(\omega\times 1+\frac{2\pi}{3}\right)>0, \sin\left(\omega\times 1+\frac{2\pi}{3}\right)<0$，所以

$$\omega\times 1 + \frac{2\pi}{3} = \frac{5\pi}{3}, \quad \omega = \pi$$

$$x = 0.04\cos\left(\pi t + \frac{2\pi}{3}\right)\text{m}$$

例 9-3 物体沿 x 轴作简谐振动，振幅 $A=0.12\ \text{m}$，周期 $T=2\ \text{s}$。当 $t=0$ 时，物体的位移 $x=0.06\ \text{m}$，且向 x 轴正方向运动。求：(1) 此简谐振动的表达式；(2) 当 $t=T/4$ 时，物体的位置、速度和加速度；(3) 物体从 $x=-0.06\ \text{m}$ 向 x 轴负方向运动，第一次回到平衡位置所需的时间。

解 (1) 设简谐振动的表达式为

$$x = A\cos(\omega t + \phi_0)$$

由题意知

$$A = 0.12\text{m}, \quad T = 2\text{s}, \quad \omega = \frac{2\pi}{T} = \pi/\text{s}$$

由 $x_0 = 0.12\cos\phi_0 = 0.06$,得

$$\phi_0 = \pm\frac{\pi}{3}$$

又 $v_0 = -A\omega\sin\phi_0 > 0$,$\sin\phi_0 < 0$,所以

$$\phi_0 = -\frac{\pi}{3}$$

或用旋转矢量法确定初相,如图 9-7 所示。表达式为

$$x = 0.12\cos\left(\pi t - \frac{\pi}{3}\right)\text{ m}$$

(2)

$$v = \frac{\mathrm{d}x}{\mathrm{d}t} = -0.12\pi\sin\left(\pi t - \frac{\pi}{3}\right)\text{ m/s}$$

$$a = \frac{\mathrm{d}v}{\mathrm{d}t} = -0.12\pi^2\cos\left(\pi t - \frac{\pi}{3}\right)\text{ m/s}^2$$

代入 $t = \frac{T}{4} = 0.5\text{s}$ 得

$$x(0.5) = 0.12\cos\left(\pi \times 0.5 - \frac{\pi}{3}\right) = 0.06\sqrt{3} = 0.104\ (\text{m})$$

$$v(0.5) = -0.12\pi\sin\left(\pi \times 0.5 - \frac{\pi}{3}\right) = -0.06\pi = -0.188\ (\text{m/s})$$

$$a(0.5) = -0.12\pi^2\cos\left(\pi \times 0.5 - \frac{\pi}{3}\right) = -0.06\sqrt{3}\pi^2 = -1.03\ (\text{m/s}^2)$$

(3) 这里涉及质点的两个运动状态,利用旋转矢量解答比较方便。如图 9-8 所示,$x = -0.06$ m 且向 x 轴负方向运动时,旋转矢量位于 t_1 的位置,第一次回到平衡位置时旋转矢量位于 t_2 的位置,两状态之间的相位差为

$$\Delta\phi = \frac{3\pi}{2} - \frac{2\pi}{3} = \frac{5\pi}{6}$$

从而

$$\Delta t = \frac{\Delta\phi}{\omega} = \frac{\frac{5\pi}{6}}{\pi} = \frac{5}{6}\text{ s}$$

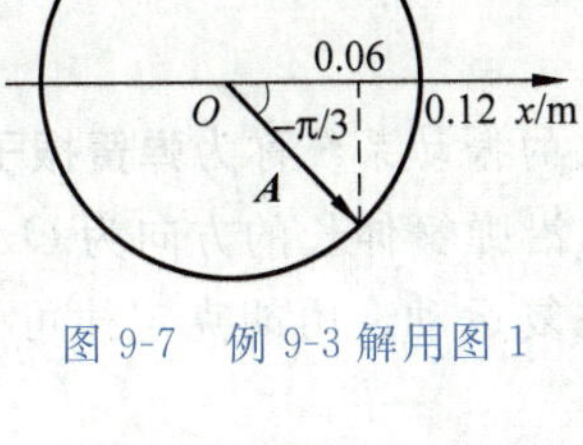

图 9-7 例 9-3 解用图 1

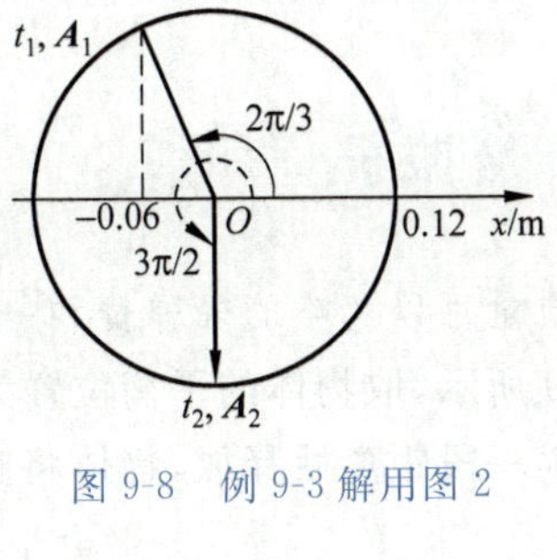

图 9-8 例 9-3 解用图 2

问题 9-4 请用式(9-8)计算例 9-3(3)。

9.2 简谐振动的动力学

9.2.1 简谐振动的动力学方程

由式(9-1)和式(9-3),质点作简谐振动的加速度为

$$a=-\omega^2 x$$

设质点的质量为 m,由牛顿第二定律,作简谐振动的质点所受的力为

$$f=-m\omega^2 x=-kx \tag{9-11}$$

上式表示,一个作简谐振动的质点所受的沿位移方向的合外力与它对于平衡位置的位移成正比而反向。这样的力叫作**线性回复力**。因此从动力学角度讲,质点在线性回复力作用下围绕平衡位置的运动叫作简谐振动。

因为 $a=\frac{\mathrm{d}^2 x}{\mathrm{d}t^2}$,所以有

$$\frac{\mathrm{d}^2 x}{\mathrm{d}t^2}=-\omega^2 x$$

或者

$$\frac{\mathrm{d}^2 x}{\mathrm{d}t^2}+\omega^2 x=0 \tag{9-12}$$

这是一个二阶常微分方程,其解即为式(9-1)的形式。因此,式(9-12)就是简谐振动的**动力学方程**。

判断一个振动是否为简谐振动的步骤。

(1) 确定振动系统的平衡位置,并以平衡位置为坐标原点,建立坐标系。

(2) 让振动系统离开平衡位置,分析系统所受的合外力,看是否受如式(9-11)的线性回复力的作用,或由牛顿第二定律列出运动微分方程,看是否与式(9-12)一致。

(3) 若是简谐振动,如果需要,可求出 $\omega(T、\nu)$。

讨论 广义地说,任何一个物理量如果满足式(9-12),那么不管这个物理量是位移、速度、加速度、角位移等力学量,或者是电流、电势差、电场强度等电学量,这个物理量就是在做简谐振动。尽管这些物理量表达的内容有所区别,但它们随时间变化的数学规律是相同的。

9.2.2 弹簧振子

由一个质量可以忽略的轻弹簧和一个刚体所组成的振动系统称为**弹簧振子**。

如图 9-9 所示,取物体的平衡位置为坐标原点 O,沿弹簧伸长的方向为 Ox 轴。如将物体拉伸或压缩一段距离后释放,物体将在点 O 两侧往复运动。由胡克定律可知,在弹性限

度内，物体在任意位置 x 所受的力为

$$f=-kx$$

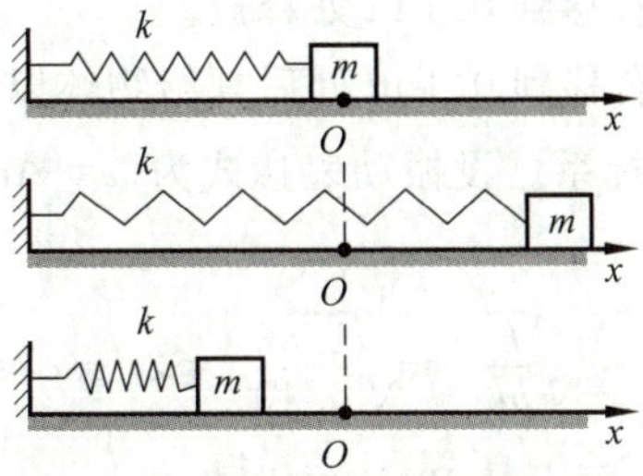

图 9-9 弹簧振子的振动

式中，k 为弹簧的劲度系数，负号表示力的方向与位移的方向相反。根据牛顿第二定律，物体的加速度为

$$\frac{\mathrm{d}^2x}{\mathrm{d}t^2}=\frac{f}{m}=-\frac{k}{m}x$$

令 $\omega^2=\dfrac{k}{m}$，

则有

$$\frac{\mathrm{d}^2x}{\mathrm{d}t^2}+\omega^2x=0$$

上式即为弹簧振子作振动的动力学方程。与式(9-12)比较可知，物体在平衡位置附近作简谐振动，其解就是式(9-1)，角频率、周期和频率分别为

$$\omega=\sqrt{\frac{k}{m}},\quad T=2\pi\sqrt{\frac{m}{k}},\quad \nu=\frac{1}{2\pi}\sqrt{\frac{k}{m}}$$

由于弹簧振子的质量 m 和劲度系数 k 是其本身固有的性质，所以角频率、周期和频率完全决定于振动系统本身的性质，因此常称之为**固有角频率**、**固有周期**和**固有频率**。

问题 9-5 有一位鸟类学家，在野外观察到一种少见的大鸟落在一棵大树的细枝上，他测得在 4 s 内树枝来回摆了 6 次。等鸟飞走了以后，他用 1 kg 的砝码系在细枝上，测出细枝弯下了 12 cm，于是他用笔很快算出这只鸟的质量是 920 g。问他是怎么算的？

问题 9-6 对于弹簧振子，给出如图 9-10 所示的 4 种初始运动状态，坐标原点 O 为平衡位置。试分别决定它们的初相可能是(A)、(B)、(C)、(D)中的哪一个？

(A) $\dfrac{\pi}{3}$　　(B) $\dfrac{3\pi}{4}$　　(C) -0.6 rad　　(D) $-\dfrac{2\pi}{3}$

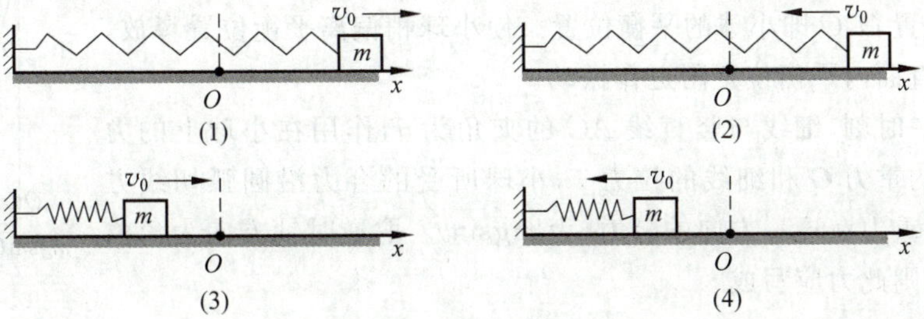

图 9-10 问题 9-6 图

例 9-4 如图 9-9 所示的弹簧振子，已知弹簧的劲度系数 $k=1.60\ \mathrm{N/m}$，物体的质量 $M=0.4\ \mathrm{kg}$。试就下列两种情况求谐振动表达式。

(1) 将物体从平衡位置向右移到 0.1 m 处释放。

(2) 将物体从平衡位置向右移到 0.1 m 处后并给物体以向左的速度 0.2 m/s。

解 取如图 9-9 所示的坐标系。设振动表达式为 $x=A\cos(\omega t+\phi_0)$。

振子的角频率

$$\omega=\sqrt{\frac{k}{m}}=\sqrt{\frac{1.60}{0.40}}=2\ (\mathrm{rad/s})$$

(1) 由题意知当 $t=0$ 时，$x_0=0.10\ \mathrm{m}$，$v_0=0$ 得

$$A=\sqrt{x_0^2+\frac{v_0^2}{\omega^2}}=\sqrt{0.10^2+0}=0.10\ (\mathrm{m})$$

$x_0=0.1\cos\phi_0=0.1$，$\cos\phi_0=1$，所以 $\phi_0=0$，于是

$$x=0.10\cos 2t\ (\mathrm{m})$$

(2) 由题意知当 $t=0$ 时，$x_0=0.10\ \mathrm{m}$，$v_0=-0.20\ \mathrm{m/s}$，得

$$A=\sqrt{x_0^2+\frac{v_0^2}{\omega^2}}=\sqrt{0.10^2+\left(\frac{-0.20}{2}\right)^2}=0.10\sqrt{2}=0.1414\ (\mathrm{m})$$

$$x_0=0.1\sqrt{2}\cos\phi_0=0.1,\quad \cos\phi_0=\frac{\sqrt{2}}{2},$$

$$v_0=-0.1\sqrt{2}\,\omega\sin\phi_0=-0.2<0$$

所以 $\phi_0=\frac{\pi}{4}$，于是

$$x=0.1414\cos\left(2t+\frac{\pi}{4}\right)\ \mathrm{m}$$

问题 9-7 若选取 Ox 轴水平向左，再解例 9-4。

问题 9-8 劲度系数为 k 的轻弹簧上端固定，下端挂一质量为 m 的物体，使物体上、下振动。试证明物体相对于系统的平衡位置作简谐振动。

9.2.3 单摆

如图 9-11 所示，一根不可伸长的细绳上端固定在点 A，下端悬挂一质量为 m 的小球，这一系统称为**单摆**。系统静止时，细线处于铅直位置，小球在位置 O，O 即小球的平衡位置。使小球稍偏离平衡位置释放，小球即在铅直面内平衡位置附近作振动。

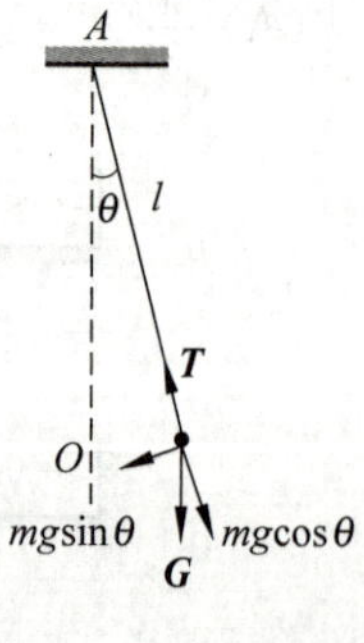

图 9-11 单摆

设在某一时刻，细线与竖直线 AO 的夹角为 θ，作用在小球上的力是小球受到的重力 $\boldsymbol{G}$ 和细线的拉力 $\boldsymbol{T}$，小球所受的合力沿圆弧切线方向的分力，即重力在这一方向的分力，为 $mg\sin\theta$。取逆时针方向为角位移的正方向，则此力应写成

$$F_t=-mg\sin\theta$$

如角振幅 θ_m 很小($\theta_m<0.1\ \mathrm{rad}$)，则有 $\sin\theta\approx\theta$，所以

$$F_t = -mg\theta$$

由于小球的切向加速度为 $a_t = l\dfrac{d^2\theta}{dt^2}$，所以由牛顿第二定律得

$$ml\frac{d^2\theta}{dt^2} = -mg\theta$$

即

$$\frac{d^2\theta}{dt^2} + \frac{g}{l}\theta = 0$$

与式(9-12)比较可知，小球在平衡位置附近小角度的摆动为简谐振动，其解具有式(9-1)形式，

$$\theta = \theta_m \cos(\omega t + \phi_0) \tag{9-13}$$

固有角频率、固有周期和固有频率分别为

$$\omega = \sqrt{\frac{g}{l}}, \quad T = 2\pi\sqrt{\frac{l}{g}}, \quad \nu = \frac{1}{2\pi}\sqrt{\frac{g}{l}}$$

确定角振幅 θ_m 和初位相 ϕ_0 的方法如下。设 $t=0$ 时角位移为 θ_0，角速度为 $\left(\dfrac{d\theta}{dt}\right)\Big|_0$，有

$$\theta_0 = \theta_m \cos\phi_0, \quad \left(\frac{d\theta}{dt}\right)\Big|_0 = -\theta_m \omega \sin\phi_0 \tag{9-14}$$

由此可解得

$$\theta_m = \sqrt{\theta_0^2 + \left[\frac{(d\theta/dt)|_0}{\omega}\right]^2} \tag{9-15}$$

$$\tan\phi_0 = \frac{-(d\theta/dt)|_0}{\omega\theta_0} \tag{9-16}$$

关于 ϕ_0 的决定方法，参看 9.1.4 节。

注意 在实际计算时，角度取弧度为单位。

问题 9-9 周期为 T、角振幅为 θ_m($\theta_m < 0.1$ rad)的单摆在 $t=0$ 时分别处于如图 9-12 所示的 4 种状态，(a)、(c)中虚线表示铅直方向，(b)、(d)中单摆均处于铅直位置。若以逆时针方向为角位移的正方向，写出这 4 种情况的振动表达式。

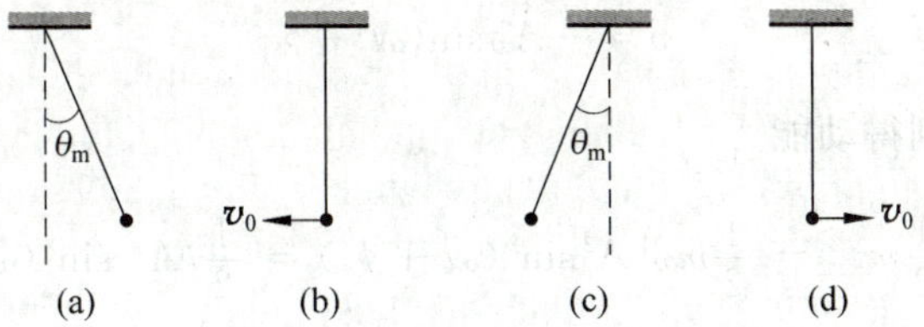

图 9-12 问题 9-9 图

9.2.4 复摆

复摆是在重力作用下在竖直平面内绕不通过质心的水平轴自由摆动的刚体。取 O 为水平转轴，C 为刚体质心(图 9-13)。当直线 OC 与竖直线成 θ 角时，重力对于转轴的力矩为

$$M = -mgb\sin\theta$$

式中 b 为质心距转轴的距离。如果刚体对于转轴的转动惯量为 J，则有

$$J\frac{d^2\theta}{dt^2} = -mgb\sin\theta$$

如果摆角很小，$\sin\theta \approx \theta$，上式可表达为

$$J\frac{d^2\theta}{dt^2} = -mgb\theta$$

由此可知，刚体在平衡位置附近的小角度摆动为简谐振动。角频率、周期和频率分别为

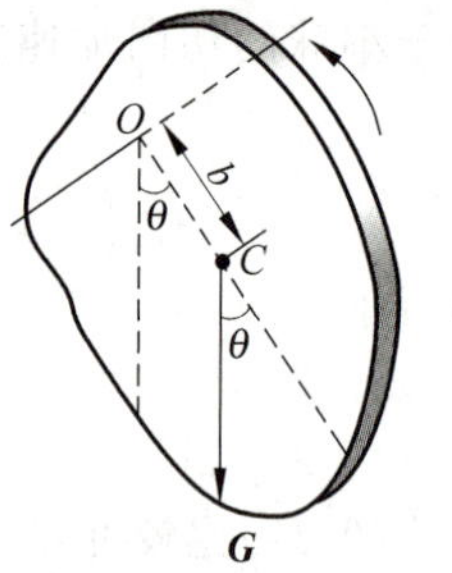

图 9-13 复摆

$$\omega = \sqrt{\frac{mgb}{J}},\quad T = 2\pi\sqrt{\frac{J}{mgb}},\quad \nu = \frac{1}{2\pi}\sqrt{\frac{mgb}{J}}$$

注意 在分析复摆振动时，角度取弧度为单位。

问题 9-10 求长为 l、质量为 m 的均匀细杆绕过其一端的轴在竖直平面内作小角度摆动时的周期。

问题 9-11 对于图 9-13 所示的复摆，如果水平转轴过质心，此时周期 T、频率 ν 为多少？复摆还能作简谐振动吗？为什么？

9.3 简谐振动的能量

以弹簧振子为例讨论简谐振动系统的能量。设弹簧振子的振动表达式为

$$x = A\cos(\omega t + \phi_0)$$

则其弹性势能为

$$E_p = \frac{1}{2}kx^2 = \frac{1}{2}kA^2\cos^2(\omega t + \phi_0) \tag{9-17}$$

速度为

$$v = -A\omega\sin(\omega t + \phi_0)$$

考虑到 $\omega^2 = \frac{k}{m}$，则得动能

$$E_k = \frac{1}{2}mv^2 = \frac{1}{2}m\omega^2A^2\sin^2(\omega t + \phi_0) = \frac{1}{2}kA^2\sin^2(\omega t + \phi_0) \tag{9-18}$$

系统的总能量

$$E = E_k + E_p = \frac{1}{2}kA^2 = \frac{1}{2}m\omega^2A^2 \tag{9-19}$$

由式(9-17)、式(9-18)和式(9-19)可知，简谐振动系统的动能和势能都随时间作周期性变化，但总的机械能守恒。式(9-19)还表明，简谐振动的总能量与振幅、系统固有频率的二次方成正比，简谐振动是等幅振动。由于在简谐振动过程中，只有系统的保守力(如弹性力)做功，系统机械能守恒。

图 9-14 表示弹簧振子的动能、势能随时间的变化，同时给出了 x-t 曲线，图中设 $\phi_0=0$。从图中可以看出，动能和势能的变化频率是弹簧振子频率的两倍。当物体的位移最大时，势能达到最大值，但此时动能为零；当物体的位移为零时，势能为零，而动能达最大值。

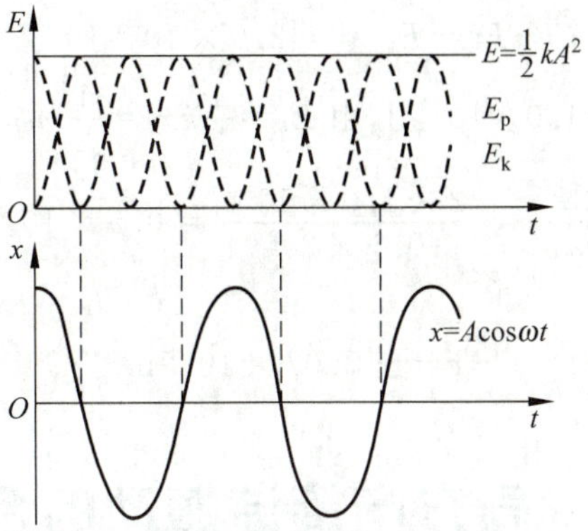

图 9-14 弹簧振子的动能、势能和总能量随时间的变化曲线

在一个周期内，动能和势能的平均

$$\overline{E}_k=\frac{1}{T}\int_0^T E_k(t)\,dt=\frac{1}{T}\int_0^T \frac{1}{2}m\omega^2A^2\sin^2(\omega t+\phi_0)\,dt=\frac{1}{4}m\omega^2A^2=\frac{1}{4}kA^2$$

$$\overline{E}_p=\frac{1}{T}\int_0^T E_p(t)\,dt=\frac{1}{T}\int_0^T \frac{1}{2}kA^2\cos^2(\omega t+\phi_0)\,dt=\frac{1}{4}kA^2=\frac{1}{4}m\omega^2A^2$$

由此可见，在一个周期内，动能和势能的平均值相等，为振动总能量的一半。

问题 9-12 证明：如果已知某时刻 t，简谐振动的位置和速度分别为 x 和 v，则振幅 A 可以表示为

$$A=\sqrt{x^2+\frac{v^2}{\omega^2}}$$

问题 9-13 作简谐振动的物体在某一时刻，动量为 p，动能为 E_k。经过半个周期后，物体的动量和动能分别为什么？

问题 9-14 一弹簧振子在水平面上做简谐振动。一块质量与所系物体相同的黏土从物体的正上方落到物体上，与物体一起做简揩振动。设黏土落到物体上时，物体分别在(1)最大位移处；(2)位移为振幅一半处；(3)平衡位置处。计算黏土落到物体后的振动系统能量与原来的振动系统能量之比值。

例 9-5 质量为 0.10 kg 的物体以振幅 0.01 m 作简谐振动，其最大加速度为 4.0 m/s²。求：(1)振动的周期；(2)通过平衡位置时的动能；(3)机械能；(4)物体在何处动能和势能相等？

解 (1) 由 $a_{max}=A\omega^2$，得

$$\omega=\sqrt{\frac{a_{max}}{A}}=\sqrt{\frac{4.0}{0.01}}=20\ (\text{rad/s})$$

得周期

$$T=\frac{2\pi}{\omega}=\frac{2\pi}{20}=0.1\pi=0.314\ (\text{s})$$

(2) 物体通过平衡位置时，速度最大，所以动能也最大，即

$$E_{\mathrm{kmax}} = \frac{1}{2}mv_{\max}^2 = \frac{1}{2}mA^2\omega^2 = \frac{1}{2}\times 0.10\times 0.01^2\times 20^2 = 2.0\times 10^{-3}\,(\mathrm{J})$$

(3)
$$E = E_{\mathrm{kmax}} = 2.0\times 10^{-3}\ \mathrm{J}$$

(4) 当 $E_p=E_k$ 时，$E_p=1.0\times10^{-3}$ J，由 $E_p=\frac{1}{2}kx^2=\frac{1}{2}m\omega^2x^2$，得

$$x^2 = \frac{2E_p}{m\omega^2} = \frac{2\times 1.0\times 10^{-3}}{0.1\times 20^2} = 0.5\times 10^{-4}\,(\mathrm{m}^2)$$

即

$$x = \pm 7.07\times 10^{-3}\ \mathrm{m}$$

9.4 同方向简谐振动的合成

振动合成的事例，在我们日常生活中时常发生。例如，当两个声波同时传播到空气中某点时，该点同时参与两个振动。振动的合成在声学、光学、无线电技术中有着广泛的应用。我们主要考虑几种简单的情形。

9.4.1 两个同方向同频率简谐振动的合成

设某一质点同时参与两个频率相同、沿着同一方向(沿 x 轴方向)的简谐振动，其振动表达式分别为

$$x_1 = A_1\cos(\omega t+\phi_{10}),\quad x_2 = A_2\cos(\omega t+\phi_{20})$$

质点的合位移为两个分振动位移的代数和，即

$$x = x_1 + x_2 = A_1\cos(\omega t+\phi_{10}) + A_2\cos(\omega t+\phi_{20})$$

应用三角函数的性质，可以得到合振动仍是简谐振动，它的角频率与分振动的角频率相等，即可以表示为

$$x = A\cos(\omega t+\phi_0)$$

其中合振动的振幅 A 和初相位 ϕ_0 分别由

$$A = \sqrt{A_1^2 + A_2^2 + 2A_1A_2\cos(\phi_{20}-\phi_{10})} \tag{9-20}$$

$$\tan\phi_0 = \frac{A_1\sin\phi_{10} + A_2\sin\phi_{20}}{A_1\cos\phi_{10} + A_2\cos\phi_{20}} \tag{9-21}$$

决定。式(9-20)和式(9-21)也可以用旋转矢量法求出。两分振动的旋转矢量分别为 $\boldsymbol{A}_1$ 和 $\boldsymbol{A}_2$。开始时($t=0$)，它们与 x 轴的夹角分别为 ϕ_{10} 和 ϕ_{20}(图 9-15(a))，由平行四边形法则，可得此时的合矢量为 $\boldsymbol{A}=\boldsymbol{A}_1+\boldsymbol{A}_2$。由于 $\boldsymbol{A}_1$ 和 $\boldsymbol{A}_2$ 以相同角速度 ω 转动，转动过程中 $\boldsymbol{A}_1$ 与 $\boldsymbol{A}_2$ 间夹角不变，始终为($\phi_{20}-\phi_{10}$)，所以合矢量 $\boldsymbol{A}$ 的长度不变，并且也以相同的角速度 ω 旋转，合矢量 $\boldsymbol{A}$ 即为合振动对应的旋转矢量，而合振动的表达式可从合矢量 $\boldsymbol{A}$ 在 x 轴上的投影给出(图 9-15(b))，A 和 ϕ_0 也可以从图 9-15(a)简便地得到。

由式(9-20)可以看出,合振幅与两分振动的振幅以及它们的相位差($\phi_{20}-\phi_{10}$)有关。

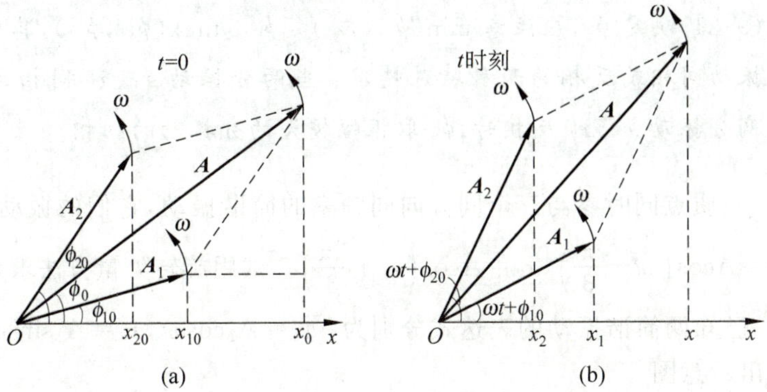

图 9-15 用旋转矢量法求振动的合成

下面我们讨论两个特例。

(1) 若相位差($\phi_{20}-\phi_{10}$)$=\pm 2k\pi, k=0,1,2,\cdots$,两个分振动同相,此时合振幅等于两分振动的振幅之和,$A=A_1+A_2$,为合振幅可能达到的最大值。

(2) 若相位差($\phi_{20}-\phi_{10}$)$=\pm(2k+1)\pi, k=0,1,2,\cdots$,两个分振动反相,此时合振幅等于两分振动的振幅之差的绝对值,$A=|A_1-A_2|$,为合振幅可能达到的最小值。

一般情形下,相位差($\phi_{20}-\phi_{10}$)可取任意值,从而$|A_1-A_2|<A<A_1+A_2$。

例 9-6 已知两简谐振动的表达式分别为

$$x_1=5\times10^{-2}\cos\left(10t+\frac{3\pi}{4}\right)\text{ m},\quad x_2=6\times10^{-2}\cos\left(10t+\frac{\pi}{4}\right)\text{ m}$$

(1)求合振动的振幅和初相位;(2)如果另有第三个简谐振动 $x_3=7\times10^{-2}\cos(10t+\phi)$ m,则 ϕ 为何值,才能使 x_1+x_3 的合振幅最大?ϕ 又为何值,才能使 x_2+x_3 的合振幅最小?

解 (1)合振动的振幅

$$A=\sqrt{5^2+6^2+2\times5\times6\times\cos\left(\frac{\pi}{4}-\frac{3\pi}{4}\right)}\times10^{-2}=\sqrt{61}\times10^{-2}\approx7.81\times10^{-2}(\text{m})$$

合振动的初相位 ϕ_0 满足

$$\tan\phi_0=\frac{5\times10^{-2}\sin\frac{3\pi}{4}+6\times10^{-2}\sin\frac{\pi}{4}}{5\times10^{-2}\cos\frac{3\pi}{4}+6\times10^{-2}\cos\frac{\pi}{4}}=11$$

从图 9-15(a)可以看出 ϕ_0 的值应处于 ϕ_{10}、ϕ_{20}之间,对该题 $\phi_{20}=\frac{\pi}{4}<\phi_0<\phi_{10}=\frac{3\pi}{4}$,所以

$$\phi_0=1.48\text{ rad}$$

(2) 要使 x_1+x_3 的合振幅最大,两分振动 x_1 和 x_3 必须同相位,即

$$\phi-\frac{3\pi}{4}=\pm2k\pi,\quad \phi=\pm2k\pi+\frac{3\pi}{4},\quad k=0,1,2,\cdots$$

要使 x_2+x_3 的合振幅最小,两分振动必须反相位,即

$$\phi-\frac{\pi}{4}=\pm(2k+1)\pi,\quad \phi=\pm(2k+1)\pi+\frac{\pi}{4},\quad k=0,1,2,\cdots$$

讨论 合振动初相 ϕ_0 的决定。

使用式(9-21)决定 ϕ_0，应注意 $\min(\phi_{10},\phi_{20})\leqslant\phi_0\leqslant\max(\phi_{10},\phi_{20})$，其中等号对应于两个分振动同相或反相的两种特殊情况：当两分振动 x_1、x_2 同相时，ϕ_0 取 ϕ_{10} 或 ϕ_{20}；当两分振动 x_1、x_2 反相时，ϕ_0 取振幅较大的分振动的初相。

问题 9-15 一质点同时参与三个同方向同频率的简谐振动，它们的振动表达式分别为 $x_1=A\cos\omega t$，$x_2=A\cos\left(\omega t+\dfrac{\pi}{3}\right)$，$x_3=A\cos\left(\omega t+\dfrac{2\pi}{3}\right)$。试用旋转矢量方法求合振动表达式。

问题 9-16 已知两简谐振动的表达式分别为：$x_1=A_1\cos\omega t$，$x_2=A_2\sin\omega t$。求合振动振幅与初相，并画出示意图。

问题 9-17 两个简谐振动(1)、(2)的振动曲线如图 9-16 所示。求这两个振动的合成振动的振幅。

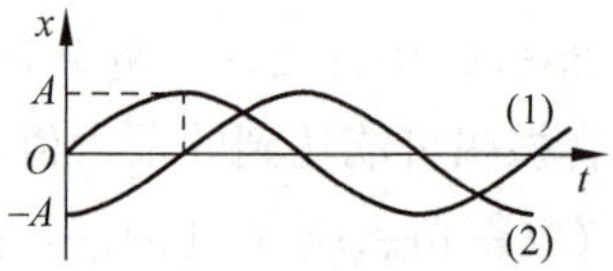

图 9-16 问题 9-17 图

9.4.2 两个同方向不同频率简谐振动的合成

当两个同方向不同频率的简谐振动合成时，根据旋转矢量法，与它们相应的两个旋转矢量 $\boldsymbol{A}_1$、$\boldsymbol{A}_2$ 将以不同的角速度旋转，它们之间的夹角(即两分振动的相位差)$\Delta\phi=(\omega_2-\omega_1)t+(\phi_{20}-\phi_{10})$随时间变化，这样由 $\boldsymbol{A}_1$、$\boldsymbol{A}_2$ 构成的平行四边形的形态不再保持不变，合矢量 $\boldsymbol{A}$ 的长度和角速度也将随时间而改变，因此 $\boldsymbol{A}$ 所代表的合振动虽然与原来的振动方向相同，但不再是简谐振动，而是比较复杂的运动。为便于研究频率差的影响，这里只讨论 $A_1=A_2=A$，$\phi_{10}=\phi_{20}=0$，ω_1 与 ω_2 接近，$|\omega_2-\omega_1|\ll\omega_1$ 与 ω_2 的情形，即两个频率差很小的情况，此时

$$x_1=A\cos\omega_1 t,\quad x_2=A\cos\omega_2 t$$

它们的合振动为 $x=x_1+x_2=A\cos\omega_1 t+A\cos\omega_2 t$，即

$$x=2A\cos\left(\frac{\omega_2-\omega_1}{2}\right)t\cos\left(\frac{\omega_2+\omega_1}{2}\right)t \tag{9-22}$$

由式(9-22)可以讨论合振动的特点。

由于第一个因子 $2A\cos\left(\dfrac{\omega_2-\omega_1}{2}\right)t$ 是随时间缓慢变化的量，第二个因子 $\cos\left(\dfrac{\omega_2+\omega_1}{2}\right)t$ 是圆频率接近于 ω_1 或 ω_2 的简谐函数，因此合振动可以看作是圆频率为 $\dfrac{\omega_1+\omega_2}{2}\approx\omega_1$ 或 ω_2、振幅为 $\left|2A\cos\left(\dfrac{\omega_2-\omega_1}{2}\right)t\right|$ 的简谐振动，而合振幅的大小在 $0\sim2A$ 范围内作周期的变化。这种频率较大而频率差很小的两个同方向简谐振动合成时，其合振幅时而加强时而减弱的现象叫作**拍**，合振幅变化的频率称为**拍频**。图 9-17 显示两个振幅相同而频率稍有差别的同方

向简谐振动的合成,虚线表示合振动的振幅随时间作缓慢的周期性变化。

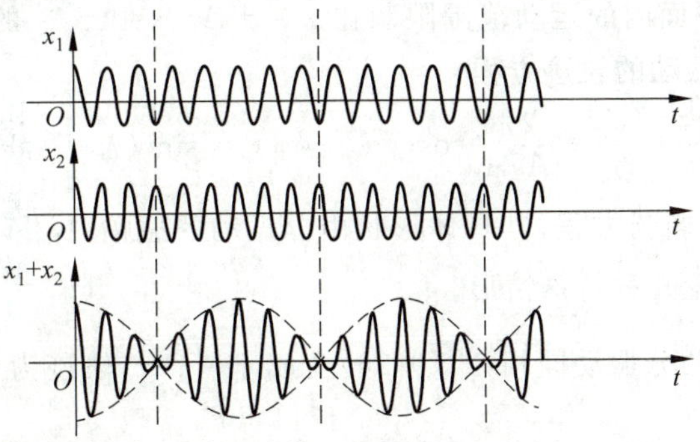

图 9-17 拍的形成

由于余弦函数的绝对值以 π 为周期,所以合振幅的变化周期 T 由下式决定

$$\left|\frac{\omega_2-\omega_1}{2}\right|T=\pi$$

由此可以得到合振幅变化的周期、频率(**拍频**)分别为

$$T=\left|\frac{1}{\nu_2-\nu_1}\right| \tag{9-23}$$

$$\nu=\left|\nu_2-\nu_1\right| \tag{9-24}$$

拍现象在技术上有广泛应用。例如,管乐器中的双簧管就是利用两个簧片振动频率的微小差别产生颤动的拍音;调整乐器时,通过使乐器和标准音叉的拍音消失来校准乐器;还可用来测量频率:如果已知一个高频振动频率,使它和另一频率相近但未知的振动叠加,测量合成振动的拍频,就可以求出未知的频率。拍现象常用于汽车速度监视器、地面卫星跟踪等。此外,在各种电子学测量仪器中,也常常用到拍现象。

例 9-7 将频率为 348 Hz 的标准音叉和一待测频率的音叉两者的振动合成,测得拍频为3.0 Hz。若在待测音叉的一端加上一个小物块,则拍频将减小,求待测音叉的频率。

解 将标准音叉与待测音叉的频率分别记为 ν_1 与 ν_2,由拍频公式 $\nu=|\nu_2-\nu_1|$ 可知

$$\nu=\nu_2-\nu_1 \quad 或 \quad \nu=\nu_1-\nu_2$$

在待测音叉的一端加上一个小物块,ν_2 会减小,由题意拍频也随之减小,从上两式可知 $\nu_2>\nu_1$,于是可得

$$\nu_2=\nu_1+\nu=351\ \text{Hz}$$

*9.5 相互垂直的简谐振动的合成

9.5.1 两个相互垂直、相同频率的简谐振动的合成

设质点同时参与两个同频率的互相垂直的简谐振动,x 方向:

$$x=A_1\cos(\omega t+\phi_{10}) \tag{9-25a}$$

y 方向:

$$y = A_2\cos(\omega t + \phi_{20}) \tag{9-25b}$$

那么，合振动在 xOy 平面内的运动范围限制在 $x=\pm A_1$、$y=\pm A_2$ 的矩形范围内。从上面两式中消去 t，得到合振动的轨迹方程

$$\frac{x^2}{A_1^2}+\frac{y^2}{A_2^2}-\frac{2xy}{A_1A_2}\cos(\phi_{20}-\phi_{10}) = \sin^2(\phi_{20}-\phi_{10}) \tag{9-26}$$

一般地说，式(9-26)是椭圆方程，其具体形状由分振动的振幅 A_1、A_2 和相位差 $\Delta\phi=\phi_{20}-\phi_{10}$ 确定。下面我们讨论几种特殊情形。

(1) 当 $\Delta\phi=0$，即两分振动同相，式(9-26)变成 $y=\dfrac{A_2}{A_1}x$，轨迹为直线，合振动为沿着通过坐标原点 O、在Ⅰ、Ⅲ象限内、斜率为 $\dfrac{A_2}{A_1}$ 的直线的简谐振动，如图 9-18(a)所示。

(2) 当 $\Delta\phi=\pi$，即两振动反相，$y=-\dfrac{A_2}{A_1}x$，轨迹仍为直线，合振动为沿着通过坐标原点 O、在Ⅱ、Ⅳ象限内、斜率为 $-\dfrac{A_2}{A_1}$ 的直线的简谐振动，如图 9-18(b)所示。

(3) 当 $\Delta\phi=\dfrac{\pi}{2}$ 或 $-\dfrac{\pi}{2}$ 时，$\dfrac{x^2}{A_1^2}+\dfrac{y^2}{A_2^2}=1$，轨迹是以坐标轴为主轴的正椭圆，如图 9-18(c)、(d)所示。当 $A_1=A_2$ 时，椭圆变为圆。

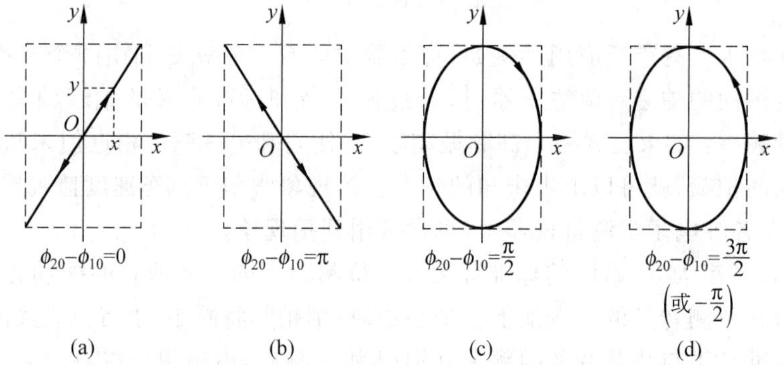

图 9-18 两个相互垂直、相同频率的简谐振动的合振动轨迹

关于合振动轨迹的走向，即质点运动是按顺时针方向还是按逆时针方向，我们给出如下的结论(图 9-19)：当 $\Delta\phi$ 位于 $(0,\pi)$ 区间，质点运动是按顺时针方向，当 $\Delta\phi$ 位于 $(-\pi,0)$ 或 $(\pi,2\pi)$ 区间，质点运动是按逆时针方向。

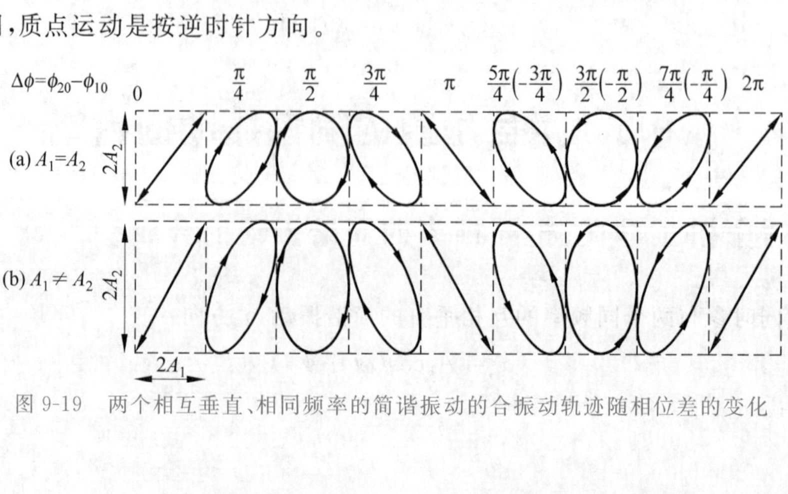

图 9-19 两个相互垂直、相同频率的简谐振动的合振动轨迹随相位差的变化

9.5.2　两个相互垂直、不同频率的简谐振动的合成

若两个振动频率有很小差异，相位差不是定值，合运动轨迹将不断按照图 9-19 所示的顺序在 $x=\pm A_1$、$y=\pm A_2$ 的矩形范围内由直线逐渐变成椭圆，又由椭圆逐渐变成直线，并重复进行。

若两个振动频率相差很大，但有简单的整数比值的关系时，能得到稳定的封闭轨迹曲线，这样的曲线叫作**李萨如图形**。图 9-20 给出了具有不同频率比（1∶1、2∶1、3∶1、3∶2）的李萨如图形。利用李萨如图形，可从一已知的振动频率求得另一个未知的振动频率；或已知频率比，则可利用这种图形确定相位关系。这是许多科技领域中常用的测定频率和确定相位的方法。

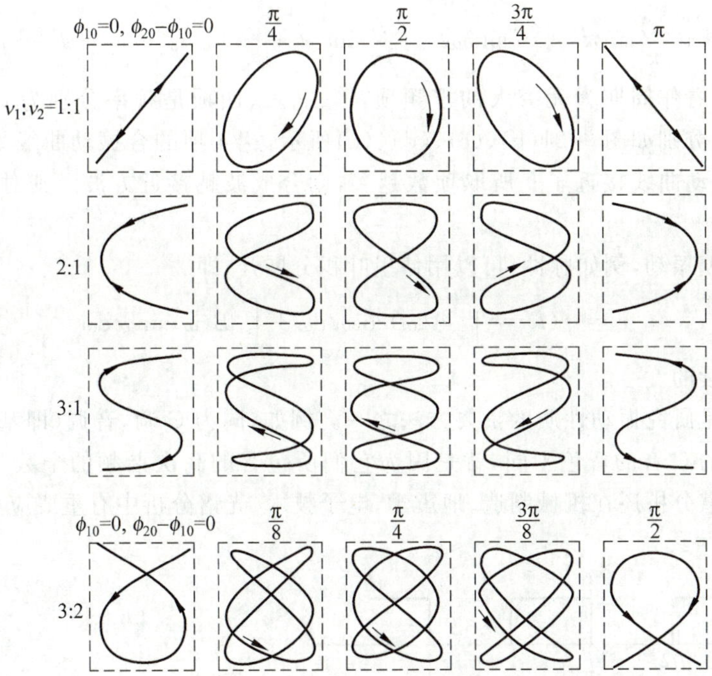

图 9-20　李萨如图形

问题 9-18　试讨论从图 9-20 确定两个互相垂直的简谐振动的频率比的方法。

*9.6　振动的频谱分析

上面所讨论的振动都是简谐振动，实际的振动往往是复杂的运动。一个复杂的振动可以分解成若干个或无穷多个简谐振动。确定一个复杂振动所包含的各种简谐振动的频率及其对应的振幅称为**频谱分析**。

在数学上，一个周期为 T 的周期函数 $x(t)$ 可以展开为傅里叶级数

$$x(t)=\frac{a_0}{2}+\sum_{n=1}^{\infty}[a_n\cos n\omega t+b_n\sin n\omega t] \tag{9-27}$$

式中
$$\omega=2\pi\nu=\frac{2\pi}{T}$$

式(9-27)表明，任一周期振动可以看成是许多谐振动的叠加，或者说可以分解成许多个谐振动。这些谐振动中有一个最小的频率 ν(即为原周期性振动频率)，称为**基频**，其他频率都是基频的整数倍，为 $n\nu$，如 2ν，3ν，…，分别称为二次、三次，……**谐频**，而 a_n，b_n 表示 n 次谐振动的振幅，反映各种频率的振动在合振动中所占的比例。

如果用横坐标表示频率，纵坐标表示各频率对应的振幅，就得到谐频振动的振幅分布图，称为振动的**频谱**。频谱图上可直观地反映出不同频率的振动在合振动中所占的比例。

例如，对图9-21(a)所示的方波，可展开为

$$x=\frac{A}{2}+\frac{2A}{\pi}\sin\omega t+\frac{2A}{3\pi}\sin3\omega t+\frac{2A}{5\pi}\sin5\omega t+\cdots=x_0+x_1+x_2+x_3+\cdots$$

式中，第一项可看作周期为无穷大的零频项，第二、三、四项是频率分别为 ν，3ν，5ν 的谐振动，其振动曲线分别如图9-21(b)、(c)、(d)、(e)所示，这4项的合振动曲线如图9-21(f)所示，已和方波振动曲线接近了。所取项数越多，则合成波越接近方波。其对应的频谱图如图9-22所示。

对于非周期振动，例如脉冲，可以用傅里叶积分展开，即

$$x=f(t)=\int_0^{\infty}A(\omega)\cos\omega t\,\mathrm{d}\omega+\int_0^{\infty}B(\omega)\sin\omega t\,\mathrm{d}\omega \tag{9-28}$$

其频谱图是连续的。

频谱分析是研究振动性质的重要方法之一。例如，同为C调，音调(即基频)相同，但钢琴和胡琴发出的C音的音色不同，就是因为它们所包含的高次谐频的个数与振幅不同，即频谱不同。频谱分析还在机械制造、地震学、电子技术、光谱分析中有重要应用。

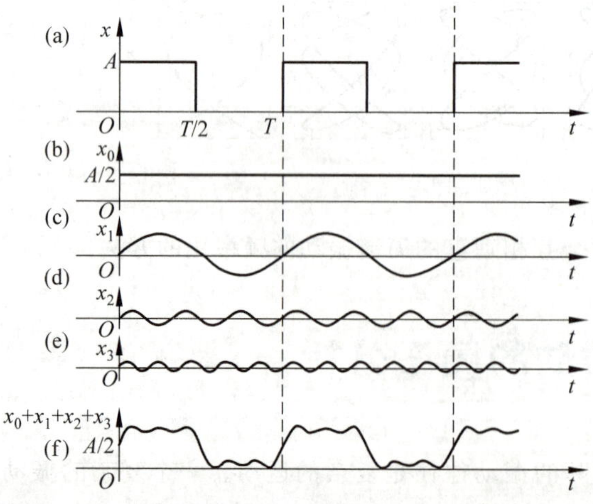

图9-21　方波的分解

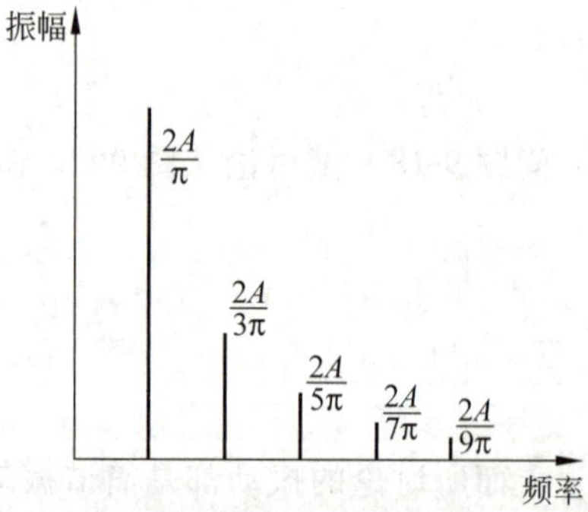

图9-22　频谱图

习　题

9-1　简谐振子的振动表达式为 $x=4\cos(0.1t+0.5)$ m。求：(1)振动的振幅、周期、频率和初相位；(2)振动速度和加速度的表达式；(3)$t=5$ s 时的位移、速度和加速度。

9-2　有一个和轻弹簧相连的小球沿 x 轴作振幅为 A 的简谐振动。若 $t=0$ 时，球的运动状态为：(1)$x_0=A$；(2)过平衡位置向 x 轴正方向运动；(3)过 $x=A/2$ 处向 x 负方向运动；(4)过 $x=A/\sqrt{2}$ 处向 x 正方向运动，试分别用矢量图示法和式(9-8)确定相应的初相 ϕ_0 的值，并写出振动表达式。

9-3　如习题 9-3 图(a)、(b)为两个简谐振动的 x-t 曲线，试分别写出它们的振动表达式。

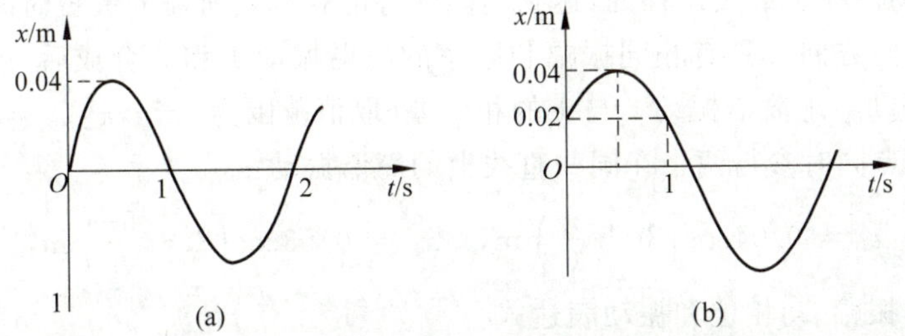

习题 9-3 图

9-4　一质量为 0.01 kg 的物体作简谐振动，振幅为 0.24 m，周期为 4 s，当 $t=0$ 时，位移为 0.24 m。求物体：(1)振动表达式；(2)在 $t=0.5$ s 时，所在位置和所受的力；(3)由起始位置到 $x=0.12$ m 处所需最短时间。

9-5　如习题 9-5 图所示的弹簧振子，弹簧的劲度系数为 k，所连接的物体 B 的质量为 M，B 与水平支承面光滑接触。开始时弹簧为原长，B 处于静止状态。一质量为 m 的物体以沿 x 轴负方向的速度 v 飞向 B，两者结合在一起作简谐振动。在如图所示坐标系中，求简谐振动的(1)初始条件；(2)振幅 A、圆频率 ω；(3)表达式。

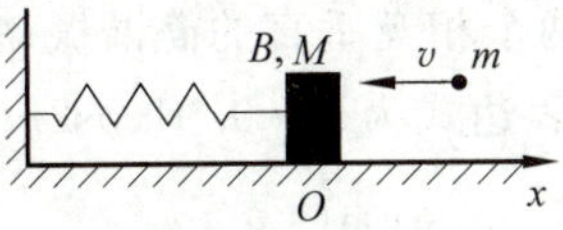

习题 9-5 图

* **9-6**　一个单摆的摆长 $l=1$ m，摆球质量 $m=0.01$ kg，开始时处在平衡位置。(1)若给小球一个向右的水平冲量 $I=2.5\times10^{-3}$ kg·m/s。设逆时针方向为摆角的正方向，如以刚打击后为 $t=0$，求单摆作简谐振动的初相位、角幅和振动表达式；(2)若冲量是向左的，再写出振动表达式。

9-7　用长度为 L 的匀质细杆做成一复摆，杆的一端挂在一光滑水平轴上。(1)求该复摆作简谐振动的周期；(2)若将其向右拉开一小角度 θ_0，然后让其摆动，求出其振动表达式。

* **9-8**　如习题 9-8 图所示，质量为 m 的物体放在固定的光滑斜面上，由一根不可伸长的

轻绳经位于斜面顶端的定滑轮与弹簧相连。斜面与水平面的夹角为 θ，弹簧的倔强系数为 k，滑轮的转动惯量为 J，半径为 R，轴水平且光滑。如先把物体托住，使弹簧维持原长，然后由静止释放，试证明物体作简谐振动，并求振动周期。

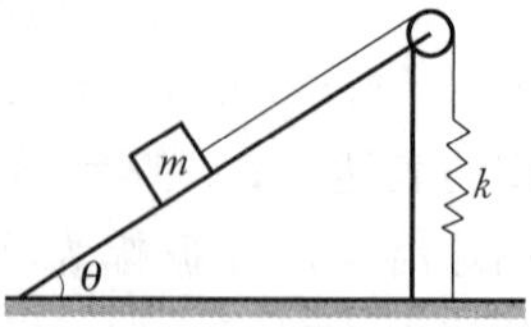

习题 9-8 图

9-9 一弹簧振子由劲度系数为 $k=2.0\ \mathrm{N/m}$ 的弹簧和质量为 $M=0.50\ \mathrm{kg}$ 的物块组成。该系统作简谐振动，振幅为 $A=0.20\ \mathrm{m}$。(1)当动能和势能相等时，物体的位移是多少？(2)设 $t=0$ 时，物体在正最大位移处，达到动能和势能相等处所需的最短时间是多少？

9-10 两个同方向且具有相同振幅和频率的简谐振动1和2合成后，产生一个具有相同振幅的简谐振动。求简谐振动2与1的相位差(取值范围为 $(-\pi,\pi]$)。

9-11 一质点同时参与两个在同一直线上的简谐振动：

$$x_1=0.04\cos\left(2t+\frac{\pi}{6}\right)\ \mathrm{m},\quad x_2=0.03\cos\left(2t-\frac{5\pi}{6}\right)\ \mathrm{m},$$

试求其合振动的振幅、初相位和振动表达式。

9-12 有两个同方向同频率的谐振动，其合成振动的振幅为 $0.2\ \mathrm{m}$，与第一振动的相位差为 $\pi/6$，若第一振动的振幅为 $0.1\sqrt{3}\ \mathrm{m}$，求第二振动的振幅及第二与第一振动的相位差(取值范围为 $(-\pi,\pi]$)。

9-13 当两个同方向、不同频率的简谐振动合成为一个振动时，其振动表达式为 $x=0.2\cos 2.1t\cos 50.0t\ \mathrm{m}$。求两个分振动的角频率和合振动的拍频。

***9-14** 质量为 $0.1\ \mathrm{kg}$ 的质点同时参与互相垂直的两个简谐振动：

$$x-0.06\cos\left(\frac{\pi t}{3}+\frac{\pi}{3}\right)\ \mathrm{m},\quad y=0.03\cos\left(\frac{\pi t}{3}-\frac{\pi}{6}\right)\ \mathrm{m}。$$

求：(1)质点的运动轨迹；(2)质点在任一时刻所受的作用力。

***9-15** 如习题 9-15 图所示，两个相互垂直的简谐振动的合振动图形为一椭圆且轨迹是顺时针走向。已知 x 方向的振动表达式为 $x=0.01\cos 2\pi t\ \mathrm{m}$，求 y 方向的振动表达式。

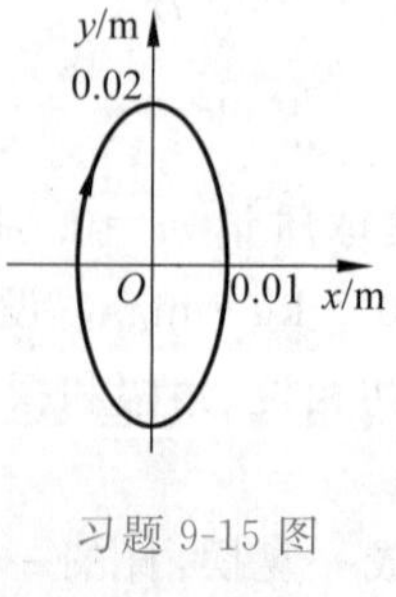

习题 9-15 图

第10章

机械波

振动状态的传播过程就是**波动**,简称**波**。常见的波动有两大类:一类是机械振动在介质中的传播,称为**机械波**。例如水波、声波等。另一类是交变电磁场在空间的传播,称为**电磁波**。例如无线电波、光波、X射线、γ射线等。机械波和电磁波在本质上是不同的,但是它们都具有波动的共同特征,即都具有一定的传播速度,且都伴随着能量的传播,都能产生反射、折射、干涉和衍射等现象,而且有相似的数学表达形式。

本章的主要内容有机械波的基本概念、平面简谐波表达式、波的能量、波的干涉和衍射、驻波以及声波等。

10.1 机械波的产生和传播

10.1.1 机械波的产生

机械波的产生,一是要有做机械振动的物体,即**波源**;二是具有弹性介质。具体说,组成弹性介质的各质点之间都以弹性力相互作用着,一旦某质点(波源)离开其平衡位置,这就发生了形变,于是一方面,邻近质点对它施加弹性回复力,使它回到平衡位置,并在平衡位置附近振动起来;另一方面根据牛顿第三定律,这个质点也将对邻近质点施加弹性力,迫使邻近质点也在自己的平衡位置附近振动起来。这样,振动就由近及远地传播开去,形成了**波动**。

10.1.2 横波 纵波

根据介质中各点的振动方向与波的传播方向的关系,机械波可以分为**横波**和**纵波**两类。

介质中质点的振动方向与波的传播方向相垂直的波称为横波。如绳波就是横波。

介质中质点的振动方向与波的传播方向相平行的波称为纵波。如声波就是纵波。

无论是横波还是纵波,它们都只是振动状态的传播,弹性介质中各质点仅在它们各自的平衡位置附近振动,并没有随波前进。

一般而言,介质中质点的振动情况是很复杂的,由此产生的波也很复杂。例如水面上传播的水面波,水质点既有上、下振动,也有前、后运动,因此既不是纯粹的横波,也不是纯粹的纵波。这种运动的复杂性,是由于液面上液体质点受到重力和表面张力共同作用的结果。但任何复杂的波都可以分解为横波和纵波来研究。

问题 10-1 如图 10-1 所示为一纵波在某一时刻的波形图,波的传播方向如图所示。在图上标注出质点 a、b、c、d 的实际位置。

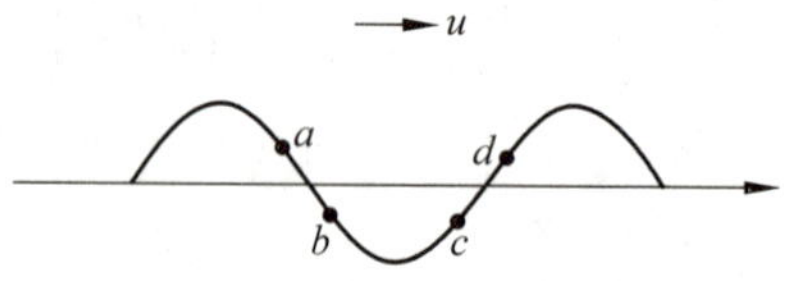

图 10-1 问题 10-1 图

10.1.3 波的几何表示法

波线和波面都是为了形象地描述波在空间的传播而引入的概念。从波源沿各传播方向所画的带箭头的线,称为**波线**,用以表示波的传播路径和传播方向。波在传播过程中,所有振动相位相同的点连成的面,称为**波面**。在各向同性的均匀介质中,波线与波面相垂直。显然,波在传播过程中波面有无穷多个。在某一时刻,由波源最初振动状态传到的各点所连成的曲面叫**波前**或**波阵面**,即波前是传到最前面的那个波面。在任一时刻,只有一个波前。波面为球面的波称为球面波,球面波的波线是以波源为中心向外的径向直线(图 10-2(a));波面为平面的波称为平面波(图 10-2(b)),平面波的波线是垂直于波阵面的平行直线。

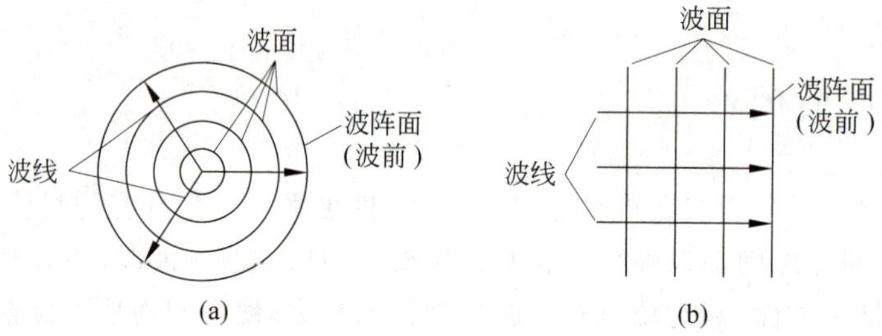

图 10-2 波阵面和波线

10.1.4 描述波动的物理量

1. 波速

在波动过程中,某一振动状态(即振动相位)在单位时间内所传播的距离叫作**波速**,用 u 表示。对于机械波,波速的大小取决于介质的性质。

对于固体,能产生切变、体变、长变等各种弹性形变,所以在固体中既能传播与切变有关的横波,又能传播与体变或长变有关的纵波,波的传播速度为

$$\text{横波}\quad u=\sqrt{\frac{G}{\rho}} \tag{10-1}$$

$$\text{纵波} \quad u=\sqrt{\frac{Y}{\rho}} \tag{10-2}$$

对于流体，只有体变弹性，没有切变弹性，所以只能传播与体变有关的弹性纵波，波的传播速度为

$$u=\sqrt{\frac{B}{\rho}} \tag{10-3}$$

上面三式中 ρ 均为介质的密度，G、Y、B 分别为介质的切变弹性模量、杨氏弹性模量、体变弹性模量，单位均为 N/m^2。

张紧的柔软细绳或弦线中横波的传播速度为

$$u=\sqrt{\frac{F}{\mu}} \tag{10-4}$$

式中 F 为细绳或弦线中的张力，μ 为细绳或弦线单位长度的质量。

声波在空气中传播时，如把空气视为理想气体，且声波的传播看作准静态绝热过程，则由气体动理论及热力学方程可导出声波的传播速度为

$$u=\sqrt{\frac{\gamma p}{\rho}}=\sqrt{\frac{\gamma RT}{M_{mol}}} \tag{10-5}$$

式中，γ 为空气的摩尔热容比，ρ 为密度，p 为压强，M_{mol} 为摩尔质量，R 为普适气体常量，T 为绝对温度。取空气的 $\gamma=1.4$，$M_{mol}=2.89\times10^{-2}$ kg/mol，则在 0 ℃和 20 ℃时，空气中的声速分别为 331.5 m/s 和 343.4 m/s。

2. 波长 λ

同一波线上两个相邻的相位差为 2π 的质点间的距离，即一个完整波的长度称为**波长**。在横波的情形下，波长 λ 等于两相邻波峰或两相邻波谷之间的距离。在纵波的情形下，波长等于两相邻密集部分中心或两相邻的稀疏部分中心之间的距离。

3. 波的周期 T、频率 ν

波前进一个波长所用的时间，或一个完整波形通过波线上某点所需要的时间称为**波的周期**。单位时间内通过波线上某点的完整波的数目称为**波的频率**，两者关系为

$$\nu=\frac{1}{T}$$

波速 u、波长 λ 和周期 T 三者之间有如下关系

$$u=\nu\lambda=\frac{\lambda}{T} \tag{10-6}$$

说明 (1) 在波源相对于介质静止时，波的周期(或频率)等于波源的振动周期(或频率)。在波源相对于介质运动时，两者一般不相等(见 10.5 节多普勒效应)。

(2) 式(10-6)把表征波的空间周期性的 λ 和表征波的时间周期性的 T 联系在一起，是波动现象中一个很重要的普遍关系式。它不仅适用于机械波，也适用于电磁波。

问题 10-2　设某一时刻绳上横波曲线及传播方向如图 10-3 所示。试分别用小箭头表明图中 a、b、c、d、e 各质点的此时刻的运动方向。

问题 10-3　如图 10-4 所示，绳中有一列余弦横波沿 x 轴传播，a、b 是绳上两点，它们平衡位置之间的距离小于一个波长，当 a 点振动到最高点时，b 点恰好经过平衡位置向上运动。试在 a、b 间画出可能的波形。

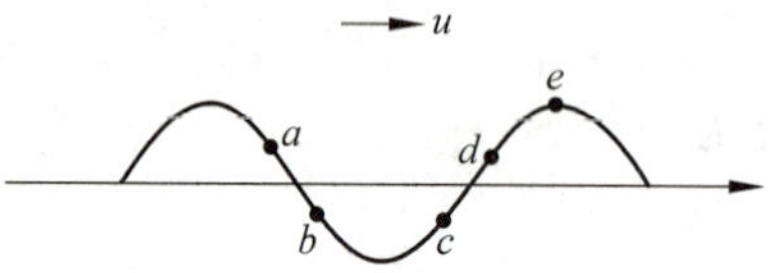

图 10-3　问题 10-2 图

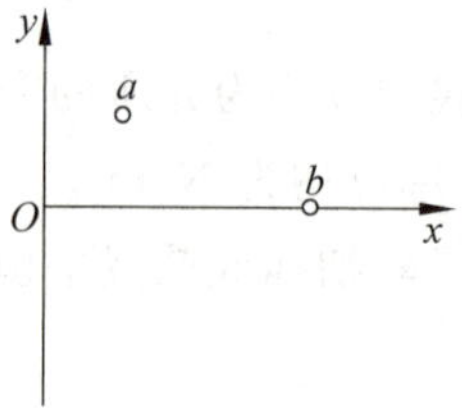

图 10-4　问题 10-3 图

问题 10-4　试判断下列几种关于波长的说法是否正确。

(1) 在波的传播方向上相邻两个位移相同的点的距离。

(2) 在波的传播方向上相邻两个速度相同的点的距离。

(3) 在波的传播方向上两个振动状态相同的点的距离。

(4) 在波的传播方向上相邻两个振动状态相同的点的距离。

问题 10-5　图 10-5 中 S 为上、下振动的振源，频率 $\nu=100$ Hz，所产生的横波向左、右传播，波速 $u=80$ m/s。已知 P、Q 两点与振源 S 相距 $SP=17.4$ m，$SQ=16.2$ m。当 S 通过平衡位置向上振动时，P、Q 两点(　　)。

(A) P 在波峰，Q 在波谷

(B) 都在波峰

(C) 都在波谷

(D) P 通过平衡位置向上振动，Q 通过平衡位置向下振动。

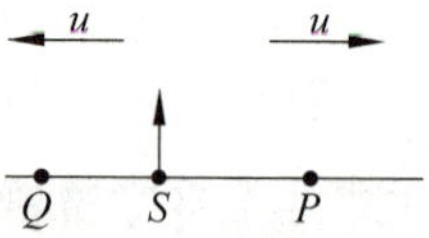

图 10-5　问题 10-5 图

10.2　平面简谐波的波动表达式

所谓**波动表达式**，即介质中各质点相对平衡位置的位移随时间变化的数学函数式。

普通波的波动表达式是比较复杂的，现在我们只研究一种最简单最基本的波——**平面简谐波**。当波源作简谐振动时，在均匀、无吸收的介质中传播所形成的波称为**简谐波**。而波面为平面的简谐波称为**平面简谐波**。在传播平面简谐波的介质中，所有质点都作与波源同频率、同振幅的简谐振动，只是相位依次落后而已。任何一种复杂的波都可以表示为若干不同频率、不同振幅的简谐波的合成。所以研究平面简谐波有特别重要的意义。

10.2.1　平面简谐波表达式的建立

如图 10-6 所示，一列平面简谐波在无吸收的均匀无限大介质中传播，波速为 u，取任一波线为 x 轴，波沿 Ox 轴正方向传播。因为与 x 轴垂直的平面均为同相面，任一个同相面上质点的振动状态可用该平面与 x 轴交点处的质点振动状态来描述，因此对整个介质中质点的振动研究可简化成只研究 x 轴上质点的振动。设原点处的质点振动表达式为

$$y_O = A\cos(\omega t + \phi_0)$$

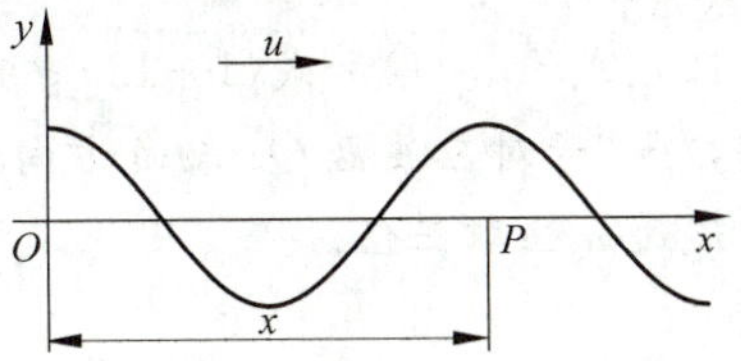

图 10-6　推导平面简谐波表达式用图

在 Ox 轴正方向上任取一点 P，坐标为 x。显然，当振动从点 O 传播到点 P 时，点 P 将以相同频率和振幅重复点 O 的振动，只是振动状态落后于点 O，点 P 落后于点 O 的时间为 $\frac{x}{u}$，也就是说，P 点在 t 时刻的振动状态就是点 O 在 $t-\frac{x}{u}$ 时刻的振动状态。用 $t-\frac{x}{u}$ 代替点 O 振动表达式中的 t，就可以得到任意时刻 t、任意点 P 的振动表达式

$$y = A\cos\left[\omega\left(t-\frac{x}{u}\right)+\phi_0\right] \tag{10-7}$$

显然，此式适用于 Ox 轴上所有质点的振动，从而可以描绘出 Ox 轴上各点的位移随时间变化的整体图像。因此上式即为沿 Ox 轴正方向传播的**平面简谐波表达式**。

如果波沿 Ox 轴负方向传播，则点 P 的振动超前于点 O 的时间为 $\frac{x}{u}$，因此沿 Ox 轴负方向传播的平面简谐波的表达式为

$$y = A\cos\left[\omega\left(t+\frac{x}{u}\right)+\phi_0\right] \tag{10-8}$$

综合式(10-7)与式(10-8)，沿 x 轴方向传播的平面简谐波的表达式为

$$y = A\cos\left[\omega\left(t\mp\frac{x}{u}\right)+\phi_0\right] \tag{10-9}$$

因为 $\omega=2\pi/T=2\pi\nu$，$u=\lambda\nu=\lambda/T$，所以可以将式(10-9)改写为

$$y = A\cos\left[2\pi\left(\frac{t}{T}\mp\frac{x}{\lambda}\right)+\phi_0\right] \tag{10-10}$$

$$y = A\cos\left[2\pi\left(\nu t\mp\frac{x}{\lambda}\right)+\phi_0\right] \tag{10-11}$$

由式(10-9)可以求得介质中各质点的振动速度和振动加速度

$$v = \frac{\partial y}{\partial t} = -\omega A\sin\left[\omega\left(t\mp\frac{x}{u}\right)+\phi_0\right]$$

$$a = \frac{\partial v}{\partial t} = \frac{\partial^2 y}{\partial t^2} = -\omega^2 A\cos\left[\omega\left(t\mp\frac{x}{u}\right)+\phi_0\right]$$

可以将上述讨论推广到更一般的情形。若波沿 Ox 轴传播，且已知 x_0 处点 Q 的振动表达式为

$$y_Q = A\cos(\omega t + \phi_{x0})$$

则相应的波的表达式为

$$y = A\cos\left[\omega\left(t \mp \frac{x - x_0}{u}\right) + \phi_0\right] \tag{10-12}$$

注意　(1) 弹性介质中质元偏离平衡位置的位移 y 既是时间 t 的函数，又是平衡位置坐标 x 的函数，有两个自变量。而简谐振动表达式中振动物体偏离平衡位置的位移只是时间 t 的函数，只有一个自变量。

(2) 式(10-9)、式(10-10)、式(10-11)和式(10-12)中的"∓"号，其"−"号对应波沿 Ox 轴正方向传播，"+"号对应波沿 Ox 轴负方向传播。

(3) 在波的表达式中，波速 u 恒取正值。

问题 10-6　说明：(1)式(10-9)中，"∓"取"−"与"+"时，波的传播方向，相应的 $\frac{x}{u}$、$\omega\frac{x}{u}$、ϕ_0 的物理意义；(2)式(10-12)中，"∓"取"−"与"+"时，波的传播方向，相应的 $\frac{x-x_0}{u}$、$\omega\frac{x-x_0}{u}$、ϕ_{x0} 的物理意义。

问题 10-7　比较波的传播速度与介质中各质点振动速度的区别。

10.2.2　平面简谐波表达式的物理意义

下面从沿 Ox 轴正方向传播的平面简谐波表达式(10-7)出发，分 3 种情况讨论波动表达式的物理意义。

1. $x=x_0$ 为给定值

y 仅是时间 t 的周期函数，波动表达式(10-7)成为

$$y = A\cos\left[\omega\left(t - \frac{x_0}{u}\right) + \phi_0\right] = A\cos\left[\omega t + \left(\phi_0 - \frac{2\pi x_0}{\lambda}\right)\right] \tag{10-13}$$

表示的是波线上点 x_0 处质点的振动表达式，相应的 y-t 图就是该点的振动曲线(图 10-7)。任一质点经历时间 nT $(n=1,2,\cdots)$振动状态完全复原。周期 T 描述了波的时间周期性。

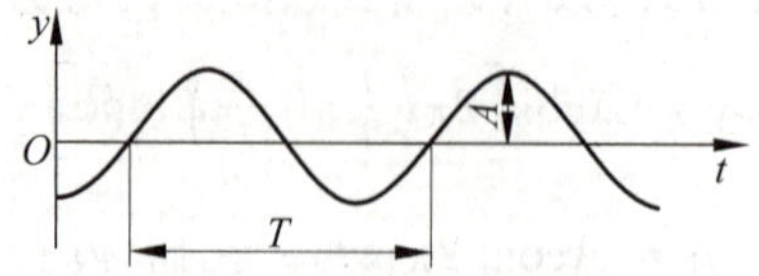

图 10-7　给定点的振动曲线

从式(10-13)可知，x_0 处质点的振动初相为 $\phi_0 - \frac{2\pi x_0}{\lambda}$，比原点 O 处质点的振动相位始终落后 $\frac{2\pi x_0}{\lambda}$，由此可知，同一波线上两质点之间的相位差

$$\Delta\phi = \left(\phi_0 - \frac{2\pi x_2}{\lambda}\right) - \left(\phi_0 - \frac{2\pi x_1}{\lambda}\right) = -\frac{2\pi}{\lambda}(x_2 - x_1) \tag{10-14}$$

负号表示若 $x_2 > x_1$，则 x_2 处的相位落后于 x_1 处的相位。

2. $t=t_0$ 为给定值

y 仅是 x 的周期函数，波动表达式(10-7)成为

$$y = A\cos\left[\omega\left(t_0 - \frac{x}{u}\right) + \phi_0\right] \tag{10-15}$$

这时波动表达式给出该时刻波线上各个不同质点的位移，以 y 为纵坐标，x 为横坐标，可得给定时刻的**波形图**。图形的"周期"为 λ，λ 描述了波的空间周期性。如图 10-8 所示，距离为 λ 的 P_1 与 P_2 两点处质元的振动状态相同，相位差为 2π。

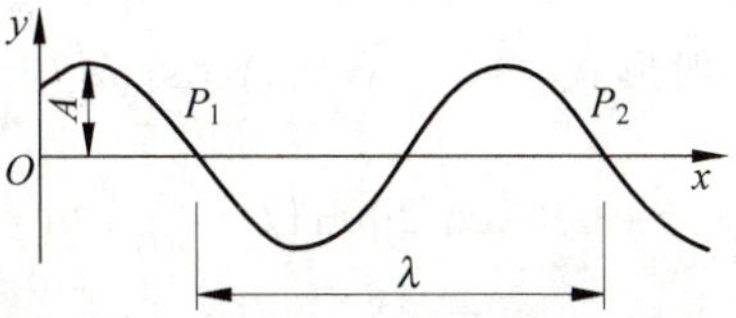

图 10-8 给定时刻的波形图

3. t 和 x 都变化

波动表达式就表示了所有质点位移随时间变化的整体情况。

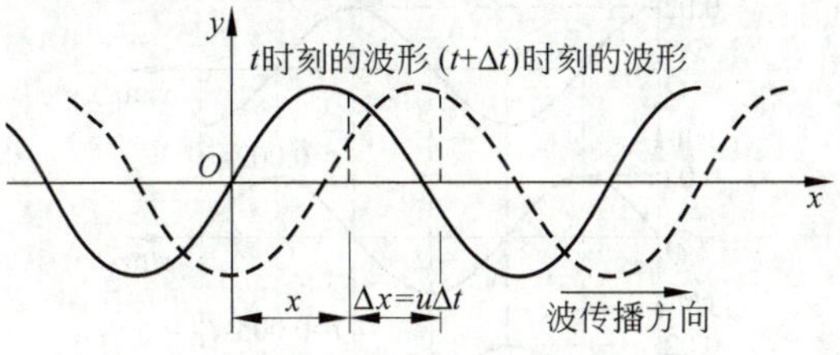

图 10-9 波的传播

t 时刻的波动表达式为

$$y = A\cos\left[\omega\left(t - \frac{x}{u}\right) + \phi_0\right]$$

$t+\Delta t$ 时刻的波动表达式为

$$y = A\cos\left[\omega\left(t + \Delta t - \frac{x}{u}\right) + \phi_0\right] = A\cos\left[\omega\left(t - \frac{x - u\Delta t}{u}\right) + \phi_0\right]$$

从上述两表达式可知，t 时刻 x 处质点的振动相位与 $t+\Delta t$ 时刻 $x+u\Delta t$ 处的振动相同。

图 10-9 实线和虚线分别表示 t 和 $t+\Delta t(\Delta t<T)$ 时刻的波形图，$\Delta x = u\Delta t$ 表示两波形曲线上振动状态相同的两点间的坐标值之差。也就是说，在 Δt 时间内波形曲线向 x 轴正方向移动了 Δx 的距离，传播的速度就是**波速** u。由式(10-7)描述的波，波形曲线是以波速 u 向波的传播方向前进的，因而这种波也叫作**行波**。

问题 10-8 图 10-10(a)为一质点的振动曲线，图(b)表示一列余弦横波在 $t=0$ 时的波形图。求：(1)图(a)所表示的质点振动的初相；(2)对于图(b)，就图中点 P 如向上运动与

向下运动两种情况，求该横波原点处质点的振动初相。

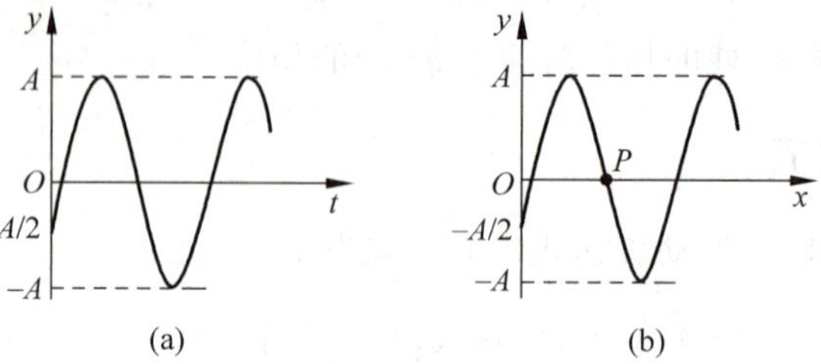

图 10-10 问题 10-8 图

例 10-1 已知波动表达式为 $y=0.02\cos\pi(200t-5x)$ m 。(1)求波长 λ、周期 T 和波速 u；(2)画出 $t=0.0025$ s、0.005 s 时的波形图。

解 (1) 波动表达式的一般形式 $y=A\cos\left[\omega\left(t-\dfrac{x}{u}\right)+\phi_0\right]$

此题表达式化为 $y=0.02\cos 200\pi\left(t-\dfrac{x}{40}\right)$ m

与一般形式比较知 $\omega=200\pi$，$u=40$ m/s，$T=2\pi/\omega=0.01$ s，$\lambda=uT=0.4$ m。

(2) 通常方法是由波形表达式，描点作图，这样做比较麻烦。此题可这样做：画出 $t=0$ 时的波形图，根据波传播的距离，平移波形得出相应时刻的波形图。由 $t=0.0025$ s $=T/4$，$t=0.005$ s $=T/2$，平移距离分别为 $\lambda/4=0.1$ m，$\lambda/2=0.2$ m，得波形图如图 10-11 所示。

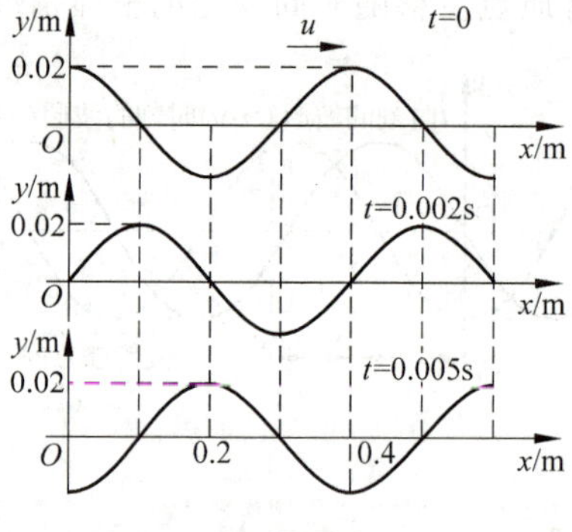

图 10-11 例 10-1 解用图

例 10-2 如图 10-12 表示 $t=0$ 时的平面简谐波的波形曲线。已知波向 x 轴正方向传播，波速 $u=32$ m/s。试求：(1)波动表达式；(2)如果波向负方向传播，再写出波动表达式；(3)在(1)的基础上，求 $t=0$ 时，A、B 处质点的速度。

解 由图形可知波长 $\lambda=8$ m，振幅 $A=0.1$ m。由 $u=\nu\lambda$ 得

$$\nu=u/\lambda=4\ \text{Hz},\quad \omega=2\pi\nu=8\pi/\text{s}$$

(1) 设波动表达式为 $y=A\cos\left[\omega\left(t-\dfrac{x}{u}\right)+\phi_0\right]$ m

从图 10-12 可以看出，$t=0$ 时，O 点质点位于平衡位置，且向负方向运动，$\phi_0=\pi/2$，所以原点质点的振动表达式为

$$y=0.1\cos\left(8\pi t+\frac{\pi}{2}\right)\text{ m}$$

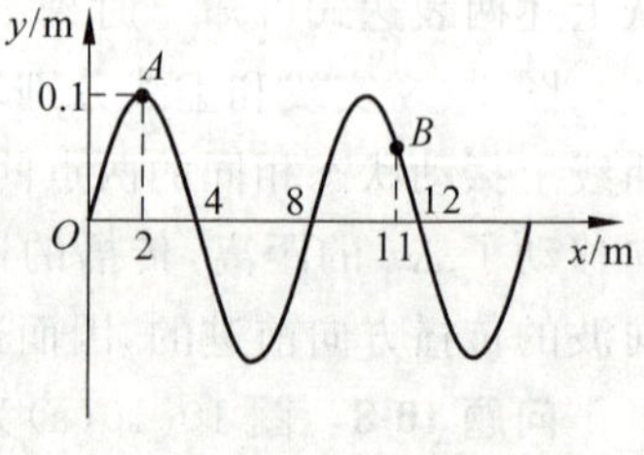

图 10-12 例 10-2 图

波的表达式为

$$y=0.1\cos\left[8\pi\left(t-\frac{x}{32}\right)+\frac{\pi}{2}\right]\ \mathrm{m}$$

(2) 从图 10-12 可以看出，$t=0$ 时，O 点质点位于平衡位置，且向正方向运动，$\phi_0=-\frac{\pi}{2}$，所以原点质点的振动表达式为

$$y=0.1\cos\left(8\pi t-\frac{\pi}{2}\right)\ \mathrm{m}$$

波的表达式为

$$y=0.1\cos\left[8\pi\left(t+\frac{x}{32}\right)-\frac{\pi}{2}\right]\ \mathrm{m}$$

(3) 质点的振动速度为

$$v=\frac{\partial y}{\partial t}=-0.8\pi\sin\left[8\pi\left(t-\frac{x}{32}\right)+\frac{\pi}{2}\right]\ \mathrm{m/s}$$

所以 $t=0$ 时，A、B 两点的速度分别为

$$v_A=-0.8\pi\sin\left[8\pi\left(0-\frac{2}{32}\right)+\frac{\pi}{2}\right]=0$$

$$v_B=-0.8\pi\sin\left[8\pi\left(0-\frac{11}{32}\right)+\frac{\pi}{2}\right]=-0.8\pi\sin\left(-\frac{9\pi}{4}\right)=1.78\ (\mathrm{m/s})$$

问题 10-9　如设图 10-12 所示为 $t=0.1$ s 的波形曲线，再求解例 10-2(1)、(2)。

例 10-3　一平面简谐波在介质中的速度 $u=20$ m/s，传播方向沿 x 轴负向，已知传播路径上的某点 A 的振动表达式为 $y_A=3\cos\left(4\pi t+\frac{\pi}{3}\right)$ m 。(1)如以 A 点为原点，写出波动表达式；(2)如以 B 点为原点，写出波动表达式；(3)从(2)的波动表达式出发，写出 C 点、D 点的振动表达式，各点位置如图 10-13 所示。

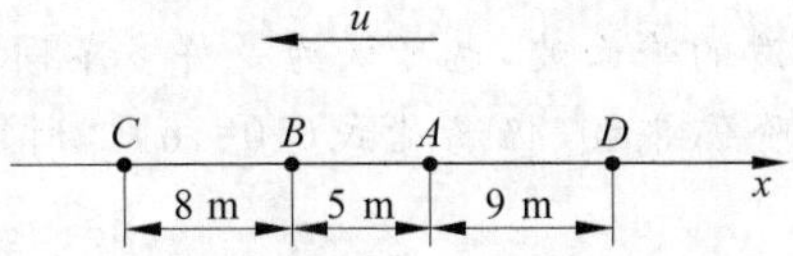

图 10-13　例 10-3 图

解　(1) 以 A 点为原点，从点 A 的振动表达式 $y_A=3\cos\left(4\pi t+\frac{\pi}{3}\right)$ m，可直接写出波动表达式

$$y=3\cos\left[4\pi\left(t+\frac{x}{20}\right)+\frac{\pi}{3}\right]\ \mathrm{m}$$

(2) 以 B 为原点，$x_A=5$、$\phi_A=\pi/3$，任一坐标 x 处的质点振动比 A 点超前的相位为

$$\omega\frac{x-x_A}{u}=4\pi\frac{x-5}{20}$$

波动表达式为 $y=3\cos\left[4\pi\left(t+\frac{x-5}{20}\right)+\frac{\pi}{3}\right]\mathrm{m}=3\cos\left[4\pi\left(t+\frac{x}{20}\right)-\frac{2\pi}{3}\right]\mathrm{m}$

(3) 以点 B 为原点，$x_C=8$，$x_D=14$，分别代入(2)的波动表达式，有

$$y_C=3\cos\left[4\pi\left(t+\frac{-8}{20}\right)-\frac{2\pi}{3}\right]\mathrm{m}=3\cos\left(4\pi t-\frac{34\pi}{15}\right)\mathrm{m}$$

$$y_D = 3\cos\left[4\pi\left(t+\frac{14}{20}\right)-\frac{2\pi}{3}\right]\text{ m} = 3\cos\left(4\pi t+\frac{32\pi}{15}\right)\text{ m}$$

注意 尽管在例10-3(3)中，y_C 的振动表达式 $y_C=3\cos\left(4\pi t-\frac{34\pi}{15}\right)\text{ m}=3\cos\left(4\pi t-\frac{4\pi}{15}\right)\text{ m}$，但为了反映相位沿波传播方向的变化，不应这样化简。

考虑 $y=3\cos\left(4\pi t-\frac{4\pi}{15}\right)\text{ m}$ 是哪一点的振动表达式？

问题 10-10 从例10-3(1)得出的波动表达式出发，写出 C 点、D 点的振动表达式。将结果与例10-3(3)的结果比较，你能得出什么结论？

问题 10-11 将例10-3传播方向改变成沿 Ox 轴正方向，再求解(1)、(2)。

问题 10-12 试总结求波动表达式的一般步骤。

10.2.3 波动方程

将式(10-7)分别对 t 和 x 求二阶偏导数得到

$$\frac{\partial^2 y}{\partial t^2}=-A\omega^2\cos\left[\omega\left(t-\frac{x}{u}\right)+\phi_0\right]$$

$$\frac{\partial^2 y}{\partial x^2}=-A\frac{\omega^2}{u^2}\cos\left[\omega\left(t-\frac{x}{u}\right)+\phi_0\right]$$

比较上列两式，即得

$$\frac{\partial^2 y}{\partial x^2}=\frac{1}{u^2}\frac{\partial^2 y}{\partial t^2} \tag{10-16}$$

这就是**平面波的波动方程**。

从沿 Ox 轴负方向传播的波动表达式(10-8)出发，同样可以得到式(10-16)。

讨论 (1) 对任一不是简谐波的平面波，也可认为是许多不同频率的平面简谐波的合成，其对 t 和 x 的二阶偏导数，仍满足式(10-16)。所以式(10-16)反映一切平面波的共同特征。

(2) 任何物理量，不管是力学量还是电学量，只要它的时间和坐标的关系满足式(10-16)，这一物理量就以波的形式传播。

10.3 波的能量

10.3.1 波的能量的传播

在波的传播过程中，波源的振动通过弹性介质由近及远地、一层接一层地传播出去，使介质中各质点依次地在各自平衡位置附近作振动，可见介质各质点具有动能，同时介质因发生形变还具有势能。所以，波动过程也是能量传播的过程。

设一简谐平面波在密度为 ρ 的弹性介质中沿 Ox 轴正方向传播，其波动表达式为

$$y = A\cos\left[\omega\left(t-\frac{x}{u}\right)+\phi_0\right]$$

在坐标为 x 处取一体积元 $\mathrm{d}V$，则其质量 $\mathrm{d}m=\rho\mathrm{d}V$，当波传播到该体积元时，其振动速度为

$$v = \frac{\partial y}{\partial t} = -\omega A\sin\left[\omega\left(t-\frac{x}{u}\right)+\phi_0\right]$$

则该体积元的动能为

$$\mathrm{d}E_{\mathrm{k}} = \frac{1}{2}(\mathrm{d}m)v^2 = \frac{1}{2}\rho\mathrm{d}V\omega^2A^2\sin^2\left[\omega\left(t-\frac{x}{u}\right)+\phi_0\right] \tag{10-17}$$

可以证明该体积元的势能为

$$\mathrm{d}E_{\mathrm{p}} = \mathrm{d}E_{\mathrm{k}} = \frac{1}{2}\rho\mathrm{d}V\omega^2A^2\sin^2\left[\omega\left(t-\frac{x}{u}\right)+\phi_0\right] \tag{10-18}$$

体积元的总能量为

$$\mathrm{d}E = \mathrm{d}E_{\mathrm{p}}+\mathrm{d}E_{\mathrm{k}} = \rho\mathrm{d}V\omega^2A^2\sin^2\left[\omega\left(t-\frac{x}{u}\right)+\phi_0\right] \tag{10-19}$$

说明　波动中体积元的能量与单一谐振动系统的能量有着显著的不同特点。

(1) 从式(9-17)、式(9-18)和式(9-19)可知，在简谐振动系统中，动能和势能变化趋势相反，即动能达到最大时，势能为零，势能达到最大时，动能为零，两者相互转化，使系统的机械能守恒。

从式(10-17)、式(10-18)和式(10-19)可以看出，在波动情况下，任一时刻任一体积元的动能与势能总是随时间同步变化的，值是相等的。因此对任一体积元，它的机械能是不守恒的，是时间的函数，在零和最大值之间周期地变化着。

结合波动表达式可知，当质元处于平衡位置时，其动能、势能和总能量均达最大值，分别为 $\frac{1}{2}\rho\mathrm{d}V\omega^2A$，$\frac{1}{2}\rho\mathrm{d}V\omega^2A$ 和 $\rho\mathrm{d}V\omega^2A^2$；当质元处于最大位移时，其动能、势能和总能量均为最小值零。

(2) **波动中，任一体积元的机械能不守恒的原因**。每个体积元都不是独立地作谐振动，它与邻近体积元间有着相互作用，相邻体积元间有能量传递，沿着波传播方向，任一体积元不断地从前面介质获得能量，又不断地把能量传递给后面介质，所以说，**波动是能量传递的一种形式**。

介质中单位体积的波动能量，称为波的**能量密度**，用符号 w 表示，即

$$w = \frac{E}{\Delta V} = \rho A^2\omega^2\sin^2\left[\omega\left(t-\frac{x}{u}\right)+\phi_0\right] \tag{10-20}$$

波的**平均能量密度** $\bar{w}$，即能量密度 w 在一个周期内的平均值

$$\bar{w} = \frac{1}{T}\int_0^T w\mathrm{d}t = \rho A^2\omega^2\frac{1}{T}\int_0^T\sin^2\left[\omega\left(t-\frac{x}{u}\right)+\phi_0\right]\mathrm{d}t = \frac{1}{2}\rho A^2\omega^2 \tag{10-21}$$

上式表示，机械波的平均能量密度与振幅的平方、频率的平方及介质密度都成正比。

问题 10-13 下面是几种关于平面简谐波能量的传播的说法，判断其正误。

(1) 因波传播到的各介质质元都作简谐振动，故各介质质元的能量守恒

(2) 各介质质元在平衡位置处的动能和势能都最大，总能量也最大

(3) 各介质质元在平衡位置处的动能最大，势能最小

(4) 各介质质元在最大位移处的势能最大，动能最小

问题 10-14 一振幅为 A、圆频率为 ω 的平面简谐波在密度为 ρ 的介质中传播，某一时刻的波形曲线如图 10-14 所示。在该时刻，位于波峰点 a 处和位于平衡位置的点 b 处的体积元 $\mathrm{d}V$ 所具有的动能、势能及机械能的值是什么？

问题 10-15 一列平面简谐波在 t 时刻波形曲线如图 10-15 所示。若此时 a 点处介质质元的振动动能在增大，则可知(　　)。

(A) c 点处质元的弹性势能在增大　　(B) a 点处质元的弹性势能在减小

(C) b 点处质元的振动动能在增大　　(D) 波沿 Ox 轴正方向传播

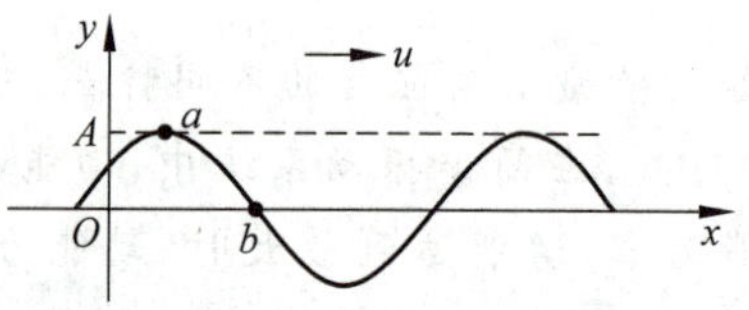

图 10-14　问题 10-14 图

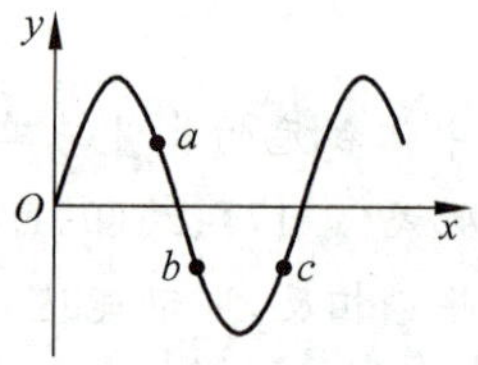

图 10-15　问题 10-15 图

10.3.2 能流和能流密度

波的传播过程伴随着能量的流动，因而可以引入能流的概念。单位时间内通过介质中某面积的能量，称为通过该面积的能流，用符号 P 表示。设想在介质中取垂直于波速 u 的面积 S，则在单位时间内通过 S 面的能量等于体积 uS 内的能量，如图 10-16 所示，因此

$$P = wuS = uS\rho A^2\omega^2\sin^2\left[\omega\left(t-\frac{x}{u}\right)+\phi_0\right]$$

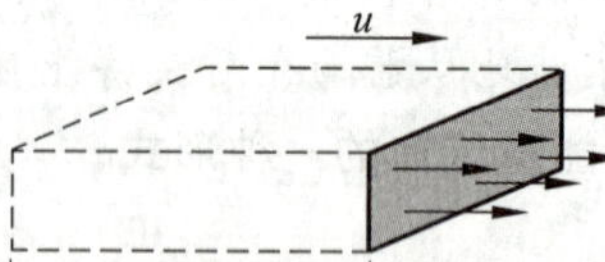

图 10-16　波的能流

能流 P 是随时间作周期性变化的，通常取其在一个周期内的平均值，即平均能流

$$\overline{P} = \bar{w}uS = \frac{1}{2}\rho A^2\omega^2 uS \tag{10-22}$$

通过垂直于波线的单位面积的平均能流，称为**能流密度**，也称**波的强度**，用 I 表示

$$I = \frac{\overline{P}}{S} = \bar{w}u = \frac{1}{2}\rho A^2\omega^2 u \tag{10-23}$$

可见弹性介质中简谐波的强度正比于振幅的平方、频率的平方及介质的密度。这一结论也

适用于非平面简谐波的其他简谐波。波强 I 的单位为 W/m^2。

例 10-4 一平面简谐空气波沿直径为 0.14 m 的圆柱形管传播，波的强度为 $9\times10^{-3}\ W/m^2$，频率为 300 Hz，波速为 300 m/s。求：(1)波的平均能量密度和最大能量密度；(2)每两个相邻同相面间的波中含有的能量。

解 (1)由波的强度 $I=\bar{w}u$，得

$$\bar{w}=\frac{I}{u}=\frac{9\times10^{-3}}{300}=3\times10^{-5}\,(J/m^3)$$

由式(10-20)与式(10-21)得

$$w_{max}=\rho\omega^2A^2=2\,\bar{w}=6\times10^{-5}\ J/m^3$$

(2) 相邻同相面间波中含有的能量为

$$E=\bar{w}V=\bar{w}S\lambda=\bar{w}\pi\left(\frac{d}{2}\right)^2\frac{u}{\nu}$$

$$=3\times10^{-5}\times3.14\times\left(\frac{0.14}{2}\right)^2\times\frac{300}{300}=4.62\times10^{-7}\,(J)$$

问题 10-16 证明平面简谐波在传播过程中，各质点的振幅不变。

问题 10-17 (1)证明球面波的振幅与离开其波源的距离成反比。(2)若波源振动初相为 ϕ_0，离开波源距离 r_0 处质点的振幅为 A_0，求球面简谐波的表达式。

*10.3.3 声强与声强级

频率在 $20\sim2\times10^4$ Hz 之间的能引起人的听觉的机械纵波，一般都叫作**声波**。频率低于 20 Hz 的机械纵波叫作**次声波**；频率高于 2×10^4 Hz 的机械纵波叫作**超声波**。

1. 声强与声强级

声波的强度叫作**声强**，由式(10-23)计算。实验表明，人耳的灵敏度对于声波的每一个频率都有一个声强范围，就是声强上、下两个限值。低于下限的声强不能引起听觉，人就听不到声音；高于上限的声强只能引起痛觉，也不能引起听觉。由于能够引起人耳听觉的声强范围很大，因此，通常用声强的常用对数来描述声波的强弱，叫作**声强级**，用 L_I 表示

$$L_I=10\lg\frac{I}{I_0} \tag{10-24}$$

式中，I_0 是频率为 1000 Hz 时人耳能感觉到的最低声强，$I_0=10^{-12}\ W/m^2$。

声强级的单位是分贝(dB)。表 10-1 中列出了日常生活中几种声音的声强级。

2. 噪声

强度适宜、频率规则的声波，听起来是美妙的音乐。强度很大、频率不规则的声波给人的感觉是噪声。噪声已经成为城市的一种重要污染，对城市居民的身体健康有重要影响。自觉控制噪声，减少噪声污染是对现代生活的公德要求。

表 10-2 中列出了城市五类环境噪声值。

表 10-1　几种声音近似的声强和声强级

声　源	声强/W/m²	声强级/dB	声　源	声强/W/m²	声强级/dB
引起听觉伤害的声音	100	140	交谈声	10^{-6}	60
听觉有痛感	1	120	静室	10^{-8}	40
响雷	0.1	110	悄悄话	10^{-10}	20
地铁	10^{-2}	100	落叶	10^{-11}	10
交通干线旁的噪声	10^{-4}	80			

表 10-2　城市五类环境噪声值

类　别	白天声强级/dB	夜间声强级/dB	适 用 区 域
0	50	40	疗养区、宾馆
1	55	45	居住区、文教机关
2	60	50	居住区、商业区
3	65	55	工业区
4	70	55	交通干线、河道两侧

10.4　波的基本特征——反射、折射、衍射和干涉

本节中，介绍波传播的两个基本规律，并从这两个基本规律出发讨论波的基本特征。一是**惠更斯原理**，这是有关波的传播方向的基本规律，应用这一原理，可以讨论波的反射、折射和衍射现象；二是**波的叠加原理**，这是关于在几列波相遇或叠加的区域内，介质中质点的运动情况及波的传播规律，应用这一原理，研究波的干涉以及一种特殊的干涉现象——**驻波**。

10.4.1　惠更斯原理 波的衍射、反射和折射

惠更斯

惠更斯原理的表述是：在波的传播过程中，波阵面(波前)上的每一点都可以看作是发射子波的波源，在以后的任一时刻，这些子波的包络就是新的波前。所谓子波的包络，就是所有子波最前面的点形成的曲面。

对任何波动过程(机械波或电磁波)，不论传播波动的介质是均匀的还是非均匀的，是各向同性的还是各向异性的，惠更斯原理都是适用的。下面举例说明其应用。

1. 确定下一时刻的波阵面(波前)

利用惠更斯原理，可以由 t 时刻的波阵面求得 $t+\Delta t$ 时刻的波阵面。

下面以球面波为例，说明这一点。如图 10-17(a)所示，波从波源 O 发出，以速率 u 在各向同性的均匀介质中向四周传播，在 t 时刻的波前是半径为 R_1 的球面 S_1。根据惠更斯原理，S_1 上的各点都是子波波源。以 S_1 上的各点为球心、以 $r=u\Delta t$ 为半径画许多球形的子波，这些子波在波行进的前方的包络面为 S_2，S_2 就是 $t+\Delta t$ 时刻的波前。显然，S_2 是以波

源 O 为球心、以 $R_2=R_1+u\Delta t=u(t+\Delta t)$ 为半径的球面。

若已知平面波在某时刻的波阵面 S_1，根据惠更斯原理，应用同样的方法，也可以求出以后时刻的新波阵面 S_2，如图 10-17(b)所示。显然，S_2 也是平面。

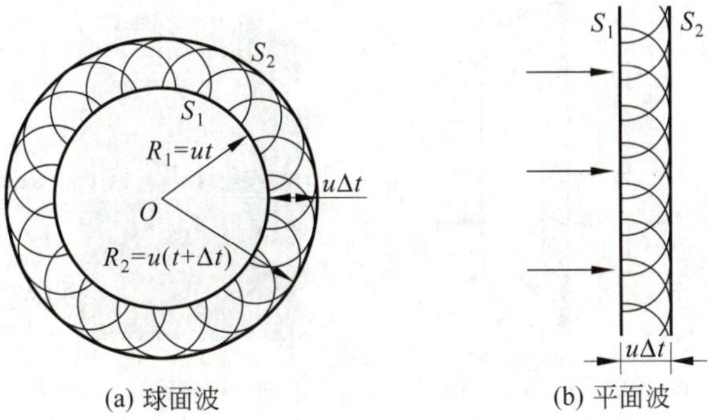

图 10-17 用惠更斯原理求作新的波阵面(波前)

讨论 由惠更斯原理可以推知，当波在各向同性的均匀介质中传播时，波阵面的几何形状不变；当波在各向异性或不均匀的介质中传播时，由于不同方向上波速不同，波阵面的形状会发生变化。

2. 波的反射和折射

当波传播到两种介质分界面时，一部分从界面上返回原介质，形成**反射波**；另一部分进入到另一种介质，形成**折射波**。如图 10-18 所示，入射波线与介质分界面法线的夹角 i 叫作**入射角**，反射波线与介质分界面法线的夹角 i' 叫作**反射角**，折射波线与介质分界面法线的夹角 γ 叫作**折射角**。根据波的惠更斯原理可以推导出波的反射定律和波的折射定律。

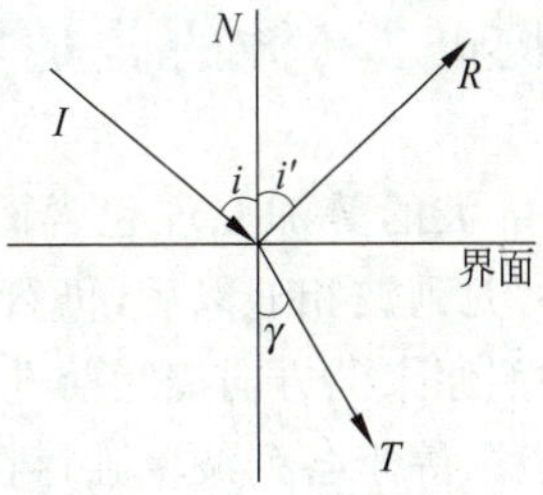

图 10-18 波的反射和折射

波的反射定律：反射线、入射线和界面的法线在同一平面内；反射角等于入射角，即

$$i'=i \tag{10-25}$$

波的折射定律：折射线、入射线和界面的法线在同一平面内；入射角的正弦与折射角的正弦之比等于波动在第一种介质中的波速与在第二种介质中的波速之比，即

$$\frac{\sin i}{\sin\gamma}=\frac{u_1}{u_2}=n_{21} \tag{10-26}$$

n_{21} 为第二种介质对于第一种介质的**相对折射率**。

问题 10-18 试根据惠更斯原理推导波的反射定律和波的折射定律。

3. 波的衍射

当波在传播过程中遇到障碍物时，其传播方向发生改变，能绕过障碍物的边缘继续前进的现象称为**波的衍射**。这是波动的基本特征之一。如图 10-19(a)所示，平面波到达一宽度与波长相近的缝时，缝上各点都看作是子波的波源，作出这些子波的包络，就得到新的波前。显然，此时波前与原来的平面不同，靠近边缘处，波前弯曲，即波绕过了障碍物继续传播。图10-19(b)是水波通过狭缝后的衍射图样。

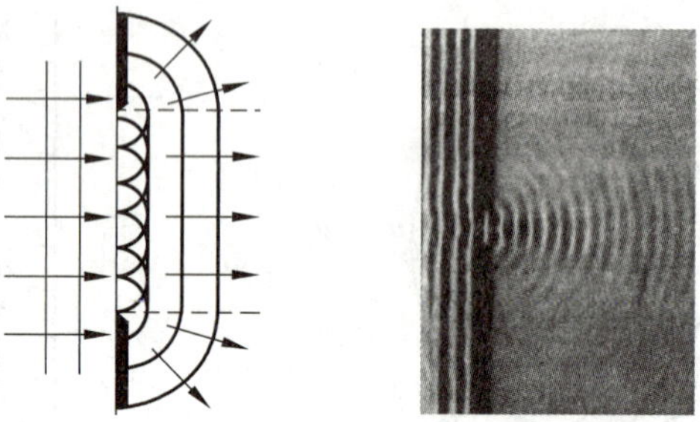

(a) 波的衍射形成示意图　(b) 水波通过狭缝后的衍射图样

图10-19　波的衍射

衍射现象显著与否取决于障碍物的大小与波长之比。若障碍物的宽度远大于波长，衍射现象不明显；若障碍物的宽度与波长相差不多，衍射现象就比较明显；若障碍物的宽度小于波长，衍射现象则更加明显。在声学中，由于声波的波长与所碰到的障碍物的大小差不多，故声波的衍射较明显，如在屋内能够听到室外的声音，就是声波能够绕过障碍物的缘故。

机械波和电磁波都会产生衍射现象。衍射现象是波动的基本特征之一。

问题10-19　以平面波通过狭缝为例，根据波的惠更斯原理解释波的衍射现象。

10.4.2　波的叠加原理 波的干涉和驻波

波的叠加原理包含两个内容，一是波传播的独立性，二是波的可叠加性。具体来说：(1)几列波相遇以后，仍然保持它们各自原有的特性(频率、波长、振幅、振动方向等)不变，并按照原来的方向继续前进，好像没有遇到过其他波一样；(2)在相遇区域内任一质点的振动位移，等于各列波单独存在时在该点所引起的振动位移的矢量和。在日常生活中经常可以看到波动遵从叠加原理的例子。当水面上出现几个水面波时，我们可以看到它们总是互不干扰地互相贯穿，然后继续按照各自原先的方式传播；我们能分辨包含在嘈杂声中的熟人的声音；收音机的天线通常有许多频率不同的信号同时通过，它们在天线上产生了复杂的电流，然而我们可以接收到其中任意一频率的信号，并与其他频率的信号不存在时的情形大体相同。

也正是由于波动遵从叠加原理，我们可以根据傅里叶分析把一列复杂的周期波表示为若干个简谐波的合成。

1. 波的干涉

一般地说，频率、振幅、相位和振动方向都不相同的几列波在某一点叠加时，情形是很复杂的。下面只讨论一种最简单而又最重要的情形。

如果两列频率相同、振动方向相同并且相位差恒定的波相遇，我们会观察到，在交叠区域，某些点处振动始终加强，而在另一些点处振动始终减弱或抵消，这种现象称为**波的干涉**。能够产生干涉现象的波，称为**相干波**。激发相干波的波源，称为**相干波源**。两列波产生干涉的条件称为**相干条件**。

设相干波源位于 S_1 和 S_2，它们的简谐振动表达式分别为

$$y_{10}=A_{10}\cos(\omega t+\phi_{10}),\quad y_{20}=A_{20}\cos(\omega t+\phi_{20})$$

它们分别经过 r_1、r_2 的距离在空间某一点 P 相遇，如图 10-20 所示，则这两列波在点 P 的振动表达式为

$$y_1=A_1\cos\left[\omega\left(t-\frac{r_1}{u}\right)+\phi_{10}\right]=A_1\cos\left(\omega t+\phi_{10}-\frac{2\pi r_1}{\lambda}\right)$$

$$y_2=A_2\cos\left[\omega\left(t-\frac{r_2}{u}\right)+\phi_{20}\right]=A_2\cos\left(\omega t+\phi_{20}-\frac{2\pi r_2}{\lambda}\right)$$

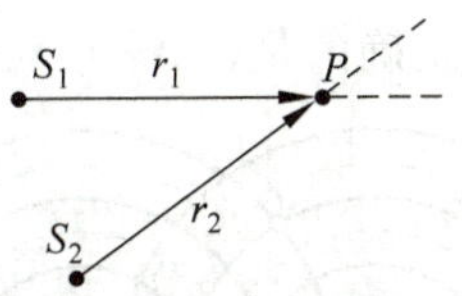

图 10-20 两相干波源发出的波在空间相遇

根据波的叠加原理和两同方向同频率简谐振动的合成原理，P 点的合振动为

$$y=y_1+y_2=A\cos(\omega t+\phi_0)$$

式中，A 是合振动的振幅，ϕ_0 是合振动的初相位，分别由

$$A=\sqrt{A_1^2+A_2^2+2A_1A_2\cos\Delta\phi} \tag{10-27}$$

$$\tan\phi_0=\frac{A_1\sin\left(\phi_{10}-\frac{2\pi r_1}{\lambda}\right)+A_2\sin\left(\phi_{20}-\frac{2\pi r_2}{\lambda}\right)}{A_1\cos\left(\phi_{10}-\frac{2\pi r_1}{\lambda}\right)+A_2\cos\left(\phi_{20}-\frac{2\pi r_2}{\lambda}\right)} \tag{10-28}$$

决定。式(10-27)中 $\Delta\phi$ 为两相干波在 P 点相位差

$$\Delta\phi=\phi_{20}-\phi_{10}-2\pi\frac{r_2-r_1}{\lambda} \tag{10-29}$$

对于叠加区域内任一确定的点来说，$\Delta\phi$ 为一个常量，因此合振幅也是常量。不同的点由于 r_2-r_1 的值一般不同，两列波将有不同的相位差，合振幅也不同。

(1) 在满足

$$\Delta\phi=\phi_{20}-\phi_{10}-2\pi\frac{r_2-r_1}{\lambda}=\pm 2k\pi,\quad k=0,1,2,\cdots \tag{10-30}$$

的空间各点，合振幅最大，$A=A_1+A_2$，称为**干涉相长**。

(2) 在满足

$$\Delta\phi=\phi_{20}-\phi_{10}-2\pi\frac{r_2-r_1}{\lambda}=\pm(2k+1)\pi,\quad k=0,1,2,\cdots \tag{10-31}$$

的空间各点，合振幅最小，$A=|A_1-A_2|$，称为**干涉相消**。

当相位差为其他值时，合振幅介于 $|A_1-A_2|$ 与 A_1+A_2 之间。

若两相干波源具有相同的初相位，即 $\phi_{20}=\phi_{10}$，两列相干波在 P 点引起的两个振动的相

位差 $\Delta\phi$ 只取决于两个波源到 P 点的距离差 r_2-r_1，r_2-r_1 称为**波程差**，用 δ 表示。这时，

干涉相长条件为　$\delta=r_2-r_1=\pm k\lambda, k=0,1,2,\cdots$。

干涉相消条件为　$\delta=r_2-r_1=\pm(2k+1)\dfrac{\lambda}{2}, k=0,1,2,\cdots$。

由于波的强度正比于振幅的平方，所以两列相干波叠加后的强度

$$I\infty A^2 = A_1^2 + A_2^2 + 2A_1A_2\cos\Delta\phi$$

即

$$I = I_1 + I_2 + 2\sqrt{I_1I_2}\cos\Delta\phi \tag{10-32}$$

由此可见，叠加后波的强度随着两列波在空间各点所引起的振动相位差不同而不同，也就是，空间各点的强度重新分布了，有些地方加强（$I>I_1+I_2$），有些地方减弱（$I<I_1+I_2$）。

问题 10-20　如图 10-21 所示，S_1、S_2 是相干波源，实线表示波峰，虚线表示波谷，则 a、b、c 三点的振动情况的下列判断中，正确的是（　　）。

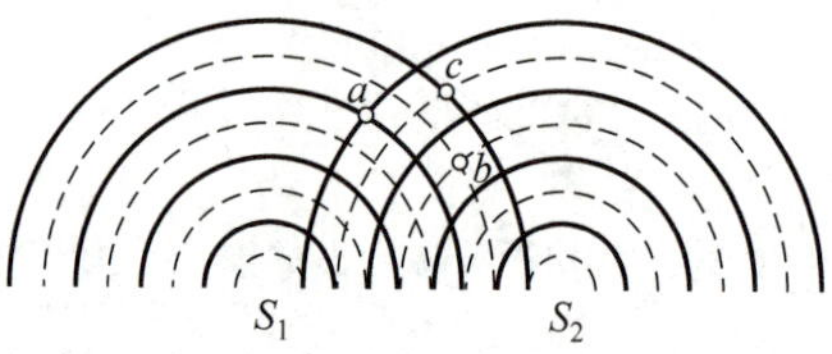

图 10-21　问题 10-20 图

（A）b 处振动永远互相减弱　　（B）a 处永远是波峰与波峰相遇

（C）b 处此刻是波谷与波谷相遇　　（D）c 处振动永远互相加强

例 10-5　位于 P、Q 两点的两个相干波源频率为 100 Hz、相位差为 π、振幅相等为 A 且沿 P、Q 连线方向传播时保持不变、传播的波速为 400 m/s。若 P、Q 两点相距 30 m，求：(1) P、Q 两点外侧合成波的振幅；(2) P、Q 连线之间因干涉而静止的各点的位置。

解　$\lambda=u/\nu=4$ m。如图 10-22 所示，取 P 点为坐标原点，P、Q 连线为 x 轴，任意点 S 的坐标为 x。取 $\phi_{P0}=\pi, \phi_{Q0}=0$。

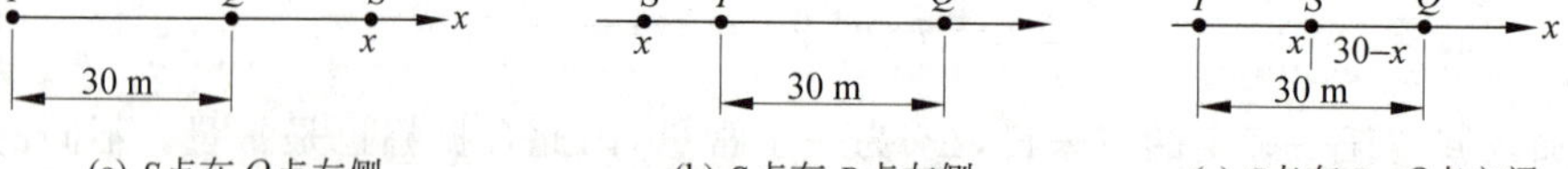

(a) S 点在 Q 点右侧　　(b) S 点在 P 点左侧　　(c) S 点在 P、Q 点之间

图 10-22　例 10-5 解用图

(1) ① S 点在 Q 点右侧（图 10-22(a)），$r_Q=x-30, r_P=x$

$$\Delta\phi=\phi_{Q0}-\phi_{P0}-\frac{2\pi}{\lambda}(r_Q-r_P)=0-\pi-\frac{2\pi}{4}\times(x-30-x)=14\pi$$

干涉相长，合成振幅为 $2A$。

② S 点在 P 点左侧（图 10-22(b)），$r_Q=|x|+30, r_P=|x|$

$$\Delta\phi=\phi_{Q0}-\phi_{P0}-\frac{2\pi}{\lambda}(r_Q-r_P)=0-\pi-\frac{2\pi}{4}\times(30+|x|-|x|)=-16\pi$$

干涉相长，合成振幅为 $2A$。

(2) S 点在 P、Q 之间（图 10-22(c)），$r_Q=30-x, r_P=x$。干涉相消时

$$\Delta\phi=\phi_{Q0}-\phi_{P0}-\frac{2\pi}{\lambda}(r_Q-r_P)=0-\pi-\frac{2\pi}{4}\times(30-x-x)=\pm(2k+1)\pi$$

$x=16\pm(2k+1)$。由 $0<x<30$，k 可以取 7,6,5,4,3,2,1,0 得 $x=1$ m，3 m，5 m，7 m，9 m，…，29 m，计 15 个点。

问题 10-21　在例 10-5 中，若取 $\phi_{P0}=\phi_{Q0}$，再解之。

2. 驻波

驻波是由两列振幅相同的相干波在同一直线上沿相反方向传播时，叠加而成的一种特殊干涉现象。

设有两列振幅相同的相干波沿 Ox 轴正、负方向传播，取两波重合的某一时刻为计时零点，任一波峰处为原点，即在 $t=0$ 时，两列波引起的位于原点的质点的位移均处于正的最大值，$\phi_{10}=\phi_{20}=0$（图 10-23(a)），则传播情况如图 10-23 所示。在 $t=0$ 时，正向波和负向波的波形刚好重合，其各点波形为两波形各点相加所得，表明各点振动加强（图 10-23(a)）。在 $t=T/8$ 时，两列波分别向右、左传播了 $\lambda/8$ 距离，其合成波形仍为余弦曲线（图 10-23(b)）。在 $t=T/4$ 时，两列波分别向右、左传播了 $\lambda/4$ 距离，由于两列波在各点引起的振动位移大小相等、方向相反，导致合成波形各点的合振动为零（图 10-23(c)）。在 $t=3T/8$ 和 $t=T/2$ 时，其合成波形在各点的合位移分别与 $t=T/8$ 和 $t=0$ 时的合位移大小相等，但方向相反（图 10-23(d)，(e)）。

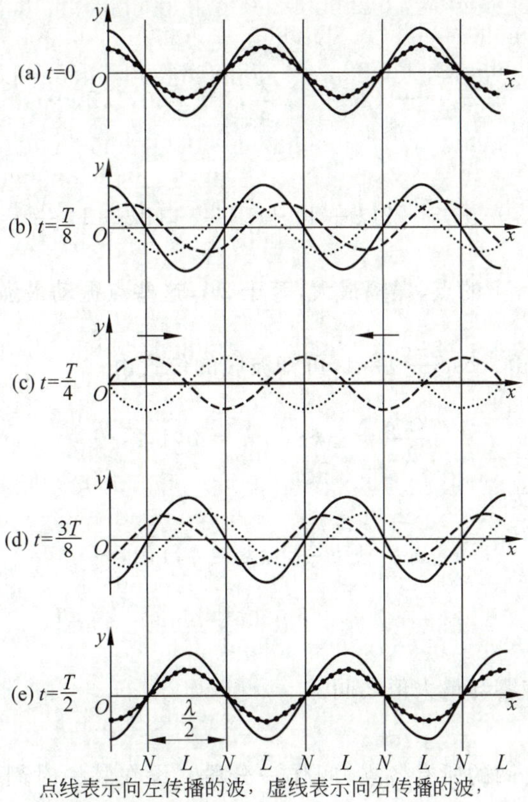

点线表示向左传播的波，虚线表示向右传播的波，
实线表示合成的波

图 10-23　驻波

(1) 驻波表达式

以图10-23所示情形为例，由于其坐标原点和时间零点的选取，两列波的表达式分别为

$$y_1 = A\cos 2\pi\left(\nu t - \frac{x}{\lambda}\right), \quad y_2 = A\cos 2\pi\left(\nu t + \frac{x}{\lambda}\right)$$

其合成波为

$$y = y_1 + y_2 = 2A\cos\frac{2\pi x}{\lambda}\cos 2\pi\nu t \tag{10-33}$$

式(10-33)即为**驻波表达式**，$\cos 2\pi\nu t$ 表示各质点作简谐振动，$\left|2A\cos\frac{2\pi x}{\lambda}\right|$ 是振幅，它只与 x 有关，即各点的振幅随着其坐标 x 的不同而异。即形成驻波时，各点作振幅为 $\left|2A\cos\frac{2\pi x}{\lambda}\right|$、频率皆为 ν 的简谐振动。

(2) 驻波特点

① 振幅分布

凡满足 $\cos\frac{2\pi x}{\lambda}=0$ 的点，振幅为零，这些点都始终静止不动，如图10-23中由 N 表示的各点，叫作**波节**。由 $\cos\frac{2\pi x}{\lambda}=0$，可知波节的位置由

$$\frac{2\pi x}{\lambda} = \pm(2k+1)\frac{\pi}{2}, \quad k = 0,1,2,\cdots$$

来决定，即波节的坐标为

$$x_k = \pm(2k+1)\frac{\lambda}{4}, \quad k = 0,1,2,\cdots \tag{10-34}$$

相邻波节距离

$$x_{k+1} - x_k = [2(k+1)+1]\frac{\lambda}{4} - (2k+1)\frac{\lambda}{4} = \frac{\lambda}{2}$$

凡满足 $\left|\cos\frac{2\pi x}{\lambda}\right|=1$ 的点，振幅最大，等于 $2A$，这些点振动最强，如图10-23中由 L 表示的各点，叫作**波腹**。由 $\left|\cos\frac{2\pi x}{\lambda}\right|=1$，可知波腹的位置由

$$\frac{2\pi x}{\lambda} = \pm k\pi, \quad k = 0,1,2,\cdots$$

来决定，即波腹的坐标为

$$x_k = \pm k\frac{\lambda}{2}, \quad k = 0,1,2,\cdots \tag{10-35}$$

相邻波腹距离也是 $\frac{\lambda}{2}$。

其余各点的振幅在零与最大值之间。

② 相位分布

把两个相邻波节之间的所有各点，叫作一**分段**。设在某一时刻 t，$\cos 2\pi\nu t>0$，这时，由于在相邻波节 $x=-\lambda/4$ 和 $x=\lambda/4$ 这一分段中(式(10-34))，$\cos\frac{2\pi x}{\lambda}>0$，所以各点都处于

平衡位置的上方；而在相邻波节 $x=\lambda/4$ 和 $x=3\lambda/4$ 这一分段中，$\cos\dfrac{2\pi x}{\lambda}<0$，所以各点都处于平衡位置的下方。因此，驻波是以波节划分的分段振动，同一分段上各点有相同的振动相位，而相邻两分段上的各点振动相位相反。因此和行波不同，在形成驻波的区域中，没有振动状态（相位）的定向传播。

图 10-24 是观察驻波的实验。将弦线的一端系于电动音叉的一臂上，弦线的另一端系一砝码，砝码通过定滑轮 P 对弦线提供一定的张力，刀口 B 的位置可以调节。当音叉振动时，在弦线上激发了自左向右传播的波，此波传播到固定点 B 时被反射，因而在弦线上又出现了一列自右向左传播的反射波。这两列波是相干波，必定发生干涉，于是在弦线上就形成了一种波形不随时间变化的波，这就是驻波。当驻波出现时，弦线上有些点始终静止不动，这些点称为**波节**；有些点的振幅始终最大，这些点称为**波腹**。这与上面的分析是完全一致的。

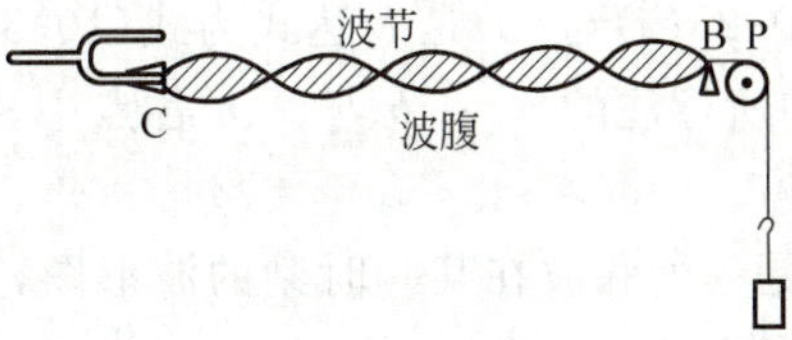

图 10-24　弦线上的驻波

③ 能量分布

从图 10-24 并结合式(10-33)可知，当弦线上各质点到达各自的最大位移时，振动速度都为零，因而动能都为零。但此时弦线各段都有了不同程度的形变，且越靠近波节处的形变越大，因此，这时驻波的能量具有势能的形式，基本上集中于波节附近。当弦线上各质点同时回到平衡位置时，弦线的形变完全消失，势能为零，但此时各质点的振动速度了达到各自的最大值，且处于波腹处质点的速度最大，所以此时驻波的能量具有动能的形式，基本上集中于波腹附近。至于其他时刻，则动能与势能同时存在。可见，在弦线上形成驻波时，动能和势能不断相互转换，形成了能量交替地由波腹附近转向波节附近，再由波节附近转向波腹附近的情形。波节处虽然有形变，但波节静止，波节一侧的质元不会对另一侧的质元做功而传递能量；波腹处不发生形变，波腹两侧没有作用力，所以能量也不能通过波腹. 因此，虽然各质元的能量在不断变化，但驻波的能量只能在波节和波腹之间的 $\lambda/4$ 区域内流动。这说明驻波的能量并没有作定向的传播。

表 10-3 给出了驻波与行波的区别。

(3) 半波损失

在音叉实验中，波是在固定点 B 处反射的，在反射处形成波节。说明入射波与反射波相位相反，反射波在该处**相位突变** π。由于 π 的相跃变相当于波程差半个波长，所以这种入射波在反射时发生反相的现象也常称为**半波损失**。如果波是在自由端反射，则没有相位跃变，反射处为波腹。

表 10-3　驻波与行波的区别

项　　目	驻　　波	行　　波
波形	原地驻扎不动	以波速 u 传播
振幅	各点不同，有波腹、波节	各质点作等幅振动
相位	相邻波节之间各点同相，波节两侧的点反相	以波速 u 传播
能量	在相邻波腹和波节之间振荡、转移、不传播	以波速 u 传播

一般情况下，入射波在两种介质分界面处反射时是否发生半波损失，与波的种类、两种介质的性质以及入射角的大小有关。在垂直入射时，它由介质的密度和波速的乘积 ρu 决定。相对来讲，ρu 较小的介质称为**波疏介质**，ρu 较大的介质称为**波密介质**。当波从波疏介质垂直入射到波密介质上反射时，有半波损失，形成的驻波在分界面处形成波节。反之，波从波密介质垂直入射到到波疏介质反射时，没有半波损失，界面处出现波腹。

问题 10-22　(1)应用式(10-33)说明，对于驻波，势能主要分布于波节附近，而动能主要分布于波腹附近；(2)图 10-25(a)与(b)是表达式为式(10-33)的驻波在两个时刻的波形图。对于这两个时刻，在图中所标注的 a、a'、b、b'、c、c' 各点中，哪些点处质元的能量达到最大值？形式是动能还是势能？

问题 10-23　图 10-26 是一列驻波在某一时刻的波形图，点 a 与点 b、点 a 与点 c、点 b 与点 c 之间的相位差分别是多少？

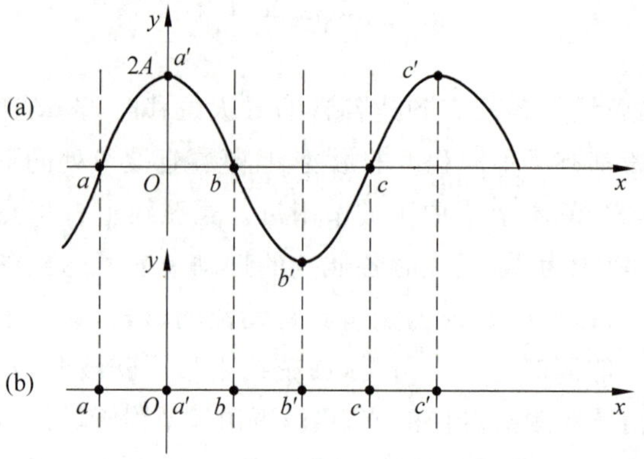

图 10-25　问题 10-22 图

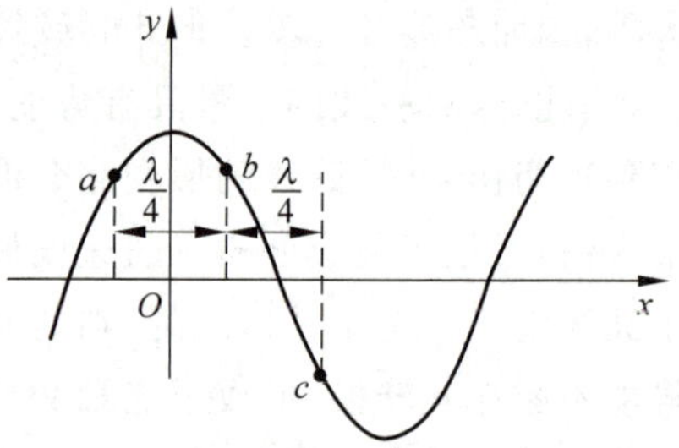

图 10-26　问题 10-23 图

问题 10-24　在弦线上有一列平面简谐波，其表达式是

$$y_1 = 2.0\times 10^{-2}\cos\left[2\pi\left(50t-\frac{x}{20}\right)+\frac{\pi}{3}\right]\ \mathrm{m}$$

为了在此弦线上形成驻波，并且在 $x=0$ 处为一波节，此弦线上还应有一列平面简谐波，其表达式为(　　)。

(A) $y_2=2.0\times 10^{-2}\cos\left[2\pi\left(50t+\frac{x}{20}\right)+\frac{\pi}{3}\right]\ \mathrm{m}$

(B) $y_2=2.0\times 10^{-2}\cos\left[2\pi\left(50t+\frac{x}{20}\right)+\frac{2\pi}{3}\right]\ \mathrm{m}$

(C) $y_2=2.0\times 10^{-2}\cos\left[2\pi\left(50t+\frac{x}{20}\right)-\frac{2\pi}{3}\right]\ \mathrm{m}$

(D) $y_2=2.0\times10^{-2}\cos\left[2\pi\left(50t+\frac{x}{20}\right)-\frac{\pi}{3}\right]$ m

例 10-6 设入射波的表达式为 $y_1=A\cos\left[2\pi\left(\nu t+\frac{x}{\lambda}\right)+\pi\right]$，波在 $x=0$ 处反射，反射点为一固定端。设波在反射时无能量损失，求：(1)反射波在反射点的振动表达式；(2)反射波的表达式；(3)驻波的表达式；(4)驻波的波腹位置。

解 入射波在入射点 $x=0$ 激发的简谐振动表达式为

$$y_{oi}=A\cos(2\pi\nu t+\pi)$$

(1) 由题意，反射波有半波损失，在反射点的振动表达式为

$$y_{or}=A\cos(2\pi\nu t+\pi+\pi)=A\cos(2\pi\nu t+2\pi)$$

(2) 反射波沿 x 轴正向传播，所以反射波表达式为

$$y_2=A\cos\left[2\pi\left(\nu t-\frac{x}{\lambda}\right)+2\pi\right]$$

(3) 驻波的表达式

$$y=y_1+y_2=2A\cos\left(\frac{2\pi x}{\lambda}-\frac{\pi}{2}\right)\cos\left(2\pi\nu t+\frac{3\pi}{2}\right)$$

(4) 在波腹处

$$\left|\cos\left(\frac{2\pi x}{\lambda}-\frac{\pi}{2}\right)\right|=1$$

由题意可知，驻波存在于 $x>0$ 的区域，则波腹的位置由

$$\frac{2\pi x}{\lambda}-\frac{\pi}{2}=k\pi,\quad k=0,1,2,\cdots$$

来决定，即

$$x_k=(2k+1)\frac{\lambda}{4},\quad k=0,1,2,\cdots$$

注意 比较例 10-6 与本节关于驻波特点讨论的结果，可知驻波的表达式、波节与波腹的位置坐标与坐标原点及计时零点选择有关，即式(10-33)、式(10-34)、式(10-35)不具有普遍意义. 但本节关于驻波特点的一般结论(表 10-3)是普遍成立的。

(4) 弦线上的驻波

从驻波的特征不难推论，不是任意波长的波都能在一定线度的介质中形成驻波。对于两端固定的弦线，形成驻波时，弦线两段为波节，只有当弦长 l 等于半波长整数倍时才有可能，即

$$l=n\frac{\lambda_n}{2},\quad n=1,2,3,\cdots \tag{10-36}$$

或弦线驻波的频率应满足关系

$$\nu_n=\frac{u}{\lambda_n}=\frac{nu}{2l},\quad n=1,2,3,\cdots \tag{10-37}$$

式中 u 为波速，所给出的频率叫作弦振动的**本征频率**，每一频率对应一种可能的振动方式。频率由式(10-37)决定的振动方式，称为弦线振动的**简正模式**，其中最低频率 ν_1 称为**基频**，其他较高频率 ν_2、ν_3…都是基频的整数倍，它们各自以对基频的倍数而称为二次、三次、……

谐频。图 10-27 画出了频率为 ν_1、ν_2、ν_3 的三种简正模式。

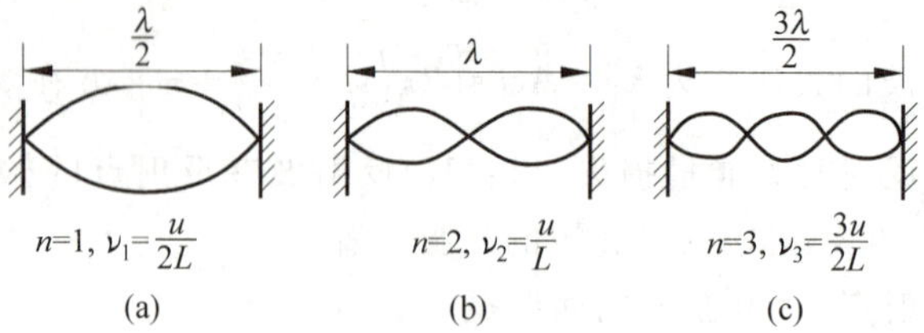

图 10-27 弦线振动的简正模式

10.5 多普勒效应

因波源或观测者相对于介质的运动，而使观测者测得的波的频率有所变化的现象称为**多普勒效应**。下面来分析这一现象。

10.5.1 机械波的多普勒效应

为简单起见，讨论观察者、波源共线运动的情况。波源 S 相对于介质的速度为 v_S，接收器（观察者）R 相对于介质的速度为 v_R，u 为波在介质中传播速度。波源的频率、接收器接收到的频率和波的频率分别用 ν_S、ν_R 和 ν 表示。在此处，三者的意义应分清：ν_S 是波源在单位时间内振动的次数，或在单位时间内发出的“完整波”的个数；ν_R 是接收器在单位时间内接收到的振动次数或完整波数；ν 是介质质元在单位时间内振动的次数或单位时间内通过介质中某点的完整波的个数，$\nu=u/\lambda$。下面讨论在波源和观察者三种不同的运动情况下，观察者测得的波的频率 ν_R 与波源的振动频率 ν_S 之间的关系。

1. 相对于介质，波源不动，接收器以速度 v_R 运动

因为波源发出的波以速度 u 向着接收器传播，同时接收器以速度 v_R 向着静止的波源运动，所以在单位时间内接收器接收到的完整波的数目等于分布在 $u+v_R$ 距离内完整波的数目（图 10-28），即

$$\nu_R=\frac{u+v_R}{\lambda}=\frac{u+v_R}{u/\nu}=\frac{u+v_R}{u}\nu$$

此式中的 ν 是波的频率。由于波源在介质中静止，所以波的频率就等于波源的频率，因此有

$$\nu_R=\frac{u+v_R}{u}\nu_S \tag{10-38}$$

这表明，当接收器向着静止波源运动时，接收到的频率为波源频率的 $(1+v_R/u)$ 倍。

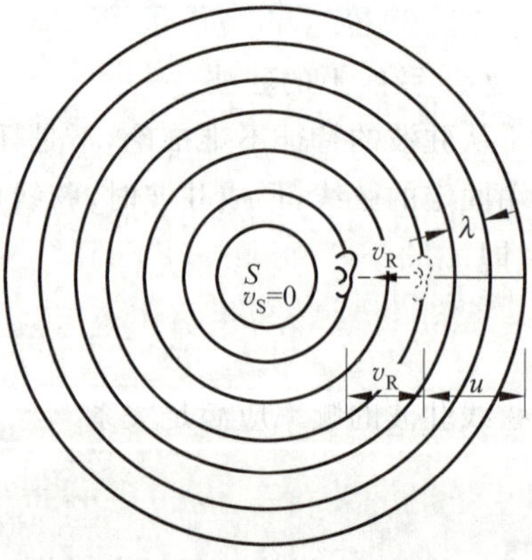

图 10-28 多普勒效应（$v_S=0$，$v_R>0$）

当接收器离开波源运动时，通过类似的分析，可

求得接收器接收到的频率为

$$\nu_R = \frac{u - v_R}{u}\nu_S \tag{10-39}$$

即此时接收到的频率低于波源的频率。

2. 相对于介质,接收器不动,波源以速度 v_S 运动

设波源 S 以 v_S 向着接收器运动,因为波在介质中的传播速度 u 只决定于介质的性质,与波源运动与否无关,所以波源 S 的振动在一个周期内向前传播的距离就等于一个波长 $\lambda_0 = uT_S$,但由于波源向着接收器运动,在一个周期内移动了 $v_S T_S$ 的距离而到达 S' 点,结果使一个完整的波被挤压在 $S'O$ 之间(图 10-29(b)),这相当于波长缩短为

$$\lambda = \lambda_0 - v_S T_S = (u - v_S)T_S = \frac{u - v_S}{\nu_S}$$

波的频率为

$$\nu = \frac{u}{\lambda} = \frac{u}{u - v_S}\nu_S$$

由于接收器静止,所以它接收到的频率就是波的频率,即

$$\nu_R = \frac{u}{u - v_S}\nu_S \tag{10-40}$$

此时接收器收到的频率大于波源的频率。

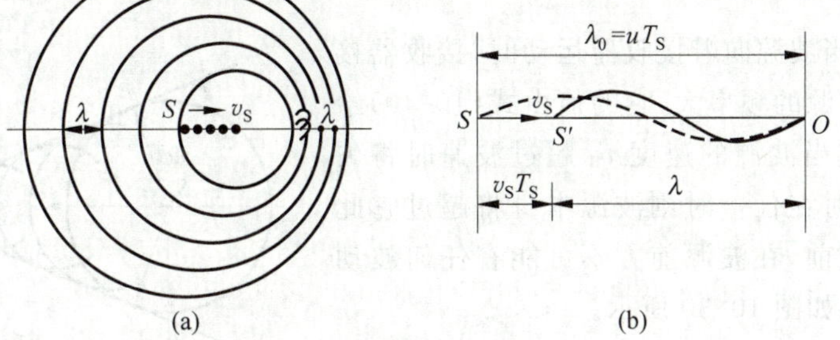

图 10-29 多普勒效应($v_S = 0, v_R > 0$)

当波源远离接收器运动时,通过类似的分析,可得接收器接收到的频率为

$$\nu_R = \frac{u}{u + v_S}\nu_S \tag{10-41}$$

这时接收器接收到的频率小于波源的频率。

3. 相对于介质,波源和接收器同时运动

综合以上两种分析,可得当波源和接收器同时相对介质运动时,接收器接收到的频率为

$$\nu_R = \frac{u \pm v_R}{u \mp v_S}\nu_S \tag{10-42}$$

上式中,接收器向着波源运动时,v_R 前取正号,远离时取负号;波源向着接收器运动时,v_S 前取负号,远离时取正号。

最后指出,即使波源和接收器并非沿着它们的连线运动,以上所得各式仍可适用,只是

其中 v_S 和 v_R 应作为运动速度沿连线方向的分量就行了，而垂直于连线方向的分量是不会产生多普勒效应的。

10.5.2 电磁波的多普勒效应

电磁波(如光)也有多普勒现象。和机械波不同的是，电磁波的传播不需要介质，因此只是光源和接收器的相对速度 v 决定接收的频率。可以用相对论证明，当光源和接收器在同一直线上运动时，如果二者相互接近，则

$$\nu_R = \sqrt{\frac{1+v/c}{1-v/c}}\,\nu_S \tag{10-43}$$

如果二者相互远离，则

$$\nu_R = \sqrt{\frac{1-v/c}{1+v/c}}\,\nu_S \tag{10-44}$$

由此可知，当光源远离接收器运动时，接收到的频率变小，因而波长变长，这种现象叫作"**红移**"，即移向光谱中的红色一侧。天文学家就是将来自星球的光谱与地球上相同元素的光谱进行比较，发现星球光谱几乎都发生了红移，这说明星球都在远离地球而运动，这一结果已成为所谓"大爆炸"的宇宙学理论的重要依据之一。

*10.5.3 冲击波

上面讲过，当波源向着接收器运动时，接收器接收到的频率比波源的频率大，它的值由式(10-40)给出。但这一公式当波源的速度 v_S 超过波速时将失去意义，因为这时在任一时刻波源本身将超过它此前发出的波的波前，在波源前方不可能有任何波动产生。这种情况如图 10-30 所示。

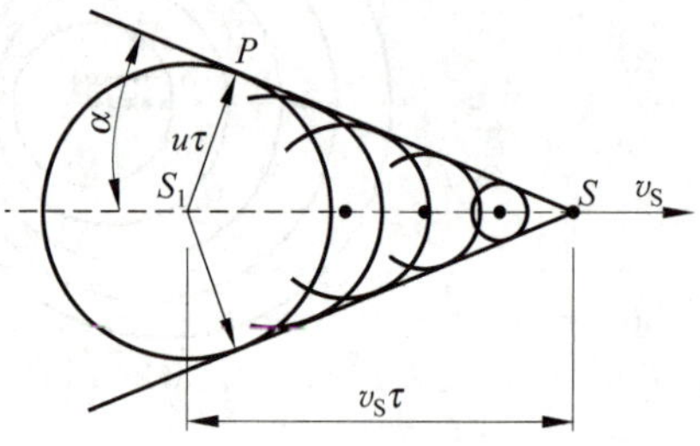

图 10-30 冲击波

波源经过 S_1 位置时发出的波在其后 τ 时刻的波阵面为半径等于 $u\tau$ 的球面，但此时刻波源已前进了 $v_S\tau$ 的距离到达 S 位置。在整个 τ 时间内，波源发出的波到达的前沿形成了一个圆锥面，这个圆锥面叫**马赫锥**，其半顶角 α 由下式决定，

$$\sin\alpha = \frac{u}{v_S} \tag{10-45}$$

当飞机、炮弹等以超音速飞行时，都会在空气中激起这种圆锥形的波。这种波称为**冲击波**。冲击波面到达的地方，空气压强突然增大。过强的冲击波掠过物体时甚至会造成损害(如使窗玻璃碎裂)，这种现象称为**声爆**。

问题 10-25 声源向接收器运动和接收器向声源运动，都会产生声波频率增高的效果。这两种情况有何区别？如果两种情况下的运动速度相同，接收器接收的频率会有不同吗？如有不同，哪种情况更高些？

例 10-7 一警笛发射频率为 1500 Hz 的声波，并以 22 m/s 的速度向某方向运动，一人

以 6 m/s 速度跟踪其后。求他听到的警笛发出声音的频率以及在警笛后方空气中声波的波长。设没有风,空气中声速 $u=330$ m/s。

解 已知 $\nu_S=1500$ Hz,$v_S=22$ m/s,

对人,警笛是远离人(接收器)而去,人是向警笛接近,$v_R=6$ m/s,所以由式(10-42),此人听到的警笛发出的声音的频率为

$$\nu_R=\frac{u+v_R}{u+v_S}\nu_S=\frac{330+6}{330+22}\times1500=1432\ (\text{Hz})$$

对后方空气(接收器),警笛是远离而去,因无风,$v_R=0$,空气(接收器)接收到的频率,即波的频率 ν,由式(10-41)

$$\nu'_R=\nu=\frac{u}{u+v_S}\nu_S=\frac{330}{330+22}\times1500=1406\ (\text{Hz})$$

波长为

$$\lambda=\frac{u}{\nu}=\frac{u+v_S}{\nu_S}=\frac{330+22}{1500}=0.235\ (\text{m})$$

习　题

10-1 一平面余弦波表达式为 $y=A\cos(ax-bt)$,式中 a 为正常数,b 为负常数。试求:(1)波的频率、波长和波速,并指出波的传播方向;(2)$x=x_0$ 点的振动表达式;(3)$t=t_0$ 时的波形表达式。

10-2 一平面余弦波以 $u=0.4$ m/s 的速度沿一弦线(取为 Ox 轴)行进,在 $x=0.1$ m 处弦线上质点的位移随时间的变化为 $y=50\times10^{-2}\cos(4.0\pi t-1.0)$ m。求此波的频率、波长和波动表达式。

10-3 如习题 10-3 图所示,一列平面余弦波以速度 $u=400$ m/s 沿着 OAB 传播,已知 A 点的振动表达式为

$$y_A=3\times10^{-3}\cos\left(400\pi t-\frac{\pi}{2}\right)\ \text{m},$$

习题 10-3 图

$OA=3$ m,$AB=1.5$ m。求:(1)该波的波长;(2)B 点的振动表达式;(3)以 O 为原点、OAB 方向为 x 轴,写出波动表达式。

10-4 沿 x 轴正方向传播的平面余弦波的周期 $T=0.5$ s,波长 $\lambda=1$ m,振幅 $A=0.1$ m。设 $t=0$ 时,原点质点位于平衡位置向 y 轴正方向运动。求:(1)波动表达式;(2)距波源为 $\frac{\lambda}{2}$ 处的质点的振动表达式;(3)$x_1=0.4$ m 和 $x_2=0.6$ m 处的两质点的振动相位差。哪一点振动超前?

10-5 一列平面余弦波沿 x 轴正方向传播,振幅 $A=0.1$ m,频率 $\nu=10$ Hz。当 $t=1.0$ s 时,$x=0.1$ m 处的质点 a 的振动状态为 $y_a=0$,$v_a=\left.\frac{dy}{dt}\right|_a<0$;$x=0.2$ m 处的质点 b 的振动

状态为 $y_b=0.05$ m，$v_b>0$，设波长 $\lambda>0.1$ m。求：(1)波长；(2)波的表达式。

10-6 一列平面余弦波沿 Ox 轴正向传播，波速 $u=5$ m/s，波长 $\lambda=2$ m。如习题 10-6 图所示，(1)若表示的是原点处质点的振动曲线，写出波动表达式；(2)若表示的是 $x=0.5$ m 处质点的振动曲线，写出波动表达式。

10-7 一平面余弦波振幅为 A，圆频率为 ω，沿 x 轴正方向传播，设波速为 u，$t=0$ 时波形如习题 10-7 图所示。取向上方向为 Oy 轴，求：(1)以点 P 为原点的波动表达式；(2)点 B 的位移为 $-A$，以点 B 为原点的波动表达式。

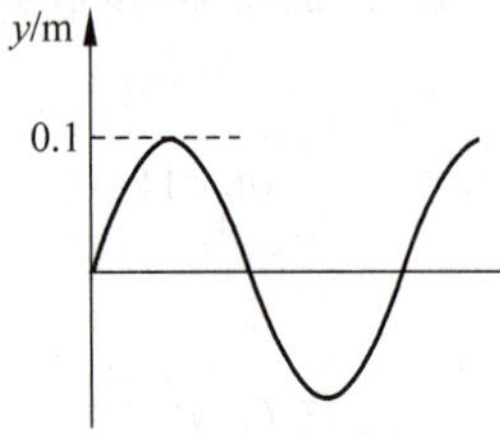

习题 10-6 图

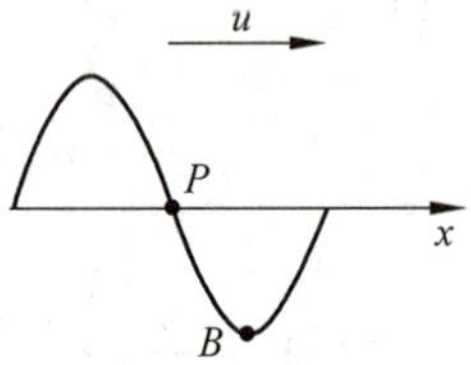

习题 10-7 图

10-8 已知一沿 x 轴正方向传播的平面余弦波的周期 $T=2$ s，且在 $t=\frac{1}{3}$s 时的波形如习题 10-8 图所示。写出：(1)O 点和 P 点的振动表达式；(2)该波的波动表达式。

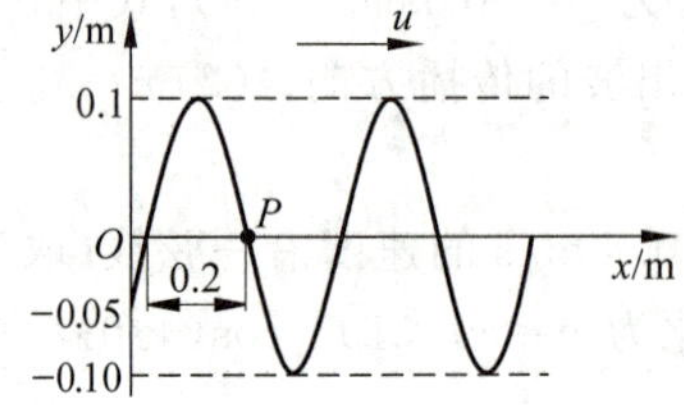

习题 10-8 图

10-9 一列沿 x 轴正方向传播的平面余弦波，已知 $t_1=0$ 和 $t_2=0.25$ s 时的波形如习题 10-9 图所示。设周期 $T>0.25$ s，试求：(1)P 点的振动表达式；(2)该波的波动表达式。

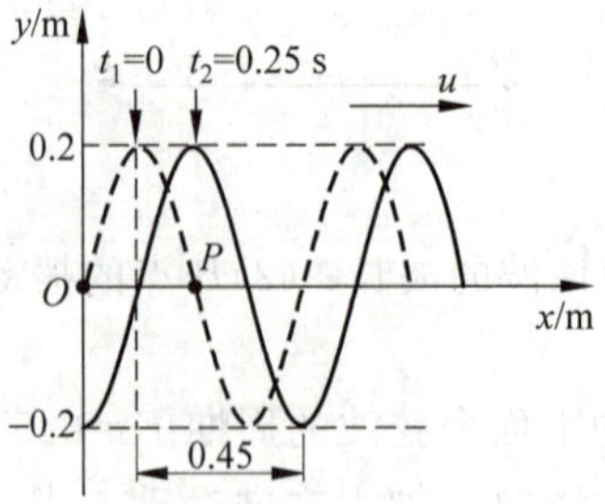

习题 10-9 图

10-10 一平面余弦弹性波在介质中以速度 $u=10^3$ m/s 传播，振幅 $A=1.0\times10^{-4}$ m，频率 $\nu=10^3$ Hz，介质的密度为 800 kg/m^3。求：(1)该波的能流密度；(2)1 min 内垂直通过 $S=4\times10^{-4}$ m^2 的总能量。

10-11 如习题 10-11 图所示，从远处声源发出的声波，波长为 λ，垂直入射到墙上，墙上

有两个小孔 A 和 B，彼此相距 3λ，将一个探测器沿与墙垂直的 AP 直线移动，遇到两次极大，它们的位置 Q_1、Q_2 已定性地在图中画出。试求 Q_1、Q_2 与 A 的距离。

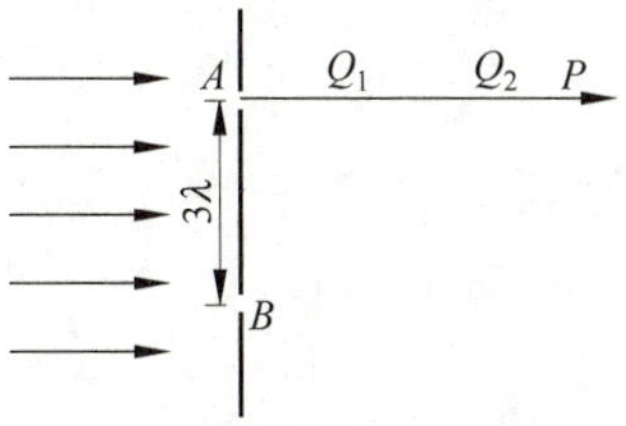

习题 10-11 图

10-12 设 S_1 和 S_2 为两相干波源，相距 $\frac{1}{4}\lambda$，S_1 的相位比 S_2 的相位超前 $\frac{\pi}{2}$，若两波在 S_1、S_2 连线方向上的强度相同均为 I_0，且不随与波源的距离变化。求在 S_1、S_2 连线上：(1)在 S_1 外侧各点的合成波的强度 I；(2)在 S_2 外侧各点的强度 I。

10-13 如习题 10-13 图所示，设 B 点发出的平面简谐横波沿 BP 方向传播，在 B 点的振动表达式为 $y_1=0.002\cos 2\pi t$ m；设 C 点发出的平面简谐横波沿 CP 方向传播，在 C 点的振动表达式为 $y_2=0.002\cos(2\pi t+\pi)$ m。设 $BP=0.4$ m，$CP=0.5$ m，波速 $u=0.2$ m/s。求两列波传到 P 点时：(1)相位差；(2)合振动的振幅；(3)合振动表达式。

10-14 设入射波为 $y_1=A\cos 2\pi\left(\frac{t}{T}+\frac{x}{\lambda}\right)$，在 $x=0$ 处反射，反射点为一自由端。求：(1)反射波的表达式；(2)合成的驻波的表达式，并说明哪里是波腹？哪里是波节？

10-15 如习题 10-15 图所示，位于 $x=0$ 处的波源 O 作简谐运动，产生振幅为 A、周期为 T、波长为 λ 的平面简谐波。波沿 x 轴负向传播，在波密介质表面 B 处反射。若 $t=0$ 时波源位移为正最大，且 $OB=L$，设波在反射时无能量损失。求：(1)入射波的波动表达式；(2)反射波的波动表达式。(3)设 $L=\frac{3\lambda}{4}$，证明 OB 间形成驻波，并给出因干涉而静止的点的位置。

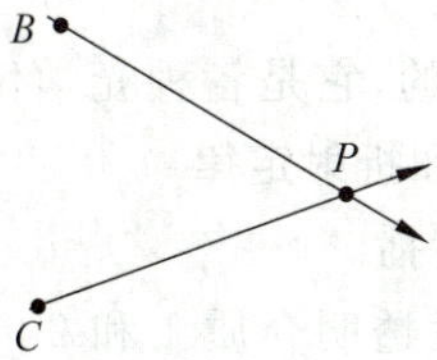

习题 10-13 图

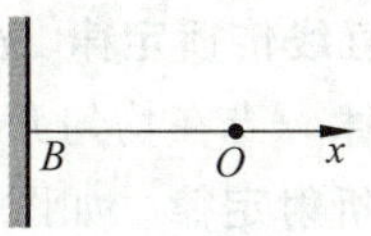

习题 10-15 图

10-16 一警报器发射频率为 1000 Hz 的声波，离观察者向一固定目的物运动，其速度为 100 m/s。(1)观察者直接听到从警报器传来的声音频率为多少？(2)观察者听到从目的物反射回来的声音频率为多少？(空气中的声速 330 m/s)

第11章

几何光学简介

光是电磁波，通常意义上的光是指可见光，即能引起人的视觉的电磁波。**光学**是研究光的本性、光的传播和光与物质相互作用的学科，其内容通常分为几何光学、波动光学和量子光学三部分。以光的直线传播为基础，研究光在透明介质中传播规律的部分称为**几何光学**；以波动性质为基础，研究光的传播规律的部分称为**波动光学**；以光的粒子性为基础，研究光和物质相互作用的规律的部分称为**量子光学**。波动光学和量子光学又统称为**物理光学**。

尽管光是以波动形式传播的，但若光在均匀介质中传播时遇到的障碍物的线度比光波波长大很多时，波动的衍射现象就很不显著。在这种情况下，光的传播情况将可视为沿直线传播，从而可用波线作为光的传播径迹，这时可研究的光学的内容就称为几何光学。本章将简要介绍几何光学的一些基本知识。主要内容为几何光学三个基本定律，光在球面（凸面镜和凹面镜）上反射成像、光在球面上折射成像以及薄透镜（凸透镜和凹透镜）成像的规律。

11.1 光的传播规律

11.1.1 几何光学三定律

几何光学是以三个实验定律为基础建立起来的，它是各种光学仪器设计的理论基础。这三个定律为：**光的直线传播定律**、**光的反射定律**和**折射定律**。

光的直线传播定律　光在均匀介质中沿直线传播。

光的反射定律和折射定律　如图 11-1 所示，设透明介质 1 和 2 的分界面是平面，当一束光入射到分界面上，一般情形下分解成两束光线：反射光线和折射光线。过入射点作界面的法线，入射线与该法线组成的平面称为入射面。i、i'、γ 分别是入射角、反射角和折射角。实验表明：

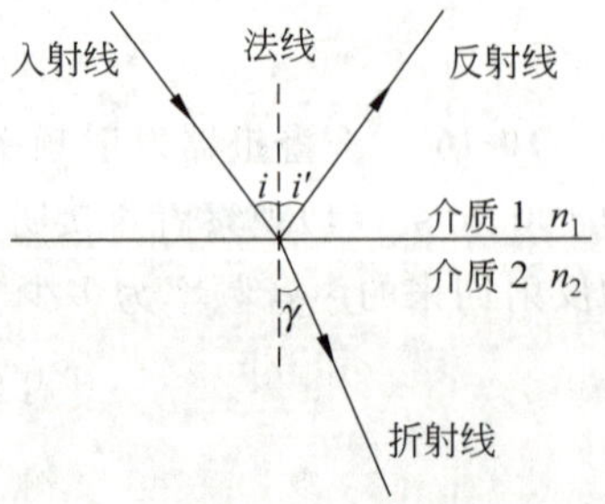

图 11-1　光的反射和折射

(1) 反射光线和折射光线都在入射面内。

(2) 反射角等于入射角

$$i' = i \tag{11-1}$$

(3) 入射角 i 与折射角 γ 的关系为

$$\frac{\sin i}{\sin\gamma}=\frac{n_2}{n_1}=n_{21}$$

或

$$n_1\sin i=n_2\sin\gamma \tag{11-2}$$

n_{21}称为第二种介质相对于第一种介质的折射率。n_1 或 n_2 为介质相对于真空的折射率，$n_1=c/v_1$，c 和 v_1 分别为光在真空中和介质中的速度。

介质折射率与光的波长有关，几种透明介质对钠黄光($\lambda=589.3$ nm)的折射率如表 11-1 所示。两种介质相比，把折射率较大的介质称为**光密介质**，折射率较小的介质称为**光疏介质**。

表 11-1 几种常见介质的折射率

物 质	折 射 率	物 质	折 射 率	物 质	折 射 率
空气	1.000 29	乙醚	1.36	水晶	1.54
二氧化碳	1.000 45	甘油	1.47	各种玻璃	1.5～2.0
水	1.333	加拿大树胶	1.53	金刚石	2.417

11.1.2 光路可逆原理

从几何光学的基本原理可以知道，如果图 11-1 中光线逆着反射线的方向入射，则它的反射线将逆着原来的入射线方向传播；再如光线逆着折射线的方向由介质 2 入射，则其在介质 1 中折射线必将逆着原来的入射线方向传播。这表明当光线的方向反转时，光将循同一路径而逆向传播，这称为**光路的可逆原理**。

11.1.3 全反射

当光从光密介质(n_1)入射到光疏介质(n_2，$n_1>n_2$)的界面上，折射角大于入射角，当入射角 i 达到和超过**全反射临界角** $i_C=\arcsin(n_2/n_1)$时，光线就不再折射而全部被反射，这种现象称为**光的全反射**。

例 11-1 全反射的应用很广，光导纤维就是利用全反射规律使光线沿着弯曲路径传播光的元件(图 11-2(a))。设光学纤维玻璃芯和外套的折射率分别为 n_1 和 n_2，且 $n_1>n_2$，处于光学玻璃横端面外的介质的折射率为 n_0。试证明：能使光线在光学纤维中发生全反射的最大孔径角 i_0 由 $n_0\sin i_0=\sqrt{n_1^2-n_2^2}$决定，其中 $n_0\sin i_0$ 称为光学玻璃的**数值孔径**。

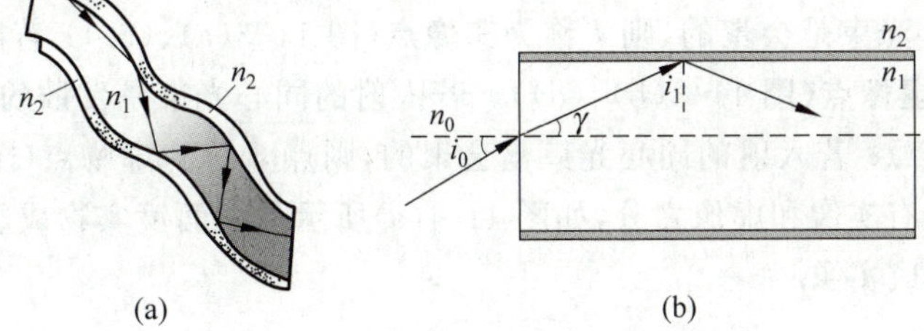

图 11-2 光导纤维

证明 如图 11-2(b),按折射定律有

$$n_0 \sin i_0 = n_1 \sin\gamma = n_1 \cos i_1 = n_1 \sqrt{1-\sin^2 i_1^2}$$

若要求在玻璃芯和外套之间发生全反射,则有

$$\sin i_1 \geqslant \frac{n_2}{n_1}$$

故 i_0 需满足

$$n_0 \sin i_0 \leqslant n_1 \sqrt{1-\left(\frac{n_2}{n_1}\right)^2}$$

即 i_0 的最大值需满足

$$n_0 \sin i_0 = \sqrt{n_1^2 - n_2^2}$$

光导纤维已发展成一门新的学科分支—**纤维光学**。光导纤维可应用于医疗上的内窥镜、光导通信等领域。

11.2 实物 虚物 实像 虚像

本节介绍在讨论光学系统成像时的一些常用概念。

球心在同一条直线上的若干反射面和折射面组成的光学系统,称为**共轴球面系统**,或称**共轴光具组**,各球面球心的连线称为**光轴**。平面是球面半径趋于无穷大时的极限情况。

有一定关系的一些光线的集合称为**光束**。自一点发出的光束、会聚于一点的光束、或者光束的延长线相交于一点的光束,皆称为**同心光束**。在几何光学中,把对光学系统入射的同心光束的顶点,称为**物点**;把经过光学系统后出射的同心光束的顶点,称为**像点**。如图 11-3 所示,物点是 S,像点是 I,光学系统使物点 S 成像于点 I。

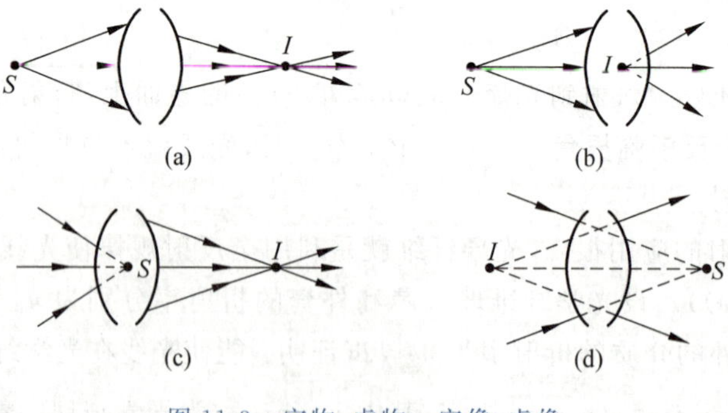

图 11-3 实物、虚物 实像、虚像

若出射的同心光束是会聚的,则 I 称为**实像点**(图 11-3(a)、(c));若出射的同心光束是发散的,则 I 称为**虚像点**(图 11-3(b)、(d))。若入射的同心光束是发散的,则点 S 称为**实物点**(图 11-3(a)、(b));若入射的同心光束是会聚的,则点 S 称为**虚物点**(图 11-3(c)、(d))。

对于平面镜也有实像和虚像之分,如图 11-4(a)所示是平面镜实物成虚像,而图 11-4(b)所示是平面镜虚物成实像。

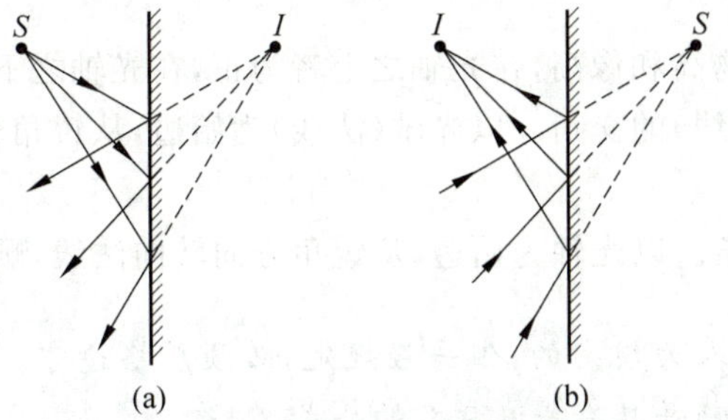

图 11-4 平面镜成像特性

注意 实像既可以用屏幕接受，又可用眼睛来观察，而虚像不能用屏幕接受，只可用眼睛观察。

11.3 光在球面上的反射成像

如图 11-5 所示，AOB 表示球面的一部分，这部分球面的中心点 O 称为**顶点**，球面的球心 C 称为**曲率中心**，球面半径称为**曲率半径**，以 r 表示。连接顶点和曲率中心的直线 CO 称为**主光轴**。从轴上的一物点 S 发出的光线经球面反射后相交于主光轴上 I 点，I 点为物点 S 的像，从顶点 O 到物点 S 的距离称为**物距**，以 p 表示，从顶点 O 到像点 I 的距离称为**像距**，以 p' 表示，δ 为从光线入射点向光轴所作垂线的垂足到 O 的距离。

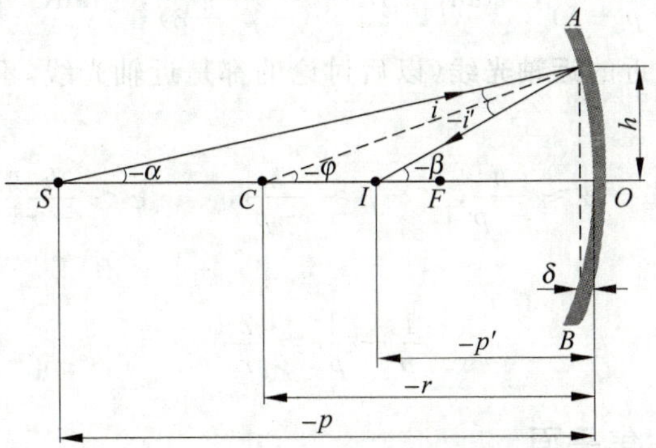

图 11-5 球面反射成像公式的推导

1. 正、负号法则

研究球面反射、折射以及薄透镜等成像问题，为使确定光线位置的参量具有明确的意义，并使导出的公式具有普遍适用性，必须对这些参量做符号上的规定。各种不同教材或参考书所规定的法则不尽相同。本书采用的符号法则如下。

(1) 沿轴线段。规定入射光线方向自左向右为正向，以球面顶点 O 为分界点，则当物点、像点、焦点和曲率中心在顶点右侧时，物距、像距、焦距和曲率半径均为正；反之在左侧则为负。

(2) 垂轴线段。如物高和像高，在光轴之上者为正，在光轴之下者为负。

(3) 光线与光轴(法线)的交角。以光轴(法线)为始边，从锐角方向转向光线，顺时针为正，逆时针为负。

(4) 光轴与法线交角。以光轴为始边，从锐角方向转向法线，顺时针为正，逆时针为负。

注意 (1) 符号规则是人为规定的，但一经规定，必须严格遵守。只有这样，才能依据光路图导出正确并具有普遍意义的公式。

(2) 这里规定的符号法则对球面反射和折射以及薄透镜均适用。

(3) 图中标记长度和角度都是绝对值，若某一字母表示负的数值，则在该字母前标以负号。如在图 11-5 中 $-p$、$-p'$、$-r$、$-\alpha$、$-\varphi$、$-\beta$ 和 $-i'$。

2. 物像公式

从图 11-5 可以看出

$$-\beta=-\varphi-i',\quad -\varphi=-\alpha+i$$

由反射定律

$$i=-i'$$

由上面三式消去 i 和 i'，得

$$\alpha+\beta=2\varphi \tag{11-3}$$

又

$$\tan(-\alpha)=\frac{h}{(-p-\delta)},\quad \tan(-\beta)=\frac{h}{(-p'-\delta)},\quad \tan(-\varphi)=\frac{h}{(-r-\delta)}$$

对于靠近主光轴附近的**近轴光线**(以后讨论的都是近轴光线，不再加以说明)，α、β 及 δ 都很小，有

$$-\alpha\approx\frac{h}{-p},\quad -\beta\approx\frac{h}{-p'},\quad -\varphi\approx\frac{h}{-r}$$

代入式(11-3)得

$$\frac{1}{p}+\frac{1}{p'}=\frac{2}{r} \tag{11-4}$$

3. 焦点 焦距 焦平面

当 $p\to\infty$ 时，$p'=\frac{r}{2}$，即平行主光轴的光束经球面反射后，将在光轴上会聚成一点，如图 11-6(a)所示。该像点称为反射球面的**焦点**，以 F 表示，从顶点 O 到焦点 F 的线段称为**焦距**，以 f 表示，即

$$f=\frac{r}{2} \tag{11-5}$$

于是式(11-4)可写成

$$\frac{1}{p}+\frac{1}{p'}=\frac{1}{f} \tag{11-6}$$

式(11-4)和式(11-6)都称为在近轴光线条件下球面反射的**物像公式**。

对于近轴光线，光线将会聚在垂直于主光轴且通过焦点的一个平面上的F'点，如图11-6(c)所示，这个平面称为**焦平面**。

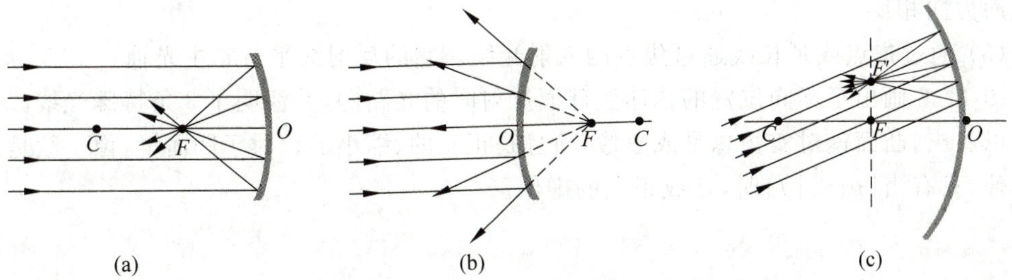

图11-6　反射球面的焦点和焦平面

注意　式(11-4)和式(11-6)虽是由凹球面反射导出的，但也适用于凸球面反射，不过需注意正负号法则。对凹球面反射$r<0, f<0$；对凸球面反射，$r>0, f>0$。凸球面反射的焦点如图11-6(b)所示，该焦点为**虚焦点**。

说明　当球面半径$r\to\infty$，则由式(11-4)得平面镜成像公式$\dfrac{1}{p}+\dfrac{1}{p'}=0$。

4. 横向放大率

定义像高h_i与物高h_o的比值**横向放大率m**，即$m=\dfrac{h_i}{h_o}$。在图11-7中，由反射定律$i=-i'$，$\triangle OS'S\backsim\triangle OI'I$，得$\dfrac{-h_i}{h_o}=\dfrac{-p'}{-p}$，于是

$$m=\frac{h_i}{h_o}=-\frac{p'}{p} \tag{11-7}$$

$m>0$表示像是正立的；$m<0$表示像是倒立的；$|m|>1$表示放大，$|m|<1$表示缩小。

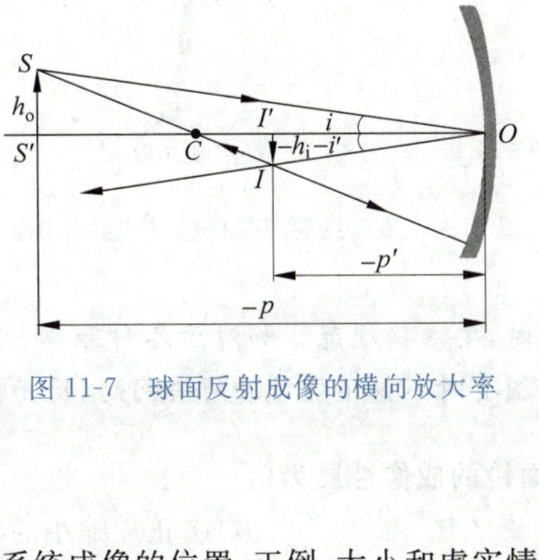

图11-7　球面反射成像的横向放大率

5. 作图法

作图法可以直观地了解系统成像的位置、正倒、大小和虚实情况。对球面反射成像，作图时可选择下列3条特殊入射光线中的任意两条，将反射线或其延长线相交，即得所成的像。

(1) 平行于主光轴的入射光线。它的反射线必通过焦点(凹球面)或反射线的延长线通过焦点(凸球面)。

(2) 通过曲率中心或延长线通过曲率中心的入射光线。它的反射线和入射线是同一条直线而方向相反。

(3) 通过焦点或延长线通过焦点的入射光线。它的反射线平行于主光轴。

图 11-8 画出了不同位置的物体经球面反射时的光路图,并注明了 3 条特殊光线。从图中可以看出,凸面镜对实物总是成虚像,而且是正立的、缩小的。对于凹面镜,像一般是倒立的实像,只有当$|p|<|f|$时,才成正立的虚像。

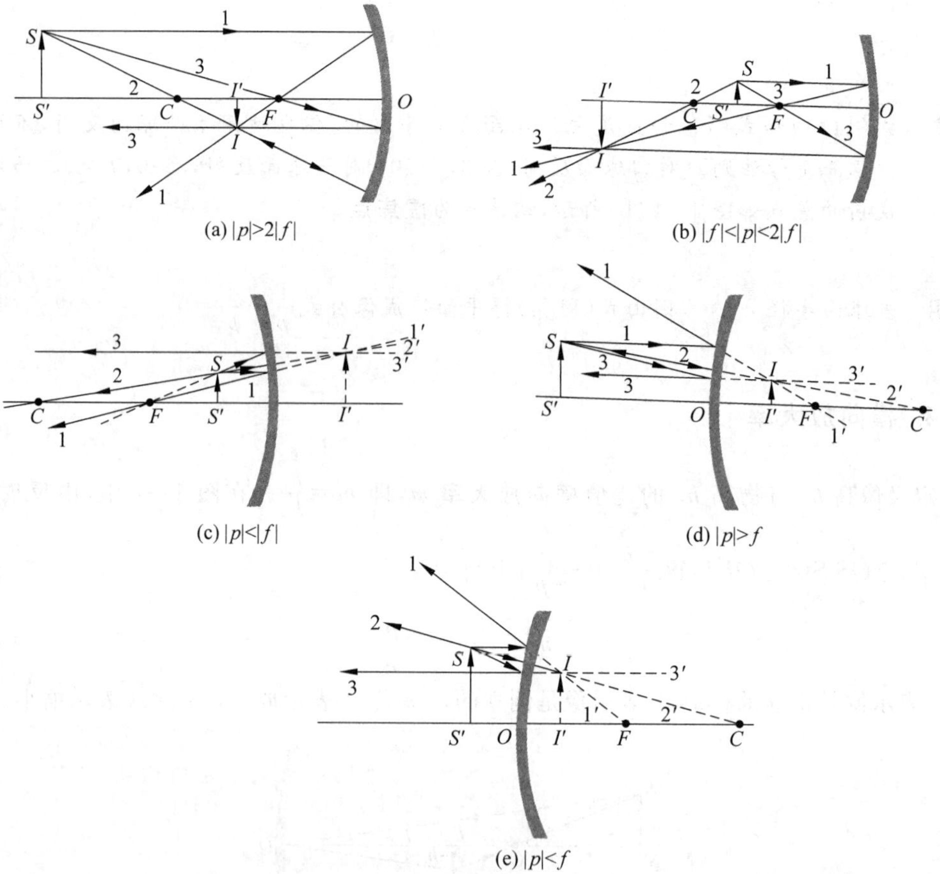

图 11-8 球面反射成像的特殊光线作图法

> **注意** 作几何光学光路图时,要准确规范。如对于各种距离,应选择合适的、统一的比例画出,草率、随手作图有时不仅不能帮助解决问题,反而会产生误导。

问题 11-1 虚物对凹面镜的成像性质为(   )。

(A) 倒立放大的虚像　　(B) 正立缩小的实像

(C) 倒立缩小的实像　　(D) 正立放大的虚像

问题 11-2 试在表中填写凹面镜、凸面镜成像的特征。

凹面镜的成像特征

物体		像			
位置(p)	类型(虚、实)	位置(p')	类型(虚、实)	方位(倒立、正立)	放大、缩小
$(-\infty,2f)$					
$2f$					
$(2f,f)$					
f					
$(f,0)$					
$(0,\infty)$					

凸面镜的成像特征

物体		像			
位置(p)	类型(虚、实)	位置(p')	类型(虚、实)	方位(倒立、正立)	放大、缩小
$(-\infty,0)$					
$(0,f)$					
f					
$(f,2f)$					
$2f$					
$(2f,\infty)$					

例 11-2 一个实物放在曲率半径为 r 的凹面镜前的什么地方能得到:(1)放大率为 4 倍的实像;(2)放大率为 4 倍的虚像。

解 (1) 由题意可知 $-\dfrac{p'}{p}=-4$,即 $p'=4p$,代入物像关系式

$$\frac{1}{p}+\frac{1}{p'}=\frac{2}{r}$$

得

$$p=\frac{5}{8}r=-\frac{5}{8}|r|$$

(2) 由题意可知$-\dfrac{p'}{p}=4$,即 $p'=-4p$,代入物像关系式

$$\frac{1}{p}+\frac{1}{p'}=\frac{2}{r}$$

得

$$p=\frac{3}{8}r=-\frac{3}{8}|r|$$

11.4 光在球面上的折射成像

1. 物像公式

如图 11-9 所示,AOB 是折射率分别为 n_1 和 n_2 两种介质的球面界面,设 $n_2>n_1$,光线从物点 S 发出,经球面折射后与主光轴相交于 I 点,即 I 点为像点。使用 11.3 节中给出的

符号规则，由△*SAC*和△*IAC*有

$$-i=-\alpha+\varphi,\quad \varphi=-\gamma+\beta$$

根据折射定律

$$n_1\sin(-i)=n_2\sin(-\gamma)$$

对近轴光线，α、β、φ、i 和 γ 都很小，有

$$n_1 i\approx n_2\gamma$$

将 i 和 γ 代入上式得

$$n_2\beta-n_1\alpha=(n_2-n_1)\varphi$$

又 $$-\alpha\approx\tan(-\alpha)\approx\frac{h}{-p},\quad \beta\approx\tan\beta\approx\frac{h}{p'},\quad \varphi\approx\tan\varphi\approx\frac{h}{r}$$

于是可得

$$\frac{n_2}{p'}-\frac{n_1}{p}=\frac{n_2-n_1}{r}\tag{11-8}$$

这就是在近轴光线条件下**球面折射的物像公式**。

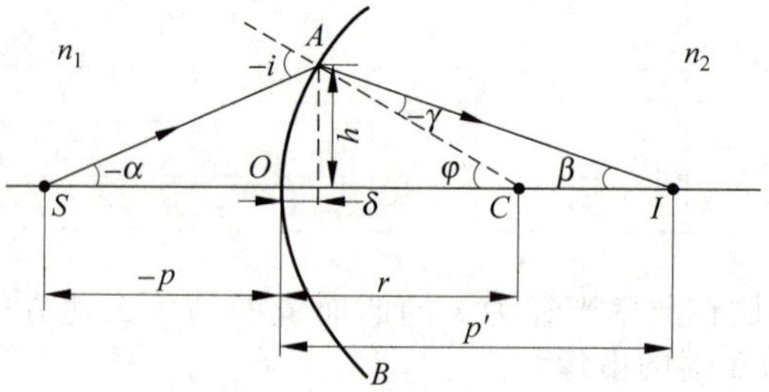

图 11-9 球面折射成像公式的推导

2. 焦点 焦距

与反射成像类似，令式(11-8)中 $p=-\infty$，即入射光线平行于主光轴，其像点 F' 称为**像方焦点**，相应像距 p' 称为**像方焦距**，以 f' 表示；而折射线平行于主光轴，即 $p'=\infty$，其物点 F 称为**物方焦点**，相应物距 p 称为**物方焦距**，以 f 表示，即

$$f=-\frac{n_1}{n_2-n_1}r,\quad f'=\frac{n_2}{n_2-n_1}r\tag{11-9}$$

式(11-8)也可以表示为

$$\frac{f'}{p'}+\frac{f}{p}=1\tag{11-10}$$

3. 横向放大率

由图 11-10 并结合近轴光线条件

$$\frac{-h_{\text{i}}}{p'}=\tan\gamma\approx\sin\gamma\approx\gamma,\quad \frac{h_{\text{o}}}{-p}=\tan i\approx\sin i\approx i$$

与折射定律

$$n_1\sin i=n_2\sin\gamma,\quad n_1 i\approx n_2\gamma$$

可得折射球面的**横向放大率**为

$$m=\frac{h_i}{h_o}=\frac{n_1 p'}{n_2 p} \tag{11-11}$$

m 取值的意义与球面反射成像相同。

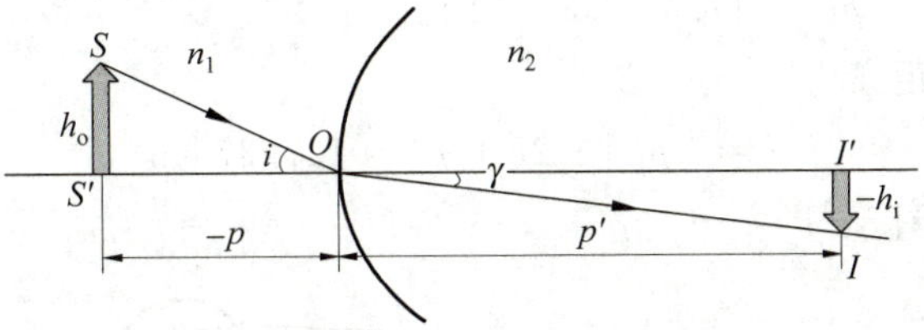

图 11-10　折射球面成像的横向放大率

说明　(1) 式(11-8)～式(11-11)同样适用于凹折射球面。

(2) 在式(11-8)中，令 $r\to\infty$，则得平面折射成像公式$\frac{n_2}{p'}-\frac{n_1}{p}=0$。

4. 作图法

对于折射球面成像，可以选取下列两条入射光线作图成像，如图 11-11 所示。平行于主光轴的入射光的折射光或其延长线经过像方焦点 F'；经过物方焦点 F 或延长线经过 F 的入射光折射后平行于主光轴，将两折射线或其延长线相交，即得所成的像。

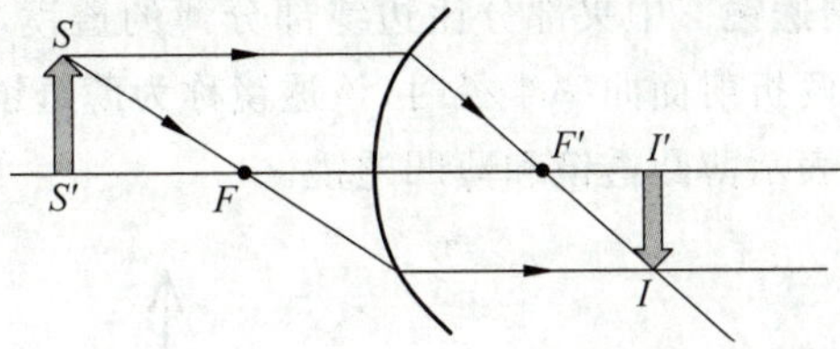

图 11-11　球面折射成像的特殊光线作图法

例 11-3　一玻璃圆球，半径为 10 cm，折射率为 1.50，放在空气中，沿直径的轴上有一物点，离球面距离为 100 cm(图 11-12)。求像的位置。

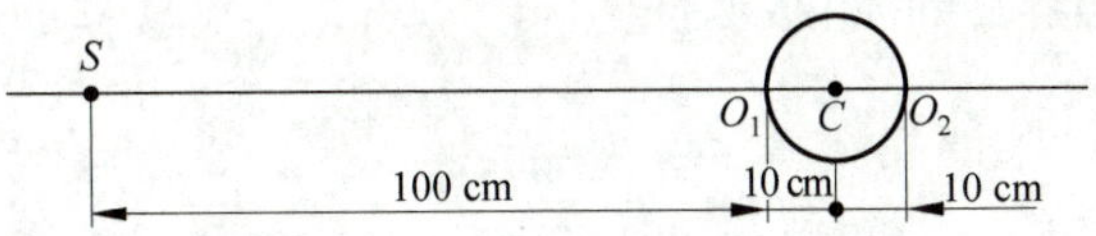

图 11-12　例 11-3 图

解　设物点在球的左侧，则根据正、负号法则有

$$p_1=-100\ \text{cm},\quad r_1=10\ \text{cm},\quad n_1=1.0\quad n_2=1.50$$

代入式(11-8)得

$$\frac{1.50}{p_1'}-\frac{1.0}{-100}=\frac{1.50-1.0}{10},\quad p_1'=37.5\ \text{cm}$$

对右侧球面来说，像点 I_1 为虚物，根据正、负号法则有

$$p_2 = 37.5 - 20 = 17.5\ (\text{cm}),\quad r_2 = -10\ \text{cm},\quad n_1' = 1.50,\quad n_2' = 1.0$$

代入式(11-8)得

$$\frac{1.0}{p_2'} - \frac{1.50}{17.5} = \frac{1.0 - 1.50}{-10},\quad p_2' = 7.37\ \text{cm}$$

最后成像处距物点的距离为

$$l = |p_1| + 2r + p_2' = 127.37\ \text{cm}$$

图 11-13 为成像光路图。

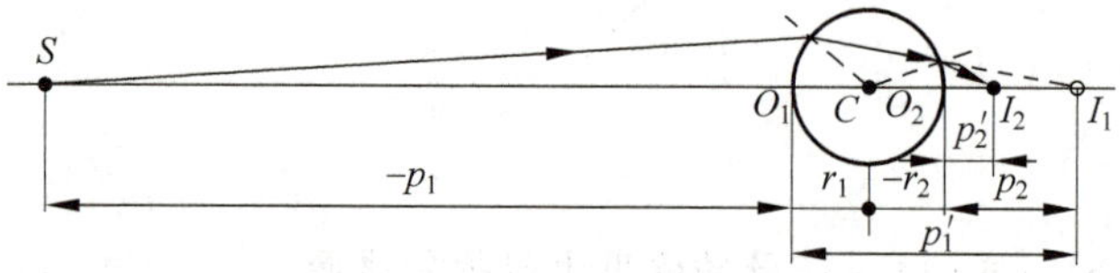

图 11-13　例 11-3 解用图

11.5　薄透镜成像

透镜是由两个曲率半径分别为 r_1、r_2 的球面组成(图 11-14)，通常透镜是用玻璃或树脂组成，其折射率为 n，透镜前后介质的折射率分别记作 n_1 和 n_2。中央部分比边缘部分厚的透镜的称为**凸透镜**，也称**会聚透镜**。中央部分比边缘部分薄的透镜，称为**凹透镜**，也称**发散透镜**。若透镜的厚度远小于两折射面曲率半径时，该透镜称为**薄透镜**。为作图简便起见，分别用图 11-15 中的(a)和(b)表示薄凸透镜和薄凹透镜。

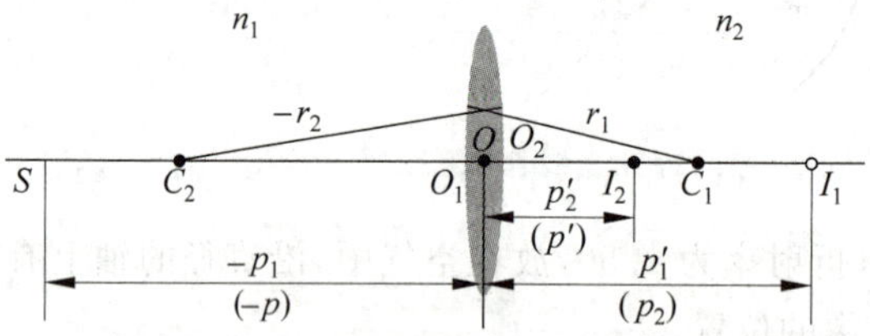

图 11-14　透镜的物像关系

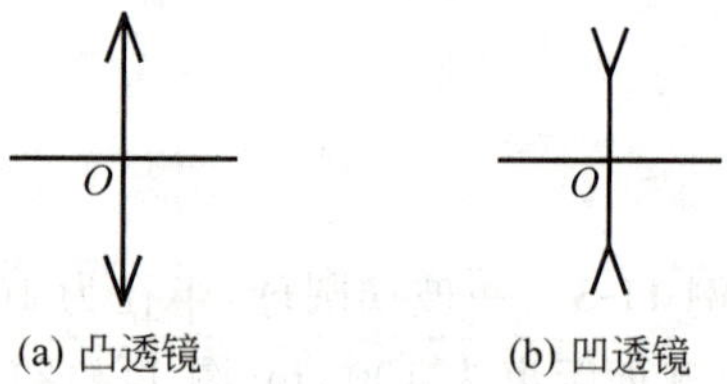

图 11-15　薄透镜的符号

1. 物像公式

在薄透镜中，两球面的主光轴重合，两顶点 O_1 和 O_2 可视为重合在一点 O，称为薄透镜的**光心**。

如图 11-14 所示，I_1 是 S 对 r_1 球面的像；I_2 是 I_1 对 r_2 球面的像，于是 I_2 即是 S 的最终像。利用单球面成像关系式(11-8)两次，即可求出 S 与 I_2 之间的成像关系。以 p 表示物对薄透镜的物距，即 $p_1 = p$；以 p' 表示像对薄透镜的像距，即 $p_2' = p'$，可得薄透镜物像公式

$$\frac{f'}{p'}+\frac{f}{p}=1 \tag{11-12}$$

式中像方焦距为

$$f'=\frac{n_2}{\dfrac{n-n_1}{r_1}+\dfrac{n_2-n}{r_2}} \tag{11-13a}$$

物方焦距为

$$f=-\frac{n_1}{\dfrac{n-n_1}{r_1}+\dfrac{n_2-n}{r_2}} \tag{11-13b}$$

若薄透镜处于空气中，则 $n_1=n_2=1$，可得焦距

$$f'=-f=\frac{1}{(n-1)\left(\dfrac{1}{r_1}-\dfrac{1}{r_2}\right)} \tag{11-14}$$

此式被称为**磨镜者公式**。于是薄透镜的物像公式(11-12)可写成

$$\frac{1}{p'}-\frac{1}{p}=\frac{1}{f'} \tag{11-15}$$

这就是薄透镜在空气中的物像公式。

证明　在应用上式时，正、负号的规则与球面反射类似，分界点是光心 O。

2. 凸、凹透镜的类型

根据符号规则，可以界定出凸、凹透镜的类型。设物(入射光)在左侧，则透镜类型可归纳成图 11-16 的各种类型。

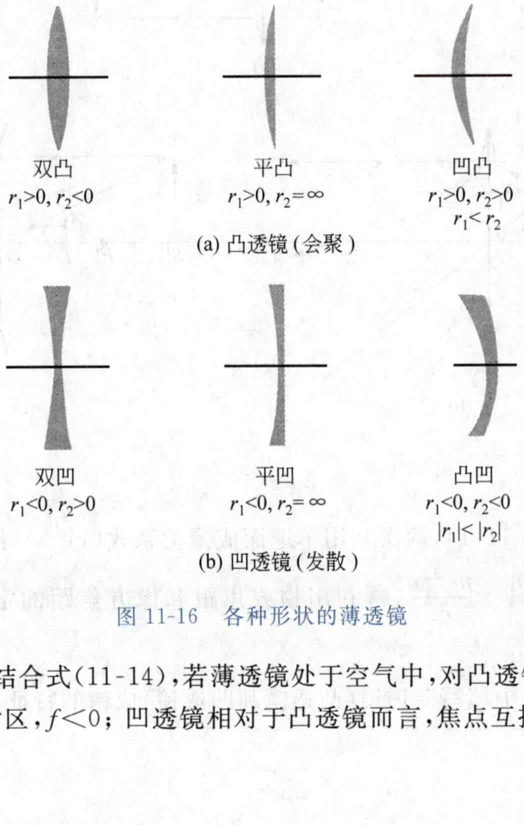

图 11-16　各种形状的薄透镜

从图 11-16 所示，结合式(11-14)，若薄透镜处于空气中，对凸透镜，像方焦点在折射区，$f'>0$，物方焦点在入射区，$f<0$；凹透镜相对于凸透镜而言，焦点互换位置，$f'<0$，$f>0$。

3. 横向放大率

根据单球面折射横向放大率公式连续的两次计算，可得薄透镜的横向放大率为

$$m = m_1 m_2 = \frac{n_1 p'}{n_2 p} \tag{11-16}$$

若取 $n_1 = n_2 = 1$

$$m = \frac{p'}{p} \tag{11-17}$$

放大率的正负及$|m|$大于、等于和小于1的含义，与单球面时相同。

4. 作图法

对于薄透镜成像，作图时可选择下列三条入射光线。

(1) 平行于主光轴的入射光线，经透镜的折射光线或其延长线通过像方焦点 F'。

(2) 通过物方焦点 F 或延长线通过 F 的入射光线，经透镜后平行于主光轴。

(3) 若物、像两方折射率相等，通过光心 O 的入射光线经透镜后方向不变。

从以上三条光线中任选两条作图，出射线或其延长线的交点即为像点 I。图 11-17 画出了透镜成像的部分光路图。

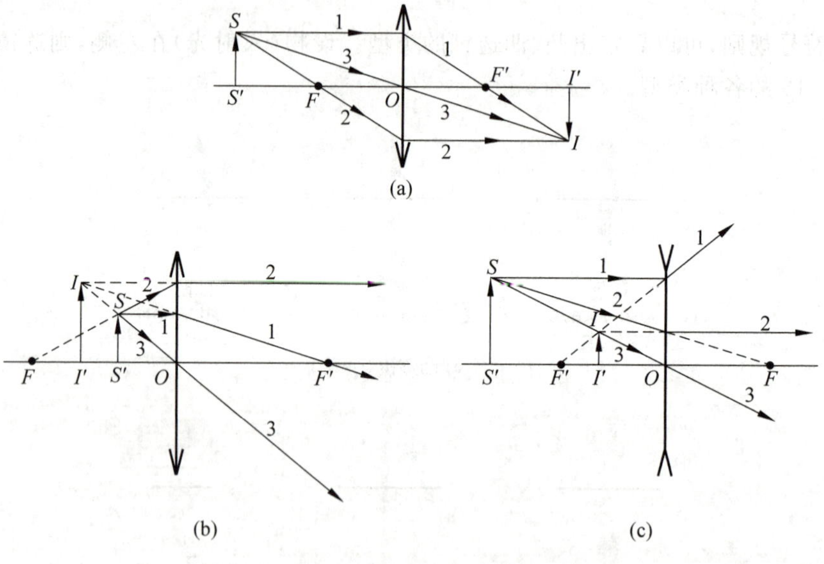

图 11-17 透镜成像的特殊光线作图法

问题 11-3 结合图 11-14，两次利用单球面成像关系式(11-8)，推导薄透镜物像公式的一般形式$\frac{n_2}{p'} - \frac{n_1}{p} = \frac{n - n_1}{r_1} + \frac{n_2 - n}{r_2}$，再利用物方焦距和像方焦距的定义，导出式(11-13)和式(11-12)。

问题 11-4 试在表中填写薄透镜(凸透镜和凹透镜)成像的特征。

凸透镜的成像特征

物　体		像			
位置(p)	类型(虚、实)	位置(p')	类型(虚、实)	方位(倒立、正立)	放大、缩小
$-\infty<p<-2f'$					
$p=-2f'$					
$-2f'<p<-f'$					
$p=-f'$					
$-f'<p<0$					
$0<p<\infty$					

凹透镜的成像特征

物　体		像			
位置(p)	类型(虚、实)	位置(p')	类型(虚、实)	方位(倒立、正立)	放大、缩小
$-\infty<p<0$					
$0<p<-f'$					
$p=-f'$					
$-f'<p<-2f'$					
$p=-2f'$					
$-2f'<p<\infty$					

例 11-4　如图 11-18 所示，透镜 L_1 是会聚透镜，焦距为 22 cm，物体放在其左侧 32 cm 处。透镜 L_2 是发散透镜，焦距为 57 cm，位于透镜 L_1 的右侧 41 cm 处。求最后成像的位置并讨论像的性质(正倒、虚实和大小)。

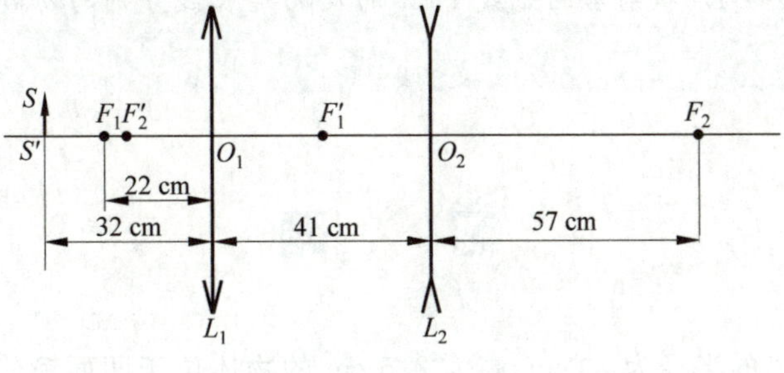

图 11-18　例 11-4 图

解　先求 L_1 所成的像，根据正、负号法则，$p_1=-32$ cm，$f_1'=22$ cm，代入式(11-15)，得

$$\frac{1}{p_1'}-\frac{1}{-32}=\frac{1}{22}$$

$$p_1'=70.4\ \text{cm}$$

L_1 所成的实像，由于 L_2 的存在，并不真实形成。

对于 L_2，$f_2'=-57$ cm，L_1 所成的像就是 L_2 的物，位于 L_2 的右侧(70.4−41) cm=

29.4 cm 处，此物位于光心的右侧，故为虚物，物距 $p_2=29.4$ cm 代入式(11-15)，得

$$\frac{1}{p_2'}-\frac{1}{29.4}=\frac{1}{-57}$$

$$p_2'=60.7\ \text{cm}$$

最后的像位于 L_2 的右侧 60.7 cm 处。横向放大率为

$$m=m_1m_2=\frac{p_1'}{p_1}\frac{p_2'}{p_2}=-4.54$$

最后的像是倒立的实像，是物体大小的 4.54 倍。图 11-19 为成像的光路图。

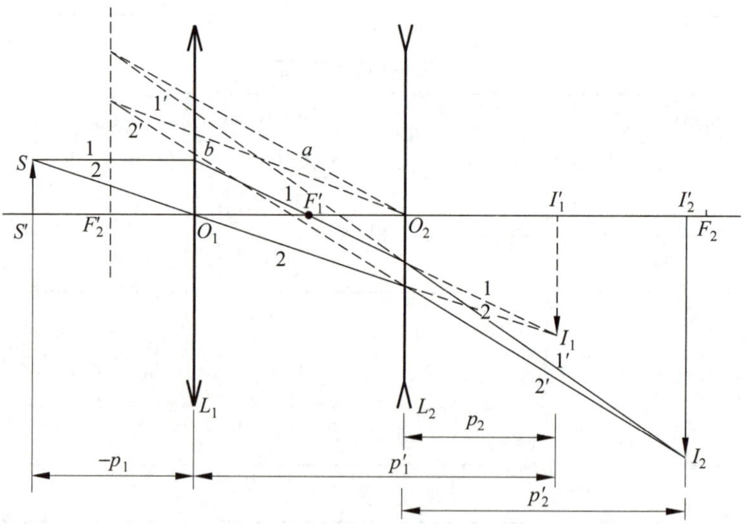

图 11-19 例 13-4 解用图

注意 图 11-19 中，a、b 是两条辅助线，均通过 O_2，分别平行于经过 L_1 的折射光线 1、2，且光线 1、2 经 L_2 折射后的光线 1′、2′的反向延长线分别与 a、b 交于 L_2 的像方焦平面上。

习 题

11-1 一凹面镜的半径为 40 cm、高为 2.5 cm 的物体位于凹面镜前方 50 cm 处。求像的高度。

11-2 物体放在凹面镜前某处，像长是物长的 1/4，假使物体向镜面移近 5 cm，像长变成物长的 1/2。求凹面镜的焦距。

11-3 (1) 有人用折射率 $n=1.50$、半径为 10 cm 的玻璃球放在纸上看字 S(习题 11-3 图(a))。问：看到的字在什么地方？放大率为多大？

(2) 将玻璃球切成两半，将半个玻璃球的球面向上放在报纸上(习题 11-3 图(b))，设字 S 位于球心，回答上面的问题。

(3) 将半个玻璃球的平面向上放在报纸上(习题 11-3 图(c)),回答上面的问题。

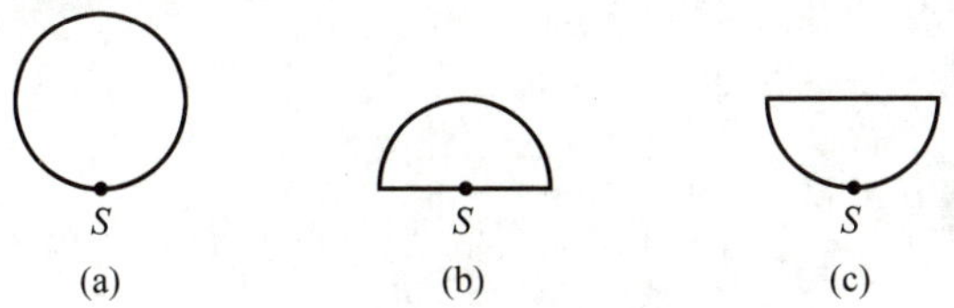

习题 11-3 图

11-4 如习题 11-4 图所示,一个玻璃圆柱折射率为 1.6,长 20 cm,两端为半球面,半径均为 2 cm。若在离圆柱一端 5 cm 处的轴上有一光点,试求像的位置和性质(虚实)。

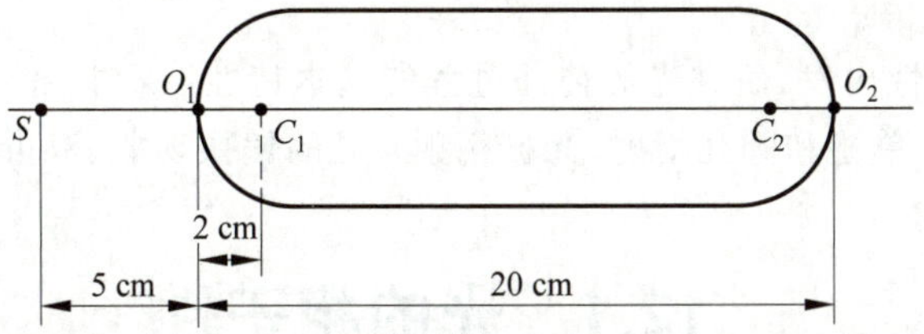

习题 11-4 图

11-5 一会聚薄透镜两表面的半径分别为 80 cm、36 cm,玻璃的折射率 $n=1.63$。一高为 2.0 cm 的物体放在透镜的左侧 15 cm 处,求像的位置及其大小。

11-6 已知物点 A 经薄凸透镜 L 和凹面镜 M 的组合系统后,所成的像 A' 和物 A 重合,有关尺寸如习题 11-6 图所示,图中 C 为球面的曲率中心。求透镜 L 的焦距。

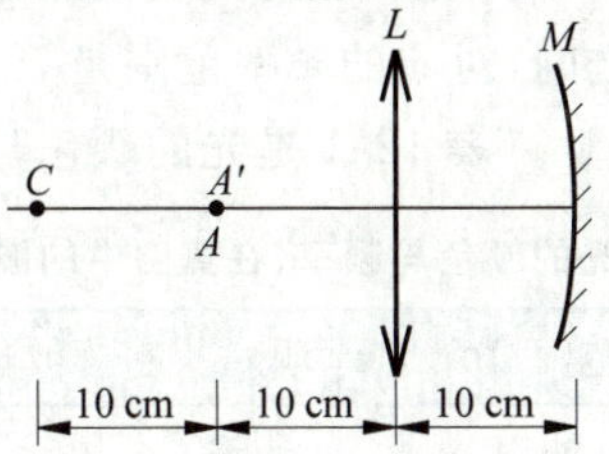

习题 11-6 图

第12章

波动光学

本章从光的波动性出发，研究光的传播过程的基本特性：干涉、衍射、偏振，主要内容为双缝干涉、薄膜干涉；单缝和圆孔衍射、光栅衍射；光的偏振现象、双折射现象等。

12.1 光的相干性

12.1.1 光波的概述

1. 光波的波长（频率）范围

光波在整个电磁波中只占很窄的波段，能为人类的眼睛所感受的可见光在真空中的波长是在 $4\times10^{-7}\sim7.6\times10^{-7}$ m 之间，对应的频率范围是 $7.5\times10^{14}\sim3.9\times10^{14}$ Hz。不同波长的可见光给人以不同颜色的感觉。表 12-1 是光的颜色与频率、在真空中的波长对照。

表 12-1 光的颜色与频率、在真空中的波长对照表

颜　色	波长范围/10^{-7} m	频率范围/10^{14} Hz	颜　色	波长范围/10^{-7} m	频率范围/10^{14} Hz
红	7.6～6.2	3.9～4.8	青	4.9～4.5	6.1～6.7
橙	6.2～6.0	4.8～5.0	蓝	4.5～4.3	6.7～7.0
黄	6.0～5.8	5.0～5.2	紫	4.3～4.0	7.0～7.5
绿	5.8～4.9	5.2～6.1			

在电磁波谱中与可见光段衔接的短波一侧是紫外线（$4\times10^{-7}\sim5\times10^{-9}$ m），长波一侧是红外线（$7.6\times10^{-7}\sim10^{-4}$ m）。一般讨论的光波是指从紫外到红外波段的电磁波。

在光学中常用的波长单位是米(m)、微米(μm)、纳米(nm)、埃(Å)，它们的换算关系如下：$1\ \text{Å}=10^{-10}$ m，$1\ \text{nm}=10^{-9}$ m，$1\ \mu\text{m}=10^{-6}$ m。

2. 光矢量　光强

对于光波来说，振动的是电场强度 $\boldsymbol{E}$ 和磁感应强度 $\boldsymbol{B}$，其中能引起人眼视觉和底片感光的是 $\boldsymbol{E}$，故通常把 $\boldsymbol{E}$ 矢量叫作光矢量。由式(10-23)可知光强与光矢量 $\boldsymbol{E}$ 的振幅的平方成

正比，即：$I \propto E_0^2$。

3. 单色光 复色光

具有单一频率(或波长)的光称为单色光。包含有多个频率(或波长)的光称为复色光。严格的单色光是不存在的。普通光源所发出的光都有一定的频率(或波长)范围，都是复色光，如白光。

12.1.2 光的相干性

两列**光波的相干条件**是频率相同、振动方向相同、相位相同或相位差保持恒定。

对于机械波或无线电波，因为它们的波源可以连续地振动，发出连续不断的正弦波，所以相干条件比较容易满足。但对光波则不然，这是因为普通光源发光是由光源中的原子或分子的运动状态发生变化时辐射出来的。这种辐射有如下两个基本特点。

(1) **原子发光具有间断性**。原子或分子每次发光持续的时间极短，约为 $10^{-10} \sim 10^{-8}$ s，使得原子发射的光波是一段频率一定、振动方向一定、长度有限的光波，通常称为**光波列**。图 12-1 是原子光波列的示意图。

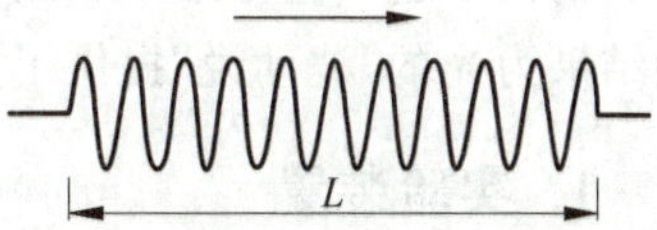

图 12-1 光波波列

(2) **原子发光具有独立性**。普通光源中大量原子或分子是各自独立地发出一个个光波列的，它们的发射是随机的，彼此间没有任何联系。因此不同原子同时发出的光波列，以及同一个原子不同时刻发出的光波列，其频率、振动方向和相位一般各不相同，在叠加的时候都是相互独立的、互不相干的。

所以一般情况下，两个普通的独立光源发出的光不满足相干条件，不能发生干涉，即使是同一光源上两个不同部分发出的光，也同样不会发生干涉。

12.1.3 相干光的获取方法

从普通光源获取相干光的基本方法是把由光源上同一点发出的光设法“一分为二”，沿不同的路径传播并相遇。由于这两部分的光实际上都来自同一发光原子的同一次发光，满足频率相同、振动方向相同、相位差恒定的相干条件。具体方法有两种：一种叫**分波阵面法**，即从普通光源发出的光的波阵面上，取出两个子光源作为相干光源，如杨氏双缝干涉；另一种叫**分振幅法**，将光波入射到两种介质界面，使入射光波分成反射光波和折射光波，它们分别继续传播，然后再相遇而产生干涉，如薄膜干涉。

上面讨论的是普通光源的相干性，由于激光的问世，使光源的相干性大大提高。现代技术已能实现两个独立的激光光束的干涉。

问题 12-1 试阐述“教室的两盏电灯同时照到同一玻璃平面上却观察不到干涉现象”的物理原理。

问题 12-2 如图 12-2 所示，两相干光源 S_1、S_2 发出的光振动表达式为

$$E_1 = E_{10}\cos(\omega t + \phi_{10}), \quad E_2 = E_{20}\cos(\omega t + \phi_{20})$$

设光波波长为 λ，在传播过程中两列光波的振幅不变。求这两列光波在点 P 相遇时合振动

的振幅与初相。

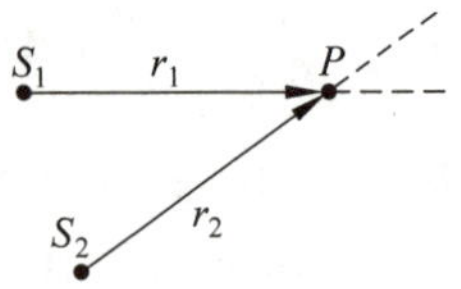

图 12-2 问题 12-2 图

12.2 双缝干涉

杨氏

12.2.1 杨氏双缝干涉

杨氏双缝实验是最早利用单一光源形成两束相干光,从而获得干涉现象的典型实验,实验结果为光的"波动说"提供了重要的依据。

1. 实验装置

如图 12-3(a)所示,在普通单色光源后放一狭缝 S,狭缝相当于一个线光源,S 前放置两个相距很近的与 S 的距离相等且等宽的平行狭缝 S_1、S_2。S_1、S_2 处在 S 发出光波的同一波阵面上,构成一对初相相同的等光强的相干光源。从 S_1、S_2 传出的相干光在屏后面的空间叠加相干。显然,在杨氏双缝实验中是采用分波阵面法产生相干光的。

在双缝的前方放置观察屏,可在屏幕上观察到明暗相间、对称的干涉条纹,这些条纹都与狭缝平行,条纹间的距离相等(图 12-3(b))。

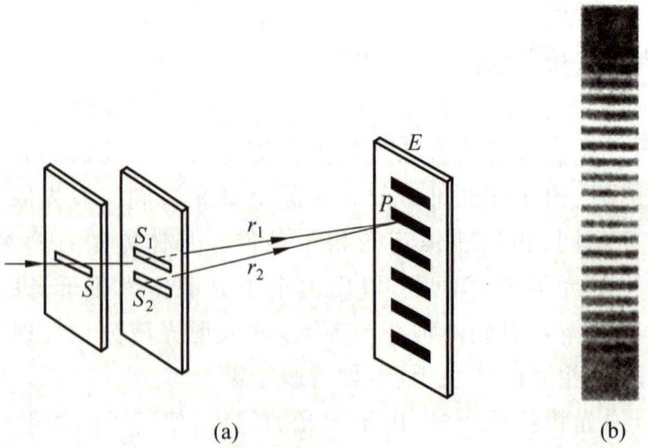

图 12-3 杨氏双缝实验

2. 干涉条纹分析

如图 12-4 所示,S_1、S_2 相距 d,E 为屏,屏与双缝距离为 D,S_1、S_2 连线的中点为 M、中垂线与 E 交于点 O。以点 O 为坐标原点在屏上建立坐标系 Ox,在屏上任取一点 P,P 点的

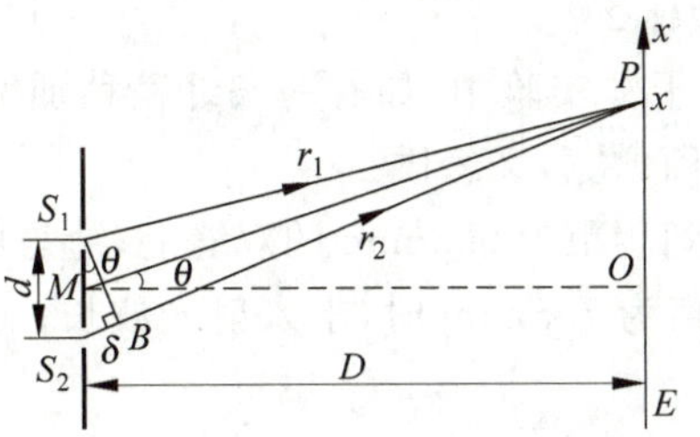

图 12-4 杨氏双缝干涉条纹的计算

坐标为 x，与 S_1、S_2 的距离分别为 r_1、r_2，由 S_1、S_2 传出的光在点 P 相遇时，波程差为

$$\delta = r_2 - r_1$$

在 S_2P 上作 $PB=PS_1$，即

$$\delta = r_2 - r_1 = S_2B$$

由于 $D \gg d$，$D \gg x$，在等腰三角形 $\triangle S_1PB$ 中，$\angle S_1PB$ 很小，S_1B 趋近于垂直 PS_1、PM 和 PB，同时 θ 很小，于是

$$\delta = r_2 - r_1 = S_2B \approx d\sin\theta \approx d\tan\theta = d\,\frac{x}{D}$$

即

$$\delta = d\,\frac{x}{D} \tag{12-1}$$

(1) 明纹中心位置。当 $\delta = \pm k\lambda$，$k=0,1,2,\cdots$ 时，点 P 为明纹中心，由 $d\,\dfrac{x}{D} = \pm k\lambda$，得

$$x = \pm k\,\frac{D\lambda}{d}, \quad k = 0,1,2,\cdots \tag{12-2}$$

$k=0$ 对应 O 点，称为**中央明纹中心**，$k=1,2,\cdots$ 依次为第一级明纹，第二级明纹，……，“±”号表示各级明纹关于中央明纹对称。

(2) 暗纹中心位置。当 $\delta = \pm(2k+1)\dfrac{\lambda}{2}$ 时，点 P 为暗纹中心，

$$x = \pm\left(\frac{2k+1}{2}\right)\frac{D\lambda}{d}, \quad k = 0,1,2,\cdots \tag{12-3}$$

“±”号表示各级暗纹也关于中央明纹对称。

若 S_1 和 S_2 在点 P 的波程差既不满足式(12-2)，也不满足式(12-3)，则该点的亮度处于明、暗纹之间 。

(3) 相邻明(暗)纹的间距均相等，为

$$\Delta x = x_{k+1} - x_k = \frac{D\lambda}{d} \tag{12-4}$$

问题 12-3 对于杨氏双缝实验，当用白光照射双缝时，则中央明纹将显示什么颜色？其他各级明条纹的分布有什么特点？

问题 12-4 在杨氏双缝干涉实验中，如果 S_1 和 S_2 为两个普通的独立的单色线光源，用照相机能否拍出干涉条纹照片？如果曝光时间比 10^{-8} s 短得多，是否有可能拍得干涉条纹照片？

问题 12-5 用白色线光源做双缝干涉实验时，若在双缝后面分别放置红色和绿色滤光

片，能否观察到干涉条纹？为什么？

问题 12-6 在杨氏双缝干涉实验中，如有一条缝稍稍加宽一些，屏幕上的干涉条纹有什么变化？如将缝光源 S 逐渐增宽，又怎样？

例 12-1 以单色光照射到相距为 0.2 mm 的双缝上，缝与屏相距为 1 m。(1)从第一级明纹到同侧第四级明纹的距离为 7.5 mm 时，求入射光波长；(2)若入射光波长为 6000 Å，求相邻明纹间距离。

解 (1) 明纹中心位置坐标为

$$x = \pm k\frac{D\lambda}{d},$$

由题意有

$$x_4 - x_1 = 4\times\frac{D\lambda}{d} - \frac{D\lambda}{d} = \frac{3D\lambda}{d}$$

$$\lambda = \frac{d}{3D}(x_4 - x_1) = \frac{0.2\times10^{-3}}{3\times1}\times7.5\times10^{-3} = 5\times10^{-7}(\text{m}) = 5000\ \text{Å}$$

(2) 当 λ=6000 Å 时，相邻明纹间距为

$$\Delta x = \frac{D\lambda}{d} = \frac{1\times6000\times10^{-10}}{0.2\times10^{-3}} = 3\times10^{-3}(\text{m}) = 3\ \text{mm}$$

12.2.2 洛埃德镜干涉

洛埃德镜(1834 年)实验装置如图 12-5 所示。MM' 为一块下表面涂黑的平玻璃板，用作反射镜。从狭缝 S_1 射出的光的一部分(图中以(1)表示)直接射到屏 E 上，另一部分光掠射(即入射角接近 90°)到 MM' 上经反射后(图中以(2)表示)到达 E 上，反射光可看作是由虚光源 S_2 发出的，S_1、S_2 构成一对相干光源。

洛埃德镜干涉属于分波阵面法。图中画有阴影的区域表示相干光在空间叠加的区域，在屏上出现明暗相间的干涉条纹，可以仿照杨氏双缝的条纹计算公式来计算这里的条纹间距。

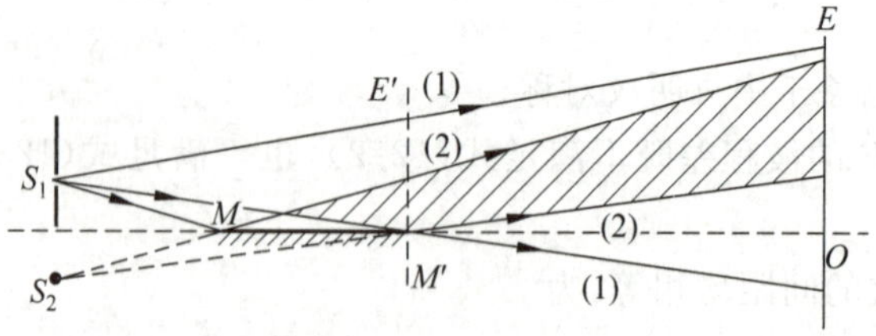

图 12-5 洛埃德镜实验装置简图

应该指出，若把屏幕移近到和镜面边缘 M' 相接触，即在 $E'M'$ 位置，因为从 S_1、S_2 发出的光到达交点 M' 时，波程相等，在屏与镜交点 M' 处似应出现明纹，但实验上观测到的却是暗纹，这表明直接射到屏上的光与由镜面反射的光在 M' 处位相相反，即位相差为 π。由于直射光不可能有位相突变，所以只能是由空气经镜面反射的光有位相突变 π。

进一步的实验表明：光从光疏媒质(光速较大即折射率较小)射到光密媒质(光速较小即折射率较大)反射时，在掠射(入射角 $i\approx90°$)或正入射($i\approx0$)的情况下，反射光的相位较

之入射光的相位有 π 的突变。这一相位突变相当于反射光与入射光之间附加了半个波长 $\left(\frac{\lambda}{2}\right)$ 的波程差，故常称为**半波损失**。在处理光波的叠加时，必须考虑半波损失，否则会得出与实验情况不同的结果。

讨论 所谓“半波损失”，考虑的是光线垂直入射($i=0°$)或掠入射($i\approx 90°$)于两种介质分界面时，入射光和反射光之间的相位关系，而如入射角是任意值，入射光和反射光之间的相位关系的讨论十分复杂，本书不予研究。

相对于入射光，折射光不存在半波损失问题。

12.3 光程 光程差

前面所讨论的双缝干涉，两束相干光是在同一介质(实际上是空气)中传播，所以只要计算出两束光到达相遇点的波程差 δ，就可根据 $\Delta\phi=2\pi\frac{\delta}{\lambda}$ 确定两束相干光的相位差。但当两束光在传播过程中经历了不同的介质，那么由于光在不同介质中折射率不同，光的波长也不同，因此就不能直接由波程差计算相位差了。为此，需要引入光程的概念。

1. 光程

同一束光在不同介质中传播时，频率不变而波长不同。以 λ 和 λ' 分别表示光在真空中和介质中的波长，以 n 表示介质折射率，由于 $n=c/v$，而 $\lambda'/\lambda=\lambda'\nu/\lambda\nu=v/c=1/n$，所以有

$$\lambda'=\frac{\lambda}{n} \tag{12-5}$$

即光在介质中的波长是真空中波长的 $\frac{1}{n}$ 倍。

光在介质中传播时，光振动的相位逐点落后，传播一个波长的距离，相位落后 2π。在介质中通过路程 r 时，光振动相位落后的值为

$$\Delta\phi=2\pi\frac{r}{\lambda'}=2\pi\frac{nr}{\lambda}$$

上式表明，光在折射率为 n 的介质中传播时，通过几何路径为 r 时发生的相位变化，相当于光在真空中通过 nr 的路程所发生的相位变化。

定义 折射率 n 与几何路程 r 的乘积 nr 称为**光程**，用 L 表示。

2. 光程差

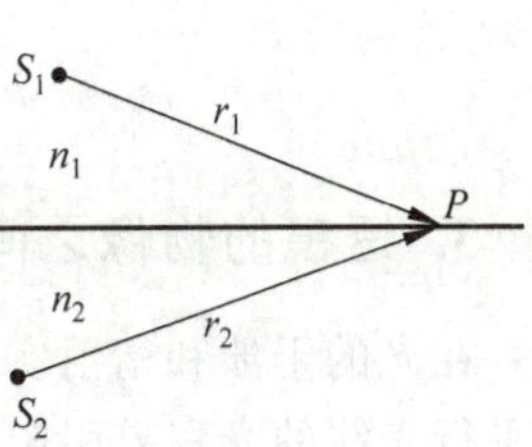

图 12-6 光程差的计算

如图 12-6 所示，假设 S_1、S_2 为相干光源，它们的初相位分别为 ϕ_{10}、ϕ_{20}，发出的两束光分别在折射率为 n_1 和 n_2 的介质中传播了路程 r_1、r_2 到达空间点 P 相遇，如用 Δ 表示**光程差**，则

$$\Delta=n_2r_2-n_1r_1$$

相位差

$$\Delta\phi = \phi_{20} - \phi_{10} - 2\pi\left(\frac{r_2}{\lambda_2} - \frac{r_1}{\lambda_1}\right)$$

由式(12-5)得

$$\Delta\phi = \phi_{20} - \phi_{10} - \frac{2\pi}{\lambda}(n_2 r_2 - n_1 r_1) = \phi_{20} - \phi_{10} - \frac{2\pi}{\lambda}\Delta \qquad (12\text{-}6)$$

在使用式(12-6)时，λ 为真空中的波长。

说明 (1) **光程的物理意义** 光在折射率为 n 的介质中走过 r 路程所用的时间为 $\Delta t = \frac{r}{v}$，在 Δt 时间内，光在真空中走过路程 $= c\Delta t = c\frac{r}{v} = nr$，即为光程。同一单色光不管是在介质中还是在真空中传播，只要传播的时间相同，引起的相位变化就相同，从而光在介质中走过 r 路程所发生的相位变化，相当于光在真空中通过等于光程 nr 的路程所发生的相位变化。

(2) **引入光程和光程差的作用** 由式(12-6)可知，在引入光程的概念后，可以将光在介质中经过的路程折算为光在真空中的路程——光程，这样通过计算通过不同介质的两束光的光程差，便可以统一地用光在真空中的波长 λ 来计算相应产生的相位差。

问题 12-7 讨论光程的物理意义与引入光程和光程差的作用。

例 12-2 如图 12-7 所示，双缝装置的一个缝为折射率为 1.40 的玻璃片遮盖，另一缝为折射率为 1.70 的玻璃片遮盖，设两玻璃片厚度均为 l。在玻璃片插入后，屏上原来的中央明纹处变为第 5 级明纹位置。已知入射光的波长 $\lambda =$ 480 nm，求 l 的值。

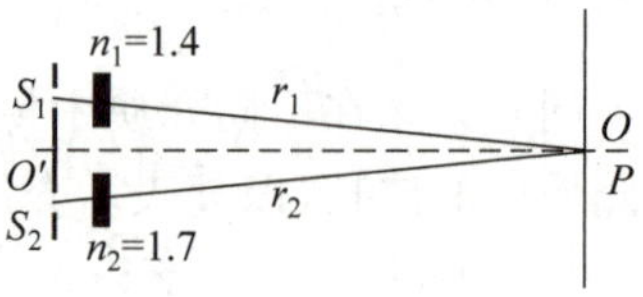

图 12-7 例 12-2 图

解 两束光到达点 O 的光程分别为

$$L_1 = 1.0 \times (r_1 - l) + n_1 l,$$
$$L_2 = 1.0 \times (r_2 - l) + n_2 l$$

光程差为

$$\Delta = L_2 - L_1 = (n_2 - n_1)l + (r_2 - r_1)$$

由题意有

$$r_1 = r_2,\quad \Delta = L_2 - L_1 = 5\lambda$$

可得

$$(n_2 - n_1)l = 5\lambda$$

$$l = \frac{5}{n_2 - n_1}\lambda = \frac{5 \times 480}{1.7 - 1.4}\ \text{nm} = 8000\ \text{nm}$$

3. 透镜的物像之间的等光程性

在光的干涉和衍射实验中，常常需要用薄透镜将平行光会聚成一点，使用透镜后会不会使平行光线的光程差引起变化呢？下面就此作简要的分析。

平行于透镜主光轴的光通过透镜后，将会聚于焦点 F 形成一亮点。这是由于某时刻平行光束波前上的各点(如图 12-8(a)中 A、B、C、D、E 等各点)的相位相同,到达焦点 F 后相位仍然相同,因而干涉加强。可见这些点到点 F 的光程都相等。

这一现象还可这样来理解:如图 12-8(a)所示,虽然光 AaF 比光 CcF 经过的几何路程长,但是光 CcF 在透镜中经过的路程比光 AaF 长,因此两者的光程相等。对于斜入射的平行光,会聚于像方焦平面上点 F',类似的讨论可知,AaF',BbF',…的光程均相等(图 12-8(b))。因此使用透镜不会引起附加的光程差,只是改变了光线方向。上述结论称为薄透镜的等光程性。

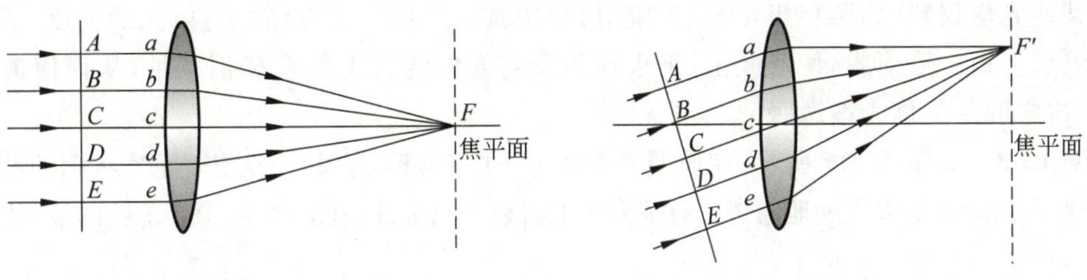

(a) 平行光平行于主光轴入射　　(b) 平行光斜入射

图 12-8　薄透镜的等光程性

说明　在讨论干涉和衍射时,薄凸透镜的作用一般是将物方平行光线会聚于像方焦点。为简便起见,我们将像方焦点与焦距记为 F 和 f,而不是第 11 章中的记法 F' 和 f'。

12.4 薄膜干涉

在日常生活中,我们常见到在阳光的照射下肥皂泡、水面上的油膜呈现出五颜六色的花纹。这是光波在膜的上、下表面反射后相互叠加所产生的干涉现象,称为**薄膜干涉**。由于反射波和透射波的能量都是由入射波分出,而波的能量与振幅有关,所以薄膜干涉属于分振幅干涉。

12.4.1 厚度均匀的薄膜干涉

对于光以任意角入射到平行平面薄膜即厚度均匀的薄膜上,光线在某一界面上反射时,反射光的相位变化情况比较复杂,我们不进行研究。本节主要以应用广泛的增透膜和增反膜为例,介绍光垂直入射的情况。

说明　在研究薄膜干涉中,经常要确定当薄膜的两个界面互相平行(本小节)、或近似平行(如下一小节的劈尖),光线垂直或近垂直入射时,经膜上、下界面反射和折射形成的反射光 1、2 之间或折射光 3、4 之间的光程差是否要计入半个波长($\lambda/2$)的附加光程差(图 12-9)。这时可使用 12.2.2 中关于单个界面的结论对每束光进行分析。当两束光合计经历了奇数次半波损失时,则计入半个波长($\lambda/2$)的附加光程差;

经历了偶数次半波损失时，则不计入半个波长($\lambda/2$)的附加光程差。需注意的是，不管介质情况如何，λ 均为真空中的波长。

问题 12-8 如图 12-9 所示，光线 a 近似正入射($i\approx0$)到折射率为 n_2 的平行平面膜上，经膜的上、下表面(即 n_1-n_2 分界面、n_2-n_3 分界面)反射、折射形成两对平行光 1、2 和 3、4。若(1)$n_1>n_2<n_3$；(2)$n_1<n_2>n_3$；(3)$n_1>n_2>n_3$；(4)$n_1<n_2<n_3$。试就此 4 种情况，分别判断 1、2 之间，3、4 之间的光程差是否要计入附加光程差 $\lambda/2$。

某些光学仪器(如照相机镜头、透镜等)希望减少反射损失以增加透射光的强度，这时通过在玻璃上镀一层薄膜，使薄膜上、下表面的反射光的光程差符合相消条件，从而使透射光增强，这样的薄膜称为**增透膜**。

例 12-3 如图 12-10 所示，在玻璃表面镀上一层 MgF_2 薄膜，使从空气垂直入射的波长为 $\lambda=5500$ Å 的绿光最大限度地通过。有关介质的折射率已标注在图 12-10 上。求膜的最小厚度。

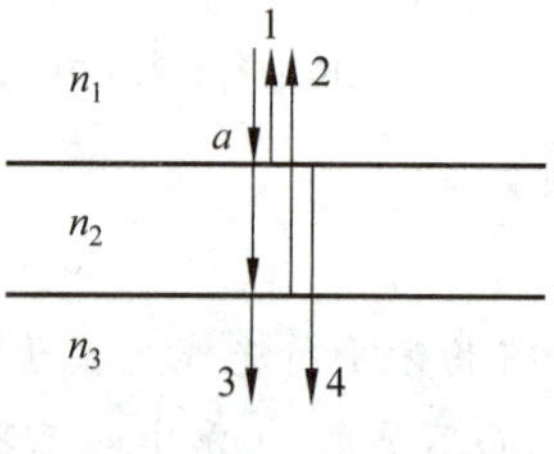

图 12-9 垂直入射光线经平行平面膜的反射和折射

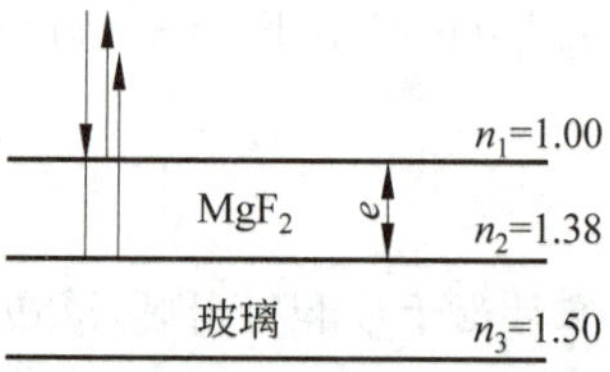

图 12-10 例 12-3 图

解 光垂直入射于 MgF_2 薄膜上，经膜的上、下两表面(即空气与 MgF_2 薄膜的分界面、MgF_2 薄膜与玻璃的分界面)反射后形成一对平行光 1 和 2，由于光 1 和 2 是从同一入射光束分出来的，当然是相干光。如果用一个会聚透镜使光 1 和 2 会聚到其焦平面上，它们势必形成干涉。两次反射时，光都是从光疏介质入射到光密介质，反射光相对于入射光均有半波损失，所以两束反射光 1 和 2 合计经历了偶数次(2 次)半波损失，综合效果之间无附加光程差 $\lambda/2$，从而其光程差为

$$\Delta = 2n_2e$$

欲使透射光增强，则两束反射光之间应满足干涉相消条件，即

$$2n_2e = \left(k+\frac{1}{2}\right)\lambda,\quad k=0,1,2,\cdots$$

$$e = \frac{\left(k+\frac{1}{2}\right)\lambda}{2n_2} = \frac{k\lambda}{2n_2} + \frac{\lambda}{4n_2}$$

令 $k=0$，得膜的最小厚度

$$e_{\min} = \frac{\lambda}{4n_2} = 996\ \text{Å}$$

当 k 取其他整数时，也都满足干涉相消条件。该题也可通过透射光干涉相长的条件求解。

有些光学器件需要减少其透射率，以增强反射光的强度。这时通过在玻璃上镀一层薄膜，利用薄膜上、下表面的反射光的光程差符合相长条件，从而使反射光增强，这种薄膜称为**增反膜**。对于未镀膜的一般光学玻璃，反射光的能量约占入射光能量的 7.5%。对于波长

为λ的光，在玻璃上镀上一层厚度$e=\dfrac{\lambda}{4n_2}(n_2=2.35)$的ZnS，反射率约为33%。所以和单层增透膜的广泛应用相反，很少应用单层增反膜，而通常在玻璃表面交替镀上高折射率的膜和低折射率的膜，一般镀到13层，有的高达15层、17层。这种膜系的反射率可达到94%以上。

例12-4 如图12-11所示，通过在折射率$n=1.52$的玻璃上交替镀上高折射率材料ZnS($n_1=2.35$)和低折射率材料MgF_2($n_2=1.38$)，He-Ne激光器谐振腔上的反射镜可对$\lambda=6328$ Å的单色光反射率大于99%。求ZnS和MgF_2的最小厚度。

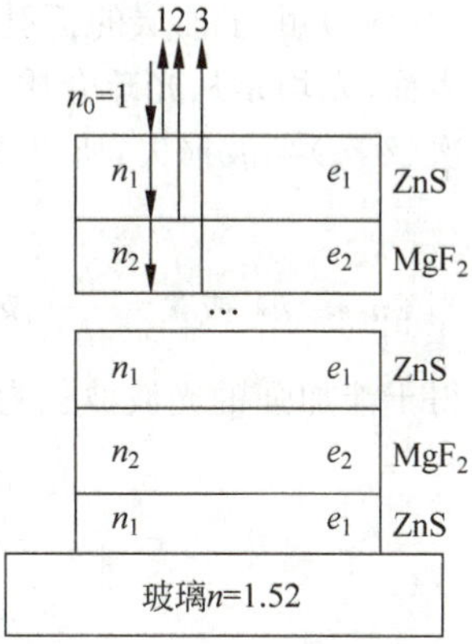

图12-11 例12-4图

解 设光线是垂直地从空气入射到ZnS界面，对于ZnS层，在空气-ZnS分界面，光是从光疏介质入射到光密介质反射形成光线1，有半波损失；在ZnS-MgF_2分界面，光是从光密介质入射到光疏介质反射形成光线2，无半波损失。两束反射光合计经历了奇数次(1次)半波损失，综合效果导致光线1和2之间有附加光程差$\lambda/2$，其光程差为

$$\Delta_1=2n_1e_1+\lambda/2$$

两束光之间干涉加强，即

$$2n_1e_1+\lambda/2=k\lambda,\quad k=1,2,3,\cdots$$

取$k=1$，得ZnS的最小厚度

$$e_{1\min}=\frac{\lambda}{4n_1}=673.2\ \text{Å}$$

对于MgF_2层，在ZnS-MgF_2分界面，光是从光密介质入射到光疏介质反射形成光线2，在MgF_2-ZnS分界面，光是从光疏介质入射到光密介质反射形成光线3，综合效果导致两束反射光2与3之间有附加光程差$\lambda/2$，其光程差为

$$\Delta_2=2n_2e_2+\lambda/2$$

类似于前面的分析，得MgF_2的最小厚度

$$e_{2\min}=\frac{\lambda}{4n_2}=1146\ \text{Å}$$

对于其他各层，包括靠近玻璃的ZnS层，都可通过类似分析，得到同样的结论。

注意 在例12-3和例12-4中，光程差Δ为光线2(下表面的反射光)与光线1(上表面的反射光)两者光程之差，如果光线1有半波损失，而光线2没有，如例12-4的ZnS层即是如此，是否应该在Δ中引入$-\lambda/2$呢？要注意到附加光程差取$+\lambda/2$或$-\lambda/2$，只不过是影响干涉相长或相消时对应的k值。如例12-4中，对ZnS层，将附加光程差取为$-\lambda/2$，即光线1和光线2的光程差变为$\Delta_1=2n_1e_1-\lambda/2$，两束光之间干涉相长条件变为$2n_1e_1-\lambda/2=k\lambda, k=0,1,2,\cdots$，ZnS的最小厚度对应$k=0$。显然$k$的取值不会影响问题的实质。所以对于附加光程差，一律取$+\lambda/2$。

问题12-9 日光照射到窗玻璃上，会分别在玻璃的两个界面上反射，为什么观察不到干涉现象？

例12-5 一油轮漏出的油(折射率$n_2=1.20$)污染了某海域，在海水($n_3=1.33$)表面形成一层厚度$e=460$ nm的薄薄的油污。(1)如果太阳正位于海域上空，一直升机的驾驶员从驾驶室向下观察，他看到的油层呈什么颜色？(2)如果潜水员潜入该区域水下向上观察，又将看到油层呈什么颜色？

解 这是一个薄膜干涉的问题，太阳垂直照射到海面上的油污层，驾驶员和潜水员所看到的分别是油层的反射光干涉和透射光干涉的结果。油层呈现的颜色应该是能够实现干涉相长的单色光的颜色。

(1) 由于油层的折射率 n_2 小于海水的折射率 n_3 但大于空气的折射率 n_1，在油层上、下表面，光均是从光疏介质入射到光密介质，反射光均有半波损失，两反射光合计经历了偶数次(2 次)半波损失，所以之间无附加光程差，光程差为

$$\Delta = 2n_2 e$$

当 $2n_2e=k\lambda$ 或 $\lambda=\dfrac{2n_2e}{k}$，$k=1,2,3,\cdots$ 时，反射光干涉相长。把 $n_2=1.20$，$e=460\ \text{nm}$ 代入，得干涉加强的光波波长为

$$k=1,\quad \lambda=2n_2e=1104\ \text{nm};$$

$$k=2,\quad \lambda=n_2e=552\ \text{nm};$$

$$k=3,\quad \lambda=\frac{2}{3}n_2e=368\ \text{nm}$$

在可见光范围内，波长为 552 nm 的绿光满足反射光干涉相长条件，所以，驾驶员将看到油膜呈绿色。

(2) 透射光加强，也就是相应的反射光干涉相消，即 $2n_2e=(2k+1)\dfrac{\lambda}{2}$，$k=0,1,2,\cdots$，即 $\lambda=\dfrac{4n_2e}{2k+1}$，由此得

$$k=0,\lambda=\frac{4n_2e}{2\times0+1}=2208\ \text{nm};\qquad k=1,\lambda=\frac{4n_2e}{2\times1+1}=736\ \text{nm};$$

$$k=2,\lambda=\frac{4n_2e}{2\times2+1}=441.6\ \text{nm};\qquad k=3,\lambda=\frac{4n_2e}{2\times3+1}=315.4\ \text{nm}$$

在可见光范围内，波长为 736 nm 的红光和波长为 441.6 nm 的紫光满足反射光干涉相消条件，所以，潜水员看到的油膜呈紫红色。该问也可使用透射光的干涉相长条件求解。

通过本节例题，我们对光的干涉问题解题的一般步骤总结如下。

(1) 确定讨论的是哪两束光的干涉。

(2) 计算光程差。这一步是解决问题的关键。在双光束干涉中，一般情况下，光程差由两部分组成，一部分是因两束相干光经历的几何路程及经过的介质不同而引起的，另一部分是由于两束相干光在反射时可能发生半波损失导致附加光程差 $\lambda/2$ 而引起的。

(3) 写出干涉明暗条纹的条件。

(4) 讨论干涉条纹形态、分布等问题。

12.4.2 厚度不均匀薄膜的干涉

1. 劈尖干涉

如图 12-12(a)所示，G_1、G_2 是两片折射率为 n_1 的平板玻璃，一端接触，一端被一直径为 D 的细丝隔开，G_1、G_2 夹角 θ 很小，在 G_1 的下表面与 G_2 的上表面间形成空气薄层或其他介

质薄层，如流体、固体层等（折射率为 n），此装置称为**劈尖**，两玻璃板接触的交线称劈尖棱边。

图 12-12(a)中 M 为以倾斜 45°角放置的半透明半反射平面镜，L 为透镜，T 为显微镜。单色光源发出的光经透镜 L 后成为平行光，经 M 反射后垂直射向劈尖（入射角 $i\approx 0$）。自空气劈尖上、下两面反射的光相互干涉。从显微镜 T 中可观察到一组与棱边平行的明暗交替、均匀分布的直条纹，如图 12-12(b)所示。图 12-12(c)标注了与劈尖干涉的相关参数。为清晰起见，角 θ 被夸大了。

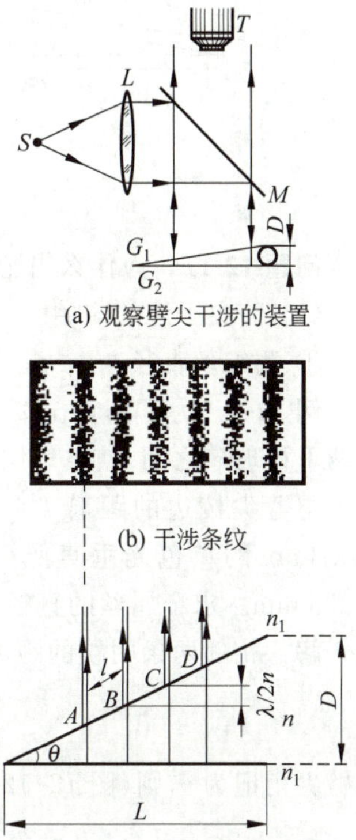

(a) 观察劈尖干涉的装置

(b) 干涉条纹

(c) 劈尖干涉条纹的形成

图 12-12 劈尖干涉

(1) 干涉条纹分析

入射角 $i\approx 0$，在空气劈尖的上表面（即玻璃—空气分界面），光从光密到光疏界面反射，无半波损失；在劈尖的下表面（即空气—玻璃分界面），光从光疏到光密界面反射，有半波损失。两束反射光合计存经历了奇数次（1 次）半波损失，所以之间有附加光程差 $\lambda/2$，在厚度 e 处，光程差为

$$\Delta = 2ne + \frac{\lambda}{2}$$

故明、暗纹条件是

$$\Delta = 2ne + \frac{\lambda}{2} = \begin{cases} k\lambda, & k = 1,2,3,\cdots \quad \text{明纹} \\ (2k+1)\dfrac{\lambda}{2}, & k = 0,1,2,\cdots \quad \text{暗纹} \end{cases} \tag{12-7}$$

两相邻明纹（或暗纹）对应的厚度差为（图 12-12(c)）

$$\Delta e = e_{k+1} - e_k = \frac{\lambda}{2n} \tag{12-8}$$

两相邻明纹（或暗纹）间距为（图 12-12(c)）

$$l = \frac{\Delta e}{\sin\theta} = \frac{\lambda}{2n\sin\theta} \approx \frac{\lambda}{2n\theta} \tag{12-9}$$

说明 (1) 同一级条纹，无论是明纹还是暗纹，都出现在厚度相同的地方，劈尖干涉条纹是平行于棱边且位于劈尖表面明暗相间的直条纹，如图 12-12(b)所示。将这种与等厚线相对应的干涉现象称为**等厚干涉**。

(2) 在棱边处，$e\to 0$，$\Delta=\dfrac{\lambda}{2}$，故为暗条纹，这和实际观察的结果相一致，也成为"半波损失"的又一有力证据。

问题 12-10 (1)若劈尖的上表面向上平移（图 12-13(a)）；(2)若劈尖的上表面向右平移（图 12-13(b)）；(3)若使劈尖绕棱边转动，使劈尖的两块玻璃的夹角增大（图 12-13(c)），干涉条纹如何变化？(4)若玻璃的折射率 $n_1=1.50$，原来两玻璃片之间是空气（$n=1.0$），现用折射率 n' 的透明液体代替空气，干涉条纹是否变化？

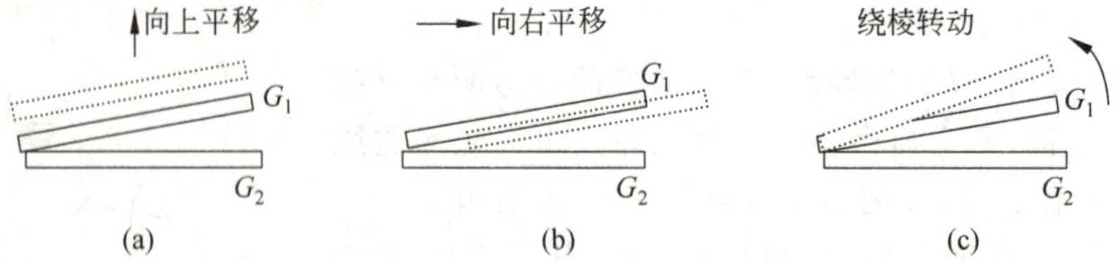

图 12-13 问题 12-10 图

问题 12-11 为什么当肥皂泡呈现黑色时，预示着肥皂泡即将破裂？

(2) 劈尖干涉的应用

① 测细丝直径

例 12-6 为了测量金属细丝的直径，把金属丝夹在两平板玻璃之间，使空气层形成劈尖(图 12-14)。金属丝与劈尖棱边的距离 $L=28.880\ \text{mm}$。用波长 $\lambda=589.3\ \text{nm}$ 的单色光垂直照射，30 条明纹间的距离为 4.295 mm。求金属丝的直径 D。

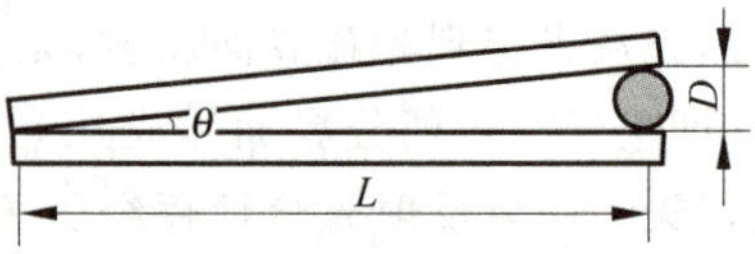

图 12-14 例 12-6 图

解 相邻两条明纹的距离

$$l=\frac{4.295}{29}\ \text{mm}$$

将劈尖角记为 θ，则(图 12-12(c))

$$l\sin\theta=\frac{\lambda}{2} \tag{1}$$

由图 12-14 可知

$$\tan\theta=D/L \tag{2}$$

由于 θ 很小，$\sin\theta\approx\tan\theta$，由式(1)、(2)得 D 的表达式并代入数据

$$D=\frac{L}{l}\frac{\lambda}{2}=\frac{28.880\times10^{-3}}{\frac{4.295}{29}\times10^{-3}}\times\frac{589.3\times10^{-9}}{2}=5.746\times10^{-5}(\text{m})=0.005\,746\ \text{mm}$$

如已知细丝的直径，则可以算出劈尖的夹角，故劈尖还可以作为测量微小角度的工具。

② 测很小的移动量 如图 12-13(a)所示，如果使下面一块玻璃板 G_2 固定，而将上面一块玻璃板 G_1 向上平移，由于等厚干涉条纹所在处空气膜的厚度保持不变，故它们相对于玻璃板将整体向左平移，并不断地从右边生成，在左边消失。相对于一个固定的考察点，每移过一个条纹，表明上板向上移动了 $\lambda/2$，由此可以测很小的移动量，如零件的热膨胀，材料受力时的形变等。

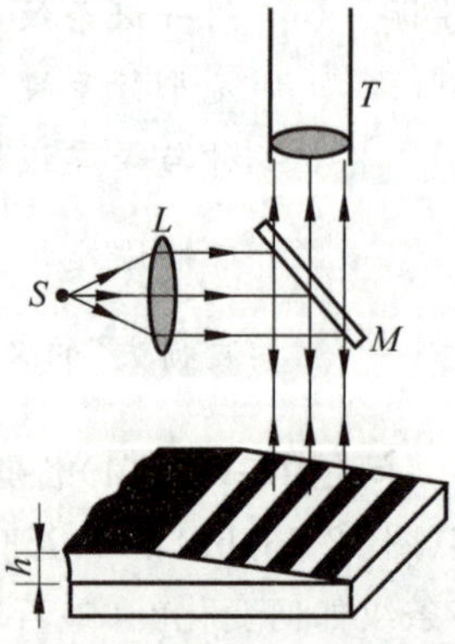

图 12-15 二氧化硅薄膜的厚度的测定

③ 测薄膜厚度 在制造半导体元件时，经常要在硅片上生成一层很薄的二氧化硅(SiO_2)膜，要测量其厚度，这时可用化学方法把二氧化硅薄膜一部分腐蚀掉，使其成劈尖状(图 12-15)。用已知波长的单色光垂直照射到二氧化硅的劈尖上，在显微镜里读出干涉条纹的数目，就可求出二氧化硅薄膜的厚度。

2. 牛顿环

如图 12-16 所示，在一块平的玻璃片 B 上，放一曲率半径较大的平凸透镜 A，则构成一个上表面为球面、下表面为平面的空气劈尖（折射率为 n）。该空气劈尖的等厚线是以接触点 O 为圆心的圆周。所以用单色平行光垂直照射平凸透镜，就可以观察到在透镜表面上的一组以接触点 O 为中心的同心圆环的干涉条纹，称为**牛顿环**。显然这种干涉为等厚干涉。

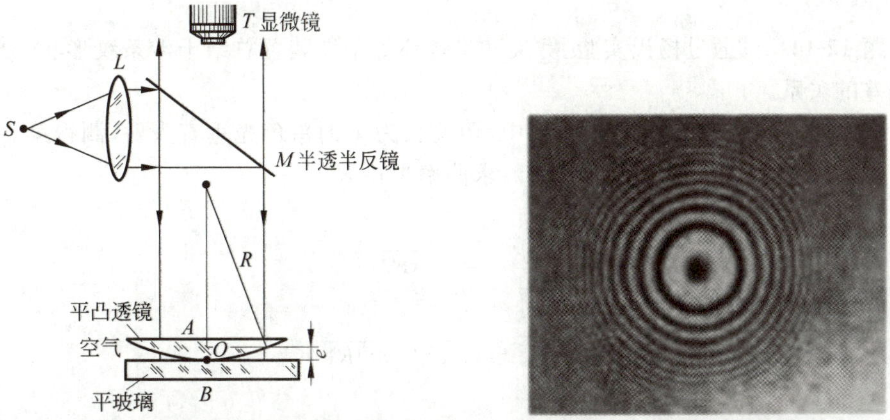

(a) 观察牛顿环的仪器简图　　(b) 牛顿环的照片

图 12-16　牛顿环

明、暗条纹处所对应的空气厚度应满足

$$\Delta = 2ne + \frac{\lambda}{2} = \begin{cases} k\lambda, & k = 1,2,3,\cdots \quad 明纹 \\ (2k+1)\dfrac{\lambda}{2}, & k = 0,1,2,\cdots \quad 暗纹 \end{cases} \tag{12-10}$$

下面我们来计算牛顿环的半径。由图 12-17 中的直角三角形得到

$$r^2 = R^2 - (R-e)^2 = 2Re - e^2$$

透镜的半径 R 一般为米的量级，而膜厚 e 一般为微米量级，故上式后一项 e^2 可忽略，得

$$e = \frac{r^2}{2R} \tag{12-11}$$

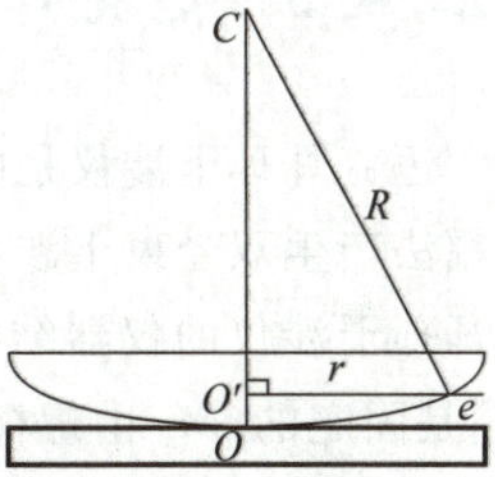

图 12-17　牛顿环半径计算

将式(12-11)代入式(12-10)，得到明环和暗环半径公式

$$\left.\begin{aligned} r_k &= \sqrt{\frac{(2k-1)R\lambda}{2n}}, \quad k = 1,2,3,\cdots \quad 明纹 \\ r_k &= \sqrt{\frac{kR\lambda}{n}}, \quad k = 0,1,2,\cdots \quad 暗纹 \end{aligned}\right\} \tag{12-12}$$

说明　(1) 透镜与和玻璃板接触点，即薄膜厚度 $e=0$ 处，由于半波损失，为零级暗纹中心。

(2) 由式(12-11)可知膜厚度与环半径的平方成正比，所以离开中心越远，光程差增加越快，所看到的牛顿环也越来越密。

问题 12-12 应用暗纹半径公式(12-12),计算相邻暗纹的间距,由此说明,随着条纹级数增大,条纹越来越密。

问题 12-13 如图 12-18 所示,在牛顿环实验装置中,如果平板玻璃由冕牌玻璃($n_1=1.50$)和火石玻璃($n_2=1.75$)组成,且二者的接合处与透镜的球面接触;透镜用冕牌玻璃制成。透镜与平板玻璃间充满二氧化硫($n=1.62$)。试说明在波长为 λ 的单色平行光垂直照射下反射光的干涉图样是怎样的。

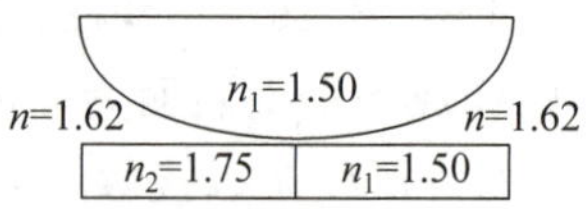

图 12-18 问题 12-13 图

问题 12-14 试通过杨氏实验、劈尖和牛顿环等干涉装置总结干涉条纹形状、分布特点与光程差的关系。

例 12-7 在空气(取 $n=1$)牛顿环中,用波长为 λ 的单色光垂直入射,测得第 k 个暗环半径为 r_k,第 $k+m$ 个暗环半径为 r_{k+m}。求曲率半径 R。

解 牛顿环第 k 个暗环半径为

$$r_k = \sqrt{kR\lambda}$$

第 $k+m$ 个暗环半径为

$$r_{k+m} = \sqrt{(k+m)R\lambda}$$

解得

$$R = \frac{r_{k+m}^2 - r_k^2}{m\lambda} = \frac{1}{m\lambda}(r_{k+m} - r_k)(r_{k+m} + r_k)$$

注意 从理论上只要测得某一暗环半径,即可用式(12-12)计算透镜半径 R,不过,由于存在灰尘或其他因素,致使中心 O 处两表面不是严格密接,所以采用本例的方法来测 R。

*12.4.3 迈克耳孙干涉仪

迈克耳孙干涉仪是由美国物理学家迈克耳孙在 20 世纪初期设计制成的。仪器利用分振幅法产生双光束干涉,用于精密测量,是科学研究和生产技术中广泛应用的精密仪器。迈克耳孙干涉仪的仪器结构如图 12-19 所示,M_1 和 M_2 为两片精密磨光的平面反射镜,其中 M_2 是固定的,M_1 由螺杆控制,可在支架上作微小的前后移动。G_1 和 G_2 是两块材料相同、厚度相等的均匀平行玻璃片,G_1 朝着 E 的表面镀有半透明的薄膜,其作用是使入射光一半反射一半透射。G_1 和 G_2 与 M_1 和 M_2 均倾斜成 45°角。

来自光源 S 的光线,折射进入 G_1 后,一部分在半透膜上反射向 M_1 传播,图中为光线 1。光线 1 经 M_1 反射后,再通过 G_1 向 E 处传播,为光线 1′;另一部分是经半透膜透射的光线 2,经 G_2 向 M_2 传播,再反射回半透膜反射后向 E 处传播,即光线 2′。显然 1′、2′是相干光,在 E 处可以看到干涉条纹。G_2 的目的是起补偿光程的作用。光线 1 前后共通过 G_1 三次,而光线 2 只通过 G_1 一次,有了 G_2,使光线 1 和 2 分别三次穿过等厚的玻璃片,从而保证了光线 1、2 经过玻璃片的光程相等,因此 G_2 叫作**补偿片**。

平面镜 M_2 经 G_1 的半透膜形成虚像为 M_2',M_2 反射的光线可看作是 M_2'反射的,M_1 和

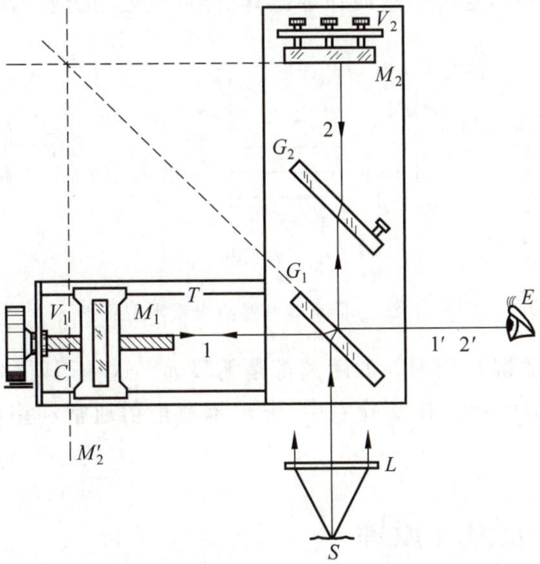

图 12-19 迈克耳孙干涉仪结构图

M_2'构成了一个空气薄膜，这相当于薄膜干涉。

若 M_1、M_2 严格地相互垂直，则 M_1 与 M_2' 严格地相互平行，因而 M_1 与 M_2' 之间形成一等厚的空气层，理论分析与实验表明在 E 处可看到明暗相间的圆环形条纹。

若 M_1、M_2 不严格地相互垂直，则 M_1 与 M_2' 就不严格平行，在 M_1 与 M_2' 之间形成一劈尖，所以在 E 上可看到等厚干涉条纹。这时如果 M_1 平移 $\lambda/2$ 距离，两束光的光程差变化 λ，在视场中可看到移过一条明纹（或一条暗纹）。只要数出视场中明条纹或暗条纹移动数目 N，就可算出平面镜 M_1 平移的距离

$$d = N\frac{\lambda}{2} \tag{12-13}$$

若已知波长，利用式(12-13)，可以测定长度。因为光程差变化的数量级为光波波长的 1/10 时，干涉条纹就会发生可鉴别的移动，所以这种测量长度的方法是十分准确的。

问题 12-15 在迈克耳孙干涉仪中，如果将平面镜 M_1 换成半径为 R 的球面镜（凸面镜或凹面镜），球心恰好在光线 1 上，球面镜的顶点与 M_2 的虚像 M_2' 接触，此时将观察到什么样的干涉条纹？

12.5 光的衍射现象 惠更斯-菲涅耳原理

12.5.1 光的衍射现象

光波在传播过程中遇到障碍物时，偏离直线方向而进入几何阴影部分，使光强重新分布的现象称为**光的衍射现象**。光的衍射现象是光具有波动性的一种表现。

根据观察方式的不同，通常把衍射现象分为两类。一类是光源、接收屏（或两者之一）与

衍射物之间的距离有限远，这种衍射叫作**菲涅耳衍射**（或**近场衍射**），如图 12-20(a)所示。

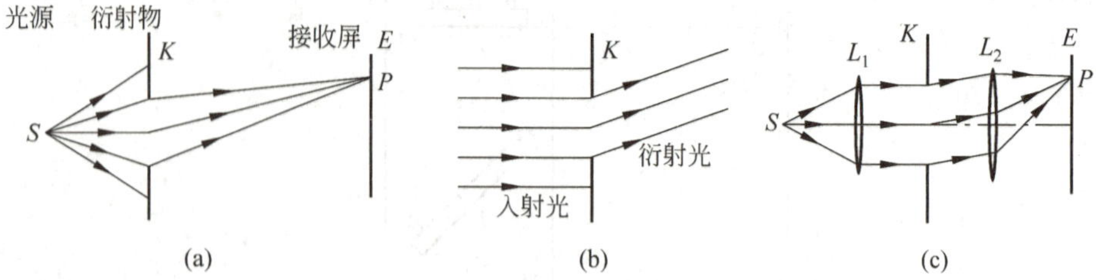

图 12-20 菲涅耳衍射和夫琅禾费衍射

另一类是光源、接收屏与衍射物的距离都是无限远。这种衍射称为**夫琅禾费衍射**（或**远场衍射**），如图 12-20(b)所示。在实验室中，夫琅禾费衍射通常利用两个会聚透镜来实现，如图 12-20(c)。

12.5.2 惠更斯-菲涅耳原理

菲涅耳

惠更斯原理指出，波前上的每一点都可以看作新的子波源，它们发出的球面子波的包络面就是新的波前。应用惠更斯原理可以定性地解释衍射现象中的光的传播方向问题，但不能解释衍射图样中光强的分布。菲涅耳提出子波的相干叠加概念，发展了惠更斯原理，得出**惠更斯-菲涅耳原理**：从同一波前上发出的子波是相干波，经传播在空间某点相遇时相干叠加。如图 12-21 所示，dS 是波前 S 上的任一面元，法向单位矢量 $\boldsymbol{e}_n$ 与 P 点相对于 dS 的位矢 $\boldsymbol{r}$ 的夹角是 θ。设 $t=0$ 时刻波前 S 上各点光振动的初相为零，根据惠更斯-菲涅耳原理，dS 发出的子波在 P 点引起的光振动可表示为

$$dE = c\frac{K(\theta)}{r}\cos\left(\omega t - \frac{2\pi r}{\lambda}\right)dS$$

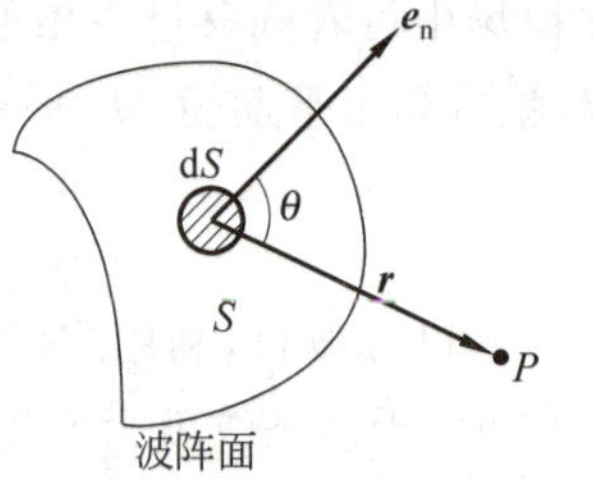

图 12-21 惠更斯-菲涅耳原理

式中，c 是比例系数，$K(\theta)$称为倾斜因子，它随 θ 的增大而减小，$\theta \geqslant \pi/2$ 时，$K(\theta)=0$。P 点的光振动可表示为

$$E = \iint_S c\frac{K(\theta)}{r}\cos\left(\omega t - \frac{2\pi r}{\lambda}\right)dS \qquad (12\text{-}14)$$

应用惠更斯-菲涅耳原理，原则上可解决一般衍射问题，但积分计算是相当复杂的。在下一节中，将采用菲涅耳波带法来定性地讨论单缝夫琅禾费衍射问题。

12.6 单缝夫琅禾费衍射

1. 实验装置

单缝夫琅禾费衍射的实验装置如图 12-22 所示，光源 S 处于凸透镜 L_1 主焦面上，从而光经 L_1 后变成平行光，垂直射到单缝上，单缝的衍射光经凸透镜 L_2 会聚在屏 E 上，屏上将出现与缝平行的明暗相间的衍射条纹。

2. 衍射条纹分析

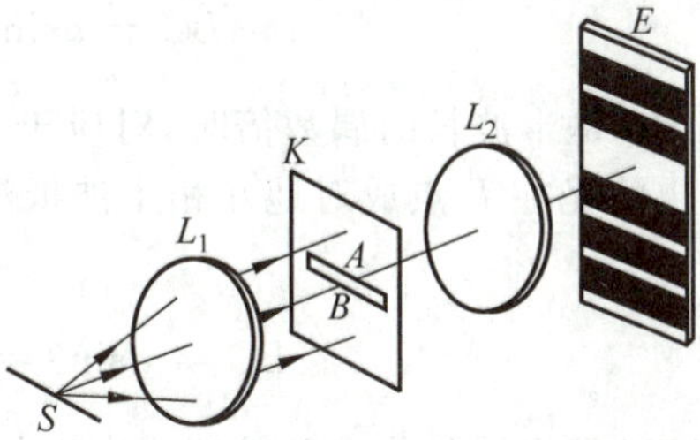

图 12-22 单缝夫琅禾费衍射的实验装置图

在图 12-23 中，AB 为单缝的截面，其宽度为 a，衍射后沿某一方向传播的光线与平面衍射屏法线之间的夹角 θ 称为**衍射角**。为方便起见，对衍射角 θ 的正负作如下规定：从法线到光线为逆时针绕向时，θ 取正值，反之取负值。在这样规定下，并考虑惠更斯-菲涅耳原理，$-\pi/2<\theta<\pi/2$。

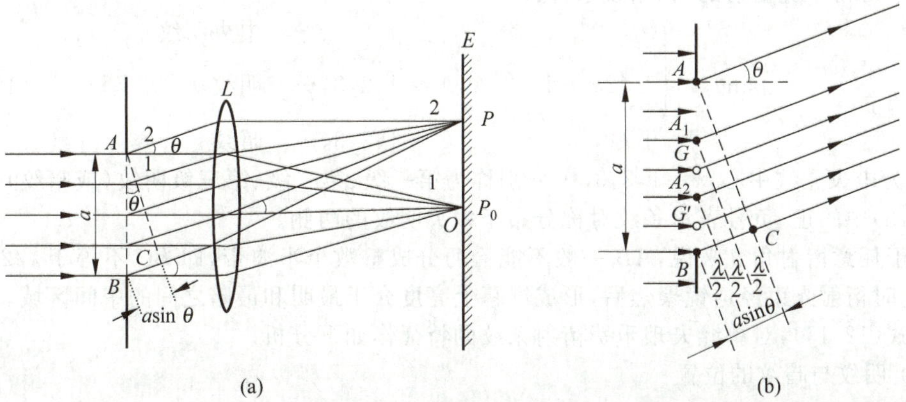

图 12-23 单缝夫琅禾费衍射条纹的计算

沿入射方向传播的光线 1，其衍射角 $\theta=0$(图 12-23(a))，它们被透镜 L 会聚于焦点 O(P_0 点)。由于 AB 是同相面，而透镜又不会产生附加光程差，所以它们到达 O 点时相位仍相同而互相加强。这样，在正对狭缝中心的 O 点处将是一条明纹的中心，这条明纹叫作**中央明纹**。根据几何光学，中央明纹中心就是平行光线经透镜 L 后的会聚之处。

衍射角为 θ 方向的光线(图 12-22(a) 光线 2)，经透镜 L 后会聚于屏幕上 P 点。显然，由垂直于光线 2 的面 AC 上各点到点 P 的光程都相等，即从面 AB 发出的各光线在点 P 的相位差，就对应于从 AB 面到 AC 面的光程差。

由图 12-23(a)可知，单缝的两边缘 A 和 B 发出的光线到 P 点的光程差最大，即为

$$\Delta = BC = a\sin\theta$$

为分析各光线在点 P 叠加的结果，菲涅耳提出了**波带法**：作一些平行于 AC 面的平面，使两相邻平面之间的距离等于入射光的半波长，即 $\lambda/2$。假定这些平面将单缝处的波阵面 AB 分成 AA_1，A_1A_2，…整数个面积相等的半波带(图 12-23(b)恰好为三个)。在图 12-23(b)中，半波带的分界点以黑实圆点标注。

对于半波带在 P 点引起的光振动，由于各个半波带的面积相等，所以各个半波带在 P 点所引起的光振幅接近相等；两相邻的半波带上，任何两个对应点，如 A_1A_2 带上的 G 点与 A_2B 上的 G' 点，(在图 12-23(b)中，G、G' 点以空心圆点标注)所发出的光线达到 AC 面上时光程差为 $\lambda/2$，即位相差为 π(这即是将这种波带称为半波带的原因)，可知在 P 点它们的位相差为 π。所以任何两个相邻半波带所发出的光线在 P 点引起的光振动可近似认为将完全互相抵消。

由此可知，当

$$BC = a\sin\theta = \pm 2k\frac{\lambda}{2}, \quad k = 1,2,3,\cdots$$

即 BC 是半波长的偶数倍时，对应于 θ 方向，单缝可分成偶数个半波带，则所有相邻半波带发出的光在 P 点成对地互相干涉抵消，因而 P 点为暗纹。

当

$$BC = a\sin\theta = \pm(2k+1)\frac{\lambda}{2}, \quad k = 1,2,3,\cdots$$

即 BC 是半波长的奇数倍时，亦即单缝可分成奇数个半波带，由于相互干涉抵消的结果，还剩下一个半波带发出的光未被抵消，所以 P 点为明纹。

综上可得单缝衍射的明、暗纹条件：

$$a\sin\theta = \begin{cases} 0, & & \text{中央明纹} \\ \pm(2k+1)\dfrac{\lambda}{2}, & k = 1,2,3,\cdots & \text{明纹} \\ \pm k\lambda, & k = 1,2,3,\cdots & \text{暗纹} \end{cases} \tag{12-15}$$

$\theta=0$ 处为中央亮纹中心，$k=1,2,3,\cdots$分别称为第一级、第二级、第三级明纹(或暗纹)……。式(12-15)中的正、负号表示条纹对称分布于中央明纹的两侧。

对于任意衍射角 θ 来说，AB 一般不能恰巧分成整数个半波带，即 BC 不等于 $\lambda/2$ 的整数倍，此时衍射光束经透镜聚焦后，形成屏幕上亮度介于最明和最暗之间的中间区域。

从式(12-15)，对单缝夫琅禾费衍射条纹的特征作如下分析。

(1) 明纹与暗纹的位置

由透镜成像性质，斜入射的平行光线经过透镜后，将会聚于焦平面上，且经过透镜光心(图 12-24 所示的点 M)的光线不改变方向，可知当斜入射的平行光线中经过透镜光心的光线$\overline{MP}$不改变方向地入射到屏上点 P 时，则该束光线经过透镜后将全部会聚于点 P，如点 P 是 k 级条纹(暗纹或明纹)中心，则$\overline{MP}$与透镜的主光轴$\overline{MO}$的夹角 θ 等于与 k 级条纹对应的该束光线的衍射角 θ_k。以点 O(透镜的焦点)为坐标原点在屏上建立坐标系 Ox，设透镜焦距为 f，则 k 级条纹的位置为

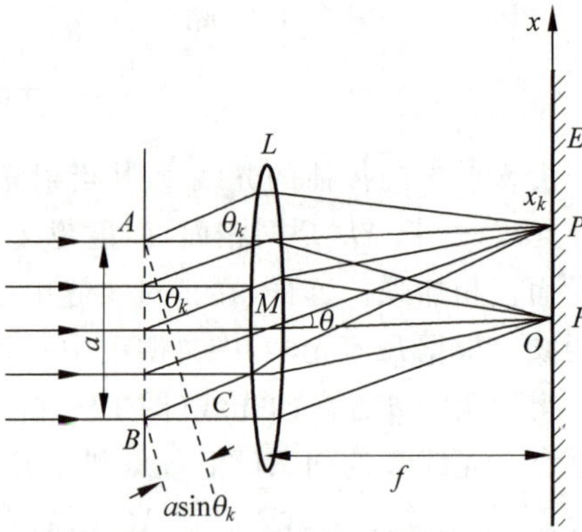

图 12-24 单缝衍射条纹的位置

$$x_k = f\tan\theta_k$$

当 θ_k 很小时

$$x_k = f\tan\theta_k \approx f\sin\theta_k = \begin{cases} fk\dfrac{\lambda}{a}, & \text{暗纹} \\ f(2k+1)\dfrac{\lambda}{2a}, & \text{明纹} \end{cases}$$

(2) 明纹宽度

① 与第1级极小对应的衍射角 θ_1 为**中央明纹的半角宽度**

$$\theta_1 = \arcsin\frac{\lambda}{a} \tag{12-16}$$

中央明纹宽度，即两个第一级暗纹的距离

$$l_0 = 2x_1 = 2f\tan\theta_1$$

当 θ_1 很小时 $\theta_1 \approx \dfrac{\lambda}{a} \quad l_0 = 2f\tan\theta_1 \approx 2f\sin\theta_1 = \dfrac{2\lambda f}{a}$

注意 式(12-15)中无论是明纹条件,还是暗纹条件,均不包括 $k=0$ 的情形。因为对暗纹条件来说,$k=0$ 对应着 $\theta=0$,但这是中央明纹的中心;对明纹条件来说,$k=0$ 虽对应于一个半波带形成的亮点,但此时 $a\sin\theta=\dfrac{\lambda}{2}$,$\theta=\arcsin\dfrac{\lambda}{2a}$,显然处于中央明纹的范围内,是中央明纹的组成部分,呈现不出是个单独的明纹。

② 其他明纹宽度,即相邻暗纹的距离

$$l = x_{k+1} - x_k = f\tan\theta_{k+1} - f\tan\theta_k$$

衍射角较小时

$$l \approx f\sin\theta_{k+1} - f\sin\theta_k = \frac{\lambda f}{a}$$

即中央明纹宽度为较小级数明纹宽度的2倍。

(3) 对一定宽度的单缝,若用复色光入射,例如白光,对于同一级衍射条纹,波长越大,则衍射角越大,从而除中央明纹中心仍为白色外,其他各级明纹按由紫到红的顺序向两侧对称排列成彩色条纹,在较高的衍射级内,还会出现不同波长的不同级次条纹互相重叠的现象。

(4) 对给定波长 λ 的单色光,缝宽 a 越小,与各级条纹对应的 θ 角越大,条纹位置离中心越远,条纹排列越疏,衍射现象越明显;a 越大,与各级条纹对应的 θ 角越小,这些条纹将向中央明纹靠近,而逐渐分辨不清,即衍射现象越不明显。如果 $a \gg \lambda$,各级衍射条纹将全部并入中央明纹附近,形成单一的明纹,这就是几何光学中所说的透镜对单缝所成的像,此时衍射现象消失,归结为直线传播的几何光学,这表明几何光学是波动光学的极限情况。

讨论 在单缝衍射条纹中,光强分布并不是均匀的。这是由于 k 越大,AB 上波阵面分成的波带数就越多,所以,每个半波带的面积就越小,未被抵消的一个半波带在 P 点引起的光强就越弱,各级明纹随着级次的增加而减弱,中央明纹的光强占总光强的绝大部分,第一级明纹的强度只是中央明纹的4.7%,如图12-25所示。

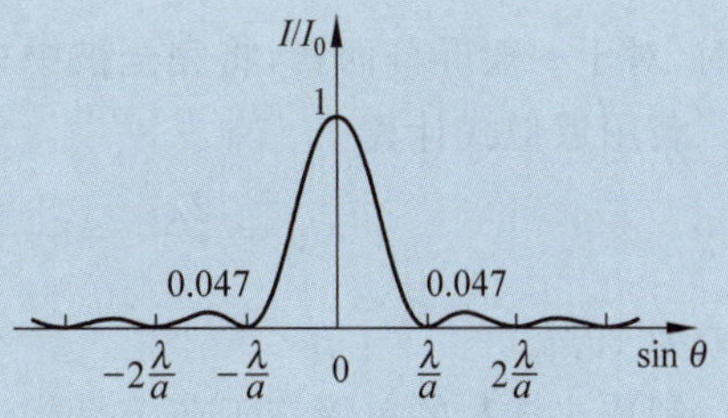

图 12-25 单缝夫琅禾费衍射条纹光强的分布

问题 12-16 在单缝夫琅禾费衍射中,设单色平行光垂直入射,试讨论下列情况衍射图样的变化:(1)狭缝变窄;(2)入射光的波长变大;(3)单缝垂直于它后面的透镜光轴上、下平移;(4)单缝沿它后面的透镜光轴向透镜(观察屏)平移。

问题 12-17 如果你眯缝着眼,注意比较远处的日光灯,会观察到什么现象?为什么?

问题 12-18 在单缝衍射中,为什么明条纹对应的衍射角 θ 越大,光强越小?

问题 12-19 为什么用单色光作单缝衍射时,当缝的宽度比光的波长大很多或小时,都观察不到衍射条纹?

问题 12-20 单缝衍射的暗纹条件 $a\sin\theta=\pm k\lambda$ 是否与干涉明纹条件 $\Delta=\pm k\lambda$ 矛盾?

为什么？

问题 12-21 如图 12-26 所示，在单缝夫琅禾费衍射实验中，波长为 λ 的单色平行光垂直照射单缝。若由单缝两边缘发出的光到达接收屏上 P、Q、R 三点的光程差分别为 2λ、2.5λ、3.5λ。比较 P、Q、R 三点的亮度，有(　　)。

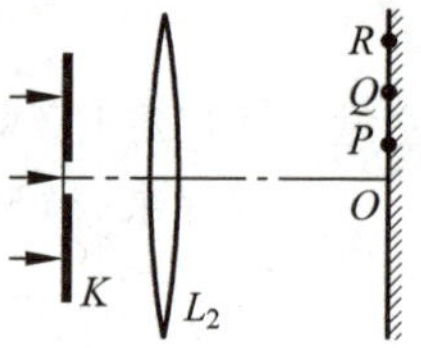

图 12-26　问题 12-21 图

(A) P 点最亮、Q 点次之、R 点最暗

(B) Q、R 两点亮度相同，P 点最暗

(C) P、Q、R 三点的亮度均相同

(D) Q 点最亮、R 点次之、P 点最暗

问题 12-22 波长为 λ 的平行光线以入射角 θ' 斜入射到宽度为 a 的单缝，试推导衍射明、暗条纹的条件。

例 12-8 (1) 在夫琅禾费单缝衍射实验中，用波长 $\lambda=500$ nm 的单色光垂直入射缝面，已知第一级暗纹对应的衍射角 $\theta_1=30°$，问缝宽如何？如在焦距 $f=1.0$ m 的透镜焦平面上观察衍射条纹，中央明纹的宽度如何？对应该衍射角，单缝被分成多少个半波带？(2) 如果所用单缝的宽度 $a'=0.50$ mm，求中央明纹和其他各级明纹的宽度.

解 (1) 由式(12-15)的暗纹公式，对第一级暗纹有

$$a\sin\theta_1 = \lambda$$

由 $\theta_1=30°$，可以求得缝宽

$$a = \frac{\lambda}{\sin\theta_1} = \frac{500}{\sin 30°} = 1000\ (\mathrm{nm}) = 10^{-6}\ (\mathrm{m})$$

中央明纹宽度

$$l_0 = 2x_1 = 2f\cdot\tan\theta_1 = 2\times 1.0\times\frac{\sqrt{3}}{3} = 1.15\ (\mathrm{m})$$

此时，对于一般屏幕而言，将完全被中央明纹占据。

若用近似式计算

$$l_0 = \frac{2\lambda f}{a} = \frac{2\times 500\times 10^{-9}\times 1.0}{10^{-6}} = 1.0\ (\mathrm{m})$$

误差为 15%。

制造这样窄的单缝在工艺上是相当困难的，而且由于缝太窄，通过单缝的光强太弱，观察起来也十分困难，常用的单缝要宽得多。

$$\text{单缝被分成的半波带数} = \frac{a\sin\theta_1}{\lambda/2} = \frac{10^{-6}\times\sin 30°}{500\times 10^{-9}/2} = 2$$

(2) 中央明纹宽度

由于

$$\sin\theta_1 = \frac{\lambda}{a'} = \frac{500\times 10^{-9}}{0.5\times 10^{-3}} = 10^{-3} \ll 1$$

所以

$$l_0 = \frac{2\lambda f}{a'} = \frac{2\times 500\times 10^{-9}\times 1.0}{0.5\times 10^{-3}} = 2\times 10^{-3}\ (\mathrm{m}) = 2.0\ \mathrm{mm}$$

其他各级明纹宽度

$$l = l_0/2 = 1.0\ \text{mm}$$

例 12-9 如图 12-27 所示，设一监视雷达位于路边 $d = 15$ m 处，雷达波的波长为 30 mm，射束与公路成 15°角，天线宽度 $a = 0.20$ m。试求该雷达监视范围内的公路长 s。

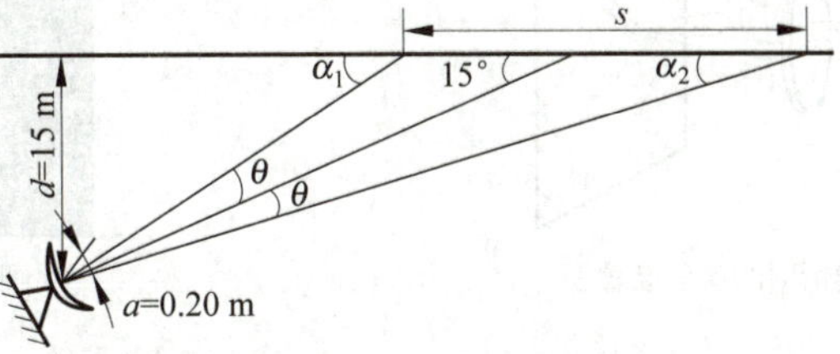

图 12-27 例 12-9 图

解 将雷达波束看成是单缝衍射的零级明纹，由 $a\sin\theta = \lambda$，得

$$\theta = \arcsin\frac{\lambda}{a} = \arcsin\frac{30\times10^{-3}}{0.2} = 8.63^\circ$$

射束与公路成的角是指中央明纹的中心部分与公路成的角，由此可知，中央明纹两边缘（即两个 1 级暗纹的中心）的光束与公路成的角（图 12-27）分别为

$$\alpha_1 = 15^\circ + \theta = 23.63^\circ;\quad \alpha_2 = 15^\circ - \theta = 6.37^\circ$$

雷达监视范围内的公路长 s 即中央明纹两边缘的光束与公路交点的距离

$$s = d(\cot\alpha_2 - \cot\alpha_1) = 15\times(\cot 6.37^\circ - \cot 23.63^\circ) \approx 100\ (\text{m})$$

12.7 圆孔夫琅禾费衍射 光学仪器的分辨本领

12.7.1 圆孔夫琅禾费衍射

如果在观察单缝夫琅禾费衍射的实验装置中，用小圆孔代替狭缝（图 12-28(a)），在位于透镜焦平面所在的屏幕 E 上，如图 12-28(b)所示，将出现明暗相间的同心圆环衍射条纹，中央是一个较亮的圆斑，它集中了全部衍射光强的 84%，称为中央亮斑或**爱里斑**。爱里斑由第一暗环所围，明纹强度随级次增大而迅速下降。

若圆孔的直径为 D，单色光波长为 λ，由理论计算可知，爱里斑对透镜光心的张角 $2\theta_1$ 满足（图 12-28(c)）

$$\sin\theta_1 = 1.22\,\frac{\lambda}{D} \tag{12-17}$$

θ_1 即为第一级暗环的衍射角。若透镜的焦距为 f，爱里斑的直径为 d，则

$$d = 2f\tan\theta_1$$

通常 $D \gg \lambda$，θ_1 很小，有

$$\theta_1 \approx \sin\theta_1 = 1.22\,\frac{\lambda}{D},\quad d = 2f\tan\theta_1 \approx 2f\sin\theta_1 = 2.44\,\frac{\lambda}{D}f$$

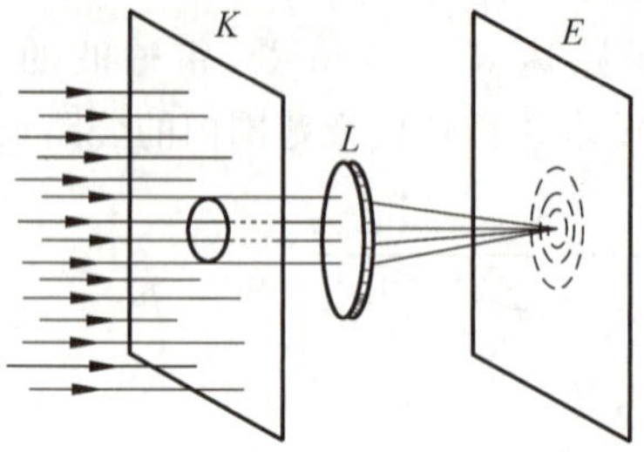

(a) 圆孔夫琅禾费衍射的实验装置图

(b) 圆孔夫琅禾费衍射图样

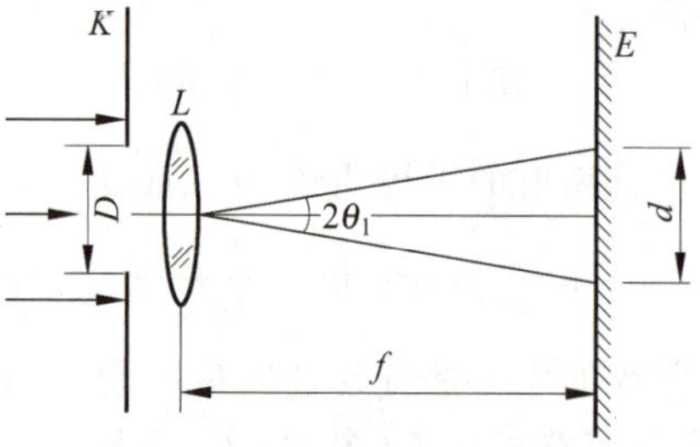

(c) 爱里斑对透镜光心张角

图 12-28 圆孔衍射与爱里斑

12.7.2 光学仪器的分辨本领

光学仪器观察细小物体时，不仅需要有一定的放大能力，还要有足够的分辨本领，才能把微小物体放大到清晰可见的程度。

光学仪器中的透镜、光阑都相当于一个透光的小圆孔。从几何光学的角度，物体通过光学仪器成像时，点物成点像，适当选择透镜的焦距和物距，总可以得到足够大的放大倍数，物体的任何细节总可分辨，即理想光学系统的分辨本领可以达到无限大。

从波动光学的观点，由于光的衍射作用，物点的像并不是一个几何点，而是前述的环形衍射条纹，其主要部分是爱里斑。由此，光的衍射限制了光学仪器的分辨本领。

下面以透镜为例，说明光学仪器的分辨能力与哪些因素有关。

在图 12-29(a)中，两点光源 S_1 和 S_2 相距较远，两个爱里斑中心的距离大于爱里斑的半径($d/2$)，这时，两衍射图样虽然部分重叠，但重叠部分的光强比爱里斑中心处的光强要小，因此，两物点是能够分辨的。

在图 12-29(c)中，两点光源 S_1 和 S_2 相距很近，两个爱里斑中心的距离小于爱里斑的半径，这时，两衍射图样重叠而混为一体，两物点不能被分辨。

在图 12-29(b)中，两点光源 S_1 和 S_2 的距离使两个爱里斑中心的距离等于每一个爱里斑的半径，即 $S_1(S_2)$的爱里斑中心正好与 $S_2(S_1)$的爱里斑的边缘即第一暗环的中心相重叠，这时两衍射图样重叠部分中心的光强约为单个衍射图样的中央最大光强的 80%。通常把这种情形作为两物点刚好能被人眼或光学仪器所分辨的临界情形。这一判断能否分辨的准则叫**瑞利判据**。即两爱里斑的中心的角距离为爱里斑的半角距离 θ_1 时，两物点恰能分辨。在这一临界情况下物点 S_1 和 S_2 对透镜光心的张角 θ_0 叫作**最小分辨角**。

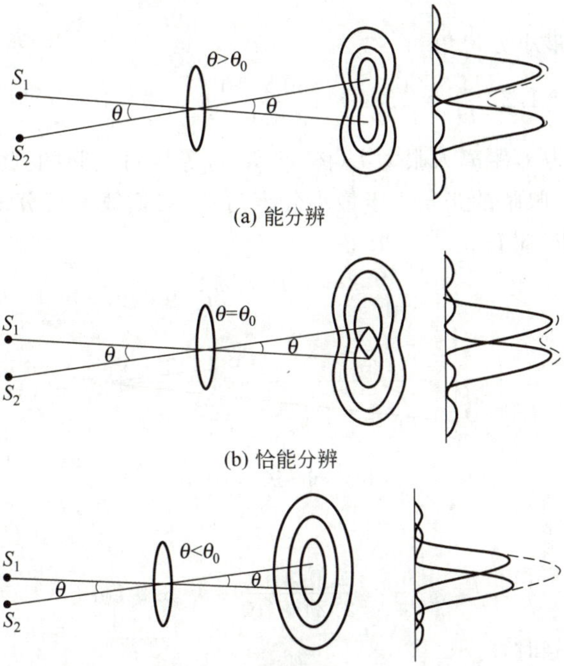

(a) 能分辨

(b) 恰能分辨

(c) 不能分辨

图 12-29 光学仪器的分辨本领

注意 瑞利判据中的两点光源是不相干的，且光强是相等的。

从图 12-29(b)可知，仪器的最小分辨角应等于爱里斑的角半径

$$\theta_0=\theta_1=\arcsin\left(1.22\,\frac{\lambda}{D}\right) \tag{12-18}$$

当 θ_0 很小时，

$$\theta_0=\theta_1=1.22\,\frac{\lambda}{D}$$

在光学中，光学仪器最小分辨角的倒数称为该仪器的**分辨本领**（或分辨率）R，当 θ_0 很小时

$$R=\frac{1}{\theta_0}=\frac{D}{1.22\lambda} \tag{12-19}$$

显然，光学仪器的分辨率越大越好。式(12-19)表明，分辨率的大小与仪器的孔径 D 成正比，与波长 λ 成反比。瑞利准则为设计光学仪器提出了理论指导，如天文望远镜可用大口径的物镜来提高分辨率。2016 年，我国国家天文台在贵州南部的喀斯特洼地建成世界上最大口径的射电望远镜，口径达 500 m，约有 30 个足球场大，在未来 20-30 年将保持世界领先水平。

问题 12-23 假设可见光波段不是在 400～700 nm，而是在毫米波段，而人眼瞳孔直径仍约为 3 mm，设想人们看到的外部世界将是什么景象？

例 12-10 通常人眼瞳孔直径约为 3 mm，在可见光中，人眼最敏感的波长为 550 nm 的黄绿光。(1)人眼的最小分辨角多大？(2)若教室黑板上写有一等于号"＝"，两条线的间距为 2 mm，则等号距离人多远处，人眼恰能分辨出该符号，而不致因衍射效应，将其看成是减

号“－”?

解　(1) 人眼的最小分辨角

$$\theta_0 = 1.22\frac{\lambda}{D} = 1.22 \times \frac{550\times 10^{-9}}{3\times 10^{-3}} = 2.24\times 10^{-4}(\text{rad})$$

(2) 设等号间距为 s，距离人眼为 L(图 12-30)，等号对人眼的张角为 $\theta=s/L$。当 L 太大时，导致它对观察者眼睛的张角小于最小分辨角 θ_0，二横线不可分辨，就可能将“＝”看成“－”号，所以欲能分辨，应有

$$\theta = s/L \geqslant \theta_0,$$

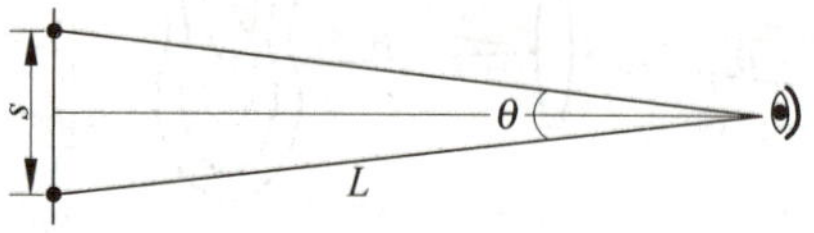

图 12-30　例 12-10 图

即

$$L \leqslant \frac{s}{\theta_0} = \frac{2.0\times 10^{-3}}{2.24\times 10^{-4}} = 8.9\ (\text{m})$$

人眼恰能分辨出该符号时，

$$L = 8.9\ \text{m}$$

12.8　光栅衍射

在单缝衍射中，若缝较宽，明纹亮度较强，但相邻明条纹的间隔很窄而不易分辨；若缝很窄，条纹间隔虽可加宽，但明纹亮度低。在这两种情况下，都很难精确地测定条纹宽度，所以用单缝衍射并不能精确地测定光波波长。那么，我们是否可以使获得的明纹既亮又窄，且相邻明纹分得很开呢？利用光栅可以获得这样的衍射条纹。

12.8.1　光栅衍射

由大量等宽、等间距平行排列的狭缝组成的光学元件称为**光栅**。常用光栅是在玻璃片上刻出大量平行刻痕制成，刻痕为不透光部分，两刻痕之间的光滑部分可以透光，相当于一狭缝。这种利用透射光衍射的光栅称**透射光栅**。还有利用两刻痕间的反射光衍射的光栅，如在镀有金属层的表面上刻出许多平行刻痕，两刻痕间的光滑金属面可以反射光，这种光栅称为**反射光栅**。

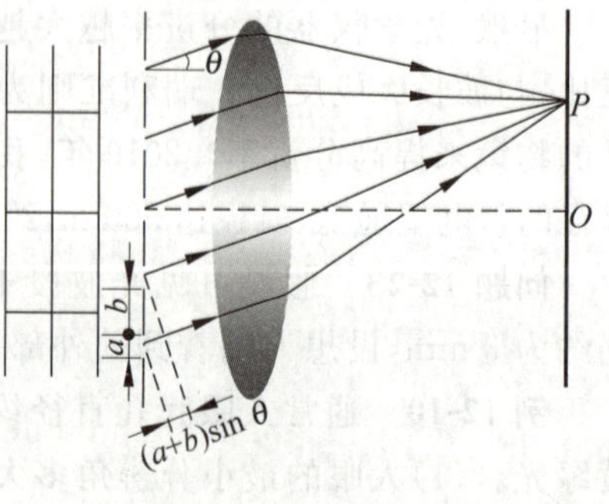

图 12-31　光栅衍射

图 12-31 为透射式光栅实验的示意图，设透光缝宽为 a，不透光的刻痕宽为 b，则 $(a+b)=d$ 称为**光栅常数**。下面讨论光栅衍射的基本规律。

1. 光栅衍射图样的形成

对光栅中每一条透光缝，由于衍射，都将在屏幕上呈现单缝衍射图样。如果光栅的总缝数为 N，这 N 套衍射条纹将完全重合。由于各缝发出的衍射光都是相干光，所以还会产生缝与缝之间的干涉效应。因此，光栅的衍射条纹是单缝衍射和多缝干涉的总效果，即 N 个缝的干涉条纹要受到单缝衍射的调制。

2. 光栅方程

如图 12-31 所示，光在任意衍射角 θ 的方向上，从任意相邻两缝相对应点发出的光到达 P 点的光程差都是 $d\sin\theta$。当 θ 满足

$$d\sin\theta = \pm k\lambda, \quad k = 0,1,2,\cdots \tag{12-20}$$

时，所有缝发出的光到达点 P 时将发生相长干涉而形成明条纹。式(12-20)称为**光栅方程**。θ 的正、负规定与单缝情形相同。$k=0$ 的明条纹称为**中央明纹**。$k=1,2,\cdots$ 的明条纹称为第一级、第二级明纹、……。通常将明纹称为**主极大**。式(12-20)中正、负号表示各级明纹对称分布在中央明纹的两侧。

3. 衍射条纹的特征

(1) **明条纹的强度**。在 P 点的合振幅是来自一条缝的光的振幅的 N 倍，而合光强将是来自一条缝光强的 N^2 倍，所以光栅的明条纹是很亮的。

(2) **明条纹的间距**。由光栅方程可知，在 λ 一定的情况下，d 越小，各级明纹的衍射角则越大，位置离中心越远，而且条纹的位置与缝数 N 无关。

相邻两明纹中心的角距离

$$\theta_{k+1} - \theta_k > \sin\theta_{k+1} - \sin\theta_k = \frac{(k+1)\lambda}{d} - \frac{k\lambda}{d} = \frac{\lambda}{d}$$

可知，在 λ 一定的情况下，d 越小，条纹分布越稀疏。

(3) **明条纹的宽度**。N 越大，明条纹则越窄。

以中央明条纹为例，它出现在 $\theta=0$ 处。在稍稍偏过一点的 $\Delta\theta$ 方向，如果光栅的最上一条缝和最下一条缝发出的光的光程差等于波长 λ，即

$$Nd\sin\Delta\theta = \pm\lambda$$

时，则光栅上下两半宽度内相应的缝发出的光到达屏上将都是反相的，它们都将相消干涉以致总光强为零。由于 N 一般都很大，所以 $\Delta\theta \approx \sin\Delta\theta = \dfrac{\lambda}{Nd}$，中央明纹的角宽度是 $2\Delta\theta = \dfrac{2\lambda}{Nd}$。而中央明纹到第一级明条纹的角距离 $\theta_1 > \sin\theta_1 = \lambda/d$，$\theta_1$ 比 $2\Delta\theta$ 的 $\dfrac{N}{2}$ 倍还大，即中央明条纹宽度要比它和第一级明条纹的间距小得多。

对其他级明条纹的分析结果基本类似，明条纹的宽度总是与 N 成反比，在 N 很大的情况下，比它们的间距小得多。

(4) **极小与次极大**。进一步分析可知，在两个明纹之间有 $N-1$ 个暗纹，$N-2$ 个次明纹，这些次明纹的光强仅为主极大的 4%左右.

综合(1)～(4)的分析可知，多光束干涉的结果是：在几乎黑暗的背景上出现了一系列

又细又亮的明条纹，而且光栅的缝数越多，所形成的明条纹也越细越亮。

图 12-32 给出了 $d=0.04\ \mathrm{mm}$，$\lambda=0.5\ \mu\mathrm{m}$，$N=2,4,10,20$ 时的多光束干涉光强分布图，I_0 为单缝衍射中央明纹中心处的光强。

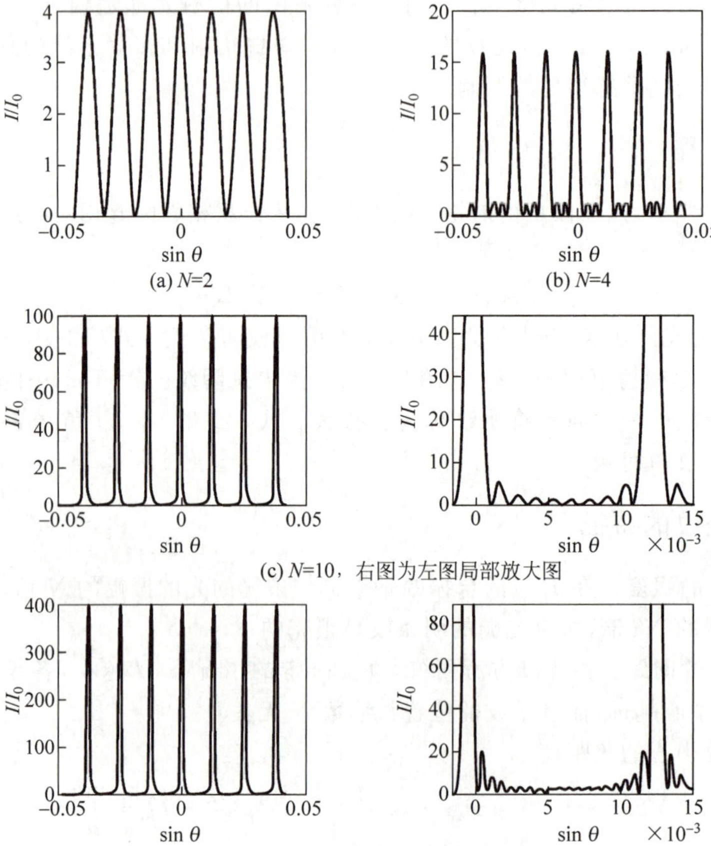

(d) N=20，右图为左图局部放大图

图 12-32 多光束干涉光强分布图

(5) **单缝衍射的调制效应**。多光束干涉形成的光强分布要受到单缝衍射的调制，图 12-33 给出了 $N=4$、$d=4a$ 的光栅衍射图样的光强分布图。其中图 12-33(a)给出了多缝干涉的光强分布图，图 12-33(b)给出缝宽为 a 的单缝衍射的光强分布图，多缝干涉和单缝衍射共同决定的光栅衍射的总光强如图 12-33(c)所示。

如果光栅缝数很多，每条缝的宽度很小，则单缝衍射的中央明纹区域变得很宽，我们通常观察到的光栅衍射图样就是各缝的衍射光束在单缝中央明纹区域内的干涉条纹。

还应指出：如果 θ 的某些值满足光栅方程的主极大条件，而又满足单缝衍射的暗纹条件，这些主极大将消失，这一现象称为**缺级**。即 θ 角同时满足

$$d\sin\theta=\pm k\lambda$$

$$a\sin\theta=\pm k'\lambda$$

则缺级的级数 k 为

$$k=\frac{d}{a}k',\quad k'=1,2,3,\cdots \tag{12-21}$$

当 d/a 为整数比(如 2∶1,3∶2 等)时,就会产生缺级现象。如 $d=4a$ 时,$k=4,8,\cdots$,缺级,图 12-33(c)就是这种情形。

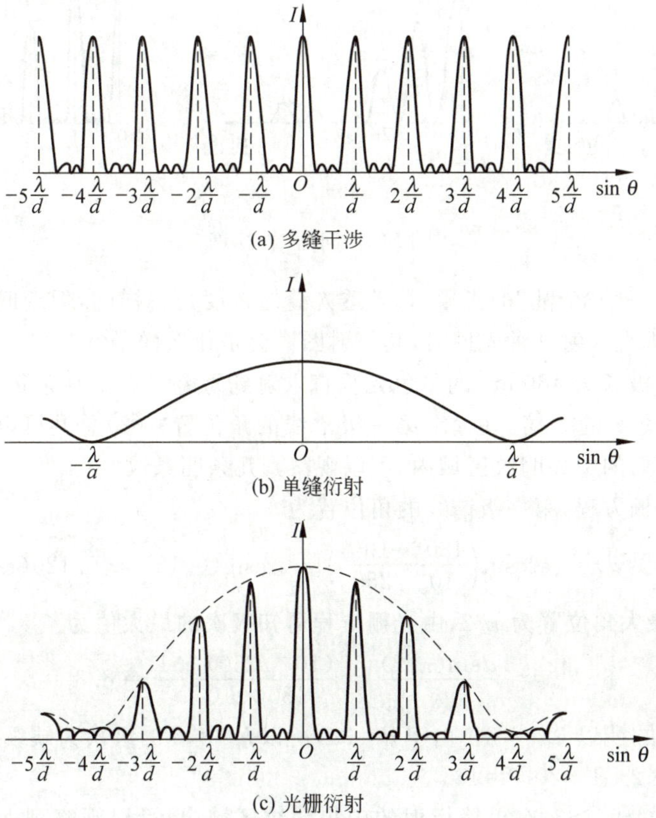

图 12-33　光栅衍射的光强分布图

4. 光栅光谱

从光栅方程可知,在光栅常数 d 一定时,明条纹衍射角 θ 的大小与入射光的波长 λ 有关。因此当用复色光照射到光栅上,除中央明纹外,不同波长的同一级明纹的角位置是不同的,并按波长由短到长的次序自中央向外侧依次分开排列。每一干涉级次都有这样的一组谱线。光栅衍射产生的这种按波长排列的谱线称为**光栅光谱**。

物质的光谱可用于研究物质结构,原子、分子的光谱则是了解原子、分子及其运动规律的重要依据。光谱分析是现代物理学研究的重要手段,在工程技术中,也广泛地应用于分析、鉴定等方面。

问题 12-24　如何理解光栅的衍射条纹是单缝衍射和多缝干涉的总效应?

问题 12-25　波长为 λ 的平行光线以入射角 θ' 斜入射到光栅常数为 d 的光栅,试推导光栅方程。

问题 12-26　试说明不论光栅的缝数有多少,若光栅常数 $(a+b)$ 与双缝间距 d 相等,则光栅衍射的各主极大的角位置总是与双缝干涉极大的角位置相同。

问题 12-27　图 12-34 表示单色光通过三种不同的光栅在屏幕上呈现的夫琅禾费衍射强度分布。请指出这些衍射图样对应的各是几缝光栅?这些光栅的 d/a 分别为多少?

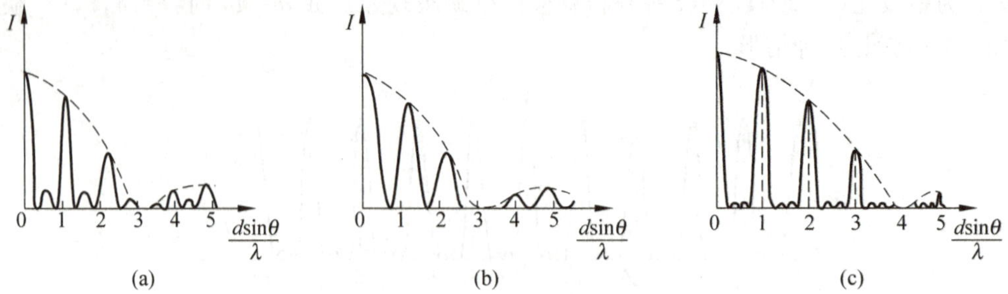

图 12-34 问题 12-27 图

问题 12-28 一个“杂乱”的光栅，每条透光缝的宽度是一样的，但缝间距离有大有小随机分布。单色光垂直入射这种光栅时，其衍射图样会是什么样子？

例 12-11 使波长为 480 nm 的单色光垂直入射到每毫米有 250 条狭缝的光栅上，光栅常数 d 为透光缝宽 a 的 3 倍。(1)求第一级谱线的角位置；(2)总共可以观察到几条明条纹？(3)在单缝衍射的中央明纹区域内，可以观察到几条明条纹？

解 (1)由光栅方程，第一级谱线的角位置为

$$\theta_1=\arcsin(\lambda/d)=\arcsin\left(\frac{480\times10^{-9}}{10^{-3}/250}\right)=\arcsin(0.12)\approx0.120(\text{rad})=6.89^\circ$$

(2) 谱线的最大角位置为 $\pi/2$，由光栅方程可知级次的最大值为

$$k_{\max}=\frac{d\sin(\pi/2)}{\lambda}=\frac{(10^{-3}/250)\times1}{480\times10^{-9}}=8.3$$

由于 k 只能取整数，所以 $k_{\max}=8$。由于 $d=3a$，所以 $k=3,6$ 的级次为缺级，故可能观察到的谱线条数为 $k_{\max}\times2+1-2\times2=13$。

(3) 由 $d=3a$，$k_{\max}>3$，在单缝衍射的中央明纹区域内，可以观察到 $k=0,1,2$ 明条纹，计为 5 条。

例 12-12 用波长范围为 4000～7600 Å 的白光垂直照射在每厘米中有 6500 条刻线的平面光栅上，求第 3 级光谱张角。

解 光栅常数 $$d=\frac{1}{6500}\text{ cm}=1.54\times10^4\text{ Å}$$

由光栅方程，第 3 级光谱中

$$\theta_{\min}=\arcsin\frac{3\lambda_{\min}}{d}=\arcsin\frac{3\times4000}{1.54\times10^4}=51.25^\circ$$

$$\theta_{\max}=\arcsin\frac{3\lambda_{\max}}{d}=\arcsin\frac{3\times7600}{1.54\times10^4}=\arcsin1.48$$

说明不存在第 3 级完整光谱，第三级光谱只能出现一部分光谱，这一部分光谱的张角是

$$\Delta\theta=90^\circ-\theta_{\min}=38.74^\circ$$

设第 3 级光谱中所能出现的最大波长为 λ'，则有

$$\lambda'=\frac{d\sin90^\circ}{3}=\frac{\frac{1}{6500}\times10^8}{3}=5128\ (\text{Å})(\text{绿光})$$

即第 3 级光谱中只能出现紫、蓝、青、绿等色的光，波长大于 5128 Å 的黄、橙、红等色光则看不到。

*12.8.2 X射线衍射

X射线是伦琴于1895年发现的，故又称**伦琴射线**。它是由高压加速的电子撞击金属时辐射出的一种射线。X射线是一种波长很短的电磁波，波长在0.01～10 nm之间。由于当时使用的衍射光栅的光栅常数远远大于X射线的波长，不可能观察到X射线的衍射现象。但晶体材料的原子间距一般正好为10^{-10} m的量级，故对于X射线，晶体材料可被视为立体光栅。

1913年，英国物理学家布拉格父子提出一种研究X射线衍射的方法，他们把晶体看成是由一系列互相平行的原子层（或晶面）所组成，各层之间的距离（晶面间距）为d，如图12-35所示，小圆点表示晶体点阵中的原子（或离子）。当一束单色的、平行的、波长为λ的X射线以掠射角θ投射在晶体上，一部分为表面层原子反射，其余部分进入晶体内部，被内部各原子所散射。在各原子层所散射的射线中只有按反射定律的反射线的强度为最大。

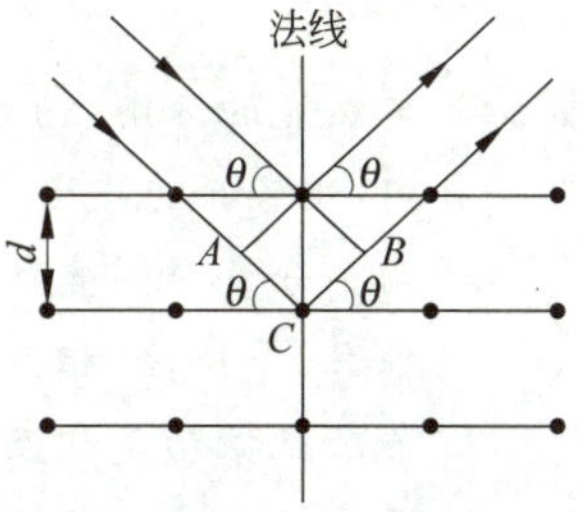

图12-35 布拉格反射

由图12-35可见，上、下两原子层所发出的反射线的光程差为

$$\Delta = AC + CB = 2d\sin\theta$$

显然各层反射线互相加强而形成亮点的条件是

$$2d\sin\theta = k\lambda, \quad k = 1,2,3,\cdots \tag{12-22}$$

此式称为**布拉格方程**。

由布拉格方程看出，如果晶体结构（晶面间距为d）为已知，则可测定X射线的波长。反之，如果X射线波长λ为已知，在晶体上衍射，则可测出晶面间距d，从而可推出晶体结构。这种研究已经发展为一门独立的学科，叫作**X射线结构分析**。

12.9 光的偏振状态

光波是横波，光矢量$\boldsymbol{E}$在垂直于光传播方向的平面内振动，光波的这一基本特征称为**光的偏振**。在与光的传播方向相垂直的平面内，光矢量可以有各种不同的振动状态，各种振动状态称为光的**偏振态**。本节介绍几种光的偏振态。

12.9.1 自然光

在12.1节中已指出，普通光源发光是由光源中的原子或分子的运动状态发生变化时辐射出来的。由于分子或原子发光的随机性，普通光源发出的光是大量的不同振动方向的光波列的集合，在与光传播方向垂直的平面内考察，按统计平均来说，光矢量沿各方向上的分布是对称的，振幅也可看作完全相等，没有哪一个方向的光振动较其他方向占优势，这种光

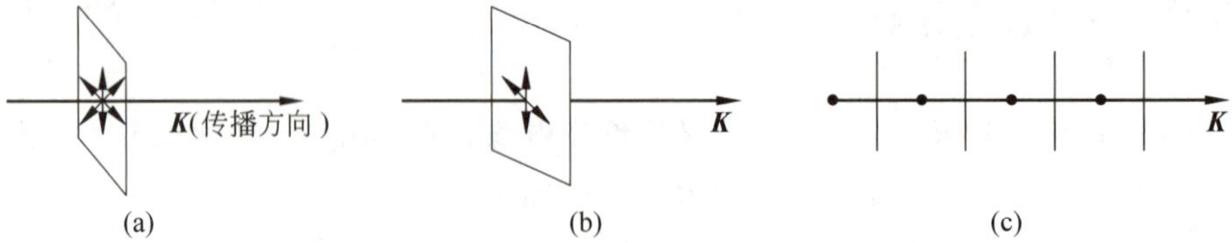

图 12-36 自然光

叫作**自然光**(图 12-36 (a))。

讨论 自然光的分解。由自然光的性质,在任意时刻,可以在垂直于光传播方向的平面内,把各个光矢量向任意的两个互相垂直的方向进行分解,然后再将所有光矢量的两个分量分别叠加起来,从而得到总光波光矢量的两个分量。这两个分量是互相独立、等振幅、相互垂直的光振动,如图 12-36(b) 所示。但应注意,由于自然光中各个光振动是相互独立的,所以这合成起来的互相垂直的两个光矢量分量之间并没有恒定的相位差,不能把它们叠加成具有某一特定方向的合矢量。

显然,如果自然光的光强为 I_0,则分解所得的两个分量强度均为 $I_0/2$。

为了简明表示光的传播,常用和传播方向垂直的短线表示图面内的振动,而用点子表示和图面垂直的光振动。对自然光,短线和点子均等分布,以表示两者对应的振动相等和能量相等,如图 12-36(c)所示。

问题 12-29 为什么自然光分解成的两个相互垂直的振动之间没有确定的相位关系?

12.9.2 线偏振光和部分偏振光

在光学实验中,如果采用某种方法,把自然光中两个互相垂直的独立光振动分量中的一个完全消除或移走,只剩下另一个方向的光振动,那么就获得了**线偏振光**(或**完全偏振光**)。因为线偏振光的光矢量与传播方向构成的平面(**振动面**)在空间的方位是不变的,于是线偏振光又称为**平面偏振光**。图 12-37(a)给出了线偏振光的表示法。如果只是部分地移走自然光中的一个分量,使得两个独立分量不相等,就获得了**部分偏振光**。部分偏振光可以用数目不等的点和短线表示(图 12-37(b))。

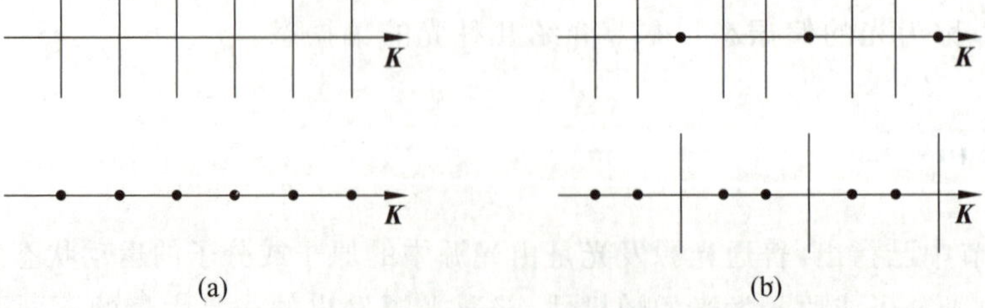

图 12-37 线偏振光和部分偏振光

12.9.3 线偏振光的获得

通常由自然光获得线偏振光主要有三种方法：

(1) 由**二向色性物质**(即能完全吸收某一方向的光振动，而只让与这个方向垂直的光振动通过的物质)的选择吸收产生线偏振光；

(2) 由反射和折射产生线偏振光；

(3) 由晶体的双折射产生线偏振光。

从自然光获得线偏振光的装置或元件称为起偏(振)器，用于检查线偏振光的装置称为检偏(振)器。实际上起偏器和检偏器是可以互换的，它们仅仅是在光路中的作用不同而已。

12.10 由介质吸收引起的光的偏振

12.10.1 偏振片 起偏和检偏

偏振片是一种常用的起偏器。偏振片大多是利用二向色性的物质的透明薄体做成。当自然光照射在偏振片上时，它只让某一特定方向的光振动通过，这个方向称为**偏振化方向**，也称**透振方向**，用如图 12-38 所示的虚线标示在偏振片上。自然光从偏振片 P 射出后，变成了线偏振光，且光强从 I_0 变为 $I_0/2$。在这里偏振片 P 属于**起偏器**。

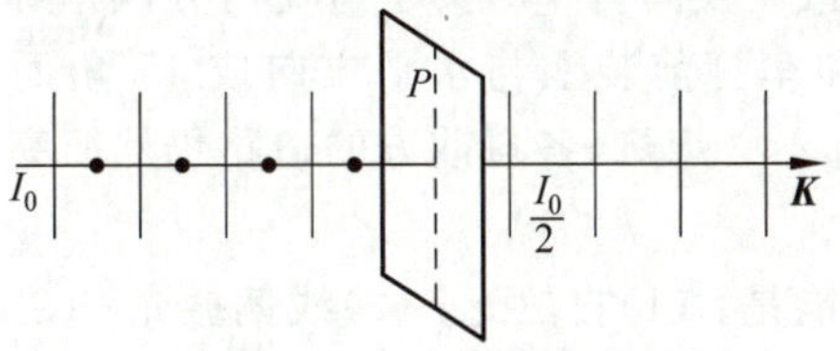

图 12-38 偏振片作为起偏器

偏振片也可用作**检偏器**，在图 12-39 中的 P_2 作用就是检偏。当 P_2 与 P_1 的偏振化方向相互平行时，由 P_1 产生的线偏振光能够全部通过 P_2，则通过 P_2 的光强最大；如果两者的偏振化方向相互垂直，则通过 P_2 的光强最弱，几乎为零，称为消光。将 P_2 绕光的传播方向慢慢转动，可以看到透过 P_2 的光强将随转动而变化，例如由亮逐渐变暗，再由暗逐渐变亮，旋转一周将出现两次最亮和最暗。

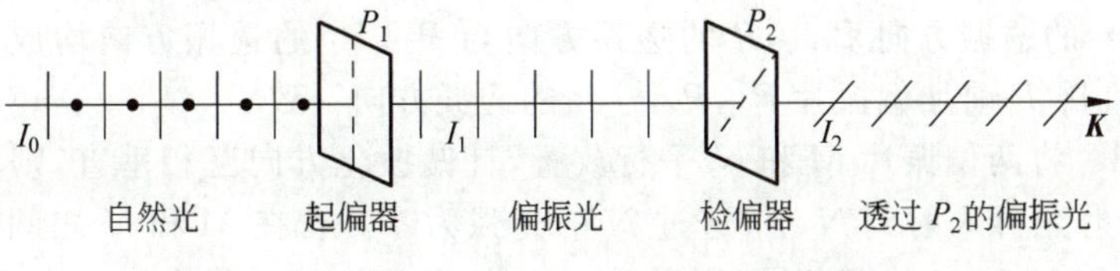

图 12-39 偏振片 P_2 作为检偏器

12.10.2 马吕斯定律

线偏振光通过检偏器后的光强变化遵守**马吕斯定律**：强度为 I_0 的线偏振光，通过检偏器的光强 I 为

$$I = I_0 \cos^2 \alpha \tag{12-23}$$

式中 α 为检偏器的偏振化方向与入射线偏振光光矢量之间的夹角，上式称为**马吕斯定律**。

定律的证明如下：

如图 12-40 所示，设 E_0 是入射线偏振光的光矢量 $\boldsymbol{E}_0$ 的振幅，$\boldsymbol{E}_0$ 的振动方向与检偏器的偏振化方向 P 的夹角为 α，将光振动分解为平行于 P 和垂直于 P 的两个分振动，它们的振幅分别为 $E_0\cos\alpha$ 和 $E_0\sin\alpha$，因为只有平行分量能够通过检偏器，所以透射光的振幅 E 和光强 I 分别为

$$E = E_0 \cos\alpha$$

$$I = I_0 \cos^2\alpha$$

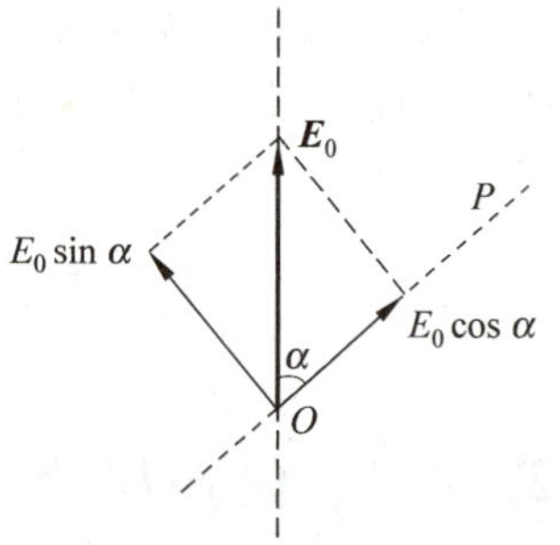

图 12-40 推导马吕斯定律用图

由式(12-23)可知，当 $\alpha=0$ 或 π 时，$I=I_{max}=I_0$，光强最大；当 $\alpha=\pi/2$ 或 $\alpha=3\pi/2$ 时，$I=0$，光强最弱；当 α 取其他值时，光强 I 介于 0 和 I_0 之间。

注意 在马吕斯定律中，入射到检偏器上的光为线偏振光，而不是自然光。

偏振片的应用很广，如汽车夜间行车时为了避免对方汽车灯光晃眼以保证安全行车，所以在所有汽车的车窗玻璃和车灯前装上与水平方向成 45°角而且向同一方向倾斜的偏振片。这样相向行驶的汽车都不必熄灯，各自前方的道路仍然照亮，同时也不会被对方车灯晃眼了。

问题 12-30 一光束可能是：(1)自然光；(2)线偏振光；(3)部分偏振光，你如何用来实验来确定这束光是哪一种光？

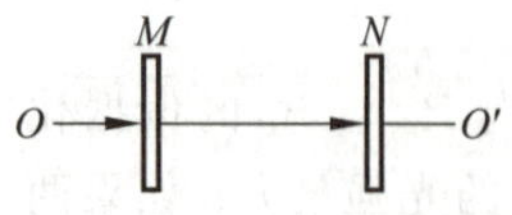

图 12-41 问题 12-31 图

问题 12-31 如图 12-41 所示，两偏振片 M 和 N 平行放置，OO' 与两者垂直。今以单色自然光垂直入射，若保持 M 不动，将 N 绕 OO' 轴转动 2π，则转动过程中通过 N 的光强怎样变化？若保持 N 不动，将 M 绕 OO' 轴转动 2π，则转动过程中通过 N 的光强又怎样变化？试定性画出光强对转动角度的关系曲线。

问题 12-32 杨氏双缝实验中，在下述情况中，能否看到干涉条纹？简单说明理由。(1)在单色自然光光源 S 后加一偏振片 P；(2)在(1)情况下，在 S_1 与 S_2 前再分别加偏振片 P_1、P_2，P_1 与 P_2 的透振方向垂直，P 的透振方向与 P_1、P_2 的透振方向均成 45°角；(3)在(2)情况下，再在屏 E 前加偏振片 P_3，P_3 与 P 的透振方向一致。

问题 12-33 将两偏振片 M 和 N 平行放置，且偏振化方向互相垂直，则单色自然光垂直入射 M 的透射光再入射到 N 上，透过 N 的光强为零。若在 M 和 N 之间插入另一偏振片 C，它的方向和 M 和 N 均不相同，则通过 N 后的光强如何？若将偏振片 C 转动一周，试定性画出光强对转动角度的关系曲线。

例 12-13 如图 12-42 所示，三个偏振片平行放置，P_1、P_3 偏振化方向互相垂直，强度为

I_0 的自然光垂直入射到偏振片 P_1 上。问：(1)当透过 P_3 的光强为 $I_0/8$ 时，P_2 与 P_1 偏振化方向夹角 θ(取 $0\leqslant\theta\leqslant 90°$)为多少？(2)透过 P_3 的光强为零时，P_2 如何放置？(3)能否找到 P_2 的合适方位，使透过 P_3 的光强为 $I_0/2$？

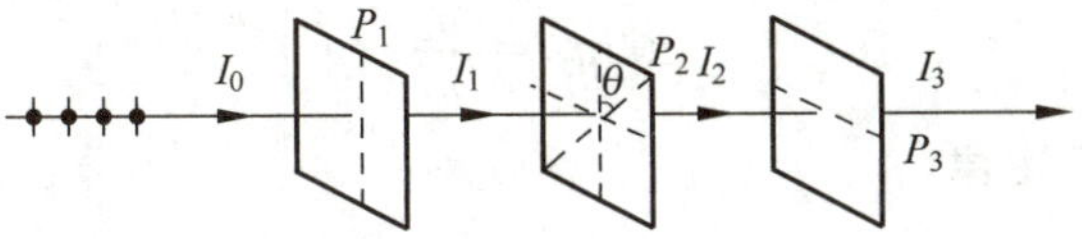

图 12-42　例 12-13 图

解　(1) 透过 P_1 的光强为 $I=I_0/2$，透过 P_2 的光强 I_2 为

$$I_2 = I_1 \cos^2\theta = \frac{1}{2} I_0 \cos^2\theta$$

透过 P_3 的光强 I_3 为

$$I_3 = I_2 \cos^2\left(\frac{\pi}{2}-\theta\right) = I_2 \sin^2\theta = \left(\frac{1}{2} I_0 \cos^2\theta\right)\sin^2\theta = \frac{1}{8} I_0 \sin^2 2\theta$$

当 $I_3 = I_0/8$ 时，

$$\sin^2 2\theta = 1,\quad \theta = 45°$$

(2) $I_3=0$ 时，$\sin^2 2\theta=0$，$\theta=0°, 90°$，即 P_2 与 P_1 偏振化方向平行或垂直。

(3) $I_3=\dfrac{1}{8}I_0 \sin^2 2\theta$，$I_3=\dfrac{1}{2}I_0$，$\sin^2 2\theta=4$，无解，即不存在 P_2 的合适方位，使

$$I_3 = I_0/2$$

实际上，由 $I_3=\dfrac{1}{8}I_0 \sin^2 2\theta$，

$$(\sin^2 2\theta)_{\max} = 1,\quad (I_3)_{\max} = I_0/8$$

12.11　反射和折射时光的偏振

布儒斯特在 1812 年发现自然光入射到两种介质的界面上时，如图 12-43(a)所示，反射光中垂直于入射面的光振动较强，折射光中平行于入射面的光振动较强，即反射光和折射光都是部分偏振光。

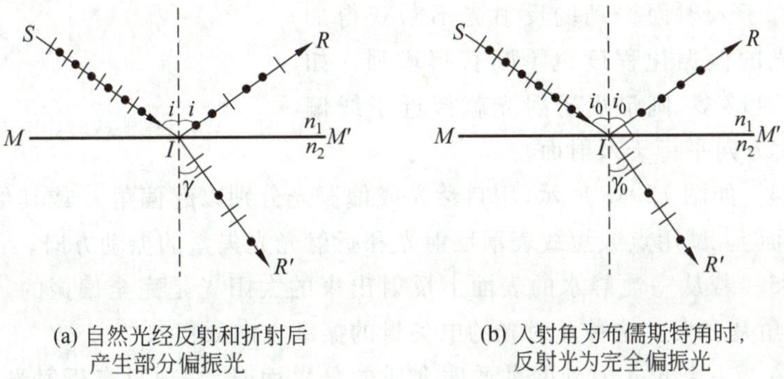

(a) 自然光经反射和折射后产生部分偏振光　(b) 入射角为布儒斯特角时，反射光为完全偏振光

图 12-43　自然光在介质界面的反射光、折射光偏振特性

布儒斯特还指出：反射光和折射光的强度以及偏振化的程度都与入射角的大小有关，特别是当入射角 i 等于某一特定值 i_0 时，反射光是振动方向垂直于入射面的完全偏振光，(图 12-43(b))，这个特定的入射角 i_0 称为**起偏振角**，或**布儒斯特角**，i_0 满足

$$\tan i_0 = \frac{n_2}{n_1} \tag{12-24}$$

上述结论称为**布儒斯特定律**。

从式(12-24)得

$$\frac{\sin i_0}{\cos i_0} = \frac{n_2}{n_1}$$

由折射定律

$$\frac{\sin i_0}{\sin \gamma_0} = \frac{n_2}{n_1}$$

结合上两式得

$$\sin\gamma_0 = \cos i_0 = \sin\left(\frac{\pi}{2} - i_0\right)$$

即

$$i_0 + \gamma_0 = \frac{\pi}{2}$$

当光线以起偏振角入射时，反射光和折射光的传播方向互相垂直(图 12-43(b))。

布儒斯特定律有很多实际的用途。例如，可用布儒斯特定律测量非透明介质的折射率。将自然光由空气中射向这种介质表面，测出起偏振角 i_0 的大小，即可由 $\tan i_0 = \frac{n_2}{n_1}$，计算出该物质的折射率。又如，在外腔式激光器中，把激光管的封口做成倾斜的，使激光以布儒斯特角入射，可以使光振动平行入射面的线偏振光不反射而完全通过，从而将激光的能量损耗减低到最小程度。

对于一般的光学玻璃，反射光的强度约为入射光强度的 15%，大部分光能透过玻璃。因此仅靠自然光在单块玻璃上的反射来获得偏振光，其强度是比较弱的。但将一些玻璃叠成玻璃片堆(图 12-44)并使 $i=i_0$。由于在各个界面上的反射光，都是光振动垂直于入射面的偏振光，所以经过多层玻璃面上的反射和折射，垂直于入射面振动的反射光不断获得加强，同时折射光的偏振化程度也不断获得增强。如果玻璃体数目足够多，则最后折射光就接近于线偏振光，且偏振化方向平行于入射面。

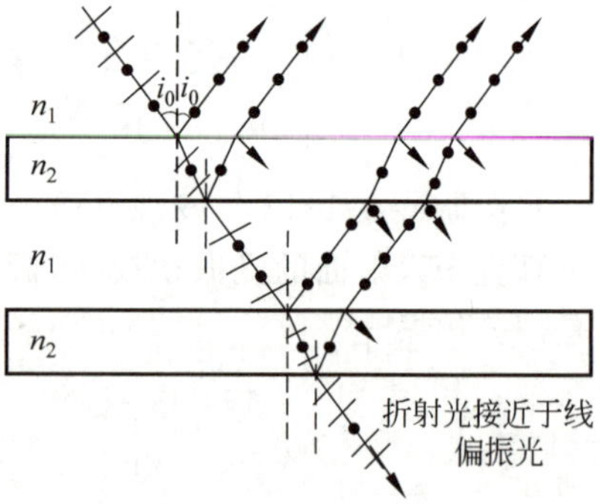

图 12-44　利用玻璃片堆产生完全偏振光

问题 12-34　如图 12-45 所示，用自然光或偏振光分别以起偏角 i_0 或其他角 $i(i\neq i_0)$ 射到某一玻璃表面上，试用点或短线表示反射光和折射光光矢量的振动方向。

问题 12-35　若从一池静水的表面上反射出来的太阳光是完全偏振的，那么太阳在地平线之上的仰角是多大？这种反射光的电矢量的振动方向如何？

问题 12-36　一束光入射到两种透明介质的分界面时，发现只有折射光，而无反射光。这束光是怎样入射的？其偏振状态如何？

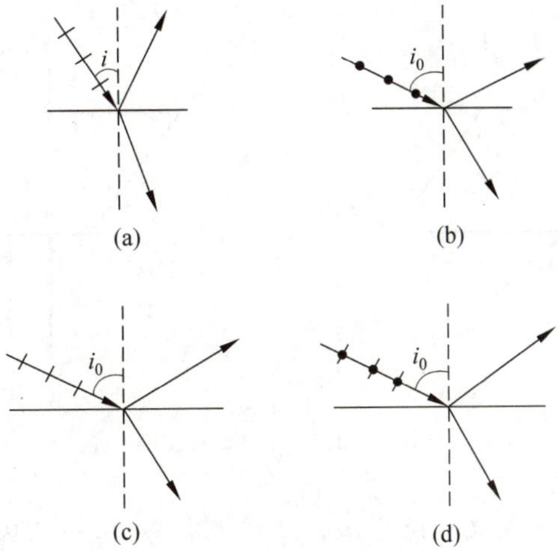

图 12-45 问题 12-34 图

例 12-14 某一物质对空气的全反射临界角为 45°,求光从该物质向空气入射时布儒斯特角 i_0。

解 设 n_1 为该物质折射率,n_2 为空气折射率,由全反射时的折射定律得

$$\frac{n_2}{n_1}=\frac{\sin 45^\circ}{\sin 90^\circ}=\frac{\sqrt{2}}{2}$$

由布儒斯特定律 $\tan i_0=\frac{n_2}{n_1}$,得

$$i_0 = 35.3^\circ$$

*12.12 由双折射引起的光的偏振

当一束光在两种各向同性介质(如玻璃、水等)的分界面上折射时,折射光只有一束,并且满足光的折射定律,这是人们所熟知的。然而,当一束光射入各向异性的介质(如方解石晶体、其化学成分为碳酸钙 $CaCO_3$)中,如图 12-46(a)所示,折射光为两束,此现象称为**双折射现象**。

实验表明,当改变入射角 ι 时,两束折射光之一恒满足折射定律,这束光称为**寻常光**,简称 o **光**;另一束光线不遵从折射定律,即当入射角 i 改变时,不仅$\frac{\sin i}{\sin\gamma}$不是一个常数,且传播方向不一定落在入射面内,这束光线称为**非常光**,简称 e **光**。如图 12-46(b)所示,即使光线垂直入射,即 $i=0$ 时,o 光沿原方向继续前进,而 e 光一般也不沿入射光方向前进。这时如果以入射光为轴旋转晶体,将发现 o 光不动,而 e 光旋转起来。o 光和 e 光都是线偏振光。

产生双折射的原因:o 光和 e 光在晶体中传播速度不同,o 光在晶体中各个方向的传播速度相等,而 e 光传播速度却随方向而变化。即在各向异性晶体中每一方向都有两个光速,一是 o 光速度,另一是 e 光速度。

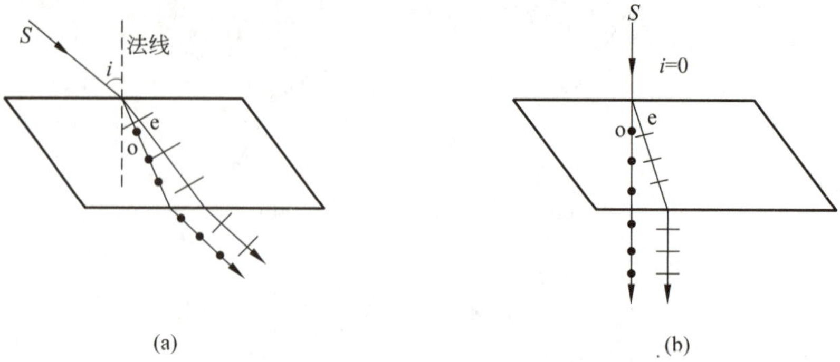

图 12-46 双折射现象

注意 (1) o 光和 e 光只有在双折射晶体的内部才有意义，一旦从晶体射出，两者速度仍然相等。

(2) o 光和 e 光都是线偏振光，两者的振动方向不同且接近互相垂直，如果设法移去其中一束或将两束分得很开，则得到了线偏振光。

习 题

12-1 在杨氏双缝干涉实验中，已知屏到双缝的距离为 1.2 m，双缝间距为 0.03 mm，屏上第 2 级明纹($k=2$)到中央明纹的距离为 4.5 cm。求：(1)所用光波的波长；(2)屏上干涉条纹的间距。

12-2 在杨氏双缝干涉实验中，用白光垂直入射到间距 $d=0.25$ mm 的双缝上，距缝 1.0 m 处放置屏幕。取白光的波长范围是 400～760 nm，求第二级干涉条纹中紫光和红光极大点的间距。

12-3 如习题 12-3 图所示，在杨氏双缝干涉实验中，用很薄的 $n=1.58$ 的云母片覆盖在双缝的 S_2 缝上，光屏上原来的中心这时为第 7 级明条纹所占据，已知入射光的波长 $\lambda=550$ nm，求云母片的厚度。

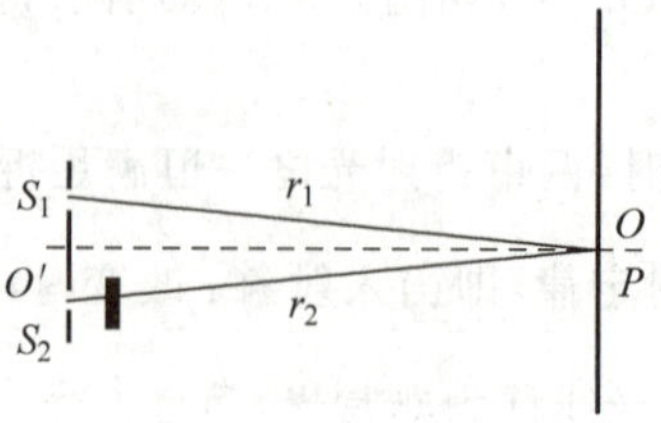

习题 12-3 图

12-4 在杨氏双缝干涉实验装置中，对于波长 $\lambda=589.3$ nm 的钠黄光，产生的干涉条纹相邻两明条纹的角距离，即相邻两明条纹对双缝中心处的张角为 0.20°。(1)对于什么波长的光，此双缝装置所得相邻两明条纹的角距离将比用钠黄光测得的角距离大 10%？(2)假想将此整个装置浸入折射率 $n=1.33$ 的水中，则钠黄光相邻两明条纹的角距离有多大？

12-5 白光垂直射到空气中一厚度为 3800 Å 的肥皂水膜上。设肥皂水的折射率为 1.33，取白光的波长范围为 400～760 nm。试问：(1)肥皂水膜正面呈何颜色？(2)肥皂水膜背面呈何颜色？

12-6 在空气中垂直入射的白光从折射率 $n=1.33$ 的肥皂膜上反射，在可见光谱中 630 nm 处有一干涉极大，在 525 nm 处有一干涉极小，在这极大与极小之间没有另外的极小，假定膜的厚度是均匀的，取白光的波长范围是 400～760 nm。求这膜的厚度。

12-7 有一劈尖，折射率 $n=1.4$，劈角 $\theta=10^{-4}$ rad，处于空气中。在某一单色光照射下，可测得两相邻明纹之间的距离为 0.25 cm。求：(1)此单色光的波长；(2)如果薄膜长 3.5 cm，总共可出现多少条明纹。

12-8 如习题 12-8 图所示，在半导体元件生产中，为了测定硅片上 SiO_2 薄膜的厚度，将该膜的一端腐蚀成劈尖状，用波长 $\lambda=589.3$ nm 的钠光垂直照射，观察到劈尖上出现 9 条暗纹，且第 9 条恰好在劈尖斜坡上端点 M 处，已知 SiO_2 的折射率 $n_{SiO_2}=1.46$，Si 的折射率 $n_{Si}=3.42$。求 SiO_2 薄膜的厚度。

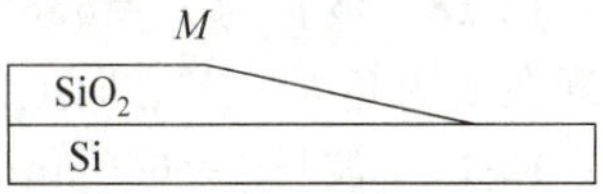

习题 12-8 图

12-9 在做牛顿环实验时，用紫光照射，借助于低倍测量显微镜测得由中心往外数第 k 级暗环的半径 $r_k=3.0\times10^{-3}$ m，k 级往上数第 16 个暗环半径 $r_{k+16}=5.0\times10^{-3}$ m，平凸透镜的曲率半径 $R=2.50$ m。求紫光的波长。

12-10 当牛顿环装置中的透镜与玻璃之间的介质由空气变为液体时，则第 10 个亮环的直径由 1.40 cm 变成 1.24 cm。设透镜与玻璃的折射率相同，空气的折射率可视为 1，求这种液体的折射率。

12-11 如习题 12-11 图所示，在迈克耳孙干涉仪的两臂中分别引入 10 cm 长的玻璃管 A、B，其中一个抽成真空，另一个在充以一个大气压空气的过程中观察到 107.2 条条纹移动，所用波长为 546 nm。求空气的折射率(保留六位有效数字)。

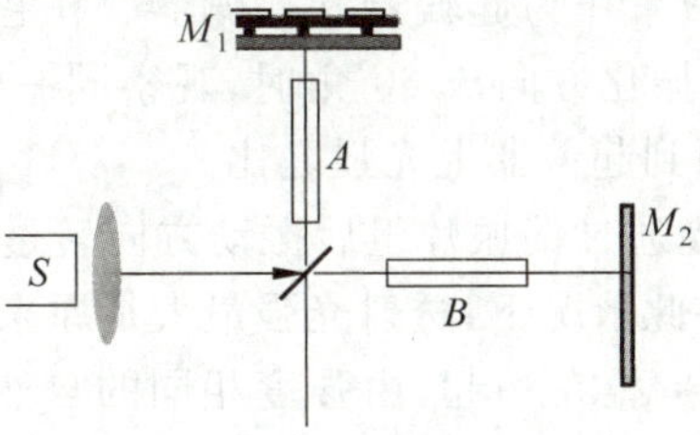

习题 12-11 图

12-12 一束波长为 $\lambda=5000$ Å 的平行光垂直照射在一个单缝上。如果所用的单缝的宽度 $a=0.5$ mm，缝后紧挨着的薄透镜焦距 $f=1$ m。求：(1)中央明条纹的角宽度；(2)中央亮纹的线宽度；(3)第一级与第二级暗纹的距离。

12-13 用一波长在 5800 Å$\leqslant\lambda\leqslant$6500 Å 范围内的单色平行光垂直照射到宽度为 $a=0.6$ mm 的单缝上，在单缝后放置一个焦距为 $f=40$ cm 的凸透镜，则在透镜焦平面的屏上形成衍射条纹。若在屏上离中心为 0.6 mm 处为一明纹，试求入射光的波长。

12-14 在单缝夫琅禾费衍射实验中，垂直入射的光有两种波长 $\lambda_1=400$ nm 和 $\lambda_2=760$ nm。已知单缝宽度 $a=1.0\times10^{-2}$ cm，透镜焦距 $f=50$ cm。(1)求两种光第一级衍射明

纹中心之间的距离。(2)若用光栅常数 $d=1.0\times10^{-3}$ cm 的光栅替换单缝,其他条件和上一问相同,求两种光第一级主极大之间的距离。

12-15 已知天空中两颗星相对于一望远镜的角距离为 4.84×10^{-6} rad,它们都发出波长 $\lambda=5.50\times10^{-5}$ cm 的光。试问望远镜的口径至少要多大,才能分辨出这两颗星。

12-16 为测定一给定光栅的光栅常数,用波长 $\lambda=6400$ Å 的激光垂直照射光栅,测得第一级明纹出现在30°角的方向。(1)求光栅常数 d 及第二级明纹的衍射角;(2)如用此光栅对某单色光作实验,发现第一级明纹出现在45°方向,此单色光波长是多少?

12-17 一束平行光垂直入射到某个光栅上,该光束有两种波长 $\lambda_1=4400$ Å 和 $\lambda_2=6600$ Å。实验发现,两种波长的谱线(不计中央明纹)第二次重合于衍射角 $\theta=60°$ 的方向上,求此光栅的光栅常数 d。

12-18 波长为 $\lambda_1=656.279$ nm 和 $\lambda_2=410.174$ nm 的光波同时垂直照射到某光栅上,发现在衍射角 $\theta=41°$ 方向上的光波的谱线重合。求光栅常数的最小值。

12-19 波长 $\lambda=600$ nm 的单色光垂直入射到一光栅上,测得第3级主极大的衍射角为30°,且第4级缺级。(1)光栅常数 $(a+b)$ 等于多少?(2)透光缝可能的最小宽度 a 等于多少?(3)在选定上述 $(a+b)$ 和 a 后,求在衍射角 $-90°<\theta<90°$ 范围内可能观察到的全部主极大的级次和明条纹数;(4)在单缝衍射的中央明纹区域可以观察到的光栅衍射明条纹数。

***12-20** 用每毫米刻有500条栅纹的光栅,观察 $\lambda=589.3$ nm 的钠光谱线,在不考虑缺级的情况下,问:(1)平行光线垂直入射时;(2)平行光线以入射角30°入射时,可以观察到的明条纹最高级次和条数。(3)钠光谱线实际上包含 $\lambda_1=589.0$ nm 及 $\lambda_2=589.6$ nm 两条谱线,设光栅后透镜的焦距为2 m,求在正入射时,最高级条纹中此双线分开的角距离及在屏上分开的线距离。

12-21 用波长范围为400~760 nm 的白光垂直照射一个每厘米刻有4000条缝的光栅,问:(1)可以产生多少级完整的光谱?(2)其中不与其他光谱重叠的光谱有几级?(3)哪一级光谱中的哪个波长的光开始与其他级谱线重叠?

12-22 用两偏振片平行放置作为起偏器和检偏器。在它们的偏振化方向成30°时,观测一普通光源;又在它们的偏振化方向成60°角时,观察同一位置处的另一普通光源,两次所得的强度相等。求两光源照到起偏器上光强之比。

12-23 要使一束线偏振光通过偏振片组后振动方向转过 $\pi/2$,至少需要让这束线偏振光通过几块理想的偏振片?在此情况下,透射光强最大是原来的多少倍?

12-24 两个偏振片 P_1、P_2 叠在一起,由强度相同的自然光和线偏振光混合而成的光束垂直入射到偏振片 P_1 上。已知穿过 P_1 的透射光强为入射光强的1/2,连续穿过 P_1,P_2 后的透射光强为入射光强的1/4。求:(1)入射光中线偏振光矢量振动方向与 P_1 的偏振化方向夹角 θ;(2)P_1、P_2 的偏振化方向夹角 α。θ、α 的取值范围 $0\leqslant\theta,\alpha\leqslant90°$。

12-25 若从一池静水的表面上反射出来的太阳光是完全偏振的,水的折射率 $n=1.33$,那么太阳在地平线之上的仰角是多大?这种反射光的电矢量的振动方向如何?

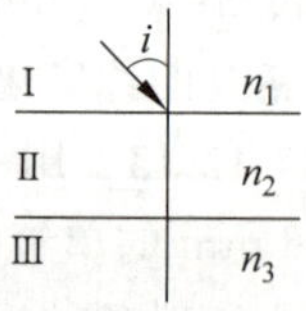

习题12-26图

12-26 如习题12-26图所示排列的3种透明介质Ⅰ、Ⅱ、Ⅲ,折射率 $n_1=1.00$,$n_2=1.43$,Ⅰ、Ⅱ和Ⅲ的界面互相平行,一束自然光由介质Ⅰ中入射,若在两个交界面上的反射光都是线偏振光。求:(1)入射角 i;(2)折射率 n_3。

第五篇

近代物理基础

第13章

狭义相对论基础

对于宏观、低速运动的问题，牛顿力学(也称经典力学)所揭示的规律与实验结果是一致的。但对于高速运动问题，牛顿力学遇到了不可克服的困难，必须建立新的力学，这就是爱因斯坦的相对论力学。相对论力学既适用于高速运动情况，又适用于低速运动的情况，当物体作低速运动时，相对论力学就过渡为牛顿力学。在本章，我们将初步学习狭义相对论，主要内容有经典力学相对性原理和时空观，狭义相对论的基本原理，洛伦兹变换式，狭义相对论的时空观和动力学的一些结论。

爱因斯坦

13.1 经典力学的相对性原理和时空观

13.1.1 伽利略变换式

伽利略变换是经典力学范围中关于不同惯性参照系之间的时空变换式。

如图 13-1 所示，设有两个惯性参照系 K 和 K'，它们对应的坐标轴相互平行，且 K' 系相对 K 系以恒定速度 $\boldsymbol{u}$ 沿 Ox 轴正方向运动。开始时，即 $t=t'=0$ 时，两个惯性系的原点 O 与 O' 重合。由经典力学可知，在任一时刻，点 P 在这两个惯性系中的位置坐标和时间的关系为

$$\begin{cases} x' = x - ut \\ y' = y \\ z' = z \\ t' = t \end{cases} \quad 或 \quad \begin{cases} x = x' + ut \\ y = y' \\ z = z' \\ t = t' \end{cases} \tag{13-1}$$

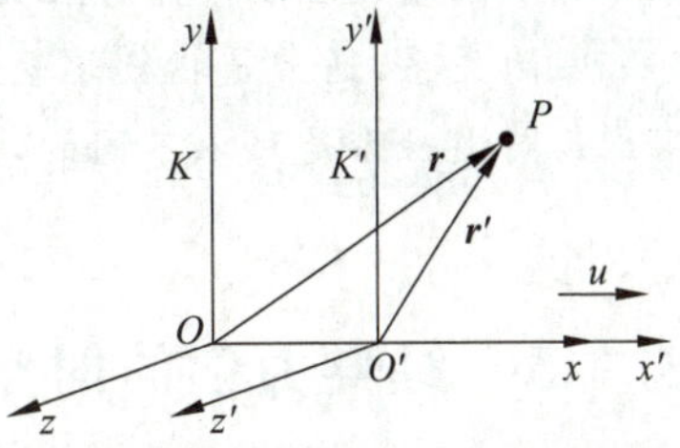

图 13-1　K' 相对 K 系以恒定速度 $\boldsymbol{u}$ 沿 Ox 轴正方向运动

上式即为**伽利略时空变换式**。将式(13-1)中的第一组的前三式对时间求一阶导数，即得

$$\begin{cases} v'_x = v_x - u \\ v'_y = v_y \\ v'_z = v_z \end{cases} \tag{13-2a}$$

式中 v'_x、v'_y、v'_z 是点 P 对于 K' 系的速度分量，v_x、v_y、v_z 是点 P 对于 K 系的速度分量。式(13-2a)为点 P 在 K 系和 K' 系中的速度变换关系，叫作**伽利略速度变换式**，为经典力学中

的速度变换法则。其矢量形式为

$$\boldsymbol{v}' = \boldsymbol{v} - \boldsymbol{u} \tag{13-2b}$$

$\boldsymbol{u}$ 就是第一章相对运动中所述的牵连速度，$\boldsymbol{v}$ 和 $\boldsymbol{v}'$ 分别为点 P 在 K 系和 K' 系中的速度。将式(13-2a)对时间求导数，就得到经典力学中的加速度变换式。

$$\begin{cases} a'_x = a_x \\ a'_y = a_y \\ a'_z = a_z \end{cases} \tag{13-3a}$$

其矢量形式为

$$\boldsymbol{a}' = \boldsymbol{a} \tag{13-3b}$$

13.1.2 经典力学的相对性原理

式(13-3)表明，在两个惯性系中，加速度相等。由于经典力学认为质点的质量是与运动状态无关的常量，质点之间的互相作用只与它们的相对位置或相对运动有关，因而也是与参照系无关的。因此只要 $\boldsymbol{F}=m\boldsymbol{a}$ 在惯性系 K 中是正确的，那么对于惯性系 K' 来说，由于 $\boldsymbol{F}'=\boldsymbol{F}$，$m'=m$ 及 $\boldsymbol{a}'=\boldsymbol{a}$，则必然有 $\boldsymbol{F}'=m'\boldsymbol{a}'$。上述结果表明，当由惯性系 K 变换到惯性系 K' 时，牛顿运动定律的形式相同，牛顿运动方程对伽利略变换式来讲是不变式。由此不难推断，对于所有的惯性系，牛顿力学的规律都应具有相同的形式。这就是**牛顿力学的相对性原理**(或称**伽利略相对性原理**、**经典力学相对性原理**)。经典力学的相对性原理表明，在研究力学规律时，所有的惯性系都是等价的，没有一个惯性系比别的惯性系具有绝对的或优越的地位。经典力学相对性原理在宏观、低速的范围内是与实验结果相一致的。

注意 伽利略相对性原理是指牛顿运动定律以及由牛顿运动定律推演得到的定理定律，如动量定理和动量守恒定律、动能定理和机械能守恒定律等所反映的物理量之间的关系，通常是指数学表达形式，对于所有的惯性系是相同的，而物理量本身对不同惯性系是可以不同的，比如，一个质点的速度、动量、动能等。

13.1.3 经典力学的时空观

在伽利略变换中，$t'=t$，这是经典力学的一个基本假设，即时间的量度是绝对的，与惯性系无关。一物理过程在惯性系 K' 系中所经历的时间与在惯性系 K 系所经历的时间相同，即 $\Delta t'=\Delta t$。

经典力学的另一个基本假设是：空间两点的距离不管从哪个惯性系测量，结果都应相同。从伽利略变换出发，可直接得到这一点。如若在 K' 系中沿 Ox' 轴放置一静止杆子，两端点在 K' 系中的坐标为 x'_1、x'_2，则在 K' 系中杆子的长度为

$$\Delta x' = x'_1 - x'_2。$$

在 K 系中，同时测得杆子两端的坐标为 x_1 和 x_2，则在 K 系中杆子的长度为 $\Delta x=x_2-x_1$，根据伽利略变换有

$$x_1' = x_1 - ut_1, \quad x_2' = x_2 - ut_2$$

$$x_1' - x_2' = (x_2 - x_1) - u(t_2 - t_1)$$

因为在 K 系中对杆子两端位置的测量是同时的，即 $t_1 = t_2$，所以 $\Delta x' = \Delta x$。

上述关于时间和空间的两个假设构成了**经典力学的绝对时空观**。按照这种观点，时间和空间是彼此独立、互不相关且独立于物质运动之外的。这种绝对的时空观可以形象地把空间比作存有宇宙万物的一个无形的永不运动的框架，而时间是独立的不断流逝的流水。用牛顿的话来说，“绝对的真实的数学时间，就其本质而言，是永远均匀地流逝着，与任何外界事物无关。”“绝对空间就其本质而言是与任何外界事物无关的，它从不运动，而且永远不变。”

13.2 狭义相对论的基本原理 洛伦兹变换

13.2.1 狭义相对论的基本原理

正如前节所说，在物体低速运动的范围内，伽利略变换和经典力学相对性原理是符合实际情况的。但是当把经典力学相对性原理推广到电磁学时，却遇到了麻烦。在 19 世纪末，作为电磁学基本规律的麦克斯韦方程组已经建立，它的一个主要成果是预言了电磁波的存在，光波是电磁波的一部分，并给出电磁波在真空中的速率(即光速) $c = \dfrac{1}{\sqrt{\varepsilon_0 \mu_0}}$，其中 ε_0、μ_0 是两个电磁学常量。由于 ε_0、μ_0 与参照系无关，因此 c 也应该与参照系无关。这就是说在任何参照系内测得的光在真空的速率都应该是这一数值，c 是一个普适常量。但是在经典力学的伽利略变换中，任何速度都是相对于某一个参照系的，不存在普适的速度常量，而且麦克斯韦方程组也不具备对伽利略变换的不变性。这样就面临两种选择：一种是肯定经典力学相对性原理是正确的，但不适用于电磁学理论，在电磁学理论中，存在一个特殊的参照系称为“以太”参照系，在“以太”参照系中，光速是 c；另一种选择是肯定存在一个普遍正确的相对性原理，它既适用于力学，也适用于电磁学，但经典力学的定律和伽利略变换要修改。爱因斯坦选择了后者，提出了**狭义相对论的两条基本原理**：

(1) **相对性原理** 物理定律在一切惯性参照系中都具有相同的数学表达形式，也就是说，所有惯性系对于描述物理规律都是等价的。

(2) **光速不变原理** 在所有惯性参照系中，光在真空中沿各个方向的传播速率等于恒定值 c，与光源和观察者的运动无关。

说明 狭义相对论中的“狭义”是指这个理论只适用于惯性参照系，以别于**广义相对论**。在广义相对论中，爱因斯坦将相对性原理推广到作加速运动的参照系。

讨论 (1) 狭义相对论的相对性原理是力学相对性原理的推广，这种推广体现了一种物理观念，就是物理规律的表达在不同的惯性参照系中应该是相同的。力学规律如此，电磁学规律也应如此。

(2) 狭义相对论的基本原理是与伽利略变换(或牛顿力学时空观)相矛盾的。例如，光速不变原理就与伽利略变换相矛盾。机场照明跑道的灯光相对于地球以速度 c 传播，若从相对于地球以速度 v 运动着的飞机上看，按光速不变原理，光仍是以速度 c 传播的。而按伽利略变换，则当光的传播方向与飞机的运动方向一致时，从飞机上测得的光速应为 $c-v$；当两者的方向相反时，从飞机上测得的光速应为 $c+v$。

13.2.2 洛伦兹变换

伽利略变换与狭义相对论不相容，因此需要寻找一个满足狭义相对论的变换式，爱因斯坦导出了这个变换式。由于在爱因斯坦推出这个变换式之前，洛伦兹在 1904 年研究电磁场理论时已提出了，但当时未给出正确的解释，所以一般称它为**洛伦兹变换**。

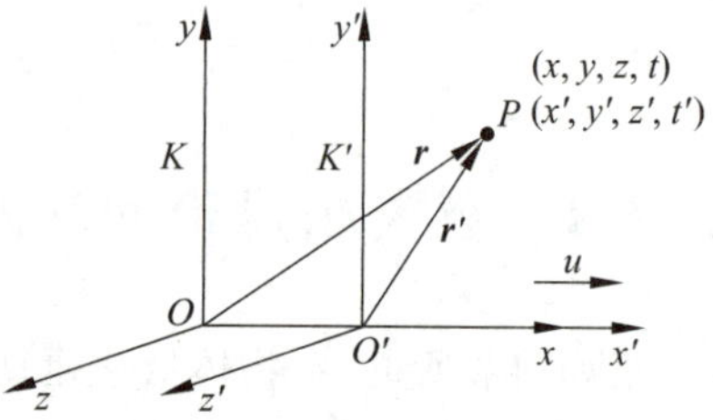

图 13-2 洛伦兹变换

如图 13-2 所示，设有两个惯性参照系 K 和 K'，它们对应的坐标轴相互平行，且 K' 系相对 K 系以恒定速度 $\boldsymbol{u}$ 沿 Ox 轴正方向运动。开始时，两个惯性系原点 O 与 O' 重合。设 P 为被观察的某一事件，在 K 系中测得是在时刻 t 发生在(x,y,z)，在 K' 系中测得是在时刻 t' 发生在(x',y',z')，由狭义相对论的两条基本原理可得

$$\begin{cases} x' = \dfrac{x-ut}{\sqrt{1-\dfrac{u^2}{c^2}}} \\ y' = y \\ z' = z \\ t' = \dfrac{t-\dfrac{ux}{c^2}}{\sqrt{1-\dfrac{u^2}{c^2}}} \end{cases} \tag{13-4a}$$

或其逆变换式

$$\begin{cases} x = \dfrac{x'+ut'}{\sqrt{1-\dfrac{u^2}{c^2}}} \\ y = y' \\ z = z' \\ t = \dfrac{t'+\dfrac{ux'}{c^2}}{\sqrt{1-\dfrac{u^2}{c^2}}} \end{cases} \tag{13-4b}$$

式(13-4a)和式(13-4b)都称为**洛伦兹变换**。

讨论　(1) 在洛伦兹变换中，不仅 x' 是 x、t 的函数，而且 t' 也是 x、t 的函数，并且都与两个惯性系之间的相对速度 u 有关。洛伦兹变换集中体现了相对论关于时间、空间和物质运动三者紧密的关系。因此在相对论中，通常将 t 时刻发生在(x,y,z)的事件用四维坐标(x,y,z,t)的形式表示(图 13-2)。

(2) 当 $u \ll c$ 时，洛伦兹变换退化为伽利略变换式(13-1)，这正说明洛伦兹变换是对高速运动和低速运动都成立的变换，它包括了伽利略变换。

(3) 从式(13-4)，可知当 $u \geqslant c$，洛伦兹变换式的分母为零或虚数，变换失去了意义。所以狭义相对论要求任何两个惯性系之间的相对运动速率都小于真空中的光速 c，也就是说，按照狭义相对论，真空中的光速是一切物体运动速率的上限。

问题 13-1　判断下列说法的正误。

(1) 伽利略变换是经典力学中不同惯性系之间物理事件的时空坐标变换关系式，其中的长度和时间是绝对的，反映了绝对时空观。

(2) 由狭义相对论的相对性原理，在所有参照系中，力学定律的表达形式都相同。

(3) 由狭义相对论的相对性原理，在所有惯性系中，力学定律的表达形式都相同。

(4) 由狭义相对论的相对性原理，所有参照系对于描述物理现象是等价的。

(5) 由狭义相对论的相对性原理，所有惯性系对于描述物理现象是等价的。

(6) 狭义相对论的相对性原理只对力学规律成立。

(7) 伽利略变换在高速运动情形和低速运动情形下都成立。

问题 13-2　判断关于狭义相对论的下列几种说法的正误。

(1) 一切物体相对于观测者的速度都不可能大于真空中的光速。

(2) 在所有惯性系中，光在真空中沿任何方向的传播速率都相同。

(3) 在真空中，光的速度与光源的运动状态、光的频率无关。

问题 13-3　狭义相对论与牛顿力学两者的时间和空间的概念有何不同？有何联系？

例 13-1　设有两个惯性参照系 K 和 K'，它们的原点在 $t=0$ 和 $t'=0$ 时重合在一起。有一事件，在 K' 系中发生在 $t'=8.0\times10^{-8}$ s，$x'=60$ m，$y'=0$，$z'=0$ 处，若 K' 系相对于 K 系以速率 $u=0.6c$ 沿 x 轴运动。求该事件在 K 系中的时空坐标。

解　由式(13-4b)

$$x=\frac{x'+ut'}{\sqrt{1-\frac{u^2}{c^2}}}=\frac{60+0.6\times3.0\times10^8\times8.0\times10^{-8}}{\sqrt{1-\frac{(0.6c)^2}{c^2}}}=93\ (\text{m})$$

$$y=y'=0\quad z=z'=0$$

$$t=\frac{t'+\frac{ux'}{c^2}}{\sqrt{1-\frac{u^2}{c^2}}}=\frac{8.0\times10^{-8}+\frac{0.6c\times60}{c^2}}{\sqrt{1-\frac{(0.6c)^2}{c^2}}}=2.5\times10^{-7}(\text{s})$$

13.2.3 洛伦兹速度变换

本节,我们从洛伦兹变换公式推导洛伦兹速度变换公式。

在 K 系中速度表达式为

$$v_x=\frac{\mathrm{d}x}{\mathrm{d}t},\quad v_y=\frac{\mathrm{d}y}{\mathrm{d}t},\quad v_z=\frac{\mathrm{d}z}{\mathrm{d}t}$$

在 K' 系中速度表达式为

$$v'_x=\frac{\mathrm{d}x'}{\mathrm{d}t'},\quad v'_y=\frac{\mathrm{d}y'}{\mathrm{d}t'},\quad v'_z=\frac{\mathrm{d}z'}{\mathrm{d}t'}$$

根据洛伦兹变换,有

$$\mathrm{d}x'=\frac{\mathrm{d}x-u\mathrm{d}t}{\sqrt{1-\frac{u^2}{c^2}}},\quad \mathrm{d}y'=\mathrm{d}y,\quad \mathrm{d}z'=\mathrm{d}z,\quad \mathrm{d}t'=\frac{\mathrm{d}t-\frac{u\mathrm{d}x}{c^2}}{\sqrt{1-\frac{u^2}{c^2}}}$$

用 $\mathrm{d}t'$ 除前三式,可得**洛伦兹速度变换公式**

$$v'_x=\frac{v_x-u}{1-\frac{v_x u}{c^2}}\quad v'_y=\frac{v_y\sqrt{1-u^2/c^2}}{1-\frac{v_x u}{c^2}}\quad v'_z=\frac{v_z\sqrt{1-u^2/c^2}}{1-\frac{v_x u}{c^2}}\tag{13-5a}$$

同样可导得上式的逆变换式

$$v_x=\frac{v'_x+u}{1+\frac{v'_x u}{c^2}}\quad v_y=\frac{v'_y\sqrt{1-u^2/c^2}}{1+\frac{v'_x u}{c^2}}\quad v_z=\frac{v'_z\sqrt{1-u^2/c^2}}{1+\frac{v'_x u}{c^2}}\tag{13-5b}$$

注意 (1) 结合式(13-4)和式(13-5)可知,虽然垂直于参照系相互运动方向的长度 $y(y')$、$z(z')$ 的量度与惯性系无关,但在此方向上的速度分量 $v_y(v'_y)$、$v_z(v'_z)$ 与惯性系是有关的。这是因为在洛伦兹变换中,时间量度与惯性系有关,而速度包含时间和空间两个因素,必然导致在垂直参照系相互运动方向上的速度与参照系有关。

(2) 在 u、$v\ll c$ 的情况下,洛伦兹速度变换公式将转化为伽利略速度变换公式。

问题 13-4 在 K 系中,一光束以速度 c 沿 x 轴运动,求这束光对以速度 u 沿 x 轴运动的 K' 系的速度。

问题 13-5 在相对论中,垂直于两个惯性系的相对速度方向的长度与惯性系无关,而为什么在这方向上的速度分量却又和惯性系有关?

例 13-2 两只宇宙飞船 A、B 相对某遥远的恒星以 $0.8c$ 的速率向相反方向移开。求:(1)在一只船上观测时,另一只船的速度;(2)在恒星上观测时,两船的分离速率。

解 (1) 取飞船 B 为研究对象。

方法 1 取恒星为 K 系,飞船 A 为 K' 系,设其沿 x 轴正方向运动,即 $u=0.8c$,船 B 沿 x 轴负方向运动,即 $v_x=-0.8c$,于是飞船 B 在 K' 系中的速度,即在船 A 上观测时,船 B 的速度为

$$v'_x=\frac{v_x-u}{1-\frac{v_xu}{c^2}}=\frac{-0.8c-0.8c}{1-\frac{-0.8c\times0.8c}{c^2}}=-\frac{40}{41}c$$

结果中负号表示在 K'系(船 A)中观测时,船 B 沿 x'负方向运动。

方法 2 取在恒星上观测时,A 和 B 的速度方向仍如方法 1 中所设。取船 A 为 K 系,恒星为 K'系,则 K'系相对于 K 系的速度 $u=-0.8c$;船 B 相对于 K'系的速度 $v'_x=-0.8c$,则飞船 B 在 K 系(船 A)中的速度

$$v_x=\frac{v'_x+u}{1+\frac{v'_xu}{c^2}}=\frac{-0.8c-0.8c}{1+\frac{-0.8c\times(-0.8c)}{c^2}}=-\frac{40}{41}c$$

结果与方法 1 相同。而根据伽利略变换,在船 A 上观测时,船 B 的速率为 $1.6c$。

(2) 在恒星上观测时,两船的分离速率为 $1.6c$。

注意 光速不变原理中的"速度"是指以某一物体(船 A)为参照系观测时,另一物体(船 B)的速度,这一速度的大小是不可能超过真空中的光速的。而对于以某一物体(恒星)为参照系观测另外两个物体(船 A 和船 B)之间的相对速度,这一速度不符合原理中速度的定义,它是可以超过真空中的光速的。

对于求相对速度的问题,首先选择 K 系、K'系和研究对象,然后确定已知的速度,待求速度。K'系相对于 K 系的速度为 u,研究对象相对于 K 系的速度为 $\boldsymbol{v}=(v_x,v_y,v_z)$,相对于 K'系的速度为 $\boldsymbol{v}'=(v'_x,v'_y,v'_z)$。

13.3 狭义相对论的时空观

运用洛伦兹变换式可以得出许多与我们的日常经验,实际上也是与牛顿力学大相径庭的重要结论。这些结论反映了相对论时空观与牛顿力学的绝对时空观的区别。本节讨论同时的相对性、长度收缩、时间延缓和因果关系。

13.3.1 同时的相对性

设在惯性系 K 中,在不同地点同时发生两事件,时空坐标分别为$(x_1,0,0,t)$和$(x_2,0,0,t)$,则根据洛伦兹变换式(13-4a),有

$$t'_1=\frac{t-\frac{ux_1}{c^2}}{\sqrt{1-\frac{u^2}{c^2}}},\quad t'_2=\frac{t-\frac{ux_2}{c^2}}{\sqrt{1-\frac{u^2}{c^2}}}$$

即

$$t'_2-t'_1=\frac{-\frac{u}{c^2}(x_2-x_1)}{\sqrt{1-\frac{u^2}{c^2}}}\neq0 \qquad (13\text{-}6)$$

从式(13-6)可知，在某一惯性系中，不同地点同时发生的两个事件，在另一惯性系中观测是不同时发生，这就是狭义相对论的**同时相对性**。同时相对性的本质在于在狭义相对论中时间和空间是相互关联的。

注意 在本节上面的讨论中，(1)若 u 沿 x 轴正方向，且 $x_2-x_1>0$，则 $t_2'-t_1'<0$，可得出结论，沿两个惯性系相对运动方向发生的两个事件，在其中一个惯性系中表现为同时的，在另一惯性系中观测，则总是在前一惯性系运动的后方那一事件先发生。

(2) 如果两个事件在 K 系同一地点同时发生，$x_2=x_1$，$t_2=t_1$ 则

$$t_2'-t_1'=\frac{-\frac{u}{c^2}(x_2-x_1)}{\sqrt{1-\frac{u^2}{c^2}}}=0,\quad x_2'-x_1'=\frac{(x_2-x_1)-u(t_2-t_1)}{\sqrt{1-\frac{u^2}{c^2}}}=0。$$

这说明在某一惯性系中**同一地点同时发生的两事件**，在其他惯性系中进行测量，这两个事件仍是同时同地发生。

问题 13-6 何为同时的相对性？如果光速是无限大，是否还会有同时的相对性？

问题 13-7 前进中的一列火车的车头和车尾各遭到一次闪电袭击。据车上观测者测定两次袭击是同时发生的。试问，据地面观测者测定，它们是否仍然同时？如果不是，何处先遭到袭击？

例 13-3 北京和上海直线相距 1000 km，在某一时刻从两地同时各开出一列火车。现有一艘飞船沿从北京到上海的方向在高空掠过，速率恒为 $u=9$ km/s。求宇航员测得的两列火车开出的时间间隔，哪一列先开出？

解 取地面为 K 系，坐标原点在北京，以北京到上海的方向为 x 方向，北京和上海的位置坐标分别是 x_1 和 x_2。取飞船为 K'系，由洛伦兹变换可知

$$t_2'-t_1'=\frac{(t_2-t_1)-\frac{u}{c^2}(x_2-x_1)}{\sqrt{1-\frac{u^2}{c^2}}}=-\frac{\frac{u}{c^2}(x_2-x_1)}{\sqrt{1-\frac{u^2}{c^2}}}$$

$$=-\frac{\frac{9\times10^3}{(3\times10^8)^2}\times10^6}{\sqrt{1-\left(\frac{9\times10^3}{3\times10^8}\right)^2}}\approx-10^{-7}\,(\mathrm{s})$$

负的结果表示：宇航员发现从上海发车的时刻比从北京发车的时刻早 10^{-7} s。这与本节中注意点(1)的结论是一致的。

13.3.2 长度收缩

物体的长度是指对物体的两端同时进行测量，所得的坐标值之差。如图 13-3 所示，一根细棒 AB 静止于 K'系中，并沿着 $O'x'$轴放置。设在 K'系中，棒 AB 两端点的坐标为 x_1'、x_2'，则在 K'系中测得该棒的长度为 $l_0=x_2'-x_1'$。在相对物体静止的惯性系中，测得的物体

长度称为物体的**固有长度**，l_0 即为棒的固有长度。在 K 系中测量棒 AB 的长度，需**同时测量**棒 AB 两端点的坐标为 x_1、x_2，根据洛伦兹变换式(13-4(a))，可得

$$x'_1=\frac{x_1-ut_1}{\sqrt{1-\frac{u^2}{c^2}}},\quad x'_2=\frac{x_2-ut_2}{\sqrt{1-\frac{u^2}{c^2}}}$$

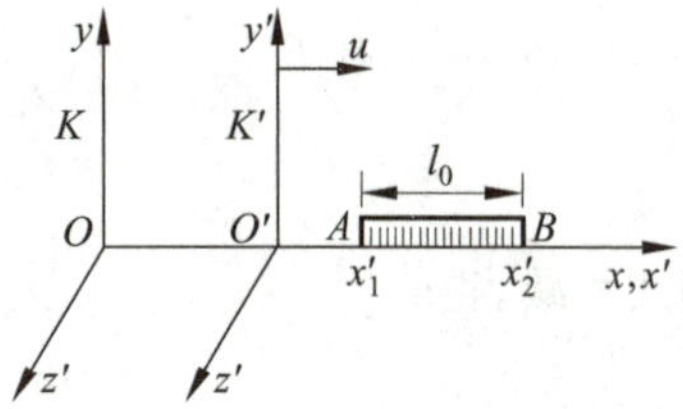

图 13-3 长度收缩效应

注意到 $t_1=t_2$ 得

$$l=x_2-x_1=l_0\sqrt{1-u^2/c^2} \qquad (13\text{-}7)$$

式(13-7)表明，在 K 系中的观察者看来，运动的物体在运动方向上的长度缩短了，这就是狭义相对论的**长度收缩效应**。

讨论 (1) 在不同的惯性系测得的物体长度，固有长度最长。

(2) 长度收缩效应纯粹是一种相对论效应，只发生在运动方向上，是相对的。即假设有两根完全一样的细棒，分别放在 K 系和 K' 系，则 K 系中的观测者说放在 K' 系中的棒缩短了，而 K' 系中的观测者认为自己这根棒长度没有变，而是 K 系中的棒缩短了。原因在于物体的运动状态是个相对量。

(3) 长度收缩效应是测量出来的。在相对论时空观中，测量效应和眼睛看到的效应是不同的。人们用眼睛看物体时，看到的是由物体上各点发出的同时到达视网膜的那些光信号所形成的图像。当物体高速运动时，由于光速有限，同时到达视网膜的光信号是由物体上各点不同时刻发出的，物体上远端发出光信号的时刻比近端发出光信号的时刻要早一些。因此人们眼睛看到的物体形状一般是发生了光学畸变的图像。

问题 13-8 长度的量度和同时性有什么关系？为什么长度的量度会和惯性系有关？长度收缩效应是否因为棒的长度受到了实际的压缩？

例 13-4 固有长度为 5 m 的飞船以 $u=9\times10^3$ m/s 的速率相对于地面匀速飞行，从地面上测量，它的长度是多少？

解 由题意知 $l_0=5$ m，$u=9\times10^3$ m/s

$$l=l_0\sqrt{1-u^2/c^2}=5\times\sqrt{1-(9\times10^3)^2/(3\times10^8)^2}=4.999\,999\,998\ (\text{m})$$

这个结果和静长 5 m 的差别是难以测出的。

13.3.3 时间延缓

设两个事件，如分别对应于某事物所发生的一个过程的开始与结束，在 K' 系中的同一地点 x' 处发生，用固定在 K' 系中的时钟来测量，两事件分别发生在 t'_1、t'_2，时间间隔 $\tau_0=t'_2-t'_1$，这种在某一惯性系中同一地点先后发生的两个事件之间的时间间隔叫**固有时**，τ_0 就是固有时，它是静止于此参照系中的一只钟测出的。在 K 系中测量，两事件分别发生在 t_1、t_2，根据洛伦兹变换式(13-4a)可得

$$t_1=\frac{t_1'+\frac{u}{c^2}x'}{\sqrt{1-\frac{u^2}{c^2}}},\quad t_2=\frac{t_2'+\frac{u}{c^2}x'}{\sqrt{1-\frac{u^2}{c^2}}}$$

两式相减，得

$$\tau=t_2-t_1=\frac{\tau_0}{\sqrt{1-\frac{u^2}{c^2}}} \tag{13-8}$$

式(13-8)表明，在K'系发生在同一地点的两个事件，在K系中测得两事件的时间间隔比K'系测得的时间间隔(即固有时)要长。换句话说，K系中的观测者发现K'系中的钟(即运动的钟)变慢了。这就是**时间延缓效应**，也称**时间膨胀**。

讨论 (1) 在不同惯性系中测量一个物理过程从发生到结束的时间间隔，固有时最短。
(2) 时间延缓效应是相对的。

从13.3.1节、13.3.2节和13.3.3节可知，狭义相对论指出了时间和空间的量度与参照系的选择有关。时间与空间是相互联系的，并与物质有着不可分割的联系。不存在孤立的时间，也不存在孤立的空间。时间、空间与运动三者之间的紧密联系，深刻反映了时空的性质。

同时我们可以看到，当$u\ll c$，由式(13-6)，$t_2'-t_1'=0$；由式(13-7)，$l=l_0$；由式(13-8)，$\tau\approx\tau_0$，即同时性、长度和时间的测量都与参照系选择无关，这说明牛顿的绝对时空概念是相对论时空概念在低速情况下的近似。

问题13-9 什么叫固有时？为什么固有时最短？

问题13-10 有一枚相对于地球以接近于光速飞行的宇宙火箭，在地球上的观测者将测得火箭上的物体长度缩短，过程的时间延长，有人因此得出结论说：火箭上观测者将测得地球上的物体比火箭上同类物体更长，而同一过程的时间缩短。这个结论对吗？

问题13-11 有两只校准的钟，一只留在地面上，另一只带到以速率v做匀速直线飞行的飞船上，则下列说法中正确的是(　　)。

(A) 飞船上的观测者发现自己的钟比地面上的钟慢

(B) 地面上的观测者发现自己的钟比飞船上的钟慢

(C) 飞船上的观测者觉得自己的钟比原来慢了

(D) 地面上的观测者发现自己的钟比飞船上的钟快

例13-5 半人马星座α星是离太阳系最近的恒星，它距地球$s=4.3\times10^{16}$ m。设有一宇宙飞船自地球往返于半人马座α星之间。若宇宙飞船的速率是$v=0.999c$，(1)若按地球上时钟计算，飞船往返一次需多少时间？(2)若以飞船上时钟计算，往返一次又为多少时间？

解 (1) 由于题中恒星与地球的距离和宇宙飞船的速度均是地球上观察者所测量的，故飞船往返一次，地球时钟所测时间间隔

$$\tau=\frac{2s}{v}=2.87\times10^8\ \text{s}\approx9.1\ 年$$

(2) 把飞船离开地球和回到地球视为两个事件，显然飞船上的时钟所测得的时间间隔

是固有时，所以以飞船上的时钟计算

$$\tau_0 = \tau\sqrt{1-\frac{v^2}{c^2}} = 1.28\times 10^7\ \text{s} \approx 0.407\ \text{年}$$

13.3.4　因果关系

在相对论中，一个空时点(x,y,z,t)表示一个事件，不同的事件空时点不相同。两个存在因果关系的事件，必定原因（设发生时刻为t_1）在先，结果（设发生时刻为t_2）在后，即$\Delta t=t_2-t_1>0$。那么是否对所有的惯性系都如此呢？结论是肯定的。所谓的A、B两个事件有因果关系，就是说B事件是A事件引起的。例如，在某处的枪中发出子弹算作A事件，在另一处的靶上被此子弹击穿一个洞算作B事件，这B事件当然是A事件引起的。又例如在地面上某处雷达站发出一雷达波算作A事件，在某人造地球卫星上接收到此雷达波算作B事件，这B事件也是A事件引起的。一般地说，两个有因果关系的事件必须通过某种物质或信息相联系，例如上面例子中的子弹或无线电波。这种"信号"在时间$\Delta t=t_2-t_1$内从x_1传到x_2，因而传递的速度为

$$v=\frac{x_2-x_1}{t_2-t_1}$$

这个速度称为"信号速度"。由于信号实际上是某种物质或信息，因而信号速度总不能大于光速。当在其他惯性系中观测，由洛伦兹变换有

$$\begin{aligned}t_2'-t_1' &= \frac{t_2-t_1}{\sqrt{1-u^2/c^2}} - \frac{\frac{u}{c^2}(x_2-x_1)}{\sqrt{1-u^2/c^2}} = \frac{t_2-t_1}{\sqrt{1-u^2/c^2}}\left(1-\frac{u}{c^2}\frac{x_2-x_1}{t_2-t_1}\right)\\ &= \frac{t_2-t_1}{\sqrt{1-u^2/c^2}}\left(1-\frac{u}{c^2}v\right)\end{aligned}$$

由于$u<c$，$v\leqslant c$，所以uv/c^2总小于1。这样$(t_2'-t_1')$总与(t_2-t_1)同号。这就是说，时序不会颠倒，即因果关系不会颠倒。

如果是两个没有因果关系的事件，则可以有$\dfrac{x_2-x_1}{t_2-t_1}>c$，因为其并不是某种物质或信息传递的速度。在另一个惯性系中观测，时序可以颠倒。本来就是无因果关系的事件，不存在因果关系颠倒的问题。

问题 13-12　根据狭义相对论时空观，在一惯性系中，两个不同时的事件满足什么条件才可以找到另一惯性系使他们成为同时的事件？这样的两个事件可能有因果关系吗？

问题 13-13　根据狭义相对论时空观，在一惯性系中，在不同地点发生的两个事件满足什么条件才可以找到另一惯性系使他们成为同一地点发生的事件？这样的两个事件可能有因果关系吗？

问题 13-14　地面上的射击运动员，在t_1时刻扣动扳机射击一粒子弹，t_2时刻子弹击中靶子，显然有$t_2>t_1$。那么在相对地球以速度u运动的宇宙飞船上的观测者看来，是否仍有$t_2'>t_1'$，会不会反过来，$t_2'<t_1'$，即子弹先击中靶子，而后才出膛？

13.4 狭义相对论动力学基础

经典力学中的物理定律在洛伦兹变换下不再保持不变，因此，一系列的物理学概念，如动量、质量、能量等必须在相对论中重新定义，使相对论力学中的力学定律具有对洛伦兹变换的不变性，同时当物体的运动的速度远小于光速时，它们必须还原为经典力学的形式。

13.4.1 相对论动量

在经典力学中，质量为m、速度为$\boldsymbol{v}$的质点的动量表达式为$\boldsymbol{p}=m\boldsymbol{v}$。对于一个由$n$个质点组成的系统，其动量为$\boldsymbol{p}=\sum_{i=1}^{n}m_i\boldsymbol{v}_i$，在没有外力作用于系统的情况下，系统的总动量是守恒的，即$\sum_{i=1}^{n}m_i\boldsymbol{v}_i=$常矢量。在牛顿力学中，质点的质量是不依赖于速度的常量，在不同惯性系间的速度变换遵循伽利略变换。因此，牛顿力学中动量守恒定律是建立在伽利略速度变换和质量与速度无关的基础之上的。但在狭义相对论中，惯性系之间的速度变换是遵循洛伦兹变换的。这时若要动量守恒表达式在高速运动情况下仍然保持不变，就必须对上述各式的动量表达式进行修正，使之适合洛仑速度变换式，为此动量的表达式修正为

$$\boldsymbol{p}=\frac{m_0\boldsymbol{v}}{\sqrt{1-\frac{v^2}{c^2}}} \tag{13-9}$$

此式称为**相对论性动量表达式**。式中m_0为质点相对惯性系静止时的质量，$\boldsymbol{v}$为质点相对某惯性系的速度。

为了不改变动量的定义(质量×速度)，应把式(13-9)改写为$\boldsymbol{p}=m\boldsymbol{v}$，其中

$$m=\frac{m_0}{\sqrt{1-\frac{v^2}{c^2}}} \tag{13-10}$$

即在狭义相对论中，质量m是与质点的速率v有关的，称为**相对论性质量**，而m_0称为**静质量**。式(13-10)称为**相对论质速关系**。

13.4.2 狭义相对论动力学的基本方程

当有外力作用于质点时，由相对论性动量表达式，可得

$$\boldsymbol{F}=\frac{\mathrm{d}\boldsymbol{p}}{\mathrm{d}t}=\frac{\mathrm{d}(m\boldsymbol{v})}{\mathrm{d}t}=\frac{\mathrm{d}}{\mathrm{d}t}\left[\frac{m_0\boldsymbol{v}}{\sqrt{1-v^2/c^2}}\right] \tag{13-11}$$

上式为**相对论动力学的基本方程**。当作用于系统的合外力为零时，则系统的动量守恒。动量守恒定律的表达式为

$$\sum_{i=1}^{n}\boldsymbol{p}_i=\sum_{i=1}^{n}m_i\boldsymbol{v}_i=\sum_{i=1}^{n}\frac{m_{0i}\boldsymbol{v}_i}{\sqrt{1-\frac{v^2}{c^2}}}=\text{常矢量} \tag{13-12}$$

讨论 当质点的速度远小于光速，即 $v \ll c$，从式(13-9)、式(13-10)可知相对论性动量 $\boldsymbol{p} \approx m_0 \boldsymbol{v}$ 与牛顿力学动量表达式相同，相对论质量 $m \approx m_0$，可以认为质点的质量为一常量，式(13-11)变成牛顿第二定律的形式 $\boldsymbol{F} = m_0 \boldsymbol{a}$，式(13-12)成为经典力学动量守恒定律的形式 $\sum_{i=1}^{n} \boldsymbol{p}_i = \sum_{i=1}^{n} m_{0i} \boldsymbol{v}_i =$ 常矢量。这些说明牛顿力学是相对论力学在低速情况下的近似。

13.4.3 质量与能量的关系

由式(13-11)出发，可以得到狭义相对论中的**动能表达式**

$$E_k = mc^2 - m_0 c^2 = \frac{m_0 c^2}{\sqrt{1 - \frac{v^2}{c^2}}} - m_0 c^2 \tag{13-13}$$

爱因斯坦将 $m_0 c^2$ 叫作物体的**静能**，而 mc^2 是物体运动时具有的**总能量**。式(13-13)表明物体的总能量等于质点的动能与其静能量之和，或者说，物体的动能等于其总能与静能量之差。我们分别用 E 和 E_0 表示总能量和静能

$$E = mc^2, \quad E_0 = m_0 c^2 \tag{13-14}$$

这就是著名的**质能关系式**

由 $E = mc^2$ 可得

$$\Delta E = \Delta m c^2 \tag{13-15}$$

这是质能关系的另一种表达方式。它表明，物体吸收或放出能量时，必然伴随着质量的增加或减少。这一关系式是原子核物理以及原子能利用的理论基础。如有些重原子能分裂成两个较轻的核，该过程有质量亏损，同时释放出能量，这一过程称为**核裂变**。其中典型的是铀原子核 $^{235}_{92}\mathrm{U}$ 的裂变。$^{235}_{92}\mathrm{U}$ 中有 235 个核子，在热中子的轰击下，$^{235}_{92}\mathrm{U}$ 裂变为 2 个新的原子核，同时平均产生 2～3 个中子，同时释放出能量 $Q \approx 200\mathrm{MeV}$。再如**轻核聚变**，由轻核结合在一起形成较大的核，该过程有质量亏损，同时释放出能量。一个典型的轻核聚变是两个氘核($^{2}_{1}\mathrm{H}$，氢的同位素)聚变成氦核($^{4}_{2}\mathrm{He}$)，同时释放出能量 $Q \approx 24\mathrm{MeV}$。值得指出的是，对于所举的两个例子，就单位质量而言，后者释放的能量比前者要大得多。

讨论 (1) 质能关系式揭示了质量和能量是不可分割的，质量是物质所含有的能量的量度

(2) 当 $v \ll c$，

$$E_k = mc^2 - m_0 c^2 = \frac{m_0 c^2}{\sqrt{1 - v^2/c^2}} - m_0 c^2 \approx m_0 c^2 \left(1 + \frac{1}{2}\frac{v^2}{c^2}\right) - m_0 c^2 = \frac{1}{2} m_0 v^2$$

这与经典力学中动能表达式完全一样。

13.4.4 动量与能量的关系

将相对论动量的定义式 $\boldsymbol{p} = m\boldsymbol{v}$ 两边平方

$$p^2 = m^2 v^2$$

再将质能关系式 $E=mc^2$ 两边平方,并变形,得

$$E^2=(mc^2)^2=(mc^2)^2-(mvc)^2+(mv\ c)^2$$
$$=m^2c^4\left(1-\frac{v^2}{c^2}\right)+(mvc)^2=m_0^2c^4+c^2p^2$$

即

$$E^2=E_0^2+c^2p^2 \tag{13-16}$$

这就是**相对论性动量和能量的关系式**。

问题 13-15 光子的静止质量为零。试证明光子的运动速度为光速 c。

问题 13-16 能否选光子为参照系?

问题 13-17 粒子的静能 E_0 可以用动能 E_k、动量 p 表示为(　　)。

(A) $\dfrac{c^2p^2-E_k^2}{2E_k}$　　(B) $\dfrac{c^2p^2-E_k}{2E_k}$

(C) $\dfrac{c^2p^2+E_k^2}{2E_k}$　　(D) $\dfrac{c^2p^2+E_k}{2E_k}$

问题 13-18 设一粒子的总能量是它的静能的 k 倍,则其速度的大小为(　　)。

(A) $\dfrac{c}{k-1}$　　(B) $\dfrac{c}{k}\sqrt{1-k^2}$

(C) $\dfrac{c}{k}\sqrt{k^2-1}$　　(D) $\dfrac{c}{k+1}\sqrt{k(k+2)}$

问题 13-19 计算如下两个问题:(1)一弹簧的劲度系数为 $k=10^3$ N/m,现将从原长拉长了 0.05 m。求弹簧由于势能的增加而增加的质量;(2)1 kg 100 ℃的水冷却到 0℃,求水由于放出热量而减少的质量。水的比热容(1 kg 的物质温度升高(或降低)1 K 时所吸收(或放出的热量)$c_{比热容}=4.18\times10^3$ J/(kg·K))。

例 13-6 静止的电子经过 1 000 000 V 高压加速后,其质量、速率、动量各为多少?

解 电子的静能为

$$E_0=m_0c^2=9.11\times10^{-31}\times9\times10^{16}=8.2\times10^{-14}(\text{J})$$

静止的电子经过 1 000 000 V 电压加速后,其动能为

$$E_k=1\,000\,000\ \text{eV}=1.6\times10^{-13}\ \text{J}$$

由于 $E_k>E_0$,因此必须考虑相对论效应。此时电子的质量为

$$m=\frac{E}{c^2}=\frac{E_0+E_k}{c^2}=\frac{8.2\times10^{-14}+1.6\times10^{-13}}{9\times10^{16}}=2.69\times10^{-30}(\text{kg})$$

由相对论的质速关系 $m=\dfrac{m_0}{\sqrt{1-v^2/c^2}}$得

$$v=c\sqrt{1-(m_0/m)^2}=0.94c$$

可见,电子经高电压加速后,速率与光速相比已经不可忽视。电子的动量

$$p=mv=2.69\times10^{-30}\times0.94\times3\times10^8=7.59\times10^{-22}(\text{kg}\cdot\text{m/s})$$

例 13-7 有两个静止质量都是 m_0 的粒子,以大小相等、方向相反的速度碰撞,反应形成一复合粒子。试求这个复合粒子的静止质量 M_0 和运动速度 V。

解 设这两个粒子的速率都是 v,由动量守恒和能量守恒定律得

$$\frac{M_0V}{\sqrt{1-V^2/c^2}}=\frac{m_0v}{\sqrt{1-v^2/c^2}}-\frac{m_0v}{\sqrt{1-v^2/c^2}} \tag{1}$$

$$\frac{M_0 c^2}{\sqrt{1 - V^2/c^2}} = \frac{2m_0 c^2}{\sqrt{1 - v^2/c^2}} \tag{2}$$

由(1)得

$$V = 0$$

由(2)得

$$M_0 = \frac{2m_0}{\sqrt{1 - v^2/c^2}}$$

这表明复合粒子的静止质量 M_0 大于 $2m_0$，两者的差值

$$M_0 - 2m_0 = \frac{2m_0}{\sqrt{1 - v^2/c^2}} - 2m_0 = \frac{2E_k}{c^2}$$

式中 E_k 为两粒子碰撞前的动能。由此可见，与动能相联系的这部分质量转化为静止质量，从而使碰撞后复合粒子的静止质量增加了。

注意 对于该题中的两粒子碰撞情况，在牛顿力学中，碰撞前、后的能量(机械能)是不守恒的；而在狭义相对论中，由于质能关系的建立，碰撞前、后的能量是守恒的。

习题

13-1 设惯性系 K' 以 1.8×10^8 m/s 的速度相对于惯性系 K 沿 x 轴正向运动，某事件在 K' 系中的时空坐标为(3×10^8 m,0 m,0 m,2 s)。试求该事件在 K 系中的时空坐标。

13-2 在正负电子对撞机中，电子和正电子以 $v=0.9c$ 的速率相向运动，两者的相对速率是多少？

13-3 设惯性系 K' 以恒定速率 u 相对于惯性系 K 沿 x 轴运动，光源在惯性系 K' 的原点 O' 发出一光线，其传播方向在 $x'O'y'$ 平面内且与 x' 轴夹角为 θ'。试求在惯性系 K 中测得的此光线的传播方向与 x 轴的夹角 θ，并证明在 K 系中此光线的速度仍是 c。

13-4 在惯性系 K 中，有两个事件同时发生在 x 轴上相距 1.0×10^3 m 处，从惯性系 K' 观测到这两个事件相距 2.0×10^3 m。试问从 K' 测到此两事件的时间间隔是多少？

13-5 若从一惯性系中测得宇宙飞船的长度为其固有长度的一半，宇宙飞船相对于该惯性系的速率是多少？

13-6 一根米尺沿着它的长度方向相对于你以 $v=0.6c$ 的速度运动。问米尺经过你面前需要多长时间？

13-7 设惯性系 K' 以恒定速率 u 相对于惯性系 K 沿 x 轴运动，一根直杆位于惯性系 K 中 Oxy 平面。在 K 系中观测，其静止长度为 l_0，与 x 轴的夹角为 θ。试求在 K' 系观测时，杆的长度及与 x' 轴的夹角 θ'。

13-8 设惯性系 K' 以恒定速率相对于惯性系 K 沿 x 轴运动。在 K 中观测到两个事件发生在同一地点，其时间间隔为 4.0 s，从 K' 中观测到这两个事件的时间间隔为 6.0 s。试问 K' 系相对于 K 系的速度为多少？

13-9 μ 子的静止寿命平均为 2.2×10^{-6} s。若按牛顿力学计算，即使它以真空中光速

运动，也只能通过 $3\times10^{8}\times2.2\times10^{-6}$ m=660 m 厚的大气层，但已发现宇宙射线中的 μ 子有很多垂直贯穿厚为 20 km 的大气层到达海平面。设 μ 子的速度为 $v=0.9995c$，(1)以地面为参照系，计算 μ 子可以垂直贯穿的大气层厚度；(2) 以 μ 子为参照系，计算 μ 子垂直贯穿 20 km 的大气层厚度所需要的时间，从而对上述现象予以说明。

13-10 某人测得一静止棒长为 l_0，质量为 m_0，于是求得此棒的线密度为 $\rho=m_0/l_0$。(1)假定此棒以速度 v 在棒长方向运动，此人再测棒的线密度应为多少？(2)若棒在垂直长度方向运动，它的线密度又为多少？

13-11 匀质细棒静止时质量为 m_0，长度为 l_0，当它沿棒长方向作高速的匀速直线运动时，测得它的长为 l，则该棒所具有的动能 E_k 是多少？

13-12 一个被加速的电子，其能量为 3.0×10^{9} eV。试求该电子的速率。

13-13 如果将电子从 $0.8c$ 加速到 $0.9c$，需要对它做多少功？该电子的质量增加多少？

13-14 已知质子和中子的静止质量分别为 $m_p=1.67262\times10^{-27}$ kg，$m_n=1.67493\times10^{-27}$ kg，结合成的氘核的静质量为 $m_D=3.34365\times10^{-27}$ kg。求结合过程中放出的能量是多少？这能量称为氘核的结合能，它是氘核静能量的百分之几？

第 14 章

量子物理基础

19 世纪末、20 世纪初，为解决经典物理在解释一系列物理实验，如黑体辐射、光电效应、康普顿散射、氢原子光谱等时所遇到的巨大困难，物理学家们创立了量子理论，它与相对论理论一起，是现代物理学的两大理论支柱。在第 13 章，我们对相对论已做了初步介绍。本章介绍量子理论基础。首先介绍物质世界的波粒二象性的实验与相关理论，包括黑体辐射和普朗克能量子假设，光电效应、康普顿效应和爱因斯坦光量子假设，氢原子光谱和玻尔的氢原子理论，德布罗意物质波假设和实验验证，反映微观粒子波粒二象性本质属性的不确定关系；接着简要介绍描述微观粒子运动规律的量子力学理论，包括量子力学波函数、薛定谔方程以及薛定谔方程用于求解一维势阱和势垒及氢原子。

14.1 黑体辐射 普朗克量子假设

14.1.1 热辐射 黑体

任何物体在任何温度下都以电磁波的形式向外发射能量的行为叫作**热辐射**。

普朗克

为定量研究热辐射的基本规律，先介绍有关物理量。

单色辐射本领 $e(\lambda,T)$：温度为 T 时，辐射体表面上单位面积在单位时间内所辐射的波长在 λ 附近单位波长范围内电磁波能量。$e(\lambda,T)$的单位为瓦/米^3(W/m^3)。

总辐射本领(辐出度)$E(T)$：温度为 T 时，辐射体表面上单位面积在单位时间内所辐射的所有波长的电磁波能量。显然 $E(T)$为 $e(\lambda,T)$对所有波长的积分，即

$$E(T)=\int_0^{\infty}e(\lambda,T)\mathrm{d}\lambda \tag{14-1}$$

$E(T)$的单位为瓦/米^2(W/m^2)。

实验表明：热辐射具有连续的辐射能谱，并且辐射能按波长的分布主要决定于物体的温度。温度越高，光谱中与能量最大的辐射所对应的波长越短。同时随着温度升高，辐射的总能量也增加。

任何物体在任何温度下也都吸收热辐射。不同物体发射(或吸收)热辐射的本领往往是不同的。1860 年基尔霍夫研究指出，热辐射吸收本领大的物体，发射热辐射的本领也大。

白色表面吸收热辐射的能力小,在同温度下它发出热辐射的本领也小;表面越黑,吸收热辐射的能力就越大,在同温度下它发出热辐射的本领也越大。能完全吸收射到它上面的热辐射的物体叫作**绝对黑体**(简称**黑体**),由此可见黑体辐射热辐射的本领也最大。这样研究黑体辐射的规律具有重要的理论意义。

在自然界中,黑体是不存在的。我们可以用不透明材料制成开空腔的小孔,小孔口表面就可以近似当作黑体(图 14-1)。这是因为射入小孔的电磁辐射,要被腔壁多次反射,每反射一次,空腔的内壁将吸收部分辐射能。这样经过多次的反射,进入小孔的辐射几乎完全被腔壁吸收,由小孔穿出的辐射能可以略去不计。另外,此空腔处于热平衡时,也有电磁辐射从小孔发射出来;显然,从小孔发射出来的电磁辐射可以当作黑体的辐射。总之,无论从吸收电磁辐射还是发射电磁辐射来看,空腔的小孔都可以看成是黑体。

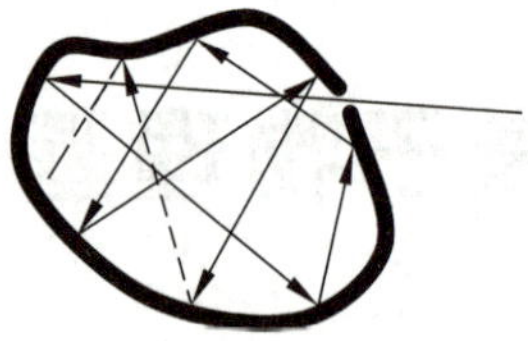

图 14-1　黑体模型

问题 14-1　关于黑体,判断下列说法的正误。

(1) 黑体是不辐射可见光的物体,所以它在任何温度下都是黑色。

(2) 黑体是没有任何辐射的物体,所以观测不到它而被称为黑体。

(3) 黑体是可以反射可见光的物体,所以它不一定是黑色。

(4) 黑体是可以辐射可见光的,所以它在不同温度下可以呈现不同颜色。

问题 14-2　铁块在炉中加热,当升高到一定温度后,可以看到铁块的颜色随着温度的升高而变化。请说明原因。

问题 14-3　白天,从远处看建筑物的窗户是黑暗的,这是为什么?

问题 14-4　把一块表面一半涂了煤烟的白瓷砖放到火炉内烧,高温下瓷砖的哪一半显得更亮些?

14.1.2　黑体辐射的实验规律

黑体辐射实验的 $e(\lambda, T)$-λ 曲线如图 14-2 所示。根据实验曲线可总结出黑体辐射的两条实验规律。

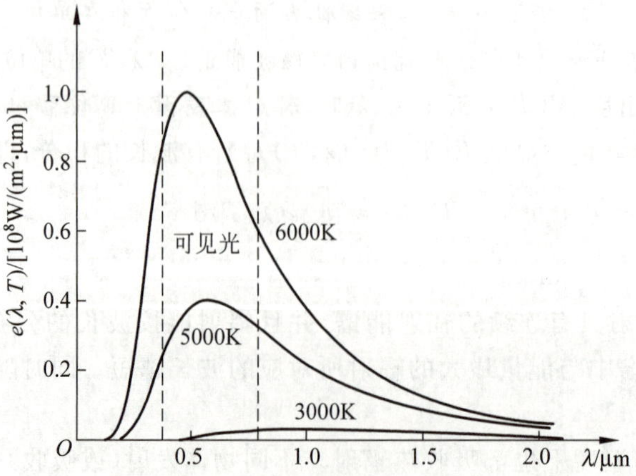

图 14-2　黑体辐射的实验曲线

1. 斯特藩-玻耳兹曼定律

对于给定温度的黑体，总辐射本领(图 14-2 曲线下的面积)与温度的四次方成正比，即

$$E(T)=\int_0^{\infty} e(\lambda,T)\mathrm{d}\lambda=\sigma T^4 \tag{14-2}$$

其中 $\sigma=5.67\times10^{-8}\ \mathrm{W/(m^2\cdot K^4)}$ 为斯特藩-玻耳兹曼常数。

2. 维恩位移定律

设在一定温度 T 下，黑体单色辐出度 $e(\lambda,T)$ 最大值对应的波长为 λ_m，则 λ_m 与 T 成反比，即

$$\lambda_m T=b \tag{14-3}$$

式中 $b=2.898\times10^{-3}\ \mathrm{m\cdot K}$。上式表明，当黑体的温度升高时，在 $e(\lambda,T)$-λ 曲线上，与单色辐出度的峰值相对应的波长 λ_m 向短波方向移动，所以此规律称为维恩位移定律。

热辐射的规律在现代科学技术上具有广泛的应用，是高温测量、遥感、红外追踪等技术的物理基础。例如，(1)炼钢工人通过炉火的颜色估计炉内温度；(2)测定星体的谱线分布来确定其温度；(3)通过比较物体表面不同区域的颜色变化情况，来确定物体表面的温度分布。在医药上，可以用来监测人体某些部位的病变。

问题 14-5 人体也向外发出热辐射，为什么在黑暗中还是看不到人呢?

例 14-1 实验测得太阳辐射波谱的 $\lambda_m=490\ \mathrm{nm}$。若把太阳视为黑体，试计算太阳每单位表面上所发射的功率。

解 根据维恩位移定律 $\lambda_m T=b$ 得，

$$T=\frac{b}{\lambda_m}=\frac{2.898\times10^{-3}}{490\times10^{-9}}=5.91\times10^3(\mathrm{K})$$

根据斯特藩-玻耳兹曼定律可求出总辐出度，即单位表面上的发射功率

$$E=\sigma T^4=5.67\times10^{-8}\times(5.91\times10^3)^4=6.91\times10^7(\mathrm{W/m^2})$$

14.1.3 经典物理学的困难和普朗克能量子假设

1. 经典物理学的困难

黑体辐射实验规律的理论解释是一个涉及热力学、统计物理学和电磁学的重大理论问题，在 19 世纪末吸引了许多物理学家的注意，其中最有代表意义的研究结果是维恩、瑞利和金斯的工作。

1896 年，德国物理学家维恩把辐射体上分子或原子看作线性谐振子，其辐射能谱分布类似于麦克斯韦速率分布，得到的黑体热辐射公式在波长较短处与实验结果符合得很好，但在波长很长处与实验结果相差较大(图 14-3)。

1900 年，英国物理学家瑞利和金斯把统计物理中的能量按自由度均分定理用到电磁辐射上来，假设每个线性谐振子的平均能量都为 kT，得到的黑体热辐射公式在波长很长处与实验结果比较接近，但在波长趋向零时得到辐射能趋向无穷大(图 14-3)，这是荒谬的。经典物理学在解释黑体辐射上的这个结果被科学界称为**“紫外灾难”**。

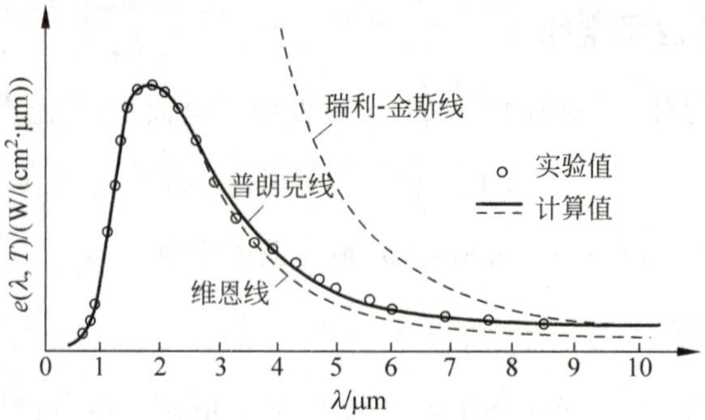

图 14-3 黑体辐射的理论和实验结果比较

2. 普朗克能量子假设

1900 年,德国物理学家普朗克提出了一个与实验结果符合得很好的热辐射公式(图 14-3)

$$e(\lambda,T)=\frac{2\pi hc^2}{\lambda^5(e^{hc/\lambda kT}-1)} \tag{14-4}$$

其中 c 为光速,h 为一普适常量,称为**普朗克常量**,其值为 $h=6.626\times10^{-34}$ J·s。式(14-4)叫作**普朗克公式**。从普朗克公式,可以推导出斯特藩-玻耳兹曼定律和维恩位移定律两条实验规律。

为了从理论上解释黑体辐射的实验规律,普朗克提出了**能量子假设**:辐射黑体表面带电粒子的振动可视作谐振子。这些振子只能处于某些分立的状态,在这些状态中,振子的能量是某一最小能量 ε_0(称为**能量子**)的整数倍,即 $\varepsilon=n\varepsilon_0$,$n=1,2,3,\cdots$,为正整数,称为**量子数**。这样,这些振子也只能以 ε_0 的整数倍辐射和吸收能量。对于频率为 ν 的谐振子来说,能量子的能量为

$$\varepsilon_0=h\nu \tag{14-5}$$

根据普朗克能量子假设,结合统计物理学,可以推导出普朗克公式。普朗克的能量子假设,打破了能量连续变化的传统观念,宣告了量子物理的诞生。

例 14-2 一质量为 20 g 的物体与一轻弹簧组成弹簧振子,弹簧的劲度系数为 0.25 N/m。将弹簧拉伸 4 cm 后自由释放。(1) 用经典方法计算弹簧振子的总能量和振动频率;(2) 振子的能量子具有的能量是多少?(3)怎样理解此题结果?

解 (1)弹簧振子的总能量为

$$E=\frac{1}{2}kA^2=\frac{1}{2}\times0.25\times(4\times10^{-2})^2=2.0\times10^{-4}\,(\text{J})$$

弹簧振子的频率为

$$\nu=\frac{1}{2\pi}\sqrt{\frac{k}{m}}=\frac{1}{2\pi}\sqrt{\frac{0.25}{20\times10^{-3}}}=0.563\,(\text{Hz})$$

(2) 能量子的能量为

$$\varepsilon_0=h\nu=6.626\times10^{-34}\times0.563=3.73\times10^{-34}\,(\text{J})$$

(3) 能量为 2.0×10^{-4} J 的振子相邻两个状态的能量差是 3.73×10^{-34} J,所以振子的能量几乎是连续的。这表明宏观物体的量子化特性通常显示不出来。

14.2 光的量子性

普朗克能量子假设只限于辐射在能量上的量子化，光电效应和康普顿效应则进一步揭示了辐射本身的不连续性，即光的粒子性。

14.2.1 光电效应的实验规律

当光照射在金属表面上时，会导致电子从金属中逸出，这种现象称为**光电效应**。研究光电效应的实验装置如图 14-4 所示。在一个抽成真空的玻璃泡内装有金属电极阴极 K 和阳极 A，当用适当频率的光从石英窗口射入，照在阴极 K 上时，便有光电子自其表面逸出，经电场加速后为阳极 A 所收集，便形成光电流 i。

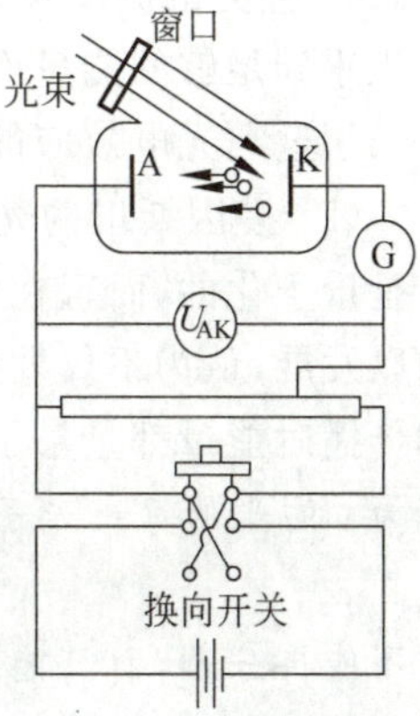

图 14-4 光电效应实验

1. 光电效应的实验规律

(1) 存在截止频率。对某一种金属制成的阴极，当照射光频率 ν 小于某个最小值 ν_0 时，不管光强多大，照射时间多长，都没有光电流，即阴极 K 不释放光电子，这个最小频率 ν_0 称为该种金属的光电效应**截止效率**，也叫作**红限**，红限也常用对应的波长 λ_0 表示。

(2) 光电子的最大初动能与入射光的频率成线性关系。在保持光照射不变的情况下，改变电压 U_{AK}，发现当 $U_{AK}=0$ 时，仍有光电流，这是因为光电子逸出时就具有一定的初动能。改变电压极性，使 $U_{AK}<0$，当反向电压增大到某一定值时，光电流降为零，这表明逸出金属后具有最大初动能的光电子也不能到达阳极，此时反向电压的绝对值称为**遏止电压**，用 U_a 表示。易见遏止电压与光电子的最大初动能间具有如下关系

$$\frac{1}{2}mv_{\mathrm{m}}^2 = eU_a \tag{14-6}$$

式中 m 和 e 分别是电子的静止质量和电量，v_{m} 是光电子逸出金属表面时的最大速率。

实验表明遏止电压 U_a 与光强 I 无关，而与照射光的频率 ν 成线性关系

$$U_a = K(\nu - \nu_0) \quad (\nu \geqslant \nu_0) \tag{14-7}$$

式中 K 为 U_a-ν 图线的斜率。图 14-5 中给出了几种金属的 U_a-ν 图线。从图中可以看出，对各种不同金属，图线斜率相同，即 K 是一个与材料性质无关的普适量；ν_0 是图线在横轴上的截距，它等于该种金属的光电效应红限。

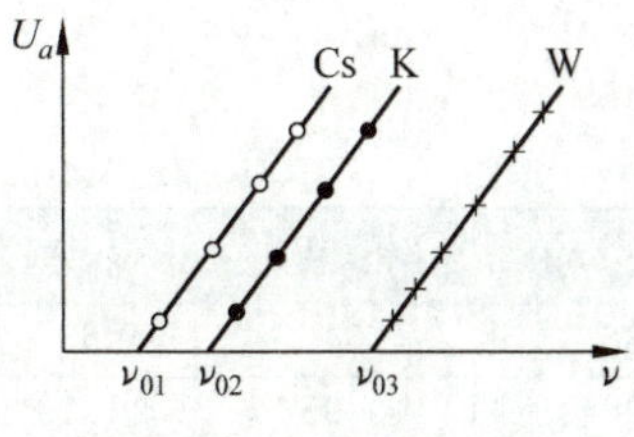

图 14-5 几种金属的 U_a-ν 图线

综合式(14-6)和式(14-7)可知，光电子的最大初动能与入射光的频率成线性关系。

(3) 效应具有瞬时性。从光照射开始到光电子逸出，无论光强怎样微弱，都几乎是瞬时的，弛豫时间不超过 10^{-9} s。

2. 光的波动说的困难和爱因斯坦的光子理论

(1) 光的波动说的困难。光电效应的实验事实与光的经典电磁理论有着深刻的矛盾。这主要表现在下面几个方面。

① 按光的波动理论，如果光强足够供应从金属释放出光电子所需要的能量，那么光电效应对各种频率的光都会发生，这显然与截止频率 ν_0 的存在相矛盾。

② 按光的波动理论，光的强度决定于光波的振幅，金属内电子吸收光波后逸出光电子的动能应该随波的振幅的增大而增大，不应该与入射光的频率有直接关系。

③ 按光的波动理论，在入射光极弱时，金属中的电子必须经过长时间才能从光波收集和积累到足够的能量而逸出金属表面，而这一时间，按光的波动理论计算，要达到几分钟或更长。这与光电效应的瞬时性相矛盾。

(2) 爱因斯坦的光子理论。光电效应的实验结果使爱因斯坦意识到，辐射不仅在能量上是量子化的，而且在空间分布上也是不连续的。1905年爱因斯坦将普朗克的能量子假说加以发展，认为不仅发射光的振子具有量子性，发出的光也有量子性，即光在被发射、被吸收和传播时能量都是量子化的，一束光就是一束以光速运动的粒子流，这些粒子称为光子。频率为 ν 的光的每一光子所具有的能量为

$$\varepsilon = h\nu \tag{14-8}$$

它不能再分割，而只能整个地被吸收或发射出来。式中 h 是普朗克常数。

按照光子假说，并根据能量守恒定律，设电子脱离某种金属表面时为克服表面阻力所需做的功为 W，通常将 W 称为该种金属的**逸出功**，当金属中一个电子从入射光中吸收一个光子从而获得能量 $h\nu$，如果 $h\nu$ 大于 W，这个电子就可从金属中逸出，并获得一定的动能且有

$$h\nu = W + \frac{1}{2}mv_{\mathrm{m}}^2 \tag{14-9}$$

式(14-9)叫作**爱因斯坦光电效应方程**，$\frac{1}{2}mv_{\mathrm{m}}^2$ 是光电子最大初动能。

根据爱因斯坦光子理论，可以圆满地说明光电效应的实验规律。

① 由光电效应方程可知，能够使某种金属产生光电子的入射光，其最低频率即红限 ν_0 应由该种金属的逸出 W 决定，即

$$\nu_0 = \frac{W}{h} \tag{14-10}$$

表14-1给出了部分金属的逸出功和红限。

表14-1 几种金属的逸出功和红限

金 属	铯(Cs)	钾(K)	钠(Na)	锌(Zn)	钨(W)	银(Ag)
逸出功 W/eV	1.94	2.25	2.29	3.38	4.54	4.63
红限 $\nu_0/(10^{14}\ \mathrm{Hz})$	4.69	5.44	5.53	8.06	10.95	11.19
红限 $\lambda_0/\mu\mathrm{m}$	0.639	0.551	0.541	0.372	0.273	0.267

② 按照光电效应方程，光电子初动能与照射光频率成线性关系。

③ 光照射到物质上，一个光子的能量立即整个地被电子吸收，因而光电子的发射是即时的。

讨论 可能要问，电子同时吸收两个或两个以上频率低于红限的光子，不是也能发生光电效应吗？实验表明，在入射光强不是很大，例如普通光源发出的光照射的情况下，电子同时吸收多个光子的概率十分微小，实际上不会发生。接着的疑问是，电子吸收一个频率低于红限的光子，紧接着再吸收一个这样的光子，通过能量累积是否也能发生光电效应？这也不行，电子吸收这样的光子后仍留在金属内，由于电子之间、电子与晶格之间的频繁碰撞，电子吸收的能量来不及积累就损失掉了。

为便于和实验比较，根据式(14-6)，将光电效应方程式(14-9)中的$\frac{1}{2}mv_{\mathrm{m}}^2$换成$eU_a$，则可得

$$U_a=\frac{h}{e}\nu-\frac{W}{e} \tag{14-11}$$

将式(14-11)与$U_a \sim \nu$的实验关系式(14-7)比较，即可知$K=h/e$，$\nu_0=W/h$或$h=eK$，$W=eK\nu_0$。据此可通过实验测量K和ν_0，算出普朗克常量h，结果和用其他方法测量的符合得很好，因而从实验上直接验证了光子假说和光电效应方程的正确性。

利用光电效应可以实现光电转换，广泛应用于光信号的检测和自动控制。

3. 光的波粒二象性

光的干涉、衍射和偏振等实验表明光作为电磁波，具有波动性；光电效应和爱因斯坦光子理论又揭示了光具有粒子性。综合起来，光具有波粒二象性。式(14-8)给出了光子能量的表达式。光子的质量m_φ可由相对论质能关系式求出，即

$$m_\varphi=\frac{\varepsilon}{c^2}=\frac{h\nu}{c^2} \tag{14-12}$$

光子动量为

$$p=m_\varphi c=\frac{h\nu}{c}=\frac{h}{\lambda} \tag{14-13}$$

式(14-8)、式(14-12)和式(14-13)将描述光子的粒子特性的能量、质量和动量与描述其波动特性的频率和波长等物理量，通过普朗克常量紧密联系了起来。

问题 14-6 根据光子理论，光强$I=nh\nu$，n为单位时间内垂直入射到单位面积的光子数。某金属在一束绿光照射下产生光电效应。试问，如果(1)改用更强的绿光照射；(2)改用强度相同的蓝光照射，光电效应有何变化？

问题 14-7 光电效应的红限只是依赖于(　　)。

(A)入射光的频率　　(B) 入射光的强度

(C) 金属的逸出功　　(D)入射光的频率和金属的逸出功

问题 14-8 用频率为ν的单色光照射某种金属时，逸出光电子的最大初动能为E_{k}；若改用频率为2ν的单色光照射此金属，则逸出光电子的最大初动能为(　　)。

(A) $2E_k$　　(B) $2h\nu-E_k$　　(C) $h\nu-E_k$　　(D) $h\nu+E_k$

例 14-3 波长 $\lambda=450$ nm 的单色光入射到逸出功 $W=3.66\times10^{-19}$ J 的洁净钠表面，求：(1)入射光子的能量；(2)逸出电子的最大动能；(3)钠的红限频率；(4)入射光子的动量。

解 (1)入射光子的能量

$$\varepsilon = h\nu = h\frac{c}{\lambda} = 6.63\times10^{-34}\times\frac{3\times10^{8}}{450\times10^{-9}} = 4.42\times10^{-19}(\mathrm{J}) = 2.76\ \mathrm{eV}$$

(2) 逸出电子的最大动能，按式(14-9)，有

$$\frac{1}{2}mv_{\mathrm{m}}^{2} = h\nu - W = 2.76-\frac{3.66\times10^{-19}}{1.60\times10^{-19}} = 0.47\ (\mathrm{eV})$$

(3) 钠的红限频率，按式(14-10)，有

$$\nu_0 = \frac{W}{h} = \frac{3.66\times10^{-19}}{6.63\times10^{-34}} = 5.52\times10^{14}(\mathrm{Hz})$$

(4) 入射光子的动量，按式(14-13)，有

$$p = \frac{h}{\lambda} = \frac{6.63\times10^{-34}}{450\times10^{-9}} = 1.47\times10^{-27}(\mathrm{kg\cdot m/s})$$

14.2.2 康普顿效应

康普顿

1923 年美国物理学家康普顿发现，单色 X 射线被物质散射时，散射线中除有与入射线波长 λ_0 相同的射线外，同时还有 $\lambda>\lambda_0$ 的射线。这种改变波长的散射称为**康普顿散射**，或**康普顿效应**。研究康普顿散射的实验装置如图 14-6 所示，X 射线源发出单色 X 射线(设波长 $\lambda_0\approx0.1$ nm)，投射到散射体石墨上，用摄谱仪可测出其不同散射角 θ 的散射 X 射线的波长及相对强度。

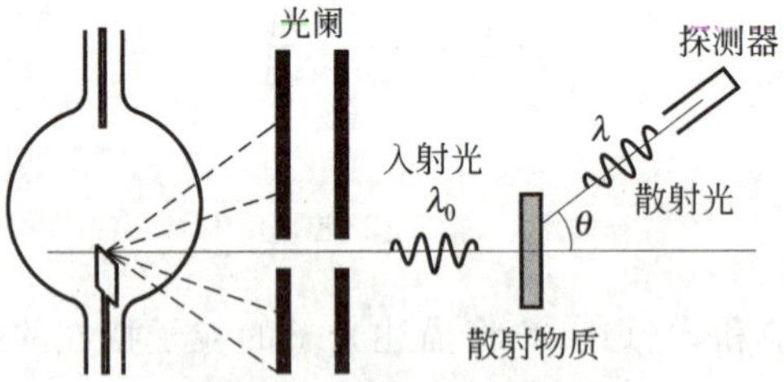

图 14-6 康普顿散射实验装置

根据经典电磁波理论，当单色电磁波作用到散射体的自由电子上，将迫使这些电子作同频率的受迫振动，从而发射同频率的电磁波。显然这理论不能说明康普顿 X 射线的散射实验。

康普顿根据光的量子理论成功地说明了康普顿散射。他认为上述效果应是单个光子与物质中弱束缚电子相互作用的结果。X 射线光子的能量约为 $10^4\sim10^5$ eV，而散射物质中那些受原子核束缚较弱的电子，结合能约为 $10\sim10^2$ eV，比 X 光光子能量小许多，同时这类电子的热运动动能 $\sim kT=1.38\times10^{-23}\times300$ J $=2.58\times10^{-2}$ eV 为百分之几电子伏特，也比 X

光光子能量小得多，所以光子与这类电子的相互作用，可以看成是与静止自由电子的作用。他并且假设在这个过程中，动量和能量都守恒，即认为散射过程可以看成是入射光子与自由电子的弹性碰撞。

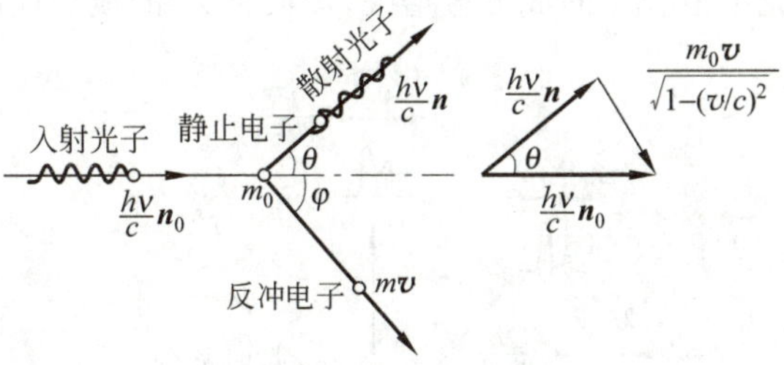

图 14-7 推导康普顿散射公式

如图 14-7 所示，碰撞前，光子的能量和动量分别是 $h\nu_0$ 和 $\frac{h\nu_0}{c}\boldsymbol{n}_0$，$\boldsymbol{n}_0$ 为入射光子运动方向的单位矢量；散射物质中原子的外层电子可以看成处于静止状态的自由电子，其能量和动量分别是 m_0c^2 和 0。碰撞后，沿 θ 角方向散射的光子，其能量和动量分别是 $h\nu$ 和 $\frac{h\nu}{c}\boldsymbol{n}$，$\boldsymbol{n}$ 为散射方向上的单位矢量；沿 φ 角方向运动的反冲电子能量和动量分别为 mc^2 和 $m\boldsymbol{v}$。根据能量和动量守恒定律有

$$h\nu_0 + m_0c^2 = h\nu + mc^2$$

$$\frac{h\nu_0}{c}\boldsymbol{n}_0 = \frac{h\nu}{c}\boldsymbol{n} + m\boldsymbol{v}$$

动量的分量式为

$$\frac{h\nu_0}{c} = \frac{h\nu}{c}\cos\theta + mv\cos\varphi$$

$$\frac{h\nu}{c}\sin\theta = mv\sin\varphi$$

电子的运动质量采用相对论质量

$$m = \frac{m_0}{\sqrt{1-\frac{v^2}{c^2}}}$$

可解得

$$\Delta\lambda = \lambda - \lambda_0 = \frac{2h}{m_0c}\sin^2\frac{\theta}{2} = 2\lambda_C\sin^2\frac{\theta}{2} \tag{14-14}$$

上式即为**康普顿散射公式**。式中 $\lambda_C = \frac{h}{m_0c}$ 称为电子的**康普顿波长**，代入 h, c, m_0，可算出 $\lambda_C = 2.43\times10^{-3}$ nm $= 0.0243$ Å，与短波 X 射线的波长相当。

根据康普顿散射理论，结合康普顿公式，可以对康普顿效应作出圆满的分析。

(1) 入射光子与物质中弱束缚电子碰撞时，把一部分能量传给了电子，因而光子能量减少，频率降低，波长变长；同时光子也会与原子的内层电子相碰，由于内层电子束缚得较紧，光子实际上是与整个原子相碰，由于原子质量大，几乎不反冲，光子只改变运动方向而不改

变能量，因而散射光中存在原波长 λ_0 的成分。

(2) 在式(14-14)中，h、c 和 m_0 为普适常量，由此可知波长偏移 $\Delta\lambda$ 仅与散射角 θ 有关，与具体散射物质及入射 X 射线的波长 λ 无关；θ 增大，$\Delta\lambda$ 随之增大；随着 θ 增大，光子与电子碰撞更加剧烈，散射光中波长 λ 的成分应增大，原波长 λ_0 的成分应减少(图 14-8)。

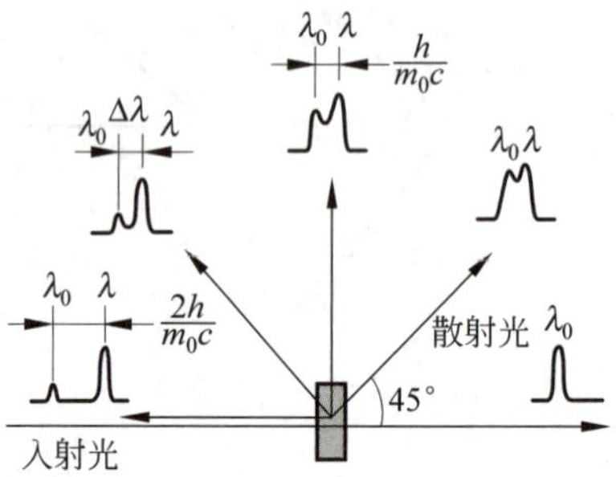

图 14-8 康普顿散射与散射角的关系

(3) 由于轻原子中电子束缚较弱，重原子中内层电子束缚很紧，因此，原子量小的物质康普顿效应较显著，原子量大的物质康普顿效应不明显(图 14-9)。

所有这些规律都已为实验证实。

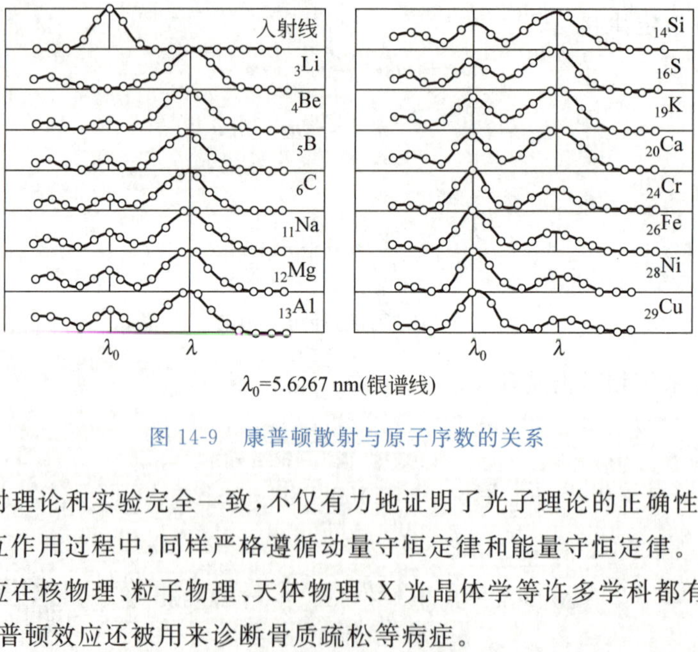

图 14-9 康普顿散射与原子序数的关系

康普顿散射理论和实验完全一致，不仅有力地证明了光子理论的正确性，同时也证实了微观粒子在相互作用过程中，同样严格遵循动量守恒定律和能量守恒定律。

康普顿效应在核物理、粒子物理、天体物理、X 光晶体学等许多学科都有重要应用。另外在医学中，康普顿效应还被用来诊断骨质疏松等病症。

问题 14-9 在光电效应实验中，入射光通常是可见光或紫外线。试说明在光电效应中，康普顿效应不明显。

问题 14-10 光电效应和康普顿效应在对光的粒子性的认识方面，其意义有何不同？

问题 14-11 在康普顿散射实验中，若散射线波长是入射线波长的 1.2 倍，则散射线的光子能量 ε 与反冲电子动能 E_k 的比值为(　　)。

(A) 5　　(B) 4　　(C) 3　　(D) 2

问题 14-12 用强度为 I、波长为 λ 的 X 射线分别照射锂(Li,$Z=3$)和铁(Fe,$Z=26$)。若在同一散射角测得康普顿散射的 X 射线波长分别为 λ_{Li} 和 λ_{Fe},对应的强度分别为 I_{Li} 和 I_{Fe},则下列判断正确的是(　　)。

(A) $\lambda_{Li}>\lambda_{Fe}, I_{Li}<I_{Fe}$　　(B) $\lambda_{Li}=\lambda_{Fe}, I_{Li}=I_{Fe}$

(C) $\lambda_{Li}=\lambda_{Fe}, I_{Li}>I_{Fe}$　　(D) $\lambda_{L}<\lambda_{Fe}, I_{Li}>I_{Fe}$

问题 14-13 设康普顿散射实验中,波长 $\lambda_0=4\lambda_C$ 的入射 X 射线的光子与自由电子碰撞,如电子获得最大动能,则电子动量的大小与光子碰撞前的动量的大小的比值为(　　)。

(A) $\frac{1}{3}$　　(B) 1　　(C) $\frac{5}{3}$　　(D) $\frac{1}{5}$

例 14-4 设有波长 $\lambda_0=1.00\times10^{-10}$ m 的 X 射线光子与自由电子作弹性碰撞,散射角 $\theta=90°$。求:(1)散射光波长的改变量 $\Delta\lambda$;(2)在碰撞中,光子所损失的能量;(3)反冲电子得到的动能。

解 (1) $\Delta\lambda=2\lambda_C\sin^2\frac{\theta}{2}=2\times2.43\times10^{-12}\times\sin^2\frac{90°}{2}=2.43\times10^{-12}(\mathrm{m})$

(2) 散射前、后,光子的能量分别为$\frac{hc}{\lambda_0}$、$\frac{hc}{\lambda}$,能量损失为

$$\Delta\varepsilon=\frac{hc}{\lambda_0}-\frac{hc}{\lambda}=hc\left(\frac{1}{\lambda_0}-\frac{1}{\lambda_0+\Delta\lambda}\right)=\frac{hc\Delta\lambda}{\lambda_0(\lambda_0+\Delta\lambda)}$$

$$=\frac{6.63\times10^{-34}\times3\times10^{8}\times2.43\times10^{-12}}{10^{-10}\times(10^{-10}+2.43\times10^{-12})}=4.72\times10^{-17}(\mathrm{J})=295\ \mathrm{eV}$$

(3) 反冲电子得到的动能等于光子损失的能量,其值为 295 eV。

*14.3 氢原子光谱　玻尔的氢原子理论

玻尔

光谱是电磁辐射按波长或频率分布的情况。原子发光是原子内电子运动的能量变化引起的,因此,研究原子光谱是研究原子结构的重要方法。下面通过氢原子光谱的研究,来阐述原子结构的基本知识,并介绍玻尔的量子论。

14.3.1 氢原子光谱的实验规律

19 世纪末,人们已经观察并测量了氢原子的许多谱线。巴耳末、里德伯、里兹等人经过研究,总结出了氢原子光谱的实验规律式

$$\frac{1}{\lambda}=R\left(\frac{1}{n^2}-\frac{1}{m^2}\right)\quad n=1,2,3,\cdots;\quad m=n+1,n+2,n+3,\cdots \tag{14-15}$$

式中 $R=1.0967758\times10^7/\mathrm{m}$,称作**里德伯常数**。当 n 取定值时,由 $m=n+1,n+2,n+3,\cdots$ 得到的一系列谱线,称为**线系**。例如 $n=1$ 时是**莱曼系**,光谱分布于紫外区域;$n=2$ 时是**巴耳末系**(图 14-10),波长较长的几条光谱线分布于可见光区域;$n=3$ 时是**帕邢系**、$n=4$ 时是**布拉开系**,$n=5$ 时是**普丰系**、$n=6$ 时是**哈弗莱系**,这些光谱分布于红外区域。

问题 14-14　计算巴耳末系中所有可见光的波长。

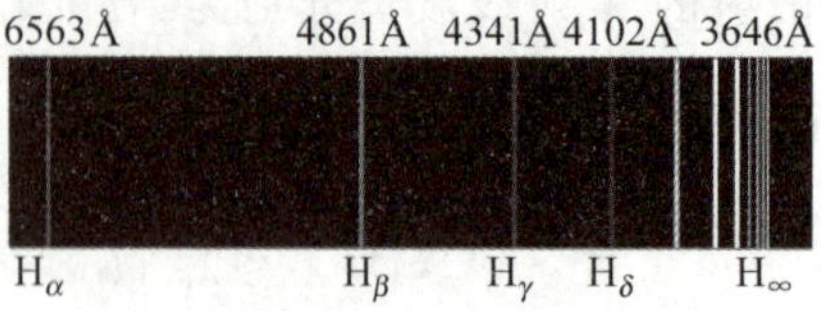

图 14-10　氢原子光谱的巴耳末系

14.3.2　经典电磁理论的困难　玻尔的氢原子理论

1. 经典电磁理论的困难

关于原子结构，人们公认的是 1911 年卢瑟福在 α 粒子散射实验基础上提出的核式结构模型，即原子是由带正电的原子核和核外作轨道运动的电子组成。按经典电磁理论，电子在原子中绕核转动，这种加速运动的电子应发射电磁波，其频率等于电子绕核转动的频率。由于能量辐射，原子系统的能量不断减少，频率也将不断改变，因而所发射的光谱应是连续的。同时由于能量的减少，电子将沿螺线运动而逐渐接近原子核，最后落在原子核上，即原子是不稳定的。以氢原子为例，假定在 $t=0$ 时刻，电子处在半径为 10^{-10} m（原子半径的数量级）的轨道上，则到 $t=1.1\times10^{-10}$ s，电子的轨道半径就变为零，即落在原子核上。然而物质世界中的原子是稳定存在的，并且原子发出的光谱是线状光谱。原子结构的核式模型已被大量的实验所证实。因此以上困难实际上反映了经典理论所描绘的原子内部运动图像是不正确的。

2. 玻尔的氢原子理论

为了解决经典电磁理论在解释原子光谱所遇到的困难，玻尔把量子化概念应用到原子系统，提出了下列二条假设。

(1) **定态假设**　原子只能处在一系列具有不连续能量的稳定状态，简称**定态**，在这些状态中，核外电子在一系列稳定的圆轨道上运动，但不辐射也不吸收电磁波。

(2) **频率假设**　当原子从一个能量为 E_m 的定态跃迁到另一个能量为 E_n 的定态时，会发射或吸收一个频率为 ν_{mn} 的光子

$$\nu_{mn}=\frac{|E_m-E_n|}{h} \tag{14-16}$$

(3) **轨道角动量量子化假设**　电子在稳定圆轨道上运动时，其轨道角动量遵循量子化条件

$$L=mvr=n\frac{h}{2\pi}=n\hbar \quad n=1,2,3,\cdots \tag{14-17}$$

式中，$\hbar=\dfrac{h}{2\pi}\approx1.05\times10^{-34}$ J·s 称为约化普朗克常量，n 称为**量子数**。

3. 玻尔的量子论对氢原子光谱的解释

设质量为 m_e 的电子以带正电荷 e 的原子核为中心，作半径为 r、速率为 v 的匀速圆周运

动。万有引力很小可以忽略不计,做圆周运动的向心力是原子核对电子的静电引力,即

$$\frac{e^2}{4\pi\varepsilon_0 r^2} = m_e \frac{v^2}{r} \tag{14-18}$$

将上式结合轨道角动量量子化假设(式(14-17)),得

$$r_n = n^2\left(\frac{\varepsilon_0 h^2}{\pi m_e e^2}\right) = n^2 a_0 \tag{14-19}$$

为了表示轨道半径 r 是量子数 n 的函数,这里用 r_n 代替了 r。$a_0 = \frac{\varepsilon_0 h^2}{\pi m_e e^2} = 0.529\times 10^{-10}$ m 为氢原子第一玻尔轨道半径,简称**玻尔半径**。

设电子处在第 n 轨道时,电子的速率为 v_n,原子系统的总能量为 E_n,结合式(14-18),则

$$E_n = \frac{1}{2}m_e v_n^2 - \frac{e^2}{4\pi\varepsilon_0 r_n} = -\frac{e^2}{8\pi\varepsilon_0 r_n}$$

代入式(14-19)的 r_n,得

$$E_n = -\frac{m_e e^4}{8\varepsilon_0^2 h^2}\frac{1}{n^2}, \quad n = 1,2,3,\cdots \tag{14-20}$$

从式(14-19)和式(14-20)可知,原子定态的轨道半径 r_n 和能量 E_n 都是一系列不连续的分立值,这分别被称为**轨道量子化**和**能量量子化**。每一个分立能量称为一个**能级**。以量子数 n 所表征的能级 E_n 和半径为 r_n 的轨道,就代表了原子内部运动的第 n 量子化态。

根据式(14-20),$n=1$ 时,原子定态的能量最低,这个定态称为**原子的基态**。基态的能量为

$$E_1 = -\frac{m_e e^4}{8\varepsilon_0^2 h^2} = -13.6\ \text{eV} \tag{14-21}$$

其他的与 $n=2,3,4,\cdots$ 相应的那些定态,能量依次升高,分别称为第一、第二、第三激发态,$E_n = \frac{E_1}{n^2} = -\frac{13.6}{n^2}$ eV。当 $n\to\infty$ 时,$E_n\to 0$,原子趋于电离。$E>0$,表明原子已电离,此时能量可连续变化。

根据玻尔的频率假设(式(14-16)),若氢原子系统中的电子从较高能级 E_m 跃迁到较低能级 E_n 时,发射一个光子,其频率为

$$\nu_{mn} = \frac{E_m - E_n}{h} = \frac{m_e e^4}{8\varepsilon_0^2 h^3}\left(\frac{1}{n^2} - \frac{1}{m^2}\right)$$

于是

$$\frac{1}{\lambda} = \frac{\nu_{mn}}{c} = \frac{m_e e^4}{8\varepsilon_0^2 h^3 c}\left(\frac{1}{n^2} - \frac{1}{m^2}\right) \quad n = 1,2,3,\cdots \quad m = n+1, n+2, n+3,\cdots$$

这与氢原子光谱的实验规律式(14-15)一致,并由此得到里德伯常数的理论值为

$$R = \frac{me^4}{8\varepsilon_0^2 h^3 c} = 1.097\,373\,1\times 10^7\ /\text{m}$$

与实验值相当符合。实际上,如考虑到原子中电子与原子核共同绕质心运动,可得 $R = 1.096\,775\,76\times 10^7$ /m,与实验值惊人地符合。

综上所述,玻尔的氢原子理论成功地解释了氢原子的光谱实验规律,但是其缺陷也是明显的。如它只能说明氢原子和类氢原子的光谱线,不能解释多电子原子的光谱,对谱线的宽度、强度、偏振等也无能为力。它是经典理论与量子假设的混合物,既沿用了质点坐标、速

度和轨道等经典力学概念，又人为地引入了量子假设，没有逻辑上的一致性。正如当时布拉格对这一理论的评价时所说的：“好像应当在星期一、三、五引用经典规律，而在星期二、四、六引用量子规律。”不过，玻尔理论中的原子定态、跃迁、轨道角动量量子化等概念现在仍有效，它对量子力学的发展有很大贡献。

问题 14-15 试估算基态氢原子中的电子运动速率。

问题 14-16 对于氢原子或类氢原子，当电子在第 n 个定态轨道运动，其动能 E_{kn} 与总能量 E_n 之间存在关系 $E_n=-E_{kn}$。根据这一关系式可知，氢原子的电子在第一轨道和第三轨道上运动的速率之比 v_1/v_3 的值为(　　)。

(A) 1/3　　(B) 1/2　　(C) 3　　(D) 9

问题 14-17 将处于第一激发态的氢原子电离需要的最小能量，即使氢原子总能量为零所需要的能量为(　　)。

(A) 13.6 eV　　(B) 3.4 eV　　(C) 1.5 eV　　(D) 0 eV

问题 14-18 已知氢原子从基态激发到某一激发态所需能量为 10.19 eV。若氢原子从能量为−0.85 eV 的状态跃迁到上述定态时，所发射的光子的能量为(　　)。

(A) 2.56 eV　　(B) 3.41 eV　　(C) 4.25 eV　　(D) 9.95 eV

例 14-5 在基态氢原子被外来单色光激发后发出的巴尔末线系中，观察到了波长较长的两条谱线。求这两条谱线的波长和外来光的频率。

解 由于在巴尔末线系中观察到的是波长较长的两条谱线，因此只能是第 3 能级跃迁到第 2 能级和第 4 能级跃迁到第 2 能级产生的谱线，所以

$$\lambda_{32}=\frac{1}{R\left(\frac{1}{2^2}-\frac{1}{3^2}\right)}=656.3\ \text{nm}$$

$$\lambda_{42}=\frac{1}{R\left(\frac{1}{2^2}-\frac{1}{4^2}\right)}=486.2\ \text{nm}$$

外来单色光的频率必须满足 $h\nu=E_4-E_1$，即

$$\nu=\frac{E_4-E_1}{h}=\frac{E_1}{h}\left(\frac{1}{4^2}-1\right)=3.09\times10^{15}\ \text{Hz}$$

14.4 德布罗意波

德布罗意

14.4.1 德布罗意假设

1924 年，法国年轻的物理学家德布罗意在光的波粒二象性的启发下敏锐地意识到，“整个世纪以来(指 19 世纪)，在光学中，比起波动的研究方法来，如果说是过于忽略了粒子的研究方法的话，那么在实物的理论中，是否发生了相反的错误？是不是我们把粒子的图像想得太多，而过分地忽略了波的图像？”于是他大胆地提出了与光的波粒二象性完全对称的设想，即**实物粒子**(如电子、质子等)也具有**波粒二象性**，仿照描述光的波粒二象性的基本关系式(14-8)和(14-13)，认为一个粒子的能量 E 和动量 p 与和它相联系的波的频率 ν 和波长 λ

的定量关系与光子的一样，即有

$$E = mc^2 = h\nu \tag{14-22}$$

$$p = mv = \frac{h}{\lambda} \tag{14-23}$$

上两式也可以写成

$$\nu = \frac{E}{h} = \frac{mc^2}{h} = \frac{m_0 c^2}{h\sqrt{1 - v^2/c^2}} \tag{14-24}$$

$$\lambda = \frac{h}{p} = \frac{h}{mv} = \frac{h}{m_0 v}\sqrt{1 - \frac{v^2}{c^2}} \tag{14-25}$$

上面 4 式称为**德布罗意公式**，和粒子相联系的波称为**物质波**或**德布罗意波**，式(14-25)给出了相应的**德布罗意波长**。

如 $v \ll c$，粒子的德布罗意波长为

$$\lambda = \frac{h}{m_0 v} \tag{14-26}$$

注意　对于光子，在真空中的速度 c、频率 ν 和波长 λ 有关系 $\nu\lambda = c$；对于实物粒子，其速度 v、频率 ν 和波长 λ 不存在类似关系，即 $\nu\lambda \neq v$，因为若如此，由式(14-22)和式(14-23)得 $\nu\lambda = c^2/v = v$，即 $v = c$，这是不可能的。实际上，物质波(包括机械波) $\nu\lambda = u$，u 为相速度，相速度是可以超过光速的。详细的讨论已超出教材的范围。

14.4.2　德布罗意波的实验验证

戴维孙和汤姆孙

德布罗意关于物质波的假设，1927 年首先为美国物理学家戴维孙和革末的实验所证实。戴维孙和革末做电子束在晶体表面散射实验时，观察到了和 X 射线在晶体表面衍射相类似的电子衍射现象，从而证实了电子具有波动性。同年，英国物理学家汤姆孙做了电子束穿过多晶薄膜后的衍射实验，得到了和 X 射线穿过多晶薄膜后产生的极其相似的环形衍射图像。在用 X 射线束和电子束分别入射到铝粉末晶片上的衍射实验中，使 X 射线和电子波长相等，图 14-11(a)和(b)给出了 X 射线和电子束的衍射条纹，可以看出两者衍射条纹类似。

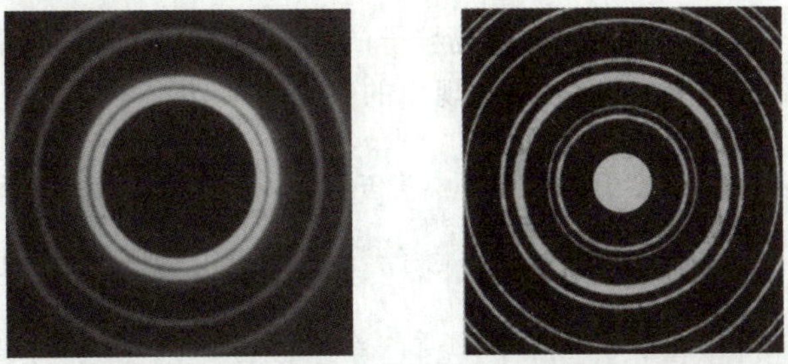

(a) X射线衍射条纹　　(b) 电子衍射条纹

图 14-11　汤姆孙电子衍射实验

粒子的波动性在现代科学技术上已得到广泛应用，电子显微镜即为一例。光学仪器分辨率与所用射线波长成反比，波长越短，分辨率越高。普通的光学显微镜由于受可见光波长

的限制，分辨率不可能很高。如使用 $\lambda=400$ nm 的紫光照射物体而进行显微观察，最小分辨距离约为 200 nm，最大放大倍数约为 2000，这已是光学显微镜的极限。而电子的德布罗意波长比可见光短得多，如加速电势差为几十万伏时，电子的波长只有 10^{-3} nm，故电子显微镜的分辨率比光学显微镜高得多。目前电子显微镜的最小分辨距离已达 0.1 nm。

问题 14-19 如果普朗克常量 $h\to 0$，对波粒二象性会有什么影响？

问题 14-20 静止质量不为零的高速运动的微观粒子，其物质波波长与速度 v 有关系（　　）。

(A) $\lambda\propto v$　　(B) $\lambda\propto 1/v$　　(C) $\lambda\propto\sqrt{\frac{1}{v^2}-\frac{1}{c^2}}$　　(D) $\lambda\propto\sqrt{c^2-v^2}$

问题 14-21 某金属产生光电效应的红限波长为 λ_0。今以波长为 $\lambda(\lambda<\lambda_0)$ 的单色光照射该金属，金属释放出的具有最大初动能的电子（质量为 m_e）的动量大小为（　　）。

(A) h/λ　　(B) h/λ_0　　(C) $\sqrt{\frac{2m_e hc(\lambda_0-\lambda)}{\lambda\lambda_0}}$　　(D) $\sqrt{\frac{2m_e hc}{\lambda_0}}$

例 14-6 计算经过电势差 $U_1=150$ V 和 $U_2=10^4$ V 加速的电子的德布罗意波长。

解 经过电势差 U 加速后，电子的动能和速率分别为

$$\frac{1}{2}m_0v^2=eU,\quad v=\sqrt{\frac{2eU}{m_0}}$$

式中 m_0 为电子的静止质量，将上式代入式(14-26)，可得电子的德布罗意波长

$$\lambda=\frac{h}{m_0v}=\frac{h}{\sqrt{2em_0}}\frac{1}{\sqrt{U}}$$

将常量 h、m_0、e 的值代入，可得

$$\lambda=\frac{12.25}{\sqrt{U}}\times 10^{-10}\ \mathrm{m}=\frac{1.225}{\sqrt{U}}\ \mathrm{nm}$$

式中 U 的单位是伏特。将 $U_1=150$ V 和 $U_2=10^4$ V 代入，得相应波长值分别为

$$\lambda_1=0.1\ \mathrm{nm},\quad \lambda_2=0.0123\ \mathrm{nm}$$

由此可见，在这样电压加速下，电子的德布罗意波长与 X 射线的波长相近。

例 14-7 计算质量 $m=0.01$ kg、速率 $v=300$ m/s 的子弹的德布罗意波长。

解 由于 $v\ll c$，应用非相对论近似，有

$$\lambda=\frac{h}{m_0v}=\frac{6.63\times 10^{-34}}{0.01\times 300}=2.21\times 10^{-34}(\mathrm{m})$$

可以看出，由于 h 是一个非常小的量，宏观粒子的德布罗意波长是如此之小，以致在当今任何实验中都不可能观察到它的波动性，表现出的只是粒子性。

说明 电子经过电势 U 加速后，相对论效应是否显著，计算动能 E_k 是否需要用相对论公式 $E_k=\frac{m_0c^2}{\sqrt{1-v^2/c^2}}-m_0c^2$，可以通过将电子经加速获得的动能 eU 与电子静能 $E_0=m_0c^2\approx 8.2\times 10^{-14}\mathrm{J}=5.1\times 10^5$ eV 比较来判断。若 eU 可以与 E_0 比拟，则相对论效应显著，若 $eU\ll E_0$，则相对论效应可以忽略，可以用 $E_k=\frac{1}{2}m_0v^2=eU$，$v=\sqrt{\frac{2eU}{m_0}}$ 来计算 E_k 和 v。如例 14-7，$U_1=150$ V，$U_2=10^4$ V，$eU_1=150\ \mathrm{eV}\ll E_0$，$eU_2=10^4\ \mathrm{eV}\ll E_0$。

14.5　不确定关系

海森伯

经典力学中，质点（宏观物体或粒子）在任何时刻都有完全确定的位置、动量、能量、角动量等。与此不同，微观粒子具有明显的波动性，以致它的某些成对物理量不可能同时具有确定的量值，例如位置坐标和动量、角坐标和角动量、能量和时间等，其中一个量的不确定量越小，另一个量的不确定量就越大。

1. 坐标和动量的不确定关系

德国物理学家海森伯根据量子力学导出，如果一个粒子的位置坐标具有一个不确定量 Δx，则同一时刻，该方向上的动量也有一个不确定量 Δp_x，Δx 与 Δp_x 乘积满足关系式

$$\Delta x \Delta p_x \geqslant \frac{\hbar}{2} \tag{14-27}$$

式(14-27)称为**海森伯坐标和动量的不确定关系**。

这一规律直接来源于微观粒子的波粒二象性，可以借助电子单缝衍射实验来说明。如图 14-12 所示，设单缝宽度为 Δx，使一束电子沿 y 轴方向射向狭缝，在缝后放置照相底片，以记录电子落在底片上的位置。

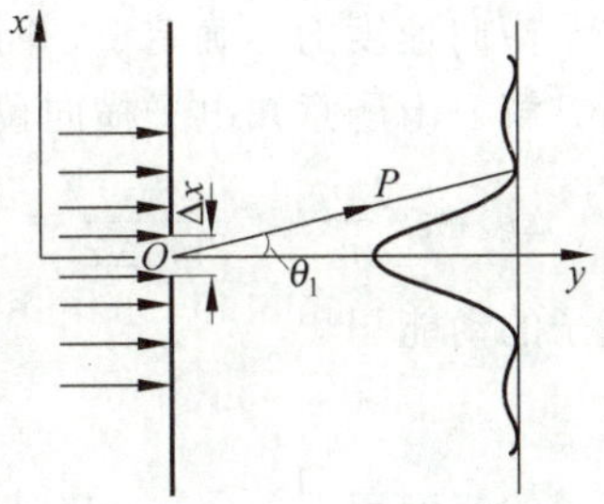

图 14-12　电子单缝衍射实验

电子可以从缝上任何一点通过单缝，因此电子通过单缝时刻的位置不确定量就是缝宽 Δx。由于电子具有波动性，底片上呈现出和光通过单缝时相似的单缝衍射图样。显然，电子在通过狭缝时刻，其横向动量也有一个不确定量 Δp_x，可从衍射电子的分布来估算 Δp_x 的大小。为简便计算，先考虑到达单缝衍射中央明纹区的电子。设 θ_1 为中央明纹旁第一级暗纹的衍射角，则

$$\sin\theta_1 = \lambda / \Delta x$$

因为只考虑中央明纹，有

$$0 \leqslant p_x \leqslant p\sin\theta_1$$

因此动量具有不确定量为

$$p_x = p\sin\theta_1 = \frac{h}{\lambda} \cdot \frac{\lambda}{\Delta x} = \frac{h}{\Delta x},$$

即

$$\Delta x \Delta p_x = h$$

如果考虑其他高次衍射条纹的出现，则 $\Delta p_x > p\sin\theta_1$，因而

$$\Delta x \Delta p_x \geqslant h$$

以上只是作粗略估算，严格推导所得关系为式(14-27)。

不确定关系式(14-27)表明，微观粒子的位置坐标和同一方向的动量不可能同时具有确定值。粒子坐标的不确定量 Δx 越小，动量的不确定 Δp_x 就越大。这和实验结果是一致的。如单缝衍射实验中缝越窄，电子在底片分布的范围就越宽。因此，对于具有波粒二象性的微观粒子，不可能用某一时刻的位置和动量描述其运动状态，轨道的概念已失去意义，经典力学规律也不再适用。

注意 不确定关系是微观粒子的固有属性，是波粒二象性及其统计规律的必然结果，并非仪器对粒子的干扰，也不是仪器有误差的缘故。

问题 14-22 根据不确定关系，一个分子即使在 0 K，它能完全静止吗？

例 14-8 原子的线度约为 10^{-10} m，求原子中电子速度的不确定量，并讨论原子中的电子能否看成经典力学中的粒子。

解 原子中电子的位置不确定量 $\Delta x \approx 10^{-10}$ m，由不确定关系(14-27)，电子速度的不确定量为

$$\Delta v_x = \frac{\Delta p_x}{m} \geqslant \frac{\hbar}{2m\Delta x} = \frac{h}{4\pi m\Delta x} = \frac{6.63\times10^{-34}}{4\times3.14\times9.1\times10^{-31}\times10^{-10}} = 5.8\times10^{5}\,(\text{m/s})$$

由玻尔理论可估算出氢原子中电子速率约为 10^6 m/s(问题 14-15)，可见速度的不确定量与速度大小的数量级基本相同，因此原子中电子在任一时刻都没有完全确定的位置和速度，也没有确定的轨道，故不能看成经典粒子。玻尔理论中电子在一定轨道上绕核运动的图像不是对原子中电子运动情况的正确描述。

例 14-9 电视显像管中电子的加速电压约为 10 kV，设电子束的直径为 10^{-4} m。试求电子横向速度的不确定量，并讨论电子的运动问题能否用经典力学处理。

解 由题意知电子横向位置的不确定量 $\Delta x = 10^{-4}$ m，则由不确定关系得

$$\Delta v_x = \frac{\Delta p_x}{m_0} \geqslant \frac{\hbar}{2m_0\Delta x} = \frac{h}{4\pi m_0\Delta x} = \frac{6.63\times10^{-34}}{4\times3.14\times9.1\times10^{-31}\times10^{-4}} = 0.58\,(\text{m/s})$$

电子的动能

$$E_k = eU = 10^4\,\text{eV} = E_0$$

电子的速度用 $\frac{1}{2}m_0v^2 = eU$ 计算，

$$v = \sqrt{\frac{2eU}{m_0}} = \sqrt{\frac{2\times1.602\times10^{-19}\times10^4}{9.11\times10^{-31}}} = 5.9\times10^{7}\,(\text{m/s})$$

$\Delta v_x \ll v$，所以，从电子运动速度相对于速度不确定量来看是相当确定的，波动性不起什么实际作用，因此，这里电子运动问题仍可用经典力学处理。

例 14-10 波长 $\lambda = 500$ nm 的光波沿 x 轴正向传播，如果测定波长的不确定量为 $\Delta\lambda/\lambda = 10^{-7}$，试求同时测定光子位置坐标的不确定量。

解 由 $p = h/\lambda$ 可得光子动量的不确定量大小为

$$\Delta p_x = \frac{\Delta\lambda}{\lambda^2}h$$

代入不确定关系式(14-27)，得同时测定光子位置坐标的不确定量为

$$\Delta x \geqslant \frac{\hbar}{2\Delta p_x} = \frac{1}{4\pi}\frac{\lambda^2}{\Delta\lambda} = \frac{1}{4\pi}\frac{\lambda^2}{(\lambda\times10^{-7})} = \frac{1}{4\times3.14}\times\frac{500\times10^{-9}}{10^{-7}} \approx 0.40\,(\text{m})$$

2. 能量和时间的不确定关系

对微观粒子行为的说明还时常用到**能量和时间之间的不确定关系**。即如果微观体系处于某一状态的时间为 Δt，则其能量必有一个不确定量 ΔE，二者之间有如下关系

$$\Delta E\Delta t \geqslant \frac{\hbar}{2} \tag{14-28}$$

讨论 原子受激态能级宽度 ΔE 和该能级平均寿命 Δt 之间的关系。

原子能级中能量最低的叫作**基态**，其余的叫作**激发态**。原子通常处于基态，在受激发后将跃迁到各个能量较高的受激态，停留一段时间后又自发跃迁进入能量较低的态。大量同类电子在同一能级上停留时间长短不一，但平均停留时间为一定值，称为该能级的**平均寿命** Δt。基态能级的 Δt 最长，与激发态相比，可以说是无限长。原子受激态的 Δt 通常为 $10^{-7}\sim10^{-8}$ s 数量级。有些原子具有一种特殊的受激态，Δt 可达 10^{-3} s 或更长，这类受激态称为**亚稳态**。根据能量和时间不确定关系(14-28)，由于各激发态的 Δt 有限，所以相应的能级存在一定的宽度 ΔE。Δt 越长的能级越稳定，能级宽度 ΔE 越小，即能量越确定。因此，基态能级的能量最确定，与激发态相比，ΔE 可视为零。对于受激态，取 $\Delta t=10^{-8}$ s，可算得 $\Delta E\sim 10^{-8}$ eV。由于能级有一定宽度，两个能级间跃迁所产生的光谱线也有一定宽度。这就是普通光源产生的光为复色光的原因之一。显然，受激态的平均寿命越长，能级宽度越小，跃迁到基态所发射的光谱线的单色性就越好。

例 14-11 假定原子中的电子在某激发态的平均寿命 $\Delta t=10^{-8}$ s，该激发态的能级宽度 ΔE 是多少？因 ΔE 的存在，在该能级与基态之间的跃迁产生的光谱线的频率宽度 $\Delta\nu$ 是多少？

解 根据式(14-28)有

$$\Delta E \geqslant \frac{\hbar}{2\Delta t}=\frac{1.05\times10^{-34}}{2\times10^{-8}}=5.3\times10^{-27}\,(\mathrm{J})$$

由光子能量公式 $\varepsilon=h\nu$ 得

$$\Delta\varepsilon = h\Delta\nu$$

跃迁光子的能量范围 $\Delta\varepsilon$ 等于激发态的能级宽度 ΔE，于是

$$\Delta\nu=\frac{\Delta E}{h}\geqslant\frac{1}{h}\,\frac{\hbar}{2\Delta t}=\frac{1}{4\pi\Delta t}=8.0\times10^{6}\,(\mathrm{Hz})$$

问题 14-23 试从能量和时间之间的不确定关系说明一般情况下，光源发出的光总是复色的。

14.6 波函数 薛定谔方程

14.6.1 波函数

玻恩

1. 波函数

在经典力学中，描述一个宏观物体的运动状态的物理量是位置和速度(或动量)。牛顿第二定律就是描述宏观物体运动的普遍方程。但微观粒子具有波粒二象性，它和宏观物体运动具有质的区别，不确定关系指出粒子的位置和动量不可能同时准确测定。那么微观粒子的运动状态如何描述呢？其运动方程是怎样的呢？1925 年奥地利物理学家薛定谔首先提出用物质波波函数描述微观粒子的运动状态，他认为像电子、中子、质子等这样具有波粒二象性的微观粒子，也可像声波或光波那样用波动表达式(下面使用量子力学中的说法，称

为**波函数**)描述它们的波动性。只不过波函数中的频率和能量的关系、波长和动量的关系，应如同光的二象性关系那样，遵从德布罗意提出的物质波关系而已。这就是说，微观粒子的波动性与机械波(如声波)的波动性有本质的不同。但为了较直观地得出电子等微观粒子的波函数，我们先从与机械波的类比出发，来讨论微观粒子的波函数的形式。

我们已知平面简谐机械波的波函数为

$$y(x,t)=A\cos 2\pi\left(\nu t-\frac{x}{\lambda}\right) \tag{14-29}$$

如将平面简谐机械波的波函数写成复数形式有

$$y(x,t)=A\mathrm{e}^{-\mathrm{i}2\pi\left(\nu t-\frac{x}{\lambda}\right)} \tag{14-30}$$

实际上，式(14-29)是式(14-30)的实数部分。对于动量为 p、能量为 E 的粒子，它的波长 λ 和频率 ν 分别为

$$\lambda=\frac{h}{p},\quad \nu=\frac{E}{h}$$

如果粒子不受外力场作用，则粒子为自由粒子，其能量和动量将是不变的，因而，自由粒子的德布罗意波的波长和频率也是不变的，可以认为它是一单色平面波，如其波函数用 $\Psi(x,t)$ 表示，则有

$$\Psi(x,t)=\Psi_0\mathrm{e}^{-\mathrm{i}2\pi\left(\nu t-\frac{x}{\lambda}\right)}=\Psi_0\mathrm{e}^{-\mathrm{i}\frac{(Et-px)}{\hbar}} \tag{14-31}$$

说明 式(14-31)是描述单一自由粒子的单色平面波波函数。而对于在各种外力场中运动的粒子，它们的波函数是薛定谔方程的解。

2. 波函数的统计解释

波函数是怎样描述微观粒子运动状态的呢？微观粒子的波动性与粒子性究竟是怎样统一起来的呢？1926年，德国物理学家玻恩提出了物质波**波函数的统计解释**，揭示了波函数的物理意义，指出，t 时刻粒子在空间 $\boldsymbol{r}$ 处附近的体积元 $\mathrm{d}V$ 中出现的概率 $\mathrm{d}W$ 与该处波函数模的平方成正比，可以写成

$$\mathrm{d}W=|\Psi(\boldsymbol{r},t)^2|\mathrm{d}V=\Psi(\boldsymbol{r},t)\Psi^*(\boldsymbol{r},t)\mathrm{d}V \tag{14-32}$$

式中 $\Psi^*(\boldsymbol{r},t)$ 是波函数 $\Psi(\boldsymbol{r},t)$ 的共轭复数。由式(14-32)可知，波函数模的平方 $|\Psi(\boldsymbol{r},t)|^2$ 代表 t 时刻，粒子在空间 $\boldsymbol{r}$ 处的单位体积中出现的概率，又称为概率密度，用符号 w 表示。物质波也被称为**概率波**。

讨论 由波函数的统计解释，波函数应有如下两个性质。

(1) 波函数的标准条件。从波函数的物理意义可知，波函数在任意时刻、任意点应只有单一的值，不能在某处发生突变，也不能在某一点变为无穷大，即波函数必须满足**单值、连续、有限的标准条件**。

(2) 波函数的归一化条件。因为粒子必定要在空间的某一点出现，因此任意时刻粒子在空间各点出现的概率总和等于1，即应有

$$\iiint_V|\Psi(\boldsymbol{r},t)|^2\mathrm{d}V=1 \tag{14-33}$$

其中积分区域遍及粒子可能达到的整个空间。

问题 14-24 (1)波函数的物理意义是什么?(2)什么是波函数必须满足的标准条件?(3)波函数的归一化是什么意思?

问题 14-25 对于自由粒子,其波函数由式(14-31)给出,其概率密度为多少?加以计算,并讨论结果。

14.6.2 薛定谔方程

薛定谔

如同质点运动遵从牛顿运动方程一样,描述微观粒子运动状态的波函数也必须遵从一定的方程式。物理学家薛定谔根据德布罗意的波粒二象性假设,从粒子波动性出发,建立了薛定谔方程,解决了这一问题。

对于低速情况的物质波函数 $\Psi(\boldsymbol{r},t)$ 所满足的**普遍形式的薛定谔方程**为

$$\left[-\frac{\hbar^2}{2m}\left(\frac{\partial^2}{\partial x^2}+\frac{\partial^2}{\partial y^2}+\frac{\partial^2}{\partial z^2}\right)+E_{\mathrm{p}}(\boldsymbol{r},t)\right]\Psi(\boldsymbol{r},t)=\mathrm{i}\hbar\frac{\partial\Psi(\boldsymbol{r},t)}{\partial t} \tag{14-34}$$

其中 $E_{\mathrm{p}}(\boldsymbol{r},t)$ 为粒子的势能。

如果势能 $E_{\mathrm{p}}=E_{\mathrm{p}}(\boldsymbol{r})$ 不显含时间 t,波函数可以写成坐标函数 $\Psi(\boldsymbol{r})$ 与时间函数 $\mathrm{e}^{-\frac{\mathrm{i}}{\hbar}Et}$($E$ 为粒子的能量)两部分的乘积,即

$$\Psi(\boldsymbol{r},t)=\Psi(\boldsymbol{r})\mathrm{e}^{-\mathrm{i}Et/\hbar} \tag{14-35}$$

此时,粒子处于定态,$\Psi(\boldsymbol{r})$ 叫作**定态波函数**。粒子在定态时,它在空间各点出现的概率密度

$$w=|\Psi(\boldsymbol{r},t)|^2=\Psi(\boldsymbol{r},t)\Psi^*(\boldsymbol{r},t)=\Psi(\boldsymbol{r})\mathrm{e}^{-\mathrm{i}Et/\hbar}\Psi^*(\boldsymbol{r})\mathrm{e}^{\mathrm{i}Et/\hbar}=|\Psi(\boldsymbol{r})|^2$$

与时间无关,即概率密度在空间形成稳定分布,这也正是“定态”的含义。将式(14-35)代入薛定谔方程式(14-34),可得 $\Psi(\boldsymbol{r})$ 所满足的方程

$$\left(\frac{\partial^2}{\partial x^2}+\frac{\partial^2}{\partial y^2}+\frac{\partial^2}{\partial z^2}\right)\Psi(\boldsymbol{r})+\frac{2m}{\hbar^2}[E-E_{\mathrm{p}}(\boldsymbol{r})]\Psi(\boldsymbol{r})=0 \tag{14-36}$$

方程式(14-36)称为**定态薛定谔方程**,也称不含时的薛定谔方程。

如果粒子在一维空间运动,方程式(14-36)简化为

$$\frac{\mathrm{d}^2\Psi(x)}{\mathrm{d}x^2}+\frac{2m}{\hbar^2}[E-E_{\mathrm{p}}(x)]\Psi(x)=0 \tag{14-37}$$

薛定谔方程是量子力学中最基本的方程,它的地位与经典力学中的牛顿运动方程、电磁场中的麦克斯韦方程组相当。它是不能由其他基本原理推导出来的,但将这个方程应用于分子、原子等微观体系所得到的大量结果都和实验符合,这就说明了它的正确性。在下面,我们将定态薛定谔方程应用到一维势阱、势垒和氢原子等一些简单问题,通过这些问题求解,可以对量子力学的应用有一个初步的理解。

问题 14-26 证明式(14-31)表示的自由粒子波函数满足式(14-34)。

问题 14-27 一维谐振子沿 Ox 轴运动,其势能函数 $E_{\mathrm{p}}(x)=\frac{1}{2}m\omega^2x^2$,式中 m、ω 分别为振子的质量和角频率,x 是振子离开平衡位置的位移。写出一维谐振子所满足的定态薛定谔方程。

14.7　薛定谔方程的应用

14.7.1　一维无限深势阱

假定一个质量为 m 的粒子沿 x 轴作一维运动，其势能函数具有下面的形式

$$\left.\begin{aligned} E_p(x) &= 0 \quad 0 < x < a \\ E_p(x) &= \infty \quad x \leqslant 0, x \geqslant a \end{aligned}\right\} \tag{14-38}$$

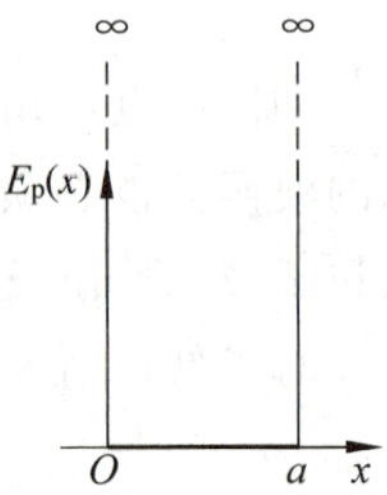

图 14-13　一维无限深势阱

相应的势能曲线如图 14-13 所示，这种形式的势能分布叫作**一维无限深(方)势阱**。我们知道在金属中有自由电子，在一块金属的内部，可认为电子的势能为零，但电子要逸出金属表面就必须克服正电荷的引力做功，这就相当于在金属表面处势能突然增大。可以看出，一维无限深势阱可以作为金属中自由电子运动的模型。由于势能函数 $E_p(x)$ 与时间无关，所以属于定态问题，可以由定态薛定谔方程(式(14-37))求解。

1. 粒子的薛定谔方程

可以想象粒子是关闭在箱子之中，在箱内可以自由运动，但不能越出箱子的边界，由于粒子不能跃出势阱，所以在 $x \leqslant 0$ 和 $x \geqslant a$ 的区域内，粒子出现的概率为零，所以波函数 $\Psi(x)=0$。

在　$0<x<a$ 区域即势阱内，薛定谔方程为

$$\frac{d^2\Psi(x)}{dx^2} + \frac{2mE}{\hbar^2}\Psi(x) = 0 \tag{14-39}$$

令

$$k^2 = \frac{2mE}{\hbar^2} \tag{14-40}$$

方程(14-39)可改写为

$$\frac{d^2\Psi(x)}{dx^2} + k^2\Psi(x) = 0 \tag{14-41}$$

2. 方程的求解

方程(14-41)的通解可以写成

$$\Psi(x) = A\sin kx + B\cos kx \tag{14-42}$$

式中常数 k、A 和 B 可由波函数的标准化条件和归一化条件确定。

由于波函数在势阱边界上连续，故有边界条件

$$\Psi(0) = \Psi(a) = 0$$

将边界条件代入式(14-42)得

$$\Psi(0) = B = 0, \quad \Psi(a) = A\sin ka = 0$$

由此 $B=0$，k 必须满足

$$ka = n\pi$$

或

$$k = \frac{n\pi}{a},\quad n = 1,2,3,\cdots \tag{14-43}$$

n 称为**量子数**。

> **注意** (1) n 取正整数是波函数满足边界条件而自然得出的。这里 n 不能取零，因为 $n=0$，$k=0$，$\Psi(x)\equiv 0$，相当于粒子处处出现的概率为零，这是没有意义的。
>
> (2) n 取负整数值时的波函数，与 n 取相应的正整数值时只差一负号，对 $|\Psi(x)|^2$ 及能量值均无影响，因此通常只考虑 n 取正整数值。

于是

$$\Psi_n(x) = A_n \sin\frac{n\pi x}{a},\quad n = 1,2,3,\cdots$$

将波函数加上下标 n 是为了标识与量子数 n 相对应的定态波函数。

由归一化条件 $\int_{-\infty}^{+\infty} |\Psi_n(x)|^2 \mathrm{d}x = 1$，得

$$\int_{-\infty}^{+\infty} |\Psi_n(x)|^2 \mathrm{d}x = \int_{-\infty}^{0} 0^2 \mathrm{d}x + \int_0^a A_n^2 \sin^2\frac{n\pi x}{a}\mathrm{d}x + \int_a^{\infty} 0^2 \mathrm{d}x = A_n^2 \cdot \frac{a}{2} = 1$$

即

$$A_n = \sqrt{\frac{2}{a}}$$

因而波函数为

$$\Psi_n(x) = \sqrt{\frac{2}{a}}\sin\frac{n\pi}{a}x,\quad n = 1,2,3,\cdots,\quad 0 < x < a$$

整个区间的波函数为

$$\begin{cases} \Psi(x) = 0 & x \leqslant 0, x \geqslant a \\ \Psi_n(x) = \sqrt{\dfrac{2}{a}}\sin\dfrac{n\pi}{a}x, & n = 1,2,3,\cdots,\quad 0 < x < a \end{cases} \tag{14-44}$$

3. 粒子运动的特征

(1) 能量量子化。将式(14-43)代入式(14-40)得粒子的能量为

$$E_n = \frac{\hbar^2 k^2}{2m} = n^2 \frac{h^2}{8ma^2},\quad n = 1,2,3,\cdots \tag{14-45}$$

由此可见，一维无限深势阱中粒子能量是量子化的。当 $n=1$ 时，粒子能量为 $E_1 = \frac{h^2}{8ma^2}$，E_1 是粒子在势阱中具有的最小能量，也称为**零点能**。能量为 E_1 的状态是基态，对应于 $n=2,3,\cdots$ 的激发态依次为第一激发态、第二激发态，能量可表示为 $E_n = n^2 E_1$，能级如图 14-14 所示。

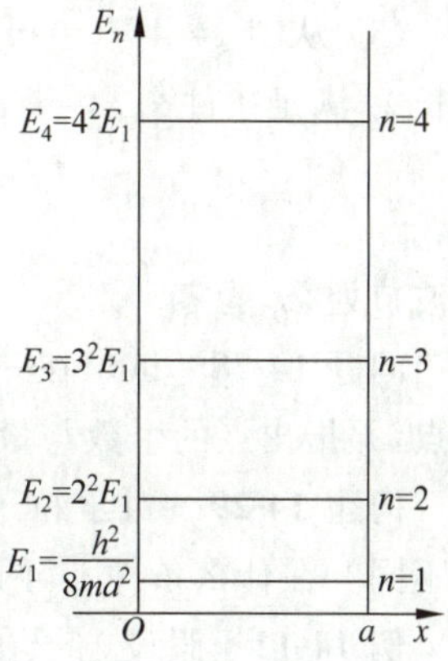

图 14-14 势阱中粒子的能级

讨论 (1) 从定态薛定谔方程出发，利用波函数应遵守的标准化条件(边界条件中隐含着函数连续、单值)，可自然地得出能量的量子化条件，而不需要像玻尔理论中那样人为地规定。

(2) 零点能 $E_1 \neq 0$，表明束缚在势阱中的粒子不可能静止，这也是不确定关系所要求的，因为 Δx 有限，Δp_x 不能为零，从而粒子动能也不可能为零。

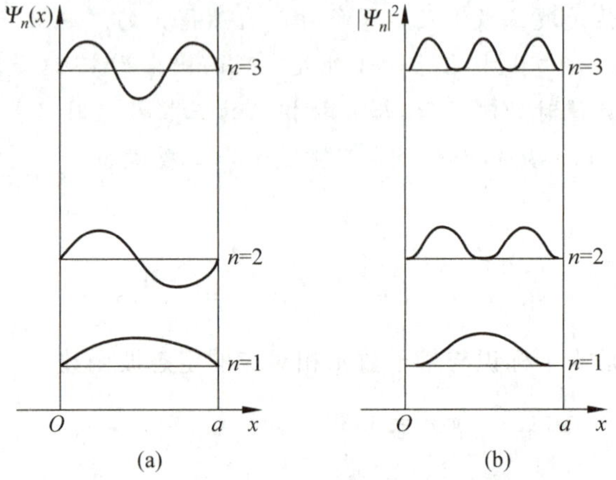

图 14-15 势阱中粒子的波函数和概率密度

(2) 粒子在势阱中的概率分布。图 14-15(a)、(b)给出了 $n=1,2,3$ 等几个量子态的波函数 $\Psi_n(x)$ 和概率密度 $|\Psi_n(x)|^2$，后者是粒子在 x 附近单位长度内出现的概率，即概率密度 w。$|\Psi_n(x)|^2$-x 曲线上极大值所对应的坐标 x 就是粒子出现的概率密度 w 取极大值的地方。w 取极大值的物理意义是：设极大值对应的坐标为 x_0，若将粒子运动的范围 $0<x<a$ 分成很多相等的小区间，则 x_0 所在区间内粒子出现的概率极大。当 $n=1$ 时，在 $x=a/2$ 处，w 取极大值；当 $n=2$ 时，在 $x=a/4$ 和 $3a/4$ 处，w 取极大值；等等。概率密度的峰值个数和量子数 n 相等，这和经典概念是很不同的。若是经典粒子，因为在势阱内不受力，粒子在两阱壁间作匀速运动，所以粒子出现的概率处处一样；对于微观粒子，只有当 $n \to \infty$，粒子出现的概率才是均匀的。

(3) 从图 14-15 (a)可以看出，在无限深势阱中，粒子的定态波函数具有驻波的形式，且波长 λ_n 满足条件

$$a = n\frac{\lambda_n}{2}, \quad n = 1,2,3,\cdots \tag{14-46}$$

在波节处，w 为零。

问题 14-28 试求在一维无限深势阱中粒子概率密度 w 取极大值的点和极小值(为零)的点，并指出点的个数与量子数 n 的关系。

问题 14-29 对于粒子在一维无限深势阱中的运动，经典力学与量子力学的描述有哪些不同？在什么条件下，两者趋于相同？

例 14-12 假设电子在一维无限深势阱中运动，如果势阱宽度分别为 1.0×10^{-2} m 和 1.0×10^{-10} m。计算这两种情况下相邻能级的能量差并讨论基物理意义。

解 根据式(14-45)得到两相邻能级的能量差为

$$\Delta E = E_n + 1 - E_n = (2n+1)\frac{h^2}{8ma^2} = (2n+1)E_1$$

可见其随着量子数的增加而增加，而且与粒子的质量 m 和势阱的宽度 a 有关。

当 $a=1.0\times10^{-2}$ m 时，

$$E_1 = \frac{h^2}{8ma^2} = \frac{(6.63\times10^{-34})^2}{8\times9.11\times10^{-31}\times(1.0\times10^{-2})^2}$$

$$=6.03\times10^{-34}(\text{J}) = 3.77\times10^{-15}\ \text{eV}$$

$$E_n = n^2E_1 = 6.03\times10^{-34}\times n^2(\text{J}) = 3.77\times10^{-15}\times n^2\ \text{eV}$$

$$\Delta E = (2n+1)E_1 = (2n+1)\times3.77\times10^{-15}\ \text{eV}$$

在这种情况下，相邻能级的能量差是非常小的，可以把电子的运动看作是连续的。

当 $a=1.0\times10^{-10}$ m 时，

$$E_1 = 6.03\times10^{-18}(\text{J}) = 37.7\ \text{eV}$$

$$E_n = 6.03\times10^{-18}\times n^2(\text{J}) = 37.7\times n^2\ \text{eV}$$

$$\Delta E = (2n+1)\times37.7\ \text{eV}$$

在这种情况下，相邻能级的能量差是非常大的，电子能量的量子化就明显地表示出来。

当 $n\gg1$ 时，能级的相对间隔近似为

$$\frac{\Delta E_n}{E_n} = \frac{2n\dfrac{h^2}{8ma^2}}{n^2\dfrac{h^2}{8ma^2}} = \frac{2}{n}$$

可见能级的相对间隔 $\Delta E_n/E_n$ 随着 n 的增加反比地减小。当 $n\to\infty$ 时，ΔE_n 较之 E_n 要小得多，这时，能量的量子化效应就不显著了，可以认为能量连续的，经典图样和量子图样趋于一致。所以经典物理可以看作是量子物理中量子数 $n\to\infty$ 时的极限情况。

讨论 从例 14-12 可知，一维无限深势阱中能级间距 $\Delta E = E_{n+1} - E_n = (2n+1)\frac{h^2}{8ma^2}$，与粒子质量和阱宽平方成反比。对于微观粒子，若限制在原子尺度内($a=1.0\times10^{-10}$ m)运动时，$h^2\sim ma^2$，即阱宽很小，则能量的量子化是很显著的，因此必须考虑粒子的量子性。但即使是微观粒子，若其在宏观尺度($a=1.0\times10^{-2}$ m)的空间运动，能级间距非常小，仍可以认为能量的变化是连续的。

例 14-13 一个质量为 1 mg 的微粒被限制在 1 cm 宽的两个刚性壁之间。(1)试用一维无限深势阱的结果计算它的第一个能级的能量，并由此确定该微粒的最小速度；(2)假设该微粒的速度为 3×10^{-2} m/s，试计算与之相应的能量及量子数。

解 (1) 由于在阱内，粒子的势能为零，所以其动能等于总能量，已知 $n=1$ 时，粒子的能量取最小值 E_1，此时动能即速度也取极小值

$$E_1 = \frac{h^2}{8ma^2} = \frac{(6.63\times10^{-34})^2}{8\times10^{-6}\times(10^{-2})^2} = 5.49\times10^{-58}(\text{J})$$

$$v_{\min} = \sqrt{\frac{2E_1}{m}} = \sqrt{\frac{2\times5.49\times10^{-58}}{10^{-6}}} = 3.31\times10^{-26}(\text{m/s})$$

这一速度小到无法测出，因而微粒实际上处于静止状态。

(2) 设相应的量子数为 n，

$$E_n = \frac{1}{2}mv^2 = \frac{1}{2} \times 10^{-6} \times (3 \times 10^{-2})^2 \text{J} = 4.5 \times 10^{-10} \text{J}$$

由 $E_n = n^2 E_1$，得

$$n = \sqrt{\frac{E_n}{E_1}} = \sqrt{\frac{4.5 \times 10^{-10}}{5.49 \times 10^{-58}}} \approx 9.1 \times 10^{23}$$

讨论 对于宏观物体，本题(1)的结果说明，相应的量子力学低能级，实际上对应宏观静止状态；(2)的结果表明，如果处于宏观可测量的运动状态，都相应于量子力学很高的能级。在例 14-11 的讨论中已指出，这时，无论是微观物体，还是宏观物体，量子化的效应均可以忽略不计。所以，对于宏观物体的运动，不必考虑量子化效应。

*14.7.2 一维势垒 隧道效应

若有一个质量为 m 的粒子沿 x 轴作一维运动，其势能函数具有下面的形式

宾尼和罗雷尔

$$\left.\begin{aligned} E_p(x) &= E_{p0} & 0 < x < a \\ E_p(x) &= 0 & x \leqslant 0, x \geqslant a \end{aligned}\right\} \tag{14-47}$$

相应的势能曲线如图 14-16 所示，这种形式的势能分布叫作**一维势垒**。

1. 粒子的定态薛定谔方程

粒子在三个区域的定态薛定谔方程分别为

Ⅰ 区 $$\frac{d^2\Psi_1}{dx^2} + k_1^2\Psi_1 = 0, \quad x \leqslant 0 \tag{14-48a}$$

Ⅱ 区 $$\frac{d^2\Psi_2}{dx^2} + k_2^2\Psi_2 = 0, \quad 0 < x < a \tag{14-48b}$$

Ⅲ 区 $$\frac{d^2\Psi_3}{dx^3} + k_1^2\Psi_3 = 0, \quad a \leqslant x \tag{14-48c}$$

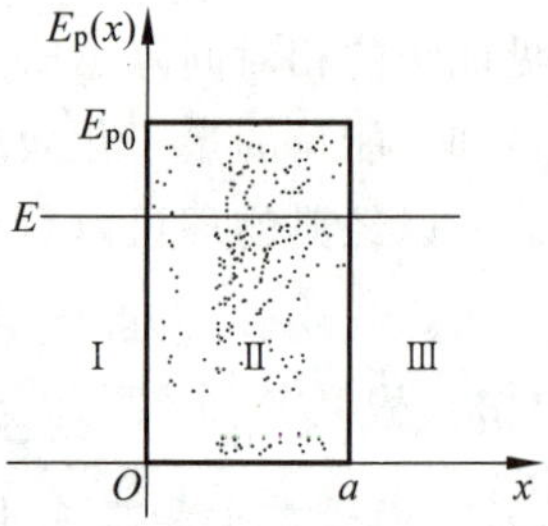

图 14-16 一维势垒

上式中 Ψ_1、Ψ_2、Ψ_3 分别为粒子的三个区中的波函数，

$$k_1^2 = \frac{2mE}{\hbar^2} \quad k_2^2 = \frac{2m(E - E_{p0})}{\hbar^2}$$

2. 方程的求解

设 $\Psi(x) = e^{rx}$ 代入式(14-48)，在 I 区有

$$r^2\Psi_1 = -k_1^2\Psi_1, \quad r = \pm ik_1$$

因此，得到式 (14-48a)的通解为

$$\Psi_1(x) = A_1 e^{ik_1 x} + B_1 e^{-ik_1 x}, \quad x \leqslant 0 \tag{14-49a}$$

类似地，在Ⅱ区和Ⅲ区分别有

$$\Psi_2(x) = A_2 e^{ik_2 x} + B_2 e^{-ik_2 x}, \quad 0 < x < a \tag{14-49b}$$

$$\Psi_3(x)=A_3\mathrm{e}^{\mathrm{i}k_1x}+B_3\mathrm{e}^{-\mathrm{i}k_1x},\quad x\geqslant a \tag{14-49c}$$

上面三式中的第一项均表示沿 x 轴正方向传播的入射波，第二项均表示沿 x 轴负方向传播的反射波。因在Ⅲ区中无产生反射波的物理机制，因此 $B_3=0$。根据波函数在两区边界上应该是连续的条件，有

$$\left.\begin{aligned}x=0\quad \Psi_1(0)=\Psi_2(0),\left.\frac{\mathrm{d}\Psi_1}{\mathrm{d}x}\right|_{x=0}=\left.\frac{\mathrm{d}\Psi_2}{\mathrm{d}x}\right|_{x=0}\\ x=a\quad \Psi_2(a)=\Psi_3(a),\left.\frac{\mathrm{d}\Psi_2}{\mathrm{d}x}\right|_{x=a}=\left.\frac{\mathrm{d}\Psi_3}{\mathrm{d}x}\right|_{x=a}\end{aligned}\right\} \tag{14-50}$$

可得 4 个代数方程，连同归一化条件，可以求得其他五个积分常数 A_1、B_1、A_2、B_2、A_3，从而得到粒子在三个区域中的波函数。图 14-17 表示粒子在三个区域中波函数的情况。

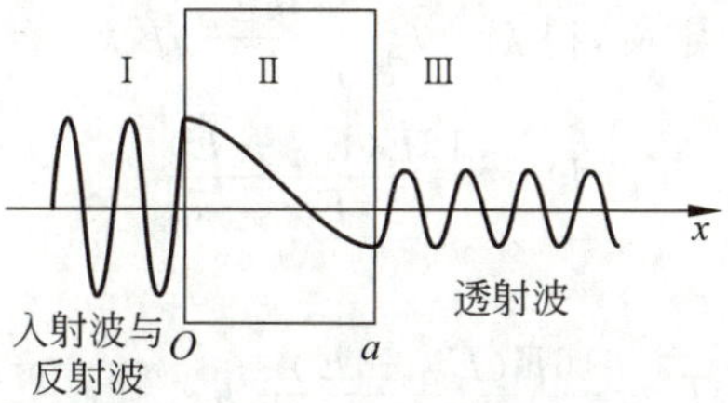

图 14-17 从左方射入的粒子，在各区域内的波函数

3. 反射系数和透射系数及其讨论

将 $R=\dfrac{|B_1|^2}{|A_1|^2}$ 定义为**反射系数**，将 $\dfrac{|A_3|^2}{|A_1|^2}$ 定义为**透射系数**，可得到

$$\left.\begin{aligned}R&=\frac{(k_1^2-k_2^2)^2\sin^2(k_2a)}{(k_1^2-k_2^2)^2\sin^2(k_2a)+4k_1^2k_2^2}\\ T&=\frac{4k_1^2k_2^2}{(k_1^2-k_2^2)^2\sin^2(k_2a)+4k_1^2k_2^2}\end{aligned}\right\} \tag{14-51}$$

显然，$T+R=1$，这说明入射粒子一部分越过势垒到达Ⅲ区，另一部分被势垒反射回Ⅰ区。

现分 $E>E_{p0}$ 和 $E<E_{p0}$ 两种情况讨论式(14-51)。

(1) $E>E_{p0}$。这时 $k_2=\dfrac{\sqrt{2m(E-E_{p0})}}{\hbar}$ 为实数，$R\neq0$，说明即使粒子总能量 E 大于势垒高度 E_{p0}，也不能说粒子由Ⅰ区入射，一定能越过势垒全部进入Ⅲ区，而是仍有一定概率被反射回Ⅰ区。这与经典力学是不同的。

(2) $E<E_{p0}$，$k_2=\dfrac{\sqrt{2m(E-E_{p0})}}{\hbar}$ 为虚数，这时令 $k_2=\mathrm{i}k_3$，则有 $k_3=\dfrac{\sqrt{2m(E_{p0}-E)}}{\hbar}$，经过运算，可得反射系数和透射系数

$$\left.\begin{aligned}R&=\frac{(k_1^2+k_3^2)^2(\mathrm{e}^{k_3a}-\mathrm{e}^{-k_3a})^2}{(k_1^2+k_3^2)^2(\mathrm{e}^{k_3a}-\mathrm{e}^{-k_3a})^2+16k_1^2k_3^2}\\ T&=\frac{16k_1^2k_3^2}{(k_1^2+k_3^2)^2(\mathrm{e}^{k_3a}-\mathrm{e}^{-k_3a})^2+16k_1^2k_3^2}\end{aligned}\right\} \tag{14-52}$$

$T\neq0$，表明虽然粒子总能量 E 小于势垒高度 E_{p0}，入射粒子仍有一定的概率能穿过势垒进入

Ⅲ区，粒子能穿透比其动能更高的势垒的现象称为**隧道效应**。按照经典力学理论，这显然是不可能的。它完全是由于微观粒子具有波动性决定的。

注意　这里讲的是当 $E<E_{p0}$ 时，入射粒子仍有一定的概率穿透势垒(注意：不是"越过")而进入 $x>a$ 的区域。粒子的能量虽不足以超越势垒，但在势垒中似乎有一个"隧道"，使少量粒子穿过而进入 $x>a$ 的区域，所以形象地称**为隧道效应**。

如果粒子总能量比势垒高度小得多，即 $E\ll E_{p0}$，同时势垒宽度 a 也不太小，以致 $k_3a\gg 1$，因此 $e^{k_3a}\gg e^{-k_3a}$，又 k_1 和 k_3 具有同一数量级，故透射系数

$$T\approx De^{-\frac{2a}{\hbar}\sqrt{2m(E_{p0}-E)}}$$

式中 $D=\dfrac{16k_1^2k_3^2}{(k_1^2+k_3^2)^2}$，由 k_1、k_3 定义，得 $k_1^2+k_3^2=\dfrac{2mE_{p0}}{\hbar^2}$，$k_1^2k_3^2=\left(\dfrac{2m}{\hbar^2}\right)^2E(E_{p0}-E)$，从而

$$D=\frac{16E(E_{p0}-E)}{E_{p0}^2},$$

得

$$T\approx\frac{16E(E_{p0}-E)}{E_{p0}^2}e^{-\frac{2a}{\hbar}\sqrt{2m(E_{p0}-E)}}\tag{14-53}$$

由式(14-53)可知，透射系数 T 随势垒宽度 a、高度 E_{p0}、粒子质量 m 和能量差 $(E_{p0}-E)$ 的变化十分敏感，随着势垒加宽、加高，透射系数按指数减小。隧道效应在高新技术领域有着广泛而重要应用。例如，1982 年宾尼(G. Binning)和罗雷尔(H . Rohrer)利用隧道效应制成了扫描隧道电子显微镜。利用这种显微镜，人类第一次观察到了物质表面上排列着的一个个单个原子。它的发明对表面科学、材料科学乃至生命科学领域都具有重大的意义。

问题 14-30　试从 $E>E_{p0}$ 和 $E<E_{p0}$ 两种情况讨论，对于粒子通过一维势垒的运动，经典力学与量子力学的描述有哪些不同？

例 14-14　设 $E=1\ \text{eV}$，$E_{p0}=2\ \text{eV}$，(1)对于电子，取 $a=2\times10^{-10}\ \text{m}$；(2)对于电子，取 $a=5\times10^{-10}\ \text{m}$；(3)对于质子，取 $a=2\times10^{-10}\ \text{m}$，用式(14-53)计算透射系数 T。

解　(1) $T\approx\dfrac{16\times1\times(2-1)}{2^2}\times e^{-\frac{2\times2\times10^{-10}}{1.05\times10^{-34}}\times\sqrt{2\times9.11\times10^{-31}\times(2-1)\times1.60\times10^{-19}}}=0.51$

用式(14-52)计算，$T=0.402$。

(2) $T\approx\dfrac{16\times1\times(2-1)}{2^2}\times e^{-\frac{5\times2\times10^{-10}}{1.05\times10^{-34}}\times\sqrt{2\times9.11\times10^{-31}\times(2-1)\times1.60\times10^{-19}}}=0.023$

(3) $T\approx\dfrac{16\times1\times(2-1)}{2^2}\times e^{-\frac{2\times2\times10^{-10}}{1.05\times10^{-34}}\times\sqrt{2\times1.67\times10^{-27}\times(2-1)\times1.60\times10^{-19}}}\approx3\times10^{-38}$

对于(2)、(3)两种情况，用式(14-52)计算，得到相同的结果。

14.7.3　氢原子

氢原子中的电子在原子核的电场中运动，若以原子核为坐标原点，以无穷远为势能零点，该电子具有的势能为

$$E_p=-\frac{e^2}{4\pi\varepsilon_0 r}$$

定态薛定谔方程为

$$\left(\frac{\partial^2}{\partial x^2}+\frac{\partial^2}{\partial y^2}+\frac{\partial^2}{\partial z^2}\right)\Psi(\boldsymbol{r})+\frac{2m}{\hbar^2}\left(E+\frac{e^2}{4\pi\varepsilon_0 r}\right)\Psi(\boldsymbol{r})=0 \tag{14-54}$$

该方程的求解十分复杂，这里介绍求解该方程得到的一些主要结论。

1. 能量量子化

氢原子中电子的总能量为

$$E_n=-\frac{me^4}{8\varepsilon_0^2h^2}\frac{1}{n^2}\quad n=1,2,3,\cdots \tag{14-55}$$

n 称作**主量子数**。这表明氢原子的能量是量子化的，而且，量子力学的结果与玻尔的氢原子理论结果(式(14-20))一致。

2. 角动量量子化

电子绕核运动的角动量 $\boldsymbol{L}$ 也是量子化的。

(1) 角动量的取值量子化。其可能值为

$$L=\sqrt{l(l+1)}\,\hbar\quad l=0,1,2,\cdots,n-1 \tag{14-56}$$

l 称作**角量子数**。

(2) 角动量空间量子化。选某特定方向为 z 轴(实验时取外磁场方向)，电子角动量 $\boldsymbol{L}$ 在该方向的分量为

$$L_z=m_l\hbar\quad m_l=0,\pm1,\pm2,\cdots,\pm l \tag{14-57}$$

m_l 称作**磁量子数**，只有$(2l+1)$种可能值。这说明电子角动量的取向也是量子化的，此即**角动量的空间量子化**。图 14-18 给出 $l=1$、$l=2$ 和 $l=3$ 的电子角动量空间取向量子化的示意图。

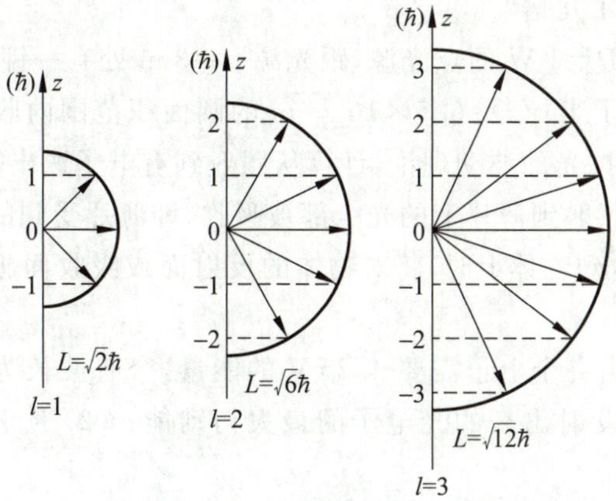

图 14-18 角动量空间量子化

讨论 (1) 与玻尔理论比较，在量子力学中，所有的量子化条件都是在求解薛定谔方程时，要求波函数必须满足单值、有限、连续条件的自然结果，而不需要人为规定。

(2) 按式(14-56)，角动量的最小值为零，而在玻尔理论中，角动量的最小值为 $h/2\pi$(式(14-17))。实验证明，量子力学的结果是正确的。

(3) 在量子力学中，轨道的概念已失去意义，而且也不需要轨道的概念。这是量子力学与玻尔理论的本质区别。不过在有些书上仍将 $\boldsymbol{L}$ 称为轨道角动量，这是为了区别于自旋角动量，而沿袭使用了经典力学中的名词而已。

例 14-15 求角量子数 $l=1$ 时，电子角动量 $\boldsymbol{L}$ 与 z 轴夹角的可能值。

解

$$L=\sqrt{l(l+1)}\,\hbar=\sqrt{2}\,\hbar$$
$$L_z=m_l\hbar,\quad m_l=0,\pm 1$$
$$\cos\theta=L_z/L=0,\pm\sqrt{2}/2$$

所以，角动量 $\boldsymbol{L}$ 与 z 轴的可能夹角为 $\pi/4,\pi/2,3\pi/4$(图 14-18)。

习　题

14-1 太阳可看作是半径为 7.0×10^8 m 的球形黑体，试计算太阳表面的温度。太阳光直射到地球表面上单位面积的辐射功率为 $1.5\times10^3\ \text{W/m}^2$，地球与太阳的距离为 $d=1.5\times10^{11}$ m。

14-2 已知地球到太阳的距离 $d=1.5\times10^8$ km，太阳的直径为 $D=1.4\times10^6$ km，太阳表面的温度为 $T=5900$ K。若将太阳看作黑体，求地球表面受阳光垂直照射的每平方米的面积上每秒钟得到的辐射能。

14-3 在加热黑体的过程中，其单色辐出度的最大值所对应的波长由 0.69 μm 变化到 0.50 μm，其辐出度增加了几倍？

14-4 设有一功率 $P=1$ W 的点光源，距光源 $d=3$ m 处有一钾薄片。假定钾薄片中的电子可以在半径约为原子半径 $r=0.5\times10^{-10}$ m 的圆面积范围内收集能量，已知钾的逸出功 $W=2.25$ eV。(1)如按光的波动理论，计算从照射到有电子逸出需要多长时间？(2)假设光的波长为 550 nm，且照射到薄片上的光全部被吸收，钾薄片受到的光压为多少？(由于光子具有动量，所以光照射到物体上时，将对物体的反射面或吸收面施以压力，对单位面积施加的压力为**光压**)。

14-5 从铝表面移出一个电子需要 4.2 eV 的能量，今有波长为 2000 Å 的光投射到铝表面，求：(1)从铝表面发射出来的光电子的最大初动能；(2)遏止电势差；(3)铝的红限频率。

14-6 用波长为 4000 Å 的紫光照射某种金属，产生的光电子的最大初速度为 5×10^5 m/s，则光电子的最大初动能是多少？该金属红限频率为多少？

14-7 钾的截止频率为 5.44×10^{14} Hz，今以波长为 4348 Å 的光照射，求钾放出的光电子的最大初速度。

14-8 若一个光子的能量等于一个电子的静能，试求该光子的频率、波长和动量。

14-9 在康普顿散射实验中，一个静止电子被一能量为 4.0×10^3 eV 的光子与碰撞，能获得的最大动能是多少？

14-10 在康普顿散射实验中，入射的 X 射线光子的能量为 0.6 MeV，被自由电子散射后波长变化了 20%。求反冲电子的动能。

14-11 在康普顿效应中，入射光子的波长为 3.0×10^{-3} nm，反冲电子的速度为 $0.6c$（c 为光速）。求散射光子的波长和散射角。

14-12 根据玻尔氢原子理论，以动能为 12.5 eV 的电子通过碰撞使氢原子激发，氢原子最高能激发到哪一能级？当回到基态时，能产生哪些谱线？

14-13 试计算氢原子巴尔末系的长波极限波长 λ_{max} 和短波极限波长 λ_{min}。

14-14 求温度为 27 ℃时，氧气分子的德布罗意波波长。取氧气分子的速率为相应的方均根速率。

14-15 一带电粒子经 206 V 的电势差加速后，测得其德布罗意波长为 2.00×10^{-2} Å，已知这带电粒子所带电量与电子的电量相等，求这粒子的质量。

14-16 处于基态的氢原子中的电子吸收了一个能量为 15 eV 的光子后，成为一光电子。问：此电子脱离原子核的速率为多大？它的德布罗意波长是多少？

14-17 铀核的线度为 7.2×10^{-15} m，估算其中一个质子的动量和速度的不确定量。

14-18 试证明自由粒子的坐标和动量的不确定关系可写成 $\Delta x\Delta\lambda\geqslant\frac{\lambda^2}{4\pi}$，式中 λ 为自由粒子的德布罗意波长。

14-19 如果粒子位置的不确定量等于其德布罗意波长，证明此粒子速度的不确定量 $\Delta v\geqslant\frac{v}{4\pi}$。

14-20 (1)J/ψ 粒子的静能为 3100 MeV，寿命为 5.2×10^{-21} s。它的能量不确定度是多大？占静能的几分之几？(2)ρ 介子的静能为 765 MeV，寿命为 2.2×10^{-24} s。它的能量不确定度是多大？占静能的几分之几？

14-21 设有一电子在宽为 0.20 nm 的一维无限深势阱中运动。计算：(1)电子在最低能级的能量；(2)电子处于第一激发态时，在势阱中何处出现的概率极小，其值是多少。

14-22 在线度为 1.0×10^{-5} m 的细胞中有许多质量为 $m=1.0\times10^{-17}$ kg 的生物粒子，若将生物粒子作为微观粒子处理，并视其在在一维无限深势阱中运动。试估算粒子的 $n=100$ 和 $n=101$ 的能级的能量和能级差。

14-23 一电子被限制在宽度为 1.0×10^{-10} m 的一维无限深势阱中运动。(1)欲使电子从基态跃迁到第一激发态，需给它多少能量？(2)在基态时，电子处于 $x_1=0.090\times10^{-10}$ m 与 $x_2=0.110\times10^{-10}$ m 之间的概率为多少？(3)在第一激发态时，电子处于 $x_1=0$ 与 $x_2=0.25\times10^{-10}$ m 之间的概率为多少？

14-24 求量子数 $l=2$ 时，电子角动量 $\boldsymbol{L}$ 与 z 轴的最小夹角和最大夹角。

习题参考答案

第1章 质点运动学

1-1 (1) $\boldsymbol{r}(t)=a\mathrm{e}^{kt}\boldsymbol{i}+b\mathrm{e}^{-kt}\boldsymbol{j}$； (2) $y=\dfrac{ab}{x}$

1-2 (1) $y=\dfrac{4}{9}x^2$，$z=6(x\geqslant 0)$，即为 $z=6$ 的平面与 $y=\dfrac{4}{9}x^2$ 的抛物柱面的交线的 $x\geqslant 0$ 的部分，也可说成在 $z=6$ 的平面内，$y=\dfrac{4}{9}x^2$ 抛物线的 $x\geqslant 0$ 的部分；

(2) $(9\boldsymbol{i}+36\boldsymbol{j})$ m； (3) $(3\boldsymbol{i}+40\boldsymbol{j})$ m/s，$8\boldsymbol{j}$ m/s^2

1-3 $(R\boldsymbol{j}+6\boldsymbol{k})$ m/s，$-R\boldsymbol{i}$ m/s^2；$(-R\boldsymbol{i}+6\boldsymbol{k})$ m/s；$-R\boldsymbol{j}$ m/s^2

1-4 (1) 4 m； (2) 3 m； (3) 5 m

1-5 $a+3bt^2-4ct^3$，$6bt-12ct^2$

1-6 (1) $bt,b,\dfrac{b^2t^2}{r},b\sqrt{1+\dfrac{b^2t^4}{r^2}}$； (2) $\dfrac{bt}{r},\dfrac{b}{r}$

1-7 $b/c+\sqrt{R/c}$

1-8 (1) $10\sqrt{2}\boldsymbol{i}+(10\sqrt{2}-gt)\boldsymbol{j}$，$\sqrt{400-20\sqrt{2}gt+g^2t^2}$；

(2) $\dfrac{g(gt-10\sqrt{2})}{\sqrt{400-20\sqrt{2}gt+g^2t^2}}$，$\dfrac{10\sqrt{2}g}{\sqrt{400-20\sqrt{2}gt+g^2t^2}}$

(3) $\dfrac{\sqrt{2}(400-20\sqrt{2}gt+g^2t^2)^{3/2}}{20g}$

1-9 (1) $\dfrac{h}{h-l}v,\dfrac{h}{h-l}\dfrac{\mathrm{d}v}{\mathrm{d}t}$； (2) $\dfrac{l}{h-l}v$

1-10 (1) $y=\sqrt{l^2-x^2}$，$x=x_0-v_0t$； (2) $v\tan\alpha$； (3) $\sqrt{3}v$

1-11 (1) v_0+at； (2) $x=x_0+v_0t+\dfrac{1}{2}at^2$

1-12 (1) $x=(t^3-3t+10)$ m； (2) 2 m，6 m

1-13 (1) $(2t\boldsymbol{i}+3t^2\boldsymbol{j})$ m/s，$[(t^2+1)\boldsymbol{i}+t^3\boldsymbol{j}]$ m； (2) $y=(x-1)^{3/2}$ $(x\geqslant 1)$

1-14 (1) $v_0\mathrm{e}^{-kt}$； (2) $x=\dfrac{v_0}{k}(1-\mathrm{e}^{-kt})$

1-15 略

1-16 $\dfrac{\ln 2}{k}$

1-17 $\sqrt{2Ax+Bx^2+\dfrac{C}{2}x^4}$

1-18 $\sqrt{\omega_0^2+2k(\cos\theta-\cos\theta_0)}$

1-19 $v=\dfrac{v_0R\tan\theta}{R\tan\theta-v_0t}$

1-20 (1) $(-2\boldsymbol{i}+2\boldsymbol{j})$ m/s； (2) $(2\boldsymbol{i}-2\boldsymbol{j})$ m/s

1-21 西南风，$3\sqrt{2}$ m/s≈4.24 m/s

第2章 质点动力学

2-1 $(24\boldsymbol{i}+12\boldsymbol{j})$N

2-2 (1) $(1.5\boldsymbol{i}-3.5\boldsymbol{j})$ m/s^2； (2) $(4.5\boldsymbol{i}-10.5\boldsymbol{j})$ m/s；
(3) $\boldsymbol{r}(t)=(0.75t^2\boldsymbol{i}-1.75t^2\boldsymbol{j})$ m

2-3 3.74 rad/s，10 N

2-4 48.98° 0.99 s

2-5 2.32 m/s，1.5 m/s^2

2-6 $\sqrt{\frac{g}{L}(L^2-L_0^2)}$

2-7 $\frac{mg}{k}(1-e^{-\frac{k}{m}t})$

2-8 $\sqrt{\frac{m}{gc}}\arctan\left(v_0\sqrt{\frac{c}{mg}}\right)$

2-9 $\sqrt{\frac{(2\rho-\rho')lg}{\rho}}$

2-10 2.9 m/s

2-11 2.25×10^5 N；讨论略

2-12 2.22×10^3 N，方向垂直指向煤层

2-13 2.7 m/s

2-14 略

2-15 (1) 3×10^{-3} s； (2) 0.6 N·s； (3) 2×10^{-3} kg

2-16 $\frac{mv\cos\theta}{M+m}$

2-17 1.07×10^{-20} kg·m/s，$\boldsymbol{p}_3$ 在 $\boldsymbol{p}_1$ 和 $\boldsymbol{p}_2$ 所在的平面内，与 $\boldsymbol{p}_1$ 的夹角为$\frac{5\pi}{6}$

2-18 0.266 m

2-19 $(2160t^5-120t^3+2960t)$ W

2-20 168 J

2-21 2.32 m/s

2-22 $\sqrt{\frac{g}{L}(L^2-L_0^2)}$

2-23 0.414 cm

2-24 略

2-25 如 $F\leqslant$物体与水平面间的最大静摩擦力，0；如大于，$\frac{2(F-\mu_k mg)^2}{k}$

2-26 $\sqrt{\frac{g}{L}(L^2-L_0^2)}$

2-27 $m_2\sqrt{\frac{2G}{(m_1+m_2)a}}$，$m_1\sqrt{\frac{2G}{(m_1+m_2)a}}$

2-28 50%

2-29 (1) $\sqrt{\dfrac{2MgR}{M+m}}, m\sqrt{\dfrac{2gR}{M(M+m)}}$；　(2) $\dfrac{m^2gR}{M+m}$；　(3) $(3+\dfrac{2m}{M})mg$，方向向下

2-30 2.34×10^{10} J

第3章　刚体的定轴转动

3-1 (1) 20.9 rad/s，314 rad/s，41.9 rad/s^2；　(2) 187 r；
(3) 8.38 m/s^2，1.97×10^4 m/s^2，1.97×10^4 m/s^2

3-2 38.4 rad/s^2，与 ω 的方向相反

3-3 $-mgv_0t\cos\theta\,\boldsymbol{k}$

3-4 191 kg·m^2

3-5 $\dfrac{J}{k}\ln2$

3-6 $\dfrac{m_2-m_1}{m_1+m_2+\frac{1}{2}M}g$，$\dfrac{2m_1m_2+\frac{1}{2}Mm_1}{m_1+m_2+\frac{1}{2}M}g$（$m_1$ 侧），$\dfrac{2m_1m_2+\frac{1}{2}Mm_2}{m_1+m_2+\frac{1}{2}M}g$（$m_2$ 侧）

3-7 (1) $\dfrac{3g\cos\theta}{2l}$；　(2) $\sqrt{\dfrac{3g\sin\theta}{l}}$

3-8 $-\dfrac{mgv_0t^2}{2}\cos\theta\,\boldsymbol{k}$

3-9 4 N·m·s

3-10 (1) $\dfrac{\mu_k mgl}{2}$；　(2) $\dfrac{2l\omega_0}{3\mu_k g}$

3-11 (1) $\dfrac{2\mu_k mgR}{3}$；　(2) $\dfrac{3R\omega_0}{4\mu_k g}$

3-12 (1) 0.628 rad；　(2) 0.628 rad

3-13 $\dfrac{2m}{M}\omega_0$

3-14 5.26×10^{12} m

3-15 (1) 4.95 m/s；　(2) 8.66×10^{-3} rad/s；　(3) 19.1 圈

3-16 $\dfrac{3m}{2Ml}(v_0-v)$

3-17 $\dfrac{3m(v+v_0)}{Ml}$

3-18 24 J

3-19 $\dfrac{1}{2}mv_0^2(\dfrac{r_0^2-r_1^2}{r_1^2})$

3-20 $\sqrt{3g(1-\cos\theta)/l}$

3-21 $\dfrac{3R\omega_0^2}{8\mu_k g}$

3-22 $\frac{3m^2(v_0+v)^2}{\mu_k g M^2 l}$

3-23 $\sqrt{\frac{2m_B gh}{m_A+m_B+m_C/2}}$；$\sqrt{\frac{2m_B}{m_A+m_B+m_C/2}\frac{gh}{R^2}}$；$\frac{m_B g}{m_A+m_B+m_C/2}$

3-24 5.91×10^4 m/s，3.88×10^4 m/s

3-25 (1) $\sqrt{3g\sin\theta/l}$；　(2) $ml\sqrt{gl\sin\theta/3}$，方向垂直纸面向内

3-26 $\sqrt{\frac{2(m_2-m_1)hg}{m_1+m_2+\frac{1}{2}M}}$，$\frac{(m_2-m_1)g}{m_1+m_2+\frac{1}{2}M}$

3-27 0.5 m，1.33 m/s

3-28 $\arccos\left[1-\frac{3m^2}{4gM^2 l}(v_0-v)^2\right]$

第4章　静电场

4-1 (1) $\frac{qq'}{2\pi\varepsilon_0}\frac{r\boldsymbol{j}}{(r^2+a^2)^{\frac{3}{2}}}$，$y$ 轴是垂直平分线，指向 q'；　(2) $\frac{\sqrt{2}}{2}a$，$\frac{\sqrt{3}|qq'|}{9\pi\varepsilon_0 a^2}$

4-2 $-\frac{\sqrt{3}}{3}Q$

4-3 $\frac{3qa^2}{4\pi\varepsilon_0 x^4}$，方向垂直 OP 向上

4-4 $-(3.90\boldsymbol{i}+6.74\boldsymbol{j})$ (N/C)

4-5 $\frac{\lambda L\boldsymbol{i}}{4\pi\varepsilon_0(r^2-L^2/4)}$，$Ox$ 轴方向沿 OP

4-6 $-\frac{\lambda_0}{4\varepsilon_0 R}\boldsymbol{j}$

4-7 (1) 1.05 N·m²/C；　(2) 9.27×10^{-12} C

4-8 6.64×10^9 / m²

4-9 $E=\begin{cases}0, & (0<r<R_1)\\ \frac{\lambda}{2\pi\varepsilon_0 r}, & (R_1<r<R_2)\text{，方向垂直中心轴线向外}\\ 0, & (r>R_2)\end{cases}$

4-10 $E=\begin{cases}\frac{q}{4\pi\varepsilon_0 R^3}r & (r<R)\\ \frac{q}{4\pi\varepsilon_0 r^2} & (r>R)\end{cases}$，方向沿半径方向

4-11 若 $-d/2<r<d/2$，$E=\frac{\rho r}{\varepsilon_0}$；若 $r<-d/2$ 或 $r>d/2$，$E=\frac{\rho d}{2\varepsilon_0}$，$r$ 为到板中心面的距离；方向均垂直于板面

4-12 -2.88×10^{-6} J，2.88×10^{-6} J

4-13 (1) $\frac{2}{3}\times10^{-9}$ C, $-\frac{4}{3}\times10^{-9}$ C； (2) 在与两球面同心的半径为 10 cm 的球面上

4-14 6.08×10^{-7} C/m

4-15 (1) $\frac{R\lambda}{2\varepsilon_0\sqrt{R^2+h^2}}$； (2) $\sqrt{2gh+\frac{q\lambda}{\varepsilon_0 M}\left(1-\frac{R}{\sqrt{R^2+h^2}}\right)}$

4-16 $r<R$ $\frac{q(3R^2-r^2)}{8\pi\varepsilon_0 R^3}$； $r>R$ $\frac{q}{4\pi\varepsilon_0 r}$

4-17 (1) $\frac{\sigma}{2\varepsilon_0}(\sqrt{x^2+R^2}-x)$； (2) $\frac{\sigma}{2\varepsilon_0}\left(1-\frac{x}{\sqrt{x^2+R^2}}\right)$，方向沿所述轴线

4-18 $-(x+2y)\boldsymbol{i}-(2x+y)\boldsymbol{j}$

4-19 $-d_2\left(\frac{q_1}{d_1}+\frac{Q}{R}\right)$

4-20 (1) $q_B=-1.0\times10^{-7}$C，$q_C=-2.0\times10^{-7}$ C； (2) 2.26×10^3 V

4-21 (1) 0； (2) $\frac{q}{4\pi\varepsilon_0 L}\ln\frac{L+a}{a}$； (3) $-\frac{qR}{L}\ln\frac{L+a}{a}$

4-22 (1) 120 pF； (2) C_1 被击穿，接着 C_2 也将被击穿； (3) 833 V

4-23 (1) $\frac{\lambda}{\pi\varepsilon_0}\ln\frac{d-a}{a}$； (2) $\frac{\pi\varepsilon_0}{\ln\frac{d-a}{a}}$

4-24 (1) $D=\frac{\lambda}{2\pi r}$，$E=\frac{\lambda}{2\pi\varepsilon_0\varepsilon_r r}(R_1<r<R_2)$，方向沿径向向外； (2) $\frac{2\pi\varepsilon_0\varepsilon_r l}{\ln\frac{R_2}{R_1}}$

4-25 并联电容器组储存的电荷量与能量大，$\Delta Q=\frac{C_1^2+C_2^2}{C_1+C_2}U$，$\Delta W_e=\frac{(C_1-C_2)^2}{2(C_1+C_2)}U^2$

4-26 $\frac{700}{3}$ pF，3.5×10^{-7} J

4-27 (1) $\frac{Q^2}{8\pi\varepsilon_0\varepsilon_r}\left(\frac{1}{R_A}-\frac{1}{R_B}\right)$； (2) $4\pi\varepsilon_0\varepsilon_r\frac{R_A R_B}{R_B-R_A}$

第 5 章 稳恒磁场

5-1 8.6×10^{-5} T，方向垂直纸面向外

5-2 $\frac{\mu_0 I}{4\pi R}(1+\pi)$，方向垂直于纸面向里

5-3 5.66×10^{-6} T，方向与 $I_1 I_2$ 连线平行且指向左方

5-4 $\pi^2 : 8\sqrt{2}$

5-5 $\frac{\mu_0 I}{2\pi a}\ln 2$，方向垂直于纸面向外

5-6 $\frac{\mu_0 q\omega}{8\pi d}$，方向与转动方向成右手螺旋关系

5-7 (1) 12.9T； (2) 9.61×10^{-24} A·m²，方向与电子转动方向成左手螺旋关系

5-8 $\frac{\mu_0\omega q}{2\pi R}$，方向与旋转方向成右手螺旋关系

5-9 $\dfrac{\mu_0 I(r^2-a^2)}{2\pi r(b^2-a^2)}$,方向与电流流向成右手螺旋关系

5-10 (1) $\dfrac{\mu_0 IR_2^2}{2\pi(R_1^2-R_2^2)a}$; (2) $\dfrac{\mu_0 Ia}{2\pi(R_1^2-R_2^2)}$

5-11 P_1 点 $\dfrac{\mu_0 I}{\pi}\dfrac{2r^2-a^2}{r(4r^2-a^2)}$,$P_2$ 点 $\dfrac{\mu_0 I}{\pi}\dfrac{2r^2+a^2}{(4r^2+a^2)r}$,与电流 I 流向成右手螺旋关系

5-12 $\dfrac{\mu_0 Ih}{4\pi}(1+2\ln 2)$

5-13 (1)$E_{k\alpha}=2E_{k质子}=2E_{k氘核}$; (2) $10\sqrt{2}$ cm,$10\sqrt{2}$ cm

5-14 3.6×10^{-10} s,1.7×10^{-4} m,1.5×10^{-3} m

5-15 (1) 6.7×10^{-4} m/s (2) $2.8\times10^{29}/\text{m}^3$ (3) 略

5-16 (1) 9.59×10^{-5} N,方向垂直 cd 向上; (2) 4.0×10^{-6} N·m,方向垂直纸面向外

5-17 (1) $F_{AB}=\dfrac{\mu_0 I_1 I_2 b}{2\pi d}$,方向向左;$F_{CD}=\dfrac{\mu_0 I_1 I_2 b}{2\pi(a+d)}$,方向向右;$F_{BC}=\dfrac{\mu_0 I_1 I_2}{2\pi}\ln\dfrac{a+d}{d}$,方向向上。$F_{AD}=\dfrac{\mu_0 I_1 I_2}{2\pi}\ln\dfrac{a+d}{d}$,方向向下; (2) $\dfrac{\mu_0 I_1 I_2 ba}{2\pi d(d+a)}$,方向向左

5-18 (1) 157 A·m²,方向垂直纸平面向里; (2) 4.71 N·m,方向向下

5-19 9.35×10^{-3} T

5-20 当 $r>R$ 时 $H=\dfrac{R^2 j}{2r}$, $B=\dfrac{\mu_0 R^2 j}{2r}$;当 $r<R$ 时 $H=\dfrac{jr}{2}$,$B=\dfrac{\mu_0\mu_r jr}{2}$,方向与电流成右手螺旋关系

5-21 (1) 200 A/m,2.5×10^{-4} T; (2) 200 A/m,1.05 T (3) 2.5×10^{-4} T,1.05 T

第 6 章 电磁感应

6-1 31 V,逆时针绕向

6-2 $v^2t^3\tan\theta$,方向为逆时针绕向

6-3 $-B_m L[\omega(x_0+vt)\cos\omega t+v\sin\omega t]$,若为负值,则其方向为逆时针绕向,若为正值,则其方向为顺时针绕向

6-4 $-\dfrac{\mu_0 I_0 v}{2\pi}\left(\ln\dfrac{a+b}{a}\right)(\sin\omega t+t\omega\cos\omega t)$,若为负值,则其方向为逆时针绕向;若为正值,则其方向为顺时针绕向

6-5 $\dfrac{\sqrt{3}}{4}B\omega a^2$

6-6 $\dfrac{1}{2}\omega B(L\sin\theta)^2$,方向从 O 指向 P

6-7 $1.2\times10^{-6}\times\left(\dfrac{1}{0.05+0.03t}-\dfrac{1}{0.07+0.03t}\right)$ V,顺时针绕向

6-8 (1) 0.2 V,逆时针绕向; (2)0.2t V,逆时针绕向

6-9 (1) $\dfrac{dB}{dt}\dfrac{l}{2}\sqrt{R^2-\left(\dfrac{l}{2}\right)^2}$; (2) $E_o=0$,$E_P=E_Q=2.5\times10^{-4}$ V/m,P、Q 两处的感生电场方向为两处的以 O 为圆心的圆周的顺时针切线方向

6-10 略

6-11 7.5×10^{-5} H, 9×10^{-7} Wb, 2.25×10^{-4} Wb

6-12 2.77×10^{-6} H, 0

6-13 (1) 6.28×10^{-6} H; (2) 3.14×10^{-4} V

6-14 略

6-15 9.0 m^3, 28.8 H

6-16 略

第 7 章 气体分子动理论

7-1 (1) 略; (2) 1.20 kg/m^3, 57.6 kg

7-2 3.14 kg

7-3 1.16×10^{7} k

7-4 1.95×10^{18}

7-5 6.21×10^{-21} J

7-6 (1) 5.65×10^{-21} J, 3.76×10^{-21} J; (2) 1.42×10^{3} J

7-7 6

7-8 1.40×10^{3} J, 4.49 K, 4.66×10^{4} Pa, 9.29×10^{-23} J

7-9 (1) $\dfrac{2N}{3v_0}$, $f(v)=\begin{cases}\dfrac{2v}{3v_0^2} & v\leqslant v_0\\ \dfrac{2}{3v_0} & v_0<v\leqslant 2v_0\\ 0 & v>2v_0\end{cases}$ (2) $\dfrac{N}{3}$; (3) $\dfrac{11v_0}{9}$

7-10 1.06%

7-11 (1) 492 m/s; (2) 28.1 g/mol

7-12 6.15×10^{23}/mol

7-13 2.74×10^{-10} m

7-14 (1) 80 m; (2) 0.13 s

7-15 5.81×10^{-8} m, 7.85×10^{9}/s

7-16 7.22×10^{9}/s, 3.65×10^{-10} m

第 8 章 热力学基础

8-1 (1) 271 J; (2) 放热, 313 J

8-2 吸热−1000 J, 即放热 1000 J

8-3 (1) 3.28×10^{3} J, 2.03×10^{3} J, 1.25×10^{3} J; (2) 2.94×10^{3} J, 1.69×10^{3} J, 1.25×10^{3} J

8-4 (1) 0, 3.15×10^{3} J, 3.15×10^{3} J; (2) 0, 2.27×10^{3} J, 2.27×10^{3} J

8-5 略

8-6 −22.9 J

8-7 (1) 5.35×10^{5} Pa, 429 K; (2) 7.41×10^{3} J, 0.93×10^{3} J, 6.48×10^{3} J

8-8 略

8-9 (1) 887 J, 8.82×10^3 J； (2) 9.94%

8-10 (1) 1.99×10^3 J, 5.74×10^3 J； (2) 34.7%

8-11 8.7, 8.7×10^6 J

8-12 略

8-13 略

8-14 (1) 5.35×10^3 J； (2) 1.34×10^3 J； (3) 4.01×10^3 J

8-15 (1) 34 000 J； (2) 29.4%； (3) 425 K

8-16 2.89×10^7 J 或 8 kW·h

8-17 2.7%，10%，考虑可行性，采用第一种方案为好。

8-18 (1) 4.93 J/K； (2) 6.91 J/K

8-19 (1) $R\ln\dfrac{V_b}{V_a}$； (2) $R\ln\dfrac{V_b}{V_a}$

8-20 1.22×10^3 J/K； $10^{3.84\times10^{25}}$

8-21 (1) 1.01×10^3 J/K, -897 J/K； (2) 不可逆

第 9 章 机械振动

9-1 (1) 4 m, 20π s, $\dfrac{1}{20\pi}$ Hz, 0.5 rad；

(2) $-0.4\sin(0.1t+0.5)$ m/s, $-0.04\cos(0.1t+0.5)$ m/s^2；

(3) 2.16 m, -0.337 m/s, -0.0216 m/s^2

9-2 (1) 0, $x=A\cos\omega t$； (2) $-\pi/2$, $x=A\cos(\omega t-\pi/2)$；

(3) $\pi/3$, $x=A\cos(\omega t+\pi/3)$； (4) $-\pi/4$, $x=A\cos(\omega t-\pi/4)$

9-3 $x=0.04\cos\left(\pi t-\dfrac{\pi}{2}\right)$ m, $x=0.04\cos\left(\dfrac{2\pi}{3}t-\dfrac{\pi}{3}\right)$ m

9-4 (1) $x=0.24\cos\dfrac{\pi}{2}t$ m； (2) 0.170m, -4.19×10^{-3} N； (3) $\dfrac{2}{3}$ s

9-5 (1) $t=0, x_0=0, v_0=-\dfrac{mv}{m+M}$； (2) $\dfrac{mv}{\sqrt{k(m+M)}}, \sqrt{\dfrac{k}{m+M}}$；

(3) $x=\dfrac{mv}{\sqrt{k(m+M)}}\cos\left(\sqrt{\dfrac{k}{m+M}}t+\dfrac{\pi}{2}\right)$

9-6 (1) $-\dfrac{\pi}{2}$, 8.0×10^{-2} rad, $\theta=8.0\times10^{-2}\cos\left(\sqrt{9.8}t-\dfrac{\pi}{2}\right)$ rad；

(2) $\theta=8.0\times10^{-2}\cos\left(\sqrt{9.8}t+\dfrac{\pi}{2}\right)$ rad

9-7 (1) $2\pi\sqrt{\dfrac{2L}{3g}}$； (2) $\theta=\theta_0\cos\sqrt{\dfrac{3g}{2L}}t$

9-8 $2\pi\sqrt{\dfrac{mR^2+J}{kR^2}}$

9-9 (1) ±0.141 m； (2) $\dfrac{\pi}{8}$ s

9-10 $\pm\frac{2}{3}\pi$

9-11 $0.01\ \mathrm{m},\frac{\pi}{6},x=0.01\cos\left(2t+\frac{\pi}{6}\right)\ \mathrm{m}$

9-12 $0.1\ \mathrm{m},\frac{1}{2}\pi$

9-13 47.9 rad, 52.1 rad, 0.668 Hz

9-14 (1) $\frac{x^2}{0.06^2}+\frac{y^2}{0.03^2}=1$，且逆时针绕行；

(2) $-\frac{0.1\pi^2}{9}\left[0.06\cos\left(\frac{\pi t}{3}+\frac{\pi}{3}\right)\boldsymbol{i}+0.03\cos\left(\frac{\pi t}{3}-\frac{\pi}{6}\right)\boldsymbol{j}\right]\mathrm{N}$

9-15 $y=0.02\cos\left(2\pi t+\frac{\pi}{2}\right)\ \mathrm{m}$

第 10 章　机械波

10-1 (1) $-\frac{b}{2\pi},\frac{2\pi}{a},-\frac{b}{a}$，波沿 Ox 轴负方向传播；　(2) $y|_{x=x_0}=A\cos(-bt+ax_0)$；

(3) $y|_{t=t_0}=A\cos(-bt_0+ax)$

10-2 $2\ \mathrm{Hz}$, $0.2\ \mathrm{m}$, $y=0.5\cos\left[4\pi\left(t-\frac{x}{0.4}\right)+\pi-1.0\right]\ \mathrm{m}$

10-3 (1) 2 m；　(2) $y_B=3\times10^{-3}\cos(400\pi t-2\pi)\ \mathrm{m}$；

(3) $y=3\times10^{-3}\cos\left[400\pi(t-\frac{x}{400})+\frac{5\pi}{2}\right]\ \mathrm{m}$

10-4 (1) $y=0.1\cos\left[4\pi\left(t-\frac{x}{2}\right)-\frac{\pi}{2}\right]\ \mathrm{m}$；　(2) $x=\frac{\lambda}{2}=\frac{1}{2}\ \mathrm{m},y=0.1\cos\left(4\pi t-\frac{3\pi}{2}\right)\ \mathrm{m}$，

$x=-\frac{\lambda}{2}=-\frac{1}{2}\ \mathrm{m},y=0.1\cos\left(4\pi t+\frac{\pi}{2}\right)\ \mathrm{m}$；(3) 0.4π，x_1 点振动超前

10-5 (1) 0.24 m；　(2) $y=0.1\cos\left[2\pi\left(10t-\frac{x}{0.24}\right)-\frac{2}{3}\pi\right]\ \mathrm{m}$

10-6 (1) $y=0.1\cos\left[5\pi\left(t-\frac{x}{5}\right)-\frac{\pi}{2}\right]\ \mathrm{m}$；　(2) $y=0.1\cos5\pi\left(t-\frac{x}{5}\right)\ \mathrm{m}$

10-7 (1) $y=A\cos\left[\omega\left(t-\frac{x}{u}\right)-\frac{\pi}{2}\right]$；　(2) $y=A\cos\left[\omega\left(t-\frac{x}{u}\right)-\pi\right]$

10-8 (1) $y_O=0.1\cos\left(\pi t+\frac{\pi}{3}\right)\ \mathrm{m},y_P=0.1\cos\left(\pi t-\frac{5}{6}\pi\right)\ \mathrm{m}$；

(2) $y=0.1\cos\left[\pi\left(t-\frac{x}{0.2}\right)+\frac{\pi}{3}\right]\ \mathrm{m}$

10-9 (1) $y_P=0.2\cos\left(2\pi t-\frac{\pi}{2}\right)\ \mathrm{m}$；　(2) $y=0.2\cos\left[2\pi\left(t-\frac{x}{0.6}\right)+\frac{\pi}{2}\right]\ \mathrm{m}$

10-10 (1) $1.58\times10^5\ \mathrm{W/m^2}$；　(2) $3.79\times10^3\ \mathrm{J}$

10-11 $\frac{5}{4}\lambda,4\lambda$

10-12 (1) 0；　(2) $4I_0$

10-13 (1) 0； (2)0.004 m； (3) $y=0.004\cos(2\pi t-4\pi)$ m

10-14 (1) $y_2=A\cos 2\pi\left(\frac{t}{T}-\frac{x}{\lambda}\right)(x\geqslant 0)$； (2) $y=2A\cos\frac{2\pi x}{\lambda}\cos\frac{2\pi}{T}t$；波腹 $x=k\frac{\lambda}{2}$，$k=0,1,2,\cdots$；波节 $x=(2k+1)\frac{\lambda}{4}$，$k=0,1,2,\cdots$

10-15 (1) $y_1=A\cos 2\pi\left(\frac{t}{T}+\frac{x}{\lambda}\right)$； (2) $y_2=A\cos\left[2\pi\left(\frac{t}{T}-\frac{x}{\lambda}\right)-4\pi\frac{L}{\lambda}+\pi\right]$；

(3) $x=-\frac{3}{4}\lambda$ 与 $-\frac{1}{4}\lambda$ 的两点处

10-16 (1) 767.4 Hz； (2) 1434.8 Hz

第 11 章 几何光学简介

11-1 5/3 cm

11-2 −5/2 cm

11-3 (1) 在字 S 正下方 20 cm 处，3； (2) 与字 S 重合，1.5； (3) 在平面下方 20/3 cm，1

11-4 成像于右侧折射面的左侧 10 cm 处，为虚像

11-5 成像于透镜左侧 24 cm 处，3.2 cm

11-6 20 cm 或 5 cm

第 12 章 波动光学

12-1 (1) 562.5 nm； (2) 2.25 cm

12-2 2.88 mm

12-3 6.64 μm

12-4 (1) 648.2 nm； (2) 0.15°

12-5 (1) 正面呈红、紫色； (2) 背面呈绿色

12-6 592 nm

12-7 (1) 7.0×10^{-7} m； (2) 14 条

12-8 1.72 μm

12-9 400 nm

12-10 1.27

12-11 1.000 29

12-12 (1) 0.002 rad； (2) 2 mm； (3) 1 mm

12-13 6000 Å

12-14 (1) 2.7 mm； (2) 1.8 cm

12-15 0.139 m

12-16 (1) 1.28×10^{-6} m，90°(实际上该级条纹不存在)； (2) 905.1 nm

12-17 3.05×10^{-3} mm

12-18 5.0×10^{-6} m

12-19 (1) 3.6×10^{-6} m； (2) 0.9×10^{-6} m； (3) 可观察到 $k=0,1,2,3,5$ 级主极大，9 条明纹；(4)7 条明纹

12-20 (1) 第 3 级条纹,7 条明纹; (2) 上方可见的最大级次为 1,下方可见的最大级次为 5,共有 7 条明纹可见; (3) 1.90×10^{-3} rad,17.3 mm

12-21 (1) 3 级; (2) 1 级; (3) 第 2 级光谱中波长为 600 nm 的光

12-22 1:3

12-23 两块,0.25 倍

12-24 (1) 45°; (2) 45°

12-25 36.54°,垂直于入射面

12-26 (1) 55.03°; (2) 1.0

第 13 章 狭义相对论基础

13-1 (8.25×10^{8} m,0 m,0 m,3.25 s)

13-2 $0.994c$

13-3 $\arctan\dfrac{\sin\theta'\sqrt{1-u^2/c^2}}{\cos\theta'+u/c}$,证明部分略

13-4 -5.77×10^{-6} s,负号表示在 K' 系中观测,$x_2(x_2')$ 处的事件先发生。

13-5 $\dfrac{\sqrt{3}}{2}c$

13-6 4.4×10^{-9} s

13-7 $l_0\sqrt{1-\dfrac{u^2}{c^2}\cos^2\theta}$,$\arctan\left(\dfrac{\tan\theta}{\sqrt{1-u^2/c^2}}\right)$

13-8 $\dfrac{\sqrt{5}}{3}c$

13-9 (1) 20.8 km; (2) 2.2×10^{-6} s; 说明略。

13-10 (1) $\dfrac{m_0}{l_0(1-v^2/c^2)}$; (2) $\dfrac{m}{l_0\sqrt{1-v^2/c^2}}$

13-11 $m_0c^2\left(\dfrac{l_0}{l}-1\right)$

13-12 $0.999\,999\,985c$

13-13 5.14×10^{-14} J,5.71×10^{-31} kg

13-14 3.51×10^{-13} J,0.117 %

第 14 章 量子物理基础

14-1 5.9×10^{3} K

14-2 1.5×10^{3} W/m^3

14-3 2.63 倍

14-4 (1) 5183 s; (2) 2.95×10^{-11} N/m^2

14-5 (1) 3.23×10^{-19} J; (2) 2.0 V; (3) 1.01×10^{15} Hz

14-6 1.14×10^{-19} J; 5.78×10^{14} Hz

14-7 4.61×10^{5} m/s

14-8 1.24×10^{20} Hz, 2.43×10^{-12} m = 0.0243 Å, 2.73×10^{-22} kg·m/s

14-9 9.85×10^{-18} J

14-10 0.10 MeV

14-11 4.34×10^{-3} nm, 63.35°

14-12 $n=3$ 的能级，$\lambda_{31}=1026$ Å，$\lambda_{32}=6563$ Å，$\lambda_{21}=1216$ Å

14-13 6563 Å, 3646 Å

14-14 2.58×10^{-2} nm

14-15 1.67×10^{-27} kg

14-16 7.01×10^{5} m/s, 1.04×10^{-9} m

14-17 7.3×10^{-21} kg·m/s, 4.4×10^{6} m/s

14-18 略

14-19 略

14-20 (1) 0.063 MeV, 2.0×10^{-5}；(2) 150 MeV, 0.2

14-21 (1) 1.51×10^{-18} J；(2) 0.1 nm, 0

14-22 5.50×10^{-37} J, 5.61×10^{-37} J, 0.11×10^{-37} J

14-23 (1) 1.81×10^{-17} J = 113 eV；(2) 3.8×10^{-3}；(3) 0.25

14-24 35.3°, 144.7°

附录A

我国法定计量单位和国际单位制(SI)单位

我国法定计量单位,是以国际单位制单位为基础,同时选用了一些非国际单位制的单位。本书使用我国法定计量单位。为此,对国际单位制择要予以介绍。

一、国际单位制的基本单位

量	单位名称①	单位符号	定义
长度	米	m	米是光在真空中(1/299 792 458)s时间间隔内所经路径的长度
质量	千克(公斤)②	kg	千克是质量单位,等于国际千克原器的质量
时间	秒	s	秒是铯-133原子基态的两个超精细能级之间跃迁所对应的辐射的9 192 631 770个周期的持续时间
电流	安[培]	A	在真空中,截面积可以忽略的两根相距1 m的无限长平行圆直导线内通过等量恒定电流时,若导线间相互作用力在每米长度上为 2×10^{-7} N,则每根导线中的电流为1 A
热力学温度	开[尔文]	K	热力学温度开尔文是水三相点热力学温度的1/273.16
物质的量	摩[尔]	mol	摩尔是一系统的物质的量,该系统中所包含的基本单元数与0.012 kg碳-12的原子数目相等。在使用摩尔时,基本单元应予指明,可以是原子、分子、离子、电子及其他粒子,或是这些粒子的特定组合
发光强度	坎[德拉]	cd	坎德拉是一光源在给定方向上的发光强度,该光源发出的频率为 540×10^{12} Hz的单色辐射,且在此方向上的辐射强度为(1/683)W·sr^{-1}

① 去掉方括号时为单位名称的全称,去掉方括号中的字时即成为单位名称的简称;无方括号的单位名称,简称与全称相同。

② 圆括号中的名称与它前面的名称是同义词。

二、国际单位制的辅助单位

量	单位名称	单位符号	定　义
[平面]角	弧度	rad	弧度是一圆内两条半径之间的平面角，这两条半径在圆周上截取的弧长与半径相等
立体角	球面度	sr	球面度是一立体角，其顶点位于球心，而它在球面上所截取的面积等于以球半径为边长的正方形面积

三、国际单位制中具有专门名称的导出单位

量	名称	符号	用其他 SI 单位表示的表达式	用 SI 基本单位表示的表达式
频率	赫[兹]	Hz		s^{-1}
力	牛[顿]	N		$m\cdot kg\cdot s^{-2}$
压强，应力	帕[斯卡]	Pa	$N\cdot m^{-2}$	$m^{-1}\cdot kg\cdot s^{-2}$
能[量]，功，热量	焦[耳]	J	$N\cdot m$	$m^2\cdot kg\cdot s^{-2}$
功率，辐[射能]通量	瓦[特]	W	$J\cdot s^{-1}$	$m^2\cdot kg\cdot s^{-3}$
电荷[量]	库[仑]	C		$s\cdot A$
电势，电压，电动势	伏[特]	V	$W\cdot A^{-1}$	$m^2\cdot kg\cdot s^{-3}\cdot A^{-1}$
电容	法[拉]	F	$C\cdot V^{-1}$	$m^{-2}\cdot kg^{-1}\cdot s^4\cdot A^2$
电阻	欧[姆]	Ω	$V\cdot A^{-1}$	$m^2\cdot kg\cdot s^{-3}\cdot A^{-2}$
电导	西[门子]	S	$A\cdot V^{-1}$	$m^{-2}\cdot kg^{-1}\cdot s^3\cdot A^2$
磁通[量]	韦[伯]	Wb	$V\cdot s$	$m^2\cdot kg\cdot s^{-2}\cdot A^{-1}$
磁感应强度，磁通[量]密度	特[斯拉]	T	$Wb\cdot m^{-2}$	$kg\cdot s^{-2}\cdot A^{-1}$
电感	亨[利]	H	$Wb\cdot A^{-1}$	$m^2\cdot kg\cdot s^{-2}\cdot A^{-2}$
摄氏温度	摄氏度	℃		K
光通量	流[明]	lm		$cd\cdot sr$
[光]照度	勒[克斯]	lx	$lm\cdot m^{-2}$	$m^{-2}\cdot cd\cdot sr$
[放射性]活度	贝可[勒尔]	Bq		s^{-1}
吸收剂量	戈[瑞]	Gy	$J\cdot kg^{-1}$	$m^2\cdot s^{-2}$
剂量当量	希[沃特]	Sv	$J\cdot kg^{-1}$	$m^2\cdot s^{-2}$

四、我国选定的非国际单位制单位

量	单位名称	单位符号	与SI单位的关系
时间	分	min	1 min=60 s
	[小]时	h	1 h=60 min=3600 s
	日(天)	d	1 d=24 h=86 400 s
[平面]角	度	°	$1°=(\pi/180)$rad
	[角]分	′	$1'=(1/60)°=(\pi/10\,800)$rad
	[角]秒	″	$1''=(1/60)'=(\pi/648\,000)$rad
体积	升	L(l)	$1\ \text{L}=1\ \text{dm}^3=10^{-3}\ \text{m}^3$
质量	[统一的]原子质量单位	u	$1\ \text{u}\approx1.660\,540\times10^{-27}$ kg
能	电子伏[特]	eV	$1\ \text{eV}\approx1.602\,177\times10^{-19}$ J

五、国际单位制词头

因数	词头名称	词头符号	因数	词头名称	词头符号
10^{24}	尧[它]	Y	10^{-1}	分	d
10^{21}	泽[它]	Z	10^{-2}	厘	c
10^{18}	艾[可萨]	E	10^{-3}	毫	m
10^{15}	拍[它]	P	10^{-6}	微	μ
10^{12}	太[拉]	T	10^{-9}	纳[诺]	n
10^{9}	吉[咖]	G	10^{-12}	皮[可]	p
10^{6}	兆	M	10^{-15}	飞[母托]	f
10^{3}	千	k	10^{-18}	阿[托]	a
10^{2}	百	h	10^{-21}	仄[普托]	z
10^{1}	十	da	10^{-24}	幺[科托]	y

附录 B

空气、水、地球、太阳系的一些常用数据

空气和水的一些性质(在 20℃、1.013×10^5 Pa 时)

	空气	水
密度	$1.20\ kg\cdot m^{-3}$	$1.00\times10^3\ kg\cdot m^{-3}$
比热容(c_p)	$1.00\times10^3\ J\cdot kg^{-1}\cdot K^{-1}$	$4.18\times10^3\ J\cdot kg^{-1}\cdot K^{-1}$
声速	$343\ m\cdot s^{-1}$	$1.26\times10^3\ m\cdot s^{-1}$

有关地球的一些常用数据

密度	$5.49\times10^3\ kg\cdot m^{-3}$	大气压强(地球表面)	1.01×10^5 Pa
半径	6.37×10^6 m	地球与太阳间平均距离	1.50×10^{11} m
质量	5.98×10^{24} kg		

有关太阳系的一些常用数据

星体	平均轨道半径/m	星体半径/m	轨道周期/s	星体质量/kg
太阳①		6.96×10^8	8×10^{15}	1.99×10^{30}
水星	5.79×10^{10}	2.42×10^6	7.51×10^6	3.31×10^{23}
金星	1.08×10^{11}	6.10×10^6	1.94×10^7	4.87×10^{24}
地球	1.50×10^{11}	6.38×10^6	3.15×10^7	5.98×10^{24}
火星	2.28×10^{11}	3.38×10^6	5.94×10^7	6.42×10^{23}
木星	7.78×10^{11}	7.13×10^7	3.74×10^8	1.90×10^{27}
土星	1.43×10^{12}	6.04×10^7	9.35×10^8	5.69×10^{26}
天王星	2.87×10^{12}	2.38×10^7	2.64×10^9	8.71×10^{25}
海王星	4.50×10^{12}	2.22×10^7	5.22×10^9	1.03×10^{26}
月球	3.84×10^8(地球)	1.74×10^6	2.36×10^6	7.35×10^{22}

① 太阳距银河系中心约为 2.1×10^{20} m(2.3 万光年),银河系的直径约为 6.6×10^{20} m(7 万光年)。

参考书目

[1] 马文蔚,周雨青.物理学教程[M].2版.北京:高等教育出版社,2006.
[2] 程守洙,江之永.普通物理学[M].6版.北京:高等教育出版社,2006.
[3] 张三慧.大学物理学[M].3版.北京:清华大学出版社,2008.
[4] 过祥龙 董慎行 晏世雷.基础物理学[M].2版.苏州:苏州大学出版社,2006.
[5] 赵近芳.大学物理学[M].2版.北京:北京邮电大学出版社,2007.
[6] 叶伟国.大学物理[M].北京:清华大学出版社,2012.
[7] 罗益民,余燕.大学物理[M].北京:北京邮电大学出版社,2004.
[8] 袁艳红.大学物理学[M].北京:清华大学出版社,2010.
[9] 宋士贤,文喜星,吴平.工科物理教程[M].3版.北京:国防工业出版社,2009.
[10] 谢卫军,黄天成.大学物理学[M].北京:北京邮电大学出版社,2010.
[11] 朱峰.大学物理[M].2版.北京:清华大学出版社,2008.
[12] 陈信义.大学物理教程[M].2版.北京:清华大学出版社,2008.